ENCYCLOPÉDIE
DES
TRAVAUX PUBLICS

Fondée par **M.-C. LECHALAS**, Insp¹ gén¹ des Ponts et Chaussées

---

CHEMINS DE FER
SUPERSTRUCTURE

PAR

E. DEHARME

INGÉNIEUR DE LA VOIE ET DU MATÉRIEL DE LA COMPAGNIE DU MIDI
PROFESSEUR DU COURS DE CHEMINS DE FER A L'ÉCOLE CENTRALE
DES ARTS ET MANUFACTURES

TEXTE

INTRODUCTION, GÉNÉRALITÉS
VOIE ET ACCESSOIRES DE LA VOIE
GARES ET STATIONS, SIGNAUX

PARIS
LIBRAIRIE POLYTECHNIQUE
BAUDRY ET C⁹, LIBRAIRES-ÉDITEURS
15, RUE DES SAINTS-PÈRES
MÊME MAISON A LIÈGE

ENCYCLOPÉDIE DES TRAVAUX PUBLICS

CHEMINS DE FER
SUPERSTRUCTURE

Tous les exemplaires de l'ouvrage de M. Deharme : CHEMINS DE FER. SUPERSTRUCTURE *devront être revêtus de la signature de l'auteur.*

ENCYCLOPÉDIE
DES
TRAVAUX PUBLICS

Fondée par **M.-C. LECHALAS**, Inspr génl des Ponts et Chaussées

Médaille d'or à l'Exposition universelle de 1889

CHEMINS DE FER

SUPERSTRUCTURE

PAR
E. DEHARME

INGÉNIEUR DU SERVICE CENTRAL DE LA COMPAGNIE DU MIDI
PROFESSEUR DU COURS DE CHEMINS DE FER A L'ÉCOLE CENTRALE
DES ARTS ET MANUFACTURES

TEXTE

INTRODUCTION. GÉNÉRALITÉS
VOIE ET ACCESSOIRES DE LA VOIE
GARES ET STATIONS. SIGNAUX

PARIS
LIBRAIRIE POLYTECHNIQUE
BAUDRY ET Cie, LIBRAIRES-ÉDITEURS
15, RUE DES SAINTS-PÈRES
MÊME MAISON A LIÉGE

1890

TOUS DROITS RÉSERVÉS

OUVRAGES A CONSULTER

Revue générale des chemins de fer (mémoires et documents concernant l'établissement, la construction et l'exploitation technique et commerciale des voies ferrées. — Vve Ch. Dunod, éditeur.

Voie, matériel roulant et exploitation technique des chemins de fer, par M. Ch. Couche, inspecteur général des mines, professeur du cours de construction et de chemins de fer à l'école des mines. Vve Ch. Dunod, éditeur.

Cours de chemins de fer (École des Ponts et Chaussées), 1876-77, M. Sévène, ingénieur en chef des ponts et Chaussées, directeur de la compagnie d'Orléans.

Traité des chemins de fer, par M. Alfred Picard, président de section au Conseil d'État. — S. Rothschild, éditeur.

L'exploitation technique et l'exploitation commerciale, par M. Cossmann, ingénieur du service technique de l'exploitation du chemin de fer du Nord (encyclopédie des travaux publics).

Étude sur les signaux des chemins de fer français, par MM. Brame, inspecteur général des Ponts et Chaussées, et Aguillon, ingénieur en chef des mines. — Vve Ch. Dunod, éditeur.

Traité pratique d'électricité appliquée à l'exploitation des chemins de fer, par M. G. Dumont, inspecteur principal à la Compagnie de l'Est. — E. Bernard et Cie, éditeurs.

ERRATA

Page 16, ligne 3. Au lieu de : $P = \frac{v}{75} Nf(p, v) + \varphi(\pi, v)$,

lire : $P = \frac{v}{75} [Nf(p, v) + \varphi(\pi, v)]$.

Page 26, ligne 7. Au lieu de E_{ij}, lire : E_i

Page 30, ligne 1. Au lieu de : *On atteint sur les chemins anglais de 75 à 80 kilomètres à l'heure*, lire : *On réalise sur les chemins anglais des vitesses de 75 à 80 kilomètres à l'heure.*

Page 55, ligne 8. Au lieu de : *...de 150 sur des rampes...*
lire : *...de 150 tonnes sur des rampes...*

Page 64, ligne 20. Au lieu de : *...trop fréquents*, lire : *...très fréquents....*

Page 81, ligne 4 à partir du bas. Au lieu de : *On perce ensuite...*
lire : *Pour terminer, on perce...*

Page 94, ligne 7. Au lieu de (*fig. 20*), lire : (*fig. 19 et 20*).

Page 109, ligne 10. Au lieu de : *...roues extérieures*, lire : *... roues extrêmes.*

Page 133, lignes 3 et 4. Au lieu de : *...0,02 environ de la largeur,*
lire : *... 0,02 environ de la 1/2 largeur.*

Page 144, note. Au lieu de : *Annexe nº 2*, lire : *Annexe nº 1.*

Page 248. Après la ligne 6, ajouter : § *3. Service des voyageurs, double voie. I. Stations intermédiaires.*

Pages impaires de 249 à 259, au titre courant. Au lieu de *unique*, mettre *double* et § 3 au lieu de § 2.

Page 260. Au lieu de § 3, lire II.

Page 255, ligne 9. Au lieu de : *Dans ces deux conditions,...* lire : *Dans ces conditions,...*

Pages 265, 267, 269, au titre courant ; mettre *gares de bifurcation.*

Pages impaires de 271 à 285, au titre courant, mettre : *gares terminales.*

Page 286, légende de la figure. Au lieu de : *1880*, lire : *1870.*

Page 315, ligne 5 à partir du bas. Au lieu de : *... établie*, lire : *... placée.*

Page 318, note, ligne 6 à partir du bas. Au lieu de : *... sur les wagons,* lire : *... sur les voies.*

Page 390, ligne 3 à partir du bas. Au lieu de : *comme les lignes à voie étroite sont adoptées....* lire : *comme la voie étroite est adoptée...*

Page 409, ligne 14. Au lieu de : $T = \frac{19.58}{2}(4.20 + x)$, lire : $T = \frac{19.50}{2}(4.20 + x)$.

Page 450, ligne 15. Au lieu de : *Halles*, lire : *Halles.*

Page 482, ligne 18. Au lieu de : *s'occupe du*, lire : *manœuvre le...*

Page 491, ligne 6. Au lieu de : *bulletins*, lire : *étiquettes.*

Page 503, 1ʳᵉ ligne du bas. Au lieu de : *placée*, lire : *élevée.*

Page 581, 2ᵉ ligne du bas. Au lieu de : *232*, lire : *332.*

Page 583, ligne 5. Au lieu de : *fixée par...* lire : *fixée sur...*

Page 595, ligne 19. Au lieu de : *... les signaux*, lire : *... des signaux.*

Page 671. Annexe nº 8. Les huit premières lignes ont pour objet de servir d'introduction au Code des signaux qui ne commence effectivement qu'au Titre 1ᵉʳ. Certains mots écrits en caractères ordinaires, dans le texte officiel du Code, ont été écrits en italiques pour mieux fixer l'attention.

AVANT-PROPOS

Au début de ce livre, il ne parait pas inutile de faire connaître le but que nous avons poursuivi.

Lorsqu'on veut étudier les conditions d'établissement d'un chemin de fer, on se trouve en présence d'ouvrages nombreux ; les uns, à l'usage des gens du monde, sont généralement descriptifs et n'ont pas de valeur scientifique : les autres sont des traités considérables, traitant surtout d'administration et de jurisprudence, que les ingénieurs consultent avec avantage dans des cas spéciaux.

Nous avons pensé qu'un ouvrage plus technique pourrait rendre des services, notamment aux jeunes ingénieurs qui se préparent aux carrières des chemins de fer, ou même aux carrières industrielles, car il est bien peu de ces dernières qui, ayant quelque importance, n'aient recours aux chemins de fer soit pour l'arrivée des matières premières qu'elles emploient, soit pour l'expédition des produits qu'elles livrent au commerce.

Parmi les ouvrages les plus estimés, écrits dans le but que nous venons d'indiquer, il convient de citer en première ligne le cours de M. Sévène, ingénieur en chef des ponts et chaussées, professeur de chemins de fer à l'école des Ponts et Chaussées. Mais cet ouvrage remonte à 1877 ;

AVANT-PROPOS

il est autographié, ne se trouve pas en librairie, et l'on a grand'peine à se le procurer.

Le livre que nous publions est, en quelque sorte, une introduction à la science de l'ingénieur de chemins de fer. Ce n'est pas un traité complet; c'est la rédaction de la première partie (superstructure) du cours que nous professons à l'École Centrale, et dont le programme (dressé et y a quelques années par M. Mantion, ingénieur en chef des Ponts et Chaussées, ancien directeur de la Compagnie d'Orléans, notre éminent prédécesseur, a été développé et arrêté récemment par le conseil de perfectionnement de l'école.

De nombreux croquis, un atlas de planches avec des dessins exactement cotés, choisis parmi les types les meilleurs en usage dans les grandes compagnies, complètent le texte et donnent d'utiles modèles à suivre.

L'empressement avec lequel nos collègues ont répondu à notre appel, en nous communiquant leurs précieux renseignements, nous a fait contracter vis-à-vis d'eux une dette de reconnaissance dont nous nous acquittons de notre mieux en leur exprimant ici tous nos sentiments de gratitude.

E. D.

INTRODUCTION

§ 1. *Considérations générales*
§ 2. *La voie*
§ 3. *La locomotive*
§ 4. *Voyageurs et marchandises*
§ 5. *Résistances. Adhérence*

SOMMAIRE :

§ 1. — **Naissance des chemins de fer en Angleterre. Leur développement sur le continent et en Amérique. Premier réseau français. Considérations générales.**

§ 2. — **Voie.** Origine des chemins de fer. Rails en bois, en fonte, en fer malléable ; conditions particulières d'établissement. Voie normale. Voie étroite.

§ 3. — **Locomotive.** Ses caractères essentiels. Tirage forcé : chaudière tubulaire. Mécanisme. Effort de traction et puissance développée. Adhérence. Limite de vitesse.

§ 4. — **Trains de voyageurs et de marchandises.** Limite des charges et des vitesses. Machines à voyageurs et à marchandises. Caractères distinctifs. Maximum de puissance utile de la locomotive.

§ 5. — **Rampes.** Limite d'adhérence. Rampes des lignes de montagne, des lignes à grand trafic, des lignes secondaires, des lignes à faible trafic. Résistances accessoires. Leur influence sur l'utilisation et l'économie générale.

INTRODUCTION

§ 1.

CONSIDÉRATIONS GÉNÉRALES

Dans le cours de l'année 1825, le projet d'une ligne de chemin de fer entre Manchester et Liverpool était soumis au Parlement Britannique, et après un débat prolongé, dans lequel les préventions les plus violentes s'étaient donné carrière, il obtenait enfin la sanction législative. Les promoteurs de l'entreprise n'avaient reculé devant aucun effort pour créer, malgré les nombreuses difficultés du tracé, une ligne réalisant les conditions d'une exploitation facile et capable de suffire aux exigences d'un grand trafic. Mais le projet soumis au Parlement ne comportait pas d'autres moyens de traction que ceux en usage sur les routes ordinaires. L'emploi du moteur mécanique, malgré quelques essais favorables, effrayait encore l'opinion, et était considéré par le plus grand nombre même des hommes spéciaux comme une témérité, presque comme une folie.

En octobre 1829, alors que les travaux de la ligne nouvelle touchaient à leur terme, Georges Stephenson, partisan convaincu de la locomotive, dont il avait plaidé la cause avec chaleur dans la discussion parlementaire, présentait au grand concours de Rainhill la machine the Rocket (la Fusée) dans laquelle il était parvenu, par les plus heureuses combinaisons, à associer les éléments essentiels de la puissance avec la légèreté et la simplicité des organes : utilisant la chaudière tubulaire que Séguin venait d'inventer en France, l'échappement dans la cheminée dont lui-même avait découvert quelques années auparavant la merveilleuse efficacité, enfin la disposition des cylindres conjugués avec connexion directe sur l'essieu moteur. Après avoir, dans les essais de parcours en charge, dépassé largement les conditions du concours, la Fusée s'élançait en liberté et atteignait aux applaudissements d'une foule immense la vitesse, inouïe pour cette époque, de trente-cinq milles à l'heure. La cause de la locomotive était gagnée devant l'opinion publique.

Le 15 septembre 1830, la ligne de Manchester à Liverpool est ouverte officiellement au transport des voyageurs et des marchandises. Le service commence avec huit locomotives, sortant de l'usine que Stephenson avait récemment fondée à Newcastle.

A partir de cette époque, l'Angleterre s'engage résolument dans la construction des chemins de fer. La ligne de Londres à Birmingham, après une discussion encore assez vive, est concédée en 1833. Bientôt les travaux s'engagent de toutes parts. Les lignes qui doivent relier Londres à Edimbourg, à Bristol, à Douvres se construisent rapidement.

Parmi les Etats continentaux, la Belgique et la Hollande suivent les premiers le grand mouvement né de l'autre côté de la Manche. Les Etats-Unis d'Amérique, bientôt engagés dans la même voie, y marchent à pas rapides et impriment à l'industrie des chemins de fer leur caractère propre d'originalité et de hardiesse ; ils leur demandent non-seulement de servir d'auxiliaires dans les pays où le commerce était déjà développé, mais encore d'être les avant-coureurs de la civilisation dans les pays nouveaux à lui conquérir.

Les principaux Etats du continent européen témoignent d'abord d'une plus grande réserve. La France, qui en 1829 avec Séguin et le chemin de fer de Saint-Etienne s'était montrée presque la rivale de l'Angleterre, semble se recueillir. Les corps savants suivent d'une observation attentive les progrès de l'industrie nouvelle ; ils en discutent avec sagacité les éléments de réussite. Mais l'opinion et les pouvoirs publics persistent dans une attitude expectante. Le petit chemin de fer de Saint-Germain, concédé en 1835, a pour patrons des membres de notre Académie des Sciences, Lamé et Clapeyron, et semble être autant une expérience scientifique qu'une entreprise industrielle. Enfin, la loi du 11 juin 1842 vient mettre un terme à cette période d'attente, et classer définitivement les lignes qui doivent relier Paris à la frontière belge par Lille, au littoral de la Manche, à la frontière d'Allemagne par Strasbourg, à la Méditerranée par Lyon et Marseille; à la frontière d'Espagne par Bordeaux, à l'Océan par Nantes, au centre de la France par Bourges, enfin les lignes transversales de Lyon à Mulhouse et de Bordeaux à Marseille par Cette.

Notre grand réseau était légalement fondé.

La France n'a pas eu lieu de regretter cette marche prudente. Au moment où l'action législative et gouvernementale se prononce en faveur des chemins de fer, son corps d'ingénieurs est prêt. Le tracé et la construction de nos grandes lignes marchent rapidement : une remarquable unité de vues et de méthodes y préside. La construction du matériel se poursuit d'après des principes également sûrs, et donne un vif essor à l'industrie nationale. Nos ingénieurs, après avoir doté la France du réseau qui convenait à son rang parmi les nations européennes, deviennent des initiateurs à l'étranger, et prennent une large part à la création des chemins de fer en Italie, en Espagne, dans divers États allemands et en Russie.

La première moitié du xixe siècle a été l'ère de création des chemins de fer ; la deuxième partie devait en voir le développement et la pleine expansion. Sur les lignes principales devenues, suivant l'expression de Stephenson, les grandes routes du monde, l'augmentation du trafic et les exigences croissantes de la vitesse ne tardent pas à réclamer des engins de traction plus puissants, un matériel plus compact, des voies plus robustes, des règles de sécurité plus rigoureuses. En même temps, sous l'impulsion donnée aux transports de toute nature, les réseaux se ramifient vers tous les centres importants de population ou d'industrie. Le mouvement se propage des grands centres vers les localités de moindre importance, qui viennent réclamer leur part dans le bienfait des chemins de fer. Pour arriver à satisfaire, dans une mesure légitime, les aspirations qui s'élèvent de toutes parts, de nouveaux problèmes se posent. Il faut, sans renoncer aux doctrines que l'expérience a sanctionnées, et sous peine de fausser les principes eux-mêmes, chercher des solutions économiques, approprier le tracé, l'établissement des voies, la construction du matériel à l'importance réelle du trafic, et parfois à des conditions topographiques exceptionnelles.

Dans l'étude de ces questions multiples, qui n'ont pas cessé de tenir en haleine la science des chemins de fer, interviennent de nombreux éléments variables avec le temps et avec les lieux, la modification de certains courants commerciaux et industriels, les oscillations du prix des combustibles et de la main-d'œuvre, enfin et surtout les perfectionnements de l'industrie mécanique et les découvertes de la métallurgie.

Mais, dans l'extrême variété de ces études et des solutions qu'elles comportent, apparaissent certains principes généraux qui sont en quelque sorte la raison d'être des chemins de fer et qu'il importe de bien dégager. De ces principes découlent les conditions essentielles d'établissement de la voie et du matériel de traction, ainsi que les règles de tracé qui doivent permettre de tirer d'une ligne projetée son maximum d'utilisation, de réaliser, en un mot, une exploitation rationnelle et économique.

§ 2.

LA VOIE

L'industrie des chemins de fer, qui était appelée à devenir l'instrument le plus puissant des relations sociales, est née d'une question purement économique. Quand, au commencement du xvii° siècle, l'exploitation de la houille prit tout d'un coup un grand développement dans les bassins miniers de l'Angleterre, l'obligation s'imposa de réaliser sans frais exces-

§ 2. — LA VOIE.

sifs le transport à destination d'un produit dont la valeur intrinsèque était presque nulle. Partout où l'on pouvait atteindre des voies navigables, la solution du problème était relativement aisée. Mais le transport de la mine à la mer, à la rivière ou au canal le plus prochain restait une cause de dépense importante. Dès l'origine, les compagnies exploitantes durent chercher les moyens de la réduire.

Si l'on examine de près la nature des résistances qu'éprouve un véhicule chargé sur une route et dont la grandeur est en relation directe avec la dépense de traction, on reconnaît que ces résistances sont inhérentes, les unes au véhicule employé, les autres au chemin sur lequel se fait le roulage ; mais ces dernières sont de beaucoup les plus importantes.

Le mode de construction adopté de temps immémorial pour le matériel de transport, c'est-à-dire l'emploi de roues folles montées sur des fusées métalliques tournées et graissées, ne donne lieu, même dans des conditions médiocres d'exécution, qu'à un travail de frottement extrêmement faible. La traction d'un poids de 1.000 kilogr. sur une voie horizontale qui n'aurait pas de résistance propre exigerait à peine, dans des conditions moyennes, un effort de 1 kilogr. Un pareil résultat, au point de vue pratique, ne laisse à peu près rien à désirer.

Il en est autrement de l'effort opposé par le sol lui-même à la progression du véhicule. Qu'il s'agisse d'un simple chemin d'exploitation ou d'une route plus ou moins bien empierrée, les roues du chariot rencontrent fréquemment des aspérités sur lesquelles elles doivent s'élever, en dépensant une certaine quantité de travail mécanique. Ce travail n'est pas restitué, du moins pour une fraction importante, lorsque la roue redescend : ou bien la partie saillante a cédé sous la pression, et il s'est produit soit un tassement, soit une désagrégation moléculaire ; ou bien la roue franchissant l'obstacle retombe de la hauteur qu'elle a atteinte et sa circonférence vient frapper normalement la partie déprimée du sol en produisant un choc, et par suite une perte de force vive. A ces effets, qui constituent la résistance propre au roulement viennent s'ajouter, si la voie est mauvaise par nature ou fatiguée par une circulation excessive, les frottements latéraux des jantes contre les ornières, et dans certains cas l'adhérence des terres argileuses.

Tous ces effets nuisibles disparaissent si la voie de roulement est rendue, par un procédé quelconque, *continue* et *indéformable*. Comme moyen d'arriver à ce résultat s'offrent l'emploi du bois, celui de la pierre de taille, celui des plates-bandes et des poutres en métal.

Dès l'année 1630, on trouve employées dans le bassin de Newcastle des longrines en bois formant ornières (sleepers), grâce auxquelles la charge traînée par les chevaux est considérablement augmentée. Bientôt, pour parer à l'écrasement et à l'usure des parties frottantes, on revêt de bandes minces en fer la surface de roulement. Vers la fin du xviiie siècle, la fonte de fer, devenue un produit de fabrication courante, est appliquée au même objet. Les longrines en bois disparaissent : le chemin de fer est formé par la succession de poutres métalliques, supportées de distance en distance par des traverses ou par des dés en pierre. Ces poutres portent, venu de fonte, le rebord saillant destiné à maintenir les roues en direction.

La fragilité de la fonte devait obliger à abandonner son emploi quand, à la suite des premiers travaux de Stephenson, les chemins de fer, exclusivement consacrés jusqu'alors au service des mines, s'offrirent comme moyen de transport au public, et adoptèrent pour moteur la locomotive. Le rail en *fer* malléable, résolument préconisé par Stephenson, devint la caractéristique des voies nouvelles. La ténacité exceptionnelle que présente ce métal, sa dureté que divers procédés métallurgiques permettent d'accroître suivant les besoins, la facilité qu'on a de le laminer en grandes longueurs et au profil jugé le plus convenable, tout concourait à en faire l'agent par excellence de la grande industrie à laquelle son nom devait rester attaché.

Un rail bien laminé, présentant une section et des points d'appui suffisants pour ne pas fléchir sous la charge, peut être considéré comme réalisant d'une manière presque absolue la suppression des résistances au roulement. Pour que la même conclusion puisse s'appliquer à la succession de rails dont sera formé le chemin de fer, il faut que ces rails se prolongent exactement, sans dénivellation et sans perte de résistance. L'agencement des pièces de joints, l'*éclissage*, permet de satisfaire à ces deux dernières conditions ; la première, qui semblerait la plus facile à réaliser, ne peut être obtenue rigoureusement. L'obligation de laisser au métal sa libre dilatation sous les influences atmosphériques, entraîne le maintien d'un certain jeu entre les rails. C'est une imperfection de la voie ferrée, qui donne lieu à des trépidations appréciables, mais qui ne produit, en fait, aucun accroissement sensible de l'effort résistant.

Le profil à donner aux rails pour obtenir, sous le moindre poids possible, la rigidité, la résistance et la stabilité nécessaires, l'espacement et la nature des traverses, le système d'éclissage, sont des problèmes qui ne comportent pas de solution absolue. On a pu expérimenter des profils très différents, substituer pour les rails l'acier au fer et pour les traverses le métal au bois, modifier de diverses manières les positions relatives et l'assemblage des joints, sans altérer le caractère d'unité des lignes où s'opéraient ces essais ou ces substitutions.

Mais il est une donnée essentielle qu'il a été nécessaire de fixer dès le début de l'entreprise des voies ferrées, et à l'égard de laquelle un mauvais choix ou un défaut d'accord entre les réseaux intéressés aurait pu entraîner les plus fâcheuses conséquences, et devenir une cause de faiblesse pour l'industrie même des chemins de fer : c'est la *largeur de la voie*. Aucune règle théorique ne pouvait être invoquée pour la détermination de cet élément. Par un heureux accord entre les réseaux européens et à part quelques exceptions limitées à certaines lignes anglaises, à l'Espagne et à la Russie, la largeur de la voie a été fixée à un chiffre uniforme (à quelques millimètres près), déduit de la pratique des routes de terre. On a compris que si l'exploitation par chemin de fer devait conduire à adopter, pour le transport des voyageurs, aussi bien que pour celui des marchandises, des véhicules de plus grande capacité, et par suite de largeur augmentée, le surcroît de stabilité dû à l'assiette de la voie et à l'abaissement des roues permettrait cet accroissement sans qu'il fût nécessaire d'élargir la base d'appui. La pratique s'est trouvée en accord complet avec ces prévisions. Ceux des chemins anglais qui avaient adopté d'abord une largeur plus grande ont successivement ramené leur écartement à la valeur normale, recouvrant ainsi pour leurs relations intérieures les facilités d'échange que le réseau continental avait su se réserver dès l'origine, et qu'il s'attache aujourd'hui à compléter par l'adoption de dimensions uniformes, ou *normes*, discutées entre tous les services intéressés.

La voie dite normale est celle des lignes à grand trafic, des artères principales, dont l'ensemble a formé, dans chaque État, le réseau primitif. On l'a appliquée encore avec juste raison, et malgré ses frais d'établissement élevés, aux lignes de jonction, aux affluents importants du réseau principal. Mais elle ne saurait être considérée comme une donnée invariable, comme une condition absolue et en quelque sorte constitutive des chemins de fer. Ce serait condamner *a priori* toute ligne dont le trafic probable ne serait pas suffisant pour justifier des frais d'établissement comparables à ceux qu'ont exigés les lignes de premier ordre.

La voie étroite se présente comme la solution qui permettra de poursuivre, dans une mesure raisonnable, le développement des lignes à faible trafic. La raison d'être des chemins de fer, leurs avantages commerciaux et sociaux s'appliquent aussi bien à une voie de 1^m qu'à la voie normale de 1^m44. Avec une largeur de voie réduite, on arrive à diminuer notablement les frais d'établissement de la ligne, surtout quand le terrain est tourmenté.

La réduction de largeur de la voie est limitée par certaines conditions obligatoires d'aménagement du matériel à voyageurs, par la nécessité de conserver un rapport de sécurité entre les dimensions transversales des caisses et la largeur de la base d'appui. Dans certains cas spéciaux on a pu descendre jusqu'à $0^m.60$ ou même plus bas encore. Mais il semble que, pour une exploitation normale, il convient de ne pas s'éloigner de la largeur de 1^m, qui tend d'ailleurs, au moins en France, à être adoptée uniformément. Dans ces conditions, la voie étroite paraît ouvrir à l'extension des lignes d'intérêt local un avenir important.

§ 3.

LA LOCOMOTIVE

La substitution de la voie ferrée, pour les grands courants de transport, à la chaussée rugueuse et déformable des routes ordinaires constituait par elle-même un progrès industriel important. On peut en juger par les services que rendent les voies d'exploitation dans les grandes usines et les chantiers de l'industrie. L'extension qu'a prise, surtout depuis quelques années, la construction des chemins de fer à traction de chevaux, des tramways, en est une preuve également sensible. Toutefois, on est porté à croire que les avantages offerts par le chemin de fer auraient paru, dans bien des cas, hors de proportion avec les grands frais d'établissement qu'il entraîne et que son développement aurait pu être peu rapide, si dès ses premiers essais l'admirable invention de la locomotive n'était venue en accroître dans des proportions extraordinaires le champ et les moyens d'action.

La voie ferrée et le moteur mécanique se sont rencontrés dans de telles conditions de convenance réciproque, il s'est établi entre ces deux éléments une association si intime et si féconde qu'il semble impossible aujourd'hui de les séparer dans l'histoire du progrès industriel.

Deux traits essentiels caractérisent l'engin mécanique appliqué à la locomotion : sa *puissance* en quelque sorte illimitée et la faculté qu'il possède de réaliser, par la simple combinaison de ses organes, une *vitesse* de progression absolument interdite aux moteurs animés.

La faculté de développer suivant les besoins une somme de puissance pour ainsi dire indéfinie est le propre des systèmes mécaniques. Dans l'emploi des moteurs animés, on se trouve en présence d'une unité de force, nécessairement limitée, et l'association par groupes d'un nombre plus ou moins grand de ces unités ne peut elle-même se faire au delà de certaines limites ; la simultanéité d'action ne pouvant être réalisée pratiquement, on ne peut recueillir tous les avantages que ferait prévoir la totalisation des efforts. L'emploi de l'engin mécanique, de la *machine à vapeur*, n'est pas assujetti à cette restriction. L'accroissement de ses proportions, et par suite de sa puissance, n'a d'autres bornes que celle de l'industrie humaine.

La locomotive n'est pas le plus puissant des moteurs industriels ; mais elle est celui qui présente le groupement le plus remarquable des éléments de la puissance. Elle a en effet un caractère particulier, essentiel, et qui constitue en quelque sorte sa physionomie : c'est l'extrême concentration des moyens appropriés au but à atteindre. Non seulement la locomotive remplace à la tête d'un train un nombre de chevaux vingt fois supérieur à celui des attelages les plus puissants, mais encore elle obtient ce résultat au moyen d'un appareil dont les proportions sont tellement condensées qu'il dépasse à peine les dimensions d'un véhicule ordinaire, et que son poids par force de cheval n'atteint pas cent kilogrammes.

Trois éléments principaux concourent à ce précieux avantage : l'énergie du tirage, la grande étendue de la surface de chauffe, enfin la simplicité et le groupement compact des organes mécaniques.

Dans la locomotive, comme dans tous les moteurs thermiques, la production de l'énergie est demandée à l'action chimique, à la combustion d'une certaine quantité de charbon par l'oxygène de l'air. De l'étendue superficielle du foyer dépend la quantité de combustible qui peut être soumise, dans un temps donné, à l'action chimique. Mais l'énergie de cette transformation et la production de chaleur correspondante ont comme facteur la rapidité du courant d'air qui vient, à travers la grille, fournir à la combustion l'oxygène nécessaire : cet élément est le *tirage*. Accroître le tirage, c'est, au moins jusqu'à certaines limites, accroître dans une proportion correspondante l'énergie calorifique et par suite la puissance de l'appareil, sans que le poids et les dimensions en soient nécessairement affectés.

Les curieuses mais encombrantes machines construites vers l'année 1800 par Trevithick, et qui les premières ont mérité le nom de locomotives, alimentaient leur foyer au moyen d'une

§ 3. — LA LOCOMOTIVE.

vaste soufflerie commandée par le mécanisme lui-même : la production restait pénible. En 1814, Stephenson, qui travaillait à perfectionner la locomotive de Trevithick, et qui avait déjà réalisé dans l'ensemble des organes d'importantes améliorations, cherchait par des combinaisons diverses à triompher de la paresse du feu et de l'insuffisance de l'évaporation. Il imagina de lancer dans la cheminée, par un orifice étroit, le jet de vapeur qui s'échappait des cylindres ; il vit aussitôt le feu s'éclaircir, la flamme s'allonger, et la production de vapeur se trouva presque doublée. Dans cette inspiration subite, Stephenson avait découvert le secret non seulement de la puissance productrice de la locomotive, mais encore de son extraordinaire souplesse. Le rôle de l'échappement ne se borne pas en effet à accroître la production de vapeur : il a une merveilleuse aptitude pour la régler, et la maintenir continuellement en proportion avec la dépense et avec le travail exigé.

Toute quantité de charbon brûlée dans le foyer sous l'action du tirage détermine le dégagement d'une quantité de chaleur correspondante. Cette chaleur est répandue dans la masse des gaz qui s'élèvent au-dessus de la grille et tendent à s'échapper par la cheminée. Pour la recueillir et l'appliquer à la production de la puissance motrice, il faut faire en sorte que les gaz chauds soient mis en contact, aussi intime et aussi prolongé que possible, avec l'eau contenue dans le corps de la chaudière ; qu'ils se dépouillent à son profit de son énergie calorifique, et ne sortent de l'appareil que presque entièrement refroidis. La solution adoptée depuis Watt pour les générateurs fixes consistait à donner aux chaudières des formes étroites et allongées, et à faire circuler la flamme le long de leurs parois dans des carneaux en maçonnerie. Cette solution, très satisfaisante pour des appareils à demeure, ne pouvait évidemment s'appliquer à la locomotive, dont la chaudière doit, de toute nécessité se réduire à un corps métallique de dimensions et de poids restreints, susceptible d'être monté sur roues et de se transporter avec le train remorqué. Le problème posé dans ces conditions présentait des difficultés toutes nouvelles. Stephenson travaillait depuis vingt ans à les résoudre, et n'avait encore obtenu que des résultats très imparfaits, lorsque, en 1829, quelques mois seulement avant le concours ouvert à Liverpool et qui devait avoir un si grand retentissement, M. Séguin, ingénieur du chemin de fer de St-Etienne, imaginait la *chaudière tubulaire*, caractérisée par l'emploi de conduits multiples, longs et étroits, de toutes parts enveloppés par l'eau de la chaudière, entre lesquels la flamme se partage à la sortie du foyer avant de trouver issue par la cheminée. Stephenson, sans perdre de temps, faisait l'application du système tubulaire à la Fusée, et obtenait à Rainhill le magnifique succès qui devait décider de l'avenir des locomotives.

Un tirage énergique, produit et réglé par l'action de la vapeur elle-même avant son dégagement dans l'atmosphère ; une très grande surface de chauffe concentrée sous un faible volume : tels sont, en ce qui concerne la production de l'énergie calorifique, les traits distinctifs de la locomotive, ceux qui lui donnent son originalité propre. Des dispositions de mécanisme non moins heureusement conçues en complètent l'ensemble. Deux cylindres, conjugués en vue de concourir à un effort régulier, et dont les pistons actionnent au moyen d'une longue bielle les manivelles motrices placées à angle droit ; des tiroirs de distribution appliqués automatiquement par l'effort de la vapeur et qui empruntent leur mouvement alternatif à la rotation de l'essieu ; l'admission de vapeur réglée et le renversement de la marche assuré au moyen de la coulisse, admirable conception géométrique à laquelle reste encore attaché le nom glorieux de Stephenson ; tel est sous sa forme en quelque sorte classique le mécanisme de la locomotive, également remarquable par sa simplicité et par sa souplesse ; par son aptitude à transmettre de grands efforts de traction, ou à réaliser, avec des charges réduites, des vitesses qui atteignent et dépassent même accidentellement 100 kilomètres à l'heure.

Le *travail* demandé à la locomotive consiste à faire progresser sur les rails une série de wagons réunis en un train plus ou moins long, et en outre l'appareil moteur lui-même, avec son approvisionnement d'eau et de charbon. Les facteurs de ce travail sont, d'une part, le chemin à parcourir dans un temps donné, c'est-à-dire la *vitesse*, et d'autre part l'*effort résistant*

§ 3. — LA LOCOMOTIVE.

des véhicules qui composent le train en marche, y compris la machine elle-même.

En ce qui concerne le *train remorqué*, on peut, dans une vue d'ensemble, considérer les véhicules dont il est formé comme identiques entre eux et constituant chacun une *unité de traction*. La résistance du train sera le produit du nombre N des véhicules par la résistance propre de chacun d'eux. Dans la résistance d'une unité, d'un wagon, entrent des éléments assez complexes, mais qui se rapportent à deux causes principales : l'une est l'action de la pesanteur, le poids du véhicule chargé, qui a pour effet d'appliquer le chassis sur les essieux et les roues sur les rails, déterminant ce qu'on appelle la *résistance au roulement* ; l'autre est la réaction de l'air ambiant, plus ou moins violemment déplacé sous l'influence de la *vitesse*. Indiquons cette double action en écrivant que la résistance de l'unité de traction, r, est une dépendance, une *fonction* de son poids p et de la vitesse v :

$$r = f(p, v).$$

La résistance du train remorqué est le produit de la résistance unitaire par le nombre des véhicules :

$$R = N f(p, v).$$

La locomotive elle-même, avec son tender, possède, en tant que véhicule, une résistance propre, et cette résistance ρ est une fonction, de forme particulière, des mêmes éléments : le poids de la machine et de ses accessoires π, et la vitesse v :

$$\rho = \varphi(\pi, v).$$

L'*effort* en kilogrammes E, qu'il faut exercer dans le sens de la marche pour déterminer la progression du train entier, sur une voie supposée horizontale, aura pour expression la somme des résistances :

(1) $$E = N f(p, v) + \varphi(\pi, v).$$

De cette expression se déduit, en multipliant par la vitesse et divisant par le coefficient 75, la *puissance en chevaux-vapeur* :

$$(2) \qquad P = \frac{r}{75} N f(p, r) + \varphi(\pi, v).$$

L'effort de traction et la puissance motrice sont deux éléments qui, au point de vue du service de la locomotive, ont une importance égale. Mais ils présentent chacun un caractère bien distinct et leurs valeurs relatives, loin d'être liées par un rapport de proportionnalité, diffèrent essentiellement suivant le type et l'affectation spéciale des machines.

L'effort de traction est intimement lié aux proportions du *mécanisme*, cylindres, manivelles et roues motrices. La puissance, au contraire, est en relation directe avec les données du générateur, de la *chaudière*.

Si l'on suppose connus :

La pression effective p, par unité de surface, de la vapeur dans la chaudière, en tenant compte par un coefficient z de l'abaissement de la pression dans le passage de la chaudière au cylindre, de la détente, etc. ;

Le diamètre des pistons moteurs, d ;

Leur course, qui n'est autre que le double du rayon de la manivelle ;

Enfin le diamètre des roues motrices D ;

La valeur de l'*effort de traction* se calcule par les seules règles de la statique. Elle a pour expression théorique :

$$E = zp \frac{d^2}{D} l.$$

Cette expression ne contient aucun terme relatif à l'intensité plus ou moins grande de la production de vapeur : elle ne fait pas connaître la loi du mouvement plus ou moins rapide que prendrait le train sous l'effort produit. Mais si, à la considération de l'effort moteur nous ajoutons celle de la *vitesse*, nous nous trouvons en face des deux éléments, des deux facteurs de la *puissance*, et l'activité de la vaporisation entre en jeu. Pour faire accomplir à la machine un tour de roue sous un effort déterminé, il faut un certain poids de vapeur dépensé dans chaque cylindre ; pour réaliser dans ces conditions une certaine vitesse, en d'autres termes pour effectuer *dans un temps donné* un certain nombre de tours de roues, il faut dépenser dans ce temps autant de fois le double volume des cylindres qu'il y a de tours de roues : il faut donc une activité de production proportionnelle à la fois à l'effort moteur et à la vitesse, en d'autres termes à la puissance exigée. C'est d'après le chiffre de cette puissance, que doivent être fixées les proportions des éléments essentiels de la chaudière : *surface de grille, surface de chauffe*. De ces éléments dépendent toutes les dimensions et par suite le poids de l'appareil entier, dont le mécanisme n'est qu'une fraction peu importante.

La question du poids qui se rattache directement, ainsi qu'on vient de le voir, à celle de la puissance, se trouve, par suite d'une circonstance absolument spéciale à la locomotive, avoir une corrélation indirecte, mais en même temps essentielle avec l'effort moteur, ou du moins avec l'utilisation de cet effort.

Dans les conditions géométriques où fonctionne le mécanisme, la pression exercée sur les pistons tend à faire tourner les roues motrices *autour de leur axe* ; pour que cet effort se transforme en un roulement de la jante sur le rail et par suite en un mouvement général de progression de la machine, il faut que les roues ne tournent pas folles sur le rail, ou que celui-ci oppose au glissement des roues motrices une résistance au moins égale à l'effort exercé. Cette condition, qui a paru longtemps un grave obstacle à l'emploi des locomotives, et qui avait déterminé dans certains essais anciens l'adoption du rail à crémaillère, peut cependant être réalisée par l'enchevêtrement naturel des aspérités du bandage de la roue et du rail, c'est-à-dire par l'adhérence des deux surfaces en contact. Mais il faut pour cela que l'application du bandage sur le rail ait lieu sous une pression : en d'autres termes qu'un poids d'une importance déterminée soit supporté par les *roues motrices*.

Si $\frac{1}{n}$ est le coefficient de frottement relatif aux deux surfaces en contact, π_1 la portion du poids de la locomotive qui porte sur les roues motrices, on a l'expression de condition :

… INTRODUCTION.

$$E < \frac{1}{n}\pi_1.$$

Supposons que le coefficient $\frac{1}{n}$ (appelé ici coefficient d'adhérence), ait la valeur de $\frac{1}{7}$, admise ordinairement dans la pratique ; on voit que l'effort utilisé pour la traction ne saurait être supérieur à la septième partie du poids supporté par les roues motrices, ou 1/7 du *poids adhérent*.

Cette condition appliquée à un seul des essieux d'une machine, dont tous les essieux sont indépendants, ne fait ressortir comme disponible qu'un effort très limité.

L'*accouplement* des essieux, qui peut être réalisé au moyen d'une simple bielle de connexion, permet de compter comme poids adhérent, non plus seulement celui qui presse les roues motrices, mais la totalité du poids afférent à ceux des essieux dont le mouvement est rendu solidaire. L'accouplement peut ne porter que sur une partie seulement des essieux ; mais il peut porter aussi sur la totalité. En sorte que la *limite absolue* de l'effort moteur peut être exprimée par le poids total de la locomotive, affecté du coefficient d'adhérence.

La *vitesse* n'est pas, comme l'effort de traction, assujettie à une limitation précise résultant ou du poids de l'appareil, ou des dimensions du mécanisme. Il n'y a pas d'obstacle absolu à ce que l'allure d'une machine étudiée d'après certaines prévisions soit portée par exemple au double de sa vitesse normale, moyennant une diminution de la charge ou une augmentation temporaire de la production de vapeur. Toutefois l'exagération de vitesse, au delà d'une certaine mesure, devient nuisible en ce qu'elle augmente la fatigue des organes en mouvement et les risques d'échauffement des parties frottantes.

A égalité de diamètre des roues, la vitesse du mécanisme, dans deux locomotives de construction semblable, varie évidemment comme les vitesses de progression elles-mêmes. La fatigue des organes serait donc plus grande dans une locomotive appelée à faire des trains légers et rapides que dans celle qui remorquerait avec une vitesse modérée de fortes charges. Pour éviter cette anomalie, il convient de donner à la première

§ 4. — TRAINS DE VOYAGEURS ET DE MARCHANDISES. 19

machine un diamètre de roues plus grand qu'à la deuxième. Cette augmentation a pour conséquence de diminuer l'effort de traction *rapporté à la jante* : mais cette conséquence même est en harmonie avec le résultat poursuivi, les grandes vitesses devant en général correspondre à de faibles charges.

A priori, la relation à établir entre le diamètre des roues et la vitesse prévue des trains serait la proportionnalité exacte. Mais l'accroissement du diamètre au delà de certaines limites entraîne des difficultés, ou pour mieux dire des inconvénients graves. Et comme il n'y a là en jeu aucun principe absolu, il est bien préférable de se tenir à des dimensions modérées qui se concilient aisément avec les autres éléments de la construction. L'essai de diamètres excessifs pour les roues motrices des machines à grande vitesse n'a jamais fait ressortir aucun avantage, et a conduit au contraire à de graves mécomptes. Les dimensions modérées et à peu près uniformes, auxquelles toutes les compagnies ont fini par s'arrêter, sont suffisantes non seulement pour les plus grandes vitesses en usage, mais même pour des allures bien plus rapides. Les limites de vitesse actuellement admises dans le service des chemins de fer ne sont aucunement imputables aux conditions de fonctionnement de la locomotive.

§ 4.

VOYAGEURS ET MARCHANDISES.

Le service général des chemins de fer comprend deux classes de transports distinctes, ordinairement désignées par les termes de *marchandises* et de *voyageurs*. Sous la première dénomination sont compris les produits et matières de toutes sortes, voyageant ordinairement par grandes masses, dont la valeur rapportée au poids est peu considérable, et dont le transport ne réclame ni une célérité, ni une surveillance exceptionnelle. Le service dit des voyageurs comprend, avec le transport des personnes, celui de quelques catégories d'objets de nature délicate et peu encombrants, qu'il est utile de faire parvenir rapidement à destination.

Au point de vue technique, il n'existe pas de ligne de démarcation absolue entre ces deux natures de transports. Les wagons à marchandises peuvent, sous quelques conditions faciles à réaliser, être attelés dans les trains avec les voitures spécialement affectées au transport des personnes, et voyager dans les mêmes conditions de vitesse. C'est en fait la solution adoptée d'une manière à peu près invariable sur les lignes à faible trafic, et exceptionnellement sur les grandes lignes, lorsqu'il s'agit de porter à son maximum l'utilisation de certains trains de voyageurs. Mais, en principe et dans les conditions normales d'exploitation, le transport des voyageurs et celui des marchandises doivent être traités suivant des règles différentes.

Le service des marchandises est caractérisé, au point de vue commercial, par le faible rapport de la valeur des objets transportés à leur poids, et, comme conséquence, par la faible rémunération obtenue de l'unité de tonnage. De là l'obligation d'organiser ces transports dans les conditions de la plus grande économie, et pour cela d'opérer par groupes aussi considérables que possible. La composition des trains, qui sur les grandes lignes peut atteindre 60 à 80 véhicules et au delà, avec un poids peu différent de mille tonnes, est limitée par les conditions matérielles du service des gares, par la longueur des voies de formation et d'évitement ; non par l'effort disponible de la locomotive, lequel, on l'a vu, est susceptible d'un accroissement pour ainsi dire indéfini. Mais, à moins d'admettre une augmentation démesurée de la puissance et par suite du poids des locomotives, il faut compenser la valeur élevée de l'effort de traction par l'adoption d'une vitesse modérée. La nature du trafic se prête à cette solution dont la légitimité et la convenance ne peuvent pas être contestées. Même des esprits critiques ont pu, lorsqu'on discutait les règles d'exploitation des premiers chemins de fer, signaler comme excessives les vitesses acceptées par les compagnies, et blâmer la prétention de faire voyager la pierre et la houille à des vi-

§ 4. — TRAINS DE VOYAGEURS ET DE MARCHANDISES. 21

tesses que n'ont jamais connues les carrosses de Louis XIV dans toute sa gloire. A vrai dire, l'intérêt des chemins de fer est ici conforme à celui du public. De même que l'exagération de la vitesse, sa réduction au-dessous de certaines limites deviendrait onéreuse. S'il est vrai que, suivant une formule connue, le temps a sa valeur en argent, l'industrie des chemins de fer n'échappe pas à cette règle générale.

A l'égard des trains de voyageurs, la question de vitesse prend une importance tout à fait prépondérante. La considération d'économie, bien que toujours digne d'intérêt, passe nécessairement au deuxième rang ; les chemins de fer auraient peut-être peine à se défendre contre des exigences excessives de la part du public, si la question de *sécurité* n'entrait ici en ligne avec son caractère absolu. La locomotive, avons-nous dit, n'est pas en cause : elle donnerait et elle donne en cas de besoin des vitesses supérieures à 100 kilomètres, alors que les services d'exploitation ne lui demandent, le plus ordinairement, qu'un maximum de 75 ou 80 kilom. à l'heure.

A l'emploi des grandes vitesses doivent correspondre, pour une puissance normale de la machine, des charges modérées. Cette condition est d'autant plus obligatoire que la résistance des trains, à égalité de tonnage, s'accroît dans une forte proportion avec la vitesse. Mais la nature des choses fait que les trains de voyageurs ont généralement par eux-mêmes un tonnage peu élevé, et même leur composition est, la plupart du temps, inférieure à ce que comporterait, pour les conditions de vitesse prévues, l'entière utilisation de la machine. En effet, des conditions d'ordre extérieur, mais qu'on est dans l'obligation d'accepter, obligent à multiplier, quelquefois jusqu'à l'excès, le nombre des trains journaliers : ce qui a pour effet de réduire la composition utile de chacun d'eux.

Pour les trains de vitesse modérée, cette insuffisance de charge peut être comblée par l'addition d'un nombre plus ou moins grand de véhicules à marchandises. On est ainsi conduit à la constitution des *trains mixtes*, très utiles dans l'exploitation de certaines sections d'importance moyenne.

Quant aux trains *express* et *rapides*, l'accroissement exceptionnel de la vitesse ne permet d'admettre que des charges très réduites ; le transport devient onéreux et nécessite l'application de tarifs élevés, qui limitent naturellement l'affluence des voyageurs.

En résumé, la proportion entre les vitesses et les charges des trains de toute nature s'est établi, par suite de circonstances inhérentes aux différentes classes de transport, dans des conditions d'*équilibre* remarquable : en sorte que l'exploitation des grands réseaux a été conduite à admettre, aussi bien pour les trains de vitesse que pour les marchandises, une *unité moyenne* de force motrice, un type de locomotive presque uniforme, du moins en ce qui concerne les éléments de la production de vapeur, les dimensions de la chaudière et le poids sur roues. Il arrive, et c'est là un point important dans l'économie générale du service, que cette unité correspond sensiblement à la somme du travail qu'il convient de demander, dans des conditions moyennes, au personnel de conduite, toujours composé de deux hommes : un mécanicien qui dirige la marche et surveille tout l'ensemble de la machine, un chauffeur chargé plus spécialement de l'entretien du feu et de l'alimentation d'eau.

La locomotive qu'on peut appeler *normale* pèse de 30 à 40 tonnes ; elle repose sur trois essieux, parfois sur quatre. La puissance disponible est de 300 à 400 chevaux.

Pour les *marchandises*, tous les essieux sont accouplés et les roues doivent avoir de faibles diamètres (1^m,30 à 1^m,60). L'effort moteur peut atteindre 6 à 7 mille kilogrammes, ce qui permettrait de traîner en palier un train de 1.000 tonnes.

Dans la machine à *voyageurs*, les roues motrices sont quelquefois libres et l'on ne dispose alors que d'un faible effort de traction, parfois insuffisant. Les machines construites depuis quelques années ont invariablement deux essieux moteurs avec roues accouplées de 2^m,00 de diamètre environ, et en outre une ou deux paires de roues porteuses de diamètre moindre. L'effort moteur peut atteindre de 4.000 à 6.000 kil. à pleine admission ; mais en marche sa valeur est généralement beaucoup plus faible. Il est fait un large emploi de la détente.

Les machines destinées au *service mixte* présentent un caractère intermédiaire : elles ont soit deux, soit trois essieux couplés et un diamètre de roues moyen (1^m,60 à 1^m,90), avec les mêmes proportions de la chaudière et des cylindres.

§ 4. — TRAINS DE VOYAGEURS ET DE MARCHANDISES.

Le service des grands express et des trains de luxe, qui depuis quelques années prend une importance croissante, a conduit à créer un type de machines de puissance un peu supérieure à l'unité que nous avons définie.

Le poids est de 40 à 45 tonnes : la production de la chaudière, augmentée par l'agrandissement du foyer, permet d'atteindre une puissance utile de 500 chevaux. Ces machines traînent aux vitesses les plus élevées des trains relativement lourds. Leur service excéderait peut-être le travail qu'il convient de demander au personnel de conduite, si des mesures spéciales n'étaient prises, tant pour faciliter l'alimentation du foyer que pour limiter le temps de présence des agents sur la machine.

De même pour les marchandises, dans des conditions de trafic exceptionnelles, il a paru utile de porter la puissance des machines à la limite compatible avec l'emploi de 4 essieux, chargés au maximum. Le poids de la locomotive atteint alors 50 tonnes et même 54 tonnes, et sa puissance 500 à 600 chevaux. Les proportions du mécanisme sont augmentées comme celles de la chaudière. L'effort de traction s'élève jusqu'à 10.000 kilogr.

La grande machine d'express et la machine de marchandises à 4 essieux couplés réalisent le maximum de ce qui peut être demandé utilement à la locomotive, du moins dans les conditions actuelles d'exploitation du réseau européen. L'emploi de cinq et même de six essieux a été tenté, non récemment, mais à une époque où les conditions pratiques d'exploitation n'étaient pas encore parfaitement définies. Ces tentatives ont échoué ; mais leur insuccès a été un enseignement dont la science des chemins de fer a su tirer profit.

C'est d'ailleurs aujourd'hui dans un ordre d'idées tout différent que doit être poursuivie l'étude de la locomotive. Il s'agit surtout de rechercher et d'approfondir les conditions de son adaptation aux lignes de faible trafic et à la voie étroite. La question ne paraît pas avoir été traitée, jusqu'ici, dans une vue d'ensemble. Elle mérite pourtant de fixer toute l'attention des ingénieurs : certaines solutions heureuses, déjà produites, mais qui n'ont peut-être pas été assez remarquées, permettent de juger de l'intérêt du problème et de pressentir l'importance économique des résultats.

§ 5.

RÉSISTANCES. — ADHÉRENCE

Nous avons considéré jusqu'ici la locomotive dans les conditions les plus simples et en même temps les plus favorables de son emploi, en supposant une voie parfaitement horizontale. La marche en *palier* ne laisse, en effet, subsister d'autre résistance que celle du roulement, réduit à une très faible valeur par l'emploi des rails. Elle est la condition *normale*, le *desideratum* des chemins de fer.

Il existe des lignes importantes tracées presque entièrement en palier : telles sont, en France, celles qui desservent les larges vallées de la Loire, de la Saône et du Rhône. Mais, dans la généralité des cas, il y a obligation évidente d'admettre l'emploi des rampes : soit que les deux points extrêmes de la ligne projetée aient des altitudes inégales ; soit que deux localités, situées à peu près au même niveau, mais sur des versants différents, ne puissent être réunies qu'en franchissant une vallée ou en gravissant un plateau.

Il est donc nécessaire de considérer dans la traction des trains, non seulement leur résistance propre au roulement sur les rails en palier, qui est une fraction toujours faible de celle qu'ils éprouveraient sur une route ordinaire de niveau, mais encore la résistance due à l'*action de la gravité*, à laquelle l'emploi des rails n'apporte aucune réduction. Dès que la rampe atteint une valeur tant soit peu considérable, cette dernière influence devient prépondérante.

On sait, par exemple, que la résistance d'un train en palier à vitesse modérée est égale aux 5 millièmes environ de son poids : une rampe de 5 millimètres par mètre, qui sur une route de terre passerait presque inaperçue, aura pour effet de doubler

§ 5. — RÉSISTANCES. ADHÉRENCE.

cette résistance. Sur une rampe de 10, de 15 millimètres, l'effort est triplé, quadruplé. Une inclinaison à 5 pour 100, qu'on n'hésite pas à admettre sur les routes de terre les mieux tracées et qui, dans le cas du roulage, fait un peu moins que doubler l'effort résistant, le décuplerait sur une voie ferrée. A égalité d'effort moteur, le poids du train devrait être ramené au dixième de ce qu'il est en palier ; et comme dans ce poids réduit entre celui de la locomotive et de son approvisionnement, on voit que l'*utilisation* s'abaisse à un chiffre extrêmement faible.

Une considération absolue limite d'ailleurs la rampe qu'il est possible de gravir avec une locomotive : c'est la condition d'adhérence. On sait que l'effort applicable à la traction a pour *maximum* une fraction déterminée du poids de la locomotive, évaluée dans la pratique à 1/7 soit 14 p. 100. Il faut en conclure que sur une rampe de 14 cent. par mètre une locomotive à adhérence totale, et dont la résistance au roulement serait négligeable, arriverait tout juste à se remorquer elle-même, sans le tender qui porte son approvisionnement d'eau et de charbon, en ne produisant par lui-même aucun travail utile.

Si la rampe est réduite de moitié (ramenée par conséquent à 7 pour 100), la locomotive traînera une charge à peu près égale à son poids, soit 30 à 40 tonnes ; mais comme la moitié environ de ce poids est absorbée par le tender, il restera comme charge utile, pour une puissante machine, à peine un ou deux wagons. Si la rampe est abaissée au quart, soit une inclinaison de 35 mill. par mètre, la charge remorquée s'élève à 100 t. environ, et le tonnage utile à 80 t. C'est une utilisation faible encore, mais cependant admissible pour certaines conditions de profil et de trafic. La rampe de 35 millimètres peut être considérée comme la *limite pratique* des déclivités acceptables dans une exploitation de chemin de fer. Mais cette limite correspond à des cas d'exception ; et, sur toutes les lignes établies en vue d'une exploitation normale, le tracé doit se tenir bien au-dessous de ce chiffre.

Complétons, pour l'hypothèse d'un parcours en rampe, les équations générales de la traction.

Soit α l'angle d'inclinaison de la voie. A l'effort normal de traction s'ajoute, pour un véhicule quelconque de poids p, la composante de ce poids suivant la direction de la voie, $p \sin \alpha$. L'expression $\sin \alpha$, pour un angle toujours très petit, peut être remplacée par $tg\alpha$, c'est-à-dire par la fraction i qui désigne la pente. Suivant les notations précédemment adoptées, on aura pour expression de l'effort total E_i :

$$E_i = N f(p, v) + \varphi(\pi, v) + (Np + \pi)i.$$

La valeur de la puissance est :

$$P = \frac{v}{75} [Nf(p, v) + \varphi(\pi, v) + (Np + \pi) i].$$

Pour une même puissance utilisée, la valeur de la vitesse subit une réduction correspondant à l'accroissement de l'effort de traction.

L'influence des rampes et les limites qu'il convient de leur assigner dans la construction des chemins de fer doivent être considérées à des points de vue tout à fait différents, suivant qu'il s'agit d'un chemin de montagne placé par la force des choses dans des conditions exceptionnelles de tracé et d'exploitation, ou d'une ligne à construire dans des conditions topographiques moyennes, en vue d'une exploitation normale et d'un trafic de quelque importance.

A l'égard des *lignes de montagnes*, on a dû examiner, *a priori*, l'utilité de construire le chemin de fer, malgré les dépenses élevées qui résulteront *nécessairement* de son établissement et de son exploitation. Si cette utilité est une fois reconnue, il ne reste plus qu'à aborder franchement le problème en acceptant les rampes les plus fortes compatibles avec une utilisation passable de la locomotive. Suivant que les prévisions de trafic sont plus ou moins faibles, on sera conduit à adopter 25, 30, même 35 mill. par mètre. Etant donnée l'obligation de passer d'une altitude à une autre, la somme de travail mécanique qu'absorbera la gravité est indépendante du choix de la rampe. Si on cherchait à l'abaisser au delà de certaines limites, en faisant serpenter la voie, on augmenterait en pure perte, par l'allongement du parcours, le travail du roulement et les frais d'entre-

§ 5. — RÉSISTANCES. ADHÉRENCE.

tien et de surveillance, tout en s'éloignant de la configuration naturelle du sol et multipliant par là les difficultés du tracé.

Pour les lignes à créer en *pays de plaine*, ou plus généralement pour toutes celles qui n'ont pas à franchir des massifs montagneux, et qui constituent, en fait, la presque totalité des grands réseaux, la considération des rampes doit être abordée au point de vue rigoureux de l'économie d'exploitation.

Deux choses sont à considérer dans l'influence de la rampe : en premier lieu, le *travail moteur spécial* qu'elle exige, et qui se traduit par une dépense de combustible ; ensuite et surtout les restrictions qu'elle apporte au service de l'exploitation en obligeant dans certains cas à réduire la composition des trains : en d'autres termes la *réduction de capacité* de la ligne, entraînant l'élévation relative des frais généraux.

Le travail absorbé par la gravité dans l'ascension des rampes est, en *principe*, restitué à la descente ; en sorte que si le train montant a nécessité une dépense de charbon exagérée, le train descendant réalise une économie équivalente, en réduisant ou en supprimant l'action de la vapeur, à laquelle la pente a suppléé. Même, si cette pente est prononcée et d'une certaine longueur, le train augmentera de vitesse et emmagasinera de la force vive qui lui permettra de franchir encore sans vapeur une longueur de palier plus ou moins grande. Mais il y a une limite à cet échange entre le travail et la force vive : elle résulte du maximum de vitesse que chaque nature de train ne doit pas dépasser, en raison des conditions de sécurité générales ou spéciales. Du moment que sous l'influence de la pente cette limite tend à être dépassée, le train est obligé de faire usage des freins pour *enrayer*. Dès lors une partie de l'action de la pesanteur est consacrée à un travail purement *passif*, qui non seulement ne procure plus d'économie, mais contribue à l'usure et à la fatigue du matériel : à partir de cette limite la rampe est devenue nuisible.

Un long train de marchandises, abandonné à lui-même, se maintient sur une pente de 3 à 4 millim. par mètre, à sa vitesse normale. En pente de 5 mm., il éprouve une légère accélération ; mais le surcroît de vitesse qui en résulte est sans aucun danger et ne se produit d'ailleurs qu'à la longue : c'est donc seulement à la fin d'une pente très prolongée que l'action des freins pourrait être nécessaire et l'application en serait dans tous les cas très modérée, par suite sans inconvénient appréciable. On peut conclure de là que tout tracé en rampe ayant 5 millimètres pour maximum ne donne lieu à aucune dépense supplémentaire de travail moteur, ni par suite de combustible.

Les mêmes considérations appliquées à un train de voyageurs conduiraient à admettre comme inoffensive une rampe plus forte, 7 à 8 millimètres, ou même, pour des longueurs peu considérables, 10 millimètres. En effet, le train de voyageurs est par lui-même plus résistant, tant à cause de sa composition réduite où dominent les résistances inhérentes à la machine, que par suite de sa plus grande vitesse : l'action des freins devient donc plus tardivement nécessaire. Même sur des pentes de 10^{mm}, si leur longueur n'excède pas 2 ou 3 kilom., elle peut être entièrement évitée.

Le trafic des grandes lignes comporte, en proportions à peu près égales, des trains de voyageurs et des trains de marchandises. Il est clair que, dans ce cas, on doit avoir égard à la limitation la plus rigoureuse, celle qui concerne les marchandises. Par suite, on considérera la pente de 5 millimètres comme celle qu'il y a avantage, en ce qui concerne l'économie de traction, à ne pas dépasser.

Considérons maintenant la question d'*utilisation des trains*.

Les plus longs trains de marchandises n'exigent, pour être remorqués en palier, qu'un effort bien inférieur à celui que leur machine est capable de développer. Cet excès d'effort moteur est nécessaire pour permettre à la locomotive de faire *démarrer* son train, c'est-à-dire de lui communiquer dans un temps limité la vitesse qu'il doit atteindre ; le même excès d'effort peut être appliqué à la montée des rampes. Un train formé de 60 à 80 véhicules, pesant 800 tonnes, n'exige en palier, à la vitesse normale de 30 kilom., qu'un effort de 3 kilogr. par tonne, soit 2.400 kilogr. ; le même train sur une pente de 5 millim. demandera (3 + 5) 800 = 6.400 kil. C'est l'effort que peut donner, sur bon rail, une machine à marchandises ordinaire : il suffira,

§ 5. — RÉSISTANCES. ADHÉRENCE.

pour ne pas aller au delà de la puissance disponible, d'abaisser momentanément la vitesse. On voit par là que jusqu'à la limite de 5 millim. par mètre, les rampes ne sont pas un obstacle à la formation des trains les plus longs que comportent les conditions générales de l'exploitation.

Pour les trains de voyageurs, il y a un écart plus grand encore entre l'effort disponible et l'effort nécessaire en palier. Un train, à son maximum de composition (24 voitures, ou 240 tonnes), peut sans difficulté franchir une rampe de 10 millim. avec une machine à 2 essieux couplés, moyennant une réduction correspondante de vitesse.

Ici encore il faut, dans le cas des lignes à grand trafic, admettre la limitation la plus basse, celle qui concerne les trains de marchandises. C'est donc, en résumé, à *cinq millimètres* qu'il convient de limiter les rampes si on veut maintenir au maximum l'économie de traction et l'utilisation des trains.

Cette limite est celle à laquelle se sont généralement conformés, par un sentiment très juste des nécessités futures de l'exploitation, les constructeurs du premier réseau français. Des rampes de 6 à 8 millimètres ont été admises par exception, dans les parties difficiles des tracés, comme à la traversée des Vosges et de la Côte-d'Or. Ces dérogations, bien que justifiées, ne laissent pas de créer quelque gêne pour les services d'exploitation, d'être un obstacle à la parfaite utilisation des trains. Au contraire, partout où la rampe de 5 mill. n'a pas été dépassée, la facilité et l'unité du service ne laissent rien à désirer.

Les lignes que leur trafic moins important classe au deuxième rang admettront en général des rampes plus élevées. Sur ces lignes, il est rarement fait usage des trains de marchandises : s'ils existent, ils auront généralement un tonnage modéré, et se rapprocheront beaucoup, au point de vue de la traction, des trains de voyageurs ou mixtes : Pour les uns comme pour les autres, les pentes de 6 à 8 millimètres pourront être considérées comme tout à fait inoffensives. La rampe de 10^{mm} elle-même pourra être admise, si elle doit procurer pour l'établissement de la ligne des facilités notables, et elle ne commencera à devenir pour l'exploitation une cause de gêne ou de dépense que si elle se prolonge sans interruption sur de grandes longueurs.

Dans le même ordre d'idées, on serait conduit pour les *lignes d'intérêt local*, dont le trafic est très réduit, à admettre des rampes de plus en plus élevées : cette déduction serait légitime si l'unité de puissance motrice, la locomotive, devait toujours être la même. Cela peut être admis pour des tronçons très courts, directement rattachés au réseau principal et trop peu importants pour motiver l'emploi d'un type particulier de machines. Mais, en principe, ces lignes doivent être considérées comme constituant une catégorie de chemins de fer spéciale, aussi bien dans ses moyens de traction que dans son système d'établissement et ses procédés d'exploitation, tous ces éléments devant concourir à la réalisation d'un service aussi économique que possible. Dès lors, les éléments de la locomotive étant en proportion avec la charge effective des trains, la même rampe exercera la même influence perturbatrice, elle entrainera la même réduction sur l'utilisation. On devra donc encore, sauf exception justifiée par des circonstances spéciales, n'user que très modérément des rampes supérieures à 10 millimètres.

En résumé, et à quelque point de vue qu'on considère l'établissement d'une ligne de chemin de fer, la question des rampes a une importance capitale. On peut dire que le choix de la déclivité maximum sera la caractéristique de l'*utilisation possible* de la ligne. Une rampe trop élevée, acceptée parfois en vue d'un faible bénéfice lors du premier établissement, peut affecter gravement les conditions du trafic.

Il est d'ailleurs indispensable de joindre à la considération de la rampe proprement dite celle de plusieurs autres éléments, d'importance moindre, mais dont l'action est de même sens et qui se cumulent avec la rampe *réelle* pour constituer ce qu'on peut appeler la rampe *fictive* ou *caractéristique*. Telles sont les courbes de la voie qui, sans parler de leur influence sur les conditions générales du service et sur la sécurité, ajoutent à l'effort de traction une résistance dont la valeur peut atteindre celle d'une rampe de 1^{mm}. Dans un ordre de faits encore plus spécial, on devra considérer la réduction de l'adhérence qui résulte de

§ 5. — RÉSISTANCES. ADHÉRENCE.

la situation de certaines parties de la voie soit en tranchée, soit en souterrain ; l'obligation pour les machines d'amortir leur vitesse, et de fournir ensuite leur effort de démarrage en des points déterminés à l'approche des gares et aux embranchements. Il importe d'éviter que ces difficultés spéciales se superposent avec celles qui résultent des courbes et des fortes rampes.

Tous ces éléments, d'un caractère absolument pratique, doivent en définitive influer sur *l'utilisation de la ligne*. L'auteur du projet ne saurait trop s'attacher à en tenir compte, s'il veut atteindre ce résultat, auquel doivent tendre toutes les études de chemins de fer : procurer au public la plus grande somme d'avantages et réaliser en même temps les conditions d'une exploitation économique.

Nous avons voulu, dans cette introduction aux trois ouvrages que l'Encyclopédie des travaux publics doit consacrer aux chemins de fer, donner au lecteur une vue aussi nette que possible de l'ensemble des questions à résoudre : études préliminaires, projet de détail, matériel, exploitation, toutes ces faces de la question se tiennent ; il était essentiel de le faire bien comprendre dès l'abord. L'étude des détails sera maintenant plus facile, et aura, nous l'espérons, plus d'attrait.

CHAPITRE PREMIER

GÉNÉRALITÉS

§ 1. *Les diverses voies de communication*
§ 2. *Description sommaire des éléments d'un chemin de fer*
§ 3. *Historique de l'invention des chemins de fer*
§ 4. *Conditions d'établissement des chemins de fer*
§ 5. *Division de l'ouvrage*

SOMMAIRE :

§ 1. *Les diverses voies de communication :* 1. Réseau des routes, des chemins de fer et des voies navigables et flottables. — 2. Accroissement de puissance des moyens de transport. — 3. Concurrence des voies de fer et d'eau. — 4. Durée comparative des transports. — 5. Prix comparatifs. — 6. Longueur des voies ferrées. — 7. Réseau français. — 8. Sommes consacrées à l'exécution des chemins de fer d'intérêt général depuis l'origine. — 9. Profits particuliers retirés par l'État de l'exécution des chemins de fer. — 10. Résultats de l'exploitation. — 11. Matériel et personnel employés.

§ 2. *Description sommaire des éléments d'un chemin de fer :* 12. Infrastructure. — 13. Superstructure. — 14. Matériel porteur et matériel locomoteur.

§ 3. *Historique de l'invention des chemins de fer :* 15. Le railway. — 16. Historique de la voie. — 17. Historique de la locomotive. — 18. Adhérence. — 19. Chaudière tubulaire. — 20. Tirage artificiel dans la cheminée produit par un éjecteur.

§ 4. *Conditions d'établissement des chemins de fer :* 21. Pentes et courbes. — 22. Courbures. — 23. Déclivités et rayons de courbure adoptés. — 24. Impossibilité de rendre libres les voies ferrées. — 25. Nécessité d'un trafic important. — 26. Bon marché de l'argent. — 27. Nécessité de transporter rapidement les troupes.

§ 5. *Division de l'ouvrage :* 28. Titres des chapitres

CHAPITRE PREMIER

GÉNÉRALITÉS

§ 1.

LES DIVERSES VOIES DE COMMUNICATION

1. Réseau des routes, des chemins de fer et des voies navigables et flottables. — La France possède :

Routes nationales, environ	37.000^{km}
Chemins de fer en exploitation, plus de	33.000^{km}
En ajoutant à ces derniers, pour les lignes en construction ou projetées, une longueur de.	12.000
On arrive à	45.000^{km}

qui seront exploités dans un petit nombre d'années.

La longueur des rivières navigables et des canaux est de 12.744^{km}, y compris 1.012^{km} de rivières seulement flottables.

2. Accroissement de puissance des moyens de transport. — Il est intéressant de rappeler les différentes étapes qu'a parcourues l'industrie des transports.

A l'origine, chaque homme transportait lui-même les fardeaux légers qu'il avait à déplacer ; le résultat était médiocre, car la charge transportée n'était que de 65^{k} environ.

Un peu plus tard, l'homme a utilisé la force plus considérable des animaux : la charge transportée s'est élevée à 150^{kg} pour un cheval parcourant 37^{km} par jour, à 400^{kg} pour un chameau parcourant 60 à 80^{km} et à 1000^{kg} en moyenne pour un éléphant parcourant environ 70^{km}.

Les besoins augmentant encore, on a inventé le chariot, qui permet de transporter, par tête d'animal :

sur de mauvais chemins, 300 à 500^{kg} ;
sur des routes médiocres, 1000^{kg} ;
sur de bons pavés, 1500 à 2000^{kg}.

Puis on a inventé les chemins de bois et enfin les chemins de fer, sur lesquels une locomotive peut traîner 500.000^{kg} ou 500 tonnes et au-delà.

3. Concurrence des voies de fer et d'eau. — Indépendamment des voies de terre, on emploie les voies d'eau : la mer, les rivières et les canaux, qui, permettant de transporter des charges considérables en surmontant une faible résistance, et par conséquent à frais réduits, peuvent mériter dans certains cas d'être préférés aux chemins de fer.

A titre d'exemple, nous indiquerons la concurrence des canaux aux voies ferrées de la compagnie du Nord, concurrence qui enlève à celles-ci le tiers environ des transports des produits des bassins houillers du Nord à destination de Paris.

Cette concurrence s'explique par le bas prix des transports par eau, qui peut descendre au-dessous de 0 fr. 02 par tonne et par kilomètre, tandis que les chemins de fer, dans les conditions les plus favorables, sont obligés de se tenir au-dessus.

Le tableau suivant, extrait du *Traité des Chemins de fer*, de M. Alfred Picard, Président de section au Conseil d'État, indique le prix moyen de la tonne kilométrique pour les transports à toute distance et pour les transports à plus de 200^{km}, sur les canaux de France :

DÉSIGNATION DES MARCHANDISES	PRIX MOYEN PAR TONNE KILOMÉTRIQUE	
	Pour les transports à toute distance	Pour les transports à plus de 200 kilom.
Combustibles minéraux............	2 c. 80	2 c. 00
Matériaux de construction. Minéraux.	4 c. 20	2 c. 40
Engrais. Amendements............	5 c. 00	1 c. 90
Bois à brûler et bois de service.....	3 c. 90	2 c. 80
Industrie métallurgique (minerais, fontes, fers et autres métaux bruts).	3 c. 10	2 c. 25
Produits agricoles et denrées alimentaires........................	4 c. 70	3 c. 20

D'après le même auteur, la taxe kilométrique moyenne des transports par voies ferrées des marchandises susceptibles d'emprunter les voies navigables ne doit pas s'écarter sensiblement de 4 centimes. Pour les combustibles minéraux, cette taxe est d'environ 3 c. 5, ces matières ayant l'avantage de procurer des transports assez réguliers par wagons toujours entièrement chargés.

Ces différences de prix résultent surtout de ce que les prix demandés pour les transports par voies ferrées doivent rémunérer les capitaux engagés dans le premier établissement des lignes, ce qui n'a pas lieu pour les canaux.

Les voies navigables ont donc pour elles l'avantage du bon marché, mais elles sont sujettes à des chômages résultant soit de manque ou d'excès d'eau, soit des travaux de grosses réparations, soit enfin de l'action des grands froids qui suspendent la circulation.

Les chemins de fer sont exempts de ces divers inconvénients.

Ils l'emportent, en outre, sur les canaux, par la régularité de leur fonctionnement et la rapidité avec laquelle ils permettent d'effectuer les transports.

4. Durée comparative des transports. — 1° *Marchandises*. — Tandis que les marchandises ne parcourent, par la navigation, que 30 kilomètres par jour en moyenne, elles franchissent dans le même temps, par chemin de fer, 120 kilomètres sur les petites lignes et 200 sur les grandes.

2° *Voyageurs.* — Quant aux voyageurs, ils parcouraient, sur les routes, au commencement du siècle, par diligences ordinaires, 10 kilomètres à l'heure et par malle-poste 15 à 16. Ils franchissent actuellement sur les voies de fer 40 à 45 kilomètres à l'heure par trains mixtes et 60 à 70 par trains express.

Le tableau suivant donne les vitesses actuellement réalisées, sur les plus longues lignes des chemins de fer français parcourues par des express :

COMPAGNIES	PARCOURS	DISTANCES	VITESSE PAR HEURE	
			Commerciale (moyenne entre les extrémités)	Moyenne de marche
P.-O.	Paris-Bordeaux....	578k	63,4	60,8
P.-L.-M.	Paris-Marseille.....	863	57,0	62,3
Est	Paris-Delle........	464	57,6	65,0
Nord et Est	Calais-Bâle jusqu'à Delle........	714	Est 59,7 \ 52,4 Nord 45,2 /	Est 64,5 \ 62,6 Nord 60,8 /
Nord	Paris-Lille........	250	62,5	65,2
Ouest	Paris-le Havre......	228	54,7	60,0
Midi	Bordeaux-Cette.....	476	58,9	63,3

Vitesse moyenne de l'express sur la voie Brunel (2m13) entre Londres et Exeter (313k): 82k à l'heure.

Les chiffres de la dernière colonne sont relatifs aux temps employés entre le départ d'une station et le départ de la station suivante. Personne n'ignore que les trains express des chemins de fer français parcourent de 80 à 90km et même 100km à l'heure, en marche effective.

En Angleterre, où les chemins de fer ont rencontré un sol éminemment favorable à leur établissement et à leur exploitation, la moyenne de la vitesse des trains de voyageurs est supérieure à celle qu'on atteint en France.

§ 1. — DIVERSES VOIES DE COMMUNICATION.

On atteint sur les chemins anglais de 75 à 80^{km} à l'heure[1]. Ce chiffre élevé tient au petit nombre des arrêts, ou à la longueur de la distance qui sépare deux arrêts consécutifs. Cette distance, en Angleterre, atteint, sur certaines lignes à circulation active, 150 à 160^{km}. — Les résultats réalisés en France sont les suivants :

Parcours sans arrêt de quelques trains français.

Compagnies	Sections	Distances	Durées	Vitesses moyennes
PLM	Paris-Laroche	155 k	2 h 26	63 k 7
PLM	Dijon-Mâcon	126	1 58	64
PLM	Valence-Avignon	124	1 56	64 1
PO	Angoulême-Coutras	82	1 09	71 3
Est	Chaumont-Vesoul	119	1 48	66 1
Est	Longueville-Troyes	78	1 07	60 8
Nord	Creil-Amiens	81	1 14	65 7
Nord	Creil-Tergnier	81	1 10	69 4
Nord	Creil-Longueau	77	1 05	71
Nord	Amiens-Boulogne	123	1 48	68 3
Midi	Bordeaux-Marmande	79	1 14	64
Midi	Marmande-Bordeaux	79	1 11	66 7
Ouest	Paris-Rouen	140	2 18	60 8

5. Prix comparatifs. — 1° *Voyageurs*. — Comparons maintenant les prix d'autrefois aux prix actuels.

Les voyageurs payaient par kilomètre parcouru
en diligence . . . . 0 fr. 105

Ils payent sur les chemins de fer . . . . 0 fr. 06

en moyenne, y compris les impôts, qui sont fort élevés.

2° *Marchandises*. — Les marchandises transportées par chemin de fer payent 0 fr. 06 par tonne en moyenne, et au minimum 0 fr. 03 pour les objets de très faible valeur.

Sur les routes, le transport d'une tonne de marchandises

---

[1]. Dernièrement, les deux compagnies North-Western et Great-Northern luttaient de vitesse pour arriver à faire le trajet de Londres à Édimbourg (708 kilomètres) en 8 heures (88 kil. 500 à l'heure). Elles ont renoncé à ce genre de concurrence, qui n'était pas sans quelque danger et qui entraînait des suppléments de frais considérables.

coûte de 0 fr. 25 à 0 fr 30 et 0 fr. 40, au lieu de 0 fr. 06 ; il est donc cinq fois aussi élevé environ que sur les chemins de fer.

Il en résulte que les 5 à 600.000.000 f. de transports effectués par les chemins de fer coûteraient, s'ils devaient avoir lieu sur routes, de 2 milliards et demi à 3 milliards de francs. Mais on sait que la circulation se multiplie en raison du bon marché ; à défaut de voies à parcours économique, elle eût été loin de se développer comme elle l'a fait ; il ne faut donc pas supposer que le résultat de ce calcul aurait pu effectivement se produire.

6. Longueur des voies ferrées. — La longueur de l'ensemble des voies ferrées dans le monde entier, au 31 décembre 1886, était de 513.199 kilomètres, savoir :

Amérique. . .	265.585 kilom.	
Europe	201.440	
Asie	24.416	513.199 kilomètres
Océanie	14.315	
Afrique	7.443	

Le capital dépensé pour leur construction est évalué à 136 milliards 33 millions de francs.

Réseau Européen. — Les 201.440 kilomètres se répartissaient entre les divers pays comme l'indique le tableau ci-après. Ce tableau fait encore connaître les accroissements des réseaux de chacun d'eux pendant la période de 1879 à fin 1886, et donne la mesure de l'activité déployée par les différents peuples pour l'extension de leurs voies ferrées. La France, devançant l'Angleterre, a maintenant conquis la seconde place. La première reste à l'Allemagne.

Ce tableau indique aussi le rapport de la longueur des chemins de fer, dans chaque pays, à sa population et à sa superficie, et permet d'apprécier la situation plus ou moins avantageuse des uns par rapport aux autres.

§ 1. — DIVERSES VOIES DE COMMUNICATION.

Situation des chemins de fer de l'Europe, au 31 décembre 1886, comparée à la superficie et à la population.

Numéro d'ordre	DÉSIGNATION DES PAYS	Longueur en exploitation au 31 décembre 1879	Longueur en exploitation au 31 décembre 1886 absolue	1886 propart. par pays	Accroissement pendant la période 1879-1886 absolu	Accroissement pour cent	Superficie de chaque pays myriam. carrés	Population millions d'habit²	Longueur proportionnelle par myriam. carré	Longueur proportionnelle par 10,000 habitants
	Europe	kilomèt.	kilomèt.	pour cent	kilomèt.	pour cent				
1	Allemagne { Prusse	20.269	22.802	59.6	2.533	49.0	3.483	22.3	6.6	10.2
	Bavière	4.771	5.250	13.7	479	9.2	759	5.3	6.8	9.9
	Saxe	2.033	2.290	5.9	257	5.0	150	3.0	15.0	7.5
	Wurtemberg	1.405	1.585	4.1	180	3.5	195	2.0	8.1	8.0
	Bade	1.284	1.341	3.6	57	1.1	151	1.6	8.9	8.4
	Alsace-Lorraine	1.135	1.364	3.6	229	4.4	145	1.6	9.4	8.5
	États divers	2.227	3.062	9.5	1.435	27.8	523	4.6	7.0	7.9
	Totaux et moyennes	33.004	38.261	19.0	5.170	14.0	5.405	40.4	7.1	9.5
2	France	25.183	33.345	16.5	8.162	22.2	5.286	37.7	6.3	8.8
3	Grande-Bretagne, Irlande et Malte	28.491	31.116	15.4	2.625	7.2	3.150	35.2	9.8	8.8
4	Russie et Finlande	23.400	27.697	13.7	4.297	11.7	54.271	81.0	0.5	3.3
5	Autriche-Hongrie et Bosnie	18.335	23.390	11.6	5.055	13.8	6.210	37.8	3.7	6.2
6	Italie	8.343	11.398	5.7	3.045	8.3	2.963	29.0	3.8	3.9
7	Espagne	7.135	9.309	4.6	2.174	5.9	5.004	16.7	1.8	5.5
8	Suède et Norwège	6.650	8.859	4.4	2.209	6.0	7.759	6.5	1.1	13.5
9	Belgique	4.012	4.532	2.3	520	1.4	295	5.5	15.3	8.2
10	Suisse	2.495	2.835	1.4	340	0.9	414	2.8	6.8	10.1
11	Pays-Bas et Luxembourg	2.228	2.345	1.4	107	1.7	356	4.2	8.0	6.8
12	Danemark	1.558	1.965	1.0	403	1.4	384	2.0	5.1	9.8
13	Turquie, Bulgarie, Roumélie et Serbie	1.360	1.863	0.9	503	1.4	»	»	»	»
14	Roumanie	1.311	1.940	1.0	629	1.7	1.276	5.4	1.5	3.6
15	Portugal	1.084	1.577	0.8	493	1.3	891	4.2	1.7	3.7
16	Grèce	11	515	0.3	504	1.4	»	»	»	»
	Ensemble (Europe)	164.660	201.540	100.0	36.760	100.0	»	»	»	»

Dépenses de premier établissement et résultats de l'exploitation des Chemins de fer d'intérêt général pour l'année 1887.

DÉSIGNATION DES LIGNES	LONGUEURS		SUBVENTIONS de l'État et des localités en argent ou en travaux au 31 décembre 1886		DÉPENSES DES COMPAGNIES au 31 décembre 1886			RÉSULTATS DE L'EXPLOITATION PENDANT L'ANNÉE 1887							DIFFÉRENCES entre les produits et les charges des capitaux engagés par la Compagnie	
	totales livrées au 31 décembre 1887	moyennes exploitées en 1887	Totales	Kilométriques	Totales	Kilométriques	Intérêts et amortissements en 1887 des dépenses des Compagnies	TOTAUX			KILOMÉTRIQUES					
								Recettes	Dépenses	Produits nets	Recettes	Dépenses	Produits nets	Rapport 0/0 des dépenses aux recettes	Excédents	Insuffisances
	kilom.	kilom.	Fr.	Fr.	Fr.	Fr.	Fr.	Fr.	Fr.	Fr.	Fr.	Fr.	Fr.		Fr.	Fr.
Nord	3.467	3.463	96.394.335	27.964	1.225.241.000	353.454	64.845.000	161.048.000	73.685.000	88.363.000	47.509	21.919	25.590	44.1	23.518.000	»
Est	4.319	4.352	529.769.789	121.814	1.190.230.000	273.841	62.676.732	129.526.682	80.282.477	49.244.205	29.762	18.447	11.315	62.1	»	13.432
Ouest	4.491	4.421	584.737.514	130.202	1.304.215.099	289.964	68.178.872	137.657.438	78.533.602	59.123.836	31.137	17.764	13.373	57.1	»	9.055
Paris-Orléans	5.955	5.842	796.543.609	133.438	1.355.826.000	228.494	70.246.012	156.442.711	79.161.477	77.281.233	26.779	13.550	13.229	50.6	7.035.189	»
Paris-Lyon-Méd.	7.959	7.926	768.431.596	276.483	3.381.158.568	424.622	170.303.608	318.425.099	145.572.246	172.852.853	40.068	18.390	21.718	47.7	2.549.253	»
Midi	2.768	2.657	335.271.694	123.807	867.573.989	320.374	46.547.731	85.661.197	46.742.682	38.918.625	32.240	17.592	14.648	54.6	»	7.629
Lignes secondaires	392	434	19.538.662	49.844	165.277.874	421.637	8.263.900	10.667.268	12.719.775	2.947.493	36.099	29.308	6.791	81.2	»	5.316
Ensemble des chemins concédés	29.271	29.021	3.130.684.259	107.876	6.486.225.470	325.083	491.061.881	967.528.305	516.697.059	488.731.246	34.714	17.874	16.841	51.5	33.102.442	35.433
Réseau de l'État	2.468	2.563	169.325.666	68.608	491.385.000	199.103	22.112.324	73.160.222	26.527.335	6.632.884	12.938	10.350	2.588	80.0	»	15.479
Totaux généraux et moyennes générales	31.739	31.416	3.300.009.925	104.942	9.977.610.470	314.364	513.174.205	1.038.688.527	545.224.394	495.364.130	33.091	17.338	15.753	52.4	33.102.442	50.912.5
															17.810.075	

(Extrait des Documents statistiques publiés par le Ministère des Travaux publics).

7. Réseau français. — Le réseau français continental, 31.739^{kilom}, est réparti entre six Compagnies principales, un certain nombre de Compagnies secondaires et l'État. Ces Compagnies empruntent leurs noms aux régions qu'elles desservent ou aux villes qu'elles traversent.

Le tableau ci-dessus indique les longueurs kilométriques de chacune de ces Compagnies, les subventions de l'État, les dépenses d'établissement des lignes d'intérêt général supportées par les compagnies et les résultats principaux de l'exploitation pendant l'année 1887.

De ce tableau il résulte que la dépense totale des 31.739 kil. de lignes d'intérêt général s'élève à plus de 13 milliards et que le prix du kilomètre ressort à 419.306 f.

8. Sommes consacrées à l'exécution des chemins de fer d'intérêt général depuis l'origine. — Cette somme de 13 milliards a été fournie par l'État, les localités et les Compagnies. Sur le diagramme ci-après, nous avons représenté par une première ligne brisée le montant total des dépenses d'établissement, jusqu'en 1882, et au-dessous par une seconde ligne celui des dépenses de même nature faites par les Compagnies seules. L'écart entre ces deux lignes fait ressortir les dépenses supportées par l'État et les localités traversées, mais surtout par l'État, car celles des localités sont relativement insignifiantes.

Il résulte de ce tableau que les sommes consacrées annuellement à l'exécution des chemins de fer ont été sans cesse en augmentant. Peu importantes jusqu'en 1852, — elles ne s'élevaient à cette époque qu'à environ 1 milliard 620 millions, — elles ont dépassé en 1882 le chiffre de 12 milliards 1/2, soit en moyenne environ 353 millions par an, dont 88 millions 1/2 fournis par l'État.

9. Profits particuliers retirés par l'État de l'exécution de chemins de fer. — L'État a, d'ailleurs, été largement indemnisé de ses sacrifices. En effet, les profits particuliers qu'il retire de l'exécution des chemins de fer, soit en recettes perçues (impôt, contributions, timbre, etc.), soit

§ 1. — DIVERSES VOIES DE COMMUNICATION.

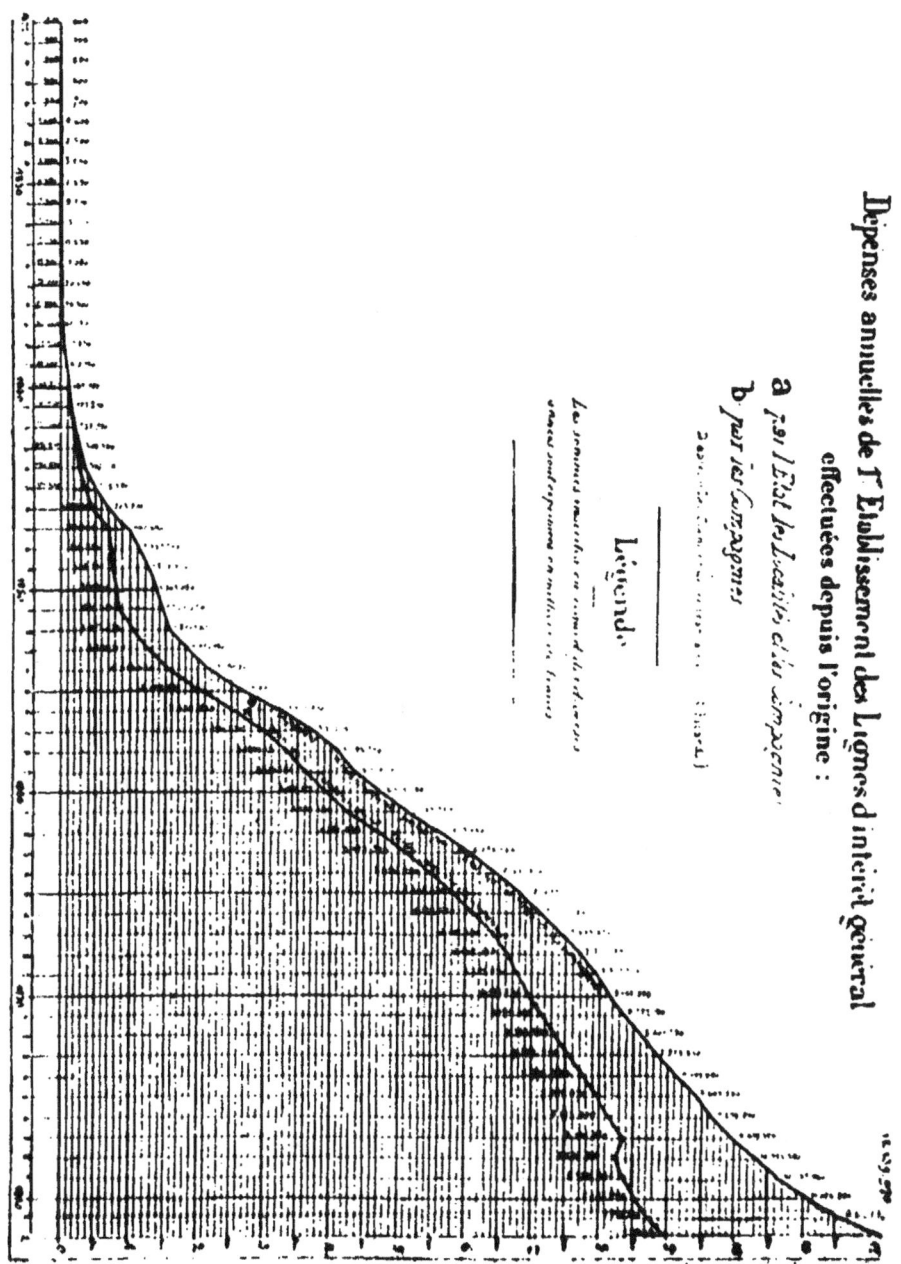

en économies réalisées (transports des postes, des militaires, marins et autres, transports de la guerre, de l'administration des lignes télégraphiques, etc.), vont constamment en croissant. Ils se sont élevés, pour la seule année 1887, à 295.743.874 fr. (près de 9 p. 0/0) des subventions de l'État.

10. Résultats de l'exploitation. — Les résultats financiers de l'exploitation, en 1887, se résument ainsi :

	Totales.	Kilométriq.	
Recettes annuelles...	1.040.583.527	33.091	d'où résulte le chiffre de 52.1 0/0 pour le rapport des dépenses aux recettes.
Dépenses annuelles...	545.224.394	17.338	

Quant aux résultats relatifs à la circulation, ils sont les suivants :

	à toute distance	à un kilomètre
Nombre de voyageurs transportés...	218.367.436 v.	7.208.633.853 v.
Nombre de tonnes de marchandises.	78.093.405 t.	9.918.110.814 t.

La circulation sur les routes nationales a atteint, en 1882, le chiffre de 1 milliard 480 millions de tonnes kilométriques, pour les marchandises et non compris le poids des personnes.

Sur les rivières et les canaux, le chiffre correspondant a été de 2 milliards 264 millions de tonnes kilométriques.

La circulation sur les chemins de fer d'intérêt général, seuls, a donc été de plus de deux fois et demie la circulation totale sur les routes nationales, les rivières et les canaux.

11. Matériel et personnel employés. — Quant au matériel employé aux transports par chemins de fer, il comptait en 1887 :

Locomotives :	9,501
Voitures à voyageurs :	22,012
Wagons :	245,839

Le personnel des divers services comprenait 225.000 agents en 1886.

§ 2.

ÉNUMÉRATION ET DESCRIPTION SOMMAIRE DES ÉLÉMENTS D'UN CHEMIN DE FER

12. Infrastructure. — L'établissement d'un chemin de fer donne lieu à des travaux ayant pour objet de constituer une plateforme pour l'assiette de la voie, et des stations pour le service de l'exploitation. Les premiers consistent en déblais, remblais, souterrains, ponts et viaducs, jusqu'à un certain point analogues à ceux qui seraient nécessaires pour une route [1]. Leur ensemble forme l'*Infrastructure* du chemin.

13. Superstructure. — La *Superstructure* comprend les travaux qui constituent essentiellement le chemin de fer, c'est-à-dire la voie, le ballastage, les stations avec leurs bâtiments et leurs voies de service et de garage pour le stationnement, la composition et la décomposition des trains ; enfin les aménagements nécessaires au remisage et à l'entretien des voitures et wagons (les premières affectées au service des voyageurs, les secondes au transport des marchandises), les remises et ateliers pour les locomotives, avec leurs dépendances pour l'approvisionnement de l'eau et du combustible.

14. Matériel porteur et matériel locomoteur. — Le chemin de fer, le railway, comporte donc, outre des ouvrages et des installations fixes, un outillage de véhicules (wagons et machines) capables : les uns, de porter les voyageurs et les marchandises ; les autres, de remorquer les trains formés des premiers.

Nous allons indiquer sommairement les progrès successifs qui ont fait des chemins de fer ce qu'ils sont aujourd'hui.

---

1. Nous disons, *jusqu'à un certain point*, parce qu'il est bien rare qu'une route exige des tunnels, par exemple, etc.

§ 3.

HISTORIQUE DE L'INVENTION DES CHEMINS DE FER

L'invention des chemins de fer comprend deux périodes distinctes, pendant lesquelles ont été respectivement créées :
D'une part,
La *Voie* : deux bandes de métal interposées entre le véhicule et le sol pour diminuer le frottement de roulement ;
D'autre part,
La *Locomotive* : appareil de traction, dont la puissance l'emporte sur celle des moteurs animés et permet de réduire le prix du transport.

15. Le railway. — C'est en cherchant à diminuer l'importance du frottement dans les transports industriels qu'on est arrivé peu à peu à créer la voie.

Réduction du coefficient de frottement : a. — Le frottement sur une chaussée empierrée en bon état, avec des roues et des essieux ayant les dimensions de ceux des voitures ordinaires, a un coefficient de 0,03,
la vitesse étant égale ou inférieure à 1ᵐ par seconde.

L'effort à vaincre pour remorquer 1ᵗᵒⁿⁿᵉ sur voie horizontale est donc de. . . . . 30 $^{kilog.}$

b. — Sur une chaussée pavée, le coefficient est de. . . 0,02 et l'effort à produire est, pour 1 ᵗᵒⁿⁿᵉ, de 20 ᵏᵍ ;

c. — Sur les plank-road américains (chemins de bois) le coefficient est de . . . . 0,014 et l'effort par tonne de 14 ᵏᵍ ;

d. — Enfin, sur les chemins de fer, en ligne droite et en palier, le coefficient est seulement de. . . . . 0,003 soit 3 ᵏ par tonne, avec une vitesse 4 fois plus grande. Outre le frottement des roues sur la voie, ces coefficients comprennent le frottement des roues sur l'essieu ou de celui-ci (s'il est mobile avec les roues) contre les coussinets.

§ 3. — HISTORIQUE DE L'INVENTION DES CHEMINS DE FER.

16. Historique de la Voie. — Les transformations successives par lesquelles on est passé, de la chaussée au rail, sont les suivantes :

En 1646, dans les mines anglaises, on employait des planchers en bois, ou chemins de mines. Les bennes étaient guidées par une crosse rattachée à leur châssis et qui passait dans une rainure ; mais quand la crosse cassait, ce qui arrivait souvent, le véhicule sortait de la voie et il y avait perte de temps pour l'y remettre. On chercha un autre moyen de guidage et l'on adapta des rebords à la voie de planches ; ce fut une première amélioration.

Cette disposition laissait cependant encore à désirer, car les débris des matières transportées demeuraient sur la voie et donnaient lieu à un supplément de tirage : pour éviter cet inconvénient, on adopta des rails saillants et on fit venir une joue ou boudin latéralement au bandage des roues des véhicules.

A ces premières dispositions succèdent divers perfectionnements :

En 1767, Reynolds substitue la fonte au bois pour augmenter la durée des rails, tout en leur conservant leur forme primitive ;

En 1789, Sessan donne aux rails la forme actuelle et continue à les fabriquer en fonte (la métallurgie du fer était très peu avancée) ;

En 1820, apparaissent enfin les rails en fer laminé, et c'est seulement dans ces dernières années que ceux-ci ont été remplacés presque généralement par les rails d'acier.

17. Historique de la locomotive. — Nous rappelons sommairement les origines de la locomotive.

En 1759, Cugnot construit la première machine locomotive — qui se trouve actuellement au Conservatoire des Arts et Métiers. C'était une machine très imparfaite.

En 1784, Watt invente une machine locomotive à vapeur, mais son projet n'a pas de suite.

En 1801, Trévithick et Vivian construisent la première

locomotive; celle-ci fut employé sur le petit chemin de fer de Merthyr-Tydwill, dans le pays de Galles.

Les Ingénieurs pensaient, à cette époque, qu'une machine ne peut traîner des véhicules chargés sur une voie métallique sans l'aide d'une crémaillère. C'est l'auxiliaire auquel ces deux inventeurs crurent nécessaire de recourir. On adoptait ainsi dès le début un système appliqué récemment dans le cas spécial de la construction de certains chemins à très fortes déclivités (Rigi). — Sur d'autres lignes, au lieu d'employer la roue dentée et la crémaillère, on eût recours à des jambes mobiles en manière de béquilles (Brunton, 1812) établies à l'arrière de la machine.

18. Adhérence. — En 1812, Blacket trouve le principe de l'adhérence, qui est le point de départ de l'emploi des locomotives.

D'une manière générale, on peut considérer la locomotive comme une machine à vapeur à deux cylindres, où le mouvement de va-et-vient, produit par l'arrivée alternative de la vapeur sur chacune des faces des deux pistons, est transformé en un mouvement de rotation des roues qui la portent.

Entre les aspérités infiniment petites des deux surfaces en contact, qui s'épousent mutuellement, le poids de la machine fait naître un lien. Si ce lien est suffisant, les roues se développent à la surface des rails et déterminent la progression de la machine et celle du train qui y est attelé. Mais il faut que l'effort nécessaire pour vaincre la résistance au roulement[1], et les autres résistances que nous indiquerons ultérieurement, soit moindre que l'effort pouvant faire tourner les roues motrices sur place, ou patiner, sans avancer.

Or, ce dernier effort n'est autre que le frottement de glissement entre le métal du bandage et celui du rail. On l'a appelé *adhérence*.

Le coefficient de glissement, ou adhérence, varie de 1/6, soit 0.166, à 1/7, soit 0.14, tandis que le coefficient de roulement n'est que de 0.003 à 0.005, suivant l'état des surfaces; mais le

---

[1]. Nous supposons ici la voie horizontale, pour simplifier ce premier exposé.

§ 3. — HISTORIQUE DE L'INVENTION DES CHEMINS DE FER. 51

premier rapport ne s'applique qu'au poids porté par les roues motrices de la locomotive, tandis que le second s'applique au poids de tous les véhicules (wagons et machine) du train.

On voit que, placée sur un palier et en alignement, la machine peut remorquer plus de 30 fois son poids.

19. Chaudière tubulaire. — En continuant l'historique de l'invention de la locomotive, nous arrivons à l'année 1814, où Georges Stephenson emploie la première locomotive sur les chemins de mines. Mais cette machine laisse encore à désirer; la quantité de vapeur produite étant inférieure à celle qui est dépensée, l'approvisionnement primitif s'épuise et des arrêts fréquents sont nécessaires pour reconstituer cet approvisionnement.

En 1828, un Français, Marc Seguin, invente la chaudière tubulaire, qui permet d'obtenir une grande quantité de vapeur et de suffire à la consommation, mais moyennant un tirage suffisamment actif dans la cheminée.

Enfin nous atteignons la date mémorable (1829) du Concours établi par la Compagnie de Liverpool à Manchester, en quête d'un moteur permettant d'exploiter la ligne qu'elle avait fait construire.

20. Tirage artificiel dans la cheminée produit par un éjecteur. — A ce concours, Stephenson présente sa locomotive, the Rocket, la Fusée : Machine parfaite et qui ne diffère de celles que nous voyons aujourd'hui que par quelques perfectionnements de détail. Le tirage artificiel est produit en lançant de la vapeur dans la cheminée, au moyen d'un éjecteur. Dès le premier jour, les résultats obtenus dépassent toutes les espérances : le programme du concours indiquait que les machines présentées devraient fournir une vitesse de 12 à 18^{km} à l'heure et la Fusée parcourut 45 à 50^{kdm}.

Telles ont été les étapes du début.

Nous pouvons maintenant, grâce à l'expérience acquise pendant une période de plus de 50 ans, indiquer les conditions principales à remplir pour l'établissement d'un chemin de fer.

§ 4.

CONDITIONS D'ÉTABLISSEMENT DES CHEMINS DE FER

21. Déclivités. — L'emploi des chemins de fer présente des avantages marqués sur celui des routes, mais leur importance varie beaucoup suivant les circonstances.

Il y a donc lieu d'indiquer les conditions qui s'imposent à l'établissement de ces voies perfectionnées.

Supposons qu'une rampe OM, faisant un angle i avec l'horizon, doive être gravie par un rouleau de poids P.

Soit f' le coefficient de frottement de roulement de ce corps sur la voie (chaussée ou rail);

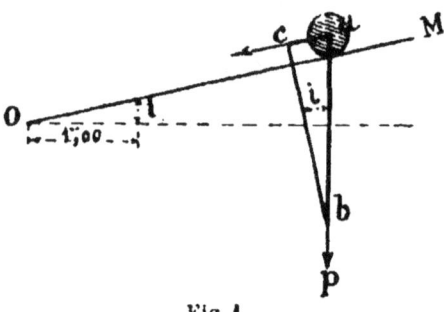

Fig. 1.

Qu'il s'agisse d'une route ou d'un chemin de fer, la résistance à vaincre par le moteur est double; elle comprend :

1° Celle qui résulte du frottement de roulement : Pf' ;

2° Celle qui résulte de la gravité : Pi (c'est la composante ca parallèle à la rampe gravie par le train de poids $P = ab$).

On a, en effet : $\dfrac{ac}{ab} = \sin i = \operatorname{tg} i$, l'angle étant petit, ou $ac = Pi$, en confondant l'arc i de 1^m de rayon avec la tangente ou montée par mètre, dont il ne diffère pas sensiblement.

§ 4. — CONDITIONS D'ÉTABLISSEMENT.

Ainsi que nous l'avons dit précédemment, f' est égal à 0,03 pour une route et à 0,003 pour une voie ferrée.

Sur une route, la résistance à vaincre est donc : $P(0.03 + i)$; sur une voie ferrée, $P(0.003 + i)$.

Si $i = 0^m,000$, c'est-à-dire en palier, on a sur la route : $P \times 0,03$ et sur le chemin de fer : $P \times 0,003$.

Si $i = 0^m,003$, on a sur la route : $P(0,03 + 0,003)$, soit une augmentation d'un dixième de la résistance en palier. Sur le chemin fer : $P(0,003 + 0,003)$; la résistance est doublée.

Si $i = 0^m,010$, on a sur la route : $P(0,03 + 0,01)$: augmentation d'un tiers. Sur le chemin de fer : $P(0,003 + 0,01)$, soit une résistance plus que quadruple de la résistance en palier.

L'augmentation *absolue* est la même dans les deux cas, mais l'augmentation *relative* croît plus rapidement avec les déclivités, s'il s'agit d'une voie ferrée.

Un autre motif oblige encore à restreindre l'importance des déclivités, c'est l'adhérence limitée dont on dispose.

Soit :

- P le poids total des wagons d'un train à remorquer ;
- p le poids total de la machine ;

$P + p$ sera le poids du train.

- π le poids adhérent de la machine, c'est-à-dire la portion de son poids total portant sur les roues motrices ;
- f le coefficient de frottement de glissement des roues de la machine sur les rails ;

πf sera le frottement de glissement.

Ce frottement se produira et la roue glissera ou *patinera*, selon l'expression adoptée, lorsque la roue et le rail auront cessé d'être en prise par leurs aspérités mutuelles, c'est-à-dire lorsque l'adhérence sera vaincue par l'effort.

$(P + p)(0,003 + i)$ est la résistance à vaincre pour déterminer le roulement. Pour que la progression puisse avoir lieu, il faut qu'elle soit inférieure à πf, c'est-à-dire que l'on ait :

$$(P + p)(0,003 + i) < \pi f$$

On conçoit qu'il peut y avoir des valeurs de i telles que, P, p et π étant donnés, cette inégalité ne soit pas satisfaite. Si ce cas se produit, le train n'avancera pas. Pour rendre cette relation plus sensible, prenons un exemple :

Soient : $P = 150$ tonnes, $p = 30$ tonnes, $\pi = 12$ tonnes (un seul essieu moteur sur 3).

Le coefficient d'adhérence $f = \frac{1}{6}$ à $\frac{1}{7}$, soit 0,15.

On a : $(150 + 30)(0.003 + i) < 12 \times 0.15$

ou $\qquad 0.003 + i < \frac{1.80}{180}$ ou 0^m010

soit $\qquad i < 0^m007$.

Si la rampe est égale ou supérieure à 7 millimètres par mètre, la machine employée sera impuissante à remorquer le train donné.

Il ne faut pas conclure de cet exemple que la rampe de 7 millimètres est un maximum, et l'on sait qu'en réalité il en existe de beaucoup plus fortes.

Supposons, en effet, que le poids adhérent, que nous avons admis d'abord de 12^T, soit de 24^T (2 essieux accouplés); l'inégalité ci-dessus deviendra :

$$(150 + 30)(0,003 + i) < 24 \times 0.15$$

ou $\qquad 0,003 + i < \frac{3.60}{180}$ ou $0,020$

$$i < 0^m017.$$

La rampe sur laquelle la même machine pourra remorquer le même train pourra donc être plus du double de la précédente.

Si, enfin, nous supposons les trois essieux accouplés et le poids total de la machine, 30^T, agissant comme poids adhérent, nous aurons :

$$(150 + 30)(0,003 + i) < 30 \times 0,15$$

ou $\qquad 0,003 + i < \frac{4.50}{180}$ ou 0.025

$$i < 0.022.$$

La déclivité qui pourra être gravie par la même machine

remorquant le même train sera plus du triple de la première rampe-limite.

Mais si l'on veut aller au-delà, on est dans l'obligation de recourir à une machine plus puissante et partant plus pesante.

Sinon, il faut réduire le tonnage du train à remorquer.

Il convient de remarquer que, dans l'exemple qui précède, pour traîner un poids utile de 150 sur des rampes de 0^m022 par mètre tout au plus, il faut employer une machine de 30^T, et par conséquent traîner un poids mort égal au cinquième du poids des wagons.

En augmentant le poids de la machine, ou en diminuant le poids du train, comme nous venons de le dire, cette proportion augmentera encore et le chemin de fer perdra de ses avantages sur la route ordinaire.

Si nous supposons le poids de la machine constant et la rampe augmentant, le poids du train ira sans cesse en diminuant.

A la limite, nous pouvons calculer la rampe sur laquelle toute la force développée par la machine sera employée à monter celle-ci toute seule.

On voit donc bien ainsi que l'adhérence, étant fonction du poids qui porte sur les roues motrices (et de quelques autres circonstances dont nous aurons à nous occuper ultérieurement), impose une limite au poids du train sur une rampe donnée, ou diminue l'importance de la déclivité sur laquelle on peut remorquer un train de tonnage déterminé.

La progression rapide de l'augmentation de la résistance avec celle de la déclivité, d'une part ; le maximum de résistance du train imposé par l'adhérence, d'autre part ; telles sont en résumé les deux raisons principales qui limitent les déclivités à adopter.

22. Courbures. — Les courbes de grand rayon sont imposées par les dispositions du matériel roulant : *porteur et remorqueur*.

En effet, les roues des véhicules, contrairement à ce qui a

lieu pour les voitures ordinaires, sont solidaires de leurs essieux.

Cette liaison invariable est imposée, sur les machines, par le mode d'action de la vapeur. Celle-ci agit : dans le cas de cylindres extérieurs, sur une roue, et doit être transmise à sa conjuguée du même essieu ; dans le cas de cylindres intérieurs, sur un essieu, qui doit transmettre cette action aux deux roues jumelles placées à ses extrémités.

Cette même liaison n'est adoptée sur les autres véhicules que par mesure de solidité et de sécurité. En effet, si la courbe est de petit rayon, la différence de longueur des deux files de rails qui la constituent sera importante et le frottement résultant de la différence des chemins parcourus sur celles-ci sera très grand. Il en sera de même de l'usure et de l'effort de torsion. Ces résultats fâcheux seront, au contraire, amoindris sur une courbe de grand rayon, et d'autant plus que le rayon sera plus grand.

De plus, les essieux d'un même véhicule sont maintenus parallèles entre eux, alors qu'il conviendrait qu'ils prissent la direction du rayon de la courbe. Pour porter des caisses, dont la longueur augmente avec le confortable offert aux voyageurs, leur écartement tend lui-même à augmenter sans qu'ils cessent d'être toujours parallèles ; pour faciliter leur inscription dans la courbe, pour diminuer les chances de déraillement et prévenir une trop grande usure, de grands rayons s'imposent.

De même qu'il faut avoir des pentes faibles, de même des courbes de grand rayon sont une nécessité sur les chemins de fer où l'on veut circuler rapidement.

23. Déclivités et rayons de courbure adoptés. — Les premiers chemins de fer ont été établis avec des pentes inférieures à 5 millimètres par mètre. L'expérience et les perfectionnements réalisés ont plus tard permis de dépasser de beaucoup ce chiffre.

Les chemins de fer, au point de vue des déclivités, peuvent se classer en quatre catégories principales :

1° Bons chemins :   pentes de 0,005 et au-dessous ;
2° Chemins ordinaires,   »   0,005 à 0,010 ;

3° Chemins médiocres, » 0,015 ;
4° Chemins mauvais, » au dessus de 0,015.

Quant aux rayons des courbes, ils ont été de 1000^m à 1200^m à l'origine. Peu à peu, les chemins à tracés faciles étant terminés, des terrains plus mouvementés ont été abordés. L'expérience acquise a permis de descendre à 600^m, à 500^m. Enfin on admet maintenant, dans le tracé des lignes de montagne, des rayons de 300^m. Ce chiffre doit être considéré comme un minimum pour la voie de 1^m 44 à 1,45 de largeur entre les bords intérieurs des rails.

24. Impossibilité de rendre libres les voies ferrées. — On s'est demandé quelquefois si l'on pourrait arriver à se servir des voies de fer comme on se sert des routes, au gré de chacun. Les Anglais avaient dit que, dans un temps plus ou moins long, chacun pourrait avoir sa locomotive. Mais on a reconnu promptement que l'adoption de véhicules divers, différents par leurs conditions d'établissement, par les soins donnés à leur entretien, apporterait à l'exploitation des voies ferrées une gêne inadmissible et une insécurité compromettante. A part quelques exceptions très rares, les seuls véhicules en usage sont ceux des compagnies exploitantes.

25. Nécessité d'un trafic important. — Les sujétions inhérentes à l'exécution d'un chemin de fer entraînent comme conséquence une dépense considérable par kilomètre. Sur les lignes les plus importantes la dépense s'est élevée à 500.000 fr. Dans les conditions les plus modestes, cette dépense atteint et dépasse souvent 100.000 fr. Ce capital doit être rémunéré, et l'on peut dire que, toutes choses égales d'ailleurs, il faut qu'on puisse compter sur un trafic d'autant plus considérable que les frais d'établissement doivent être plus élevés.

Nous ne nous étendrons pas davantage sur ce sujet quant à présent, mais nous aurons l'occasion d'y revenir.

26. Bon marché de l'argent. — Il y a encore une condition spéciale qui doit être satisfaite, lorsqu'on veut créer un chemin de fer : c'est la possibilité de trouver à bas prix les capitaux nécessaires.

Les Recettes d'un chemin de fer doivent permettre : 1° le paiement des dépenses de l'exploitation ; 2° celui de l'intérêt du capital de premier établissement et même d'un certain bénéfice supplémentaire.

27. Nécessité de transporter rapidement les troupes. — Mais il y a toute une catégorie de chemins de fer n'ayant plus ce caractère d'opération industrielle qui exige l'équilibre des charges et des produits, des dépenses de toute nature et des recettes. Ce sont les chemins de fer stratégiques.

Il n'est pas de nation soucieuse de sa dignité et de son indépendance qui hésite à s'imposer, aujourd'hui, les sacrifices nécessaires pour assurer le transport des troupes et du matériel de guerre dans les meilleures conditions.

Pour satisfaire aux exigences spéciales de la défense, un pays doit être en mesure de masser sur certains points de son territoire une quantité déterminée d'hommes, de chevaux et de matériel, et cela dans le temps le plus court possible, avec ordre et sécurité.

Toute considération économique s'efface dans l'établissement du projet des lignes susceptibles de répondre à ce programme. Le tracé doit permettre la circulation de trains nombreux, longs et rapides ; les déclivités doivent être faibles, les courbes de grand rayon ; la double voie, le plus souvent, doit être adoptée. — Nous ne faisons que citer ces conditions, à titre d'indication générale.

Lorsqu'une ligne possède ce caractère de ligne stratégique, des conventions spéciales peuvent être consenties pour son établissement entre l'État et la Compagnie concessionnaire, selon les circonstances ; l'intérêt industriel disparaît.

§ 5.

DIVISION DE L'OUVRAGE

28. Titres des chapitres. — Les chapitres qui vont suivre comprendront :

La voie ;

Les accessoires de la voie ;

Les gares et stations ;

Les signaux.

Nous aurons ainsi traité tout ce qui concerne la superstructure. Nous renvoyons à un autre ouvrage, faisant partie de la même encyclopédie, pour les développements relatifs au matériel roulant, à la traction, aux tracés.

CHAPITRE DEUXIÈME

LA VOIE

- § 1. Composition de la voie. Sa largeur
- § 2. Historique de la forme du rail
- § 3. Étude des deux principaux types de rails
- § 4. Longueur des rails
- § 5. Fabrication des rails en fer
- § 6. Rails en acier
- § 7. Éclissage des rails
- § 8. Fixation des rails
- § 9. Durée des rails
- § 10. Comparaison entre la voie à double champignon et la voie Vignole
- § 11. Traverses et longrines
- § 12. Ballast
- § 13. Profils-types
- § 14. Pose de la voie
- § 15. Systèmes divers de voie

SOMMAIRE :

§ 1ᵉʳ. *Composition de la voie. Sa largeur* : 29. Composition de la voie. — 30. Largeurs diverses en usage.

§ 2. *Historique de la forme du rail* : 31. Rail à plat. — 32. Rail de champ. — 33. Rail à table supérieure. — 34. Rail à double champignon. — 35. Rail Vignole.

§ 3. *Étude des deux principaux types de rails* : 36. Rail à double champignon. — 37. Rail Vignole. — 38. Résistance des rails.

§ 4. *Longueurs des rails* : 39. Inconvénients des joints. — 40. Accroissement des longueurs. — 41. Inconvénients des longs rails en fer. — 42. Longs rails d'acier. — 43. Calcul de la longueur du rail. — 44. Longueurs actuelles des rails d'acier. — 45. Largeur du joint et longueur du rail.

§ 5. *Fabrication des rails en fer* : 46. Composition et dimensions des paquets. — 47. Chauffage et laminage du paquet. — 48. Dressage, recoupage, perçage. — 49. Contrôle de la compagnie. — 50. Épreuves de réception. — 51. Conditions de garantie.

§ 6. *Les rails en acier* : 52. Motifs de la préférence donnée à l'acier. — 53. Épreuves comparatives du fer, de l'acier et de la fonte. — Qualité de l'acier à employer pour les rails. — 55. Procédés de fabrication. — 56. Épreuves. — 57. Garantie.

§ 7. *Éclissage des rails* : 58. Éclisses. — 59. Travail de l'éclisse. — 60. Longueur des éclisses, trous de boulons, etc.

§ 8. *Fixation des rails* : 61. Double champignon. — 62. Vignole. — 63. Résistance au déplacement longitudinal.

§ 9. *Durée des rails* : 64. Grandes variations de durée. — 65. Choix de l'unité à adopter pour l'évaluation de cette durée. — 66. Durée des rails en fer.

§ 10. *Comparaison entre la voie à double champignon et la voie Vignole* : 67. Emploi des deux types à l'étranger et en France. — 68. Comparaison au point de vue de la résistance. — 69. Comparaison au point de vue du premier établissement et de l'entretien des voies. — 70. Calculs comparatifs. — 71. Comparaison des prix de premier établissement. — 72. Conclusions.

§ 11. *Traverses et longrines* : 73. Traverses ; causes de destruction. — 74. Formes et dimensions des traverses. — 75. Conditions de résistance. — 76. Bois employés. — 77. Préparation des traverses. — 78. Durée des traverses préparées. — 79. Réception. — 80. Longrines.

§ 12. *Ballast* : 81. Conditions à remplir. — 82. Différentes espèces de ballast.

§ 13. *Profils-types* : 83. Disposition de la voie et du ballast.

§ 14. *Pose de la voie* : 84. Piquetage. — 85. Entaillage, sabotage. — 86. Pose. — 87. Organisation d'un chantier de pose et de ballastage. — 88. Surveillance et entretien. Renouvellement en recherche. — 89. Renouvellement en grand.

§ 15. *Systèmes divers de voie* : 90. Voies sur supports isolés. — 91. Voies sans supports. Voies sur longrines. — 92. Voies sur traverses en fer.

CHAPITRE II

VOIE

§ 1

COMPOSITION DE LA VOIE. SA LARGEUR

29. Composition de la voie. — Une voie de fer se compose de deux files de *rails* parallèles, à la fois *directeurs et*

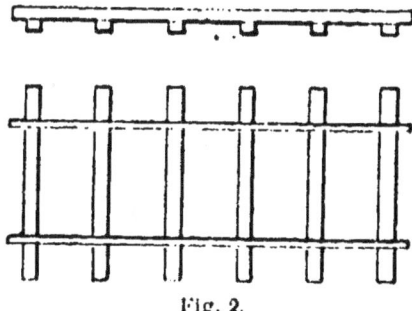

Fig. 2.

porteurs, soutenus de distance en distance par des pièces de bois, appelées *traverses*.

Les rails reposent sur les traverses, soit directement, soit par l'intermédiaire de coussinets, suivant leur forme.

Les deux formes en usage sont : le rail à double champignon, le rail à patin, ou rail américain, dit aussi rail Vignole, du nom de l'ingénieur qui en a été l'inventeur.

30. Largeurs diverses en usage. — *Voie normale.* — La largeur usuelle de la voie, en France, est de 1m,44 à 1m,45 entre bords intérieurs des rails.

Certains ingénieurs pensent qu'il vaudrait mieux avoir 1ᵐ,80 à 2ᵐ,00 de largeur pour les voies appelées à un fort trafic.

Voies étroites. — On emploie aussi des écartements moindres et l'on a des *chemins à voie étroite*, avec des courbes de petit rayon, épousant aisément les formes des terrains accidentés à desservir.

En adoptant la voie de 1ᵐ,45, on a pris la largeur entre roues des véhicules circulant sur les routes, et l'usage ayant conduit à des résultats satisfaisants, on l'a conservée.

Voie large. — En Angleterre, après avoir employé pendant un certain temps l'écartement de 1ᵐ,44, on a été amené à adopter sur une ligne celui de 2ᵐ,13, à l'instigation de Brunel, qui invoquait la difficulté de construire de bonnes et fortes machines avec la première de ces largeurs.

Largeurs diverses. — D'autres ingénieurs, trouvant exagérée la voie de 1ᵐ,44 elle-même, prirent des écartements moindres, de telle sorte qu'au bout de peu de temps il y eut en Angleterre jusqu'à 7 largeurs de voie. Il en résultait des transbordements trop fréquents, des pertes de temps considérables. Les Chambres s'en émurent, le gouvernement ordonna une enquête, qui eut pour résultat l'adoption de l'écartement unique de 1ᵐ,44 pour toutes les lignes du Royaume-Uni.

La plupart des États européens ont ensuite adopté cette largeur. L'Espagne, la Russie et l'Irlande font seules exception.

Voie espagnole. — L'Espagne a adopté 1ᵐ,736.

Voie russe. — La Russie a pris un écartement de 5 pieds anglais = 1ᵐ,524.

Ces pays ont cédé à des préoccupations d'isolement et ont voulu rendre leur réseau inaccessible au matériel étranger.

Voie irlandaise. — L'Irlande a adopté la largeur de 1ᵐ,68.

§ 2.

HISTORIQUE DE LA FORME DU RAIL

21. Rail à plat. — Les premiers rails employés, et en usage encore aujourd'hui sur les chantiers de terrassements, sont les rails en *fer méplat*, cloués ou vissés à *plat* sur une *longrine*. Mais le bois qui leur prête sa résistance se pourrit rapidement et ces voies ne peuvent durer longtemps.

Fig. 3.

22. Rail de champ. — Après ceux-ci, on a employé les rails en *fer méplat* posés *de champ*, et maintenus par des coins dans des encoches sur *traverses*.

Fig. 4.

23. Rail à table supérieure. — Ces rails se voilaient et faisaient ventre dans les courbes, sur la file extérieure, sous l'action de la force centrifuge ; en outre, ils creusaient des sillons ou gorges sur la jante des roues. Pour remédier à ces inconvénients, on y a d'abord ajouté une table supérieure. Cette table s'est peu à peu transformée en un demi-champignon, puis en un champignon complet ; porté par des coussinets et des traverses, ce rail a donné naissance au rail dissymétrique.

Fig. 5.

24. Rail à double champignon. — Celui-ci a conduit

au *double champignon* symétrique permettant le retournement, porté comme le précédent par des *coussinets*, sur lesquels il est maintenu par des coins.

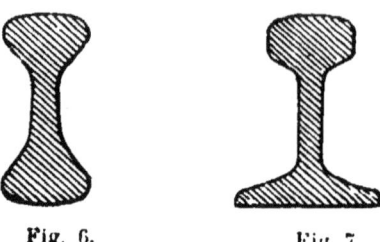

Fig. 6.   Fig. 7.

35. Rail Vignole. — Le rail Vignole, ou à *patin*, posé sur longrines d'abord, sur traverses ensuite, a été une simplification du précédent. Les coussinets et les coins ont disparu, et les rails sont fixés directement à l'aide de tirefonds ou de crampons.

§ 3.

ÉTUDE DES DEUX PRINCIPAUX TYPES DE RAIL.

Les efforts auxquels un rail est soumis au passage des trains sont les suivants :
1° *Pression verticale résultant du poids des véhicules*;
2° *Pressions horizontales dues à l'influence des courbes et au mouvement de lacet*;
3° *Frottements de glissement et de roulement dus aux roues*.

Sa forme doit donc être étudiée de manière à lui permettre de résister à ces différentes actions.

36. Rail à double champignon. — La forme le plus naturellement indiquée est celle d'un *rectangle évidé* ou celle d'un *double T renforcé sous les ailes*.

§ 3. — ÉTUDE DES DEUX PRINCIPAUX TYPES DE RAIL

La forme d'un rectangle évidé a été adoptée dans la confection du rail Brunel ; mais la fabrication de ce rail est difficile ; sa forme est désavantageuse au point de vue de l'économie, et ce rail, se posant sur longrines, fournit une voie peu stable.

C'est donc la forme en double T qui a prévalu. Elle a donné naissance aux rails à double champignon (dissymétrique ou symétrique) et aux rails à simple champignon et à patin.

La section et par suite le poids d'un rail dépend de la charge qu'il est appelé à supporter.

Depuis la création des voies de fer, les véhicules et surtout les machines qui les parcourent ont constamment augmenté de poids.

Les rails ont suivi cette progression et leur poids s'est élevé successivement : de 15 kilog. par mètre courant, à l'origine, à 30 kilog. à l'époque de la construction des grandes lignes ; puis à 36, 38, 45 kilog. actuellement. On cite même des chiffres plus élevés.

Avec une section de 45 à 48 centimètres carrés, d'où résulte un poids de 36 k. par mètre courant, deux rails supportent facilement un essieu monté pesant de 12 à 13 T.

Cette section doit toutefois présenter une forme telle :

1° *Que le métal soit reporté vers le haut et le bas*, afin d'augmenter le moment d'inertie et l'étendue de la surface de roulement ;

2° *Que cette surface de roulement soit solidement épaulée*, pour résister sans flexion et sans altération ;

3° *Que l'âme soit assez forte* pour établir une solidarité complète entre le haut et le bas, et pour ne pas s'écraser sous la charge au droit des appuis.

Le rail à double champignon, avons-nous dit, peut être symétrique ou dissymétrique. Laquelle de ces deux formes est la meilleure ?

Rail dissymétrique. — Lorsque le champignon le plus fort sera à la partie inférieure, le rail portera des charges plus considérables que lorsque ce même champignon sera à la partie supérieure. Ainsi, dans le cas d'un rail à double champignon dissymétrique, le champignon le plus fort devrait être placé en bas. Cependant, les Anglais font le contraire, eu égard aux effets destructeurs causés par le roulement et le frottement, et auxquels la matière accumulée dans le gros champignon permet de parer convenablement.

Rail symétrique. — Prenons maintenant un rail à champignons égaux. Lorsqu'on vient à le charger, les fibres supérieures sont comprimées, les fibres inférieures allongées. Augmentons progressivement la charge. Les deux champignons étant symétriques, c'est à la partie inférieure que se produiront les premiers symptômes de désorganisation et de rupture.

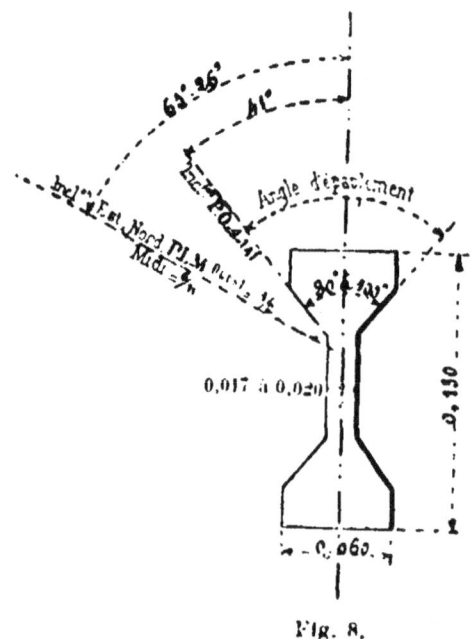

Fig. 8.

Si donc on adopte cette forme, on ne sera pas dans les conditions les plus satisfaisantes, puisqu'il faudrait que les fibres supérieures fussent soumises au même travail que les fibres inférieures.

Cette forme est cependant celle qui a généralement prévalu

§ 3. — ÉTUDE DES DEUX PRINCIPAUX TYPES DE RAIL   69

en raison de la faculté précieuse du retournement que possède le rail symétrique.

La symétrie étant admise, la section de 45 à 50 centimètres est obtenue par les dimensions suivantes :

> Hauteur . . . . . . 0^m,13
> Largeur du champignon . 0^m,06
> Épaisseur d'âme . . . 0^m,017 à 0^m,020.

En joignant à ces dimensions un angle d'épaulement de 80° à 100° nécessaire pour un bon éclissage [1], il n'y a plus qu'à adoucir les angles et à déterminer le contour supérieur du champignon, qui doit résister aux frottements de roulement et de glissement des roues.

De prime abord, il semble qu'on devrait faire cette surface plane de manière à augmenter l'étendue du contact et à réduire la pression par unité superficielle.

Mais ce contact à toute largeur, s'il existait, présenterait un grand inconvénient en raison de la forme donnée au pourtour de la roue.

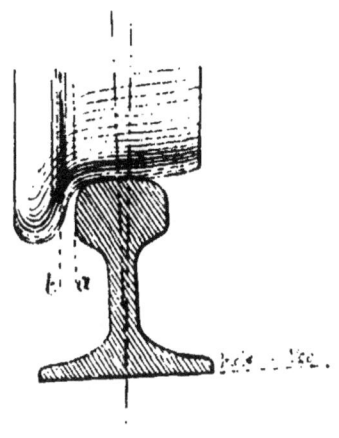

Fig. 9.

---

[1] L'angle de 80° à 100° est donné par M. Sévène (*Cours de chemins de fer professé à l'École des ponts et chaussées*, 1876-77). La plupart des Compagnies, en prenant l'inclinaison de 1/2, ont été jusqu'à 126°.

Cette forme, en effet, est celle d'un tronc de cône, qui a le double avantage de permettre au véhicule :

1° De s'abaisser par l'action de la gravité et de suivre l'axe de la voie en laissant de part et d'autre un même jeu entre le bord intérieur *a* du champignon du rail et le mentonnet *b* de la roue ;

2° De passer aisément dans les courbes en développant sur le rail extérieur de celles-ci une circonférence de rayon supérieur au rayon moyen, et sur le rail intérieur une circonférence de rayon inférieur à ce même rayon moyen.

Si le contact avait lieu entre le bandage et le rail sur toute la largeur du champignon, les divers points de ce bandage situés sur une même génératrice de la surface conique parcourant dans les courbes des chemins inégaux, il faudrait que cette différence de parcours fût compensée par un glissement, d'où résulterait un accroissement de résistance pour le véhicule et d'altération pour le rail, condition tout à fait défectueuse et qu'il y a lieu d'éviter en adoptant une table légèrement convexe pour le dessus du rail.

Du reste, ce contact complet n'existerait qu'au début. Après quelque temps de service, il aurait cessé. Il y a lieu de remarquer, en effet, que la partie centrale du bandage est celle qui, fatiguant le plus, s'use le plus vite : elle tend à se creuser en forme de gorge. Le contact cesse de se produire dans la partie médiane, il a lieu entre les arêtes extrêmes de la table du rail et le fond de la concavité du bandage. L'usure augmente et le déplacement des roues dans le sens transversal à la voie ne s'effectue plus librement. On est donc conduit à cette conclusion qu'à tous égards l'adoption d'une surface de roulement plane serait fâcheuse. A cette gorge concave de la jante, il faut opposer sur le rail une surface convexe.

Il ne faut donner au champignon qu'un bombement modéré. S'il était trop marqué, il concentrerait dangereusement la pression ; — insuffisamment accusé, il ne tendrait plus assez dans les parties droites à maintenir le contact et la pression vers la partie centrale du rail.

Cette courbure doit être d'autant *moins prononcée* (ou la surface de roulement doit être *d'autant plus plate*) que la matière du rail est *plus dure*.

Avec les rails *en fer*, on peut adopter le bombement de 5 à 10 centimètres de rayon indiqué par M. Sévène. Avec des rails *en acier*, on peut faire la surface de roulement presque plate, attendu que l'acier le meilleur pour les rails étant l'*acier dur*, et l'acier des bandages étant de l'*acier doux*, ce dernier s'userait plus vite que le premier et des gorges se creuseraient au pourtour des bandages des roues et en compromettraient la durée, si le contact ne s'établissait pas sur une portion suffisante de la largeur du champignon du rail.

Le bombement arrêté, le profil du champignon est achevé par des arrondis de raccordement convenables (voir, planche 3, le type de l'Orléans, dont le poids est de 36 kilogrammes).

Dans ce qui précède, nous n'avons pas eu égard aux efforts horizontaux auxquels le rail doit résister. Cela tient à ce que ces efforts sont beaucoup moindres que les efforts verticaux et par suite sont sans action nuisible sur le rail, quand celui-ci est capable, par sa forme et ses dimensions, de résister convenablement à ces derniers ; les efforts transversaux sont dangereux au point de vue de la stabilité de la voie, mais non sous le rapport de la résistance propre du rail.

37. Rail Vignole. — *Forme.* — La voie Vignole est caractérisée essentiellement, comme on le sait, par son rail à patin.

Elle diffère de la voie symétrique par le mode d'attache du rail.

Appui sur la traverse. — Tandis que le rail à double champignon repose sur la traverse par l'intermédiaire d'un coussinet, le rail Vignole, où le champignon inférieur est remplacé par un patin, repose directement sur la traverse.

Fixation sur la traverse. — Le mode d'attache est constitué par de gros clous appelés *crampons*, dont la tête en forme de crochet s'applique sur la partie extrême du patin et la serre sur la traverse.

Les crampons sont quelquefois remplacés par des vis, ou *tirefonds*, terminés par une tête carrée ou polygonale ; ils opèrent le serrage de la même façon.

Au point de vue de la résistance, le rail Vignole peut être considéré comme un rail symétrique dont le champignon inférieur a été aplati et élargi. Si cet aplatissement a lieu sans augmentation de la section de la partie inférieure du rail, la hauteur de l'âme restant constante, la distance de la ligne des fibres neutres de la section totale au centre de gravité de cette partie inférieure diminue ; il en est de même de la valeur du moment d'inertie et par suite de la résistance. Plus l'aplatissement est grand, plus cette diminution est marquée. Pour conserver au rail la même résistance, il faut allonger l'âme, ce qui peut se faire soit en réduisant l'épaisseur, soit en diminuant la section du patin.

Nous avons dit précédemment que la partie inférieure du rail, travaillant à l'extension, était celle qui, sous une charge croissante, accusait la première des traces d'altération. L'aplatissement de cette partie inférieure, en éloignant les fibres du métal de la ligne des fibres neutres, constitue une disposition favorable à l'accroissement de la résistance, la distance verticale dont nous avons parlé ci-dessus restant d'ailleurs toujours la même.

Cet avantage est encore accru par la possibilité d'employer du fer à nerf à la confection de ce patin et par le travail mécanique auquel il est soumis pendant la fabrication (voir. planches 3, 5 et 6, les types de divers rails Vignole).

Pour que les éclisses aient une forme symétrique, on donne généralement aux angles d'épaulement inférieur et supérieur du rail des valeurs égales.

Le tableau ci-après indique le rapport de la hauteur à la demi-largeur du patin de quelques types Vignole.

§ 3. — ÉTUDE DES DEUX PRINCIPAUX TYPES DE RAIL 73

	H	L	Rapport H : 1/2 L
Paris-Lyon-Méditerranée (marque P.M.)	130 m/m	130 m/m	2
— (marque P.L.M.)	127.5	100	2.55
Nord (50k)	125	97	2.57
— (43k215)	142	134	2.12
Est	120	99	2.42
Ouest	125	97	2.57
Cologne-Minden	124	91.1	2.71
Mokta (voie d'un mètre)	90	75	2.4
Ch. de fer économiques (voie d'un mètre)	98.5	80	2.46

38. Résistance du rail. — Un rail étant placé sur une traverse et fixé solidement sur celle-ci, doit-on le considérer, au point de vue de la résistance, comme une pièce encastrée à ses deux extrémités, ou comme une pièce reposant librement sur ses deux appuis ?

1° *Encastrement*. — Si la roue portant sur la travée chargée AA' était précédée et suivie de deux roues également chargées portant au milieu des travées voisines, la tangente à la fibre neutre aux points d'appui A, A' serait horizontale.

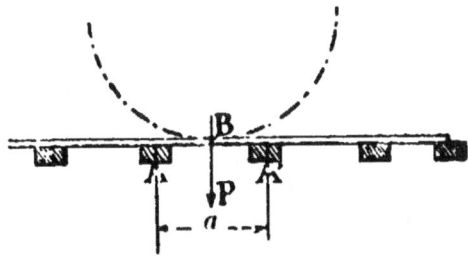

Fig. 10.

Mais cette hypothèse n'est pas conforme à la réalité, car l'écartement des roues ne correspond pas à celui des traverses. Il ne s'en rapproche un peu que lorsque les traverses de la voie sont très écartées et les roues des machines très petites et très rapprochées.

L'écartement des traverses varie, selon les cas, de 0^m 75 à 1^m 00. Les diamètres des roues des machines ne descendent à ce dernier chiffre que tout à fait exceptionnellement, et, d'ailleurs dans ce cas, leur écartement est bien supérieur à leur diamètre.

Entre deux roues consécutives, il y a toujours plusieurs portées de traverses : le rail se trouve dans une position plus ou moins inclinée sur les appuis A, A' voisins du point d'application B de la charge. Cette position est donc moins favorable à la résistance que l'encastrement.

2° *Pose libre sur deux appuis.* — D'un autre côté, le rail ne repose pas librement sur les appuis A, A' placés de chaque côté de la roue, puisqu'il se continue sur une certaine longueur, pour aller porter sur d'autres points d'appui avec d'autres attaches, et être soumis à des charges qui s'opposent au relèvement de la fibre neutre.

Donc, la situation du rail au point de vue de la résistance est plus favorable que celle d'une pièce libre, mais moins favorable que celle d'une pièce encastrée.

D'où il résulte que l'effort supporté sous l'action d'une charge sera compris entre les deux efforts correspondant aux deux hypothèses précitées.

Soient :

a l'écartement normal des traverses,

$\int r^2 dv$ le moment d'inertie de la section du rail, ou la somme des produits des divers éléments $d\omega$ par le carré de la distance v de chacun d'eux à la ligne des fibres invariables, ou axe neutre, qui passe par le centre de gravité de la section ;

n la distance de l'axe neutre à la fibre la plus éloignée de cette section ;

P   la charge transmise par une roue supposée au milieu de l'intervalle de deux traverses voisines.

§ 3. — ÉTUDE DES DEUX PRINCIPAUX TYPES DE RAIL

L'effort des fibres au milieu sera, en supposant le rail encastré : $R = 0,125 \frac{Pan}{I}$.

Mais, dans ce cas, l'effort maximum ne correspond pas à la position moyenne de la charge : il se produit lorsqu'elle se trouve au tiers de la portée, et il est alors égal à :

(1) $$R = 0,148 \frac{Pan}{I}.$$

D'un autre côté, l'effort des fibres au milieu est, en supposant le rail reposant librement sur deux appuis et la charge au milieu :

(2) $$R = 0,250 \frac{Pan}{I}.$$

Dans cette deuxième hypothèse, cet effort est un maximum.

Les formules (1) et (2) fixent les deux limites entre lesquelles oscille l'effort maximum du rail sous l'action d'une charge P.

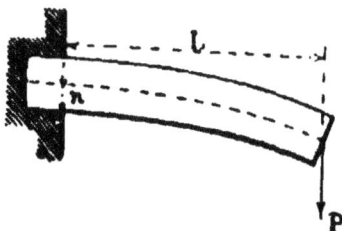

Fig. 11.

1. A. Pièce encastrée à une extrémité et sollicitée à l'autre par un effort transversal $\Bigg\}$ $PL = \frac{RI}{n}$ $R = \frac{PL.n}{I}$

B. Pièce reposant à ses extrémités sur deux appuis (c'est l'encastrement supposé au milieu. Il faut remplacer P par $\frac{P}{2}$ et L par $\frac{L}{2}$) $\Bigg\}$ $R = \frac{PL.n}{4I} = 0,250 \frac{PL.n}{I}$

C. Pièce encastrée à ses deux extrémités : $\Bigg\{$ $\frac{RI}{n} = \frac{PL}{8}$ $R = \frac{PL.n}{8I} = 0,125 \frac{PL.n}{I}$.

En le supposant égal à la moyenne de ces deux efforts, on obtient :

(3) $$R = 0,199 \frac{Pan}{I}.$$

En calculant la résistance du rail par une troisième méthode, c'est-à-dire, comme l'a fait M. Couche [1], Inspecteur général des mines, en le considérant comme une pièce encastrée à l'une de ses extrémités et libre à l'autre, — hypothèse plus défavorable que la condition réelle, mais qui convient bien pour la première et la dernière roue d'un train, on a :

$$R = 0,192 \frac{Pan}{I}.$$

Application au type P.O. — Pour le type de la compagnie d'Orléans, rail à double champignon, de 36 kil., en faisant :

$$P = 6.500 \, k.$$
$$a = 0,98$$
$$n = 0,065$$
$$I = 0,00000926.$$

on trouve par la formule (3) :

$$R = 8 \, k \, 9 \text{ par millimètre carré.}$$

Remarque. — Ces calculs n'ont qu'une valeur pratique restreinte ; ils reposent sur des hypothèses d'équilibre *statique* du rail et, laissant de côté toute considération dynamique, ils ne tiennent pas compte des effets dus à l'état de mouvement de la charge, des chocs, des défauts de pose, de fixation et de bourrage, etc., qui ne peuvent jamais être exactement appréciés : « le meilleur calculateur de la résistance « des rails, c'est l'expérience. C'est elle qui a déterminé, par « une succession d'accroissements reconnus nécessaires, le « profil adopté ; c'est elle aussi qui le justifie », dit M. Sévène.

[1]. *Matériel roulant et exploitation technique des chemins de fer*, par Couche.

§ 4.

LONGUEUR DES RAILS

39. Inconvénients des joints. — Les joints constituent dans la voie des points faibles et coûteux, à cause des organes de consolidation qu'ils exigent. Il faut donc en réduire le nombre.

En allongeant les rails pour obtenir ce résultat, il faut élargir les joints en vue de la dilatation, dont les effets augmentent avec la longueur des rails. D'un autre côté, en augmentant la longueur et le poids des barres, on rend les opérations d'entretien plus pénibles pour les agents de la voie.

40. Accroissement des longueurs. — Depuis l'origine, la longueur des rails a été sans cesse en augmentant, ainsi que l'a fait remarquer M. Daveluy[1].

Dimensions croissantes sur les lignes ci-dessous	Années	Longueurs des barres	Poids par barre	Poids par mètre courant	Métal
St Etienne à Andrézieux	1828	1^{m}20	20^{k}50	17^k	Fonte
St-Etienne à Lyon	1832	4.60	60	13	Fer
Saint-Germain	1837	4.50	135	30	id.
Lignes diverses	1840 à 1855	6.00	228	38	id.

Diverses raisons ont empêché d'augmenter davantage la longueur des rails en fer (art. 41).

41. Inconvénients des longs rails en fer. — Les usines métallurgiques, faute d'un outillage suffisant, n'ar-

---

[1]. *Revue générale des chemins de fer.*

n'arrivent pas toujours à bien souder les barres de fer dont se compose un paquet, quand le poids de celui-ci dépasse 260 à 280 k.

Si un rail, de fabrication défectueuse, s'exfolie ou présente un vice sérieux sur un point, il faut le remplacer en entier ou en faire des coupons. La perte est d'autant plus grave que le rail est plus long.

42. Longs rails d'acier. — Avec l'acier, ces accidents ne sont pas à craindre ; en raison de l'homogénéité de la matière, l'usure est uniforme, les rebuts et les pertes sont moindres. La température du laminage étant moins élevée, l'outillage est suffisant pour étirer des barres de 14 m. qui donnent deux rails de 6ᵐ00 de longueur et 2ᵐ00 de chute seulement.

Dans la confection des rails d'acier, on a cherché seulement à conserver le poids total de 220 à 240 k., que l'expérience avait fait reconnaître admissible pour l'entretien, et — un rail de 30 k. d'acier correspondant comme résistance à un rail de 36 k. de fer, — on a pu donner 8ᵐ00 de longueur au rail d'acier (30 k. × 8 m. = 240 k.).

D'ailleurs, l'entretien est faible avec les rails d'acier, et l'on prévoit qu'on fera généralement des remplacements en grand.

En cas de remplacement partiel, on emploira deux rails de longueur moitié de la longueur courante, et on se servira pour les transporter de lorys légers (Italie, Autriche).

L'économie réalisée comme traverses, éclisses et boulons, par suite de l'allongement du rail varie, selon les Compagnies, de 0 fr. 806 à 1 fr. 428 par mètre courant de voie.

On peut espérer que cet allongement procurera une légère économie sur la main-d'œuvre, puisqu'on aura un peu moins de boulons à serrer et de traverses à recaler, surtout près des joints.

43. Calcul de la longueur du rail. — Pour déterminer la longueur du rail, on peut se donner comme condition que son poids fasse équilibre à celui d'un essieu monté placé au droit du joint en porte-à-faux.

Soit P le poids de cet essieu, p celui du rail par mètre cou-

§ 4. — LONGUEUR DES RAILS

rant, comme le rail ne doit pas être soulevé dans le sens de la flèche a, il faut que l'on ait (moments autour du point s :

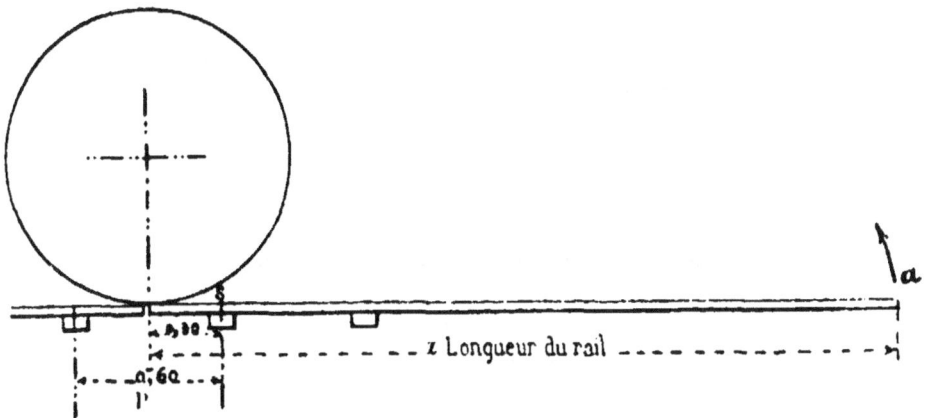

Fig. 12.

$$P \times 0.300 + p \frac{(0.30)^2}{2} = p \frac{(x-0.300)^2}{2}$$

$$P \times 0.600 + p \times 0.09 = p(x-0.300)^2$$

$$(x-0.300)^2 = \frac{0.600\,P + 0.09\,p}{p}$$

d'où

$$x = 0.300 + \sqrt{\frac{0.600\,P + 0.09\,p}{p}}.$$

En donnant à P une valeur de 6.000 k., qui suppose un essieu chargé à 12.000 k. et à p les valeurs successives de 30, 40, 50 k., on arrive aux résultats suivants :

P	p	x	Poids total du rail.
	30	11m25	338k
6000k	40	9,79	392
	50	8,79	440

qui montrent que c'est le rail spécifiquement le plus long et le plus léger qui donne le poids total le plus faible et la solution la plus économique.

Jusqu'à quelle limite peut-on porter la longueur des rails ?

44. Longueur actuelle des rails d'acier. — En France, au Midi, on a adopté 11 m. 00 : c'est deux fois la longueur, 5 m. 50, des rails en fer primitifs, — et l'entretien n'a révélé aucun inconvénient ;

En Italie, on a été jusqu'à 12 m. 00 ;

En Angleterre, on a essayé des rails de 60 pieds (18 m. 28), sans que la pose ait accusé trop de difficultés.

D'après M. Daveluy, jusqu'à 6 ou 700 k., on n'aurait pas à se préoccuper du poids et on n'éprouverait de gêne comme fabrication qu'à partir de 24 m.

45. Largeur du joint et longueur du rail. — Mais il faut tenir compte du joint dont la largeur est, en partie, fonction de la longueur des barres. On peut admettre, l'expérience l'a démontré, une largeur de 0^m.010 à 0^m.012 à la température de. . . . . — 15°

La limite supérieure de la température pouvant être de . . . . + 60°

L'écart est donc de. . . . . 75°

Le coefficient de dilatation de l'acier étant 0,000010792, la longueur x maximum admissible pour un rail passant de —15° à 60° sera donnée par l'égalité : $x = \dfrac{0^m,012}{0,000010792 \times 75} = 14$ m. 82, soit 15 m. Un rail de cette longueur, de 40 k. le mètre courant, péserait 600 k. Il n'y a pas d'inconvénient grave à l'admettre. l'embarras résultant du poids étant presque nul avec un métal aussi résistant, en ce qui concerne l'entretien, puisque les renouvellements sont très rares et ont lieu presque toujours en grand avec un outillage spécial de pose.

§ 5.

FABRICATION DES RAILS EN FER

46. Composition et dimensions des paquets. — Les rails ont été fabriqués à l'origine et jusqu'à ces dernières années en fer.

§ 5. — FABRICATION DES RAILS EN FER

Parmi les différentes espèces de fer, on a employé de préférence le fer à grains, à cause de son homogénéité et de sa dureté.

Pour le rail Vignole, on admet l'emploi du fer nerveux dans la confection du patin, mais en le raccordant avec le fer à grains, qui constitue le champignon, au moyen de quelques mises en fer métis, c'est-à-dire à nerfs mélangé de grains.

Les rails en fer se font par barres de 5 m. 50 et de 6 m.

On forme, pour fabriquer le rail, un paquet parallélipipédique de 1 m. 00 à 1 m. 20 de longueur, ayant une section rectangulaire de 0 m. 20 à 0 m. 25 de côté.

Les différentes mises du paquet sont formées de plusieurs barres, sauf les deux mises inférieure et supérieure qui, dans le cas du double champignon, devant fournir les tables de roulement, sont constituées par une barre unique en fer corroyé.

Le paquet contient un dixième de plus que le fer nécessaire à la confection du rail ; ce dixième correspond à la matière des coupes extrêmes.

47. Chauffage et laminage du paquet. — On chauffe le paquet au rouge blanc et on le passe au train de laminoirs, d'abord dans les cannelures dégrossisseuses, qui ont une forme analogue au paquet, puis dans les finisseuses qui donnent au rail le profil définitif.

La fabrication du rail se fait à une ou deux chaudes : dans ce dernier cas, le paquet, au sortir des dégrossisseuses, est porté au four à recuire, où il subit la deuxième chaude, avant de passer aux finisseuses.

48. Dressage. Recoupage. Perçage. — Les rails sont ensuite dressés et recoupés aux deux bouts, de façon à présenter une section bien nette. On perce ensuite les trous de boulons d'éclisses au foret.

49. Contrôle de la Compagnie. — La fabrication du rail est contrôlée à l'usine de production par un agent des

Compagnies, qui suit la fabrication, en laissant aux maîtres de forges toute latitude dans leurs procédés.

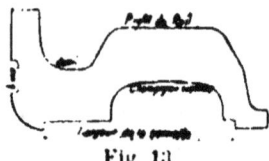
Fig. 13

Les rails sont vérifiés au point de vue des dimensions avec des calibres, puis soumis :
1° Aux épreuves de réception sous les yeux du contrôleur de la Compagnie ;
2° Aux épreuves d'usage, ou conditions de garantie.

50. Épreuves de réception. — Elles consistent en :
1° Une épreuve statique à la déformation ;
2° — à la rupture ;
3° Une épreuve au choc.

Chaque Compagnie a des bases différentes pour ces épreuves ; mais il y a lieu d'ajouter qu'elles admettent l'équivalence des garanties exigées ; car aucune ne met en doute les résultats obtenus par les autres. Cette question ne laisse pas de les intéresser, à cause du passage du matériel qui leur appartient sur les rails des compagnies voisines.

Épreuve statique à la déformation. — Les rails doivent résister aux plus fortes charges, qui sont celles que produisent les machines.

On peut compter par essieu monté : 12 à 13 tonnes, soit 6.000 kilog. sous chacune des deux roues, au contact du rail.

Or ces roues ne sont pas seulement chargées, elles sont, en outre, animées d'un mouvement rapide de rotation ; il en résulte pour le rail une série de vibrations auxquelles il doit être capable d'opposer une résistance que l'on admet pouvoir être double de celle qui est imposée par la charge statique. C'est ainsi qu'on a été conduit à prendre pour charge d'épreuve 12.000 k., le double de la charge réelle.

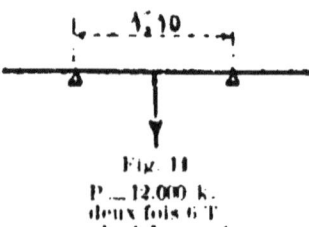
Fig. 14
P = 12.000 k.
deux fois 6 T
pendant 5 minutes.

Les traverses qui portent le rail étaient d'abord espacées de 1 m. 10 ; aujourd'hui cet écartement est de 0 m. 85 à 0 m. 90, mais on a gardé pour l'épreuve l'espacement ancien de 1 m. 10 entre les points d'appui du rail.

On prend donc un rail, on le dispose sur deux couteaux distants de 1 m. 10 et on laisse séjourner sur ce rail, pendant cinq minutes, une charge de 12.000 kil.

Pour être reçu, le rail ne doit pas garder de flèche permanente après cette épreuve.

Épreuve statique à la rupture. — L'épreuve à la rupture est faite sous une charge quintuple de celle que le rail supportera dans les conditions les plus défavorables.

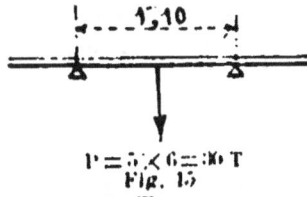
Fig. 15

Le rail est chargé progressivement et doit finalement porter : $5 \times 6 = 30$ T sans se rompre.

Épreuve au choc. — Pour l'épreuve au choc, le rail est placé sur deux appuis distants de 1 m. 10 et soumis à l'action d'un mouton de 300 k. tombant de différentes hauteurs (1 m. 50 à 2 m.) suivant les Compagnies.

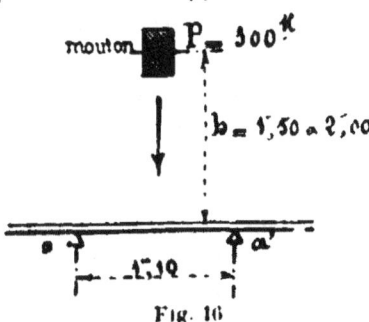
Fig. 16

On fait encore l'épreuve d'une autre façon :

Le rail est placé sur une enclume en fonte de 10 000^k reposant sur une fondation formée par un bloc de maçonnerie de 1 m. d'épaisseur et de 3 m. 30 de surface à la base. On fait tomber sur ce rail un mouton de 200 k. de différentes hauteurs, suivant les conditions extérieures de température, la fragilité du rail augmentant à mesure que la température s'abaisse.

Ces hauteurs sont de :

1 m. 30 pour des températures inférieures à 0°;
1 m. 50 — de 0 à 20°;
1 m. 70 — supérieures à 20°.

Si le dixième du lot, formé par des échantillons pris au

hasard dans la masse, ne résiste pas, le lot complet est refusé.

51. Conditions de garantie. — Il n'y a que l'usage qui puisse amener à constater les imperfections des rails et certains défauts de fabrication.

Pour effectuer cette constatation, on soumet les fournitures à une épreuve en service.

Les rails sortant d'une usine restent sous sa responsabilité pendant un laps de temps plus ou moins long, variable avec l'importance de la circulation sur les sections désignées.

Ce temps de service est appelé *délai de garantie*.

Tout rail altéré durant ce délai est renvoyé à l'usine et remplacé à ses frais.

Souvent, au lieu de soumettre la fourniture complète à cette constatation, on n'en prend qu'une certaine portion en prélevant des échantillons sur l'ensemble, et on apprécie les résultats qu'aurait donnés la mise en service de la totalité de la fourniture d'après ceux qu'a donnés la fraction essayée.

Expériences comparatives du Nord. — Au chemin de fer du Nord, on a pris la ligne de Paris à Creil, d'une longueur de 50 kilomètres, comme ligne d'épreuve.

On y a fait 25 expériences simultanées sur autant d'échantillons de rails posés sur 2 kilom. de longueur chacun. On a pu de cette façon comparer les résultats obtenus par des rails d'origines diverses placés dans les mêmes conditions locales et de circulation.

Pénalité.— Après cette épreuve, on retient aux fournisseurs la somme nécessaire pour convertir en bon fer les rails reconnus défectueux, quand leur tonnage excède la tolérance admise.

La sécurité résulte de la bonne conservation des rails pendant le délai de garantie ; mais les épreuves statiques et de choc sont indispensables pour écarter les fournitures qu'il serait dangereux de mettre en service.

§ 6.

LES RAILS EN ACIER

59. Motifs de la préférence donnée à l'acier. — Depuis quelques années, l'acier tend à remplacer le fer dans la fabrication des rails. Nous allons indiquer les raisons qui motivent cette préférence.

Les trois causes principales de dépérissement des rails en fer sont :

1° L'usure du champignon par le frottement ;
2° L'écrasement sous la charge ;
3° La dessoudure résultant du mode de fabrication.

Avec l'acier, l'*usure* est moindre, parce que le métal est plus dur, et comme il est homogène, elle est régulière ; — l'*écrasement* se produit rarement ; — la *dessoudure* n'est plus à craindre, puisqu'il s'agit d'un métal fondu et non plus composé de mises soudées [1].

L'emploi de l'acier a donc pour conséquence une *notable économie d'entretien*.

La voie acquiert une résistance plus égale et l'exploitation réalise une plus grande sécurité.

53. Épreuves comparatives du fer, de l'acier, de la fonte. — L'acier, composé de fer et de carbone, intermédiaire entre le fer et la fonte, participe des propriétés de ces deux corps. Indépendamment de la *ténacité* et de la *dureté*, il emprunte au fer sa *malléabilité*, qui le rend capable de résister aux chocs des véhicules, et à la fonte sa *fusibilité*, qui permet d'obtenir un métal homogène.

---

[1] D'après M. Couard, ingénieur du service des approvisionnements à la compagnie de Lyon, la dessoudure est remplacée, dans les rails d'acier, par la *fente longitudinale* qui se produit après un temps plus ou moins long ; celle-ci est due aux soufflures de l'acier fondu, d'autant plus nombreuses que l'acier est plus doux.

Les deux matières employées à la confection des rails ont donné les résultats suivants :

	Fer	Acier
Essais à la pression : Maintien de déformation sensible dès que les compressions et tensions des fibres des barres posées sur deux appuis atteignent, par mm^2	17 à 18^k	38^k
Essais à la traction : Résistance à la rupture du métal du champignon	28 à 38	65 à 75
Essais au choc :	kilogrammètres	
Rupture sous une puissance vive, en moyenne, de	400	900

En résumé, les essais relatifs à l'acier accusent des résistances à peu près doubles de celles du fer[1].

La manière dont l'acier se comporte par rapport aux deux corps entre lesquels il est placé ressort bien du diagramme suivant[2], qui figure par deux courbes les variations des résistances et des allongements correspondant à des échantillons d'acier de diverses compositions.

Ce diagramme a été établi en portant :

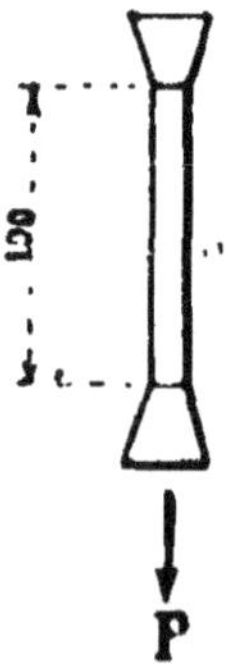

En *abscisses* les *teneurs* en carbone exprimées en millièmes ;

Et en *ordonnées*, d'une part, les *résistances* de chaque échantillon, et, d'autre part, les *allongements* correspondants.

Pour évaluer ces résistances et ces allongements, on a procédé de la manière suivante :

Chaque échantillon a fourni une éprouvette de 0 m. 10 de longueur et de section Ω, qui, soumise à un effort de traction, s'est allongée d'un certain nombre de centièmes de sa longueur primitive et a fini par se rompre sous une charge P. On a porté

Fig. 17.

---

1. Compagnie du Nord. Note sur le rail en acier de 30 kilog. adopté par cette Compagnie.
2. E. Marché, ingénieur civil : *Conférence sur l'acier à l'Exposition universelle de 1878.*

en ordonnées, d'une part, ces *allongements*, mesurés sur des tiges de même section et de même longueur ; — d'autre part, les *résistances* par millimètre carré, égales à $\frac{P}{\Omega}$.

Les valeurs extrêmes sont :

Pour le *fer pur* au bois, $\frac{P}{\Omega}$ = 32 kilog. et l'allongement 35 0/0 ;

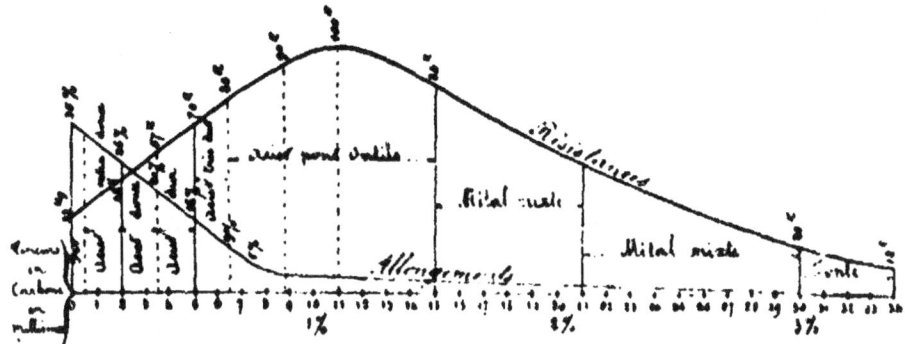

Fig. 18.

Pour la *fonte* au bois, $\frac{P}{\Omega}$ = 12 kilog. et l'allongement nul.

On voit, à l'inspection de ce diagramme, que la résistance va d'abord en augmentant et que l'allongement va toujours en diminuant lorsque la teneur en carbone dans l'acier va en augmentant.

Cette résistance atteint son maximum lorsque la proportion de carbone est de 1 à 1 1/4 0/0.

21. Qualité de l'acier à employer pour les rails. — Pour les rails, il semble que l'acier dur doit avoir la préférence.

D'après le docteur Dudley, chimiste de la Compagnie Pensylvania Railroad, les rails les plus doux seraient moins sujets à s'écraser ou à se rompre en service que les rails durs ; — en d'autres termes, les rails qui contiennent la plus petite proportion de carbone, de phosphore, de silicium et de manganèse seraient moins sujets à s'écraser ou à se rompre en service que ceux pour lesquels la proportion de ces éléments est plus forte. Ces mêmes rails donnant, au cours des essais physiques, les charges de rupture les plus faibles et les allongements les plus forts sont ceux qui résisteraient le mieux à l'écrasement et à la rupture au passage des trains.

L'étude faite par M. Couard, Ingénieur du service des approvisionnements de la Compagnie P.-L.-M., a conduit à un résultat diamétralement opposé et à cette conclusion, savoir : que les rails les moins flexibles, c'est-à-dire en acier dur, sont les meilleurs au point de vue de l'usure accidentelle (ils peuvent être durs sans être aigres). C'est aussi l'avis de M. Gruner, Inspecteur général des mines, qui assigne la composition suivante aux rails de P.-L.-M. :

C :	0,40 à 0,45 0/0		C :	0,60 à 0,70 0/0
Mn :	0,60 à 0,50 »	et	Mn :	0,40 à 0,30 »
Si :	0,30 à 0,35 »		Si :	0,10 à 0,20 »

Cet ingénieur ajoute qu'un peu plus carburé l'acier serait non-seulement plus dur, mais aussi plus résistant. L'expérience a confirmé cette assertion.

M. Couard conclut ainsi :

« A l'exception des tunnels, des fortes pentes, des entrées
« de gare et de la file extérieure des courbes de très faible
« rayon, l'usure régulière du champignon des rails d'acier
« n'est pas à craindre, les rails seront détériorés avant d'arri-
« ver à leur usure limite.

« Pour ces cas particuliers, qui ne constituent qu'une fai-
« ble proportion des réseaux, on peut augmenter la durée du
« rail en augmentant ses dimensions.

« Les ruptures transversales aussi bien que les fissures
« longitudinales semblent suivre une loi bien définie ; les
« rails avariés depuis la pose augmentent proportionnelle-
« ment au carré du nombre des trains que les rails ont sup-
« portés.

« Ces avaries augmentent avec le tonnage, avec la vitesse
« des trains, avec la flexion du rail et avec l'abaissement de
« la température.

« Un rail d'acier durera donc d'autant plus qu'il fléchira
« moins et que l'acier sera moins sujet aux soufflures ; pour
« ces raisons l'acier dur doit être préféré à l'acier doux et il
« paraît à propos d'employer des rails lourds.. .....
 « Les rails les moins flexibles, c'est-à-dire les plus durs, ont
« donné les meilleurs résultats sur le réseau P.-L.-M. Pour un
« âge moyen de six ans, ils n'ont donné en totalité depuis la
« pose que 23 rails rebutés sur 10.000 rails posés ; d'autres
« plus flexibles, c'est-à-dire en acier plus doux, ont donné des
« rebuts plus nombreux et la proportion a été plus que triplée
« pour certaines provenances. »

M. Cazes, Ingénieur du matériel de la voie à la Compagnie du Midi, partage cette manière de voir.

Il convient toutefois de faire remarquer qu'on ne doit pas exagérer la dureté de l'acier.

Si l'on employait de l'acier *très dur* afin d'avoir des rails dont la surface ne s'usât pas, on aurait des rails qui casseraient. Avec de l'acier doux, on aurait des rails qui ne casseraient pas, mais qui s'useraient rapidement. Il faut donc se tenir dans un juste milieu : 0,50 à 0,70 0/0 de carbone.

D'ailleurs, les circonstances physiques de fabrication exercent aussi une influence marquée sur la qualité des rails en acier.

Ces circonstances sont les suivantes : la dimension des lingots, les variations qui ont pu se produire dans le chauffage de ceux-ci, dans les températures auxquelles le laminage a été commencé et terminé et dans la vitesse de refroidissement.

Il faut bien noter que la dureté d'un acier ne dépend pas seulement de sa composition chimique, mais aussi de son état physique, de son état moléculaire, qui varie non-seulement avec la teneur en carbone (combiné au fer, ou incomplètement combiné, assimilable au graphite de la fonte), mais encore avec la pression à laquelle le métal peut se trouver soumis (partie haute ou basse du lingot) et avec la trempe due aux changements de température.

De là il résulte que la forme du rail Vignole, déterminant très facilement la trempe des bords du patin, produit dans les différentes parties de la section des tensions moléculaires irrégulières qui nuisent à la solidité du rail. On est, par suite, obligé d'employer à la fabrication de ce rail des aciers moins durs que ceux qui peuvent être employés à la fabrication des rails double champignon et de chauffer à une plus haute température moyenne, ou de réchauffer au cours du laminage, les lingots à transformer en rails Vignole.

33. Procédés de fabrication. — Les deux procédés pratiques employés pour la fabrication des rails en acier sont les procédés Bessemer et Martin, qui ne seront ici rappelés que sommairement, parce qu'ils sont étudiés en détail dans les ouvrages ou dans les cours de métallurgie.

1° *Procédé Bessemer.* — Il consiste, comme le puddlage, à décarburer la fonte dans un appareil spécial appelé convertisseur. On reçoit dans ce convertisseur, qui est une cornue en tôle revêtue intérieurement de matière réfractaire, la fonte en fusion provenant d'un four juxtaposé. Une grande quantité d'air est insufflée sous pression par une tuyère multiple placée à la base de cette cornue. Cet air brûle d'abord le silicium contenu dans la fonte, puis le carbone ; la température s'élève et la masse entre en fusion.

Si on prolongeait l'opération, le fer lui-même brûlerait et se transformerait en oxyde de fer.

On l'arrête à temps et on coule le métal, qui est de l'acier, dans des lingotières.

Parfois, on produit la décarburation complète de la masse liquéfiée et on lui restitue ensuite la quantité de carbone voulue pour en faire un acier déterminé, en y ajoutant une certaine quantité calculée de fonte, renfermant elle-même une quantité connue de carbone. Les fontes employées dans ce but sont des fontes riches en manganèse, dites *Spiegel Eisen*, ou des alliages de fonte et de manganèse, des *ferro-manganèses*. (Le manganèse facilite la réduction de l'oxyde de fer s'il venait à s'en produire, au détriment des qualités de l'acier).

La durée de l'opération est de 15 à 20 minutes pour 5 à 10.000 kilog. de fonte dure, que l'on doit obligatoirement employer dans ce procédé, à l'exclusion du fer, ou des débris de fer et d'acier.

2° *Procédé Martin*. — Il consiste dans la carburation du fer sur la sole d'un four à réverbère, où l'on développe une haute température à l'aide d'un appareil Siémens. Au lieu de brûler du charbon, on brûle le gaz provenant d'un gazogène. Ce gaz est l'oxyde de carbone formé par la combustion incomplète du charbon en présence de l'air. L'air et l'oxyde de carbone sont chauffés dans des récupérateurs de chaleur en maçonnerie, placés au-dessous des fours, dans lesquels le courant des produits gazeux qui s'échappent marche en sens inverse de l'air et de l'oxyde de carbone.

On ajoute successivement au fer en fusion la proportion convenable de fonte et, pendant la durée de l'opération (9 à 10 heures), on reconnaît sur des échantillons, prélevés dans la masse, la qualité du métal obtenu. On a ainsi de très bons produits, mais coûteux, comme l'opération qui les a fournis. Cette opération, si elle n'exige pas une installation première aussi chère que celle du Bessemer, réclame une température élevée et prolongée.

Quant à l'acier obtenu par l'un ou l'autre de ces deux procédés, il aurait les mêmes qualités s'il avait été fabriqué avec les mêmes matières premières et s'il avait, dans les deux cas, la même composition.

La série des opérations effectuées pour transformer le lingot d'acier en rail est, d'ailleurs, la même que celle qui a été indiquée pour la fabrication des rails en fer.

36. Épreuves. — Les épreuves varient selon les Compagnies. Voici celles qui sont prescrites par le cahier des charges de la Compagnie du Midi :

1° *Épreuve statique à la déformation*. Le poids placé au milieu du rail est de 16.000 kilog. au lieu de 12.000 employés pour le rail en fer ;

2° *Épreuve statique à la rupture*. — La charge, qui est de 35 T. est placée pendant 5 minutes au milieu du rail, qui ne doit pas garder de flèche permanente supérieure à 2 mm.

Ensuite on augmente cette charge jusqu'à la rupture, qui ne doit pas se produire sous un poids inférieur à 50.000 kilog;

3° *Épreuve au choc.* — La troisième épreuve consiste à prendre un des tronçons de 2 m. 70 à 2 m. 80 des épreuves précédentes, à le placer sur les deux appuis écartés de 1 m.10 et à lui faire subir le choc d'un mouton de 300 kilog., comme ci-dessus, tombant de 1 m. 75 de hauteur, sans qu'il se rompe ; puis à le rompre sous le choc du même mouton tombant de 5 m. de hauteur.

Les deux appuis sont en fonte et reposent sur une enclume en fonte de 10.000 kilog., reposant elle-même sur un massif en maçonnerie de 1 m. d'épaisseur et de 3 mètres carrés au moins de surface à la base.

4° Une quatrième épreuve consiste à fabriquer, avec les bouts de rails provenant des épreuves, et en les laminant, des lames de ressort que l'on façonne et que l'on trempe. On les pose sur deux chariots mobiles et on les charge pendant 5 minutes d'un poids produisant une déformation correspondant à un allongement de 4 millimètres par mètre. Après enlèvement de la charge, les lames doivent reprendre leurs formes et dimensions primitives.

5° Une cinquième épreuve consiste à fabriquer un burin à main ou un outil de tour et à le tremper. Après quoi, il doit être en état de travailler la fonte grise la plus dure, sans s'altérer.

Si plus du dixième des épreuves effectuées ne réussit pas, les séries dont proviennent les barres sont rebutées.

6° A titre de renseignement complémentaire, on prend deux barreaux d'épreuve ; l'un est trempé, l'autre recuit. Ils sont éprouvés à la traction jusqu'à rupture. Et l'on constate les allongements, les charges, les sections.

57. Garantie. — Les rails d'acier doivent pouvoir faire un service de six ans, sans aucune détérioration aux endroits les plus fatigués des gares ou des voies principales et sur les voies à forte déclivité, plus particulièrement, à cause de l'action retardatrice des freins qui paralyse, en totalité ou en partie, le mouvement des roues. Sinon, le fournisseur subit une réduction proportionnelle au nombre de rails qui ne résisteraient pas, et cette réduction s'applique à l'ensemble de la fourniture.

§ 7.

ÉCLISSAGE DES RAILS

58. Éclisses. — Pour établir la solidarité des barres qui forment la voie, on est obligé de les relier solidement à leurs extrémités. Pour effectuer cette liaison on emploie les *éclisses*.

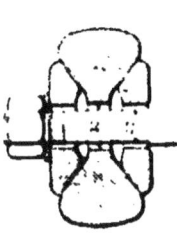

Fig. 19.

Ce sont des morceaux de fer méplat ou d'acier, interposés entre les deux champignons du rail symétrique ou entre le champignon et le patin du rail Vignole. On peut les comparer à deux fractions de coins dont le serrage et le rapprochement déterminent la concordance des axes verticaux et horizontaux des rails qu'ils assemblent et par conséquent produisent l'affleurement exact de ceux-ci et assurent la continuité du roulement.

59. Travail de l'éclisse. — Lorsque les deux éclisses sont serrées de part et d'autre des rails par leurs boulons, on peut considérer qu'il y a encastrement. Si une charge agit sur l'extrémité d'un rail A, celui-ci, associé à l'éclisse, lui transmet cette charge et il faut que l'éclisse, encastrée dans l'autre rail B, la supporte sans fléchir.

L'éclisse est donc assimilable à une pièce encastrée à une de ses extrémités B et chargée du côté opposé A resté libre, et on peut se proposer de rechercher le travail maximum auquel elle est soumise par m.m. carré.

Soient :

P la charge supportée par le rail ;

l la distance entre l'extrémité du rail B où a lieu l'encastrement et le point d'application de la charge (on admet que ce point est au milieu de la partie libre de l'éclisse, par suite $l = 1/4$ de la longueur) ;

h la hauteur de l'éclisse ;
I le moment d'inertie des deux éclisses jumelles.

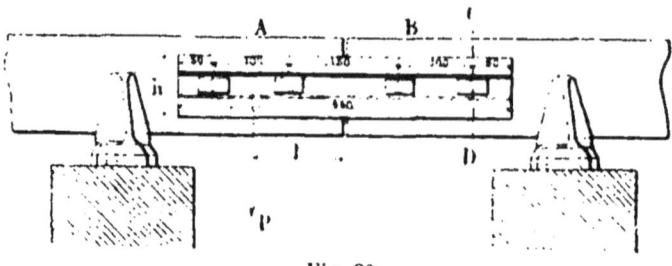

Fig. 20.

L'effort maximum par m.m.q, dans les fibres les plus fatiguées, est :

$$R = 0,50 \frac{Plh}{I}$$

La hauteur h résulte de la forme du rail.

La section (fig. 20) est celle des éclisses de la Compagnie d'Orléans.

Pour les deux éclisses supposées réunies, on a :

$$I = 0,0000014$$

et

$$R = 19^k$$

résultat au-dessus de la réalité, parce que l'éclisse ne reçoit pas du rail la totalité de la charge portée par lui. Celui-ci continue à en porter une certaine fraction, qu'il n'est pas possible de déterminer.

60. Longueur des éclisses, trous des boulons, etc. — La longueur des éclisses n'est pas arbitraire ; elle doit être suffisante pour permettre d'opérer le serrage de chaque rail par deux boulons. Il y a donc quatre boulons par paire d'éclisses. On a autrefois employé trois boulons seulement, le trou du boulon milieu était percé moitié dans l'un des rails, moitié dans l'autre. Ce mode de fixation, ayant donné des résultats défectueux, a été abandonné.

Si le joint est soutenu, c'est-à-dire porté sur une traverse, on peut augmenter la longueur des éclisses de part et d'autre

§ 7. — ÉCLISSAGE DES RAILS

de celle-ci. Si, au contraire, le joint est suspendu ou placé entre deux traverses, la longueur ne doit pas excéder la distance qui sépare ces deux traverses, soit les 2/3 de l'intervalle normal.

Dans ces conditions, la longueur des éclisses est de 0 m. 45 en moyenne. On tend à l'augmenter comme on le fait pour les autres éléments de la voie. Elle atteint actuellement 0 m. 75 à la Compagnie P.-L.-M.

Dans ce cas, l'éclisse ne peut plus être comprise dans l'espace existant entre les deux traverses de joint ; elle s'étend au-delà, et s'appuie sur les deux traverses contiguës ; retournée à sa base en manière de cornière, elle offre un moyen de combattre la tendance au renversement et, fixée elle-même sur les deux traverses au moyen de tirefonds, de résister au déplacement longitudinal de la voie.

Les trous percés dans les éclisses doivent être tels qu'ils permettent le libre passage des boulons. Les trous percés dans les rails doivent être plus larges que hauts : (quelquefois on les fait elliptiques) pour que les mouvements provoqués par les changements de température s'effectuent librement.

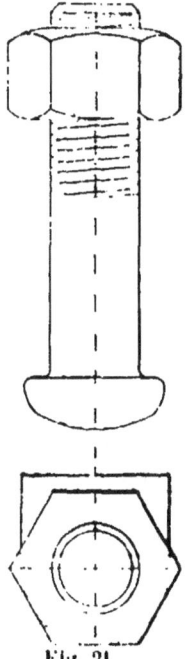

Fig. 21.
Boulon d'éclisse.

La dilatation du fer par mètre et pour 100° est de 0 m. 0011 ; donc pour un rail de 11 m. et pour 30°, la variation de longueur sera : $\dfrac{0^m,0011 \times 11^m \times 30°}{100°} = 0^m.00363$.

Dans le sens vertical, les trous doivent être assez hauts pour que l'âme du rail ne porte jamais, quelle que soit sa flexion, sur le corps des boulons.

On ménage sur la face extérieure de l'éclisse une dépression longitudinale dans laquelle la tête rectangulaire ou carrée du boulon est suffisamment maintenue pour ne pas tourner au moment du serrage. Quelquefois, le trou dans l'éclisse est en partie angulaire et peut recevoir un ergot ménagé sous la tête du boulon, pour l'empêcher également de tourner.

Il faut, autant que possible, avoir des éclisses semblables intérieurement et extérieurement à la voie, avec même inclinaison haut et bas, afin d'éviter toutes chances d'erreur dans la pose.

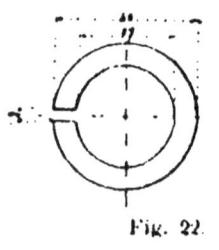 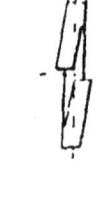

Fig. 22.
Rondelle Grover

Les boulons n'offrent rien de spécial.

Quelquefois le serrage de l'écrou est assuré par l'emploi d'une rondelle Grover (spire d'hélice), qui est aplatie par le serrage entre l'écrou et le dos de l'éclisse. D'autres systèmes, plus ou moins compliqués, ont été proposés dans le même but. Nous ne nous y arrêterons pas.

D'une manière générale, on peut dire que les dispositions les plus simples sont les meilleures.

Pour faciliter la constatation du serrage et l'entretien, les écrous sont placés généralement en *dedans* de la voie.

§ 8

FIXATION DES RAILS

61. Rail double champignon. — Les rails à double champignon sont maintenus dans leurs *coussinets* par des *coins*, et les coussinets sont reliés à la traverse par des *chevillettes* ou des *tirefonds*.

Le *coussinet* est formé d'une seule pièce en fonte moulée. Il présente à sa partie inférieure un plateau reposant sur la traverse et percé de deux trous pour le passage des chevillettes, ou mieux des tirefonds.

Ces trous sont percés en quinconce pour que les organes d'attache ne s'engagent pas entre les mêmes fibres de la traverse, ce qui tendrait à la faire éclater.

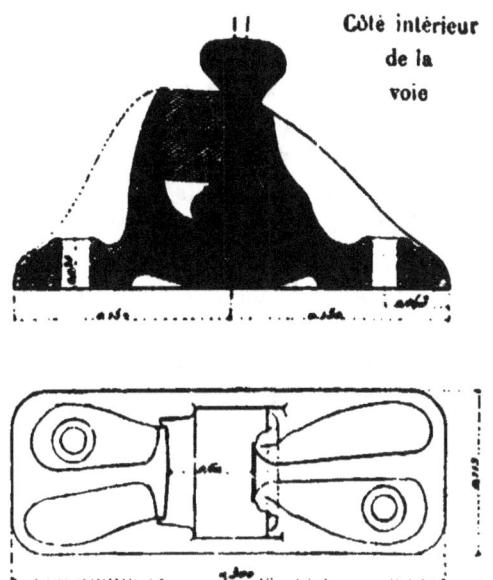

Fig. 23. — Coussinet.

Au-dessus du plateau, se trouve l'ouverture recevant le rail.

Elle est formée de deux mâchoires, l'une intérieure sur laquelle le rail s'appuie directement, l'autre extérieure contre laquelle s'appuie le coin de serrage.

Le fond de l'ouverture a la forme du champignon sans que l'identité soit suffisante pour qu'il y ait un contact complet des surfaces ; il importe que le coussinet présente *trois* points de contact avec le rail : à la base du champignon inférieur et contre la mâchoire intérieure, en haut et en bas de celle-ci, de manière à assurer une parfaite stabilité.

Entrée pour le coin. — La mâchoire extérieure du coussinet doit être évasée dans la partie concave pour faciliter l'introduction du coin. Cet évasement n'a lieu que d'un côté du coussinet ; quelquefois on le ménage des deux côtés, de manière à permettre de chasser le coin dans un sens ou en sens contraire. Cette disposition s'impose sur les lignes à double voie, où les coins doivent être entrés dans le même sens que celui de la marche des trains, de manière à mieux résister à l'effort d'entraînement de la voie causée par celle-ci. L'inclinaison du coin est ordinairement de 0 m. 046.

Pour accroître la résistance des deux mâchoires au renversement, on les renforce par des nervures.

Le rail et le coussinet. — La pression transmise au coussinet par le rail tend à l'enfoncer dans la traverse. Aussi ne doit-on pas dépasser 20 kilos par centimètre carré et donner à la base du coussinet une largeur suffisante, ce qui correspond pour une pression maxima de 6.500 k à une surface minima à la base de 325 centimètres carrés.

Dans le cas où le joint est *soutenu*, on emploie quelquefois, pour recevoir les abouts des rails, des coussinets spéciaux plus larges que les coussinets ordinaires, ou mieux des coussinets-éclisses, qui seront décrits plus loin.

Dans le cas où le joint est *suspendu*, et où, par suite, on n'a plus de coussinet de joint sur traverse, il n'existe qu'une seule espèce de coussinet.

Le joint est alors assuré, comme nous l'avons dit, par deux éclisses en porte-à-faux, quelquefois butant contre les traverses voisines, ou par des éclisses appuyées sur celles-ci.

Les dimensions et le poids des coussinets vont sans cesse en augmentant, comme celui des autres éléments de la voie. Aujourd'hui, le coussinet du Midi a une surface d'appui de 4 décimètres carrés et pèse 14 k. 5.

Les coussinets coûtent actuellement 102 à 103 fr. la tonne.

Coins. — Les coins sont des morceaux de chêne allongés dont deux faces (celles placées en haut et en bas dans le coussinet) sont parallèles ; les deux autres font entre elles un petit angle. Les extrémités sont un peu arrondies.

Fig. 24

§ 3. — FIXATION DES RAILS

On les fabrique fréquemment avec de vieilles traverses. Leur prix est de 0 fr. 10 la pièce.

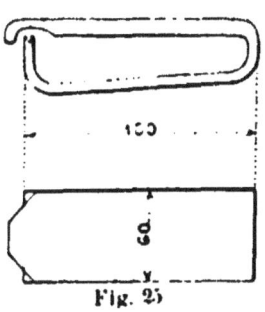

Fig. 25

Depuis quelque temps, on emploie des coins métalliques, du système David, formés d'une lame d'acier à ressort de 60 m/m de largeur et de 5 m/m d'épaisseur, trois fois coudée et affectant la forme d'un trapèze allongé, comme le coin en bois. Ce coin est chassé à coups de marteau entre la mâchoire du coussinet et le rail, fléchit légèrement à la manière d'un ressort sous la réaction de cette mâchoire et donne un serrage énergique. On obtient une diminution d'environ 40 0/0 de la flexion des rails entre les traverses au passage des trains.

Ces coins présentent cette particularité, d'après M. Bricka, Ingénieur en chef de la voie des chemins de fer de l'État, de ne pas se desserrer, comme les coins en bois, par suite des vibrations qui se produisent sur les ponts métalliques.

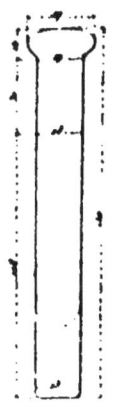

Fig. 26
Chevillette.

69. Rails Vignole. — *Chevillettes en bois, en fer.* — On a employé d'abord des *chevillettes* en bois ; on pensait que, le bois se gonflant, le serrage serait très bon ; en outre, on n'avait pas à craindre la rouille. L'essai fut au contraire malheureux. Au bout de peu de temps, toutes les chevilles de bois furent guillotinées par le patin des rails (fig. 26).

Il en fut de même des chevilles en fer qui traversaient ce patin.

Crampons. — On employa alors les *crampons* ; ce sont des clous qui se placent en dehors du rail et dont la tête, formant crochet, presse sur le patin (fig. 27).

Tirefonds. — Les crampons prenant promptement du jeu dans leurs trous sur la traverse, on les a remplacés par des *tirefonds* en fer ou en acier (fig. 28). Ce sont des vis à bois, à tête carrée ou hexagonale, dont la base, au lieu d'être normale à l'axe de la vis, est conique, de manière à s'appliquer sur la face supérieure du patin du rail.

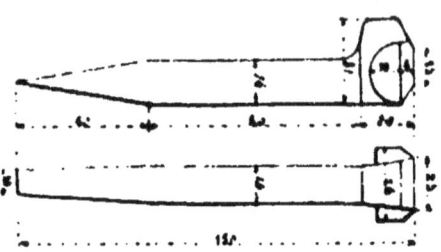

Fig. 27. Crampon.

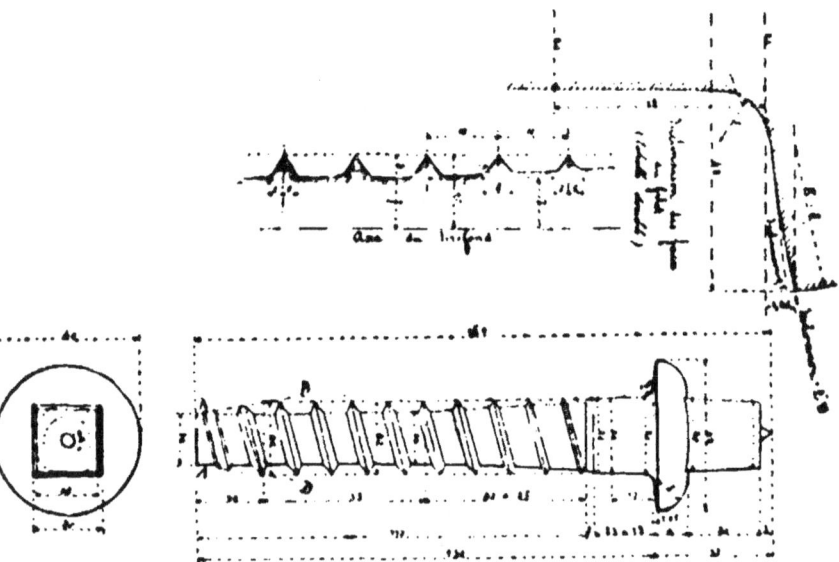

Fig. 28. Tirefond Cⁱᵉ P.-L.-M. Voie Vignole (modèle PM). P=0ᵏ,170.

Les ouvriers se bornant souvent à enfoncer ces tirefonds à la masse, au lieu de les visser, on a dû disposer la tête de manière à reconnaître facilement la fraude et à l'empêcher.

La Compagnie du Nord a fait placer en saillie sur cette tête un N en relief. Quelquefois, la lettre est remplacée par une

§ 8. — FIXATION DES RAILS

pointe qui est écrasée (ce que l'on constate aisément), si le marteau a été employé pour obtenir l'enfoncement.

Le filet de la vis est triangulaire, symétrique ; quelquefois, la spire supérieure est horizontale, ou à peu près, comme ci-dessous (Midi), pour mieux s'opposer à l'arrachement.

Les tirefonds sont goudronnés ou galvanisés, pour résister à l'oxydation.

Ces mêmes tirefonds sont employés à la fixation des coussinets sur les traverses.

Prix des tirefonds : 300 fr. la tonne.

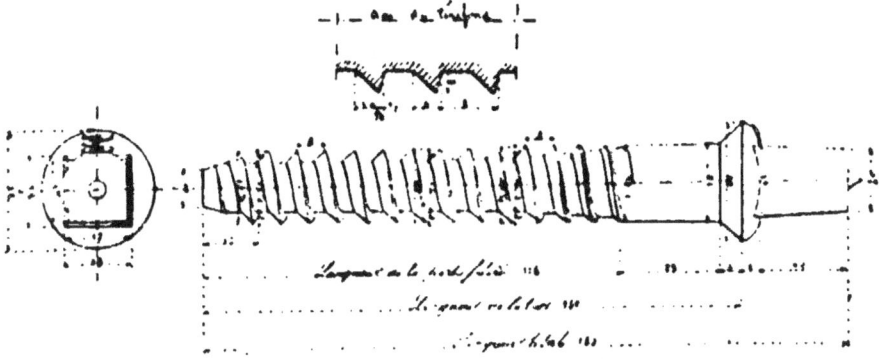

Fig. 29. — Tirefond de la Cie Midi, voie double champignon.

Selles. — Sur les lignes parcourues par des trains de grande vitesse et sur les voies en courbe, les crampons extérieurs, résistant seuls aux efforts latéraux réitérés dus au mouvement de lacet des véhicules, sont promptement cisaillés par le bord du patin du rail.

Pour empêcher cet effet de se produire, on associe les crampons ou les tirefonds, placés de part et d'autre d'un même rail, au moyen de plaques de métal appelées *selles*, qui jouent le même rôle de solidarisation que le patin du coussinet. Les selles ont encore l'avantage de répartir la pression sur la traverse et de la protéger contre une usure trop rapide.

Pour éviter tout cisaillement, un ou deux talons régnant sur toute la largeur de la selle reçoivent la butée des bords du patin du rail.

Les selles ont 2, 3 ou 4 trous, selon le degré de solidité qu'on veut donner à l'assiette de la voie. Dans le cas où la selle a 3 trous, elle se place de manière que les 2 trous ju-

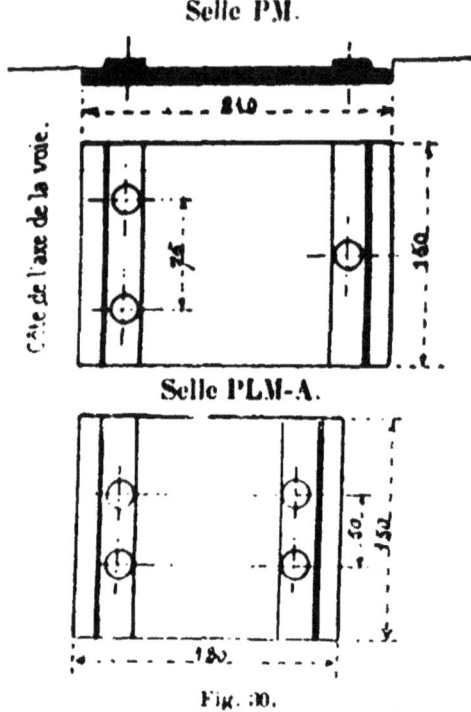

Fig. 30.

meaux soient du côté de l'intérieur de la voie. Dans ces conditions, les 2 tirefonds correspondants résistent ensemble à l'effort de renversement, et tous les trois à l'effort horizontal exercé sur le rail.

69. Résistance au déplacement longitudinal. — Sur une ligne à deux voies, les rails se déplacent dans le sens de la marche des trains; et sur une ligne à voie unique, dans le sens de la pente.

Ce fait résulte : 1° en pleine voie, du choc produit par les bandages des roues contre les rails qu'elles abordent, rails dont l'extrémité non encore chargée tend à se relever;

2° En courbe, du patinage de l'une des roues (les deux

§ 8. — FIXATION DES RAILS

roues calées sur un même essieu parcourent des chemins de longueurs différentes) ;

3° Dans les parties en pente, de l'action des roues quand la rotation, gênée par la pression des freins employés à modérer la vitesse des trains, se transforme en glissement.

Pour s'opposer à ces effets, on emploie :

1° Dans le cas de la voie à double champignon, *des éclisses de butée* qui sont comprises entre les coussinets des traverses de contre-joints, ou des *coussinets-éclisses* dans le cas du joint soutenu ;

2° Dans le cas du rail Vignole : des crampons ou des tire-

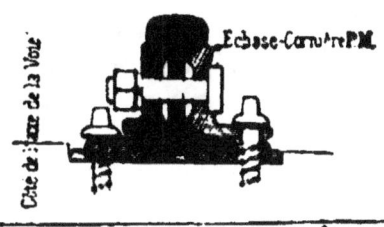

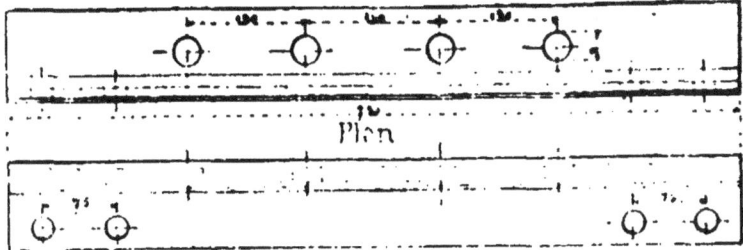

Fig. 31.

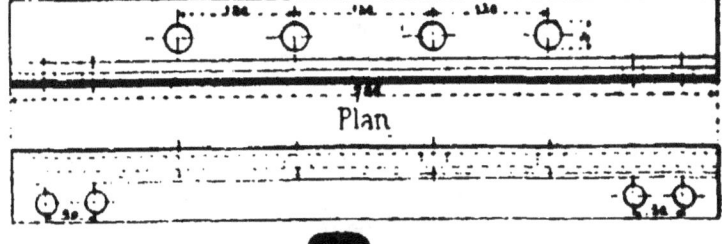

Fig. 32.

fonds engagés dans des encoches latérales à la base du rail, ou — pour éviter les chances de fissures que des encoches multipliées peuvent produire dans le patin — deux cales barbelées dans deux encoches à l'extrémité du rail (chemins de fer économiques, Pl. 6).

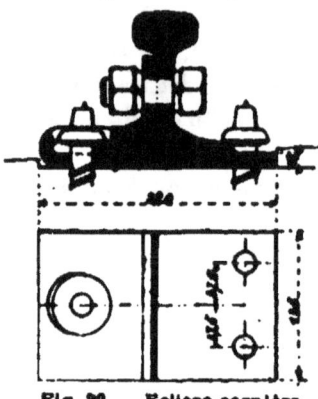

Fig. 33. — Eclisse cornière

On emploie aussi dans le même but (P. L. M.) les *éclisses-cornières*, reliées au rail par la partie verticale et à la traverse par la partie horizontale (fig. 31, 32).

Ou bien encore, les *selles-arrêts* (selle plate avec une aile repliée contre l'âme du rail). L'aile est reliée au rail et la selle à la traverse à la manière ordinaire. Ces deux derniers organes résistent, en même temps, au renversement (fig. 33).

§ 9.

DURÉE DES RAILS

64. Grandes variations de durée. — On a cherché depuis longtemps, dans les Compagnies, à établir une formule empirique qui permît de se rendre compte, *a priori*, de la durée d'un rail sortant de l'usine et prêt à être employé.

Par durée, il faut entendre, non pas un certain nombre d'années, abstraction faite de la circulation correspondant à ce nombre d'années, mais bien une circulation déterminée, répartie sur une période qui pourra être plus ou moins étendue, en raison de la fréquentation de la ligne expérimentée.

L'établissement de cette formule n'était pas facile.

La durée d'un rail dépend des *matières premières* employées, de la *nature* de son métal, des *circonstances* de sa fabrication et de celles de l'exploitation. Tel rail sortant d'une usine dépérira au bout d'une année de service, tandis que tel autre, de la même fourniture et placé dans les mêmes conditions, ne sera mis hors de service qu'au bout de 2, 3, 4, 5 ans et quelquefois beaucoup plus.

Il faut souvent, sur une ligne de fréquentation ordinaire, 25 ans à 30 ans pour déterminer la durée moyenne d'une fourniture. Pour établir la valeur de celle-ci, on groupe les constatations qu'on a pu faire, on dresse des courbes d'usure, puis on prolonge empiriquement celles-ci pour en déduire la moyenne cherchée.

65. Choix de l'unité à adopter pour l'évaluation de la durée des rails. — Pour l'établissement de ces courbes, on peut choisir entre trois unités :
1° *Le nombre de trains* ;
2° *Le trafic kilométrique* ;
3° *Le tonnage transporté.*

Ces divers modes d'appréciation ne laissent pas de prêter à la critique.

On peut objecter au premier que l'usure dépend non seulement du nombre, mais de la nature des trains, — le passage des trains de marchandises fatiguant plus les rails que celui des trains de voyageurs, en raison de la différence des charges.

Au deuxième on peut opposer que le trafic kilométrique n'est pas tout ; qu'il faut aussi considérer les régions desservies, la nature des transports effectués, etc. Ce trafic ne peut donner à lui seul la mesure des causes de détérioration des rails.

Le même reproche est applicable au troisième système.

Nous serions cependant disposé à admettre que ce dernier mode d'appréciation est celui qui donne la mesure la meilleure de l'usure des rails et qu'il devrait être préféré si, au point de vue pratique, il ne présentait un peu plus de difficulté que le comptage des trains. L'un et l'autre sont d'ailleurs employés.

66. Durée des rails. A. Tonnes. — *Nord.* — Les expériences faites par la Compagnie du Nord sur des rails en *fer de toutes provenances* ont démontré que les meilleurs d'entre eux ne résistaient pas, sur son réseau, à une circulation de plus de *vingt millions de tonnes*; pour ceux de *qualité ordinaire*, ce chiffre ne dépasse même pas *quatorze millions*.

Pour les rails en *acier*, toutes les constatations faites semblent démontrer que leur champignon s'use uniformément d'un millimètre d'épaisseur pour une circulation de *vingt millions de tonnes*. Comme ces rails sont étudiés en vue d'une usure de dix millimètres, on peut estimer que la durée des rails en acier répondra à une circulation d'au moins 200 millions de tonnes, c'est-à-dire que leur durée dépassera dix fois celle des meilleurs rails en fer.

Tel était l'avis des ingénieurs de la Compagnie du Nord, lors de l'adoption du rail de 30 k. le mètre en acier.

B. Trains. — *P.-L.-M.* — La Compagnie P.-L.-M., qui consomme le plus de rails, a donné une formule qui se rapproche beaucoup de la vérité.

Elle a évalué à 80.000 le nombre moyen de passages de trains possibles sur un rail en fer avant sa mise au rebut. Cette formule peut s'énoncer : un rail en fer dure en moyenne 80.000 trains.

Une ligne est-elle parcourue par 10.000 trains par an, les rails, sur cette ligne, dureront 8 ans.

Nord. — D'après M. Piéron, Ingénieur en chef de la Compagnie du Nord, le passage de 100.000 trains sur un rail consomme 400 gr. d'acier par mètre courant; il faudra donc 939.000 trains pour détruire 3^k,756 par mètre courant de rail du Nord, qui pèse 30 kilos ; ce rail sera alors hors d'usage.

Sur une ligne où circulent 4 trains par jour dans chaque sens,
ou $2 \times 4 \times 365$ j. = 2.920 trains par an,
soit 3.000 trains en chiffre rond,
ces rails dureraient : $\dfrac{939.000}{3.000}$ = 313 ans.

D'après la formule de P.-L.-M., les rails en fer dureraient environ 27 ans.

La durée des rails en acier serait ainsi, d'après ces nouvelles indications, plus de 10 fois celle des rails en fer.

On n'a donc pas à se préoccuper du remplacement nécessité par l'usure des rails d'acier sur les lignes de faible importance, mais seulement des rails réformés, soit 3 sur 1.000 seulement.

§ 10.

COMPARAISON ENTRE LA VOIE A DOUBLE CHAMPIGNON ET LA VOIE VIGNOLE

Après avoir étudié les deux systèmes de voie en usage, il importe de les comparer à divers points de vue et de rechercher celui qui est le plus avantageux.

Bien que l'expérience dure depuis plus de 20 ans, elle n'a pas encore prononcé d'une manière définitive.

67. Emploi des deux types à l'étranger et en France. — Les deux types sont employés, tantôt concurremment, tantôt à l'exclusion l'un de l'autre.

Ainsi :

L'Angleterre n'emploie que le rail à double champignon ;
L'Allemagne — — à patin ;
L'Amérique — — idem.

En France, on emploie l'un et l'autre à peu près également :

Le Nord et l'Est emploient le rail à patin ;

L'Orléans et le Midi emploient le double champignon ;

Le P.-L.-M et l'Ouest emploient l'un et l'autre.

On ne peut tirer aucune conclusion de l'importance du champ d'exploitation occupé par chacun d'eux, si ce n'est que les ingénieurs diffèrent d'avis sur les mérites respectifs des deux types de rails.

La comparaison peut être faite :

1° Au point de vue de la résistance aux efforts qui leur sont imposés ;

2° Au point de vue des avantages afférents au premier établissement, ou à l'entretien de la voie ;

3° Au point de vue du prix.

68. Comparaison des deux types de rails au point de vue de la résistance. — Les rails sont, ainsi que nous l'avons dit, soumis à des efforts *verticaux*, à des efforts *transversaux* et à des efforts *longitudinaux*, auxquels ils résistent soit par leurs formes propres, soit par leurs organes d'attache.

a. — *Efforts verticaux.* — Considérons deux rails : l'un double champignon, l'autre Vignole, et de même section. Nous admettons que le champignon de roulement est le même de part et d'autre. Si l'on suppose que le champignon de base du premier s'aplatisse de manière à devenir le patin du second, l'âme conservant la même hauteur, la hauteur totale du rail diminuera ; il en sera de même du moment d'inertie. Il semblerait donc résulter de là que le rail Vignole est moins résistant que le rail double champignon. Mais il y a lieu de remarquer que, dans la déformation que nous avons supposée, les fibres de la partie inférieure du rail, qui sont les plus fatiguées, se sont éloignées de la fibre neutre et ont pris dans le patin, par suite de cet éloignement, une position plus avantageuse que celle occupée dans le champignon correspondant. C'est ce qui a fait dire que : « Dans le rail à deux champignons, « l'effort maximum est moindre, mais que dans le rail à pa-« tin il est plus favorablement placé[1]. » L'influence de la forme sur la résistance est donc faible.

Les expériences faites en Allemagne en 1851, pour reconnaître celui des deux rails qui avait l'avantage dans le cas des efforts verticaux, ont amené à cette conclusion qu'il y avait sensiblement équivalence entre les deux.

b. — *Efforts transversaux.* — Ces efforts sont à peu près horizontaux. Ils sont dus au mouvement de lacet, qui provient

---

[1]. Sévène, *Cours de chemins de fer à l'École des ponts et chaussées*.

§ 10. — DOUBLE CHAMPIGNON ET VIGNOLE. COMPARAISON

des inégalités dans le dressage de la voie, des perturbations dues aux pièces animées de mouvements relatifs, d'altérations de la conicité des bandages, de défaut d'équilibre des ressorts ou de contrepoids mal calculés, d'un attelage mal fait.

Ces causes agissent durant le parcours des alignements droits et des courbes, mais dans ce dernier cas avec des circonstances aggravantes.

En courbe, en effet, une machine à grand empattement agit par le bandage de ses roues extérieures sur le rail extérieur, et par le bandage d'une de ses roues intermédiaires sur le rail intérieur. Alors même que les essieux extrêmes seraient munis d'appareils spéciaux propres à faciliter le passage dans les courbes, il y aurait donc néanmoins tendance au renversement des deux files de rails. — Il faut remarquer, en outre, que le *dévers* (surélévation du rail extérieur, voir ci-après) ne correspond pas toujours à la vitesse du train. Il a bien fallu l'établir en raison de circonstances supposées ; mais on est par-

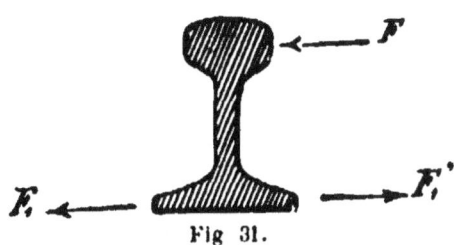
Fig. 31.

fois au-delà, quant à la vitesse, ce qui est mauvais pour le rail extérieur, et souvent en deçà, ce qui ne vaut rien pour le rail intérieur. Un train de voyageurs descendra une pente à 80 k. et un train de marchandises la remontera à 20 k. à l'heure ; aussi dit-on que les trains de voyageurs descendants renversent la file de grand rayon et que les trains de marchandises montants renversent celle de petit rayon.

Il résulte d'un effort horizontal, se produisant sur la face interne du champignon d'un rail, deux effets :

1° Une tendance au déplacement de ce rail transversalement à l'axe de la voie ;

2° Une tendance à son renversement en tournant autour de l'arête extérieure du patin ou du coussinet qui le porte.

Considérons un rail Vignole et soit F un effort horizontal agissant sur le champignon, du côté de l'intérieur de la voie.

On peut, sans modifier l'état d'équilibre existant, supposer deux forces F, F', de sens contraire, égales à F, appliquées à la base.

La force F_1 tendra à produire un déplacement transversal et le couple FF'', à produire le renversement.

Tendance à l'écartement. — Étudions d'abord la tendance à l'écartement.

Dans la voie Vignole, l'effort est transmis directement par le rail au crampon extérieur.

Dans la voie à deux champignons, il est transmis d'abord au coin, puis au coussinet, enfin aux chevillettes. Il en résulte que l'effort n'arrive aux chevillettes que très affaibli, ayant subi une série de transmissions qui l'amortissent, surtout celle du coin qui, lui, est élastique. Le crampon, au contraire, reçoit l'effort dans toute sa violence.

Pour résister à cet effort, il n'y a dans la voie Vignole qu'un crampon, tandis que dans la voie double champignon il y a deux chevillettes réunies, solidarisées par le patin du coussinet.

Le crampon doit donc transmettre à la paroi du trou dans lequel il est placé un effort double de l'effort de la chevillette, et cela sans tenir compte de la différence des deux modes de transmission. Aussi remarque-t-on que, dans la voie Vignole, la tendance à l'élargissement du trou est beaucoup plus marquée que dans la voie double champignon.

C'est là une circonstance contraire à la solidité de la voie et qui constitue une sujétion bien autrement grave que celle des coins. On y remédie par l'emploi des selles, indiqué précédemment.

Tendance au renversement. — Voyons maintenant la tendance au renversement.

L'effort de la roue sur le rail tend à le renverser au moyen d'un couple, avons-nous dit, dont le bras de levier est à peu près égal à la hauteur de la table de roulement au-dessus de la traverse, soit :

à 0 m. 13 pour la voie Vignole,

0 m. 17 pour la voie double champignon.

§ 10. — DOUBLE CHAMPIGNON ET VIGNOLE. COMPARAISON   111

La tendance au renversement est combattue par la charge verticale et par la résistance à l'arrachement des attaches (crampons ou chevillettes).

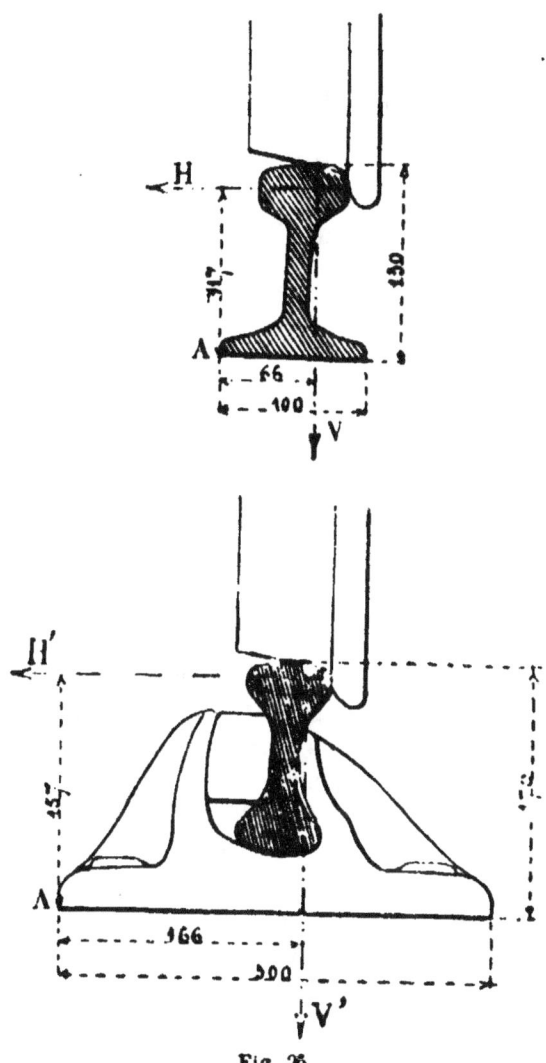

Fig. 36.

Faisons abstraction de la résistance à l'arrachement des attaches et cherchons l'effort vertical qui devrait s'exercer sur le champignon supérieur, soit du rail Vignole, soit du rail symétrique, pour faire équilibre à un même effort horizontal appliqué latéralement à ce champignon.

1° *Rail Vignole.* — Prenons les moments autour du point A :

V étant l'effort vertical, H l'effort horizontal, on a :

$$V \times 0,066 = H \times 0,117$$

d'où
$$\frac{V}{H} = \frac{0,117}{0,066} = 1,77.$$

si $H = 1400$ kg. , $V = 1,77 \times 1400 = 2478$ kg.

2° *Rail double champignon.* — Procédant de la même manière, nous aurons :

$$V' \times 0,166 = H' \times 0,157$$

$$\frac{V'}{H'} = \frac{0,157}{0,166} = 0,94$$

et si

$H' = H = 1400$ kg. , $V' = 0,94 \times 1400 = 1316$ kg.

On voit que le poids nécessaire dans le second cas ne sera que la moitié environ de ce qu'il est dans le premier.

L'attache intérieure agit, en outre, pour combattre cet effort de renversement. Mais le crampon, dans le cas du rail Vignole, avec un bras de levier égal à 0 m. 10 (largeur du patin) et la chevillette, dans le cas du rail double champignon, avec un bras de levier égal à 0 m. 30 (longueur du coussinet).

La conclusion, c'est que la voie Vignole, au point de vue du renversement, offre une résistance moindre que la voie ordinaire.

C'est, du reste, ce que la pratique indique, et l'on est obligé dans les courbes, pour combattre la tendance au renversement, d'augmenter le nombre des crampons intérieurs.

D'après M. Brière, Ingénieur en chef de la voie à la Compagnie d'Orléans, et malgré l'avis contraire d'un certain nombre d'ingénieurs (entre autres M. Couche). « il n'est pas douteux « que le rail Vignole se renverse rapidement. Cet effet n'est « pas négligeable pour la sécurité et il est onéreux pour l'en- « tretien. »

c. — Efforts longitudinaux. — Ainsi que nous l'avons dit précédemment, les voies sont soumises à des efforts longitudinaux, dont nous avons indiqué les causes en faisant connaître les obstacles qu'on leur oppose.

Tant que la voie double champignon n'a pas été éclissée, elle a obéi à ces efforts : les rails se pressaient les uns contre les autres, le jeu laissé pour la dilatation disparaissait et les rails se faussaient ;

Les encoches pratiquées sur le bord du patin du rail Vignole, dans lesquelles on engageait des tirefonds, permettaient, au contraire, d'obtenir une voie très fixe.

Mais, depuis de longues années déjà, la voie double champignon s'éclisse et l'on évite tout mouvement de translation soit en faisant buter les éclisses contre les coussinets, placés de part et d'autre du joint, soit au moyen d'éclisses cornières fixées sur les traverses de contre-joint.

La possibilité qu'offre le rail Vignole de combattre l'entraînement de la voie au moyen des encoches dans le patin, ou de la cale d'arrêt, ne constitue donc plus un avantage spécial au rail de ce système.

69. Comparaison au point de vue du premier établissement et de l'entretien des voies. — Les conditions d'emploi de chacun des deux types de rails, soit au moment du premier établissement, soit durant la période de l'entretien, diffèrent notablement. Il peut en résulter que l'avantage appartienne tantôt à l'un, tantôt à l'autre, selon la phase que l'on considère.

a. — Stabilité. — Une des conditions essentielles d'établissement d'une bonne voie est la stabilité. Celle-ci est une conséquence du poids. Ainsi qu'il résulte du tableau ci après (pages 118 et 119), le poids par mètre courant des divers éléments de la voie est :

	et en admettant		
Voie double champignon (Midi)	219 k.25	le même poids	220 k.25	Differ.
Voie Vignole (P.L.M.)	186, 14	du rail dans les deux cas.	186, 14	34 k.71

La différence est de 34 k. 71, soit 1/5 environ du poids de la voie Vignole.

Il y a lieu de considérer, en outre, que la saillie de la voie double champignon sur les traverses est de 0 m. 17, tandis que celle de la voie Vignole est de 0 m. 13 seulement. Il en résulte qu'on peut mettre 0 m. 04 de plus de ballast sur les traverses dans le premier cas. D'où un supplément de poids de 40 kilogr. environ. Soit, en totalité : 40 k. + 34 k. 71 = 74 k. 71. C'est un avantage marqué pour la voie double champignon.

Les partisans de la voie Vignole prétendent, au contraire, que ces 0 m. 04 de hauteur de ballast étant enlevés à l'épaisseur du lit placé sous la traverse (l'épaisseur totale de la couche de ballast étant supposée la même dans les deux cas), l'assiette de la traverse est moins bonne, ou que, si l'on veut maintenir à l'assiette la même épaisseur, il faut dépenser un cube de ballast plus considérable.

Les deux thèses peuvent se soutenir. Mais il y a lieu de remarquer que rien n'empêche de maintenir ces 0,04 au-dessous de la traverse et d'ajouter 0,04 de ballast à la partie supérieure ; d'où l'avantage, pour la voie double champignon, d'une augmentation possible de stabilité au moyen d'une petite dépense supplémentaire.

b. — Éclissage. — A l'origine, avant l'invention des éclisses, le joint se plaçait nécessairement sur une traverse, un peu plus forte seulement que les traverses courantes. Lorsque les éclisses furent inventées, le joint du rail Vignole fut maintenu, comme celui du double champignon, sur la traverse de joint.

L'éclissage du joint sur la traverse pour le rail symétrique exigeait l'emploi de l'éclisse-cornière ou du coussinet-éclisse, dont nous avons parlé précédemment. Pour éviter ces accessoires, on essaya d'éclisser le rail en porte-à-faux. On remarqua bientôt que le passage des joints, dans ces conditions, était très doux et que l'extrémité des rails se détériorait moins qu'auparavant.

Ce système fut, par suite, appliqué au rail Vignole. Il en résulte que l'avantage, préconisé d'abord, qu'offre celui-ci de permettre l'éclissage sur la traverse aussi aisément qu'en porte-à-faux, est devenu sans intérêt.

Telles sont les différences résultant des conditions d'*établissement* des deux voies : double champignon et Vignole.

Examinons maintenant les différences caractéristiques qui existent dans les conditions d'*entretien*.

c. — *Substitution.* — Rien n'est plus facile que de remplacer les rails double champignon : les éclisses étant enlevées, il suffit d'un coup de marteau sur chaque coin pour desserrer un rail et le dégager. On pose celui qui doit le remplacer sur les coussinets, on remet les coins, un coup de marteau sur chacun, et le rail est en place.

Avec la voie Vignole, il faut d'abord décramponner le rail, opération longue et ingrate. Celui-ci étant enlevé, il faut poser le nouveau rail, l'assujettir sur les traverses, soit, dans le cas de rails de 8 m. 00, 22 crampons à enfoncer, dont un certain nombre à déplacer, les anciens trous n'offrant plus un serrage suffisant.

Il faut deux ou trois fois plus de temps pour le remplacement d'un rail Vignole que pour celui d'un rail ordinaire. C'est un obstacle sérieux à l'emploi de ce rail sur les lignes à grande fréquentation, et notamment sur les lignes de banlieue et les chemins métropolitains.

d. — *Entretien.* — L'entretien de la voie double champignon oblige à resserrer les coins qui assujettissent les rails dans leurs coussinets.

Ce travail est inutile avec la voie Vignole, a-t-on dit. C'est exact, puisque celle-ci ne comporte pas l'emploi de coins.

Mais il ne s'en suit pas que la surveillance doive être moindre. Les organes de fixation des rails travaillent plus, en effet, dans la voie Vignole que dans la voie double champignon. Ils réclament donc une surveillance plus active, surtout lorsque les rails ont été employés sans selles.

e. — *Retournement.* — Le rail symétrique possède la faculté précieuse de pouvoir être retourné. Quand le champignon supérieur est usé, on retourne le rail sens dessus dessous et on offre au roulement une table neuve.

On augmente ainsi la durée du rail ; mais sans la doubler, car le rail a perdu une partie de sa section et dans sa nouvelle position il a pour base un champignon déjà déformé, qui ne s'emboîte plus exactement dans le coussinet ; son assujettissement est moins bon qu'au début et le rail dépérit plus vite.

Cet avantage du retournement de la voie double champignon est encore atténué par un autre motif : tous les rails ne se retournent pas ; les rails cassés et les rails trop fortement exfoliés doivent être mis de côté. D'après un recensement fait sur le réseau d'Orléans, on a trouvé que la proportion des rails retournés n'est que de 33 p. 0/0.

Mais, en même temps qu'on retourne le rail, il faut remplacer une partie des petits matériaux d'attache. C'est un fait qu'il faut prévoir et qui entraîne une dépense à faire entrer en ligne de compte. Il en résulte que l'avantage au point de vue économique se trouve encore atténué.

70. Calculs comparatifs [1]. — M. Sévène s'est proposé de rechercher quelle est celle de ces deux voies qui est la plus avantageuse : de la voie Vignole, qui coûte moins cher de premier établissement, ou de la voie double champignon, plus chère mais durant plus longtemps. Il a supposé que les rails employés étaient en fer.

1° Avec la voie Vignole, qui coûte approximativement 3000 f. de moins par kilom., on économise 150 fr. par an ;

2° Avec la voie double champignon, la nécessité du remplacement s'impose à des intervalles plus éloignés et entraîne une dépense moyenne annuelle moindre.

Cherchons à évaluer cette dépense en supposant les rails des deux types placés dans des conditions locales et d'exploitation identiques :

---

[1]. Sévène, Cours de chemins de fer. Il nous a paru intéressant de donner ce calcul, qui peut être pris comme type dans des études analogues.

§ 10. — DOUBLE CHAMPIGNON ET VIGNOLE. COMPARAISON

1° Si 11.000 fr. est le prix du renouvellement de 1 kilom. de voie Vignole, et si l'on suppose que celle-ci dure n années, la dépense que l'on sera conduit à faire correspondra à une dépense moyenne annuelle de : $\dfrac{11.000}{n}$;

2° Si, d'un autre côté, 12.000 fr. est le prix du renouvellement de 1 kilom. de voie double champignon, et si l'on admet que celle-ci dure 1.40 n années par suite du retournement, la dépense que l'on engagera correspondra à une dépense moyenne annuelle de : $\dfrac{12.000}{1.40\,n}$.

En résumé,

Avec la voie Vignole, on dépensera annuellement : $\dfrac{11000}{n} - 150$

Avec la voie double champignon, on dépensera annuellement. . . . . $\dfrac{12000}{1.40\,n}$.

Tant que $\dfrac{11000}{n} - 150 > \dfrac{12000}{1.40\,n}$, la voie Vignole sera plus chère que la voie double champignon.

Pour $\dfrac{11000}{n} - 150 = \dfrac{12000}{1.40\,n}$, ou $n = 16$ ans, la voie Vignole sera aussi chère que la voie double champignon,

Pour $n > 16$, la voie Vignole deviendra moins chère.

Ainsi donc, l'avantage reste à la voie double champignon tant que, par suite de l'activité de la circulation, la durée d'un champignon ne dépasse pas 16 ans, soit 22 à 24 ans en retournant le rail.

31. Comparaison des dépenses de premier établissement. — Si l'on se reporte aux tableaux ci-annexés (pages 118 et 119), qui donnent le sous-détail des prix d'établissement des voies double champignon et Vignole au Midi et à P.-L.-M., en supposant l'emploi de barres de 11 m. 00 de longueur d'une part, et de 10 m. de l'autre, on relève les prix suivants par mètre courant :

au Midi, double champignon : 26 fr. 46.
à P.-L.-M., Vignole : 23 fr. 59.

PRIX DES VOIES

1° Voie à double champignon de la Compagnie du Midi.

Désignation des pièces	Poids de l'unité	Prix de la pièce ou du kilog.	Voie en rails de 5 m. 50			Voie en rails de 11 m.			Observations
			Nombre de pièces	Poids total	Produits	Nombre de pièces	Poids total	Produits	
Traverses intermédiaires	"	5 f. 20	7	"	36f 40	14	"	72f 80	Afin de permettre la comparaison entre les deux voies, on a admis de part et d'autre les mêmes prix de base, bien qu'en réalité il y ait à cet égard quelques différences.
Rails (par mètre)	37k60	0 17	11	413k60	70.31	22m.	827k20	140.62	
Éclisses	4.605	0 21	4	18.42	3.87	4	18.42	3.87	
Boulons avec rondelles	0.461	0 30	8	3.688	1.11	8	3.688	1.11	
Coussinets	14.50	0 15	14	203.00	30.45	28	406.00	60.90	
Tirefonds en fer	0.40	0 40	28	11.20	4.48	56	22.40	8.96	
Coins	"	0 10	14	"	1.40	28	"	2.80	
Totaux					148.02			291.06	
Prix par mètre					26.91			26.46	
Poids total de la voie, les traverses étant comptées à 80 k. et les coins à 0 k. 50. Acier				413 k.68			827 k.20		
Fonte				203 00			406 00		
Fer				31 31			44 51		
Bois				567 00			1134 00		
Totaux				1216 04			2471 71		
Soit par mètre				221 25			219 25		

§ 10. — DOUBLE CHAMPIGNON ET VIGNOLE. COMPARAISON

3° Voie Vignole avec selles-arrêts de la Compagnie Paris-Lyon-Méditerranée.

Désignation des pièces	Poids de l'unité	Prix de la pièce ou du kilogr.	Voie en rails de 8 m.			Voie en rails de 10 m.			Voie en rails de 15 m.		
			Nombre de pièces	Poids total	Produit	Nombre de pièces	Poids total	Produit	Nombre de pièces	Poids total	Produit
Traverses intermédiaires	»	5 f. 20	8	»	111.60	12	»	62f40	18	»	93f60
Rails P.-M. (par mètre)	38 k. 40	0.17	12 m.	460k80	78.34	20 m.	768k00	130.56	30 m.	1152k00	195.84
Éclisses P.-M.	5.90	0.21	4	23.60	4.96	4	23.60	4.96	4	23.60	4.96
Boulons d'éclisses	0.76	0.30	8	6.08	1.82	8	6.08	1.82	8	6.08	1.82
Rondelles Grover pour boulons d'éclisses	»	0.07	8	»	0.56	8	»	0.56	8	»	0.56
Selles-arrêt en acier	3.30	0.30	4	13.20	3.96	8	26.40	7.92	12	39.60	11.88
Boulons n° 407	0.68	0.62	4	2.72	1.60	8	5.44	3.37	12	8.16	5.06
Rondelles Grover pour boulons n° 407	»	0.07	8	»	0.56	16	»	1.12	24	»	1.68
Selles à tubes en acier	2.74	0.21	12	32.88	6.90	16	43.84	9.21	24	65.76	13.81
Tirefonds n° 5 en acier	0.38	0.51	48	18.24	9.30	72	27.36	13.95	108	41.04	20.93
Totaux				525k.12	119.60		865k.60	235.87		1296k.40	350.14
Prix par mètre de voie					24.95			23.50			23.34
Poids total de la voie, les traverses étant comptées à 80 kil. { Acier				525.12			865.60			1296.40	
{ Fer				32.88			35.84			38.80	
{ Bois				640.00			960.00			1440.00	
Totaux				1198.00			1861.44			2777.20	
Soit par mètre				149.66			186.14			185.15	

et l'on a :

	Double champignon (Midi 11 m.)	Vignole (P.-L.-M. 10 m.)	Différence
Par kilomètre (suivant détail annexé)............	26.460 f.	23.590 f.	2.870 f.
Pour transports, manœuvres (6 fr. 70 par mètre courant)[1].	6.700	5.690	1.010
Pour ballast : 1 m. 90 à 4 fr. . .	7.600	7.600	»
Total par kilomètre. . . .	40.760 f.	36.880	3.880

A la vérité, les deux voies ne sont pas dans des conditions qui permettent une comparaison rigoureuse, le nombre des traverses et des attaches n'étant pas exactement le même par mètre courant. Cependant on peut admettre sans erreur sensible que :

1° le poids et le prix des rails,
2° le nombre et le prix des traverses,
3° le nombre et le prix des éclisses et des boulons
sont à peu près identiques.

Il reste alors, pour la voie à double champignon, en plus : les coussinets et les coins ; en moins : les selles, ce qui conduit à la différence finale indiquée de 3.900 fr. environ.

78. Conclusion. — Ainsi donc, en résumé :

Les deux types de rails peuvent être considérés comme équivalents au point de vue de la résistance aux efforts verticaux. La constitution de la voie double champignon permet à celle-ci de résister aux efforts horizontaux mieux que ne le fait la voie Vignole. Quant aux efforts longitudinaux, ils peuvent être combattus aussi aisément avec l'une des voies qu'avec l'autre.

---

1. Le chiffre de 6.700 fr. correspond à un prix de 6 fr. 70 par mètre courant de voie double champignon pesant 219 kilog. 95. Le prix de 5.690 fr. est établi par comparaison, la voie Vignole pesant seulement 186 kilos, 14 par mètre courant.

§ 10. — DOUBLE CHAMPIGNON ET VIGNOLE. COMPARAISON

La voie double champignon est plus lourde et par conséquent plus stable que la voie Vignole.

Au point de vue de l'éclissage, elles présentent toutes deux les mêmes avantages et permettent d'obtenir la même douceur de roulement.

Dans l'entretien, la voie double champignon comporte un remplacement plus prompt, mais n'exige pas une plus grande surveillance.

Le rail double champignon présente l'avantage du retournement, qui augmente la durée du rail.

Quant au prix kilométrique, il est moins élevé pour la voie Vignole que pour la voie double champignon, de 3.900 fr. à peu près.

Il résulte de ces indications que, lorsqu'on a une voie soumise à des efforts violents et réitérés, une voie *qui travaille beaucoup*, qui comporte à la fois des trains lourds et des trains rapides, et qui doit présenter en même temps une grande résistance et une grande stabilité, c'est la voie double champignon qui doit être préférée, bien qu'elle soit un peu plus chère.

Quand, au contraire, les trains sont légers, leur vitesse modérée, quand l'économie s'impose, la voie Vignole est suffisante.

La première convient donc aux grandes lignes, la seconde aux lignes secondaires.

Cette manière de voir est celle d'un grand nombre d'ingénieurs, mais elle est combattue cependant par quelques-uns, dont le nom fait aussi autorité en la matière.

Nous croyons devoir insister sur ce point que la supériorité attribuée à la voie double champignon ne repose pas exclusivement sur la faculté de retournement du rail. Cette faculté est importante lorsque le rail est en fer, parce que la durée du champignon est relativement limitée. Elle perd beaucoup de son intérêt lorsque le rail est en acier, parce que, dans ce cas, le champignon s'use lentement et régulièrement. Les Anglais apprécient peu l'avantage du retournement. Depuis l'emploi presque général de l'acier pour la fabrication des rails, ils ont renoncé à la symétrie des deux champignons. Le champignon inférieur est de forme rectangulaire pour être mieux emboîté dans le coussinet.

§ 11.

TRAVERSES ET LONGRINES. BALLAST

73. Traverses. Causes de destruction. — Les traverses sont des billes de bois qui portent les rails. La principale préoccupation des ingénieurs a été de rechercher les moyens de prolonger leur durée.

Le bois des traverses, en effet, soumis à des alternatives de sécheresse et d'humidité, est placé dans des conditions fâcheuses. Or, le ballast, qui cale les traverses et les relie, est une matière perméable, il est vrai, mais qui, au bout d'un certain temps — mélangée à la terre de la plateforme soulevée par le bourrage et aux détritus abandonnés par les véhicules — forme par plaques un tout gardant l'humidité. Vienne le soleil, la mince couche de ballast étendue sur les traverses est insuffisante pour les garantir de l'action de ses rayons.

Il y a encore d'autres causes de destruction : les unes naturelles, les autres inhérentes à la fonction que les traverses remplissent.

Les parties constitutives des bois se composent d'un tissu fibreux, la *cellulose* (carbone, 44,44 ; hydrogène, 6,18 ; oxygène 49,38), et d'une matière incrustante, le *ligneux*, qui renferme des matières organiques formées de carbone, d'hydrogène, d'oxygène et d'azote, dissoutes dans la *sève* et déposées par elle dans les cavités de la cellulose. — La destruction par pourriture résulte de la présence de cette sève dans les bois employés.

Les autres causes sont :

1° L'action de la charge verticale agissant sur le rail, qui tend à enfoncer les coussinets dans la traverse ;

2° L'action des efforts horizontaux sur les rails, qui produit l'ébranlement des attaches et l'agrandissement des trous dans lesquels elles sont engagées.

§ 11. — TRAVERSES ET LONGRINES. BALLAST

On est souvent obligé, pour remédier à ces détériorations, de faire subir à la traverse un nouveau sabotage, qui diminue sa résistance et abrège sa durée.

74. Formes et dimensions des traverses. — Les traverses employées pour l'établissement des voies de largeur normale ont les dimensions suivantes :

P.-L.-M. *Grandes lignes* :

Joint : { Longueur 2m.70 à 2m.90 ; Largeur 0.30 à 0.40 ; Epaisseur 0.13 à 0.16 } Cube moyen 0.142

Intermédiaire : { Longueur 2.70 à 2.90 ; Largeur 0.19 à 0.25 ; Epaisseur 0.13 à 0.16 } Cube moyen 0.0893

P.-L.-M. *Embranchements* : Longueur de 0.10 moindre.

Nord : { Longueur 2.50 à 2.60 ; Epaisseur 0.12 à 0.14 ; Largeur variable suivant les formes : }

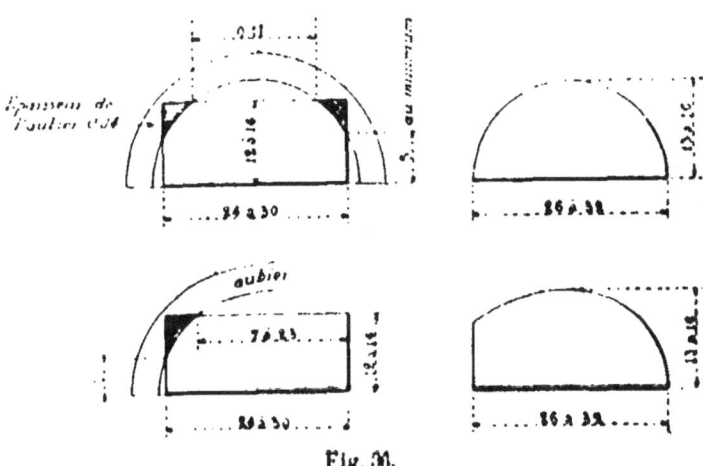

Fig. 30.

La longueur d'une traverse doit être suffisante pour permettre le ripage des coussinets sans cesser de dépasser, de part et d'autre des rails, de 0m,50 à 0m,60 environ, ce qui conduit à 2m,70 et 2m,90.

Une traverse cube moyennement $0^{m3},087$, ce qui en donne 12 au mètre cube.

75. Conditions de travail des traverses. — La traverse fatigue surtout vers ses extrémités, aussi convient-il d'en effectuer le bourrage à l'aplomb des rails et de part et d'autre de ceux-ci, non au milieu.

Le bourrage médian des traverses donnerait des traverses basculantes ou danseuses.

La traverse est plane à la partie inférieure, afin de reposer convenablement sur le ballast, et aplatie à la partie supérieure, aux points où s'effectue l'assiette du rail ou du coussinet.

Dans ces conditions, sous une charge de 13^t, elle exerce sur le ballast une pression, par centimètre carré, d'environ 2^k, qui, à cause de l'inégalité du bourrage, peut atteindre 4 à 5 kg.

76. Nature du bois. — Les traverses doivent être essentiellement composées de bois dur. L'aubier, quand il en est admis, ne doit exister ni à la partie supérieure, ni à la partie inférieure ; il doit de plus s'arrêter à $0^m,05$ au moins de la base.

Essences employées. — Les essences servant à la confection des traverses sont : le chêne, le hêtre et le pin.

Chêne. — Le chêne est le plus dur ; il résiste le mieux à la pression des coussinets, et donne la meilleure attache aux chevillettes. — Il a des qualités différentes suivant les lieux de culture : dans les forêts basses (Compiègne, par exemple), il pousse trop vite, il semble que le tissu soit relâché ; il est mauvais. — Dans les pays secs, au contraire, où il a poussé plus lentement (Chantilly), il est excellent.

Hêtre. — Le hêtre résiste convenablement ; mais il se décompose promptement et ne peut être employé qu'après une préparation spéciale.

Pin. — Le pin est moins dur que le hêtre ; il se conserve mieux à l'état naturel ; mais a besoin aussi d'une préparation spéciale avant d'être mis en œuvre.

§ 11. — TRAVERSES ET LONGRINES. BALLAST

Consommation annuelle. — La consommation des traverses en bois par les six grandes Compagnies et l'État a été, en 1883, de :

Entretien.	3.601.019 traverses.
Construction	971.770
Total. . . .	4.572.789

Le chêne fournit la moitié ; le hêtre et le pin l'autre moitié de ces quantités.

Durée des traverses non préparées. — On peut admettre les chiffres suivants :

Le chêne, simplement équarri : 12 à 14 ans ;
Le sapin non préparé : 7 ans ;
Le pin non préparé : 5 ans ;
Le hêtre non préparé : 3 ans.

77. Préparation des traverses. — Pour augmenter la durée des traverses il faut enlever les germes putrescibles qu'elles portent en elles.

L'injection des bois a pour but de remplacer par un liquide antiseptique la sève des vaisseaux ligneux.

Les principaux modes de préparation des traverses sont les suivants :

    a. — *Carbonisation superficielle ;*
    b. — *Pénétration par imbibition à l'air libre ;*
    c. — *Pénétration par circulation vasculaire ;*
    c'. — *Pénétration en vase clos sous pression.*

a. — *Carbonisation superficielle.* — On flambe simplement la surface. Mais, lorsque les traverses viennent à se fendre, le cœur du bois est exposé aux attaques de l'atmosphère et il se pourrit le premier. — La carbonisation par jets de gaz est préférable, parce qu'elle pénètre dans les fentes et détruit les matières putrescibles.

b. — *L'imbibition à l'air libre* ne permet pas la pénétration intime des matières antiseptiques et ne donne pas de bons résultats.

c,c'. — *Injection des bois.* — Les principales méthodes employées pour injecter les bois sont les suivantes :

126   CHAPITRE II. — LA VOIE

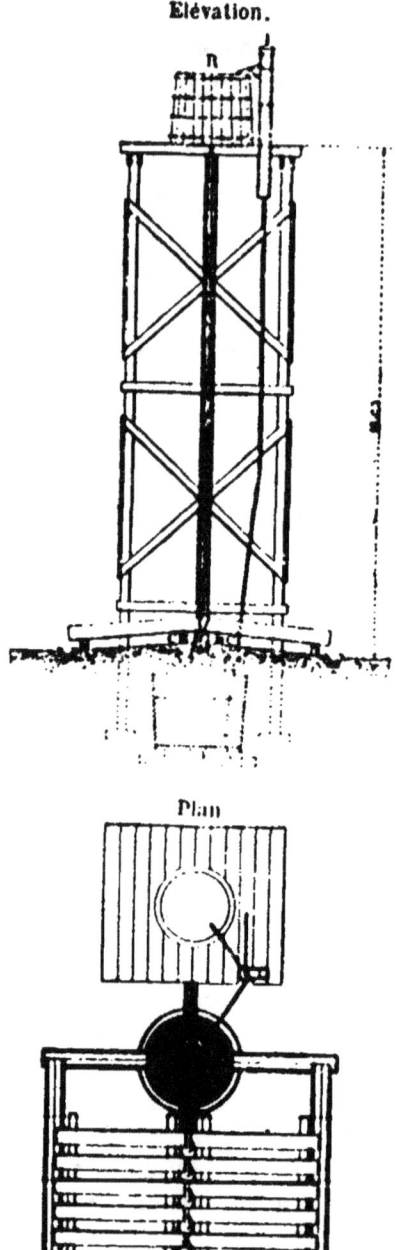

Fig. 37. — Injection des bois : Procédé Boucherie.

c. — L'injection au sulfate de cuivre (CuO, SO^3) due au docteur Boucherie.

On prend l'arbre fraîchement abattu, alors que le liquide séveux n'est pas solidifié.

On le coupe à deux longueurs de traverse, soit 5 m. 40. On donne un trait de scie au milieu en laissant subsister une partie de la section. L'arbre est posé au milieu, sur des billes C, C, plus hautes que celles des extrémités : il s'entr'ouvre. Dans la fente, on assujettit au moyen d'étoupes, tordues en manière de corde, l'extrémité du tuyau du réservoir à sulfate R (titre de la dissolution 1,67, soit 15 k. de CuO, SO^3 par mètre cube), établi à une hauteur de 10 m. environ (pression de 1 kg. par cent. carré de la section d'introduction), et l'on abaisse les supports centraux pour serrer le joint. Puis on ouvre le robinet ; le CuO, SO^3 chasse la sève qui s'écoule d'abord pure, ensuite mélangée au liquide bleu, enfin ne s'écoule plus. On arrête l'opération quelque temps après la sortie du sulfate : 1 m³ de bois de hêtre absorbe 5 k. 5 de sulfate, et cela dans un temps qui varie de 48 à 60 heures pour les essences usuelles.

On constate les résultats obtenus au moyen d'une dissolution de ferro-cyanure de potassium à 90 gr. par litre. Pour cela, on coupe l'extrémité de la bille injectée et on trace au pinceau un trait avec la dissolution ; il faut, pour avoir terminé, obtenir une coloration rouge ; si elle est rose, on continue.

c'. 1° *Procédé en vase clos* (Légé-Fleury). — On pose les traverses sur des chariots très bas à roues en bronze, dans des chaudières en fer doublées de plomb (le fer, s'il était exposé directement, serait attaqué).

On fait le vide, et l'air est extrait des espaces intermoléculaires, puis on envoie de la vapeur d'eau qui termine l'expulsion de l'air, dilate les pores et fait gonfler le bois ; enfin, après avoir achevé le vide avec une pompe à air, on injecte le sulfate de cuivre à 5 a.. 6 a.. 8 atm. ou 12 atm. pendant 3, 4 d'heure environ. La dissolution cuprique est chauffée à 60°. L'opération complète dure 1 h. 35'. L'injection au sul-

Fig. 84.

fate coûte environ 0 fr. 652 par traverse (ce prix varie naturellement avec le prix du sulfate et la quantité employée).

c'. 2° *Créosotage*. — Le créosotage s'effectue de la même façon que ci-dessus, c'est-à-dire en vase clos. La créosote employée est l'huile lourde, se dégageant aux environs de 200° dans la distillation du goudron.

L'huile lourde ne contient que 2 à 3 p. 100 de créosote pure.

Une traverse de hêtre peut en absorber 20 à 22 k., et l'opération revient à 2 fr. par traverse. En Angleterre, on se contente de 10 k.

Voici comment on procède :

Les traverses séjournent dans les étuves à la température de 80 à 90° pendant 24 heures. — Ensuite, on les met dans des cylindres, où on fait le vide à 4.5 d'atmosphère. On laisse alors pénétrer la créosote pendant à peu près 1 heure, sous une pression de 6 atm. L'opération entière dure environ 2 heures.

Les résultats obtenus par la Compagnie de Lyon sont résumés dans le tableau ci-dessous :

	Créosotage		Sulfatage	
	Poids de créosote absorbé	Prix	Poids de sulfate de cuivre absorbé	Prix
Par traverse en hêtre.	20 à 25^k	1 fr.91	24 à 32^k	0 fr 57
Par traverse en chêne avec aubier. . . .	6.5 à 8	0 98	7.5 à 10	0 35

En Angleterre, on emploie pour la confection des traverses, d'une manière générale, le sapin rouge de la Baltique, équarri aux dimensions suivantes : 2 m. 73 $\times$ 0.254 $\times$ 0.130.

L'injection se fait à la créosote, à raison de 10 litres environ par traverse, et revient à 1 fr.

c'. 3°. *La chloruration*. — On injecte le bois au chlorure de zinc (Zn Cl). Ce procédé est surtout employé en Allemagne ; on opère, comme pour le sulfatage, en vase clos.

§ 11. — TRAVERSES ET LONGRINES. BALLAST

78. Durée des traverses préparées. — La durée des traverses préparées varie :

1° Avec l'essence et la qualité des bois ;
2° Avec le mode d'injection et le degré de perfection atteint ;
3° Avec les circonstances et les conditions d'emploi ;
4° Avec l'importance de la circulation.

Les résultats qui ont été notés de la manière la plus complète sont ceux de la Compagnie de l'Est, depuis l'application du clou de millésime [1].

Après un service de 15 années, les proportions moyennes de traverses retirées des voies ont été les suivantes :

15 ans. — Hêtre injecté au Cuo, So^2. . . . 396 00/00 ;
— Chêne non injecté. . . . . . 232 »
— Sapin injecté à la créosote . . . 106 »
— Hêtre — . . . 47 »
13 ans. — Chêne créosoté. . . . . . 9 »

Autant qu'on peut le préjuger d'après la courbe dressée, on n'aura retiré, après 15 ans, que 15 0/0 de ces dernières.

En France, on admet comme durée des traverses préparées :

Chêne, 25 ans ;
Hêtre, 9 à 10 ans ;
Sapin, 12 à 14 ans ;
Pin, 9 à 10 ans.

D'après la Compagnie de l'Est, ces chiffres sont trop faibles, eu égard aux constatations de la statistique de cette Compagnie ; il faut noter surtout l'excellence des résultats fournis par les traverses en chêne créosoté.

79. Réception. — La réception des traverses par les Compagnies a lieu :

1° Au point de vue des dimensions et des formes ;
2°   —   de la nature du bois ;
3°   —   du degré de pénétration.

---

1. On désigne ainsi un clou dont la tête très plate porte la date de la mise en service de la traverse.

Après leur réception, les traverses sont frappées d'une marque à l'aide d'un marteau spécial.

Lorsqu'une traverse, de bonne qualité d'ailleurs, menace de se fendre, on arrête les progrès du mal au moyen de boulons qui la traversent, ou de fers méplats en forme d'S incrustés aux extrémités.

89. Longrines. — Sur les ponts métalliques et le long des fosses à piquer le feu, on emploie des longrines, qui sont généralement en chêne et goudronnées. Elles sont reliées à l'ossature métallique au moyen de cornières ou d'équerres et de boulons, et à la maçonnerie à l'aide de tirefonds qui les rattachent à d'autres morceaux de chêne noyés dans la construction.

§ 12.

BALLAST

81. Conditions à remplir. — Un bon ballast doit satisfaire à plusieurs conditions :

1° Écoulement facile de l'eau, pour assurer l'assèchement de la voie ;

2° Mobilité des éléments, assurant de la flexibilité à la voie et de la douceur aux mouvements des trains ;

3° Homogénéité de ses éléments, rugueux, non gélifs, non attaquables par l'eau, mais capables de résister à la charge des véhicules et au travail de l'entretien ;

4° Enfin, les matériaux composant le ballast ne doivent pas être trop ténus, mais assez stables pour n'être pas soulevés par le vent, ni déplacés par les mouvements et les trépidations des traverses.

Le ballast remplit un rôle capital : il assure la stabilité de la voie et transmet au sol de la plateforme la pression qu'il reçoit.

Cette pression, qui se divise et se répartit de proche en proche, d'un élément au suivant, s'exerce dans les limites du volume d'un prisme à section trapézoïdale, ayant 0.24 sous la traverse et 0 m. 50 à 0 m. 60 sur la plateforme, et une hauteur de 0,21 environ correspondant à l'épaisseur de la couche généralement adoptée sur les lignes des grandes compagnies.

Fig. 30.

Lorsque la pression augmente, il convient d'augmenter cette hauteur. Aussi doit-on, tout au moins sur les grandes lignes très chargées, veiller à son maintien. Par contre, sur les lignes de faible importance, où les trains marchent à petite vitesse, sur les chemins à voie étroite, sur les voies de garage, on peut réduire cette dimension.

Les dépenses d'entretien augmentent lorsque la qualité du ballast s'avilit, et elles peuvent s'accroître dans une proportion égale ou même supérieure à l'intérêt des sommes supplémentaires qu'aurait nécessitées l'emploi d'un ballast meilleur.

Il y a donc un avantage sérieux à bien choisir le ballast.

82. Différentes espèces de ballast. — *Gravier moyen.* — Si le gravier est anguleux et peu terreux, il forme un très bon ballast. Le gravier extrait de la Seine, très peu terreux et ne présentant pas d'éléments anguleux, n'est pas tenace.

Le gravier de cailloux plats et arrondis employé pour certaines allées de jardin donnerait un mauvais ballast ; mais on trouve souvent dans les rivières des graviers qui remplissent parfaitement le but.

Sable fin. — Le sable fin assure une bonne répartition de la pression. Mais il conserve trop l'eau dans la saison pluvieuse, et, quand vient l'été, sous l'action du passage des trains, il s'envole en poussière. Il occasionne par suite sur les parties mobiles des machines une action destructive des plus fâcheuses et incommode sérieusement les voyageurs.

Il s'est produit des ruptures de fusées d'essieux par suite de l'introduction de grains de sable entre les coussinets et la fusée.

Gros gravier. — Le gros gravier a les qualités du gravier moyen ; on doit craindre qu'il ne soit trop roulant.

Galets. — Les galets ne doivent être employés que cassés. Ils sont alors excellents pour la répartition des pressions et assèchent vite le sol.

Tessons de briques. — Les tessons de briques donnent un assez bon ballast, à condition que la brique soit bien cuite ; sans cela, elle se réduit en bouillie.

On ne doit employer ni la craie, ni les pierres gélives, pour éviter que cet effet se produise.

Laitiers et scories. — Les laitiers et scories donnent un excellent ballast, mais ne sont pas toujours inoffensifs : on a constaté des échauffements de traverses jusqu'à 60°, les laitiers et scories donnant lieu à des décompositions chimiques après leur mise en place.

Pierre cassée. — On emploie aussi la pierre cassée à la main ou cassée à la machine (Marsden, Lego, etc.).

Les pierres cassées doivent être dures, non gélives ni friables, cassées à la grosseur maxima de 0 m. 06. On peut tolérer les menus dans une proportion modérée.

Les pierres oblongues, provenant du cassage à la machine, doivent être cassées de nouveau à la massette.

§ 13

PROFILS-TYPES

82. Disposition de la voie et du ballast.—Les profils en travers de la voie sont figurés pl. II. La plateforme des terrassements est réglée avec un bombement égal aux 0,02 environ de la largeur, pour permettre l'écoulement des eaux pluviales des deux côtés. La voie en occupe le milieu; elle est posée sur une couche de ballast de 0 m. 50 d'épaisseur en général (sur les lignes à faible trafic cette hauteur peut être réduite).

En remblai, cette plateforme a : 5 m. 70 de largeur pour 1 voie, 9 m. 20 pour 2 voies.

En déblai, aux largeurs précédentes il faut ajouter les fossés, qui ont chacun 0 m. 60, au minimum, en gueule. (Cette largeur varie avec le volume d'eau à écouler).

Les dimensions invariables dans les profils de la planche II sont :

La largeur de la voie : 1 m. 44 à 1 m. 45 (Cahier des charges),
   — du rail : 0,06,
   — de l'accotement : 1 m. au minimum   id.,
   — de la banquette : 0,50,   id.,
   — de l'entrevoie : 2 m. (autrefois 1 m. 80) id.,
   — libre, à partir du rail extérieur jusqu'au nu d'un mur latéral : 1 m. 50 (important dans un souterrain),
   — libre, à partir du rail extérieur jusqu'à la voûte ou au tablier d'un ouvrage supérieur : 4 m. 80 au moins.

La hauteur du ballast, entre la table de roulement et la cote rouge : 0 m. 50.

La largeur du gabarit du matériel roulant : 3 m. 20.

Dans les tranchées en rocher, le chemin à 2 voies a 9 m. 74

de largeur, et le chemin à une voie : 6 m. 17. Les talus du ballast sont supprimés et celui-ci est soutenu de part et d'autres par de petites murettes.

§ 14

POSE DE LA VOIE

84. Piquetage. — L'opération préliminaire à la pose de la voie est le piquetage définitif. Il s'effectue au moyen de piquets de 0 m. 08 à 0 m. 10 d'équarrissage et d'environ 1 m. de longueur. Une pointe sur la tête indique la direction. Ces piquets sont placés à tous les points de tangence, de 100 m. en 100 m. dans les alignements, de 50 m. en 50 m. dans les courbes. Une pointe latérale, ou mieux le dessus même du piquet, indique la hauteur à donner à la table de roulement du rail.

Fig. 40.

L'entrepreneur est tenu de vérifier et de compléter le piquetage sous sa propre responsabilité.

85. Entaillage, sabotage. — Des chantiers d'approvisionnement de matériel sont disposés à l'origine de la nouvelle ligne, en général, et c'est dans ces chantiers que se fait l'opération de l'entaillage et du sabotage : deux traits de scie verticaux limitent l'entaille, dont le fond est dressé au moyen de l'herminette ou à la machine, suivant l'inclinaison du vingtième, dans le cas du rail Vignole, et horizontalement dans le cas du double champignon, l'inclinaison du rail étant alors donnée au moyen du coussinet.

Fig. 41.

§ 14. — POSE DE LA VOIE

L'exactitude de cette opération est contrôlée à l'aide de jauges et de gabarits, formés de règles à encoches ou de pla-

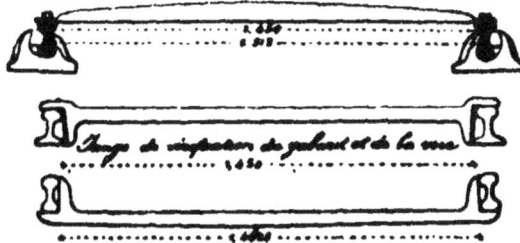

Gabarits de pose. — Fig. 42.

Pose de la voie normale en alignement droit.
Voie en rails de 8 m. à joints alternés

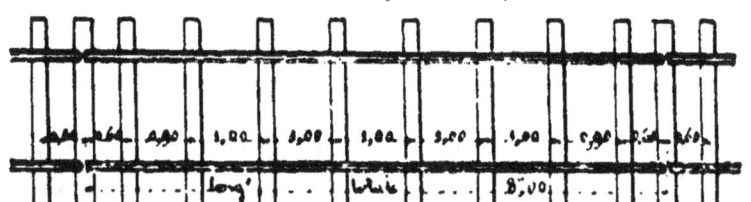

Voie en rails de 8 m. à joints correspondants

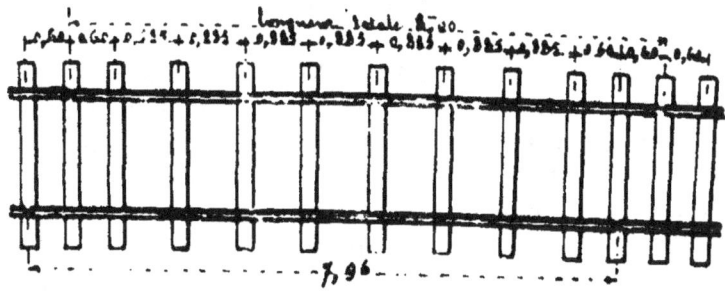

Fig. 43.

Pose de la voie normale en courbe.
Voie en rails de 8 m.

Fig. 44.

ques fixées suivant l'inclinaison voulue, aux extrémités d'une barre transversale. Ces plaques représentent les coussinets, dans le cas du double champignon, et la selle ou le patin du rail dans le cas du Vignole (fig. 42).

46. Pose. — La pose peut avoir lieu :
1° En ligne droite (fig. 43) ; 2° En courbe (fig. 44).

En ligne droite. — a. *Disposition des traverses.* — En alignement, l'espacement des traverses courantes varie de 0 m. 75 à 0,98. L'espacement correspondant au joint est généralement moindre et descend à 0 m. 60.

D'une manière générale, l'espacement est d'autant moindre que la vitesse des trains est plus considérable et les locomotives plus lourdes.

b. *Dimensions des joints.* — Les bouts des rails ne sont pas en contact : on laisse entre eux, pour la dilatation et la facilité du remplacement, des jeux qui varient avec la longueur du rail et avec la température.

Voici les largeurs attribuées à ces jeux à la Compagnie du Midi :

Voie en rails de 5 m. 50.		Voie en rails de 11 m.	
Jusqu'à + 10° . . .	0ᵐ006	Jusqu'à + 10° . . .	0ᵐ008
A + 30°	0.005	De 10° à 20°.	0.007
A plus de 30°. . . .	0.004	De 20° à 30°.	0.006
		Au-dessus de 30°. .	0.004

La largeur des joints est réglée au moyen de cales provisoires en fer.

D'ordinaire, les joints sont vis-à-vis l'un de l'autre ; quelquefois ils sont chevauchés et placés soit sur la traverse, soit plus généralement en porte-à-faux (voir le tableau indiquant les modes divers de pose adoptés par les grandes Compagnies françaises, pl. 7). Puis on fixe les rails et on pose les éclisses et les selles-arrêts, si la voie en comporte. On bourre ensuite les traverses avec des pioches spéciales, les unes en métal, les autres en bois, pour leur donner la stabilité voulue. Ce bourrage, ainsi que nous l'avons dit, a lieu surtout vers les extrémités.

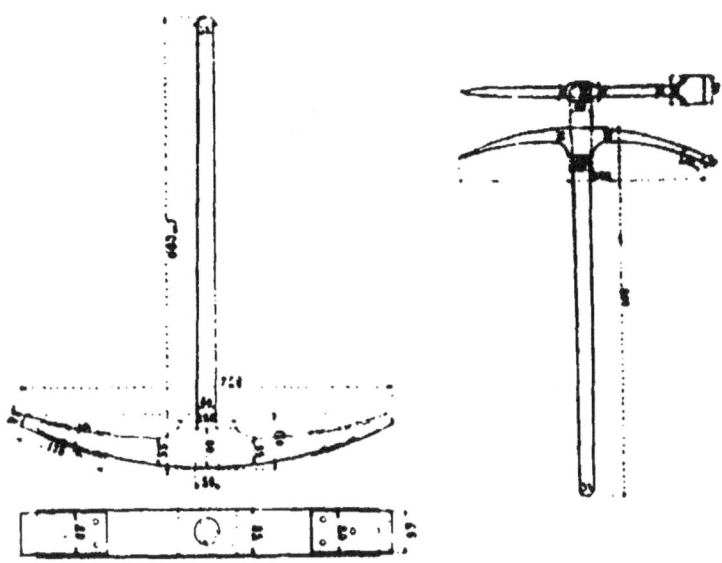

Pioches à bourrer. — Fig. 45.

En courbe. — Dans les portions de voies en courbe, on augmente quelquefois le nombre des traverses pour opposer une plus grande résistance aux efforts transversaux. En outre, la pose des traverses a lieu d'une manière spéciale soit en plan, soit en profil.

a. Disposition des traverses en plan. — Soit AC, BD les deux arcs de la courbe raccordant les alignements droits dont les extrémités sont AB et CD (fig. 46).

Pour que les intervalles entre les traverses soient sensiblement les mêmes sur chacune des files de rails, les traverses doivent être placées suivant le rayon.

b. Répartition des rails longs et des rails courts. — Dans les courbes, le développement du rail extérieur est plus grand que celui du rail intérieur. Pour maintenir sur un même rayon les joints correspondants des deux files de rails, il faudrait avoir autant de types de rails courts que l'on emploie de rayons différents. Il convient d'éviter cette complication ; dans ce but, on emploie des rails de deux longueurs : 6 m. et 5 m. 96, par exemple, que l'on répartit convenablement. Pour faire cette répartition, on détermine le nombre de rails de la courbe extérieure.

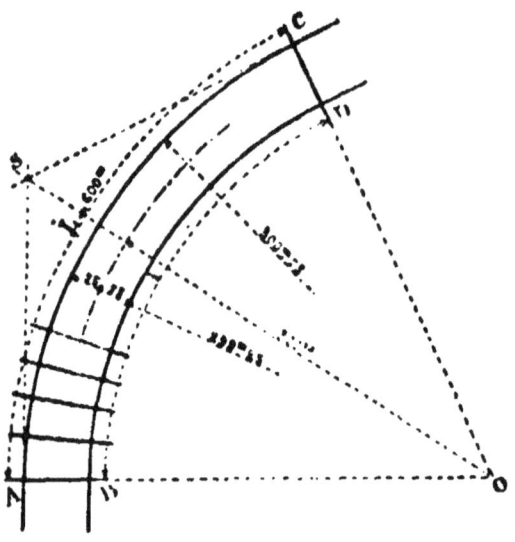

Fig. 46.

Supposons un rayon $R = 300$ m. et un arc L de 600 m. de développement extérieur (100 rails de 6 m.).

Si l est la longueur de l'arc intérieur, les arcs étant proportionnels aux rayons, on a :

$$\frac{600}{l} = \frac{300^m,75}{299^m,25}.$$

La différence des rayons : 300,75 et 299,25 est égale à 1 m. 50, largeur de la voie d'axe en axe des rails.

On trouve ainsi :

$$l = 600 \times \frac{299,25}{300,75} = 597 \text{ mètres environ.}$$

§ 14. — POSE DE LA VOIE

Donc, la différence entre l'arc extérieur et l'arc intérieur est : 600 m. — $l = 3$ m.

Comme chaque petit rail est plus court de 0 m. 04 que le rail extérieur, il faut :

$$\frac{3^m,00}{0^m,04} = 75 \text{ rails de 5 m. 96}$$

pour réaliser la différence trouvée de 3 m. Le complément est obtenu avec 25 rails de 6 m.

On place donc dans la courbe intérieure :

25 rails de 6 mètres
75 — 5 m. 96 } soit { 1 rail long pour 3 rails courts.

A la Compagnie du Midi, où l'on emploie des rails longs de 11 m. et de 5 m. 50, on a, pour la pose en courbe, des rails courts de 10 m. 92 et de 5 m. 46 et la répartition se fait d'après les indications du tableau suivant :

Rayon des courbes	Proportion des rails courts par rapport au nombre total de rails employés par kilomètre	Nombre de rails par kilomètre de voie simple		Rayon des courbes	Proportion des rails courts par rapport au nombre total de rails employés par kilomètre	Nombre de rails par kilomètre de voie simple	
		En rails de 11m00	En rails de 5m50			En rails de 11m00	En rails de 5m50
300m	34.61 0/0	63	127	1500m	6.87	12	25
400	25.82	47	95	1800	5.80	11	21
500	21.25	38	75	2000	5.00	9	19
600	17.50	32	62	2500	4.10	7	15
700	15.00	27	54	3000	3.44	6	12
800	13.10	24	47	3500	3.10	6	11
900	11.25	21	42	4000	2.50	5	9
1000	10.00	18	37	4500	2.30	4	8
1100	9.90	17	34	5000	2.10	3	7
1200	8.75	16	31	5500	1.85	3	7
1300	8.00	15	29	6000	1.75	3	6
1400	7.50	14	27	»	»	»	»

c. Courbure des rails. — La courbure des rails dans les petits rayons s'obtient facilement pour les rails en fer en les laissant tomber sur un appui, ou bien en martelant d'un côté le patin, qui, s'allongeant, force le rail à se courber.

Les rails d'acier courbés à la pince lors de la pose conservent leur courbure par le seul frottement des traverses dans le ballast.

Lorsque les rayons deviennent très petits, il y a avantage à courber les rails régulièrement avec des appareils spéciaux.

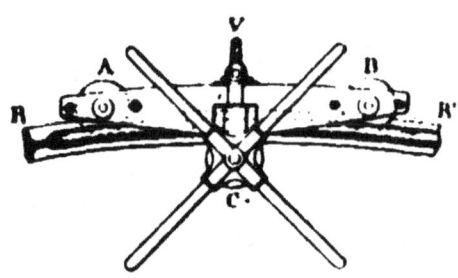

Cintreur. — Fig. 47.

Nous donnons ci-dessus le dessin du cintreur Crozet et Cie. Entre trois cylindres A, B, C, on fait passer les rails RR'. La courbure donnée à ceux-ci est d'autant plus prononcée que le cylindre C pénètre davantage dans l'intervalle compris entre les deux autres A et B. La position de ce cylindre C est réglée au moyen d'une vis V qui prend son point d'appui sur les flasques entre lesquelles sont placés les deux cylindres fixes.

d. Disposition des traverses dans le plan vertical. Dévers. — Quand on passe d'un alignement droit à une courbe, le véhicule se trouve soumis à l'action de la force centrifuge. A la faveur du jeu ou de la différence existant entre la largeur de la voie et l'écartement des joues intérieures des boudins des roues dans le parcours d'une ligne droite, il se porte librement soit à droite, soit à gauche ; si la voie restait plane en courbe, le véhicule se porterait vers le rail extérieur et s'y appliquerait avec d'autant plus de force que la vitesse serait

§ 14. — POSE DE LA VOIE

plus grande. Il y aurait usure marquée des deux surfaces en contact. Il pourrait même y avoir déraillement.

Pour empêcher ces effets de se produire, on doit donner une certaine inclinaison à la voie.

Le surhaussement du rail extérieur doit être tel que la résultante du poids et de la force centrifuge soit normale à la voie lorsque la vitesse est maxima.

Soient :

A, A' les deux rails ;
P, F le poids et la force centrifuge supposés appliqués au centre de gravité G du véhicule ;
i, l l'inclinaison transversale et la largeur AA' de la voie ;
r le rayon de la courbe ;
h le surhaussement de la voie ou dévers ;
V la vitesse du train ;
g l'accélération due à la pesanteur $= 9$ m. 809, à Paris.

Par définition : $P = mg$.

On sait que : $F = \dfrac{mV^2}{r}$.

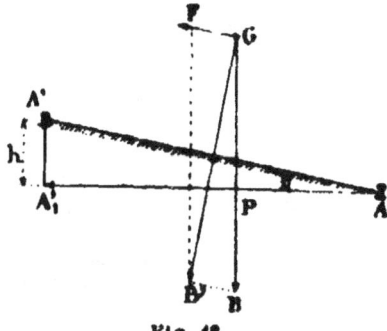

Fig. 48.

On a : $h = l \sin i$ ou $h = li$, puisque l'angle est très petit.
Dans les deux triangles AA'A$_1$', BB'G :

$$\frac{A'A'_1}{AA'} = \frac{BB'}{GB} , \quad \text{ou} : \quad \frac{h}{l} = \frac{F}{P} = \frac{\frac{mV^2}{r}}{mg} = \frac{V^2}{rg} .$$

On a donc :

$$i = \frac{V^2}{rg} , \quad \text{d'où } h = \frac{lV^2}{rg} .$$

En pratique, on prend :

$$h = \frac{75}{r},$$

On en déduit : $V = 22$ m. par seconde ou $V = 80$ kilom. à l'heure[1], et l'on obtient le tableau suivant, établi dans l'hypothèse d'une vitesse constante :

Midi.

Rayons		Dévers	Rayons		Dévers
de 300ᵐ incl.	à 600 excl.	150 mm	de 1500ᵐ incl.	à 1800 excl.	50 mm
600	700	125	1800	2000	42
700	800	107	2000	2500	37
800	900	94	2500	3000	30
900	1000	83	3000	3500	25
1000	1100	75	3500	4000	21
1100	1200	68	4000	4500	19
1200	1300	62	4500	5000	16
1300	1400	57	5000	5500	15
1400	1500	53	7000	8000	10

1. A la Compagnie du Nord, contrairement à ce que l'on admet dans d'autres Compagnies, on suppose que la vitesse croît avec le rayon des courbes. Il est, en effet, très rationnel de régler la pose de la voie d'après les maxima de vitesse qu'un train peut éventuellement atteindre sur une courbe de rayon donné, maxima qui croissent avec le rayon des courbes.

Le tableau ci-dessous est celui des dévers en usage à la Compagnie du Nord.

Rayons des courbes	Vitesse des trains	Surhaussement normal $h = \dfrac{IV^t}{rg}$
500ᵐ	50 kil.	0.0600
600	60	0.0708
700	60	0.0606
800	75	0.0830
900	80	0.0840
1000	80	0.0755
1200	80	0.0629
1500	80	0.0503
2000	80	0.0377
3000	80	0.0251
6000	80	0.0126

Lorsque le train marche à une vitesse moindre que celle pour laquelle le dévers a été calculé, les véhicules, au lieu d'occuper l'axe de la voie, se rapprochent du rail intérieur, mais il n'en résulte pas d'inconvénients.

Gabarits de dévers. — Pour l'établissement du dévers, on se sert d'une règle que l'on place horizontalement avec un niveau à bulle d'air et dont les crans donnent les dévers correspondant aux différents rayons des courbes en usage.

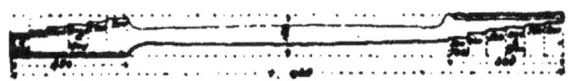

Règle à échelons. — Fig. 49.

e. Raccordements paraboliques. — En passant de l'alignement à la courbe, le centre de gravité du train, qui vient de parcourir une trajectoire rectiligne tracée dans un plan parallèle à celui de la voie, commence une trajectoire circulaire dont le plan est surélevé par le fait du dévers.

Les roues qui tournent sur le rail extérieur ne peuvent franchir la différence de hauteur de la partie droite à la partie courbe d'une façon brusque. Pour ménager la transition, on donne une inclinaison préliminaire de 1 à 2 millimètres par mètre à chaque file de rails (l'une extérieure ascendante, l'autre intérieure descendante) ou à la file extérieure seule et dans ce cas ascendante.

Si l'on effectue cette modification sur l'alignement, le train sera jeté en dedans, puisque l'action centrifuge n'a pas encore pris naissance et ne peut contrebalancer l'effet du dévers.

Si c'est, au contraire, au commencement de la courbe, il y aura un choc violent en dehors, au début, par l'effet de la force centrifuge.

Pour éviter ces inconvénients, on passe de l'alignement au cercle, à rayon constant, par un tracé curviligne, dont le rayon est d'abord égal à celui de l'alignement, c'est-à-dire infini, au point de départ, où le dévers est nul, puis va sans cesse en grandissant et enfin est égal à celui du cercle au point de tangence avec celui-ci (avec un dévers correspondant à celui qui a été calculé pour le cercle).

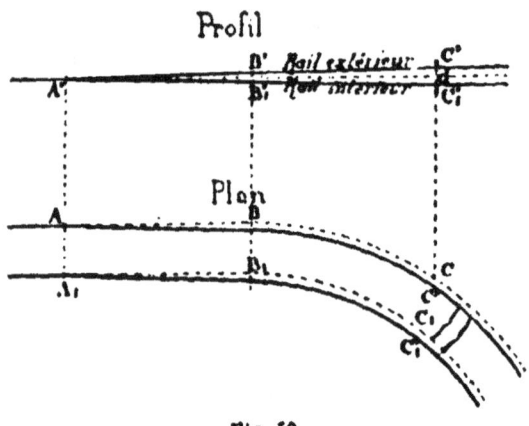

Fig. 50.

Il en résulte un léger déplacement de la courbe, de CC_1 en CC'_1.

Ces courbes de raccordement entre la droite et le cercle sont généralement des paraboles du 3ᵉ degré[1].

f. Surélargissement de la voie en courbe de faible rayon. — On donne un certain élargissement à la voie dans les courbes à petits rayons, afin d'en faciliter le parcours aux véhicules.

Dans les courbes dont le rayon est supérieur à 500 m., on n'élargit pas.

Pour $R = 500$ m., on donne 1 mm.;
Pour $R = 400$ — 5 —
Pour $R = 300$ — 1 cent.;
Pour $R = 250$ — 2 —

La surlargeur est d'autant plus nécessaire que l'écartement des essieux, dans les voitures nouvelles, tend sans cesse à aug-

[1]. Voir la note annexe nº 8 indiquant les règles en usage à la Compagnie du Midi pour le tracé des raccordements paraboliques.

menter. Quand elle est nulle ou insuffisante, il y a gêne au roulement, ce qui entraîne un supplément d'usure pour les rails et les bandages des roues des véhicules.

87. Organisation d'un chantier de pose et de ballastage. — Nous venons de voir les dispositions auxquelles il convient de se conformer pour la pose de la voie soit en ligne droite, soit en courbe. Pour l'organisation du chantier, deux cas peuvent se présenter.

Le ballastage est déjà effectué en première couche, c'est-à-dire entre la plateforme et le dessous des traverses, ou bien il doit être fait sur toute sa hauteur en même temps que la pose de la voie elle-même.

Pose de la voie sur première couche de ballast. — 1° Dans le premier cas, celui où le ballast a pu être fourni par les tranchées de la ligne ou par des ballastières voisines, la pose de la voie se fait immédiatement sur la surface déjà réglée de la première couche. Cette voie, mise en place, des trains y circulent et effectuent les apports de ballast complémentaire, ou de la deuxième couche. Le répandage du ballast, le bourrage sous les traverses ont lieu successivement, et l'on achève le serrage des boulons des éclisses, laissé imparfait pour conserver à la voie la mobilité nécessaire jusqu'au moment du réglage définitif.

Pose de la voie sur la plateforme des terrassements. — 2° Dans le deuxième cas, la voie est posée sur terre, c'est-à-dire sur la plateforme convenablement dressée, et préalablement reconnue soit comme position, soit comme dimensions.

En cet état, cette voie peut être utilisée pour le transport de la première couche de ballast. Il faut veiller, autant que possible, à ce que la voie n'ait à livrer passage dans ces conditions qu'à un seul train avant d'avoir été relevée et bourrée, et ne soit parcourue que par les wagons et non par la machine. — Le relevage de la voie s'effectue de proche en proche, le bourrage vient ensuite ; il est particulièrement soigné sous la file de petit rayon des courbes, plus exposée que celle de grand rayon à une surcharge, puisque la vitesse normale du train est généralement inférieure à la vitesse pour laquelle le dévers a été calculé et établi.

Lorsque cette opération est terminée, le dressage est fait avec le plus grand soin, et l'on termine le ballastage comme dans le premier cas.

Après ces différentes opérations, la voie doit se présenter à l'œil, en plan et en profil, sans jarrets ni ondulations.

88. Surveillance et entretien. Renouvellement en recherche. — La voie, une fois posée, doit être entretenue. Des cantonniers, dont les habitations sont placées aux passages à niveau, répartis tout le long de la ligne, sont chargés de ce soin, comme sur les routes.

Les dépenses d'entretien varient avec les conditions de premier établissement de l'infrastructure et de la voie, la nature du ballast, les circonstances atmosphériques, l'importance du trafic et l'âge de la voie.

Ces dépenses sont faibles au début de l'exploitation ; elles augmentent peu à peu avec le temps, parce que les attaches prennent du jeu dans leurs trous et que le ballast, se mélangeant avec la terre de la plateforme au moment des bourrages et des relevages, rend le maintien de la voie de plus en plus difficile.

Sur les lignes peu importantes, la dépense dans les premières années ressort, d'après M. Piéron, ingénieur en chef à la Compagnie du Nord, à :

Surveillance   200 fr.
Entretien   1.000 „   } 1.200 fr. par kilom.

Plus tard elle s'élève, au fur et à mesure du remplacement des traverses, en moyenne, à 1.500 fr. par kilom.

Si la ligne est munie de rails en fer, le remplacement par des rails en acier entraîne, pendant 33 ans, une dépense annuelle de 300 fr. par kilom.

Ensemble : 1.800 fr.

Sur les lignes plus importantes (2 voies), ce chiffre s'élève à 3.000 fr. au maximum.

§ 15. — SYSTÈMES DIVERS DE VOIES

80. Renouvellement en grand. — Cette opération se fait d'ordinaire par sections de ligne, ou par lignes, et s'applique généralement à la voie proprement dite et au ballast qui l'enveloppe.

Lorsque les matériaux enlevés sont remplacés par d'autres de meilleure qualité, l'acier remplaçant le fer par exemple, de dimensions plus fortes (rails), ou de nombres augmentés (traverses rapprochées, plus grand nombre d'attaches), le prix du renouvellement varie naturellement avec les conditions dans lesquelles il s'effectue.

Quant au remplacement du ballast, le prix varie avec la proportion de vieux ballast que l'on peut conserver, soit sans le cribler, soit en le criblant, le prix de revient du ballast nouveau au lieu d'extraction et la distance à parcourir pour le transporter de la carrière au lieu d'emploi, l'activité de la circulation, qui, lorsqu'elle est importante, met obstacle à la continuité du travail des ouvriers et à la marche facile des trains de travaux.

On peut admettre, pour des conditions moyennes, une dépense de 25.000 fr. par kilom. de double voie.

§ 15

SYSTÈMES DIVERS DE VOIES

90. Voies sur supports isolés. — *Dés en pierre.* — La pose des voies sur dés en pierre a été préconisée à l'origine des chemins de fer.

Ce système a été employé en Bavière avec le rail Vignole. Après une exploitation et un entretien soignés pendant un an, les dés ont donné sur un sol bien solide une voie presque aussi douce que la voie sur traverses.

Les rails de 6 m sont supportés par cinq dés, dont les deux extrêmes ont leurs côtés parallèles aux arêtes du rail, tandis que les dés du milieu sont placés en diagonale.

Dans les dés, on perce des trous, et dans ces trous on enfonce de fortes chevilles en chêne goudronnées. Les crampons, ou les tirefonds, sont à leur tour enfoncés dans ces chevilles.

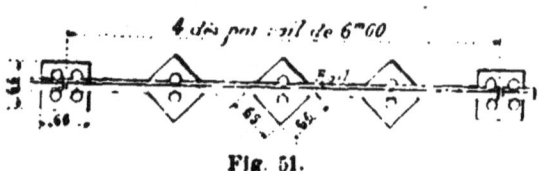

Fig. 51.

Ce système résiste convenablement sur un bon terrain et avec des trains marchant à faible vitesse. Mais la voie ne se maintient pas dès que la vitesse augmente.

Plateaux Pouillet (1850-1855). — Ce sont des plateaux en bois formés de deux planches juxtaposées (0.60/0.60 et 0.03 d'épaisseur). On ne place le ballast que sous les plateaux, qu'un madrier transversal réunit.

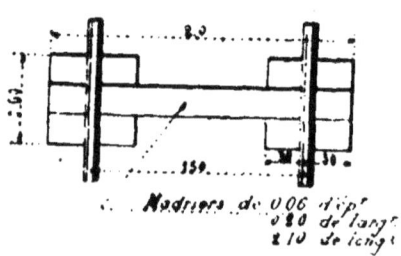

Fig. 52.

Ces plateaux ont fourni d'assez bonnes voies, fort douces, mais ils pourrissaient promptement.

En résumé, instabilité de la voie, entretien coûteux, fatigue rapide des bois, mise hors de service au bout d'un temps trop court.

Plateaux en fonte Henry (1857). — On a essayé de remplacer les plateaux en bois par des plateaux en fonte portant à leur partie centrale une mâchoire dans laquelle le rail est maintenu par des coins en bois. — Les plateaux sont réunis par une tringle de fer. Cette voie manque de stabilité. Les entretoises ne sont pas suffisantes pour s'opposer au renversement de la voie.

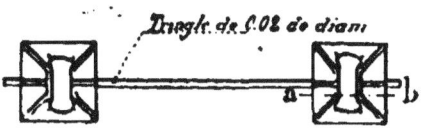

Plateaux Henry. — Fig. 53.

	Plateaux	
	Intermédiaires	de joint
Longueur et largeur.	0.30 / 0.40	0.40 / 0.40
Poids........	19 k. 5	27 k.

Un déraillement de wagon suffit pour briser l'ensemble, sans qu'aucune réparation soit possible.

Cloches de Greave. — Le coussinet est venu de fonte sur une cloche reposant sur le ballast (Pl. 8).

La cloche est percée d'un trou pour le bourrage ; elle présente une saillie sur laquelle s'attache une tringle de fer transversale, qui rend solidaires les cloches jumelles.

On les a employées à Alexandrie et au Caire, dans les pays chauds où le bois manque. La voie a peu de tendance au renversement.

Cloches Livesey et Seyrig, pl. 8. — Ces cloches sont simples, solides et légères, qualités précieuses au point de vue de l'emploi dans les pays lointains et déshérités. Elles sont en fonte, de forme elliptique, le grand diamètre est placé dans le sens de la longueur du rail. La portée d'appui est ainsi notablement allongée et le serrage entre les trois ergots constitue en quelque sorte l'encastrement. Une clavette en acier striée, butant contre une autre pièce d'acier logée dans la fonte lors de la coulée, effectue le serrage.

Une entretoise en fer réunit les cloches jumelles.

Ce système de cloches a été employé au chemin de fer de la Réunion.

Les mêmes ingénieurs ont fabriqué des cloches en tôle d'acier étampée, par conséquent plus légères, pl. 11. Les attaches du rail sont rivées. L'entretoise est semblable à celle des cloches en fonte, mais elle est fixée par des clavettes de part et d'autre de la cloche. Les largeurs variables de celles-ci permettent de donner la surlargeur voulue dans les courbes.

Les résultats obtenus portent à penser que ces cloches rendront des services sur les lignes à faible trafic, à vitesse réduite, où l'on dispose d'un ballast en sable et où l'on n'a qu'un personnel de manœuvres peu habiles.

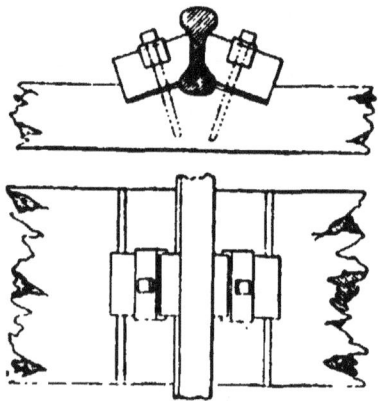

Fig. 54. — Serre-joint Barberot.

Serre-joint Barberot ou voie sur coins et traverses en bois. — Pour éviter le martelage du champignon dans le coussinet, on a cherché à remplacer le coussinet de métal par deux pièces de bois inclinées saisissant le rail de chaque côté, butant dans le fond d'encoches faites dans la traverse et maintenues par des tirefonds ; mais le bois s'use vite et, les tirefonds prenant du jeu, le serrage automatique sur lequel on comptait devient insuffisant pour assurer la fixité des rails.

§ 15. — SYSTÈMES DIVERS DE VOIES

91. Voies sans supports. Voies sur longrines. — *Rail Barlow*, pl. 9. — Le rail, en forme d'Ω écrasé, a une base assez large et une raideur suffisante pour se passer de supports. Il forme rail et longrine. Les deux files sont reliées par des entretoises maintenant l'écartement et noyées, comme les rails eux-mêmes, dans le ballast.

La Compagnie du Midi a expérimenté ce rail en 1855, sur la ligne de Bordeaux à Cette. La voie Barlow avait réussi en Angleterre ; mais au Midi il y avait, au bout de cinq mois, 7 0/0 de rails défectueux.

Les inconvénients constatés étaient les suivants : défaut de soudure ; aplatissement de la table de roulement ; tendance au déplacement latéral ; augmentation de l'épaisseur de la couche de ballast dans les terrains argileux ; nécessité d'avoir un personnel nombreux pour le bourrage, — spécial et coûteux pour le rivetage ; nécessité de surveiller attentivement le bourrage ; tendance de la roue à monter sur le rail ; perte de l'inclinaison du rail, en raison des difficultés du bourrage, et par suite exagération de la largeur normale.

Ces rails s'écrasaient ou périssaient par défaut de soudure. A cause de leur forme, on ne pouvait les obtenir sains et exempts de criques avec des fers durs, et, en outre, les mises du paquet ne pouvaient se souder que difficilement par le laminage en raison des vitesses différentes des parties des cylindres qui agissaient sur les ailes et sur la table de roulement.

En outre, celles-ci se refroidissaient plus vite et subissaient des efforts d'extension plus grands que le centre du rail : il fallait donc composer le paquet en fer mou. De là des différences dans le réchauffage des paquets et des tiraillements dans la contexture des barres, enfin des défauts de soudure.

Quant aux joints, constitués au moyen de selles d'appui rivés, ils présentaient les défectuosités suivantes : les rivets étaient ébranlés par les effets de la dilatation et de la contraction des rails ; le contact était imparfait à cause des bavures entre la selle et les rails ; il n'y avait pas concordance des trous.

M. Couche a proposé d'obtenir le rail Barlow par deux laminages distincts : le premier ne donnant qu'une ébauche du rail ; le deuxième donnant la forme définitive ; mais on n'a pas recommencé cette épreuve malheureuse.

Ce rail, dont l'emploi date de la fin de 1856, a été complètement retiré des voies principales du Midi de 1858 à 1863.

Rail Hartwich, pl. 9. — Le patin et le champignon du rail Hartwich ont les dimensions ordinaires. La hauteur du rail, seule, est beaucoup plus grande, 0 m. 26 à 0 m. 28 au lieu de 0 m. 13. Le rail est incliné au 1/16. La voie peut s'éclisser.

Deux tirants superposés en fer entretoisent les deux files de rails ; leurs parties taraudées s'infléchissent normalement au rail.

Le moment d'inertie est quatre fois celui du rail ordinaire : donc, grande raideur. La répartition de la charge s'effectue d'une manière uniforme sur toute la longueur du rail.

La Compagnie de l'Est en a fait usage sur quelques kilomètres ; la voie était très douce, mais coûteuse comme entretien. Aussi, l'emploi de ce rail ne s'est pas répandu.

Voie Brunel — Le rail Brunel se pose sur longrines en bois, équarries avec soin et réunies de distance en distance par des traverses.

Ce rail a été essayé au Midi. Il a donné au début une voie

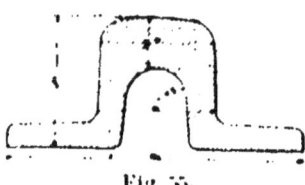

Fig. 35.

très douce, mais on a reconnu bientôt qu'il s'usait rapidement. En outre, les longrines se détérioraient promptement, se cisaillaient, devaient être remplacées et leur prix ne tardait pas à s'élever par suite de la difficulté qu'on éprouvait à se procurer des arbres de 60 à 80 ans ayant 0 m. 40 de diamètre. Ces longrines étaient instables, accusaient une tendance au déplacement et au déversement, et se fatiguaient quand le bourrage était imparfait ; la main-d'œuvre de remplacement était longue et coûteuse ; les boulons se remplaçaient aussi difficilement ; enfin un personnel spécial était nécessaire pour la rivure.

Le rail Brunel ne s'emploie plus que sur les plaques tournantes et sur les bords des fosses à piquer, soit évidé sous le champignon de roulement, soit plein.

Voie Hilf, pl. 9. — Cette voie est composée de rails Vignole posés sur des longrines en fer, en forme d'auge renversée, avec nervure centrale. La table de ces longrines est renforcée, de manière à ne pas se cisailler à l'endroit des trous. Le joint de la longrine est croisé avec celui du rail. On met trois entretoises pour relier les longrines : une au milieu de leur longueur, deux aux extrémités.

La voie Hilf est préconisée en Allemagne.

D'une manière générale, les voies sur longrines ne gardent pas un écartement régulier, l'écoulement des eaux est presque impossible, le défaut de solidarité constitue un danger en cas de déraillement, le remplacement d'une longrine et la pose en courbe sont des opérations longues, difficiles et coûteuses.

92. Voies sur traverses en fer. — La substitution du fer au bois pour les traverses présente un sérieux intérêt.

Il y a, en France seulement, en nombre rond.	35.000 k	de chemins de fer
La moitié environ est à double voie, ci	15.000	
Soit l'équivalent de. . . .	50.000 k.	de voie simple
Voies de garage, environ 20 p. 100	10.000	
Total . . .	60.000 k.	id.

En admettant 11 traverses par 10 m., on a : *66.000.000* de traverses.

Si l'on prend 10 ans comme durée moyenne des traverses [1], on voit qu'il en faut 6 millions 600.000 par année, rien que pour l'entretien. A 6 fr. l'une, c'est une dépense de près de

---

[1]. Il est vrai qu'il y a sur ce point beaucoup d'incertitude, car nous verrons un peu plus loin que M. Bricka base sa comparaison des traverses en bois et en métal sur l'hypothèse de 15 ans de durée pour les premières.

40 millions de francs, dont la moitié environ pour des bois achetés à l'étranger.

Il y a donc un sérieux intérêt à rechercher des traverses qui présentent une durée plus considérable que les traverses en bois. Les perfectionnements apportés à la fabrication de l'acier, son prix réduit portent à penser que ce métal pourra être désormais employé avec profit à cet usage.

Il faut pour cela que — eu égard au prix plus élevé de la traverse métallique — celle-ci présente sur la traverse en bois une augmentation de durée suffisante, et que par sa forme, ses dimensions, son poids, le mode de fixation du rail et sa résistance, elle possède des qualités au moins égales à celles de la traverse actuelle.

On peut considérer cette dernière condition comme satisfaite aujourd'hui ; les traverses métalliques, en effet, permettent d'assécher facilement la voie, fournissent une assiette solide et une liaison parfaite des deux files de rails, permettent un bourrage facile et un remplacement simple, enfin peuvent comporter une diminution du cube du ballast.

Quant au prix, on peut, d'après M. Bricka, Ingénieur en chef de la Voie des chemins de fer de l'État, admettre qu'il y a équivalence entre les deux traverses de bois et d'acier dans les conditions suivantes :

		Traverses	
		en chêne	en métal
Prix	lors de la mise en place.	5 fr. 50	160 fr. la tonne
	lors du retrait de la voie.	» »	40 0/0 de la valeur primitive.
Poids...................		normal des Cies.	56 kilog.
Durée...................		15 ans	30 ans.

Or, la durée de 15 années n'étant pas toujours atteinte et d'autre part le prix indiqué de 160 fr. la tonne étant exagéré (actuellement ce prix n'est que de 120 à 130 fr.), la traverse métallique a l'avantage.

§ 15. — SYSTÈMES DIVERS DE VOIES

La main d'œuvre d'entretien, avec des traverses suffisamment lourdes et de bon ballast, est la même qu'avec les traverses en bois.

Les modèles de traverses métalliques sont très nombreux, mais ils se rangent tous dans l'une ou l'autre des deux catégories suivantes :

1° Forme en auge renversée.
- Vautherin (Fraisans).
- P.-L.-M. Algérien.
- Berg-et-Marche.
- Heindl (Arlberg).
- Post (Néerlandais).
- Webb (North Western Ry).
- Livesey et Seyrig.
- Haarmann.
- Boyenval et Ponsard.
- Brunon.

2° Forme prismatique régulière.
- Paulet.
- Bernard.
- Séverac.

Forme en auge renversée. — Ces traverses dérivent plus ou moins du type Vautherin, inventé en France il y a un quart de siècle et réalisé aux forges de Fraisans (Franche-Comté). 600 de ces traverses ont été posées en 1864, sur la ligne de Besançon à Lons-le-Saulnier, puis 500 autres au chemin de Berg-et-Marche, en 1869.

La forme est celle d'une auge renversée, avec bords *horizontaux* dans les premières traverses employées, pl. 9.

Cette disposition facilitant l'écrasement et la sortie du ballast, les bords ont été redressés et on les a faits *verticaux* dans les traverses Heindl, Post, P.-L.-M. Algérien, Berg-et-Marche nouveau. Dans ces conditions, le ballast bourré est retenu sous la traverse, augmente son poids et sa résistance au soulèvement, pl. 11.

Parfois le profil, au lieu d'être constant, se conforme aux exigences du rôle dévolu aux différents points de la traverse, et l'acier doux (flusseisen) se prête par son homogénéité, sa malléabilité, sa ductilité à ces changements de forme et d'épaisseur (Post, Brunon), pl. 11. La traverse s'épanouit à ses extrémités, qui sont retournées pour emprisonner complètement le ballast comme dans une caisse renversée. L'épaisseur de la table d'appui est augmentée à l'aplomb du rail et dans le voisinage des trous, et cette table elle-même est inclinée de manière à donner au rail l'inclinaison ordinaire du vingtième. D'autres fois, cette inclinaison est obtenue au moyen d'une selle.

Quant aux attaches, on les effectue de différentes manières : soit au moyen de crapauds et de cales et clavettes, dont les dimensions relatives permettent de régler la surlargeur comme il convient dans les courbes (Vautherin, P.-L.-M. Algérien) ; soit au moyen de crapauds et de boulons (Post, Heindl, Brunon) ; soit enfin au moyen de coussinets rivés et de coins en bois (Webb, Livesey et Seyrig), pl. 8, 9, 10, 11.

Ces divers systèmes sont parfaitement rigides et ne donnent aucun ferraillement au passage des trains.

Les conditions à remplir pour avoir une bonne traverse métallique peuvent se résumer ainsi, d'après M. Bricka (Congrès de Milan, 1887 ; M. Kowalski, secrétaire) :

Métal : acier doux ;
Forme : auge renversée, fermée aux deux bouts ;
Largeur : 22 à 23 centimètres au moins ;
Longueur : 2 m. 50 ;
Épaisseur : 7 à 8 millimètres, 10 à l'aplomb du rail ;
Profil : droit avec inclinaison sous le rail au moyen d'un renforcement ;
Poids : 50 kilog. au moins et davantage sur les voies très fatiguées ;
Attaches : crapauds ou boulons.

On obtient ainsi une voie stable, à écartement invariable, douce au roulement, ne produisant aucun bruit avec des traverses suffisamment lourdes, et parfaitement réparable à la masse en cas de déraillement, si l'acier est assez doux.

Les traverses métalliques, comme les rails eux-mêmes, résistent à la rouille et ne s'usent pas sous le patin du rail.

Ces résultats sont établis par une expérience dont la durée

a été : de 22 ans sur les chemins de fer de l'État néerlandais, où 95 p. 100 des traverses posées en 1865 sont encore en place ; — de 19 ans au P.-L.-M. Algérien (Alger à Oran), où le remplacement des traverses Vautherin en fer, du modèle primitif, s'élève à 3 1/2 p. 100 seulement depuis l'origine.

Forme prismatique régulière. — Les traverses de cette espèce formées de cornières (Paulet) ou de fer à U juxtaposés (Bernard), ou d'un fer à double T fixé sur une table inférieure (Séverac), sont essayées dans diverses Compagnies, mais depuis trop peu de temps pour qu'on puisse les comparer aux traverses à auge renversée, qui ont reçu la consécration du temps (pl. 10).

On conçoit qu'étant donnée la longévité des traverses d'acier (30 à 35 ans), le bas prix de ce métal (120 fr. la tonne), et d'un autre côté la faible durée des traverses en bois (inférieure à 15 ans en moyenne) et leur prix croissant (6 à 7 fr.), les Compagnies aient intérêt à augmenter un peu leur capital de premier établissement pour réaliser une économie sensible sur l'entretien et le renouvellement de leurs voies.

CHAPITRE TROISIÈME

ACCESSOIRES DE LA VOIE

§ 1. *Appareils de communication entre les voies*
§ 2. *Appareils d'arrêt des véhicules*
§ 3. *Série de prix*
§ 4. *Accessoires divers. — Outillage de la voie*
§ 5. *Passages à niveau.*

SOMMAIRE :

§ 1ᵉʳ. *Appareils de communication entre les voies* : 93. Comparaison sommaire. — 94. Branchement de voies. — 95. Changement à aiguilles mobiles par le talon. — 96. Fabrication. — 97. Manœuvre des aiguilles. — 98. Pose des aiguilles. — 99. Croisement des voies. — 100. Fabrication. — 101. Relation entre les éléments principaux d'un branchement. — 102. Disposition du branchement en pratique. — 103. Branchement sur une voie en courbe. — 104. Changements doubles. — 105. Traversées de voies rectangulaires. — 106. Jonctions de voies (diagonales). — 107. Jonctions croisées. — 108. Traversées jonctions, ou changements de voies simples ou doubles. — 109. Plaques tournantes. — 110. Description. — 111. Dispositions pour tourner les machines. — 112. Des chariots. — 113. Chariots avec fosse. — 114. Chariots sans fosse. Chariot de l'Ouest — 115. Chariot Dünn. — 116. Chariot à arcade du Nord. — 117. Chariot transbordeur à vapeur. — 118. Chariots pour machines ou ponts roulants.

§ 2. *Appareils d'arrêt des véhicules* : 119. Heurtoirs. — 120. Taquets d'arrêt P. L. M. — 121. Arrêts mobiles — 122. Traverse de garage.

§ 3. *Série de prix* : 123. Prix des principaux appareils (1887-88).

§ 4. *Accessoires divers. Outillage de la voie* : 124. Poteaux indicateurs. — 125. Clôtures. — 126. Pioches, pinces, auspects, nivelettes, lory.

§ 5. *Passages à niveau* : 127. Traversée de la route. — 128. Traversée de la voie. — 129. Barrières. — 130. Passages pour piétons. — 131. Maisons de garde — 132. Choix entre un P. N., un P. S. ou un P. I. — 133. Gardiennage et manœuvre des passages à niveau.

CHAPITRE TROISIÈME

ACCESSOIRES DE LA VOIE

Nous comprendrons sous ce titre les appareils de communication entre les voies, les accessoires de la voie proprement dits (taquets d'arrêt, heurtoirs, etc.), les passages à niveau, les clôtures et plantations.

§ 1er

APPAREILS DE COMMUNICATION ENTRE LES VOIES

93. Comparaison sommaire. — Les appareils à l'aide desquels on peut passer d'une voie sur une autre sont de trois espèces :
1° Les *branchements* ;
2° Les *plaques tournantes* ;
3° Les *chariots roulants*.

Fig. 56.

Supposons ces trois systèmes appliqués à la réunion de voies parallèles. On remarque que les branchements permet-

Fig. 57.

Branchement simple en déviation à droite

Branchement simple symétrique

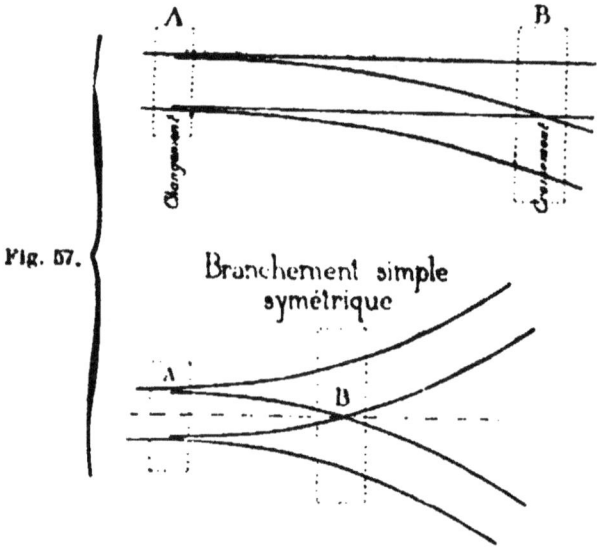

Fig. 58.

Branchement double en déviation à droite

Branchement double symétrique

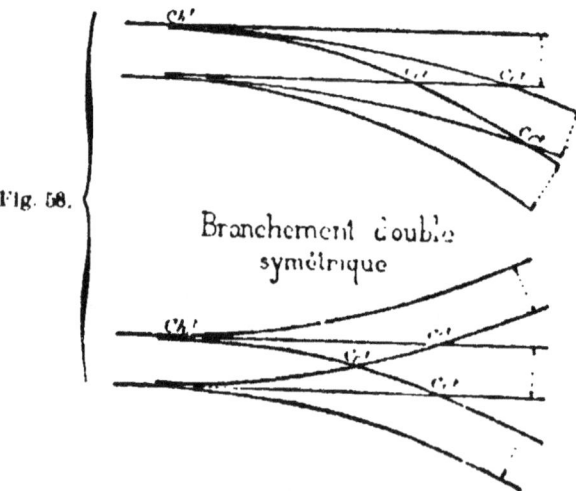

tent de faire manœuvrer tout un train à la fois ; que les plaques tournantes, de même que les chariots roulants, ne s'appliquent qu'à un seul véhicule.

Les branchements de voies, comme les plaques, sont toujours prêts à être employés, tandis que, si le chariot n'est pas en regard du wagon, quand on en a besoin, il faut l'y amener. C'est une cause de perte de temps.

L'emploi du chariot est indiqué quand on a de nombreux véhicules à manœuvrer un à un dans les gares de triage, par exemple, à condition toutefois qu'il soit mû mécaniquement.

L'avantage que les plaques et les chariots présentent sur les branchements est d'exiger peu de place pour leur établissement, — ce qui, à l'intérieur des gares, offre souvent un intérêt sérieux.

Par contre, les plaques coûtent cher.

On peut résumer cette comparaison sommaire en disant que chacun des moyens employés satisfait à des besoins spéciaux.

94. Branchement de voies. — *Définitions.* — L'appareil qui sert à raccorder deux ou trois voies entre elles porte le nom de *branchement* (pl. 12).

Lorsque le branchement s'applique à une voie unique, se détachant d'un tronc principal, on dit que le branchement est *simple*, et en *déviation* à droite ou à gauche selon qu'il est placé à droite ou à gauche de la voie principale (fig. 57).

S'il donne naissance à deux voies déviées, il est *double* (fig. 58).

Dans les deux cas, si la ou les voies déviées se détachent en suivant des directions symétriques par rapport à l'axe du tronc commun, le branchement lui-même est dit symétrique.

Un branchement se compose essentiellement d'un appareil A, appelé *changement* et d'un second appareil, B, dit *croisement*, ce dernier raccordé avec le précédent au moyen de deux tronçons de voie interposés.

Disposition relative des rails et des roues. Jeu des roues sur la voie. — Avant de commencer l'étude de ces appareils, il importe de rappeler les dispositions principales des roues des véhicules en usage sur les voies ferrées.

Ces roues sont munies de bandages tronc-coniques dont la largeur totale est de 0 m. 13 environ.

Les mentonnets qui les limitent et empêchent le véhicule de sortir de la voie ont de 3 centimètres à 3 c. 5 de largeur moyenne.

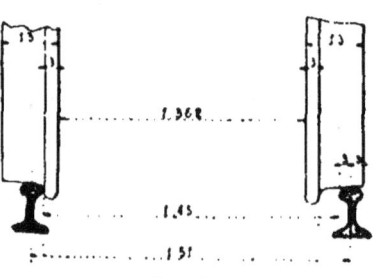

Fig. 50.

La voie ayant 1 m. 51 de largeur *d'axe en axe* des rails, et la demi-largeur de ceux-ci étant de 0,03, la largeur intérieure est : $1^m,51 - 2 \times 0^m,03 = 1^m,45$ [1].

Entre les faces internes des roues, on aurait donc : $1^m,45 - 2 \times 0,03 = 1^m,39$, si les choses étaient disposées pour que les mentonnets des deux roues jumelles frottassent en même temps contre les rails. Mais cette disposition serait vicieuse, car elle amènerait des coincements incompatibles avec la progression des véhicules. Aussi les roues sont-elles plus rapprochées l'une de l'autre. La distance qui les sépare, au lieu d'être de 1 m. 39, n'est que de 1 m. 362 (à l'Est), ce qui donne un jeu de vingt-huit millimètres au moment du montage. Ce jeu augmente naturellement avec l'usure produite par le frottement ; il importe de noter cette circonstance, en raison de l'amplitude plus considérable des déplacements latéraux que peuvent prendre les roues après un certain temps d'usage.

[1]. Cette indication, en rapport avec notre figure, ne doit pas être prise dans un sens absolu. Il y a en réalité des voies à 1,435, 1,440, 1,445 de largeur entre les génératrices intérieures des rails. Nous donnerons des renseignement détaillés à ce sujet.

Rappelons encore que les roues montées sur un même essieu sont solidaires de cet essieu, de telle façon qu'une action transversale imprimée à l'une des roues est, au même moment, transmise à la roue jumelle.

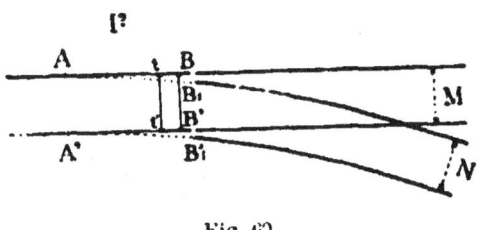

Fig. 60.

Changement de voie. — 1° *A rails mobiles.* — Le système le plus simple consiste en 2 rails ou *aiguilles* rectilignes articulées en A et A', et qui, reliées par une tige transversale tt', peuvent, à volonté, occuper les positions AB et A'B' ou AB, et A'B'$_1$, en donnant ainsi au véhicule soit l'entrée de la voie M, soit celle de la voie N. Mais cette disposition est inadmissible sur les lignes destinées à un service public, car un train venant de M déraillerait infailliblement si les aiguilles étaient en regard de N et inversement.

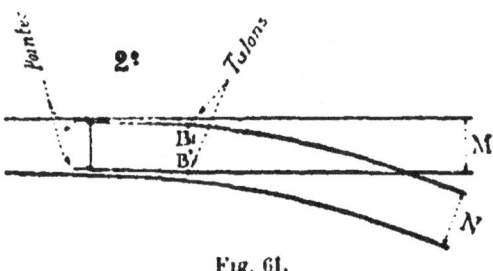

Fig. 61.

2° *A aiguilles.* — Le système à rails mobiles, employé généralement à l'origine et conservé seulement sur les chantiers, a été remplacé par une autre disposition figurée ci-dessous. Les lames d'aiguilles sont articulées à leur autre extrémité en B$_1$ et B', *au talon*, et les files *extérieures* des rails maintenues sans solution de continuité. Ici, le train met lui-même les aiguilles dans la position voulue, si elles n'y sont pas, quand il les aborde par le talon.

Les deux aiguilles sont égales. Autrefois, l'aiguille de la voie droite était plus longue que celle de la voie déviée. Elle était alors attaquée la première ; on pensait, la voie droite étant la plus fréquentée, qu'il y avait intérêt à cela et que le mouvement de la seconde suivrait. On a reconnu que ce système était une complication, dans la pratique, parce que l'appareil se spécialisait, et on y a renoncé.

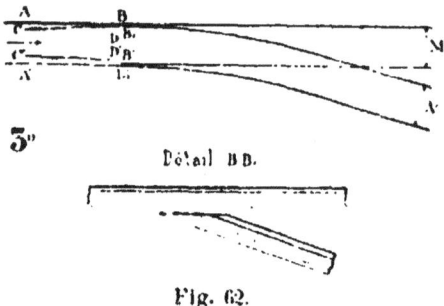

Fig. 62.

3° *A contre-rails mobiles*. — On a employé aussi, à l'origine, un système de changement avec contre-rails mobiles. Les rails extérieurs AB, A'B', étaient continus ; les rails intérieurs B₁, B' étaient interrompus et effilés parallèlement au rail voisin. Une ornière suffisante existait entre les uns et les autres, de chaque côté, pour le passage des mentonnets des roues. C'est en agissant sur la face interne de l'une ou de l'autre des deux roues jumelles, au moyen de l'un ou de l'autre des deux contre-rails conjugués, qu'on obligeait celles-ci à prendre la direction du tronc commun ou celle de la voie déviée. Mais ce système, s'il avait l'avantage de supprimer les lacunes, donnait lieu à des chocs et a été abandonné.

93. Changement à aiguilles mobiles par le talon. — Occupons-nous de l'étude du changement, et d'abord entrons dans quelques détails sur la forme et les dimensions des aiguilles (pl. 13).

a. Ainsi que nous l'avons dit, on ne les construit pas courbes ; il faudrait pour cela les affiler beaucoup trop, et par suite diminuer leur résistance, puis spécialiser les appareils, ce qui  serait gênant dans l'application. On remplace l'arc par une droite faisant avec le rail fixe un angle assez faible pour qu'il ne détermine aucun choc sensible à l'arrivée de la roue.

b. Pour le passage du mentonnet de la roue en regard du talon fixe de l'aiguille et pour le jeu nécessaire, il faut laisser un intervalle de 0,05 entre ce talon et le rail contre-aiguille, soit 0,11 d'axe en axe des deux rails.

Fig. 63.

c. Ceci posé, quelle doit être la longueur de l'aiguille ? Théoriquement, on trouve pour des aiguilles, supposées curvilignes, à l'origine des courbes de 300 m., 400 m., 500 m. de rayon, des longueurs considérables. En effet, dans le triangle rectangle ACE, on a :

Fig. 64.

$$AC^2 = AE \times AB,$$

on : $l^2 = 2R0{,}11$; d'où $l = \sqrt{0{,}22R}$

Pour $R = 300$ m., $l = 8$ m. 10
  — $R = 400$ m., $l = 9$ m. 30
  — $R = 500$ m., $l = 10$ m. 40.

De telles longueurs ne peuvent être adoptées, parce qu'il y aurait flambement des aiguilles et insécurité dans leur manœuvre. La longueur habituelle adoptée est de 4 à 6 m., et l'on conçoit qu'avec une réduction exagérée l'angle α, que l'aiguille forme avec le rail contre-aiguille, serait trop ouvert; il y aurait une brisure trop prononcée à l'origine du tracé de la voie déviée. La longueur admise à la Compagnie P.-L.-M. est $l = 5$ m.; l'inclinaison est alors de $\dfrac{0.11}{5.00} = \dfrac{1}{45.5}$.

La pointe mathématique de l'aiguille correspond à un point B, tel que la tangente menée de ce point fasse l'angle α avec la voie directe.

La valeur de la tangente est :

$$m = R \times tg\, \dfrac{\alpha}{2},$$

et le point B, ou *pointe mathématique de l'aiguille*, est à une distance m du *point de tangence* de la voie déviée.

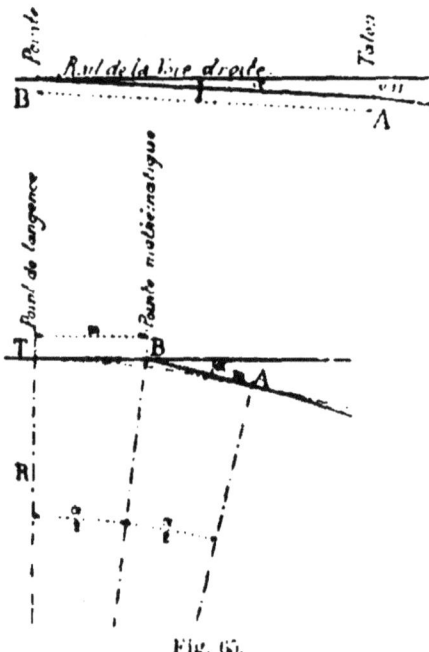

Fig. 65.

Dispositions de détail du changement — Les rails extérieurs d'un changement, l'un appartenant à la voie directe, l'autre à

§ 1. — COMMUNICATION ENTRE LES VOIES

la voie déviée, sont continus. Ces rails sont éclissés comme à l'ordinaire. On les appelle *rails contre-aiguilles* ou *rails entaillés*, parce que le patin, et quelquefois le champignon lui-même, sont enlevés suivant un biseau très allongé, pour permettre le rapprochement et le contact des aiguilles sans que celles-ci soient trop amincies.

Disposition en plan. — A l'intérieur, entre les rails contre-aiguilles, qui limitent extérieurement l'appareil, sont les deux aiguilles, distantes des contre-aiguilles de 0 m. 11 d'axe en axe au talon, soit de 0 m. 05 dans l'ornière, de bord à bord, et de 0 m. 12 à l'entrée, à la pointe.

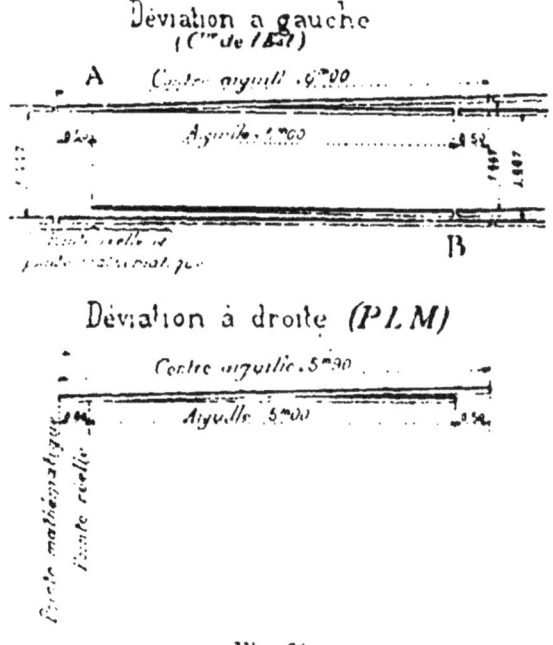

Fig. 66.

Elles convergent donc en ce point légèrement l'une vers l'autre.

Dans certaines Compagnies, comme à l'Est, les pointes *mathématique* et *réelle* sont en un même point, situé à 0,50 en arrière du joint du rail contre-aiguille.

D'autres fois, la pointe *réelle* se trouve en deçà de la pointe *mathématique* (P.-L.-M.). — On prend alors la pointe mathématique pour joint du rail contre-aiguille et on recule la pointe réelle à 0,30 ou 0,40 en arrière, de manière que l'aiguille présente à son extrémité une épaisseur suffisante pour assurer sa conservation. — Cette disposition permet, en outre, la pose de l'éclisse, qui raccorde le rail contre-aiguille au rail précédent.

Les rails contre-aiguilles ont 5 m. 90 à 6 m.

Les aiguilles ayant 5 m., leurs extrémités (pointes réelles et talons) sont à 0,40 ou 0,50 du joint voisin sur les files extérieures.

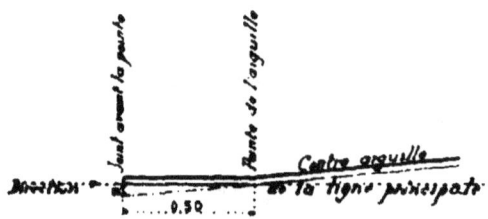

Détail A
du croquis ci-dessus

Fig. 67.

A l'Est, le rail contre-aiguille opposé à la déviation est complètement droit, mais celui qui est du côté de la voie déviée est coudé et infléchi de 0 m. 011 sur 0 m. 500, pour permettre le maintien exact de la largeur normale entre les bords intérieurs des champignons.

Dans le cas de déviation symétrique, les deux contre-aiguilles sont coudées, mais seulement de moitié : $\frac{0^m.011}{2}$ = 0 m. 0055.

Disposition en profil. — Les contre-aiguilles sont inclinées au vingtième et fixées sur des coussinets de glissement par des boulons-heurtoirs, destinés à présenter un certain nombre de points d'appui aux aiguilles et à empêcher leur flexion latérale.

§ 1. — COMMUNICATION ENTRE LES VOIES

Les aiguilles sont confectionnées dans le système Wyld, c'est-à-dire avec la pointe abaissée et logée sous le champignon de la contre-aiguille. L'aiguille ne fonctionne donc, à son origine, que comme guide latéral et ne commence à supporter les roues que lorsqu'elle a acquis une force suffisante.

Supports des aiguilles et fixation au talon. — A l'Est, on employait autrefois, pour porter les aiguilles, des coussinets spéciaux. On leur a substitué des coussinets de glissement. La jonction du talon de l'aiguille au rail de raccord a lieu par des éclisses spéciales, car le rail est incliné au vingtième, tandis que l'aiguille est verticale. Le joint *ab* de l'aiguille avec le rail de raccord est, pour le même motif, placé un peu au-delà du coussinet de glissement.

Mais cette disposition permettant le glissement des aiguilles dans les deux sens, on emploie maintenant, à l'Est, des coussinets étudiés pour s'opposer à ces déplacements.

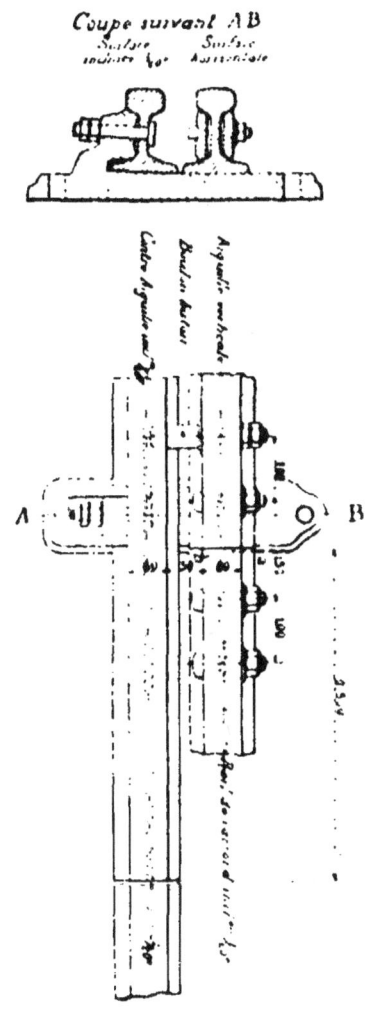

Fig. 68.

A la Compagnie du Nord, contrairement à ce que nous venons d'indiquer, on conserve à l'aiguille, comme aux autres rails, l'inclinaison du vingtième. Cette disposition semble plus rationnelle, mais elle entraîne des complications sérieuses d'exécution.

96. Fabrication. — Les aiguilles et les contre-aiguilles sont en acier.

Au Nord, on emploie pour les aiguilles des rails dont l'âme a, par rapport à la base, l'inclinaison du vingtième.

Fig. 69

A l'Orléans, on emploie des barres à section rectangulaire ou trapézoïdale.

Taille des aiguilles. — Pour faciliter aux roues l'accès des aiguilles et éviter les déraillements, on taille leur extrémité en pointe et en biseau (pl. 15).

Fig. 70

Il faut que cette pointe soit constituée par l'âme de l'aiguille. Dans ce but, l'âme est déviée. On évite ainsi la création dans le champignon d'une pointe p qui serait placée en porte-à-faux et n'aurait ni soutien, ni solidité. Il en résulte que la coupe en biseau peut être plus allongée et que la partie coudée p' s'applique sur une plus grande longueur l' contre sa contre-aiguille.

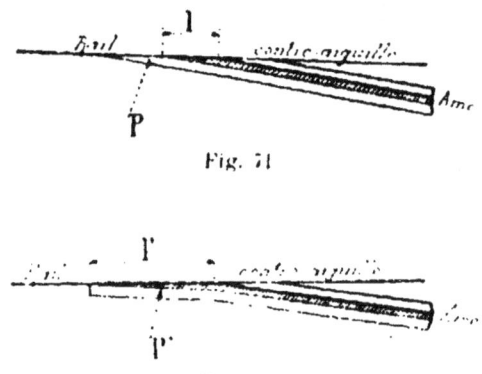

Fig. 71

Fig. 72.

Coupes latérales du champignon. — Ce premier biseau est tel que la partie latérale de l'aiguille épouse la forme du champignon du rail contre-aiguille.

La face opposée à ce biseau, sur le champignon de l'aiguille, est coupée aussi en biseau, avec fruit de trois dixièmes par rapport à la verticale, pour servir de guide au mentonnet de la roue.

Enfin, la partie supérieure est rabotée suivant un plan incliné, ayant son origine au bas de la joue du champignon de la contre-aiguille.

Coupe du patin. — Le patin de l'aiguille est réduit d'un côté par l'enlèvement d'un triangle en forme de pointe très allongée.

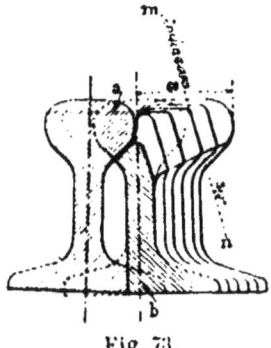

Fig. 73.

Entaillage de la contre-aiguille. — Quant à la contre-aiguille, le patin intérieur subit une modification analogue.

Parfois, le champignon intérieur *a* est enlevé (aussi suivant un triangle en plan) pour permettre à l'aiguille de se loger dans l'entaille; mais cette disposition, qui est sans inconvénient quand l'aiguille est prise en pointe, devient dangereuse quand elle doit être prise en talon.

97. Manœuvre des aiguilles. — Les barres d'aiguilles sont percées de trous dans lesquels passent des *tiges de connexion*, au nombre de deux ou de trois, destinées à les relier (pl. 13).

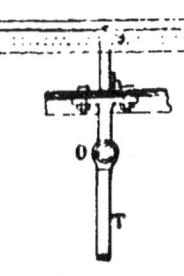

Fig. 74.

Tiges de connexion. — Comme les aiguilles ne sont pas exactement parallèles, elles doivent prendre un mouvement angulaire relatif. Pour cela, la tige de connexion T des deux aiguilles porte une articulation O reliée à l'aiguille par un T, qui est boulonné et ne peut tourner. — Parfois ces tiges sont prolongées (*ab*) et traversent la contre-aiguille dans un trou ovalisé, pour empêcher les aiguilles de relever le nez.

Levier de manœuvre. — Le levier de manœuvre oscille autour d'un arbre O et porte un bras mobile muni d'une lentille et susceptible de tourner dans un plan autour du point O' (fig. 75).

Pour manœuvrer l'aiguille sans avoir besoin de faire traverser les rails par la barre de manœuvre, celle-ci se termine par un col de cygne et passe au-dessous du rail.

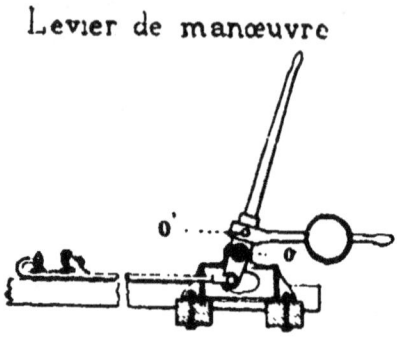

Levier de manœuvre

Fig. 75.

98. Pose des aiguilles. — Pour l'installation des branchements, on emploie un châssis formé par des traverses spéciales reliées en dessus par des longrines. Deux de ces traverses sont prolongées latéralement, pour servir de support au levier de manœuvre et maintenir constante la distance entre l'axe du levier et l'aiguille (pl. 12 et 13).

On emploie aussi un châssis avec longrines en dessous, mais le bourrage dans ce cas est difficile. En général, on supprime aujourd'hui les longrines.

Quel que soit le système adopté, on doit goudronner toutes les surfaces de pose, toutes les entailles (dressées planes et en plein cœur) et tous les trous de tirefonds.

99. Croisement de voies. — Il offre en principe la disposition figurée ci-après (voir également pl. 12, 16 et 17).

Pour simplifier les approvisionnements et éviter la confection d'un trop grand nombre de modèles, on a dans chaque Compagnie un nombre restreint de types de ces appareils, qui diffèrent entre eux par l'angle ω du croisement des deux files de rails. Les croisements sont généralement construits en ligne droite, symétriquement par rapport à la bissectrice de l'angle du croisement, et peuvent ainsi être utilisés dans un sens quelconque.

§ 1. — COMMUNICATION ENTRE LES VOIES 175

Les valeurs des angles de croisement différent suivant les Compagnies, mais les limites maximum et minimum adoptées par elles varient peu.

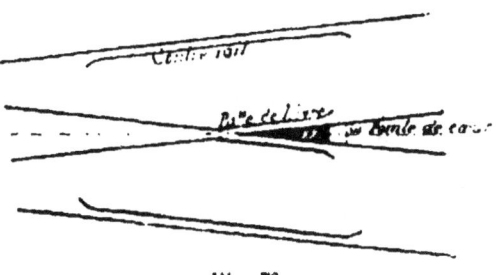

Fig. 76.

Valeurs de ω dans les diverses Compagnies. — Les valeurs courantes adoptées par la Compagnie P.-L.-M. sont : 0,07; 0,09; 0,11; 0,13.

Ces nombres représentent la corde de l'arc ab correspondant à l'angle ω dans le cercle de rayon 1.

Ainsi $0,07 = 2 \sin \frac{\omega}{2}$.

Dans d'autres Compagnies, les valeurs numériques des croisements sont les tangentes ($a'b$) des angles correspondants.

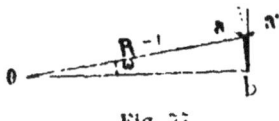

Fig. 77.

Éléments du croisement. — Les trois pièces constituant le croisement sont :

La pointe de cœur, aoa' (fig. 78) ;
Les pattes de lièvre, c, d ;
Les contre-rails, n, n'.

Tracé rectiligne. — Ces éléments sont à *arêtes rectilignes* :
1° Pour faciliter les applications de chaque modèle et ne pas multiplier le nombre des types ;
2° Pour permettre la continuation sur un élément rectiligne ob d'un mouvement commencé sur un premier rectiligne ao, sans risque de déviation à la pointe en o.

La pointe *réelle* du croisement est en arrière de la pointe *mathématique*, et la partie supérieure de cette pointe est dressée en plan incliné de 0 m. 012 à 0 m. 015 de hauteur sur 0,50 environ de longueur, pour éviter les chocs.

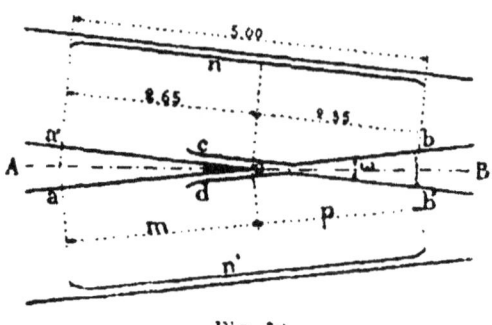

Fig. 78.

La pointe et les pattes de lièvre doivent être parfaitement solidaires, parce que la roue (fig. 79) s'appuyant d'abord sur le rail *a* (1) par la zône du bandage contiguë au boudin, porte ensuite sur le rail *d* par sa partie externe (2) et, au moment où celle-ci va échapper, trouve pour soutien la pointe du croisement (3). Enfin, au-delà (4), elle reprend sa position normale.

100. Fabrication. — On a cherché à réaliser une liaison parfaite des rails en les fixant sur une plaque d'app... en fonte boulonnée sur les traverses.

La pointe aurait pu être obtenue en coupant les deux rails en biseau ; mais, à cause de l'usure produite par le passage des trains, on a préféré exécuter la pointe de cœur d'une seule pièce, en y réunissant même les pattes de lièvre et une amorce de la voie courante.

Croisement en fonte durcie. — On est ainsi arrivé à faire cette pièce en fonte durcie, coulée en coquille (fonte de Gruson, de Buckau, près Magdebourg), exempte de soufflures et offrant les avantages que donne une trempe régulière.

La durée de ces croisements est assez considérable ; cependant ils présentent des parties faibles qui sont situées surtout à leurs extrémités. C'est, en effet, aux raccordements avec les rails courants que les avaries se produisent. Il faudrait que ces pièces eussent plus de longueur et plus de masse pour résister aux coups violents auxquels elles sont soumises.

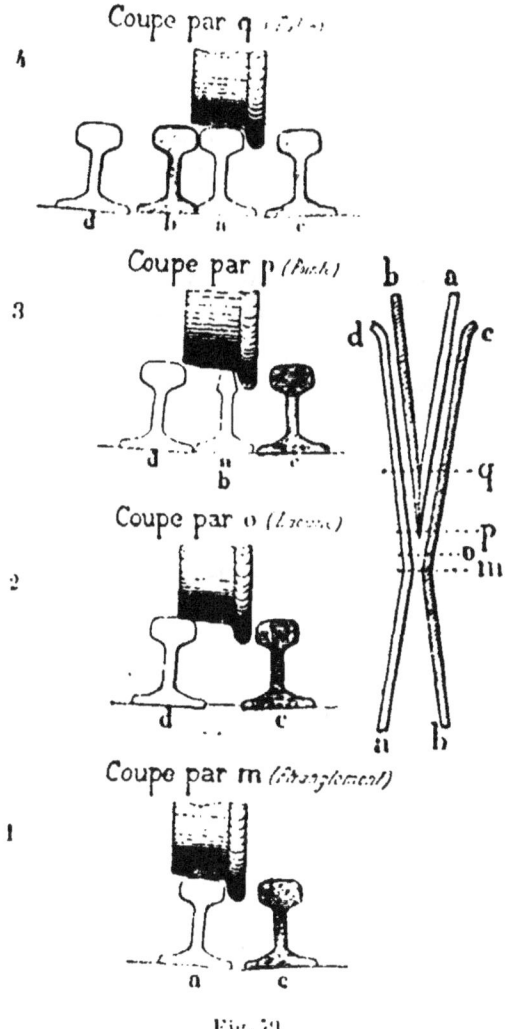

Fig. 79

Dans la crainte de ces chocs, fréquents sur les voies principales, qui pourraient amener des ruptures, il faut n'affecter les croisements en fonte qu'aux voies de service.

Croisements en acier fondu (Symétriques, réversibles). — Les croisements en acier fondu sont préférés aux croisements en fonte et on les a faits symétriques et réversibles, pl. 16.

Pour éviter les soufflures, on doit faire le coulage en laissant une très forte masselotte à la pièce.

Mais la faculté de retournement n'a pas toutefois la valeur qu'on lui avait supposée. — Au bout d'un certain temps de service, la face inférieure du croisement est martelée; elle présente des ondulations superficielles, et la face supérieure elle-même se raccorde imparfaitement aux pièces voisines.

Aussi construit-on maintenant des croisements en acier fondu martelé, par conséquent très peu bulleux, et non symétriques. On leur donne une grande épaisseur, et, lorsqu'ils sont usés, on les rabote.

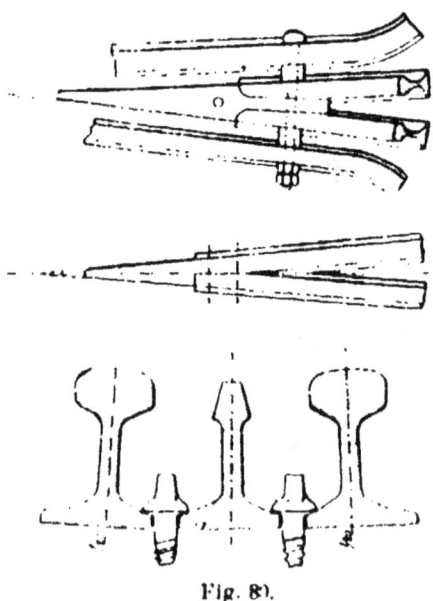

Fig. 80.

Châssis. — Toutes les pièces du croisement sont établies sur un châssis unique, afin d'être complètement solidaires.

Plaque en X. — Le point faible du croisement existe au passage de la lacune des rails. — On a cherché à y remédier de différentes façons :

En posant, par exemple, une plaque en X, sur laquelle la roue peut rouler par son boudin. L'inconvénient de cette disposition est que les boudins n'ont pas tous la même hauteur. En effet, par suite des différences existant *a priori*, ou des modifications apportées successivement au matériel d'une même Compagnie, certaines roues ont un diamètre de 1 m 06; d'autres un diamètre de 1 m. Les véhicules peuvent donc tendre à quitter la ligne droite.

Les Compagnies emploient également des pointes en acier Bessemer forgé, comme ci-dessus (voir également, pl. 17).

101. Relation entre les éléments principaux d'un branchement. — Considérons un branchement. Quelles sont les conditions qu'il doit remplir?

Soit L sa longueur théorique (distance comprise entre le point de tangence de la voie déviée et la pointe mathématique du croisement) ;

R le rayon de la voie déviée ;

ω l'angle du croisement, c'est-à-dire l'angle de la tangente en B avec la direction du tronc commun.

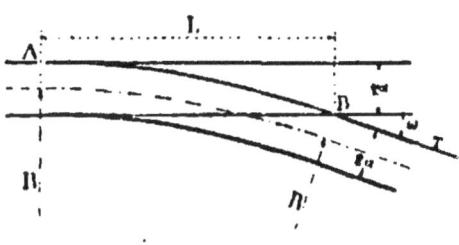

Fig. 81.

On conçoit à première vue qu'il existe, pour une largeur de voie donnée, une relation entre les trois éléments ci-dessus.

En effet, plus ω est petit, plus L et R sont grands : ainsi donc, ω diminuant, le tracé s'améliore au point de vue de la circulation, mais le branchement s'allonge et l'on perd du terrain dans la gare où l'appareil est employé.

Si, au contraire, ω est très grand, L diminue et l'espace occupé est moindre, mais R diminue en même temps.

Limitation de l'angle du croisement. — Or, R ne peut être très petit, sans quoi la circulation s'effectuerait avec gêne. — Il est donc nécessaire de maintenir ce rayon dans certaines limites.

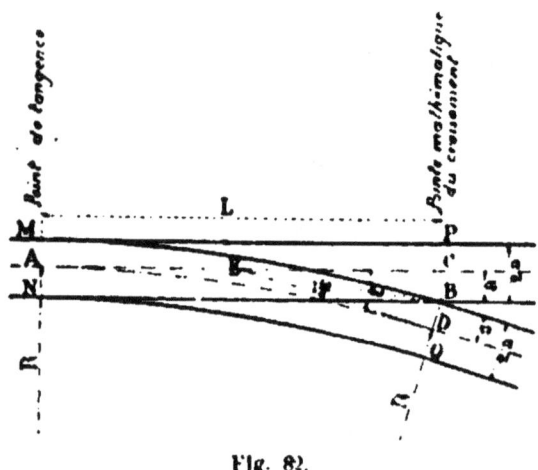

Fig. 82.

Établissons la relation existant entre L, R et ω et cherchons la longueur AC.

On voit facilement que :

$$DE = AE$$

et que
$$CE = DE$$

Donc
$$L = AE + DE = 2CE$$

or
$$CB = CE \, \text{tg} \frac{\omega}{2}.$$

Soit $a = CB$ la 1/2 largeur de la voie.

$$CE = \frac{a}{\text{tg} \frac{\omega}{2}}$$

d'où

$$L = \frac{2a}{\text{tg} \frac{\omega}{2}}$$

et
$$R = \frac{DE}{\lg\frac{\omega}{2}} = \frac{a}{\lg'\frac{\omega}{2}}.$$

Le problème est donc déterminé et il sera facile de calculer les développements des deux files de rails BM et QN, qui correspondent aux deux rayons : $R+a$ et $R-a$.

Tel est le tracé *théorique* du branchement, qui est celui d'une courbe continue, capable d'éviter aux véhicules, lors de leur passage, les chocs que produisent toujours les changements de direction et les solutions de continuité.

109. Disposition du branchement en pratique. — Mais ce tracé ne peut être conservé intégralement en pratique : on ne peut aisément faire des aiguilles courbes, nous avons indiqué les inconvénients que cette disposition entraînerait. Il y aurait aussi inconvénient à faire l'accès du croisement en courbe. Ainsi qu'on l'a vu, les branches de ces appareils sont généralement rectilignes.

En pratique, on substitue à la courbe théorique un polygone *mixtiligne* formé : aux extrémités, par les branches rectilignes des appareils, et au milieu par une courbe intercalaire.

Nous avons fait connaître les dispositions d'ensemble et de détail du changement et du croisement.

Les rails intercalaires s'installent sans difficulté entre le talon de l'aiguille et le croisement. Leur longueur s'obtient par le calcul dans chaque cas, comme nous l'avons dit précédemment.

Problème retourné pour éviter les coupes de rails. — Un inconvénient de cette méthode, c'est d'obliger à recouper un certain nombre de rails pour procéder à leur intercalation, car il arrive rarement que l'intervalle entre le croisement et le changement corresponde à un nombre exact des rails échantillonnés dont on dispose dans les parcs de la voie.

On peut tourner cette difficulté en prenant le problème en

sens inverse. Une fois les calculs effectués, on allonge ou on raccourcit la longueur totale du branchement de quelques centimètres, de manière à obtenir la longueur voulue pour ne pas recouper de rails; on fait jouer alors l'un des appareils par rapport à l'autre; il en résulte que la valeur du rayon varie un peu, mais cela ne présente aucun inconvénient dans l'application.

Souvent, on place un alignement droit *a b* en prolongement de l'aiguille ou de la pointe de croisement. Dans ce cas, le problème n'est plus déterminé et l'arbitraire porte sur le choix du rayon.

D'ordinaire, on fait ce rayon égal à 250 m., ce qui convient pour une voie de manœuvre et conduit à une longueur de 24 à 30 m. D'ailleurs, le rayon n'aurait pas pu être de 400 m. à 500 m., étant donné l'angle du croisement de tangente 10 [1].

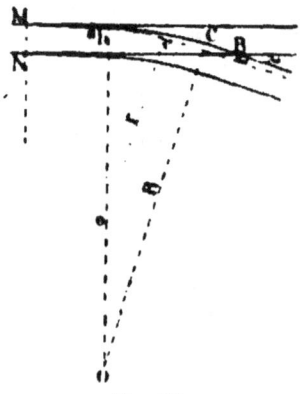

Fig. 83.

Aussi, dans le cas d'une bifurcation de deux lignes importantes, on prend un croisement plus aigu: la diagonale du branchement augmente et il en est de même du rayon, qui permet une circulation plus rapide des trains appelés à passer sur la déviation.

La partie curviligne entre le changement et le croisement se pose sans dévers, puisqu'elle se trouve entre les deux rails de la voie principale, qui sont de niveau.

103. Branchement sur une voie courbe. — Dans ce qui précède, nous avons supposé que le branchement devait être établi sur une voie en ligne droite.

---

[1]. Quand le rayon R diminue, le point de tangence C, origine du croisement, se relève (*c*) et se *rapproche* du talon a du changement (*l'angle du croisement restant constant*). Il s'en *éloigne*, au contraire, lorsque le rayon augmente. Si on l'augmentait trop, il atteindrait la pointe B du croisement. Il pourrait même descendre au-dessous. Alors on n'aurait plus la possibilité de faire un croisement composé d'éléments rectilignes, tels que BC.

Lorsqu'on doit intercaler un branchement dans une voie en courbe, le calcul est analogue, mais un peu plus compliqué. Quelquefois, pour simplifier, on modifie le tracé de la courbe ; on réduit son rayon, de manière à lui substituer un alignement sur une longueur suffisante pour l'établissement du branchement projeté.

104. Changements doubles (pl. 14). — Ces appareils sont généralement symétriques et se composent de 4 parties :
A. Aiguillage ;
B. Croisement intermédiaire ;
C. Croisements extrêmes ;
DD. Voies de raccordement intermédiaires.

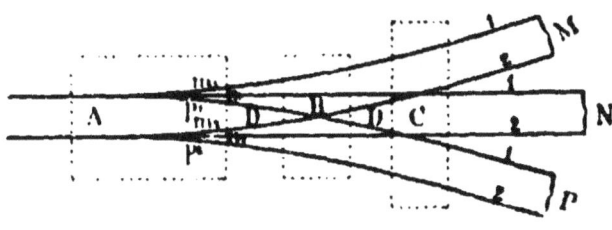

Fig. 84.

Ils peuvent cependant aussi être posés en déviation d'un seul côté, ou des deux, d'une voie droite ou d'une voie courbe.

Disposition. — Comme dans les changements à deux voies, les rails extérieurs sont continus. Les quatre rails intérieurs aboutissant au tronc commun sont mobiles. Ils sont interrompus à chaque intersection. En A, ils constituent des aiguilles ; en B et C, des croisements.

Ces aiguilles sont reliées deux à deux $\begin{cases} n_1 \text{ et } m_2 \\ p_1 \text{ et } n_2 \end{cases}$

On ne pourrait les faire concourir au même point, comme on l'a fait dans le cas des changements simples, sans rétrécir la voie. Il faut donc mettre les pointes en échelon les unes par rapport aux autres et par suite les faire inégales.

Longueur des aiguilles. Systèmes divers. — Trois dispositions sont possibles :

1° Aiguilles courtes à l'extérieur ; donc inégales conjuguées ;
2°   —   l'intérieur   —
3° Aiguille courte à l'intérieur d'un côté, et à l'extérieur de l'autre côté : aiguilles égales conjuguées.

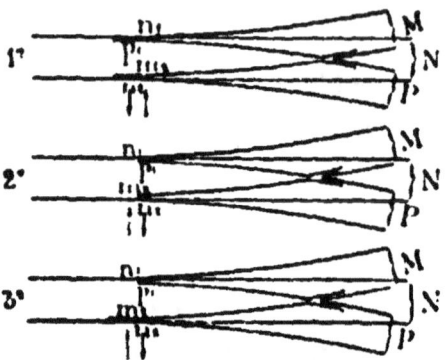

Les aiguilles dont les lettres indicatrices sont superposées sont actionnées par une même tringle et dans le sens des flèches placées au dessous pour la voie du milieu.

Fig. 85.

Chacune de ces dispositions a ses avantages et ses inconvénients :

La première, attribuant des aiguilles courtes (3 m. 60) à la voie du milieu, — les aiguilles longues ayant 5 m., — conduit à un surcroît de largeur de 0 m. 06 en regard des pointes.

La deuxième, avec petites aiguilles, l'une à la voie de gauche, l'autre à la voie de droite, ne donne pas d'élargissement de la voie ; elle est avantageuse.

La troisième donne un élargissement, d'un seul côté, de 0,03.

Disposition la plus fréquente. — Quoique la deuxième disposition soit la meilleure, c'est la première que l'on adopte généralement : les petites aiguilles de la voie milieu, — d'ordinaire la plus importante, — sont moins affaiblies que les longues par le rabotage et résistent mieux à une circulation plus active. Et, au lieu de 3 m. 60 et 5 m. pour les aiguilles, on prend 4 m. 50 et 4 m. 90, en ayant soin de les effiler davantage.

Appareil à éviter. — Néanmoins, ces appareils sont considérés comme peu satisfaisants, parce qu'ils sont moins parfaits que les changements à deux voies. Quant au prix, ils sont plus coûteux que ces derniers pour une même longueur de voie considérée, mais plus économiques si on considère la longueur de voie comprise entre la pointe de l'aiguille et le talon du dernier croisement.

On ne doit les employer que quand l'espace nécessaire pour 2 changements à 2 voies fait défaut.

105. Traversées de voies rectangulaires. (Pl. 18). — Les traversées rectangulaires sont rares. Cependant il en existe dans certaines gares.

Lorsque les deux voies qui se coupent ont une même importance, on interrompt les rails des deux voies pour obtenir la frayée des mentonnets des roues (fig. 86).

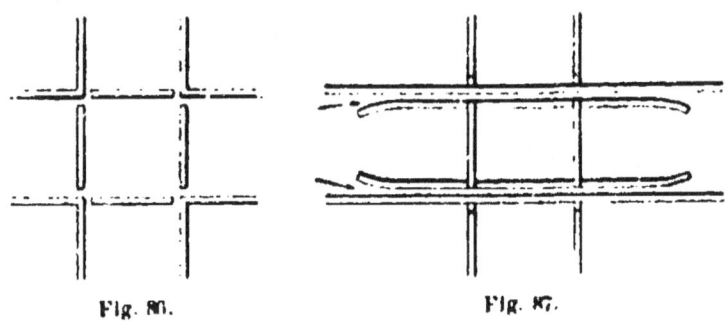

Fig. 86.   Fig. 87.

Pour éviter les chocs, on met des contrerails (fig. 87).

Lorsque l'une des lignes coupantes a plus d'importance que l'autre, il faut y faciliter la circulation ; aussi, on ne fait pas de coupures dans les rails qui la constituent et on fait passer l'autre ligne au-dessus, ainsi que l'indique la pl. 18.

Il faut que la surface de roulement de cette seconde voie soit assez haute au-dessus de la première pour que les mentonnets, au moment où les roues portent sur les bords de l'encoche, ne puissent l'atteindre.

Traversées de voies obliques. — Une traversée de voies comprend quatre parties :

A, le croisement d'entrée ;
B, la traversée proprement dite ;
C, le croisement de sortie ;
DD, les voies de raccordement.

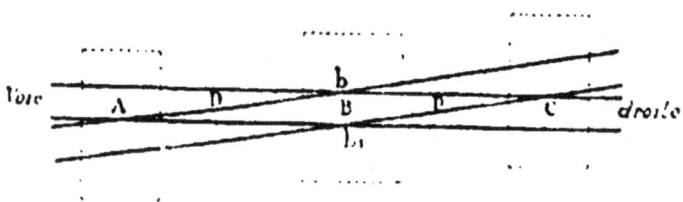

Fig. 88.

Rien de particulier à indiquer sur les croisements qui s'effectuent aux sommets aigus A et C du parallélogramme curviligne $AbCb_1$.

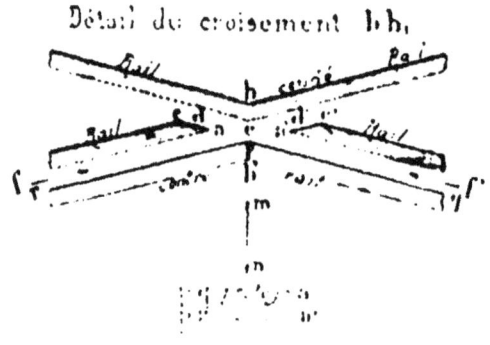

Fig. 89.

Mais il convient de s'arrêter aux croisements b, b_1, placés aux angles obtus. Une roue cheminant suivant f ou f' viendrait buter par son mentonnet en a' ou en a si un contre-rail vigoureux, s'appliquant contre la face interne de la roue, ne forçait le mentonnet à demeurer dans l'ornière. La roue f pourrait même passer à droite, et non à gauche de la pointe a', et amener un déraillement.

Comme dans les croisements, une roue, suivant la flèche f, passera de a en e, en s'appuyant par la zône extérieure de son bandage sur la partie de.

Il y a donc grand intérêt à ce que la pointe p, sommet du contre-rail, soit immuable. Une entretoise dirigée suivant mn contrebute les deux contre-rails opposés et assure l'invariabilité du système. En outre, ce contre-rail est surélevé, fixé sur des platines ou selles, qui lui sont communes avec la pointe et le rail coudé ; des boulons à entretoises achèvent de solidariser ces trois pièces, comme l'indiquent les croquis ci-contre.

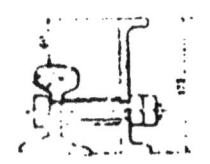

Fig. 90. — Coupe bb'.

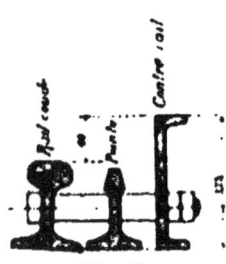

Fig. 91.
Coupe par la pointe.

Quelquefois, on place une platine en acier dans le fond de la lacune comprise entre les deux pointes en biseau et les deux sommets obtus.

Aux bifurcations à double voie, où la circulation n'a lieu que dans un sens, on pourrait économiser des contre-rails ; mais on ne le fait généralement pas, l'économie étant faible et la circulation pouvant accidentellement avoir lieu dans les deux directions.

106. Jonctions de voies (*Diagonales*). — Une jonction se compose de deux aiguillages A et B, posés en sens inverse, de deux croisements C, C, et, pour réunir deux voies parallèles, de trois portions de voies intermédiaires D, D, D'.

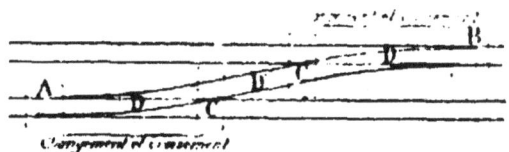

Fig. 92.

Les portions ADC, BDC représentent deux branchements complets, tels qu'on les a étudiés précédemment. La longueur D' seule est à calculer.

Traçons les deux voies parallèles et la diagonale :
Les deux cœurs de croisement sont en C et E,
La longueur à calculer est EL.

Or, on a dans le triangle KLE : $\dfrac{KL}{EL} = \text{tg } \omega$

d'où
$$EL = x = \dfrac{KL}{\text{tg }\omega}.$$

Mais KL = CL — CK
ou KL = e — CK.

Or, dans le triangle CDK, on a CD = $2a$ = CK cos ω.
d'où :
$$CK = \dfrac{2a}{\cos \omega}.$$

Par suite :
$$KL = e - \dfrac{2a}{\cos \omega}.$$

et

$$EL = x = \dfrac{e - \dfrac{2a}{\cos \omega}}{\text{tg }\omega} = \dfrac{e \cos \omega - 2a}{\sin \omega}.$$

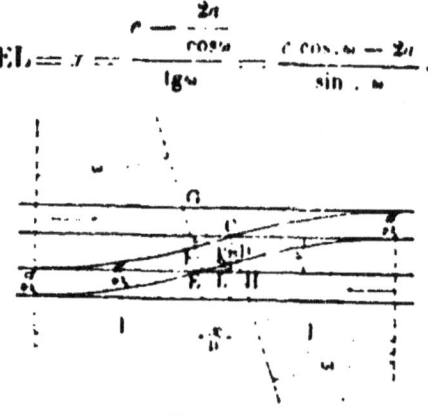

Fig. 93.

Il convient que les appareils de cette espèce occupent dans les gares la plus faible longueur possible. On est donc conduit à se demander si l'on ne pourrait pas faire $x = o$.

Pour cela, il faudrait avoir $e \cos \omega - 2a = o$, d'où $\cos \omega = \dfrac{2a}{e}$, et, en remplaçant $2a$ et e par leurs valeurs :

$$\cos \omega = \dfrac{1.50}{2.00} = \dfrac{3}{4} = 0.75$$

§ 1. — COMMUNICATION ENTRE LES VOIES

d'où l'on déduit :

$$\omega = 41°$$

Or, on ne peut adopter un angle aussi considérable. En effet, en appelant l la longueur du changement entre la pointe des aiguilles et celle du croisement, on a : $l = R \sin \omega$, d'où :

$$R = \frac{l}{\sin \omega}.$$

Dans les changements à pose très raccourcie (type de l'Est, pl. 12), on a $l = 21.667$.
Admettons $l = 22$ m. 00 ; on en déduit :

$$R = \frac{22.00}{\sin 41°} = 33^m00 \text{ environ.}$$

Mais on ne peut faire passer une machine sur une voie tracée avec un rayon aussi petit. Et, de fait, le type auquel nous venons de nous référer comporte un rayon de 115 m.

Si l'on adopte le rayon de 150 m., généralement considéré comme un minimum, on en déduit :

$$R = 150^m = \frac{22.00}{\sin \omega}, \text{ et par suite } \omega = 8°25'.$$

En reportant cette valeur dans l'expression

$$x = \frac{r \cos \omega - 2a}{\sin \omega}, \quad \text{on a :} \quad x = 3^m47,$$

et, comme ω est très petit, on a très approximativement la même valeur pour EK.

Cette longueur est un peu faible, parce qu'elle est inférieure à l'empattement maximum (distance des essieux extrêmes) d'une machine, limite au-dessous de laquelle il ne faut pas se tenir, autant que possible, pour éviter que les essieux extrêmes ne se trouvent en même temps sur les deux courbes de sens inverses et ne soient soumis à des efforts compromettants.

Si l'on adopte, au contraire, le rayon de 300 m. et l'angle de 5°30' du changement à deux voies normal (pl. 12), on a $x = 5$ m. 12, valeur suffisante et admissible.

107. Jonctions croisées (pl. 19). — Les jonctions croisées sont employées quand il faut, dans le plus court intervalle possible, mettre deux voies parallèles AB, CD en communication dans les deux sens et que les leviers doivent être concentrés.

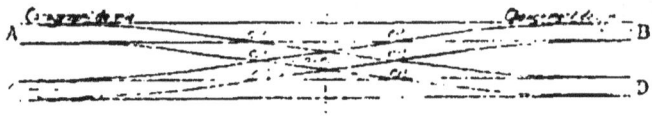

Fig. 94.

Les appareils de croisement sont de même angle.

La pose de deux jonctions croisées comprend :

La pose de deux jonctions simples ;

La pose d'une traversée (celle-ci est du même angle que les croisements).

108. Traversées-jonctions ou changements de voie simples ou doubles (*Type anglais*). (pl. 19).

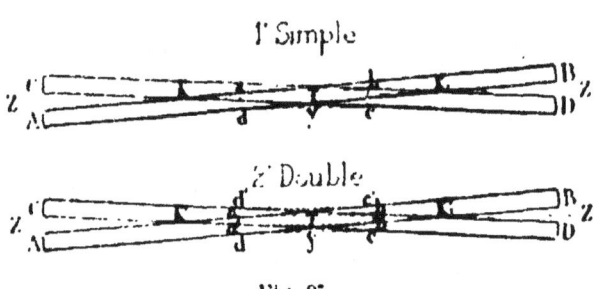

Fig. 95.

Lorsqu'il est nécessaire de relier par une jonction *abcd* deux voies AB, CD, qui se coupent obliquement, on emploie des changements spéciaux, construits (à l'Est) avec aiguilles de 3 m. 00, manœuvrées par un seul levier; cet appareil est le changement simple anglais.

Dans le cas où l'on a deux jonctions *abcd*, *a'b'c'd'*, c'est le changement double anglais.

L'angle de 7°30' est adopté à l'Est.

§ 1. — COMMUNICATION ENTRE LES VOIES

Le rayon des voies de raccordement est égal à 170 m. et les aiguilles sont réunies entre elles et avec le levier unique de manœuvre, de manière à donner les deux voies droites ou les deux voies courbes.

L'ensemble de la traversée-jonction comprend :

Type de l'Est
$\begin{cases} 2 \text{ aiguillages simples } \begin{cases}ad\\bc\end{cases} \text{ ou doubles } \begin{cases}ad\\bc\end{cases} \text{ et } \begin{cases}a'd'\\b'c'\end{cases} \\ 2 \text{ croisements simples à 7° 30' } \begin{cases}K\\K_1\end{cases} \text{ ou } \begin{cases}K'\\K'_1\end{cases} \\ 1 \text{ traversée oblique à 7° 30' : T.} \end{cases}$

La transmission de manœuvre est en fer creux et se pose parallèlement au grand axe ZZ. L'axe du levier de manœuvre est sur l'axe transversal yy.

Dans les grandes gares, on coupe un ensemble de voies parallèles par des jonctions croisées, composées de changements de voie simples ou doubles, type anglais. La traversée de voie formée par le croisement des deux jonctions est construite sous l'angle de 45°.

100. Plaques tournantes (Pl. 20). — *But.* — Les plaques tournantes servent à faire passer les véhicules d'une voie sur une autre voie, d'ordinaire parallèle, au moyen de deux mouvements successifs.

Diamètre. — Leur diamètre varie avec les véhicules à manœuvrer :

1° Wagons ou voitures ;
2° Locomotives sans tender;
3° Locomotives avec tender.

Calcul du diamètre. — Le diamètre est fonction de la distance des essieux extrêmes.

Soit : d la distance de ces essieux ;

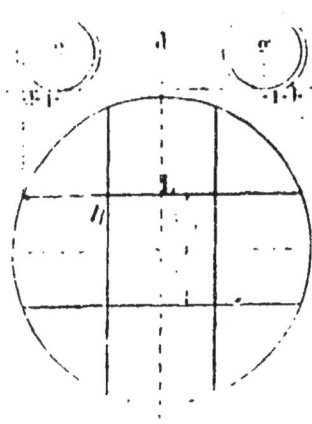

Fig. 95.

l la 1,2 longueur de rail embrassée par le mentonnet de la roue ;

j le jeu entre le bord du mentonnet des roues extrêmes et le bord de la plaque ;

L la longueur du rail sur la plaque.

On a :

$$L = d + 2l + 2j.$$

Connaissant d, l et j (que l'on fait égal à 0 m. 25 ou 0 m. 30), on en déduit :

$$R = \sqrt{\frac{L^2}{4} + 0.75}.$$

On obtient ainsi les diamètres suivants :

3 m. 90 à 4 m. pour les wagons ;

5 m. à 6 m. pour les voitures ;

12 m. à 14 et 17 m. pour les locomotives associées à leur tender.

Les types adoptés ont fréquemment 4 m. 20 à 4 m. 80 pour les wagons à marchandises ; 5 m. 25 à 5 m. 60 pour les longues voitures (nouveau type).

Dispositions pour raccorder deux voies. — Si on a deux voies seulement à raccorder, on place la plaque à leur extrémité sur l'axe de l'entre-voie qui les sépare. Les deux voies sont rapprochées l'une de l'autre, de manière à se croiser sur la plaque suivant un angle droit, si possible, ce qui permet d'avoir toujours une des voies de la plaque en prolongement de l'une des deux voies données. Sinon, on se borne à rapprocher les deux rails intérieurs a et b l'un de l'autre, de manière à éviter l'emploi d'un croisement, qui devient nécessaire seulement lorsque les deux rails se coupent.

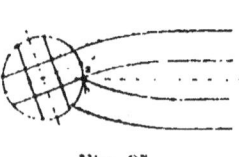
Fig. 97.

Cette disposition est adoptée dans les gares en cul-de-sac pour le dégagement de la machine (grandes gares de Paris, Saint-Lazare entre autres).

Dispositions pour raccorder trois voies ou plus. — Quand on a un certain nombre de plaques alignées, ou une batterie de plaques, leur voie de jonction est généralement placée perpendiculairement aux voies qu'elles desservent. Chaque plaque est ainsi toujours prête à recevoir un wagon dans les deux directions.

Lorsque les voies sont trop rapprochées pour permettre la juxtaposition des plaques sur une ligne droite transversale, on les met sur une ligne oblique par rapport aux voies parallèles, ou en quinconce.

Lorsque les voies sont en éventail, la voie transversale et les plaques qui les raccordent sont disposées non plus en ligne droite, mais sur une courbe de grand rayon, qui coupe à angle droit chacune des voies de l'éventail (gare Saint-Lazare, pl. 40).

110. Description. — Une plaque tournante se compose de quatre parties :

1° Le plateau inférieur ou plateau dormant ;

2° L'appareil de roulement interposé entre ce plateau et le plateau mobile ;

3° Le plateau mobile au niveau des rails ;

4° La cuve reposant sur le plateau dormant.

1° *Plateau dormant.* — Ce plateau est en fonte et composé d'une couronne et d'un centre réunis par des bras, au nombre de 6 ou 8. Il porte une partie tournée destinée à servir au roulement des galets. Ce chemin est une sorte de rail en U dont la surface dressée est inclinée sur l'horizon d'un angle égal à la conicité des galets. Pl. 20.

Certaines Compagnies placent un châssis en charpente sous le plateau en fonte, afin de mieux répartir la pression ; mais le bois a l'inconvénient de se pourrir rapidement.

En général, on l'établit sur du sable de rivière qu'on arrose et qu'on pilonne par couches de 0 m. 20, et qui fournit une assiette stable, perméable et élastique. Le plateau de fonte, composé de deux parties demi-circulaires, est mis en place, réglé au niveau à bulle d'air et assemblé.

2° *L'appareil de roulement* est formé par l'ensemble des

galets en fonte dure, interposés entre les deux plateaux et qui sont :

Solidaires avec le plateau mobile ;
Ou solidaires avec le plateau dormant ;
Ou indépendants des deux.

Le troisième système est le plus fréquemment adopté. Il ne donne lieu qu'à un frottement de roulement. Les galets indépendants sont maintenus :

A distance constante du centre par des tringles aboutissant à un collier qui entoure le pivot et peut tourner autour de lui ;

Et, à des intervalles égaux les uns des autres, au moyen d'un cercle en fer méplat posé de champ, auquel se rattache chacune des tringles.

3° *Cuve*. — Au début, on construisait en maçonnerie la cuve qui contient l'ensemble de l'appareil ; mais cette cuve se disloquait par les trépidations résultant du passage des trains.

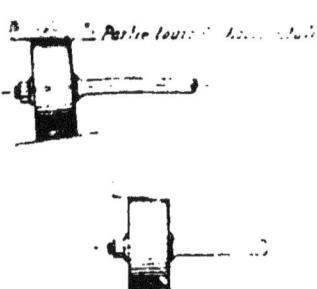

Fig. 98.

On la fait maintenant en panneaux de fonte assemblés. Pour empêcher le ballast de la voie de tomber sur le plateau fixe, on surélève les bords de la cuve de quelques centimètres, en maintenant toutefois le libre passage des rails.

Pour que le rail de la voie courante soit bien à la hauteur de celui de la plaque, on le fixe dans une encoche, en forme de coussinet, ménagée au bord de la cuve.

La cuve est parfois entourée, sur une zône de 1 m. 50 de largeur, d'un pavage qui donne plus de résistance au sol et empêche l'entraînement du ballast à l'intérieur de la plaque.

4° *Plateau mobile : a. en fonte*. — Le plateau mobile se compose d'une couronne, d'un moyeu et de bras ou traverses en fonte en dessous des rails. Le moyeu est évidé pour recevoir le pivot. Les vides existant au niveau de la plaque entre les diverses membrures qui constituent le plateau mobile sont fermées par des segments en charpente, en fonte ou en tôle, et, dans certains cas, par un pavage soutenu par une fonçure en tôle (tramways).

Le pivot est généralement formé d'un disque avec une partie centrale renflée reposant sur un grain d'acier. A ce disque on suspend le plateau mobile au moyen de boulons. Le tout est recouvert d'une cloche qui doit être amovible pour permettre le graissage. Les chocs qui pourraient se produire, aux points où les rails sont coupés sur la plaque, sont atténués au moyen de plans inclinés établis au fond des ornières parcourues par les mentonnets des roues.

Le réglage du plateau mobile s'effectue généralement au moyen des boulons de suspension (Pl. 20) ; c'est en serrant les écrous de ceux-ci qu'on soulève le plateau mobile, ce qui a pour conséquence de concentrer la charge sur le pivot et de soulager les galets de roulement. L'inverse a lieu lorsqu'on les desserre.

Il convient de ne pas trop charger le pivot pour le ménager, surtout aux plaques établies sur les voies principales, qui, basculant sur leur pivot chaque fois qu'une paire de roues les aborde ou les quitte, ont l'inconvénient de faire beaucoup de bruit au passage des trains. Il ne faut pas, non plus, trop charger les galets, sans quoi la manœuvre de la plaque deviendrait difficile.

Des verroux ou valets très robustes, articulés sur le plateau mobile et qui peuvent se loger dans des encoches convenablement placées au pourtour supérieur de la cuve, assurent la concordance des rails de la plaque et de ceux des voies aboutissantes.

b. Fonte et bois. — Au Nord, dans les plaques de 4 m. 20, on a associé le bois à la fonte sous les rails, de façon à atténuer l'effet des chocs et à éviter la rupture du croisillon.

Du moyeu partent quatre bras en fonte, à angle droit, portant des nervures sur lesquelles s'appuient des longrines de 0 m. 25/0 m. 28 d'équarrissage. Celles-ci reposent à leur extrémité dans des mâchoires ménagées sur la couronne.

Les rails y sont fixés par des tirefonds.

Le remplacement du bois est assez facile et la douceur du

roulement satisfaisante, mais les soins qu'exige l'entretien sont fréquents.

c. En tôle assemblée et rivée. — On a remplacé la fonte par la tôle au Midi et à l'Est. Mais on a remarqué que les têtes des rivets d'attache des rails se cisaillent fréquemment par suite des flexions qui se produisent. Le passage d'une locomotive sur une plaque légère la fait vibrer; aussi, pour atténuer le mauvais effet de ces vibrations, doit-on augmenter les dimensions résultant du calcul.

d. En acier. — On a aussi essayé de se servir de l'acier. Les résultats obtenus sont analogues à ceux qu'a donnés l'emploi de la tôle de fer. La légèreté, avantageuse au point de vue de l'économie, est en elle-même un inconvénient.

111. Dispositions pour tourner les machines. — Passons aux dispositions permettant de tourner les *locomotives*.

Il y a trois manières de tourner une locomotive.

1° *Petite plaque pour machine découplée.* — On peut séparer la locomotive du tender et les faire tourner séparément sur une plaque de 6 m. 00 de diamètre. Puis, atteler de nouveau le tender à la locomotive.

Ce moyen est employé dans les cas urgents ou quand on ne dispose pas pour la locomotive d'un pont tournant à une faible distance.

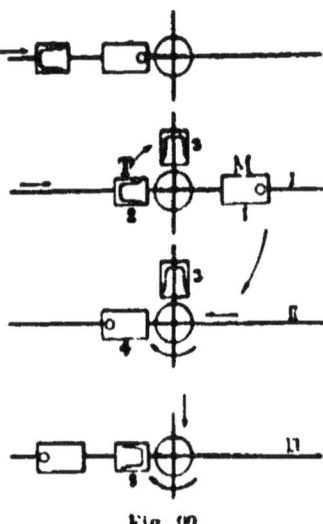

Fig. 10.

2° *Triangle curviligne.* — On peut employer le triangle curviligne relié à la voie principale au moyen de trois aiguillages successifs.

Ce procédé est très cher comme premier établissement, mais il ne demande pas de personnel accessoire, le chauffeur pouvant très bien faire l'office d'aiguilleur.

§ 1. — COMMUNICATION ENTRE LES VOIES   197

Il est employé en Amérique, en Russie, et en général dans tous les pays où les stations et, par conséquent, les lieux de secours sont très éloignés les uns des autres.

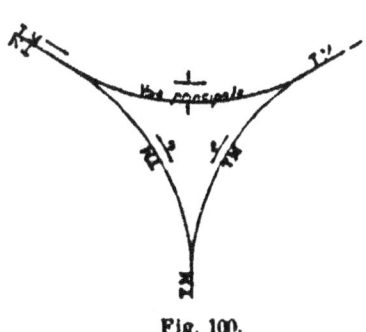

Fig. 100.

En cas de détresse, la locomotive et le train, qui marchaient dans le sens de la flèche 1, refoulent jusqu'à ce qu'ils aient rencontré un triangle d'évitement. Le train est alors arrêté en t; la locomotive et le tender détachés du train parcourent les voies dans le sens des flèches 1, 2, 3 et sont attelées en queue de celui-ci pour le ramener à la station la plus voisine, ou bien ils vont, seuls, chercher du secours.

3° *Pont tournant.* — On emploie des plaques spéciales de 10, 11, 14, 17 m. construites pour les machines et tenders réunis.

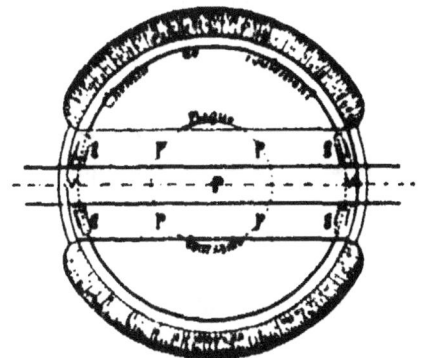

gggg, galets porteurs
rr', valets
pppp, plaque tournante servant de soutien au pont tournant
P, pivot.

Fig. 101.

Ces plaques sont adoptées généralement pour le service des remises de machines.

A l'origine, on les construisait avec deux voies à angle droit, comme on le fait pour les plaques ordinaires. Le plus souvent, aujourd'hui, on n'a qu'une voie. Ce sont alors de véritables ponts tournants.

Dans les premiers appareils établis, ce pont tournant, constitué par deux poutres en bois ou en fer entretoisées, reposait, dans sa partie médiane, sur une plaque tournante ordinaire. Ces poutres étaient, en outre, soutenues à leurs extrémités par des galets portant constamment sur un chemin de roulement composé d'un rail circulaire en fer disposé au fond d'une fosse de même forme.

Lorsqu'on avait deux voies, le platelage de la plaque était complet. En raison de son poids, des galets intermédiaires disposés au pourtour aidaient à la porter. Avec une seule voie, le platelage n'existe généralement qu'entre les rails et de part et d'autre de ceux-ci, sur une largeur de 1 m. 50 à 2 m. 00 pour la facilité de la circulation. L'appareil est ainsi plus léger et plus maniable.

Lorsque celui-ci ne sert qu'à tourner les machines bout pour bout à une gare terminus, la cuve est constituée par deux culées en maçonnerie à l'aplomb des rails et soutenant la voie ; le reste de la fosse est limité par le talus naturel du terrain.

Si, au contraire, la plaque doit desservir une rotonde et être franchie suivant une direction quelconque, la couronne est complète et se fait en maçonnerie ou en fonte (par panneaux assemblés).

Manœuvre avec 2 treuils à mains, ou avec une locomobile. — La manœuvre s'effectue au moyen de 2 treuils à mains, et, quand le service est important, au moyen d'une locomobile.

Crémaillère. — Dans la crainte que, par suite d'une répartition inégale ou d'un tassement, le poids porté par les galets ne soit réduit au point de rendre insuffisante l'adhérence nécessaire au mouvement, on munit certaines plaques d'une crémaillère circulaire latérale au rail.

Dans d'autres cas, la crémaillère existe seulement à la jante de l'un des grands galets de roulement.

4° *Pont équilibré.* — Dans les gares peu importantes, où le

§ 1. — COMMUNICATION ENTRE LES VOIES   199

retournement de la machine est effectué seulement par le mécanicien et le chauffeur, et où cette opération peut, sans que le service en souffre, se faire moins promptement qu'à l'entrée d'un grand dépôt, on emploie un *pont équilibré* (Pl. 21).

Le pont repose entièrement sur un pivot portant par l'intermédiaire d'un disque en fonte sur des fondations résistantes.

Chacune des poutres, de 14 m. de longueur, qui constituent le pont, a la forme d'un solide d'égale résistance, en fer I. La semelle inférieure est plus large et plus épaisse que la plate-bande supérieure, afin d'abaisser l'axe neutre et de combattre le flambage.

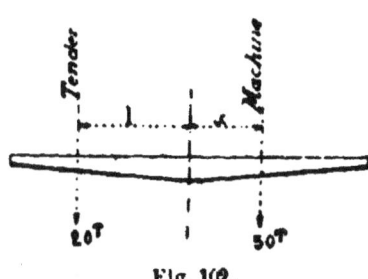

Fig. 102.

En raison de la différence de poids de la machine et du tender accouplés, la position des deux véhicules sur la plaque doit être telle que : $20^T \times l = 50^T \times r$. Dans ce cas, la verticale du centre de gravité des deux véhicules passe par l'axe du pivot.

Le mécanicien doit donc, pour que la manœuvre soit facile, placer sa machine de manière que cette position d'équilibre soit obtenue. Il y arrive par tâtonnement et assez vite, l'habitude aidant ; voici comment il procède : à chacune des extrémités du pont sont deux roues auxiliaires, solidaires de celui-ci. Ces roues peuvent porter sur des rails disposés au-dessous. Lorsque le pont est en équilibre, elles sont à 6 mm. au-dessus du rail.

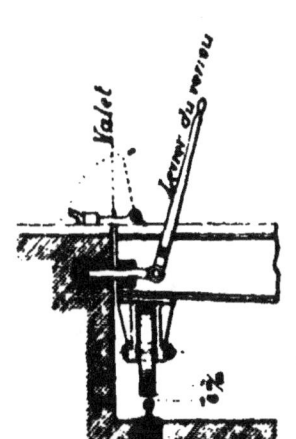

Fig. 103.

Ce jeu est nécessité par la flexion des poutres qui est de 2 mm. à 2 mm. 5 et par les tassements possibles du pivot.

Mais ce jeu donnerait lieu à un choc au moment de l'entrée de la machine sur le pont s'il n'était pas annulé par des verrous, qui peuvent entrer dans des gâches spéciales établies dans la paroi de la cuve.

Tant que la machine n'occupe pas la position qui correspond à l'équilibre du pont, la différence des composantes de la charge presse les verrous dans leurs gâches, l'un en haut, l'autre en bas, et empêche de les dégager ; le mécanicien avance ou recule sa machine en conséquence. Lorsque la position d'équilibre est obtenue, les verrous devenus libres sont tirés et la machine est tournée. La cuve étant en grande partie découverte, ces ponts sont parfois entourés d'une balustrade pour éviter les accidents.

Des indications que nous venons de donner sur la position que doit prendre la machine sur le pont tournant, il résulte que la longueur de celui-ci est plus considérable que l'empattement ou la distance entre les points d'appui des roues extrêmes des deux véhicules accouplés.

Si on ne tenait pas à disposer les deux véhicules de manière que la résultante de leurs poids passe par le pivot, on pourrait adopter pour la longueur du pont tournant l'empattement augmenté d'un certain jeu. Si l'on veut, au contraire, réaliser l'équilibre, il faut augmenter la longueur de l'appareil.

Calcul. — Les ponts tournants sont calculés de façon que le coefficient de travail du fer soit de :

$R = 6.10^4$ pour les poutres ;
$R = 8.10^4$ pour les boulons ;
$R = 5.10^4$ pour le pivot

en raison des efforts maxima auxquels ils sont soumis.

112. Des chariots. — Les chariots servent au transfert des voitures, des wagons et des machines d'une voie sur une autre voie parallèle. Ils remplacent avec avantage les plaques tournantes, qui sont coûteuses, instables, bruyantes, exigent de larges entrevoies et se placent difficilement sur les voies principales [1].

---

1. Au Midi, l'entrevoie à ménager entre la voie de circulation la plus éloignée du bâtiment des voyageurs et la voie des marchandises contiguë doit être d'au moins 0 m. 215 entre les faces extérieures des rails.

§ 1. — COMMUNICATION ENTRE LES VOIES   201

Pour faire passer un véhicule de la voie fixe qui le porte sur celle d'un chariot, il faut :

1° Placer la voie du chariot au même niveau que la voie fixe, ce qui conduit à établir le chariot en contre-bas de celle-ci ;

2° Ou bien placer la voie du chariot à une faible hauteur au-dessus de la voie fixe, sauf à employer des plans inclinés pour faire monter les véhicules d'une voie sur l'autre ;

Les chariots sont donc de deux espèces :

A. Chariots avec fosse ;
B. Chariots sans fosse.

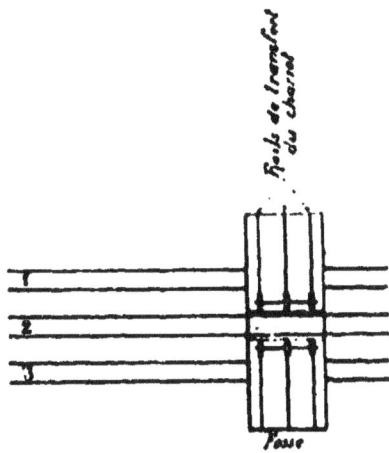

Fig. 101.

Les premiers ne conviennent que pour les voies de service, interdites à la circulation des trains.

Les seconds sont employés surtout quand le chariot doit desservir et traverser les voies principales, qu'il importe de ne pas couper et à l'intérieur des grandes gares de triage.

113. Chariots avec fosse (Pl. 22). — Étudions les premiers :

1° *Longeron superposé à l'essieu.* — Si nous considérons la distance verticale qui sépare le dessus des rails placés sur le chariot du dessus des rails qui servent au déplacement de celui-ci, nous voyons, en appelant :

R le rayon de la roue du chariot ;
b la 1/2 hauteur de la boîte à graisse ;
P la hauteur de la poutre ;
r la hauteur du rail placé sur le chariot ;
que la distance : $H = R + b + P + r$.

C'est 0 m. 60 environ, avec des roues de rayon $R = 0$ m. 30.

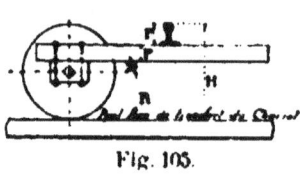

Fig. 105.

Cette hauteur est assez considérable et l'établissement des fosses destinées à la circulation des chariots, en maintenant une dépression au travers des voies, a causé des accidents fréquents à l'origine des chemins de fer.

2° *Longeron suspendu à l'essieu*. — Pour réduire cette hauteur, on a eu l'idée de suspendre la poutre porteuse P à l'essieu au moyen de boulons.

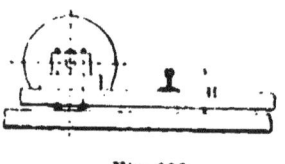

Fig 106.

Cette poutre était formée de deux rails, ce qui donnait quatre rails supports, suffisants pour le transport des wagons vides de 6 à 8ᵗ et réduisait la hauteur H à environ 0 m. 30.

Le fond de la fosse du chariot était raccordé avec la plate-forme de la voie par des talus en pente douce.

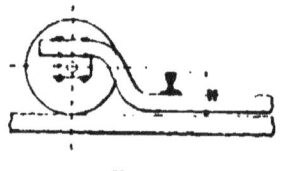

Fig. 107.

3° *Longeron en col de cygne superposé*. — On a, en dernier lieu, amélioré la construction des chariots en faisant les poutres en col de cygne, de manière à les faire porter sur les boîtes à graisse des roues du chariot.

111. Chariots sans fosse. — *Chariot de l'Ouest.* — Ce chariot est porté par des roues mobiles sur trois files de rails parallèles, disposées au fond de fosses ou tranchées tellement étroites (0,06 de largeur) que les véhicules des voies principales peuvent les franchir sans difficulté.

§ 1. — COMMUNICATION ENTRE LES VOIES

Les rails disposés sur le chariot sont prolongés et amincis à leurs extrémités, de façon à former une sorte de plan incliné permettant l'ascension facile des roues des wagons qui l'abordent, pour être hissés sur le chariot.

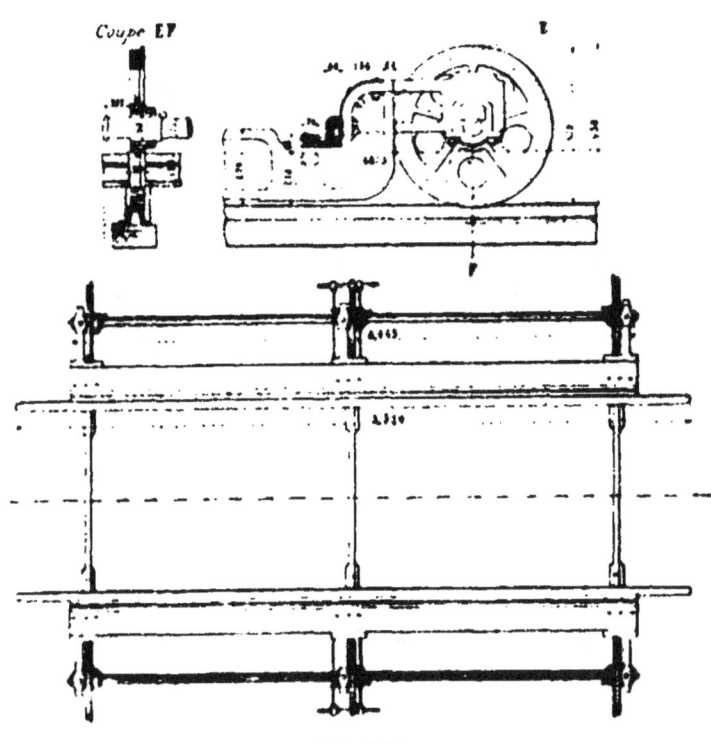

Fig. 108.

Ces rails sont portés par trois maîtresses poutres en fonte, ou mieux en fer laminé, qui sont situées dans le plan médian de chaque roue. A l'approche des roues, ces poutres se relèvent, forment une sorte de col de cygne, passant sur le côté de la roue, et se terminent par la boîte à graisse, qui prend son point d'appui sur l'essieu.

Le nombre des roues varie avec le poids des véhicules à transporter :

Pour une locomotive seule : 3 files de rails ou 6 galets ;

Pour une locomotive avec tender : 4 ou 5 files de rails, soit 8 ou 10 galets.

Il importe de noter que les fosses de ce chariot doivent être construites en maçonnerie de ciment ou en bois, de manière à être complètement indéformables, d'un nettoyage facile et absolument étanches. Ce chariot est donc assez coûteux ; aussi, pour desservir 5 voies, la dépense est-elle de 40 à 50,000 francs. Mais on maintient avec ce chariot la continuité des voies principales et le grand diamètre des roues porteuses facilite notablement les déplacements de l'appareil.

115. Chariot Dünn (Pl. 23). — Ce chariot consiste essentiellement en une caisse rectangulaire à un seul fond, en tôle, renversée. La partie supérieure elle-même peut être évidée. Aux côtés de cette caisse sont deux rails superposés aux rails fixes de la voie et sur lesquels viennent se placer les roues des véhicules à transborder.

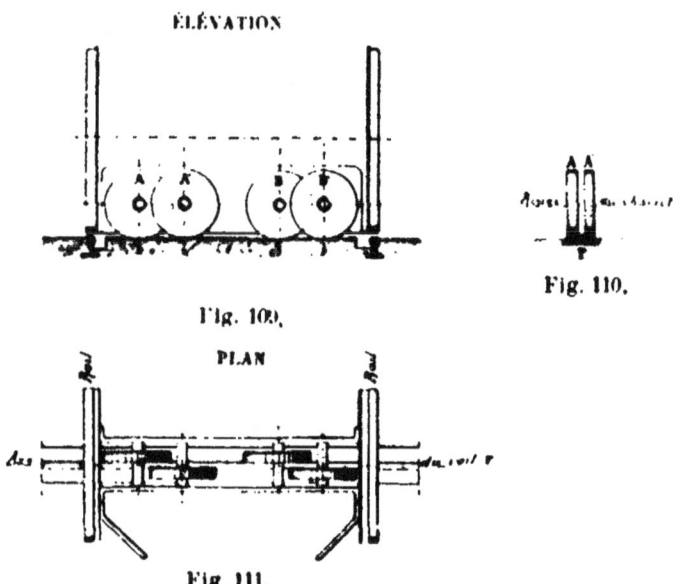

Fig. 109.

Fig. 110.

Fig. 111.

La caisse est soutenue par deux groupes de quatre essieux portant huit galets sans mentonnets, disposés sur deux files et

§ 1. — COMMUNICATION ENTRE LES VOIES

roulant sur des chemins plats en fonte, avec une nervure médiane en saillie maintenant la direction.

Les rails du chariot sont interrompus, lorsqu'on le déplace, au passage des voies principales; mais le chariot reste horizontal, trois des essieux A', B, B' portant alors sur la voie, tandis que le quatrième A franchit la coupure ménagée dans les rails de celle-ci. Dans ces conditions, les chocs sont très amoindris.

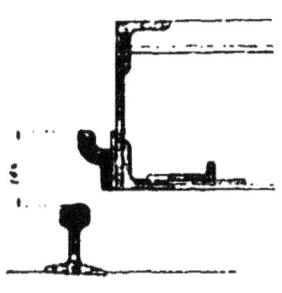

Fig. 112.

Rails-aiguilles. — Les rails portés par le chariot et qui reçoivent le véhicule à transborder sont, avons-nous dit, à un niveau un peu supérieur à celui des voies fixes. On rachète cette différence de niveau au moyen de rails-aiguilles amincis à leurs extrémités. Au repos, ceux-ci obéissent à l'action de ressorts qui les maintiennent relevés. Lorsqu'un véhicule les aborde, ils s'abaissent et deviennent des plans inclinés que le véhicule peut gravir aisément.

Coussinets à galets. — Par suite du faible diamètre des roues du chariot, imposé par la hauteur réduite de la caisse qui est commandée elle-même par celle des essieux des véhicules, le frottement sur les fusées est considérable.

Fig. 113.

Pour le diminuer, on a employé des coussinets à deux galets et même des couronnes de galets, ou chapelets, formées de six rouleaux disposés autour de la fusée. Le frottement de glissement de ces fusées contre leurs coussinets est alors remplacé par un frottement de roulement.

Mais, néanmoins, ce chariot est assez difficile à mettre en mouvement. En raison de l'impossibilité de maintenir les roues porteuses du chariot entre les roues du véhicule à transborder et sous les essieux de celles-ci, on les a reportées en dehors, en les rapprochant autant que possible des rails mobiles du chariot. Mais ces rails, devant rester à très faible hauteur au-dessus de ceux de la voie fixe, ne permettent pas le passage d'une poutre de hauteur suffisante au dessous d'eux et sont soutenus d'une manière imparfaite.

Au Midi, on a mis entre les rails des galets supplémentaires de petit diamètre qui, fournissant de nouveaux points d'appui plus rapprochés du point d'application de la charge, améliorent un peu la construction de l'appareil.

Au Nord, renonçant à relier les rails entre eux par une poutre en dessous, on les a rattachés par le haut, au moyen d'une arcade en treillis de tôle surmontant le véhicule.

116. Chariot à arcade du Nord. — Ce chariot est composé de deux forts cylindres horizontaux, aux extrémités desquels se trouvent les roues porteuses. Des consoles, rattachées à ces cylindres de distance en distance, soutiennent les rails mobiles de l'appareil. Enfin, pour empêcher ces cylindres de tourner sous l'action de la charge, une grande arcature les relie l'un à l'autre (Pl. 24).

Des tampons de choc sont placés aux extrémités des cylindres, afin d'éviter l'action trop violente du chariot contre ses arrêts à fond de course.

Tels sont les divers appareils employés au transbordement des voitures et des wagons. Ils sont actionnés à la main, par des chevaux, des moteurs à vapeur ou des cabestans hydrauliques.

117. Chariot transbordeur à vapeur. — Pour accélérer les manœuvres de composition et de décomposition des trains dans les gares importantes et de triage, on emploie des chariots remorqués par une petite locomotive (Nord), ou au moyen d'une machine spéciale établie sur la plate-forme même du chariot (Pl. 25).

L'élévation des rails de ce chariot, au-dessus de ceux des voies traversées, est dans ce cas très considérable ; il atteint 18 centimètres, mais il n'en résulte aucun inconvénient, puisqu'on dispose d'une force supérieure à celle qui est nécessaire pour faire monter le wagon, même chargé, sur le chariot.

Ces appareils ne sont véritablement économiques que lorsque le chiffre des manœuvres dépasse 300 par jour.

118. Chariots pour machines ou ponts roulants. — Les chariots pour machines sont généralement construits avec fosse, en raison de la plus grande hauteur qu'il est nécessaire de donner aux longerons par suite du poids plus considérable du véhicule à transférer. D'ailleurs, ces chariots desservent les dépôts et l'établissement d'une fosse peut être admis au devant des voies de ceux-ci sans que le service ait à en souffrir.

Cependant, on a construit aussi (ateliers de Belfort) un chariot pour machines sans fosse (Pl. 24). Les longerons sont remplacés par deux poutres à treillis, analogues à des poutres de pont. L'appareil est constitué d'après le même principe que le chariot à arcade du Nord.

En général, ces chariots sont mus par une petite locomobile juxtaposée à la plateforme de la machine.

§ 2

APPAREILS D'ARRÊT DES VÉHICULES

119. Heurtoirs. — *But.* — Les heurtoirs sont des appareils placés aux extrémités des voies en cul-de-sac (voies de garage, voies principales des gares terminus) et destinés à amortir la vitesse des véhicules qui tendraient à s'avancer au delà.

Résistance limitée. — Pour amortir cette vitesse, ils doivent être construits de manière à résister aux chocs les plus habituels des véhicules : voitures et wagons, mais non au choc violent d'une locomotive. Il vaut mieux, en effet, briser un heurtoir qu'une locomotive.

Disposition (bois). — Le heurtoir est formé d'une pièce de bois horizontale pour recevoir le choc du véhicule ; cette pièce est solidement fixée sur des poteaux reliés à un cadre en charpente noyé dans le sol, suffisamment long pour s'engager sous la voie au-dessous du véhicule à arrêter.

Une partie du poids du véhicule vient donc apporter sa

composante à l'action de la résistance au renversement du heurtoir. Des tirants en fer relient les montants verticaux aux pièces longitudinales du cadre formant la base de cet appareil.

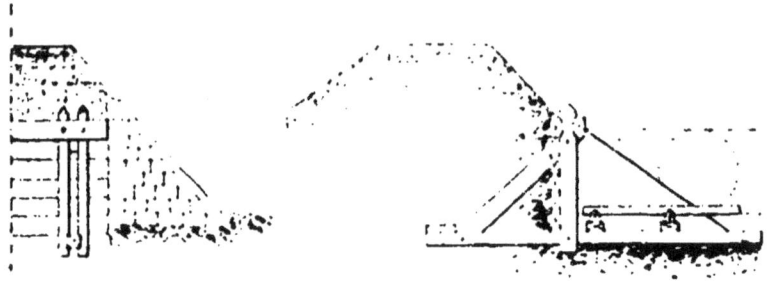

Fig. 114.

Derrière le heurtoir, un massif de terre pilonnée avec soin ajoute encore à sa puissance d'arrêt.

Heurtoirs métalliques. — Les Compagnies construisent fréquemment des heurtoirs métalliques et l'on y emploie avantageusement de vieux rails. Mais le sommier qui reçoit le choc est toujours en bois.

130. Taquet d'arrêt P.-L.-M. — Un véhicule ou un essieu monté étant placé sur une voie, on veut l'empêcher d'en sortir : pour cela, on place sur la voie un appareil qui met obstacle au passage des roues en agissant sur leurs boudins.

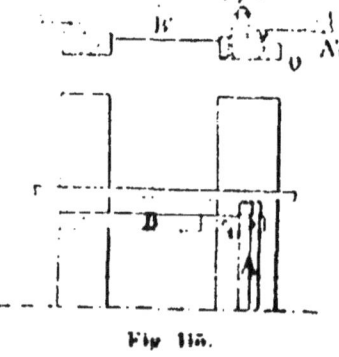

Fig. 115.

Cet obstacle est une pièce de bois A disposée transversalement entre les rails et garnie d'une frette en fer à l'endroit du choc. Deux cales triangulaires en bois B restent à demeure, à une distance des rails telle que le boudin des roues puisse passer librement. La pièce AA' peut tourner autour d'un axe O.

Quand cette pièce est *couchée* (c'est-à-dire rabattue en A'$_1$), elle laisse passer les roues; son épaisseur est réglée en conséquence. *Relevée* en A', et prenant son point d'appui sur les cales, elle arrête les boudins et par suite les roues elles-mêmes.

121. Arrêts mobiles. — Les arrêts mobiles sont des appareils un peu plus simples, consistant en une pièce de bois de 0 m. 30 de longueur environ, qui, articulée à une de ses extrémités, peut se placer à l'autre extrémité entre deux poupées verticales, qui assurent sa position transversalement au rail.

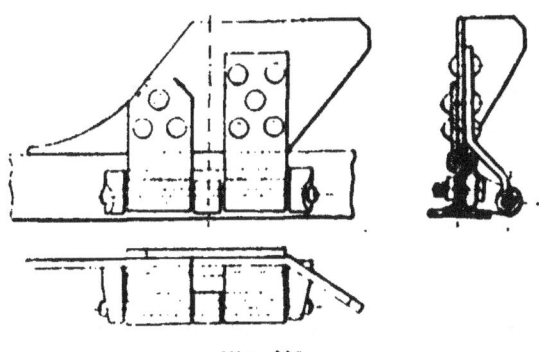

Fig. 116.

Quelquefois ces arrêts sont des secteurs en forte tôle galvanisée, qui peuvent tourner autour d'un axe parallèle au rail, et, en se relevant, se présenter comme une cale à la roue qui vient les frapper.

122. Traverse de garage. — On appelle traverse de garage une traverse disposée au niveau du ballast, entre deux voies, près du point de concours de celles-ci, alors que la distance qui les sépare, réduite à 1 m. 80, ne permet pas à des véhicules de s'avancer simultanément sur l'une et l'autre voie. Elle marque simplement une limite de manœuvre.

§ 3

SÉRIE DE PRIX

193. Prix des principaux appareils de voies (1887-1888) :

1° Changement à 2 *voies*, avec croisement en acier (*l*=33 m.). . . . . (en déviation ou symétrique) y compris les voies intercalaires ;	2.200 fr.
2° Changement à 3 *voies*, avec croisement en acier (*l*=33 m.). . . . . (symétrique), y compris les voies intercalaires ;	3.800 »
3° Traversée de voies avec croisement en *acier* (*l*=35 m. 38). . . . . (oblique) ;	3.600 »
4° Traversée d'équerre (voie transversale surélevée).	60 »
5° Traversée d'équerre (les 2 voies de niveau). .	150 »
6° Traversée-jonction (croisements en acier), simple (*l*=35 m. 38)	4.600 »
7° Traversée-jonction (croisements en acier), double (*l*=35 m. 38)	5.200 »
8° Plaque tournante en fonte de 4 m. 20 de diamètre	3.200 »
Plaque tournante en fonte de 5 m. 60 de diamètre	5.000 »
Plaque tournante en fonte de 6 m. 20 de diamètre	5.800 »
9° Plaque tournante de 14 m. (une voie avec passages latéraux et talus gazonné)	18.700 »
Plaque tournante de 14 m. (une voie et galerie circulaire).	23.100 »

Plaque tournante de 14 m. (une voie avec charpente métallique et plancher)	29.200 »
10° Chariot avec fosse pour voitures ordinaires ($l=4$ m. 90).	900 »
Chariot avec fosse pour grandes voitures ($l=6$ m.)	2.400 »
(en sus : le mètre courant de fosse et fondations : 30 fr.; chemin de roulement en Barlow: 10 fr.)	
11° Chariot *sans fosse* pour voitures et wagons . .	4.250 »
(en sus : traversée de voie, par voie traversée : 750 fr.; chemin de roulement, le mètre courant : 55 fr.; taquets d'arrêt, l'un 45 fr.).	
12° Heurtoir en fer	300 »
13° Arrêt mobile simple.	35 »
— double	65 »

§ 4.

ACCESSOIRES DIVERS. OUTILLAGE DE LA VOIE

194. Poteaux indicateurs. — Parmi les accessoires de la voie, il faut citer :

1° Les poteaux kilométriques, qui, construits en bois, sont placés de manière que la diagonale de leur face supérieure soit perpendiculaire à la direction de la voie ;

2° Les poteaux de pentes et rampes.

L'arête supérieure du voyant est parallèle à l'inclinaison de la voie, ou bien horizontale. Dans ce dernier cas, un trait incliné marque le sens des déclivités. Deux nombres placés l'un au-dessus, l'autre au-dessous de ce trait, indiquent l'un la valeur, l'autre la longueur de cette déclivité.

195. Clôtures. — Les clôtures sont de deux sortes, selon qu'elles sont employées le long de la voie ou autour des stations.

Dans le premier cas, on a des clôtures courantes, simplement *protectrices*, en treillage et fil de fer, pour les premières années de l'exploitation, et qui sont remplacées successivement par des haies vives (en aubépine généralement).

Dans le second cas, on a des clôtures spéciales, véritablement *défensives*, quelquefois des murs.

1° *Clôtures courantes.* — Les clôtures de cette espèce sont formées de baguettes en chêne ou en châtaignier de 1 m. de hauteur, en général appointées à la partie supérieure, reliées par des fils de fer tordus (3, 4, 5), et soutenues par une ou deux lisses horizontales portant sur des piquets placés tous les 1 m. 20 environ.

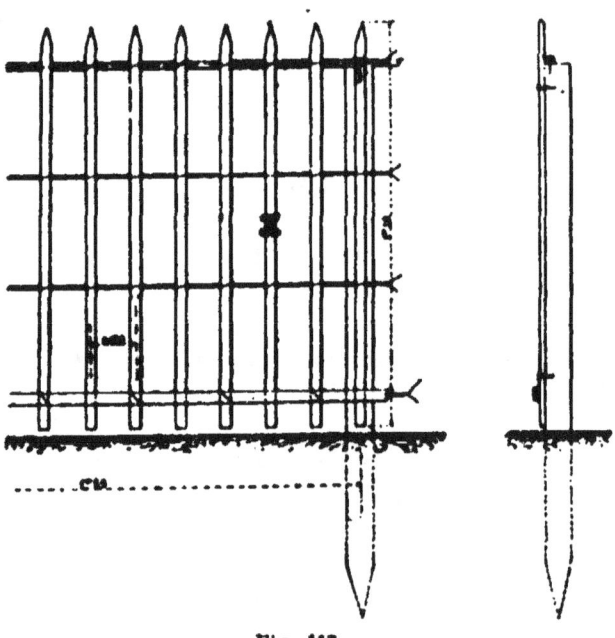

Fig. 117.

Les piquets sont carbonisés à leur pied pour mieux résister à la pourriture.

Quelquefois, les bois sont injectés au sulfate de cuivre.

§ 4. — ACCESSOIRES ET OUTILLAGE DE LA VOIE 213

Les clôtures courantes en treillage mécanique sont parfois remplacées pour 3, 4 ou 5 rangs de fils de fer galvanisés ten-

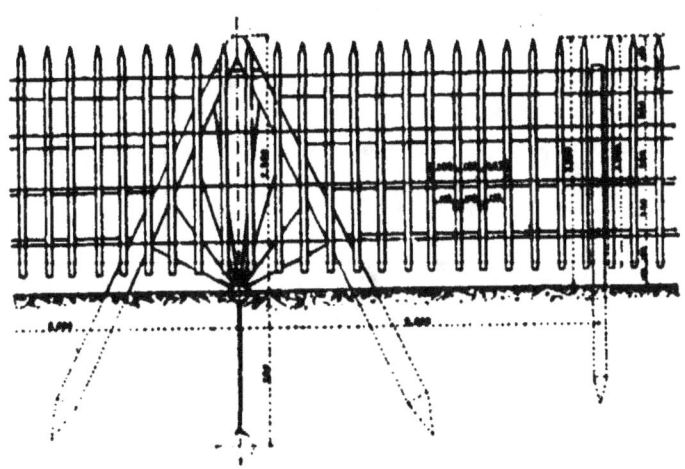

Fig. 118.

dus horizontalement, rattachés à des piquets et à des ancres, et portant suspendues quelques baguettes verticales très es-

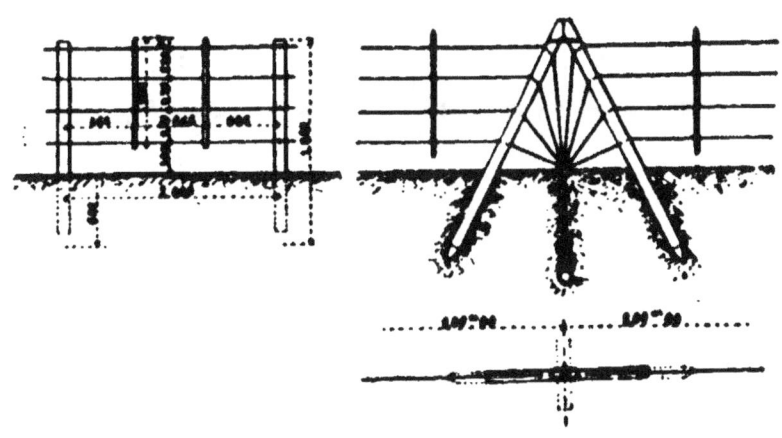

Fig. 119.

pacées, qui n'ont d'autre but que de rendre la clôture plus apparente.

2° *Clôtures spéciales.* — Les clôtures spéciales sont généralement des palissades, formées par des lames de 1 m. 20 et plus de hauteur, à section rectangulaire ou triangulaire aplatie ; ces lames sont soutenues par des lisses de même forme, portées par des poteaux, d'ordinaire à section carrée, écartés de 1 m. 50 environ.

Les bois sont injectés ou non, et toujours peints à 2 ou 3 couches.

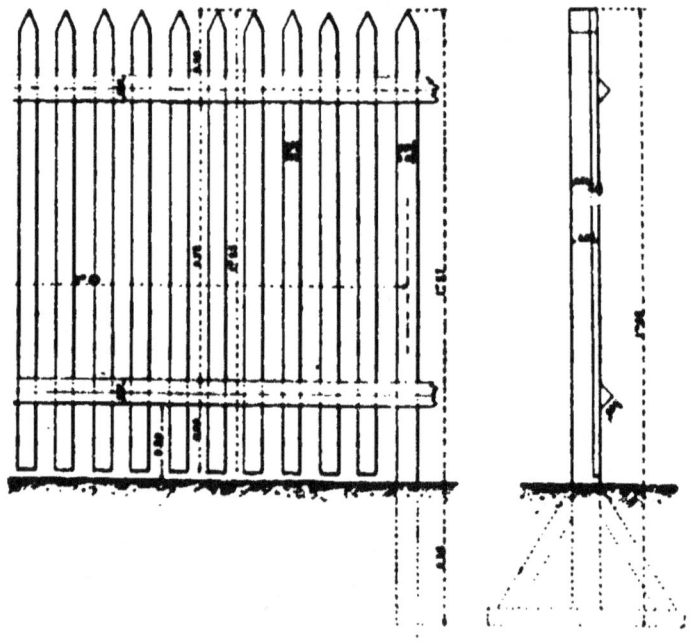

Fig. 120.

On établit encore des clôtures spéciales en planches jointives, supportées par des lisses constituées elles-mêmes par des cornières, avec tasseaux en bois ; elles sont supportées par des poteaux en fer à T (chemin de fer de Ceinture).

En Angleterre, on construit aussi des clôtures en tôle ondulée galvanisée, soutenues horizontalement par des cornières et verticalement par des fers à T (clôture de la gare de Barrow.)

§ 4. — ACCESSOIRES ET OUTILLAGE DE LA VOIE 215

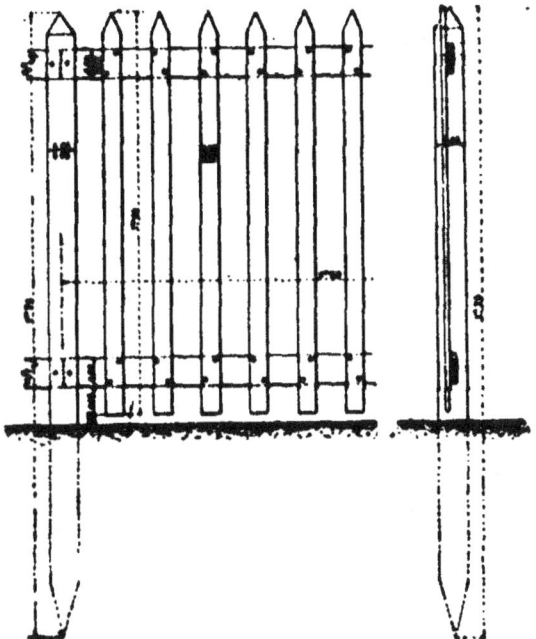

Fig. 121.

126. Pioches, pinces, anspects, nivelettes, lory. — L'outillage servant à l'entretien de la voie est très simple ; il se compose des instruments de travail du terrassier : la pelle, la pioche et la brouette, et de ceux du poseur : pioches à bourrer, pinces, anspects, crics, nivelettes, lory.

Les *pioches à bourrer* sont des espèces de croissants tantôt en bois, tantôt en fer. Celles qui sont en bois ont les extrémités protégées par une garniture en tôle. Celles qui sont en fer ont une extrémité effilée en pointe, et l'autre munie d'un talon transversal, en forme de T, qui sert plus spécialement à refouler le ballast sous les traverses (Voir n° 86).

Rien de particulier à dire des *pinces*, des *anspects*, qui ne sont que des leviers en bois de grande dimension, renforcés par des armatures en fer.

Le *lory* est un wagonnet léger, dont la plateforme repose sur deux essieux en acier portant des roues en fonte ; cette plate-forme peut être enlevée sans difficulté par quatre hommes et déposée au besoin sur le côté de la voie. Chacun des essieux montés peut être aussi aisément soulevé par un homme. Ce petit véhicule est employé aux transports de rails, de bal-

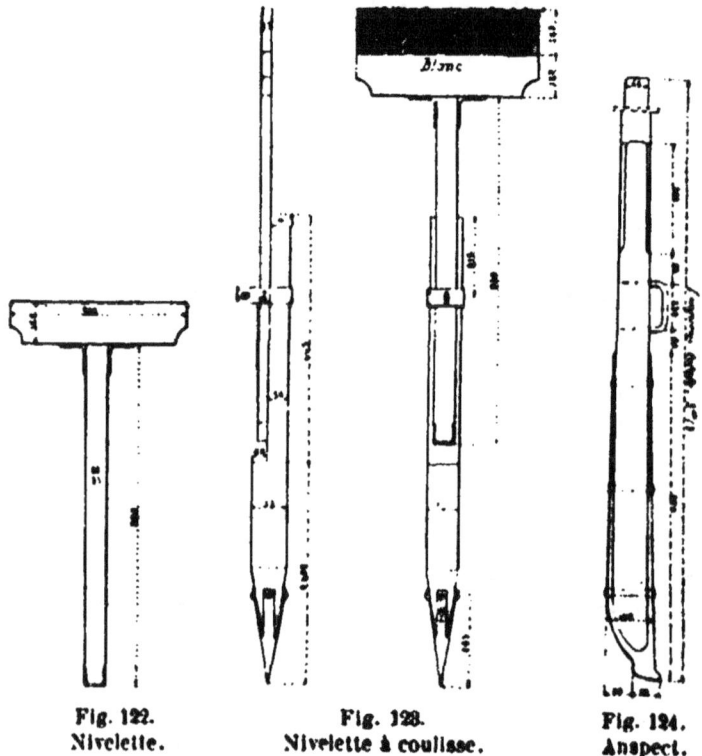

Fig. 122. Nivelette. Fig. 123. Nivelette à coulisse. Fig. 124. Anspect.

last (dans ce cas on lui fait une caisse à bords soutenus par des ranchers), de matériaux, d'outils, d'un point à un autre de la voie. A l'approche d'un train, on le démonte et on le rejette sur le côté, de manière à laisser le passage libre.

De distance en distance sont des *rateliers* pour l'approvisionnement des rails et des coussinets destinés à l'entretien.

§ 5

PASSAGES A NIVEAU

Les passages à niveau sont destinés à faire franchir à niveau le chemin de fer par les voies de terre. Les dispositions à adopter pour leur établissement doivent résulter de la nécessité d'assurer dans de bonnes conditions le passage des véhicules sur chacune des deux voies qui se coupent. (Pl. 26).

127. Traversée de la route. — Pour la voie charretière, il y a lieu de considérer les dispositions à adopter soit en *plan*, soit en *profil*.

A. Plan. — Tant que l'angle α de celle-ci et du chemin de fer est $> 45°$, on ne modifie pas sa direction. Quand il est $< 45°$, on dévie la route, de manière à lui faire traverser la voie normalement, si possible.

Fig. 125.

Il importe, en effet, d'avoir des traversées de faible longueur entre barrières.

Avec de longues traversées, notamment aux abords des gares, où le nombre des voies franchies dépasse souvent deux, la durée du passage des charrettes devient une gêne pour l'exploitation et, lorsque l'angle α est très aigu, les roues des voitures tendent à glisser contre les rails qu'elles abordent obliquement. En outre, les chevaux, quand ils sont abandonnés momentanément par leur conducteur, peuvent s'engager sur la voie, au lieu de suivre la route.

Si le tracé de la route est modifié :

1° On conserve le point de passage de l'axe A de cette route avec la ligne et on raccorde les extrémités au moyen d'arcs de cercle, de 15 à 20 m. de rayon, et d'alignements tangents intermédiaires ;

Ou bien :

2° On se détache d'un point quelconque, en déplaçant le point d'intersection avec la ligne : le nombre des courbes de raccordement est ainsi réduit de 4 à 3 (fig. 125).

Dans le tracé de ces déviations, il faut tenir compte des besoins de la localité qui doit faire usage du passage à niveau, et adopter de grands rayons lorsque la circulation est très active et les attelages du pays très longs. En tout état de choses, il importe essentiellement d'avoir des accès faciles aux passages à niveau, de manière à permettre une traversée rapide des voitures.

B. *Profil en long.* — Il ne faut pas augmenter les déclivités aux abords du chemin de fer. Il convient d'adopter :

Pour les routes nationales et départementales, $i < 3/100$;
Pour les autres chemins, $i < 5/100$.

On doit se donner comme règle de ne pas dépasser, aux abords du chemin de fer, les maxima déjà existants sur la route qui accède au passage à niveau.

La traversée du chemin de fer a lieu en palier, à la hauteur commandée par le niveau des rails de la ou des voies. Ce palier se prolonge au delà des barrières qui limitent la traversée.

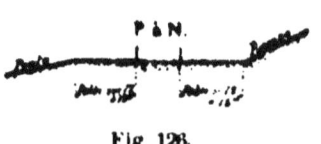

Fig. 126.

Si le chemin d'accès était établi en rampe jusqu'à la barrière, les chevaux durant le stationnement devant celle-ci devraient exercer un effort de traction pour maintenir le véhicule en place, jusqu'au moment où la traversée leur serait possible.

Si de même une pente était prolongée jusqu'à la barrière, le cheval, poussé par sa charge et cédant à l'action de celle-ci, pourrait venir s'y heurter et la briser.

Or, il faut éviter tout accident au cheval et assurer la conservation de la barrière ; on ménage donc aux abords du passage à niveau des paliers, ou au moins des déclivités très faibles, sur 12 à 15 m. de longueur.

Dans les tournants brusques, on adoucit les déclivités, et si l'on a 5 centimètres dans la ligne droite, on adopte 3 centim. dans les courbes prononcées.

C. Profil en travers. — Quelle que soit l'étroitesse du chemin dans son parcours, il doit avoir aux abords du passage à niveau une largeur suffisante pour recevoir deux voitures de front.

La plateforme a 12 à 15 m. de long et sa largeur est portée à :

8 m. pour les routes nationales ;
7 m.   —   départementales ;
5 m. pour les chemins de grande communication ;
4 m.   —   ruraux.

On la rétrécit ensuite progressivement pour rattacher la partie élargie à celle qui a été maintenue à la largeur normale.

Fig. 127.

On fait, au sommet des talus des remblais, pour prévenir les accidents, des *banquettes de sûreté* avec de la terre gazonnée posée par couches horizontales. Ces banquettes ont 0 m. 40

de hauteur, 0,50 en couronne, 1/3 de pente vers l'intérieur. On les interrompt de distance en distance par des coupures permettant l'écoulement des eaux.

Chaussée. — La chaussée est tantôt empierrée, tantôt pavée ; dans le premier cas, elle peut être plus facilement enlevée pour les réparations de la voie. La chaussée pavée a l'avantage d'être plus stable et doit être préférée.

138. Traversée de la voie. — Pour permettre le passage des voitures sans choc contre les rails, on doit disposer le long de ceux-ci, et sur toute la largeur du passage à niveau, des contre-rails qui soutiennent les matériaux d'empierrement ou de pavage de la chaussée et maintiennent pour le passage du mentonnet des roues une ornière de 0 m. 07 de largeur. Ces contre-rails sont évasés à chaque extrémité pour assurer l'entrée de chaque mentonnet dans l'ornière correspondante.

Ces dispositions générales étant indiquées, nous allons passer en revue les installations diverses que nécessite l'établissement d'un passage à niveau.

139. Barrières. — Des barrières sont nécessaires pour protéger la circulation des trains sur les lignes fréquentées et celle des voitures sur les chemins qui les traversent à niveau.

Les barrières ont 4 m., 5 m., 7 m., selon la largeur du chemin ; ces dimensions ne sont dépassées que dans des circonstances exceptionnelles.

Les barrières en usage sont de trois espèces :

Pivotantes ;
Roulantes ;
Oscillantes.

1° *Barrières pivotantes.* (Pl. 27). — Les barrières pivotantes sont difficiles à manœuvrer et encombrantes. Si elles se développent à l'intérieur de la voie, elles allongent la durée de la traversée parce qu'il faut les éloigner suffisamment des rails pour qu'un train venant à passer, alors qu'elles sont ouvertes,

§ 5. — PASSAGES A NIVEAU

ne puisse les atteindre. Et si elles se développent en dehors, elles obligent à faire reculer les chevaux et les voitures qui, s'étant avancés jusqu'à la barrière même, empêchent son ouverture.

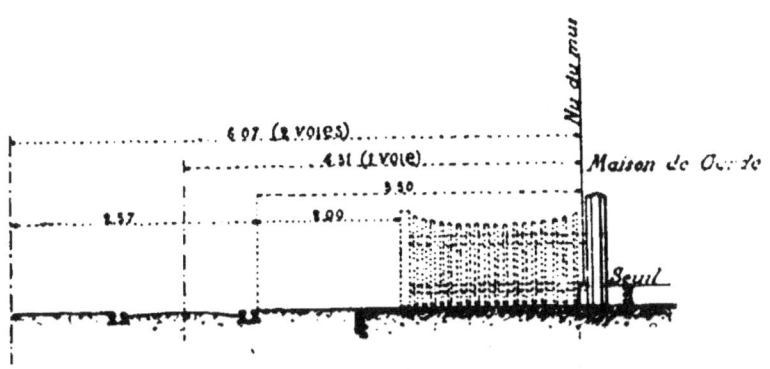

Fig. 128.

Les parties des barrières les plus voisines du rail doivent en rester distantes de 2 m. 00 au minimum.

Il convient de noter que la responsabilité de la Compagnie exploitante s'étend sur toute la longueur qui correspond au développement des vantaux, condition évidente d'infériorité pour les barrières pivotantes, comparées aux barrières des deux autres systèmes.

Ces barrières sont généralement en bois avec équerres et tirants en fer. Quelquefois on les fait en métal. Les premières exigent, selon leur ouverture, les cubes de bois suivants :

Barrières en bois à un vantail.

De 3 m. 00, cube de bois 0 m³ 3985.
De 4 m. 00 — 0 m³ 5536.
De 5 m. 00 — 0 m³ 6884.
De 6 m. 00 — 0 m³ 7515.

Quelquefois, à l'intérieur des villes, on emploie des barrières pivotantes qui, en s'ouvrant, se développent sur la voie même, de manière à permettre aux charrettes et aux piétons de traverser le chemin de fer sans pouvoir s'engager sur les voies.

2° *Barrières roulantes* (pl. 28). — Les barrières roulantes sont des poutres formées d'un treillis léger, en fer méplat, cornière ou en U. Chacune des deux barrières d'un passage est portée par deux galets mobiles sur un chemin de roulement. Celui-ci est formé d'un fer en U ou de deux rails juxtaposés. La barrière est maintenue verticalement par un poteau-guide, muni de galets à sa partie supérieure.

Les poteaux fixes sont construits d'ordinaire avec de vieux rails réunis par des étriers et des boulons. Ces poteaux sont fixés sur des dés en béton ou en pierre de taille, ou mieux sur des cloches évidées en fonte que l'on remplit de maçonnerie brute.

Une serrure grossière, s'ouvrant avec un carré, permet d'arrêter le mouvement de la barrière.

Les prix des barrières roulantes en fer sont les suivants :

Prix des barrières roulantes métalliques.

de 4^{m}00 : 518 f., 64 ⎫ (fer à 0 fr. 70 le kilog.), non compris
de 5^{m}00 : 570 , 21 ⎬ transport du magasin à pied d'œuvre,
de 6^{m}00 : 624 , 81 ⎭ mais compris fondation et pose.

3° *Barrières oscillantes* (pl. 29). — Les barrières de ce système sont employées sur les lignes à faible circulation et sur les chemins peu fréquentés. Elles sont, d'ordinaire, manœuvrées à distance.

Une barrière se compose essentiellement d'une pièce de bois renforcée vers le talon, qui est muni d'un contrepoids. Elle s'articule sur un poteau voisin de ce talon et porte par son autre extrémité sur un deuxième poteau, terminé par deux lames de fer présentant un évasement en manière de fourche.

Une ou deux sous-lisses sont reliées à la pièce principale par des tiges pendantes en fer et constituent un parallélogramme qui, lorsque l'ensemble est abandonné à lui-même, se relève et se replie le long de la pièce principale.

Un fil, terminé par une chaîne, est actionné par un treuil disposé à côté de la barrière ou à distance et sert à la manœuvre.

Une sonnette, dont la poignée est à la portée des passants, permet de demander l'ouverture de la barrière.

§ 5. — PASSAGES A NIVEAU

Une autre sonnette placée près de la barrière, mise de loin en mouvement par le garde-barrière, sert à prévenir les passants que la barrière va s'abaisser et fermer le passage et à les inviter à se garer.

Ces fermetures sont avantageuses parce qu'elles permettent, dans le cas de passages à niveau rapprochés, de faire manœuvrer les barrières de deux ou trois passages à niveau par un même agent, mais elles ne sont pas exemptes d'inconvénients, car on peut les abaisser au moment du passage d'une voiture, atteindre celle-ci ou même la faire prisonnière dans la voie entre les deux barrières retombées.

130. Passages pour les piétons. — Il y a différentes sortes de passages pour les piétons :

1° *Tourniquet.* — C'est le système le plus simple, mais il laisse passer les animaux de petite taille (les moutons, etc.), qui courent le risque de se faire écraser sur la voie ; (pl. 29).

2° *Porte de 1 m. (N) d'ouverture avec charnière excentrée.* — Si le passant ne la ferme pas au loquet, les moutons qui surviennent finissent par l'ouvrir. L'inconvénient du tourniquet n'a donc pas disparu ;

3° *Porte spéciale.* — La porte est toujours à charnière excentrée ; mais, pour passer, on doit la tirer à soi, en se plaçant dans l'intervalle *a* ; on passe alors et la porte se referme en arrière.

C'est le seul moyen d'empêcher les moutons de traverser : ils tirent bien la porte à eux, mais ils sont incapables de se garer en *a* ; et, s'ils essayent de se placer sur ce point, ils abandonnent la porte qui se referme aussitôt.

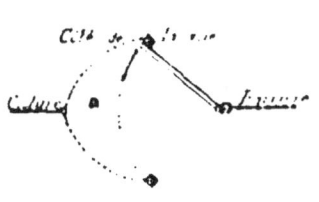

Fig. 120.

4° *Passerelle de 2 m. (N) de largeur.* — On n'établit de passerelles que lorsque la circulation des piétons est active, comme aux abords d'une grande ville ou dans son intérieur. On les construit en fer. Elles coûtent, suivant l'ouverture, la largeur et le prix des fers, de 10 à 14 000 fr.

C'est une solution intermédiaire, à laquelle on a recours après un certain temps d'exploitation, alors que, par suite de l'accroissement du nombre des manœuvres dans une gare et de la circulation sur la route, le passage à niveau devient gênant pour l'exploitation et pour le public s'il doit seul servir aux piétons en même temps qu'aux voitures, et lorsque le nombre et la situation des immeubles rendent presque impossible, eu égard à l'établissement des rampes d'accès, la construction d'un passage supérieur ou d'un passage inférieur charretier.

La passerelle a le dessous de ses poutres à 5 m. au-dessus du rail, afin de permettre le passage de tous les véhicules de la voie ferrée. On y accède par des escaliers formés de marches en tôle striée, supportées par des limons en fer disposés normalement aux voies. Lorsque l'on est gêné par le manque de place, on établit les escaliers d'accès latéralement et en retour.

181. Maison de garde. — D'après la loi de 1865 (chemins d'intérêt local), on peut ne pas faire garder les passages à niveau des chemins d'intérêt local.

Sur les lignes d'intérêt général, au contraire, tous les passages sont gardés. Ce gardiennage est le plus fréquemment confié aux femmes des agents préposés à la surveillance et à l'entretien de la voie, dont les logements sont distants les uns des autres de 1.250 m. en moyenne.

A l'origine, on établissait simplement une guérite pour abriter le garde seul, mais on a reconnu que c'était là une mauvaise économie. Il vaut mieux construire une maison pour le garde et sa famille, ce qui permet de compter sur un service plus sûr et plus assidu (Pl. 30).

Certains passsages réclament un gardiennage continuel en raison du nombre des trains de jour et de nuit. Il faut alors deux gardes et, par suite, deux logements absolument séparés.

Aux passages à niveau exceptionnels, on est même obligé de mettre deux hommes de jour et deux de nuit, comme il s'en trouvait récemment encore au passage à niveau de l'avenue de Vincennes ; il y a alors quatre maisons de garde.

Emplacement de la maison de garde. — Les circonstances locales imposent parfois l'emplacement à adopter. Quand, au contraire, on peut le choisir, on le détermine comme nous allons l'indiquer.

Les dispositions à prendre doivent être telles que les gardes exécutent leurs manœuvres de la façon la moins dangereuse possible. Or, le mécanicien est toujours placé du côté de l'entre-voie et doit voir le garde-barrière et les signaux que celui-ci est chargé de faire, d'où il résulte que le garde-barrière doit être du côté opposé à celui de la voie que parcourt le train attendu.

Si la maison se trouve dans l'angle A, toutes les conditions de sécurité et de bon service se trouvent remplies.

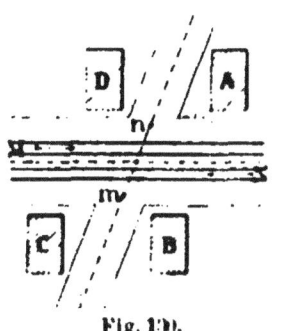

Fig. 139.

En effet, supposons un train venant sur la voie M gauche. Le garde doit traverser les deux voies avant son approche, afin d'être à son poste, en *m*, au moment du passage du train.

En le forçant à traverser obliquement la voie pour atteindre ce poste, il voit venir le train vers lui : son attention est mise en éveil.

Si le train vient sur la voie droite N, le garde sort simplement de chez lui et gagne le point *n* sans inconvénient.

Pour l'angle C, les conditions sont absolument les mêmes.

Au contraire, si la maison est dans l'un des angles B ou D, au moment le plus dangereux, c'est-à-dire lorsque le garde doit traverser la voie la plus voisine de la maison, il tourne presque le dos au train arrivant : il le voit mal et peut se laisser atteindre.

Position de la porte de la maison. — C'est aussi pour atténuer les chances d'accident que l'on doit mettre la porte de la maison de garde sur la face parallèle au chemin.

Si, au contraire, cette porte se trouve du côté de la voie, on place au-devant une barrière : l'homme qui, la nuit, est à moilié endormi, est obligé de faire un angle droit, mouvement contrarié suffisant pour éveiller son attention.

La maison de garde doit être disposée normalement au chemin de fer, le pignon de la cuisine du côté de la voie.

Mais elle doit être placée de telle façon que le garde, en se tenant dans la cuisine, puisse apercevoir un train venant de chaque côté.

Dans les courbes, la maison est construite du côté convexe pour permettre à la vue de s'étendre plus loin de chaque côté.

La distance de la maison au rail le plus voisin doit être de 3 m. 50 au minimum. Le seuil de celle-ci s'établit à 0 m. 20 ou même 0 m. 40 au-dessus du niveau des rails, pour qu'elle soit plus saine (fig. 128).

Dans le cas où une deuxième voie est prévue pour l'avenir, il faut établir la maison comme si la deuxième voie devait être posée immédiatement.

Il faut au moins trois ou quatre pièces pour l'habitation du garde : Au rez-de-chaussée, la cuisine et une chambre ; au premier étage, deux chambres à coucher, afin que les enfants de sexe différents soient séparés.

La maison de garde doit avoir une superficie d'une quarantaine de mètres carrés (40 m^2).

Le minimum de hauteur du rez-de-chaussée et de l'étage est 2 m. 80. Autant que possible, il ne faut pas de pièces mansardées.

La maison doit avoir un cellier ou une cave sur une partie de sa longueur et des water-closets extérieurs. Le jardin mesurera 6 à 10 ares. On l'établit d'ordinaire sur le terrain compris entre la voie et le chemin latéral qui pourtourne la maison pour accéder au passage à niveau.

Si l'eau potable ne se trouve pas à moins de 100 m. 00 de la maison, il sera nécessaire de créer un puits attenant à l'habitation.

Le prix des passages à niveau s'établit, d'après M. Sévène, de la manière suivante :

§ 5. — PASSAGES A NIVEAU

	P. à N. de 4ᵐ	P. à N. de 8ᵐ
Maison de 50 m² à 100 fr.	4000 fr.	4000 fr.
Puits	500	500
Jardin (Terrains et aménagem.).	500	500
2 Barrières	600	1200
Pavage	350	600
Contre-rails (pour une voie , traverses spéciales, pose.	300	500
	6250	7300
Somme à valoir.	250	300
Totaux, non compris les terrassements et ouvrages d'art du chemin aux abords:.	6500	7600

132. Choix entre un PN et un PS ou un PI. — On peut se demander dans quel cas on doit faire un passage à niveau de préférence à un pont en-dessus ou en dessous de la voie. Si l'édification d'un pont doit conduire à une forte dépense, on se borne à établir un passage à niveau.

Il convient d'entrer dans quelques détails à ce sujet.

Deux cas peuvent se présenter :

a. Si le passage à niveau n'est pas gardé, son établissement donne lieu à une chance d'accident au moins, correspondant à une dépense annuelle de 200 francs environ, soit à une dépense, en capital, de 4.000 fr.

Donc, le passage à niveau *non gardé* entraîne une dépense supérieure de 4.000 francs, en moyenne, à celle de son premier établissement. Par conséquent, si la dépense d'un pont est inférieure à celle du passage à niveau non gardé, augmentée de 4.000 fr., il vaut mieux construire un pont.

b. Si l'on a un passage à niveau gardé, il faut compter, en sus du premier établissement, sur les dépenses suivantes :

la chance d'accident : . . . . 200 fr. par an
le gardiennage effectué par une femme.
l'éclairage. . . . . 250 fr.   450 fr.
le chauffage. . . . .

Ces 450 fr. sont l'intérêt de 9.000 francs.

Si donc la dépense est inférieure à celle d'un passage à niveau gardé, augmentée de 9.000 francs, il vaut mieux construire un pont.

133. Gardiennage et manœuvre des barrières des passages à niveau. — Le gardiennage et la manœuvre des passages à niveau sont réglés par le ministre sur la proposition de la Compagnie (Ordonnance de 1846).

Les règlements adoptés pour les différentes Compagnies diffèrent peu ; voici, dans ses dispositions essentielles, celui de Paris-Lyon-Méditerranée :

Passages.	Conditions de gardiennage.
1re *Catégorie*. — Passages pour *voitures*, ouverts en moyenne *plus de 100 fois par 24 heures*.	Barrières *habituellement ouvertes le jour et fermées à l'approche des trains*. — La nuit, habituellement fermées. — Agents à poste fixe. — Femmes : le jour seulement.
2e *Catégorie*. — Passages pour *voitures*, ouverts en moyenne *de 50 à 100 fois par 24 heures*.	Barrières *habituellement fermées pendant le jour sur les lignes à très grande fréquentation* ; — *ouvertes à la demande des passants*. — Elles sont ordinairement ouvertes sur les lignes à moyenne et à faible circulation. — La nuit, fermées sur toutes les lignes. — Un homme répond la nuit.

3ᵉ *Catégorie*. — Passages pour *voitures*, ouverts en moyenne moins de 50 fois par 24 heures.	Barrières *habituellement fermées jour et nuit* et ouvertes à la demande des passants par l'agent logé à demeure.
4ᵉ *Catégorie*. — Passages pour *voitures ou piétons* concédés à des *particuliers*.	Barrières *fermées à clef* par les propriétaires et manœuvrées par eux sous leur responsabilité.
5ᵉ *Catégorie*. — Passages publics pour *piétons* isolés ou accolés à des passages pour voitures.	Barrières *ouvertes par les passants à leurs risques et périls*.

Lorsqu'il n'y a pas de service de nuit, les barrières des trois catégories restent ouvertes entre le dernier train du soir et le premier du matin.

CHAPITRE QUATRIEME

GARES ET STATIONS

DISPOSITIONS D'ENSEMBLE

§ 1. *Préliminaires*
§ 2. *Service des voyageurs, voie unique*
§ 3. *Service des voyageurs, double voie*
    I. Stations intermédiaires de faible et de grande importance
    II. Stations de grande circulation avec service local
    III. Gares de bifurcation
    IV. Gares terminales
    V. Services accessoires de la grande vitesse
§ 4. *Service des marchandises, voie unique*
§ 5.   —   *double voie*
§ 6.   —   *dispositions générales*
§ 7.   —   *garage des trains*
§ 8.   —   *gares de triage*
§ 9. *Gares et installations spéciales*
§ 10. *Service du matériel roulant : dépôts, alimentation, ateliers*
§ 11. *Disposition et surface des trois services : voyageurs, marchandises et dépôt*

SOMMAIRE :

§ 1. *Préliminaires* : 134. Conditions d'établissement des gares et stations. — 135. Longueur des voies d'une gare. — 136. Largeur des entrevoies. — 137. Établissement de l'outillage des voies.
§ 2. *Service des voyageurs. Voie unique* : 138. Station ne pouvant recevoir qu'un seul train. — 139. Station pouvant recevoir deux trains à la fois : voies juxtaposées. —140. Station pouvant recevoir deux trains à la fois : interposition du second trottoir.
§ 3. *Service des voyageurs. Double voie.* — **I. Stations intermédiaires de faible et de grande importance**. — 141. Station de faible importance (établissement d'une jonction, emplacement de la jonction). — 142. Station de grande circulation sans remaniement de trains. — 143. Position du bâtiment des voyageurs. — 144. Gare à quais croisés. — 145. Gare sur un chemin en tranchée. — 146. Stations importantes avec remisage de voitures. — 147. Emplacement des réserves du matériel G. V. — **II. Stations intermédiaires de grande circulation avec service local**. — 148. Conditions diverses. — 149. Départ du train du côté opposé au bâtiment des voyageurs. — 150. Départ du train du côté du bâtiment des voyageurs (ancienne gare de St-Denis) Gare d'Enghien ; Gare de Chantilly). — **III. Gares de bifurcation**. — 151. Gare de passage pour les trains des deux directions (Villeneuve-St-Georges, Asnières). — 152. Gare de passage pour les trains de la direction la plus importante et généralement terminale pour les trains de l'autre direction (Noyelles). — 153. Gare de passage ou terminale pour les trains des diverses directions (Type français P.-O.; Type français Midi ; Type suisse Olten ; Application du type suisse à la gare d'York.— **IV. Gares terminales**.—154. Au fond des vallées (Bagnères-de-Luchon). — 155. Au bord de la mer (Fécamp, Saint-Malo, Dieppe). — 156. Dans quelques grandes villes (Versailles, Orléans, Tours, Bordeaux. — 157. De Paris. — 158. Gare de Paris-Ouest (Saint-Lazare). — 159. Gare de Paris-Nord. — 160. — Gare de Paris-Est. — 161. Gare de Paris-Ouest (Montparnasse). — 162. Gare de Paris P.-L.-M. (Mazas). — 163. Gare de Paris P.-O. — 164. Gares terminales anglaises. — **V. Services accessoires de la grande vitesse**. — 165. Messageries, denrées et primeurs. - 166. Douane. — 167. Chevaux et voitures. — 168. Postes.
§ 4. *Service des marchandises. Lignes à voie unique* : 169. Halte à marchandises. — 170 Petite station à marchandises (jonction au milieu). — 171. Petite station à marchandises (jonction aux deux extrémités). — 172 Petite station à marchandises (bâtiment des voyageurs et halle des marchandises accolés). — 173. Petite station à marchandises (voyageurs et marchandises du même côté. Traversée-jonction). — 174 Petite station à marchandises (voyageurs et marchandises du même côté. Voie transversale avec plaques). — 175. Petite station à marchandises (type exceptionnel). — 176. — Station de moyenne importance. — 177. — Station importante.
§ 5. *Service des marchandises. Lignes à double voie* : 178. Station peu importante P.-O. (voyageurs et marchandises du même côté). —

179. Station peu importante P. O. (voyageurs et marchandises de part et d'autre des voies).— 180. Station peu importante P.-L.-M. (voyageurs et marchandises du même côté). — 181. Station de moyenne importance P. O. (voyageurs et marchandises du même côté). — 182. Station de moyenne importance P. O. (voyageurs et marchandises de part et d'autre). — 183. Station importante P. O. (voyageurs et marchandises de part et d'autre).

§ 6. *Service des marchandises. Dispositions générales* : 184. Emplacement à attribuer à la station par rapport à la localité à desservir. — 185. Différentes espèces de quais.— 186. Surface des quais.— 187. Longueur et largeur des quais. — 188. Longueur des voies. — 189. Voies de débord. — 190. Dispositions générales d'une gare de marchandises. — 191. Dispositions diverses des halles. — 192. Halles parallèles. — 193. Halles normales. — 194. Halles en éventail.— 195. Halles en redans. — 196. Quais dentelés.

§ 7. *Service des marchandises.Garage des trains* : 197.Voies de dépassement : voies de dépassement de part et d'autre des voies principales, l'une à l'amont, l'autre à l'aval ; voies de dépassement de part et d'autre des voies principales, toutes deux à l'amont ou toutes deux à l'aval ; voie de dépassement unique, entre les deux voies principales. — 198. Voies de garage.

§ 8. *Service des marchandises. Gares de triage* : 199. Opérations à effectuer. Moteurs divers. — 200. A. Faisceaux en impasse ou fuseaux raccordés. Moteurs : chevaux, machines ; a_1. Plaques tournantes ; a_2. chariots ou transbordeurs à vapeur ; a_3. jonctions, traversées-jonctions ; a_4 système David. — 201. B. Faisceaux en impasse ou fuseaux raccordés : b_1 voies de débranchement en pente. La gravité employée seule pour le triage (Tergnier, Cologne-Gereon) ; b_2 voie de débranchement en dos d'âne. La gravité et la machine employées concurremment pour le triage (Arlon, Speldorf, Perrigny-Dijon). — 202. C. Fuseaux successifs soudés entre eux. — 203. c_1. Fuseaux en palier avec machine de manœuvre, ou en pente continue (grils anglais). —204. c_2. Fuseaux successifs en pente (Terrenoire). — 205. Dispositions générales à adopter dans l'établissement des gares de triage par la gravité : *a*. Réception des trains ; *b*. Voie de débranchement ou de tiroir ; *c*. Voie de triage ; *d*. Groupement des aiguilles ; *e*. Emploi des rails en acier. — 206. Résultats comparatifs.

§ 9. *Gares et installations spéciales. Voyageurs et marchandises.* — A. *Gares communes* : 207. Généralités. — B. *Grandes gares de marchandises à Paris.* — 208. Dispositions générales. — C. Raccordement des diverses voies de voyageurs et de marchandises aux voies principales.— 209. Ouest (Saint-Lazare).Voyageurs. — 210. Ouest (Batignolles). Marchandises.— 211. Nord. — D. *Gares fluviales et maritimes.* — 212. Indications générales. — 213. Service des marchandises : 1° voie de raccordement ; 2° voies des quais proprement dites. — 214. Service des voyageurs.— E. *Gares internationales.*— 215 Dispositions générales. — F. *Réception des lignes à voie étroite.* — 216. Dispositions générales. — 217. Voyageurs. — 218 Marchandises. — G. *Raccordements industriels* : 219. Indications générales : 1° raccordement par plaque ; 2° raccordement par changement de voies.

§ 10. *Service du matériel roulant. Dépôt. Alimentation. Ateliers.* — I. **Dépôts.** — 220. — Dispositions générales. — 221. Emplacement. — 222. Petits dépôts. — 223. Grands dépôts : 1° circulaires avec plaque couverte ou annulaires, demi-annulaires avec plaque découverte. 2° rectangulaires desservis par un chariot roulant. — 224. Types adoptés par les compagnies françaises. — 225 Quai à combustible. — 226. Fosses à piquer le feu.— II. **Alimentation d'eau.**— 227. Espacement des prises d'eau. — **228** Choix de la prise d'eau. — **229**. Divers modes d'alimentation. — **230**. Détails de l'installation : prise d'eau, conduite de refoulement, réservoir, conduites et appareils de distribution. — **231**. Dépense d'une alimentation d'eau. — **III. Ateliers**. — **232**. Choix de l'emplacement. — **233**. Importance à leur donner. — **234**. Ateliers de Sotteville, près Rouen. — **235**. Ateliers d'Hellemmes, près Lille. — **236**. Ateliers de Romilly (Aube). — **237**. Ateliers de Béziers (Hérault). — **238**. Dispositions d'ensemble.

§ 11. *Disposition et surfaces des trois services : voyageurs, marchandises et dépôts* : **239**. Conditions à réaliser pour le groupement de ces trois services. — **240**. Détermination du trafic probable d'une station et par suite des surfaces du bâtiment des voyageurs, des quais et des halles d'une station.

CHAPITRE IV.

GARES ET STATIONS

§ 1ᵉʳ

PRÉLIMINAIRES

131. Condition d'établissement des gares et stations. — L'ensemble des installations établies sur un chemin de fer pour prendre ou laisser des voyageurs, ou des marchandises, ou pour satisfaire aux exigences de la marche des trains, s'appelle *gare* ou *station*.

Le mot de gare s'applique plus particulièrement aux installations importantes ; celui de station aux établissements moindres.

L'espacement des stations varie :

1° Suivant la densité des localités desservies ;

2° Suivant le groupement de ces localités et la répartition de leurs habitants.

Cet espacement est de 7.200 m. en moyenne, sur les réseaux français, et de 4 k. aux environs des grandes villes.

D'une manière générale, il est moindre dans la banlieue des grandes villes et plus considérable dans les régions où la population est clairsemée.

On doit ne pas multiplier les stations, en raison de la dépense de premier établissement qu'elles entraînent et de la gêne qui résulte d'arrêts trop fréquents dans la marche des trains.

On peut dire, en règle générale, qu'une ligne de fer est dans de bonnes conditions d'accessibilité quand l'espacement moyen de ses stations est de 8 à 9 km., sans jamais dépasser nulle part 14 ou 15 km.

Une gare est appelée à recevoir un ou plusieurs trains à la fois, selon les cas, et à permettre les manœuvres imposées par l'addition aux trains ou le retrait d'un certain nombre de véhicules.

Les trains sont reçus sur les *voies principales* et sur des *voies de garage*. Des portions de trains sont remisées sur des *voies de service*.

Il faut déterminer la longueur et les écartements de ces différentes voies.

135 Longueur des voies d'une gare. — La longueur des voies d'une gare résulte de la longueur des trains qu'elle doit recevoir. Elle varie suivant que ces trains transportent des voyageurs ou des marchandises, et avec les conditions d'établissement de la ligne.

1° *Longueur d'un train de voyageurs*. — Une voiture de première classe mesure, à la hauteur de la caisse, environ 6 m., 40 3 compartiments de 2 m., 10, plus l'épaisseur des parois. A cette longueur, il faut ajouter la saillie des tiges des tampons aux deux extrémités, soit 2×0 m., 50 = 1 m. On a donc 7 m., 40, et, en arrondissant, 7 m., 50. Ce chiffre est sans doute un peu fort pour certaines voitures de deuxième et de troisième classe ; nous l'adopterons cependant dans le calcul qui suit, comme maximum de la longueur entre tampons des voitures de première classe, et aussi pour tenir compte de l'excédent de longueur des voitures à quatre compartiments.

D'après l'Ordonnance de 1846, il ne doit pas y avoir plus de 24 voitures à un train de voyageurs ou à un train mixte.

On a 24×7 m., 50 = 180 m., pour l'espace occupé par 24 voitures ; il convient d'ajouter, en supposant nécessaire l'emploi de la double traction, 2×16 m., = 32 m., pour deux machines de 16 m., en sorte que la longueur maximum d'un train de voyageurs est de :

$$180 \text{ m.,} + 32 \text{ m.,} = 212 \text{ m.}$$

§ 1. — PRÉLIMINAIRES

2° *Trains de marchandises.* — Les trains de marchandises peuvent être composés, au maximum, de 45 wagons chargés ou de 60 wagons vides.

En prenant ce dernier chiffre, la longueur est de :

Wagons : 60 × 7 m., 50 = 450 m.
2 machines : 30 m. à 35 m., soit 35 m. } 485 m.,

soit 500 mètres.

Ces chiffres conviennent surtout pour des lignes à profil facile et à tracé peu sinueux. Certaines Compagnies tendent à augmenter encore la longueur de leurs trains de marchandises sur les sections très plates de leurs réseaux.

En effet, les longs trains de marchandises sont économiques, à cause du faible personnel qu'ils nécessitent. Mais d'autre part les trop longs trains entraînent des sujétions graves : machines très puissantes, voie et ponts métalliques très solides, pour résister au poids de ces machines, voies de garage très longues.

MM. Zeiller, ingénieur des mines, et Menche de Loisne, inspecteur général du Contrôle, ont cherché les longueurs qu'il convenait de donner aux voies de garage. Ils ont calculé la longueur maximum des trains en la déduisant, non de la puissance des machines, qui peut être presque doublée en admettant la double traction, mais de la limite de résistance qu'on ne doit pas dépasser pour les attelages qui relient les wagons entre eux. Ils ont supposé pour les trains de voyageurs la composition exceptionnelle des jours de foires, et pour les trains de marchandises, des wagons vides exclusivement. D'un autre côté, ils ont admis une longueur de 9 m., 30 pour les voitures à voyageurs et de 7 m., 60 pour les wagons.

Ces hypothèses sont évidemment exagérées, et c'est aller trop loin que de prendre l'exception pour la règle.

M. Brière, ingénieur en chef de la voie de la compagnie d'Orléans, a repris ces calculs en modifiant de la manière suivante les hypothèses admises par M. Zeiller.

Il a adopté uniformément comme longueur de véhicule 7 m., 50.

Il a supprimé l'hypothèse de la double traction.

Le poids moyen des wagons pleins a été porté de 12 t. à 14 t.

Au lieu de supposer des trains composés de wagons vides exclusivement, il a admis l'hypothèse de wagons demi-pleins, et une longueur de machine et tender de 15 m.

Il arrive ainsi aux résultats suivants :

Rampes.	Charges.	Nombres de wagons correspondants			Longueurs des trains (7.50 par wagon)			Longueurs à compter croisement dégagé.	Distances entre les aiguilles extrêmes.
		Vides 4ᵀ	Pleins 14ᵀ	Demi pleins 8ᵀ	de wagons vides	de wagons pleins	demi pleins		
10ᵐᵐ	460ᵀ	60 w	33 w	60 w	465ᵐ	262ᵐ	465ᵐ	500ᵐ	600ᵐ
12.5	345	60	24	43	465	195	338	350	450
15	305	60	24	38	465	173	300	325	425
20	205	53	15	27	412	127	217	250	350
25	180	45	13	22	352	113	180	200	300

136. Largeur des entrevoies. — Cette largeur est déterminée par diverses considérations, et notamment par l'établissement des plaques tournantes :

1° *Voies principales*. Normalement l'entrevoie séparant les voies principales est de 2 m., comme en pleine ligne. En général, on n'établit pas de plaques sur les voies principales, sauf aux très grandes gares, où tous les trains s'arrêtent.

Dans ce dernier cas, lorsque les plaques ont 4 m. 80 de diamètre (Nord), la largeur d'axe en axe des voies est portée à 5 m. A l'Ouest, où les plaques ont 5 m. 25, cette même largeur est de 5 m. 50, ce qui donne une entrevoie de 4 m.; mais alors, lorsqu'une voiture est tournée sur une plaque, il ne peut pas y en avoir d'autre, *même en long*, sur les voies contiguës.

2° *Voies de garage.* — Des garages sont placés dans les gares et quelquefois à leurs abords ou même en pleine voie, pour la réception et les manœuvres des trains ; pour le remisage du matériel vide ; pour permettre à des trains de vitesse de dépasser des trains plus lents de voyageurs ou de marchandises.

La largeur des entrevoies à ménager varie suivant les circonstances ; nous allons passer en revue les divers cas qui peuvent se présenter :

Fig. 131

A. *Voie latérale à la voie principale, sans plaques tournantes.* — Le raccordement ab entre la voie principale et la voie de garage doit être placé de telle façon que le garage du train s'effectue par refoulement, car on doit éviter de prendre les aiguilles en pointe. Le tracé de ce raccordement n'offre pas de difficulté.

Si l'on gardait 2 m. pour la valeur de l'entrevoie, les agents chargés de la surveillance ne pourraient pas circuler entre deux trains arrêtés ; on donne donc 2 m. 50, ce qui suffit pour assurer la circulation des hommes et des chevaux dans les grandes gares.

B. *Plusieurs voies de garage parallèles reliées entre elles par une voie transversale avec plaques tournantes.* — Il y a deux cas à considérer :

1° L'une des voies aa peut être une voie de circulation ou une voie de simple remisage. La distance d'axe en axe des voies est égale à la longueur de la demi-diagonale d'un wagon, plus la demi-largeur du wagon arrêté sur la voie principale, soit :

$$\frac{7 \text{ m. } 50}{2} + \frac{3,10}{2} = 5 \text{ m. } 30.$$

On ajoute 0 m. 70 pour le passage d'un homme entre le train arrêté et le wagon qui manœuvre ; il faut donc prendre 6 m. comme largeur

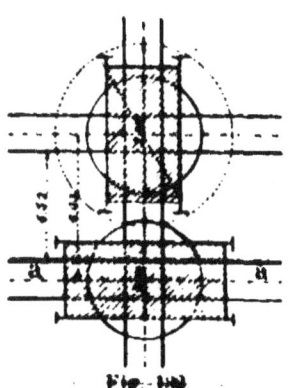

Fig. 132

entre l'axe de la voie *aa* et celui de la voie latérale, soit 4 m. 50 comme entrevoie. Au-delà de la transversale, on peut revenir à la distance de 3 m. 50 d'axe en axe.

Le raccordement de transition, de l'écartement de 6 m.

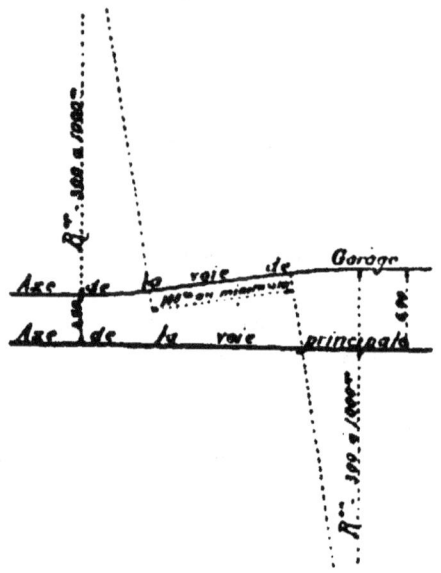

Fig. 133

à celui de 3 m. 50, se fait comme l'indique le croquis ci-dessus, avec une courbe et une contre-courbe de 300 m. à 1.000 m. de rayon et un alignement intermédiaire de 100 m. au minimum.

2° Deux ou plusieurs voies de garage parallèles peuvent être reliées par plaques, tout passage ou stationnement de trains ou de wagons étant supprimé sur les voies placées de part et d'autre de la plaque lorsque celle-ci fonctionne. — Dans ce cas, la distance peut être réduite à celle qui est nécessaire pour la pose même des plaques.

Si le diamètre de la plaque est de 4 m. 20, la distance d'axe en axe pourra être de 4 m. 50 et l'entrevoie sera alors de 3 m. seulement.

§ 1. — PRÉLIMINAIRES

137. Établissement de l'outillage des voies. — Avant d'aborder l'étude des dispositions de détail relatives à l'aménagement des stations, il convient de faire connaître les divers systèmes qui peuvent être adoptés pour le tracé des raccordements de plusieurs voies entre elles, de manière à constituer un outillage permettant d'effectuer les manœuvres de wagons nécessaires.

Ainsi que nous l'avons déjà dit, les plaques tournantes et les chariots roulants ne comportent le déplacement que d'un seul véhicule. Pour des manœuvres rapides, il faut opérer sur plusieurs wagons à la fois et employer soit des changements de voies, soit les appareils qui en dérivent : jonctions, jonctions croisées, traversées-jonctions.

Deux cas peuvent se présenter :

On peut avoir à raccorder entre elles deux ou plusieurs voies parallèles en un point quelconque de leur longueur, ou à relier les extrémités de plusieurs voies à une même voie parallèle aux premières.

Premier cas. — Pour relier deux voies seulement en un point quelconque de leur longueur, on établira une jonction, qui, avec branchements ordinaires (pose non raccourcie, R = 300 m., type de l'Est, angle 5°30′), occupe une longueur de 62 m. 82, soit 63 m. entre les pointes des aiguilles, et 64 m. entre les joints des rails qui précèdent ces pointes (Pl. 12).

Avec pose raccourcie, et rayon de 145 m., cette longueur peut être réduite à 49 m. 16, soit 49 m. et 50 m. Mais cette disposition doit être une exception et il ne faut y recourir que lorsqu'on ne peut pas adopter une autre solution. (Pl. 12).

Pour réunir trois voies, on peut établir deux jonctions successives : on a entre l'origine de la première et la fin de la seconde, une longueur de deux fois 64 m. = 128 mètres. Et, d'une manière générale, si on réunit n voies par des jonctions, on a entre les extrémités de celles-ci une longueur de $(n-1)$ fois 64 m.

Avec des traversées-jonctions successives, qui comportent des changements à pose très raccourcie et des aiguilles de 3 m., cette longueur peut être réduite d'une manière notable.

Second cas. — Pour raccorder les extrémités de plusieurs

voies à une même voie parallèle aux premières, on peut employer divers systèmes :

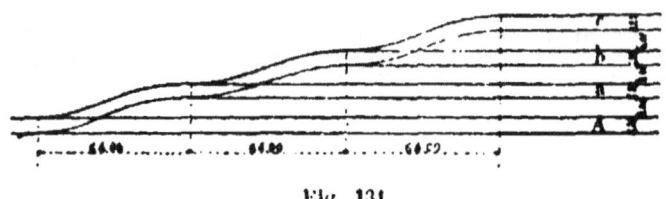

Fig. 134

a. — Relier chacune des voies *a,b,c*, à la précédente au moyen d'une série de courbes et contre-courbes en S, telles que l'extrémité de l'un des raccordements devient, au moyen d'un changement de voie (à gauche), l'origine du raccordement suivant (Fig. 134). — Le tracé est le même que celui d'une jonction et la longueur est, comme pour celle-ci, de 64 m. Mais ce système a deux inconvénients : il est très sinueux et donne lieu à des frottements ; en outre, il exige beaucoup de place.

Fig. 135

b. — Placer sur la première voie A (Fig. 135) un branchement à *gauche* a_1 ; longueur = 32 m. ; puis, au talon du croisement de celui-ci, un second branchement à *droite* b_1, L = 32 m. ; puis un troisième c_1 et ainsi de suite.

D'une manière générale L, étant la longueur d'un changement complet, *e* la distance d'axe en axe des voies, z l'angle de la voie oblique avec la direction commune des voies parallèles,

on a : $\sin z = \dfrac{e}{L}$

ou $\operatorname{tg} z = \dfrac{e}{\sqrt{L^2-e^2}}$

Fig. 136

Soient : $c = 6$ m., $L = 31$ m., 90, on aura $tgz = 0,1915$, et l'inclinaison de la voie s'obtiendra en construisant le triangle rectangle figuré au bas de page précédente.

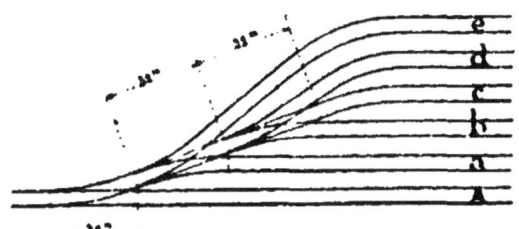

Fig. 137.

c. — On peut encore établir, au départ, un changement à gauche, puis deux changements successifs à trois voies (Fig. 137).

Il convient toutefois de faire remarquer que cette solution n'est pas complètement satisfaisante, en raison du prix élevé de ces appareils et de leur fonctionnement imparfait.

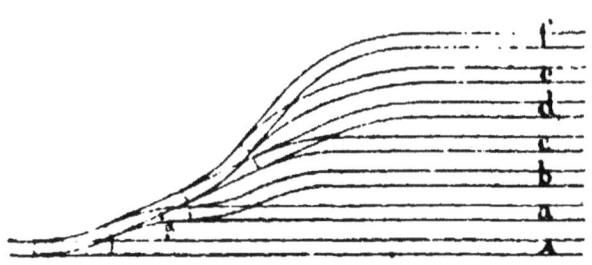

Fig. 138.

d. — Ou encore (Fig. 138) en augmentant l'inclinaison de la voie oblique, et en maintenant les changements à deux voies, établir de deux en deux voies un second changement servant d'origine à une voie intermédiaire.

Il faut que l'angle α soit suffisant pour éviter les tracés en courbe et contre-courbe.

e. — Enfin, on arrive encore au but en faisant aboutir les diverses voies parallèles aux talons d'une série de croisements se succédant sans lacune sur la première voie A.

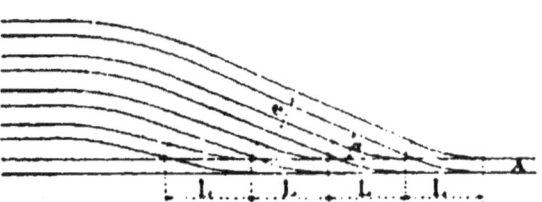

Fig. 139.

(Fig. 139). L'inclinaison x de ces divers raccordements s'obtient comme dans le système b indiqué plus haut. Cette disposition peut être avantageusement employée à l'une des extrémités du faisceau étudié, dont l'autre extrémité est raccordée suivant le mode b.

On a remarqué que ce système b avait l'inconvénient de réduire la longueur de chaque voie de 32 mètres par rapport à la précédente à mesure qu'on s'éloigne de la voie A. L'inverse a lieu avec le système e. — Il y a sensiblement compensation, sauf pour la première et la dernière voies qui sont un peu plus longues.

Il est bien entendu que des raccordements aussi multipliés que ceux que comporte l'adoption du mode e ne pourraient être placés sur une des voies principales. Aussi le système b est-il le plus fréquemment employé, malgré l'obligation qu'il impose (si l'on attribue à la voie extérieure du faisceau une longueur égale à la longueur normale des trains à garer), de donner aux autres voies un supplément de longueur inutile et coûteux.

Ces voies, de longueurs variables, peuvent cependant être convenablement utilisées lorsque le faisceau qui les constitue est placé au point de concours de plusieurs lignes, de profils différents, comportant par conséquent des trains de diverses longueurs ou est appelé à servir au triage des trains.

§ 2

SERVICE DES VOYAGEURS. VOIE UNIQUE

Nous allons étudier les divers types de stations en usage, en allant des plus simples aux plus importants.

§ 2. — SERVICE DES VOYAGEURS. VOIE UNIQUE

On distingue : 1° les stations de voyageurs ;
               2°   —   de marchandises.

I. — SERVICE DES VOYAGEURS

Les stations de voyageurs peuvent être classées de la manière suivante :

Voie unique. — 1° Stations ne pouvant recevoir qu'un seul train à la fois ;
             2° Stations pouvant recevoir deux trains à la fois.

Double voie. — 1° Stations intermédiaires : Stations de faible importance. — Stations importantes (sans ou avec réserve de voitures). — Gares de grande circulation comportant un service local ;
             2° Gares de bifurcation et d'embranchement ;
             3° Gares terminales.

134. Voie unique. 1° Stations ne pouvant recevoir qu'un seul train. — L'emplacement est fixé par le ministre à la suite des enquêtes. Cet emplacement est contigu au chemin A B qui relie les deux localités à desservir et voisin du *passage à niveau* P.N. situé à l'intersection de la ligne et de ce chemin. Un palier est ménagé pour l'arrêt des trains. (Fig. 140).

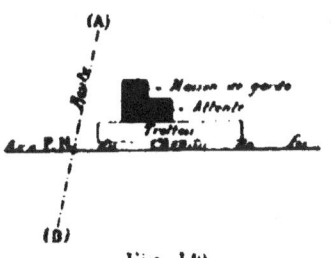

Fig. 140.

Si les localités desservies sont peu importantes, on se borne à établir une halte, qui comporte une salle d'attente annexée à la maison du garde-barrière, avec trottoir le long de la voie et cour extérieure. Les billets sont distribués par le garde-barrière ou par les agents du train. Quelquefois même la halte ne fonctionne qu'à certains jours et pour certains trains (Pl. 33).

Si l'importance du service augmente, on a un garde-halte spécial, dont les écritures et la caisse sont confondues avec celles de la station la plus voisine.

Si le trafic-voyageurs est encore plus actif, la halte devient indépendante et fait le service de la messagerie en même temps que celui des voyageurs (Fig. 141); lorsque la recette atteint 8 à 10.000 fr. par an, on établit un bâtiment spécial. Le garde tient alors sa comptabilité, tandis que sa femme est employée à la distribution des billets ou veille à la barrière.

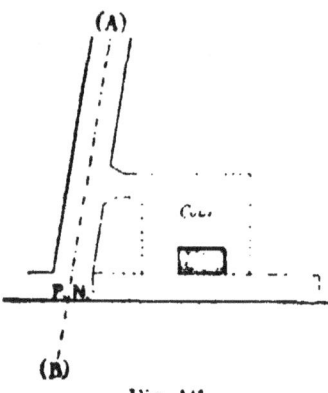

Fig. 141.

On a quelquefois contesté que les haltes offrissent une utilité suffisante.

Elles rendent cependant, en réalité, des services sérieux.

Sur le réseau du Midi, on compte 394 stations et 101 haltes. Tandis que le produit des stations, en 1888, a varié de 12.625.707 fr. pour la plus importante, à 772 fr. pour la plus petite, le produit des haltes a varié entre 39.780 fr. et 237 fr.

139. Voie unique.— 2· Station pouvant recevoir deux trains à la fois. — Voies juxtaposées. — La ligne n'ayant qu'une voie, les croisements des trains de sens contraires doivent avoir lieu dans les stations. Une seconde voie est établie dans ce but. Elle est juxtaposée à la première, à l'intervalle réglementaire de 2 m., de bord à bord des rails intérieurs, avec une longueur égale à celle des plus longs trains qui

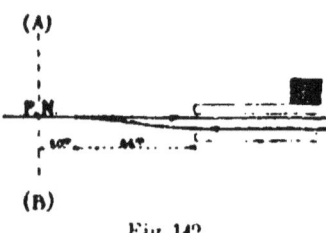

Fig. 142.

circulent sur la section dont il s'agit. La seconde voie est raccordée avec la voie principale par un aiguillage à l'amont et un à l'aval.

L'aiguillage d'amont se place *avant* le passage à niveau, afin de rapprocher le bâtiment des voyageurs du chemin.

Le service du contrôle demande souvent que la pose de l'aiguillage ait lieu *en aval* du passage à niveau, afin que la circulation des charrettes soit plus facile.

Cette disposition est assurément préférable ; mais il y a lieu de remarquer que, dans le cas d'une station de voyageurs, comme celle dont il s'agit ici, il n'y a jamais de manœuvre de machine qui puisse entraver la circulation des voitures ordinaires, et les barrières du passage à niveau restent fermées tant qu'il y a un train en gare.

Pour satisfaire à cette demande du contrôle, il faudrait ménager une distance de 20 m. entre la pointe de l'aiguille et le passage à niveau (la locomotive et le tender ayant 17 m. de longueur) (Fig. 142). La jonction ayant 64 m., l'extrémité du trottoir et le bâtiment seraient reculés de 64 + 20 = 84 m., soit 90 m. au-delà du passage à niveau.

La conséquence la plus sensible de cette modification serait l'allongement du chemin d'accès et une augmentation de dépenses en terrain, matériaux d'empierrement, etc.

140. Interposition du second trottoir. — La gare possède deux quais ou trottoirs extérieurs aux voies, un pour chacune des directions. Cette disposition peut être modifiée en plaçant le second trottoir entre la voie principale et la voie de garage. L'avantage qui en résulte est d'épargner la traversée des deux voies au voyageur devant monter dans un train station-

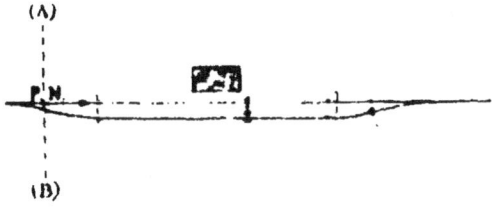

Fig. 143.

nant sur la voie opposée au bâtiment (Fig. 143). En effet, si un voyageur arrive tardivement et que la voie principale n° 1 ne soit pas occupée, il peut traverser immédiatement en face du bâtiment pour arriver au train en partance stationnant sur la voie 2 ; mais à côté de cet avantage on a, par contre, l'inconvénient d'imposer aux voies un tracé sinueux et d'obliger à un ralentissement des trains express, lorsque la ligne en comporte. En outre, le sens habituel de la descente des voitures est changé (les voyageurs descendant généralement des voitures à gauche par rapport au sens de la marche du train), ce qui peut amener des accidents.

141. Double voie. — 1° Stations intermédiaires. — Si la station est de *faible importance*, les voies sont parallèles et juxtaposées, avec trottoirs de part et d'autre. Les voyageurs qui doivent prendre le train pair (1) traversent cinq minutes avant l'arrivée de celui-ci.

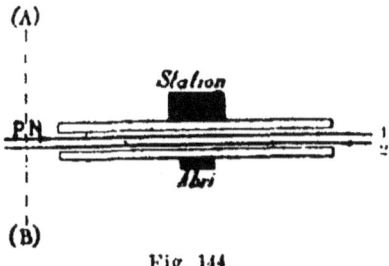

Fig. 144.

Pour garantir, pendant ce temps, les voyageurs contre les intempéries, on établit sur le deuxième trottoir un abri. Cette construction entraîne un supplément de dépense, que l'on cherche à éviter dans les petites stations. On y parvient quelquefois en plaçant le 2° trottoir entre les deux voies, ce qui permet aux voyageurs de rester dans la salle d'attente jusqu'à l'arrivée du train.

Il est nécessaire de prévoir le cas où une des deux voies serait interceptée par suite d'un accident, et où les trains de l'une des deux directions devraient marcher à contre-sens, ou, comme on dit, à *contrevoie*.

Pour permettre ce changement de marche, on réunit les voies principales dans la station au moyen d'une jonction ou diagonale, dont le tracé doit être tel que les aiguilles ne soient pas prises en pointe ; cette jonction s'effectue par conséquent

---

(1) La voie 1, suivie par les trains allant de gauche à droite du plan, est la voie des trains impairs.

La voie 2, de droite à gauche, contiguë, est la voie des trains pairs.

suivant AB (Fig. 145), et non suivant A'B', et affecte la forme d'une S ; elle peut occuper diverses positions :

Fig. 145.

On peut la placer à l'amont ou à l'aval de la station. Le choix n'est pas indifférent, car, selon qu'elle occupera l'un ou l'autre emplacement, elle peut se prêter plus ou moins aisément aux circonstances à venir. C'est par ce motif que, pour avoir un service plus rapide, on est amené à mettre deux jonctions dans les grandes gares.

Prenons un exemple.

Quand la station considérée est précédée d'une forte rampe, on est obligé d'ajouter une locomotive de renfort pour aider la machine du train à le remorquer.

Il y a deux manières d'installer le renfort, soit en attelant la nouvelle machine immédiatement en avant de la machine titulaire (il faut que les deux mécaniciens s'entendent bien, afin que la puissance totale produite par les deux locomotives soit complètement utilisée ; c'est le cas d'une rampe plus forte que les rampes ordinaires de la ligne, sans être tout à fait anormale); soit en attelant la machine de renfort en queue du train, ce qu'on fait dans le cas d'une rampe exceptionnellement forte. La machine placée en queue soulage les attelages qui fatigueraient trop et maintient les voitures qui pourraient rétrograder si l'un d'eux venaient à se rompre.

Premier cas. — Supposons d'abord que la machine de renfort ait été placée en tête ; dans ce cas, la position de la jonction est en D, à l'avant de la station. Le train s'arrêtant, la machine de renfort est dételée et rentre au dépôt R, en passant par la seconde voie (Fig. 146).

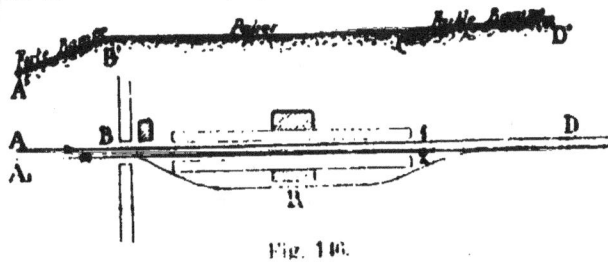

Fig. 146.

Second cas. — Si la machine de renfort est mise en queue, on place la jonction en amont de la gare. Celle-ci pourrait alors être aussi bien placée à l'aval de la station, mais la machine de renfort devrait attendre le départ du train pour rentrer au dépôt, en R, ou redescendre vers A, à son point de départ.

Cet exemple suffit pour montrer que, selon les circonstances, on peut avoir intérêt à placer la jonction tantôt en amont, tantôt en aval de la station.

142. Station de grande circulation sans remaniement de trains. — La disposition du bâtiment des voyageurs, de l'abri et des trottoirs est la même que précédemment.

Dans les petites stations, les voyageurs descendus à droite attendent le départ du train qui les a amenés ou de celui qui peut se trouver sur la voie de gauche pour pouvoir sortir. Mais, dans une station importante, s'il y a 200 voyageurs descendant du train pair, faudra-t-il attendre que les voies soient libres pour les leur faire traverser et leur permettre de sortir ? Deux cas peuvent se présenter :

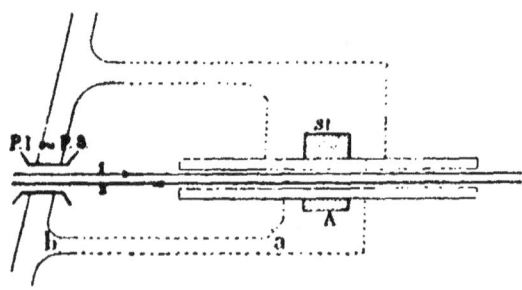

Fig. 147.

On peut avoir à proximité de la gare un passage en dessus ou en dessous, ou bien un passage à niveau.

Dans le cas d'un passage supérieur ou d'un passage inférieur (Fig. 147), on relie le second trottoir au passage au moyen d'une rampe ou d'une pente *ab*. Le service est alors un peu plus compliqué; car, s'il y a deux trains en gare à la fois, il faut un chef de gare et deux agents recevant les billets, et comme le service dure 18 heures sur 24, on doit porter le nombre des employés à cinq au moins.

Si la gare ne comporte, eu égard à son importance, qu'un personnel restreint (un chef de station et un facteur), il faut renoncer à cette disposition.

Dans le cas d'un passage à niveau à proximité de la station, on peut faire sortir les voyageurs par le passage et leur faire franchir les voies sous la surveillance du garde-barrière.

Dans ces conditions mêmes, il est préférable de maintenir la traversée des voies dans l'intérieur de la gare, la surveillance y étant plus active que partout ailleurs.

La discussion qui précède montre qu'il y a un intérêt sérieux à bien choisir l'emplacement du bâtiment des voyageurs. On est ainsi conduit à se poser la question suivante.

143. Position du bâtiment des voyageurs. — *Etant donnée une localité, de quel côté du chemin de fer doit-on placer ce bâtiment ?*

Supposons d'abord que le chemin qui relie la voie ferrée à la localité considérée franchit la ligne par un passage supérieur ou un passage inférieur. — Examinons ce qui se passe au départ et à l'arrivée d'un train.

1° *Départ.* — Dès que le train s'arrête, les voyageurs partants se pressent, inquiets, pour trouver à se placer ;

2° *Arrivée.* — Les voyageurs arrivant descendent de leur compartiment, attendent paisiblement le moment où ils pourront traverser la voie occupée et gagner la sortie.

Le départ ou l'embarquement des foules est toujours tumultueux ; l'arrivée ou le débarquement des foules, au contraire, est tranquille.

Il en résulte qu'on doit adopter pour le bâtiment de la station l'emplacement le plus favorable aux mouvements des voyageurs partants.

Considérons la station de *Saint-Denis*. Deux voies, 1 et 2, sont affectées aux trains de la grande ligne ; deux voies, 3 et 4, aux trains de banlieue. Enfin deux voies, 5 et 6, de date relativement récente, servent aux trains-tramways (Fig. 148).

252 CHAPITRE IV. — GARES ET STATIONS

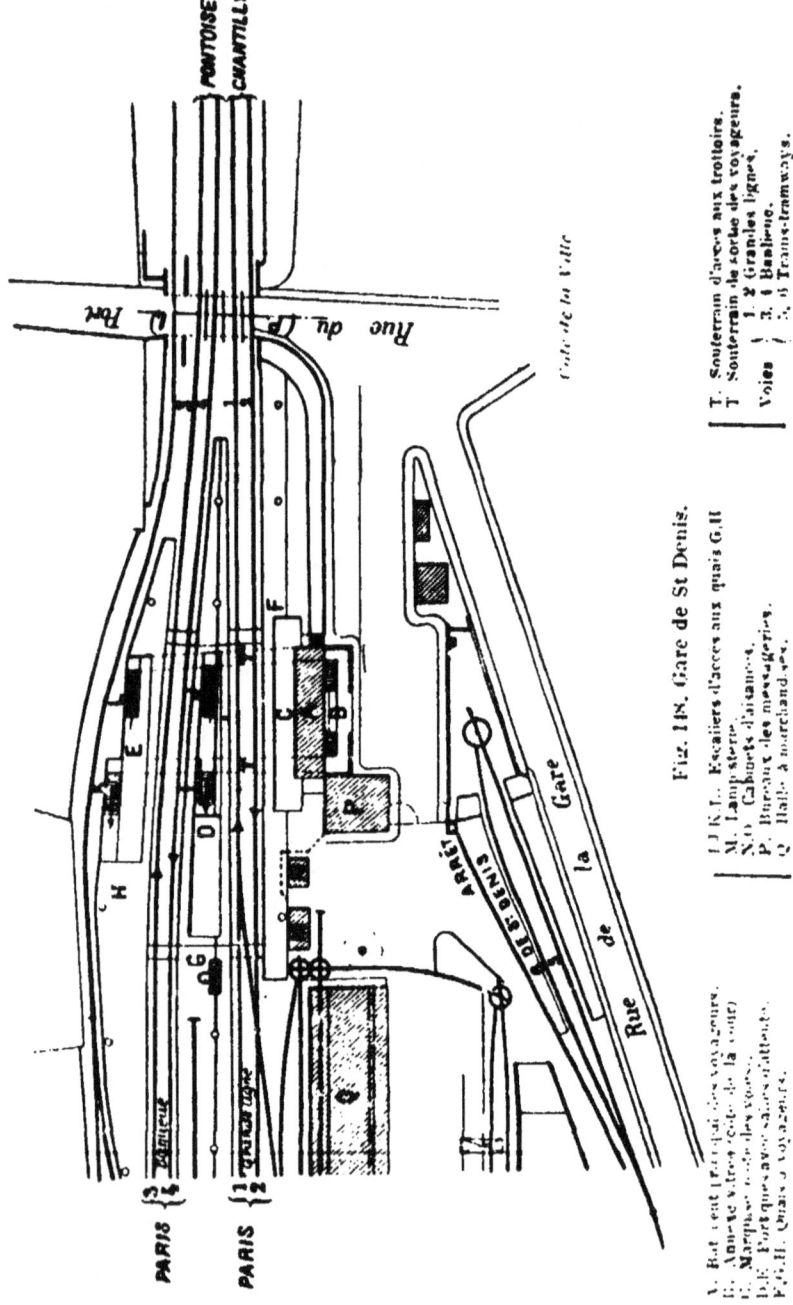

Fig. 118. Gare de St Denis.

Pour les voyageurs qui partent ou arrivent par ces derniers trains, l'accès ou la sortie ne présente aucune difficulté; l'arrivée et le départ sont également commodes.

Les mouvements des voyageurs arrivant ou partant par les trains de banlieue (voies 3 et 4) sont aussi très faciles, grâce aux deux couloirs souterrains qui relient les trottoirs à la cour des voyageurs. L'un T sert aux voyageurs qui, après avoir pris leurs billets au guichet en B (s'offrant à eux dès leur arrivée de la ville), accèdent à ces trottoirs : les uns pour aller vers Paris par l'escalier I, les autres pour aller vers Pontoise par l'escalier K. L'autre souterrain T' sert aux voyageurs arrivant à Saint-Denis et qui, venant de Paris, sont descendus sur le trottoir E et sortent par l'escalier L, ou aux voyageurs qui, venant de la direction de Pontoise, descendent sur le trottoir G et sortent par l'escalier J.

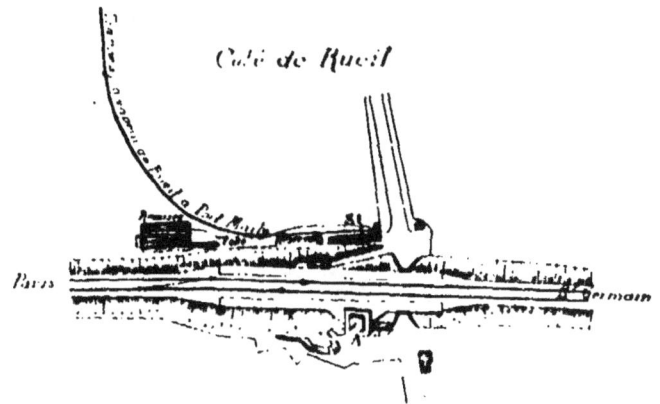

Fig. 149. Station de Rueil.

Examinons maintenant la disposition de la station de *Rueil* (ligne de Saint-Germain) établie en remblai, à côté d'un chemin qui franchit le chemin de fer en dessous (Fig. 149).

La station a été placée du côté des grands départs, bien qu'il ne soit pas celui de la ville. L'accès des voyageurs se dirigeant vers Paris est rendu constamment possible, même lorsque le train est en gare, à l'aide du passage inférieur.

A *Nanterre*, (Fig. 150) sur la même ligne, un passage à niveau précède la station, qui a été placée du côté opposé aux grands départs. Aussi les voyageurs ne peuvent-

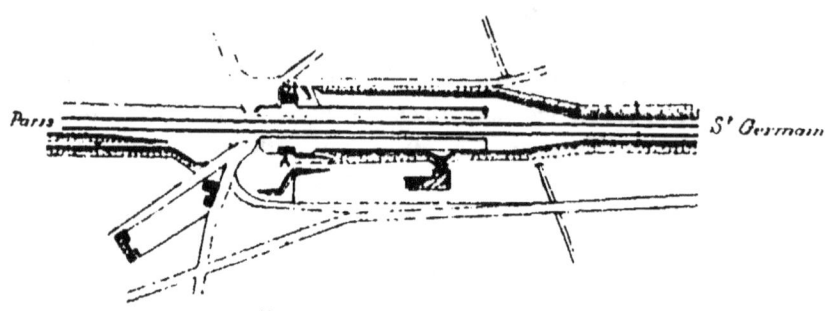

Fig. 150. Station de Nanterre.

ils partir pour Paris qu'à la condition d'arriver en gare assez à temps pour traverser les voies avant l'arrivée du train. Cet inconvénient ne pourrait être évité que s'il existait un passage souterrain comme à Saint-Denis, ou une passerelle comme à Saint-Cloud.

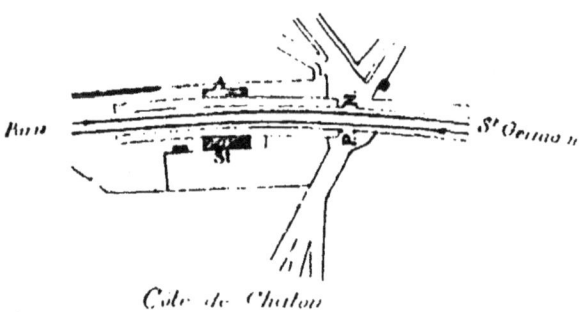

Fig. 151. Station de Chatou.

A *Chatou*, un passage à niveau suit la station ; mais,la localité étant du côté des grands départs, le bâtiment des voyageurs a été placé de ce même côté (Fig. 151).

En résumé : 1° quand la station est contiguë à un passage inférieur ou à un passage supérieur, on place le bâtiment des voyageurs du côté des grands départs ; 2° quand elle est con-

§ 2. — SERVICE DES VOYAGEURS. VOIE UNIQUE

tiguë à un passage à niveau, on le place du côté de la localité, et, si ce côté n'est pas celui des grands départs, on établit un passage spécial au-dessus ou au-dessous des voies.

111. Gares à quais croisés. — Dans certaines gares, pour faciliter le service des bagages, on a disposé les deux quais en échelons. Le bâtiment des voyageurs est placé au bout du premier trottoir, l'abri est en face au commencement du deuxième trottoir (Fig. 152).

Fig. 152.

Dans ces deux conditions, les fourgons à bagages f_1, f_2, placés en arrière des machines m_1, m_2 de chacun des trains, s'arrêtent en face du bâtiment.

Dans le cas ordinaire, où les trottoirs sont en regard l'un de l'autre, les tricycles ont un assez long parcours à effectuer pour aller de la salle des bagages à la tête des trains, ce qui peut amener des retards.

L'inconvénient de cette disposition est d'allonger démesurément la station. Le bâtiment des voyageurs est reporté à 150 m. environ du passage à niveau ; l'avenue d'accès est allongée de la même quantité, et les voyageurs, pour atteindre la dernière voiture, sont obligés de parcourir les 150 m. de quai. — Pour améliorer le service des bagages, on compromet celui des voyageurs. On occupe, en outre, plus de longueur sur les voies principales.

115. Gares sur un chemin en tranchée (dans une ville). — Dans la traversée des villes, où les chemins de fer sont avec avantage établis en tranchée (ils sont alors beaucoup moins sonores : Londres, Paris-ceinture), on place le bâtiment des voyageurs au niveau de la rue et à cheval sur les voies. On a un escalier et un quai pour desservir chacune des voies principales (Porte-Maillot, le Trocadéro) (Fig. 153).

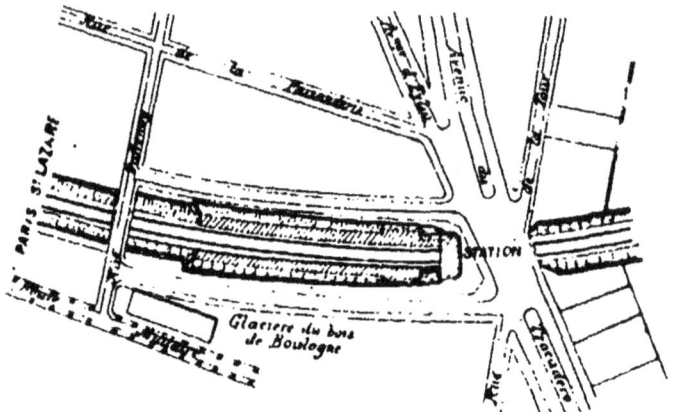

Fig. 154. Station du Trocadéro (Ceinture de Paris).

Le service des bagages est gênant dans ces conditions, à cause des escaliers à monter ou à descendre, mais sur les lignes de banlieue, il n'a qu'une faible importance et peut être moins bien traité sans qu'il en résulte d'inconvénient sérieux.

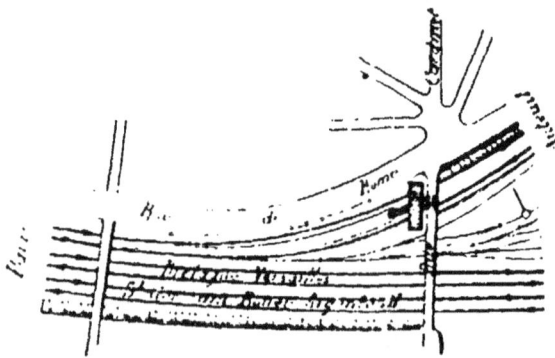

Fig. 154. Station de Batignolles (ligne d'Auteuil).

La station des Batignolles à Paris, (Fig. 154), est établie d'une manière analogue. Le bâtiment est disposé transversalement au-dessus de la ligne d'Auteuil. Entre les voies se trouve un trottoir unique abrité par une marquise et au milieu de ce trottoir sont placés des bancs.

Cette solution économique laisse à désirer à cause de l'étroitesse du trottoir et aussi parce que les voyageurs arrivant croisent souvent les voyageurs partant.

Telles sont les gares où les trains ne font que prendre ou déposer des voyageurs et des bagages, sans que leur composition soit changée ou modifiée.

Nous allons examiner maintenant les dispositions annexes qui permettent d'ajouter ou de retirer des voitures.

186. Stations importantes avec remisages de voitures. — Lorsque le nombre des places offertes devient trop considérable, eu égard aux places occupées, on retire une ou plusieurs voitures. Dans le cas contraire, on en ajoute.

1° Lorsqu'il s'agit de laisser des voitures, on sépare de préférence celles qui sont en queue du train. Il suffit pour cela de défaire les attelages ; l'opération s'effectue donc promptement et la voiture peut être laissée sur une quelconque des voies de la gare ;

2° Dans le cas où on doit ajouter des voitures, il faut disposer d'une remise (bâtiment couvert) ou d'un remisage (voies découvertes) spécial, où des voitures des trois classes, et quelquefois des fourgons, sont tenus en réserve.

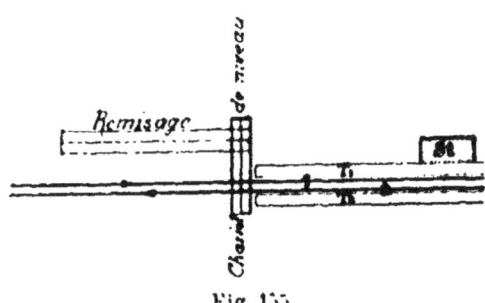

Fig. 155.

Ces remises peuvent être disposées de différentes manières et desservies par divers appareils.

Les chariots sans fosse permettent de réaliser la meilleure disposition et d'obtenir la suppression de toute dénivellation donnant lieu à des accidents et le raccordement immédiat des voies du remisage ou de la remise avec les voies principales des deux directions.

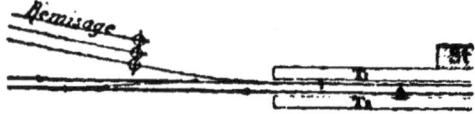

Fig. 156.

On peut employer aussi des plaques avec aiguilles : à l'extérieur des voies de la remise, on dispose des plaques tournantes sur une voie transversale et on raccorde celle-ci par une voie en courbe à la voie principale contiguë. Une jonction permet de desservir la voie principale opposée.

Fig. 157.

On peut remplacer la batterie de plaques par un chariot avec fosse.

Pour avoir une remise parallèle aux voies principales, on éloigne celle-ci et on raccorde la dernière voie de la remise à la voie principale voisine, au moyen d'une courbe et d'une contre-courbe.

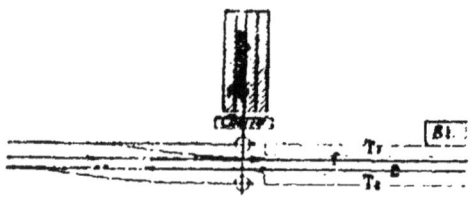

Fig. 158.

La remise peut être normale aux voies principales ; mais dans ce cas elle exige, indépendamment du chariot, l'emploi de plaques tournantes.

§ 2. — SERVICE DES VOYAGEURS. VOIE UNIQUE

Avec l'une ou l'autre de ces installations, on peut ajouter une ou plusieurs voitures à un train en y faisant une coupure au point le plus convenable, généralement le plus voisin du point de soudure du remisage à la voie principale sur laquelle le train est placé.

Disposition adoptée dans le cas d'un service de marchandises contigu. — Quand, à la station de voyageurs se trouvent annexées des voies de marchandises, on adopte la dernière des dispositions ci-dessus, qui permet d'employer les voies contiguës aux voies principales pour le service de la remise des voitures et pour celui des wagons de marchandises des deux directions.

Remise étroite (une voie) en usage sur les petits chemins. — Dans les stations des petites lignes, où l'on doit ménager le le terrain et procéder très économiquement, on dispose la remise parallèlement aux voies principales avec une seule voie. Celle-ci est reliée aux voies de la station par une courbe et une contrecourbe.

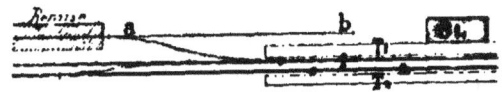

Fig. 150.

Or, les voitures sont disposées comme suit sur la voie de la remise :

1 voiture de première classe.
2   —   deuxième   —
3   —   troisième   —

Si l'on a besoin de la dernière voiture, on est obligé de sortir toutes les autres.

Pour faciliter cette manœuvre, la voie de la remise est prolongée en *ab*. C'est sur ce prolongement qu'on place les voitures qui entravent la sortie de la voiture extrême.

Une fois le wagon dont on a besoin dégagé et sorti, on réintègre dans la remise les voitures qu'on avait été obligé d'en sortir.

117. Emplacement des réserves de matériel (*grande vitesse*). — Les remises ou les remisages de voitures constituent les réserves.

Ces réserves sont établies :

1° dans les grandes gares ;
2° dans les gares terminus ou d'embranchement ;
3° enfin dans certaines gares de banlieue fréquentées, ou qui sont les centres spéciaux d'attraction d'une région.

§ 3.

GARES DE GRANDE CIRCULATION AVEC SERVICE LOCAL.

118. Conditions diverses. — Certaines gares fonctionnent à la fois :

Comme gares de passage pour des trains qui les traversent et parcourent la grande ligne sur laquelle elles sont placées, sur la totalité ou sur une grande partie de sa longueur, et comme gares terminales pour des trains qui y meurent et y prennent naissance et ne parcourent qu'une faible section.

Elles doivent donc être disposées de manière à satisfaire à la fois au service *général* des premiers et aux service *local* des seconds.

Deux cas peuvent se présenter :

    A. — Le service *général* prime le service *local* ;
    B. — Le service *local* prime le service *général* :

Dans le premier cas, c'est-à-dire lorsque les trains locaux sont peu nombreux, — *un* ou *deux trains* par jour dans chaque sens, — on forme ces trains, à bras d'homme, sur une voie en impasse communiquant avec la remise des voitures et, ces trains une fois formés, on les amène avec la machine le long du quai à voyageurs.

Dans le cas où les trains locaux sont plus nombreux et le

§ 3. GARES DE GRANDE CIRCULATION AVEC SERVICE LOCAL.

départ rapproché de l'arrivée, il convient d'adopter des dispositions spéciales qui varient selon les circonstances.

119. Premier cas. — Départ du train du côté opposé au bâtiment des voyageurs. — Le service *général* s'effectue sur une ligne AB, dont les deux voies principales sont 1 et 2 ; le service *local* donne lieu à des trains entre A et C (station).

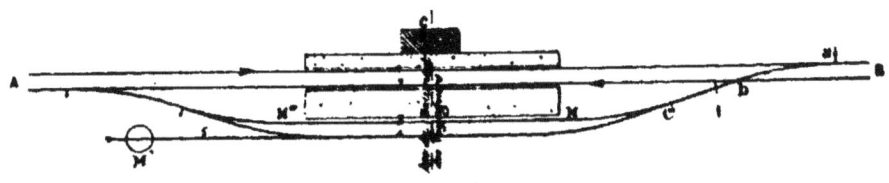

Fig. 160.

Le train arrivant de A sur la voie 1 débarque ses voyageurs à quai, dépasse a, refoule et se gare sur la voie 3, située derrière le deuxième quai. Il emprunte, pour cela, la jonction abc, qui traverse la voie 2 en b.

Une fois arrêté, le train a sa machine en queue, en M. Pour amener celle-ci en tête en M″, on la détache ; elle s'avance en bc, prend la voie 4, va sur le pont tournant qui termine la voie 3, où elle est tournée et se place en M″ en tête du train.

(Il convient que la manœuvre à faire en bc n'intéresse pas les voies principales. Pour cela on doit laisser au moins 20 m. entre le point c et la traverse de garage (t).)

Deux fourgons entrent dans la composition du train : l'un en tête, l'autre en queue, de manière à simplifier les manœuvres. S'il n'y a qu'un fourgon, on l'amène d'abord en tête du train par la voie 4 ; la machine vient ensuite, après être passée au pont tournant pour y être tournée.

La manœuvre, plus compliquée, demande un temps plus long.

Au moment voulu, les voyageurs sortent des salles d'attente, traversent les voies et montent dans le train, qui peut repartir pour A.

150. Départ du train du côté du bâtiment des voyageurs. Ancienne gare de Saint-Denis. — Dans le cas où l'affluence des voyageurs est considérable, il faut éviter la traversée des voies principales. On peut adopter l'ancienne disposition de Saint-Denis. Fig. 161.

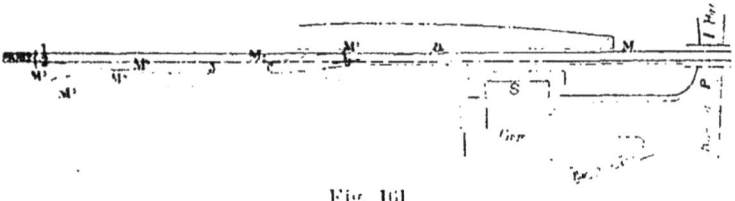

Fig. 161

Le service *général* est celui de Paris vers le Nord et la Belgique. Le service *local* était celui de Paris à Saint-Denis.

Le train arrivant par la voie 1 avec sa machine en M rebroussait sur une voie latérale n° 3, le long du trottoir contigu au bâtiment suffisamment allongé. La machine placée en c était détachée, revenait par la jonction abc, passer en M_1M_2, puis en M_3M_4, était tournée sur la plaque en M_5, puis refoulait en M_6, où elle reprenait la tête du train.

Mais cette manœuvre avait l'inconvénient d'occuper les voies principales pendant un temps assez long, ce qui est gênant et dangereux dans le cas où la circulation est active.

Ces deux dispositions supposent un seul train local.

Dans le service des banlieues, on a besoin, surtout le dimanche, d'avoir en station 2 ou 3 trains, ou davantage. On a ainsi été conduit à employer d'autres dispositions.

Gare d'Enghien. Fig. 162. — Les trains arrivent de Paris par la voie 1 débarquent leurs voyageurs, puis avancent au-delà de la gare, de manière que l'arrière dépasse l'aiguille a. On refoule alors sur les voies de garage 3 et 4 en passant par les aiguilles a, b, c. La machine se dégage par la voie 5, est tournée sur la grande plaque établie sur cette voie, et empruntant soit l'aiguille f, soit l'aiguille e, vient se replacer en tête de son train attendant le départ. Les trains partent ensuite successivement de la voie 3, qui longe le bâtiment, après un court stationnement devant celui-ci pour prendre les voyageurs.

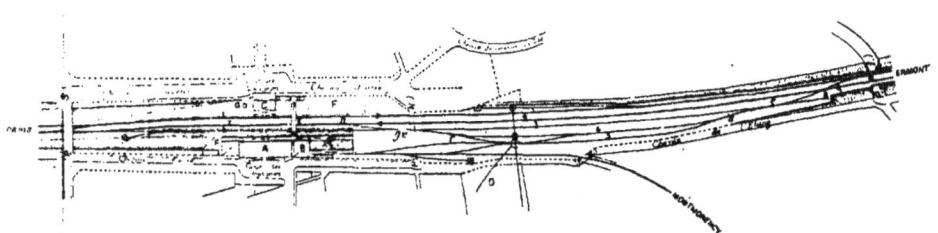

Fig. 162. — GARE D'ENGHIEN

A. Bâtiment des voyageurs. — B. Salle d'attente des voyageurs pour Montmorency. — C. Portique, lampisterie, cabinets d'aisance. — D. Parc aux marchandises. — E. Passerelle double pour piétons. — F. Quais à voyageurs. — G. Guérite du préposé aux billets.

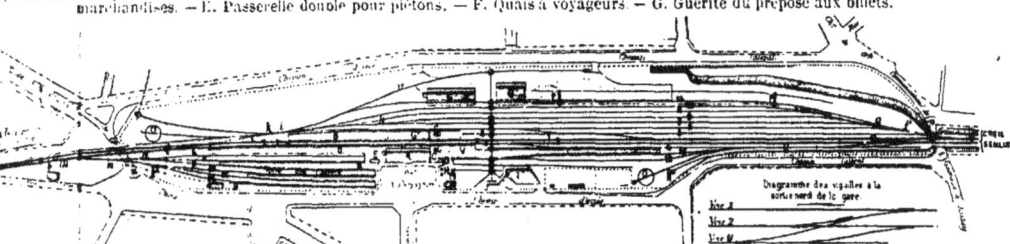

Fig. 163. — GARE DE CHANTILLY

A. Bâtiment des voyageurs. — B. Quais à voyageurs. — C. Escaliers (P. I). — D. Cabinets. — E. Lampisterie, abri de pompe, corps de garde. — F. Chauferetterie. — G. Halles couvertes. — H. Réservoirs d'eau. — I. Quai à bestiaux. — J. Atelier de menuiserie. — O. Ponts tournants de 14 m. — P. Treuils roulants. — U. Voie de Senlis (n° 4). — V. Quai de Senlis.

Gare de Chantilly (Courses). Fig. 163. — On a créé à Chantilly tout une installation spéciale affectée au service des courses et permettant d'organiser des départs toutes les cinq minutes.

Trois grandes voies de garage 5, 7, 9 et une voie de manœuvre 11 sont établies au-delà des voies principales, du côté opposé au bâtiment des voyageurs. Normalement, les trains arrivent de Paris sur la voie 1. Les jours de course, on pose, à l'amont de la gare, une jonction *ab* pour les faire arriver sur la voie 2, latéralement au bâtiment. Les voyageurs descendent et sortent ainsi immédiatement sans avoir à traverser les voies comme à l'ordinaire par le couloir CC. Le train avance et, lorsque son arrière a dépassé l'aiguille *e*, il est refoulé sur la voie 5. La machine se détache, passe par la voie de ceinture n° 11, tourne sur la plaque d'amont, et revient par les aiguilles *h* et *i* sur la voie 5 se replacer à la queue de son train, qui en devient désormais la tête.

Deux trains peuvent être placés à la suite l'un de l'autre sur chacune des voies 5, 7 et 9.

Dès que les voies principales peuvent être traversées, les trains garés à gauche des voies principales franchissent ces voies suivant *kl* et *mno* ou *mnp* en amont de la gare et viennent se ranger sur les voies 4, 6, 8, 10, 12 et 14, groupées 2 par 2 du côté opposé, parallèlement et avec trottoirs interposés.

Lorsque les courses sont terminées, les voyageurs remplissent successivement tous les trains et ceux-ci partent pour Paris à des intervalles de cinq minutes.

III. — GARES DE BIFURCATION.

131. Gare de passage pour les trains des deux directions. — Les trains traversent la gare sans y subir de remaniements.

Fig. 164. — Station de Villeneuve-Saint-Georges (P.-L.-M.).

Deux solutions :

§ 3. — GARES DE GRANDE CIRCULATION. SERVICE LOCAL.

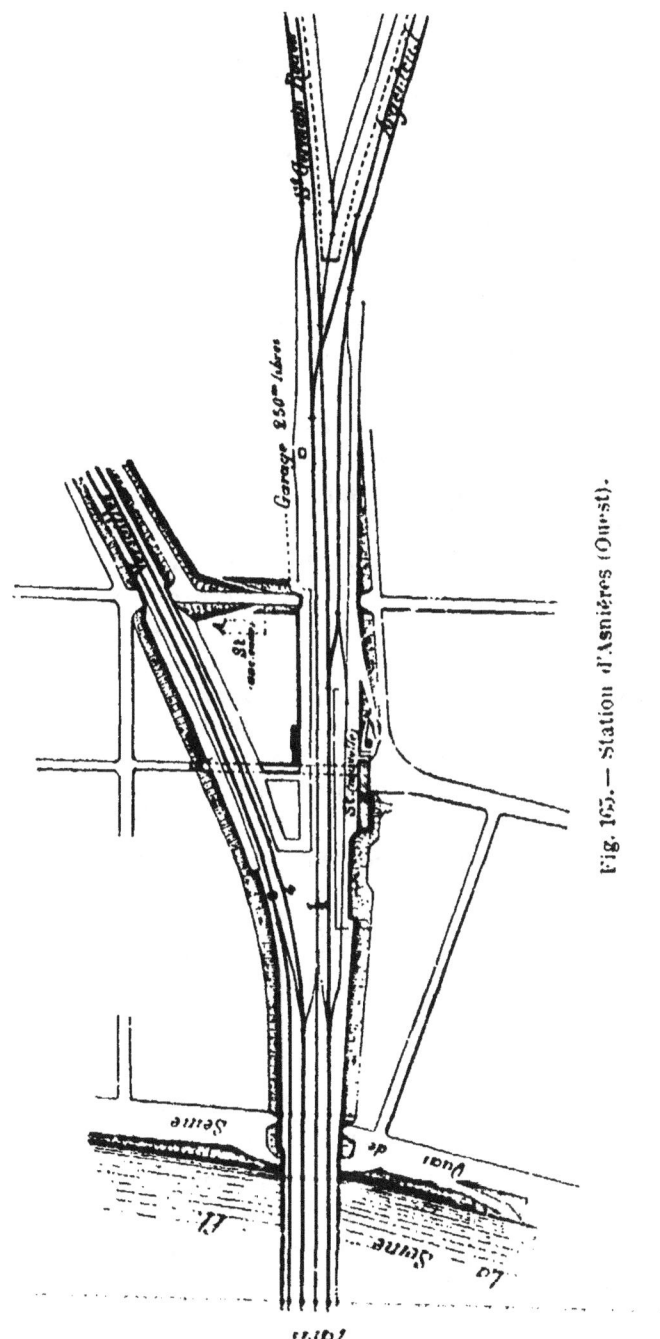

Fig. 165. — Station d'Asnières (Ouest).

1° La gare est placée sur le tronc commun, comme à Villeneuve-Saint-Georges, Fig. 164, avant l'établissement récent des quatre voies. Dans les conditions les plus défavorables, les voyageurs n'avaient que deux voies à traverser.

2° La gare est dans l'angle des deux lignes concourantes, comme à Asnières autrefois Fig. 165, ou à Ermont, avec un trottoir intermédiaire et des trottoirs extérieurs.

Les voyageurs locaux accèdent à la station par un chemin transversal inférieur aux voies.

Dans le cas où ils se rendent sur les trottoirs extérieurs, ils n'ont que deux voies à traverser à niveau. Mais les voyageurs arrivant par la voie 2 et devant se rendre sur le trottoir de la voie 3, ont 4 voies à franchir, ce qui est un grave inconvénient et constitue un danger. Pour y remédier, on a établi un passage souterrain, avec un escalier en regard de chaque trottoir.

A Asnières, le bâtiment construit originairement en A a été brûlé en 1848 et en 1871. On l'a reconstruit en dernier lieu en B; un couloir souterrain relie les trottoirs entre eux.

152. Gare de passage pour les trains de la direction la plus importante et généralement terminale pour les trains de l'autre direction. — C'est plutôt la juxtaposition de 2 chemins qu'une bifurcation. Exemple :

Gare de Noyelles. — A la gare de Noyelles, Fig. 166, sur la ligne de Paris à Boulogne, s'embranche la ligne de St-Valéry.

Fig. 166. — Gare de Noyelles (Nord).

Cette dernière ligne longe, à son arrivée, le trottoir des trains impairs, et se raccorde : avec la voie 1 par une jonction *cd*; avec la voie 2 par une jonction *eg* (avec traversée en *f*). Il n'y a donc pas d'aiguille prise en pointe. Cette installation est complétée par une voie d'évitement pour la machine et par un tronçon de voie avec pont tournant *h*.

§ 3. — GARES DE GRANDE CIRCULATION. SERVICE LOCAL   267

Indiquons les manœuvres à faire dans les différents cas qui pourront se présenter.

1° *Trains de Saint-Valéry à Noyelles* et vice-versa. — Le train venant de Saint-Valéry s'arrête sur la voie 3. La machine se dégage par la voie 5, va tourner sur le pont b et revient se mettre en tête du train, ainsi prêt à repartir. Il faut, dans ce cas, deux fourgons : l'un en tête, l'autre en queue du train. Sinon, il faut placer le fourgon en arrière de la machine — ce qui allonge la manœuvre — et avoir un frein sur la dernière voiture du train.

2° *Train de Paris à Saint-Valéry*. — Le train arrive par la voie 1, dépasse l'aiguille d, rebrousse sur la voie 3, laisse les voyageurs pour Noyelles et continue pour Saint-Valéry.

3° *Train réciproque : de Saint-Valéry à Paris*. — Le train arrivant de Saint-Valéry prend la jonction efg et continue par la voie 2.

4° *Train de Saint-Valéry à Boulogne (très rare)*. — Le train s'arrête sur la voie 3. La machine se dégage par la voie 5, va tourner sur le pont b, revient se mettre en tête du train et prend la jonction cd pour rejoindre la voie 1.

153. Gare de passage ou terminale pour les trains des diverses directions (*Possibilité de remaniement*). — Il existe 3 types principaux, Pl. 34, satisfaisant à ces données :

2 types français, l'un avec troncs communs, l'autre avec voies indépendantes ;

1 type allemand ou suisse avec cisaille médiane.

Types français : 1° Dans le premier (adopté par la Cie d'Orléans), Pl. 34, N°, toutes les voies aboutissent à un même tronc commun, d'où les trains partent pour prendre la voie spéciale qui leur est attribuée. Le nombre des voies est égal au nombre de trains reçus simultanément.

Soit : 3 lignes, I, II, III aboutissant à gauche de la gare.
       2 lignes, IV, V,   —   droite   —

Il peut arriver à la fois 3 trains par les voies 1, 2, 3 à gauche, et 2 trains par les voies 4 et 5 à droite. C'est ce qui résulte de la nécessité d'établir une correspondance facile entre les divers trains aboutissant dans une même gare.

On établit, de part et d'autre, un tronc commun T, T₁, pour les arrivées, et, de même, deux troncs communs T'₁, T'₁, pour les départs.

On voit aisément comment les trains arrivant par 1, 2, 3, 4 et 5 pourront se rendre sur les voies qui leur sont attribuées.

On voit aussi comment chacun de ces trains pourra poursuivre sa route : les trains 1, 2, 3 sur 4' ou 5'; les trains 4 et 5 sur 1', 2' et 3'; ou bien, après retournement de la machine sur le pont P — en empruntant les jonctions interposées entre les voies principales, — revenir sur la ligne déjà parcourue.

On peut établir un quai entre les voies de voyageurs ou des quais de 2 en 2 voies.

Le système dans lequel *un* trottoir dessert *deux voies* est préférable à celui dans lequel *chaque trottoir* dessert *une seule* voie, qui oblige les voyageurs à un trop long parcours.

En Angleterre, la traversée des voyageurs a lieu au moyen de passages inférieurs ou supérieurs ; en Allemagne, au moyen de passages inférieurs.

Des postes d'aiguilleurs, avec enclenchement des leviers de signaux, sont établis en regard des troncs communs, aux deux extrémités de la gare.

Cette installation est complétée au moyen : 1° d'une voie de ceinture pour la circulation des machines, voie sur laquelle s'embranche celle du dépôt et du pont tournant ; 2° de voies transversales, avec plaques tournantes[1] ou chariot, desservant une ou deux remises de voitures, à l'aide desquelles on peut ajouter des voitures aux trains ou en retrancher, selon les exigences du service.

L'avantage de cette disposition est de rendre la surveillance facile. — L'inconvénient est d'obliger à faire dans les trains en stationnement des coupures pour permettre le passage des voyageurs se rendant aux trains les plus éloignés et leur éviter de trop longs détours.

2° Le second type français comporte une autre disposi-

---

[1]. Nous rappelons que cela exige un intervalle de 4 m. 40 à 5 m. d'axe en axe, entre les voies.

tion, appliquée de préférence à la précédente sur le réseau du *Midi*. Pl. 34. A'.

L'adoption de troncs communs de part et d'autre du faisceau est la cause, sur des portions de voies déterminées, d'une circulation confluente, extrêmement active et susceptible, dans le cas où la surveillance viendrait à se ralentir, d'amener de graves accidents. Au Midi, on écarte cette solution et on tend à prolonger les diverses voies concourantes jusqu'en regard des trottoirs de la gare. — Une difficulté se présente alors ; elle se rapporte au raccordement à effectuer de chacune des lignes aboutissantes avec les diverses voies de garage (réception et départ) des trains de marchandises en provenance ou à destination de ces lignes. La solution peut être obtenue au moyen d'une voie coupant obliquement l'ensemble des voies principales et présentant, à chaque intersection, une traversée--jonction.

Type Suisse. Pl. 34. B. — Afin d'obliger les voyageurs à faire un moindre parcours et un parcours moins dangereux, on a imaginé la disposition appliquée à Olten où les trains arrivant par les diverses lignes viennent accoster au bord d'un même trottoir, qui est précisément celui qui entoure le bâtiment des voyageurs. — Les deux voies principales passent devant le bâtiment. Elles peuvent contenir deux trains chacune sur la longueur de ce trottoir. Au milieu, on dispose deux jonctions-croisées (appelées aussi cisaille ou bretelle), permettant par leur superposition de gagner de la place dans le sens de la longueur. De part et d'autre de cette cisaille, on donne aux voies une longueur égale à celle des trains à recevoir. — A droite et à gauche du bâtiment des voyageurs, on établit une voie en impasse pouvant recevoir un train ; et latéralement une voie de dégagement des machines. Ces voies sont reliées de chaque côté au tronc commun qui commande l'entrée de la gare.

Voici comment s'opère la manœuvre des trains :

Les uns : de Bâle à Berne, traversent la gare.

Les autres : de Zurich et de Lucerne, s'y arrêtent.

Le train 1 (à gauche de la Fig. B) suit la voie principale jusqu'à la jonction médiane ab et vient stationner en T_1 ;

Le train 2 (à droite) prend la voie extérieure en *cd*, suit un itinéraire symétrique et vient stationner en T_2 ;

Le train 3 (à gauche) passant par *pijn*, vient s'arrêter en T_3. La machine se dégage de l'impasse et, après avoir été tournée en *l*, se replace en tête du train pour le départ.

Le train 4 (à droite) vient de même en T_4.

Près du bâtiment des voyageurs, se trouve la remise des voitures, desservie par un chariot.

L'avantage de cette disposition est de permettre aux voyageurs de circuler aisément sur un même trottoir, sans avoir aucune voie à traverser.

L'inconvénient qu'elle entraîne est la dissémination des quatre trains sur des voies éloignées dans la gare et l'allongement des distances à faire parcourir aux bagages.

Un autre inconvénient résulte de l'obligation de donner à la gare une longueur de 400 m. au minimum et d'éloigner par conséquent les traversées de routes et de chemins coupés par le chemin de fer.

Gare d'York. — La gare d'York, Fig. 167, établie en courbe, a été disposée suivant le principe appliqué à Olten, mais de manière à recevoir un plus grand nombre de trains.

Voici quelle est, en résumé, la disposition adoptée :

Les voies principales se dédoublent en tête des trottoirs et permettent de recevoir les trains 1, 2, 3, 4, 5 et 6. Au centre du trottoir (côté droit) existe une plateforme, devant laquelle se trouve le bâtiment des voyageurs. De cette plateforme partent deux autres trottoirs, l'un à droite, l'autre à gauche, desservant les voies 7, 8, 9, 10.

C'est, au total, dix trains que l'on peut recevoir simultanément, soit huit autour d'un même trottoir. Trois postes d'enclenchements *Saxby*, A, B, C, l'un au centre, les deux autres aux extrémités, commandent toutes les manœuvres de la gare.

Chacune des voies principales et son dédoublement sont reliés par deux cisailles dans l'intérieur de la gare.

Les voies principales elles-mêmes sont reliées par deux cisailles à l'entrée et à la sortie.

Les trottoirs T, T' sont reliés par un couloir souterrain, de

§ 3. — GARES DE GRANDE CIRCULATION. SERVICE LOCAL.   271

manière à éviter complètement aux voyageurs la traversée des voies.

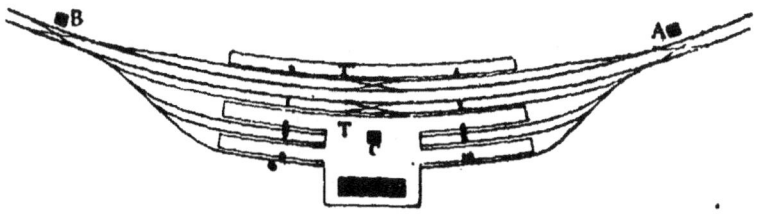

Fig. 167. — Gare d'York (Schéma).

Une simplification peut être apportée au plan de cette gare en ce qui concerne l'établissement des voies. On remarque, en effet, que deux voies de service ont été prévues entre les deux voies principales pour l'arrivée des trains 1, 2, 3 et 4. On peut n'en placer qu'une seule et disposer les jonctions comme l'indique le croquis ci-contre. On voit aisément que,

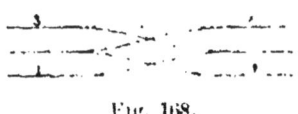

Fig. 168.

avec cette disposition comme avec celles qui avaient été figurées d'abord, on peut faire arriver ou partir l'un quelconque des trains 1, 2, 3, 4, alors que les trois autres sont à quai, et gagner une certaine largeur en rapprochant l'une de l'autre les deux voies principales 1-2 et 3-4 de stationnement des trains.

On peut d'ailleurs maintenir la continuité de ces voies en établissant les parties figurées en pointillé.

IV. — GARES TERMINALES.

Les gares terminales sont, comme leur nom l'indique, celles que l'on établit aux extrémités des lignes de fer, en des points que l'on considère comme ne pouvant pas être dépassés dans l'avenir.

Ces gares sont donc placées à l'origine des divers réseaux, à Paris, dans quelques grandes villes, au bord de la mer et dans le fond des vallées en impasse. — Elles présentent par conséquent une importance très variable. Nous les examinerons successivement en commençant par les plus simples.

154. Gares terminales au fond des vallées. — Les installations qu'elles comportent sont généralement très modestes. Les vallées qui sont formées par les contreforts des Pyrénées, par exemple, sont desservies par de nombreuses lignes en impasse, se détachant de la ligne principale de Toulouse à Bayonne et desservant les établissements balnéaires, quelques sous-préfectures ou même des chefs-lieux de canton, tels que Pierrefitte, Cauterets, St-Sauveur, Bagnères-de-Bigorre, Bagnères de Luchon, St-Girons, etc.

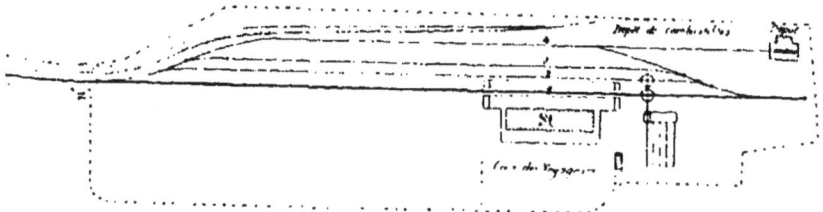

Fig. 169. — Gare de Bagnères-de-Luchon (Midi).

Les gares terminales établies dans ces localités sont disposées comme les gares de passage : bâtiment latéral, deux (1 et 2) ou trois voies (1, 2, 3) de voyageurs desservies par deux trottoirs, voie de service (4) pour la machine.

Dans le cas où une machine au moins doit passer la nuit dans la station, on construit un petit dépôt. On tâche d'éviter l'établissement toujours coûteux d'un pont tournant : cela est possible si la ligne n'a qu'une longueur de 15 à 20 kilom., l'administration supérieure autorisant, dans ce cas, la marche de la machine à contresens, c'est-à-dire foyer en avant.

Enfin, une réserve de quelques voitures complète les installations relatives au service des voyageurs.

155. Gares au bord de la mer. — Ces gares sont quelquefois analogues aux précédentes, c'est-à-dire unilatérales,

§ 3. — GARES DE GRANDE CIRCULATION. SERVICE LOCAL   273

comme si la ligne qui vient de l'intérieur devait se prolonger
en une ligne côtière ; telles sont celles de Fécamp (Fig. 170),
Arcachon, etc.

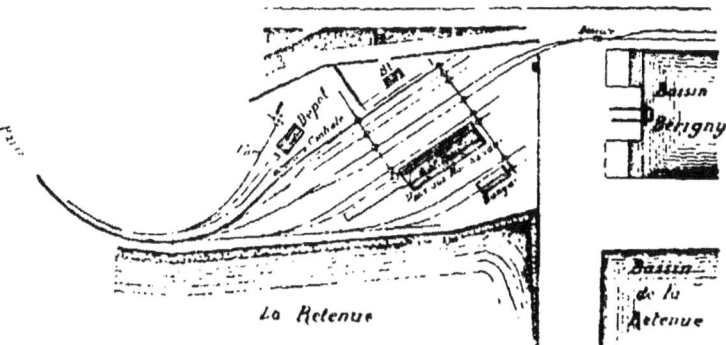

Fig. 170. — Gare de Fécamp (Ouest).

D'autres fois, elles sont constituées par deux bâtiments,
l'un pour le départ l'autre pour l'arrivée, desservis par des
cours indépendantes et comprenant entre eux un faisceau de
trois voies au moins : St-Malo (Fig. 171), Dieppe (172).

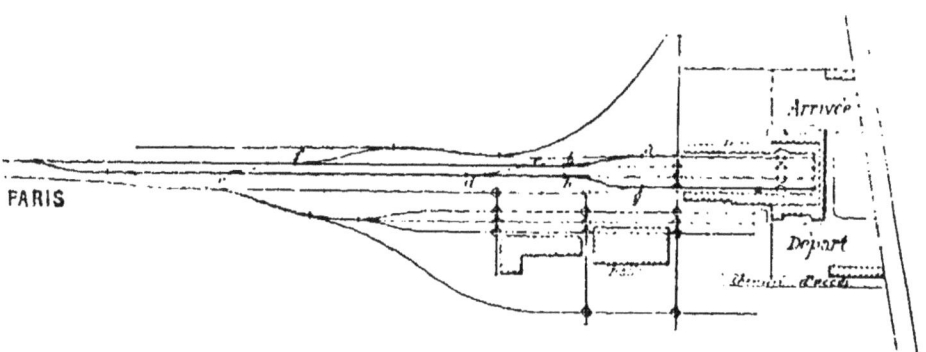

Fig. 171. — Gare de Saint-Malo (Ouest).

Ces voies sont reliées à leurs extrémités par des transversales
avec plaques tournantes. Les deux voies contiguës aux trottoirs
qui longent le bâtiment sont destinées : l'une au départ, l'autre
à l'arrivée des trains. La voie médiane sert au remisage des
voitures à ajouter à ces trains, en cas d'insuffisance, au moment de leur départ.

18

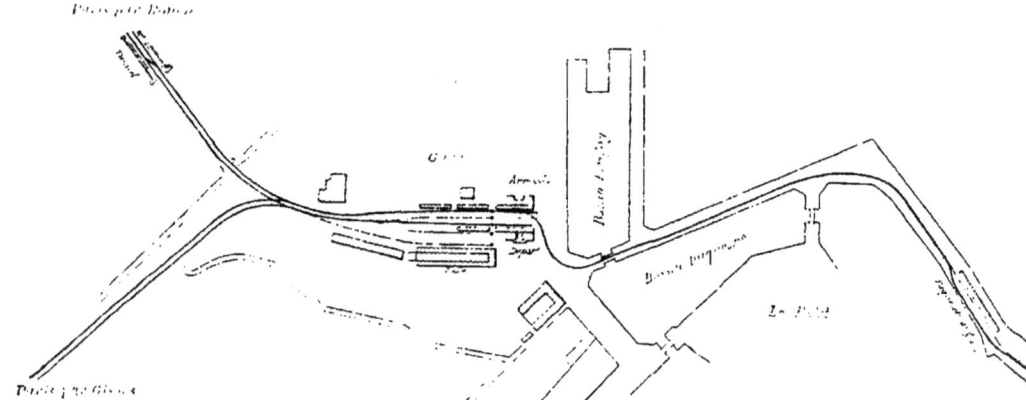

Fig. 113. Gare de Dieppe (Ouest).

§ 3. — GARES DE GRANDE CIRCULATION. SERVICE LOCAL. 275

L'ensemble de ces voies est recouvert par une halle généralement en métal. La partie extrême est fermée par un bâtiment, ou quelquefois et plus simplement, par un mur formant un fer à cheval surmonté d'un pignon vitré, de manière à éviter les courants d'air et la pluie, sans faire obstacle au passage de la lumière.

Tout train arrivant est arrêté, avant son entrée en gare entre les aiguilles f et e (Fig. 171) devant une estacade en charpente ou en maçonnerie, dite banc de contrôle, sur lequel circulent les agents chargés de constater que les voyageurs occupent bien les places qui conviennent aux billets dont ils sont porteurs et de recueillir ces billets. Pendant le temps de cette opération, la machine placée en tête a été détachée, refoule par cd, passe par ef en queue du train, où elle est de nouveau attelée. Le contrôle étant achevé, le train est poussé jusqu'à ce qu'il soit en regard du trottoir d'arrivée.

Telles sont les dispositions adoptées dans un certain nombre de ports importants : Bordeaux (Bastide), Le Havre, etc. Quelquefois, comme à Dieppe (Fig. 172), la voie d'arrivée franchit une porte placée à son extrémité et se prolonge jusqu'au quai d'un des bassins du port, où doit avoir lieu l'embarquement des voyageurs sur un paquebot. On réalise ainsi, d'une manière aussi immédiate que possible, la correspondance entre la voie de fer et la voie d'eau.

136. Gares terminales dans quelques grandes villes. — A l'origine des chemins de fer, quelques lignes ont été concédées entre Paris et des villes importantes, voisines ou éloignées, qu'elles ne semblaient pas devoir jamais dépasser. C'est ainsi qu'on a construit les deux lignes de Paris à Versailles (rive droite et rive gauche), celles de Paris à Orléans, à Tours, à Bordeaux (Bastide). Les deux lignes de Versailles n'ont pas été prolongées, mais toutes les autres l'ont été.

A St-Germain, où la gare était en tranchée, la ligne a été continuée en souterrain.

A Versailles, on a renoncé à prolonger les deux premières lignes et on a créé une troisième gare (des Chantiers) sur la direction de la Bretagne (Fig. 173).

276 CHAPITRE IV. — GARES ET STATIONS

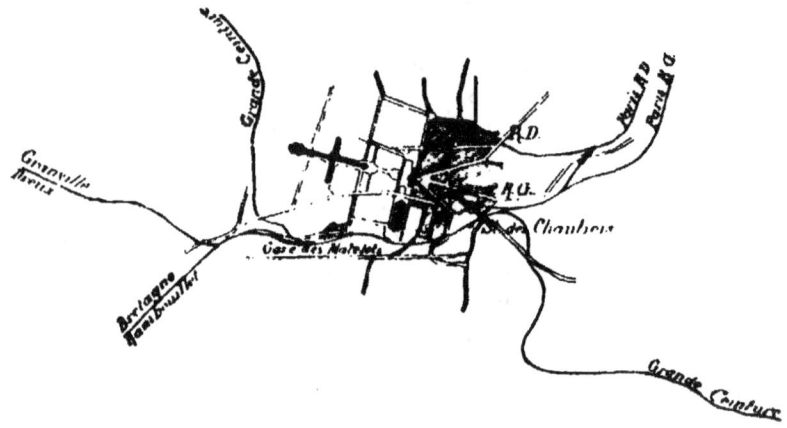

Fig. 173. — Gare de Versailles et lignes aboutissantes.

A Orléans la gare ancienne a été conservée comme gare locale et on a dû créer, à une certaine distance de la ville, une gare nouvelle de passage (les Aubrais), où aboutissent la ligne du centre (Vierzon) et celle de Bordeaux (Fig. 174).

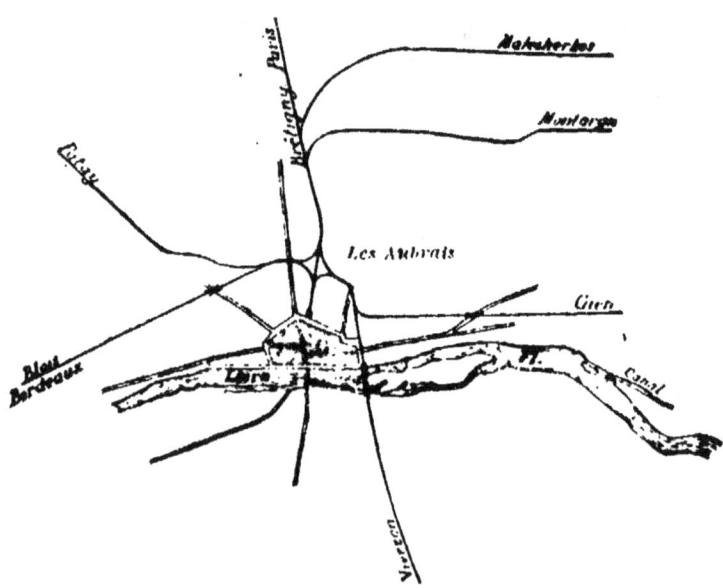

Fig. 174. — Gare d'Orléans et lignes aboutissantes.

§ 3. — GARES DE GRANDE CIRCULATION. SERVICE LOCAL. 277

A Tours, la situation est la même : on a dû aussi établir une gare de passage (St-Pierre-des-Corps) (Fig. 175).

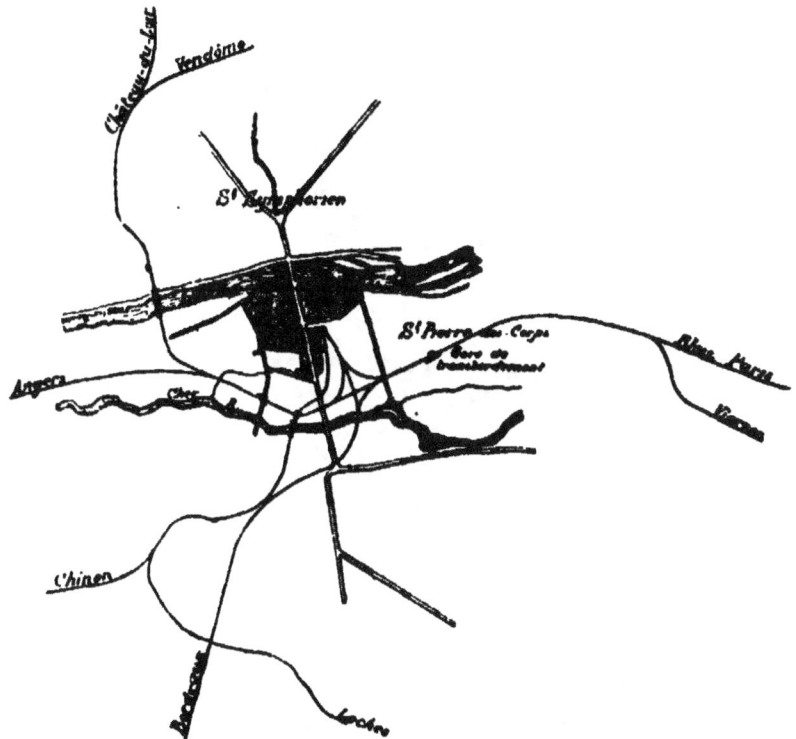

Fig. 175. — Gare de Tours et lignes aboutissantes.

Il eût été facile cependant d'éviter la création de gares de *rebroussement* dans ces deux villes en modifiant un peu, dès le début, le tracé de la ligne principale et l'orientation de la gare. On aurait évité, en même temps, l'exécution des nombreux raccordements que l'établissement d'une arrivée normale a rendus nécessaires, la circulation de trains qui font la navette entre la gare de passage et la gare de rebroussement, les délais et pertes de temps qu'elle entraîne pour les voyageurs, etc.

A Bordeaux, on a dû renoncer à diriger un certain nombre de trains vers la gare terminale de la Bastide et — la ligne étant prolongée en amont de la ville vers l'origine du réseau du Midi, à St-Jean, devenue gare de passage, — amener dans cette gare les trains express appelés à correspondre avec les lignes de Cette et de Bayonne (Fig. 176).

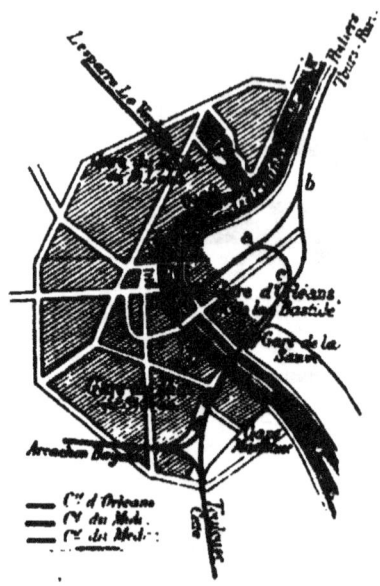

Fig. 176. — Gares de Bordeaux et lignes aboutissantes.

Les dispositions de ces gares terminales se rapprochent de celles des gares déjà décrites ; nous n'y reviendrons donc pas.

Nous signalerons cependant, comme présentant des conditions spéciales d'établissement, la gare de Versailles (R.D.). — Dans cette gare, il n'y qu'un bâtiment médian au lieu de deux, et deux groupes de voies placés de part et d'autre de celui-ci, au lieu d'un seul interposé. Fig. 177.

Dans ces conditions, les salles d'attente occupant toute la largeur de ce bâtiment avec portes ouvrant sur les trottoirs latéraux de part et d'autre, on peut faire partir un train soit à droite, soit à gauche. Grâce à la disposition des voies de jonction qui réunissent les deux groupes latéraux, 1,2,3, — 1'2'3' — aux deux voies principales, — un train partant soit de la voie 2, soit de la voie 1' peut aisément gagner sa voie normale vers Paris. De même un train arrivant de

Paris peut, sans difficulté, être dirigé vers l'une des deux voies 2 ou 1', ou (les jours de fête) vers l'une des deux voies supplémentaires 1 ou 2'.

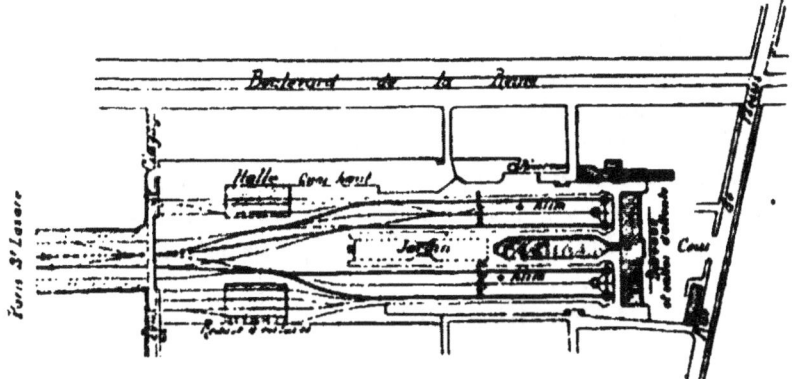

Fig. 177. — Gare de Versailles (R. D.)

157. Gares terminales de Paris. — Les gares qui desservent de grandes villes, comme Paris, doivent être placées aussi près que possible du centre ; c'est là une condition essentielle qui oblige à des sacrifices considérables, mais à des sacrifices qui deviennent fructueux dans l'avenir.

Il n'est pas douteux que les services de banlieue prennent d'autant plus d'importance qu'ils permettent plus aisément de supprimer les omnibus et les voitures de correspondance entre la gare et le centre de la ville. Et l'on a tout lieu de supposer que la position favorable de la gare de l'Ouest (St-Lazare)[1], a puissamment contribué au développement du mouvement de la population parisienne vers la banlieue environnante. La même observation s'applique, quoique à un degré moindre, aux deux gares du Nord et de l'Est, qui arrivent au milieu de faubourgs très populeux. Les gares de Paris-Lyon-Méditerranée et d'Orléans, au contraire, en raison de leur situation excentrique, sont moins commodes pour les voyageurs à petite distance, dont le trajet se trouve allongé dans une proportion

---

1. On avait même pensé, à l'origine, à amener la gare St-Lazare jusqu'à la rue Tronchet.

relativement considérable par la course supplémentaire à faire en voiture qu'impose leur éloignement [1].

Ces indications suffisent pour faire pressentir les différences importantes qui existent entre les gares terminales de quelques grandes villes dont nous avons parlé précédemment et les gares de Paris, d'une part, et entre les diverses gares de Paris comparées entre elles, d'autre part.

Les gares de capitales, desservant des agglomérations considérables, doivent satisfaire à la fois aux exigences des parcours à grande distance et de ceux à petite distance ou de banlieue.

Les dispositions générales à adopter pour l'établissement de ces gares résulteront donc de l'importance de chacun de ces deux services.

Les gares de Paris, têtes de lignes de grands réseaux, sont au nombre de six, savoir :

Gare de l'Ouest, rive droite (St-Lazare);
— du Nord ;
— de l'Est ;
— de l'Ouest, rive gauche (Montparnasse);
— de P.-L.-M.;
— d'Orléans.

Les trois premières, Ouest, Nord et Est, et surtout celle de l'Ouest, ont un service de banlieue très développé. Les deux dernières, un service beaucoup moindre. Quant aux chemins de fer de l'État, ils n'ont à Paris qu'un service de grande ligne par la gare Montparnasse.

On peut dire, d'une manière générale, que, dans le premier cas, il faut multiplier les voies, dont le nombre est fonction du nombre des trains, multiplier également le nombre des trottoirs qui doivent desservir ces voies et — en raison de l'impossibilité de faire traverser celles-ci pour atteindre les trottoirs interposés — rattacher tous ces trottoirs à un quai extrême sur lequel s'ouvrent les portes des salles d'attente.

Cette disposition n'a qu'un inconvénient, c'est qu'elle oblige

---

[1]. Des études ont été faites en vue du rapprochement de la première de ces deux gares. Mais le chiffre élevé de la dépense qu'entraînerait cette opération empêche sa réalisation.

à un long transport des bagages ; mais cet inconvénient a peu d'importance, car les trains de banlieue ne transportent jamais qu'une faible quantité de bagages.

Pour le service des grandes lignes, qui doit s'effectuer concurremment avec celui de la banlieue, on adopte deux dispositions : ou bien il est placé sur un des côtés de la gare, ou bien sur les deux côtés, alors que le service des trains de banlieue est disposé au centre.

Lorsque le service des grandes lignes est prédominant et celui de la banlieue peu important, la disposition générale du bâtiment est celle des gares en fer à cheval des grandes villes, que nous avons déjà décrites.

158. Gare de l'Ouest (Saint-Lazare) (Planche 40). — La gare Saint-Lazare affecte la forme d'un grand éventail, qui se divise en deux parties, l'une (côté de la rue de Rome) affectée au service des trains de banlieue, l'autre (côté de la rue d'Amsterdam) attribuée au service des trains des grandes lignes.

Les 14 voies de banlieue, sont groupées par deux ; les 17 voies de grandes lignes sont réparties en quatre faisceaux de 3 ou 4 voies au plus et trois voies indépendantes.

Ces 32 voies se soudent à 6 voies principales constituant trois directions qui desservent les lignes suivantes :

	Banlieue	Grandes lignes
1re direction.	Ceinture de Paris. Auteuil.	» »
2e direction.	Versailles (R.D.) L'Etang-la-Ville.	Bretagne (partie).
3e direction.	St-Germain-en-Laye. Paris-Nord.	Rouen, Dieppe, le Havre, Dieppe par Gisors. Le littoral de la Manche, Cherbourg.

Les groupes binaires actuels des voies de banlieue étaient autrefois des groupes de 3 ou 4 voies réunies à leur extrémité par 3 plaques tournantes. Dans ces conditions, les deux voies extérieures de chaque groupe servaient à la réception ou à l'expédition des trains indistinctement, tandis que la voie médiane servait au dégagement de la machine des trains arrivant. Le dessin (Planche 10) représente cette disposition qui a été conservée pour les voies de grandes lignes. Aujourd'hui, les voies de chaque groupe de banlieue sont réduites à deux et les plaques tournantes, qui avaient l'inconvénient de faire sur les trottoirs une saillie qui en réduisait la largeur d'une manière fâcheuse, ont été remplacées par un chariot roulant à 3 voies portant une plaque unique. La machine d'un train arrivant est reçue sur la plaque de ce chariot; celui-ci se déplace transversalement — s'effaçant sous les trottoirs latéraux en tôle striée —; lorsqu'il est arrivé au milieu de sa course, c'est-à-dire au milieu de l'intervalle entre les deux trottoirs, la machine est tournée de 180°; puis la translation s'achevant, la machine est amenée en regard de la 2° voie par laquelle elle se dégage, soit pour se rendre au dépôt, soit pour être attelée en queue du train dont elle vient de quitter la tête et reconstituer un nouveau train prêt à partir. Si la 2° voie est occupée, la machine reste prisonnière au fond de l'impasse et n'est dégagée que par le départ du train dont une autre machine a pris la tête.

Les voies composant chacun des groupes des grandes lignes sont réunies par des plaques tournantes.

En outre, des batteries de plaques disposées sur des voies transversales permettent de modifier la composition des trains selon les exigences qui se produisent.

Quant aux mouvements des voyageurs, ils sont assurés de la manière suivante :

Une vaste salle de pas perdus (Pl. 10 et 36) règne au centre et dans toute la longueur du bâtiment placé en tête des voies. Elle contient les bureaux à billets et donne entrée dans les salles d'attente. A la partie extrême, du côté de la rue d'Amsterdam, se rattache un bâtiment en aile longeant les voies de grandes lignes et contenant le service des bagages à l'arrivée. Une cour couverte juxtaposée permet aux voyageurs arrivant de monter en voiture et de faire charger leurs bagages à l'abri de la pluie. Le service des arrivées se fait donc dans les conditions les plus favorables.

Celui des départs n'est pas tout à fait aussi favorisé. La voie gauche de chaque groupe, sur laquelle stationnent les trains en partance, ne peut être accostée que par son extrémité. Il en résulte que les voyageurs, avec leurs colis à main, ont une assez grande distance à parcourir entre le point où ils quittent la voiture qui les a amenés et le wagon du train dans lequel ils prennent place.

Quant au service des bagages au départ, il s'effectue pour les lignes de banlieue comme pour les grandes lignes, au rez-de-chaussée du bâtiment placé en tête des voies. Des ascenseurs hydrauliques les élèvent au niveau général de la gare où ils sont repris et conduits au fourgon.

Cette disposition n'a qu'un inconvénient, c'est d'obliger à avoir deux bureaux de distribution de billets pour une même ligne, l'un au rez-de-chaussée auprès des bureaux d'enregistrement des bagages, l'autre au 1er étage pour les voyageurs sans bagages.

Quoi qu'il en soit, cette gare est vaste et commode, les services de l'arrivée et du départ sont bien distincts et les mouvements des trains et des voyageurs, aussi bien que celui des voitures et des piétons, aux abords, lui permettent de faire face, à certains jours d'été, à une circulation qui s'élève fréquemment à 200.000 voyageurs.

159. Gare du Nord. — Les installations de la gare du Nord sont beaucoup moins importantes. Elles doivent satisfaire, d'ailleurs, à des exigences moindres, qui sont les suivantes :

Banlieue :

Creil par Chantilly,
 — par St-Ouen-l'Aumône (près Pontoise).
Persan-Beaumont et Luzarches,
Paris-Ouest.

Grandes lignes :

Amiens, Boulogne, Calais,
Lille et Dunkerque,
Bruxelles, la Belgique, la Hollande et les bords du Rhin,
Soissons, Laon, Hirson.

Les voies destinées à répondre à ces divers services sont groupées à l'intérieur du fer à cheval habituel des gares terminales (Planche 39).

Il y a quelques années, il n'existait entre les bâtiments du départ (à gauche) et ceux de l'arrivée (à droite) que trois groupes : l'un de quatre voies pour le départ des grandes lignes, les deux autres de trois voies chacun pour le service de la banlieue. Les deux voies extérieures de chacun de ces groupes, rapprochées l'une de l'autre, étaient raccordées par aiguilles à la voie du milieu qui servait au dégagement de la machine des trains arrivants.

A l'avant des bâtiments latéraux du fer à cheval, deux groupes, l'un de deux voies, à gauche, l'autre de quatre voies, à droite, servaient : le premier au départ, le second à l'arrivée de certains trains de grandes lignes et au service des messageries.

Le développement croissant des services de banlieue a obligé à modifier la disposition des faisceaux intérieurs. Ceux-ci, au nombre de cinq maintenant, ne se composent plus que de deux voies chacun, comme ceux de la gare St-Lazare. Ces deux voies, sont, à 20 m. environ de leur extrémité, réunies par une jonction croisée pour le dégagement de la machine.

Des batteries transversales de plaques tournantes permettent l'addition ou le retrait facile des voitures.

A l'encontre de ce qui existe à la gare St-Lazare, le service des grandes lignes est scindé : les départs ont lieu à gauche, les arrivées à droite, avec cours de chaque côté : la première plus étroite, avec une simple marquise pour abriter les voyageurs et leurs bagages à leur descente des voitures de ville; l'autre plus vaste, complètement couverte, capable de recevoir les voyageurs de plusieurs trains arrivant presque simultanément et de leur permettre de gagner à couvert, avec leurs bagages, les omnibus et les voitures qui les attendent.

Le service de banlieue occupe le centre de la halle. La salle des pas-perdus et les bureaux à billets correspondants sont placés dans le bâtiment de tête, avec entrée directe sur la place Roubaix.

Cette séparation des deux services du départ et de l'arrivée de chacune des grandes lignes à leur origine entraîne comme conséquence l'obligation de les rapprocher à la sortie de la gare en traversant les lignes de banlieue interposées.

D'un autre côté il faut aussi que la gare des marchandises, située extra-muros, se raccorde à chacune des deux voies de chaque direction pour permettre l'arrivée et le départ des trains de marchandises. Nous verrons bientôt les dispositions qui ont été réalisées dans ce but.

160. Gare de l'Est. — La gare de l'Est a quelque analogie avec la gare du Nord ; toutefois elle est moins importante.

Elle était il y a une dizaine d'années, telle que la représente la figure 178. — Bien qu'elle soit aujourd'hui plus en rapport avec un service considérablement augmenté, elle n'est pas suffisante ; la figure 179 indique son état actuel.

Ce service est le suivant :

Banlieue [1] :

Meaux et Château-Thierry.
Gretz, Longueville, Provins.

Grandes lignes :

Nancy, Avricourt, l'Alsace et l'Allemagne.
Troyes, Belfort, la Suisse et l'Italie.

Cette gare étouffe actuellement entre les deux bâtiments latéraux de son fer à cheval ; des voies ont été depuis longtemps établies à l'avant, de part et d'autre du faisceau principal. Les

---

1. Les autres lignes de banlieue de la compagnie de l'Est, Vincennes et Brie-Comte-Robert, sont desservies par la gare spéciale de la place de la Bastille.

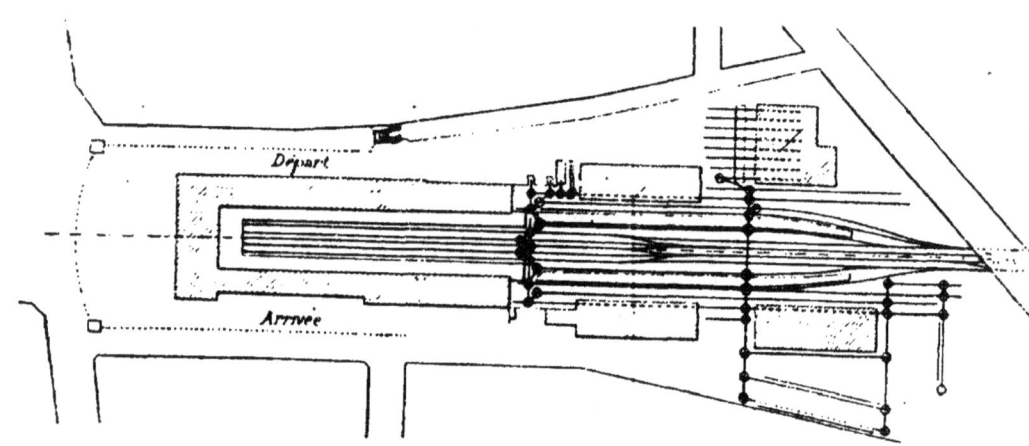

Fig. 178. — Gare de l'Est, à Paris, en 1880.

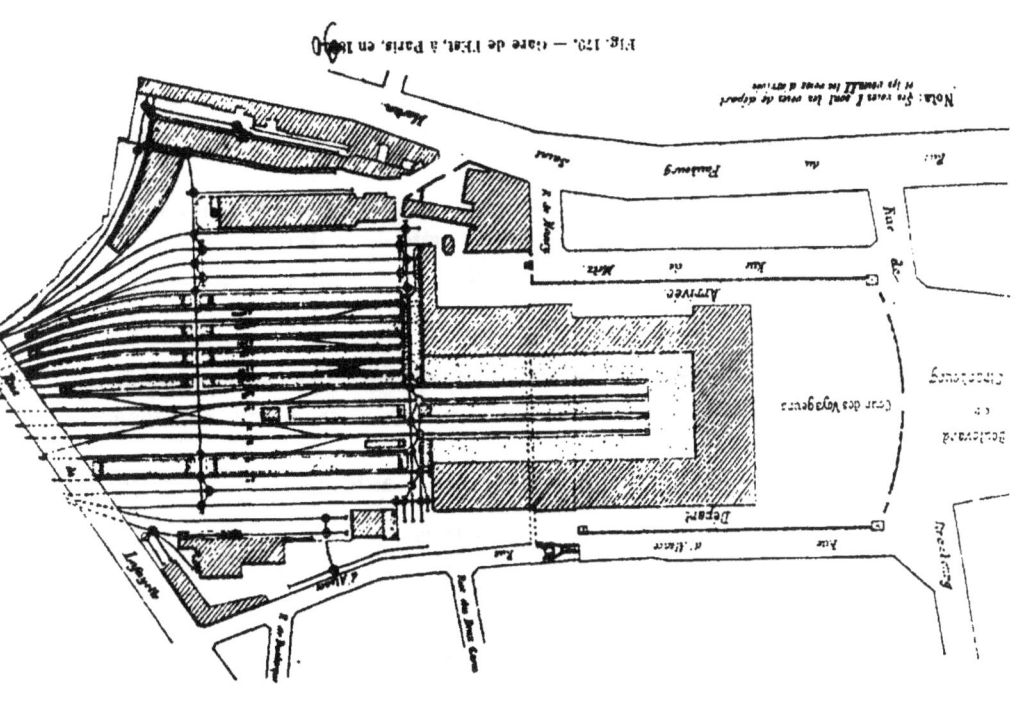

Fig. 179. — Gare de l'État, à Paris, en 1890.

voyageurs descendant sur des trottoirs contigus fort éloignés ont à faire un long parcours, soit au départ, soit à l'arrivée.

De nombreuses acquisitions de terrains et d'immeubles, d'importants travaux commencés donneront bientôt des espaces plus grands, une circulation plus facile aux trains et aux voyageurs arrivants ou partants. — Les dispositions nouvelles qui ont été prévues sont conçues de la manière la plus large : entre la Villette et Noisy on doit établir neuf voies principales savoir :

2 pour la ligne de Paris-Avricourt (voyageurs);
2   —   Belfort   —
2 pour les trains de marchandises de ces deux lignes ;
2 pour la circulation des machines dont le dépôt sera placé à Noisy.
1 pour les raccordements des nombreux établissements industriels qui avoisinent cette partie de la ligne.

On pourra, dans ces conditions, pourvoir aux exigences les plus grandes.

161. Gare de l'Ouest (Montparnasse). Cette gare fonctionne aussi comme tête de ligne pour les chemins de fer de l'État (Fig. 180).

Elle commande les directions suivantes :

Banlieue:

Versailles (R.G.).

Grandes lignes :
Ouest.

Granville.
Le Mans, Rennes et Brest.
Nantes et St-Nazaire.

État.

Tours, Angers, Niort et Bordeaux.
Le littoral de l'Océan, de St-Nazaire à Bordeaux.

Cette gare beaucoup moins importante, malgré l'adjonction des services de l'État, que la gare St-Lazare, offre la même disposition que la gare de l'Est, celle d'un fer à cheval.

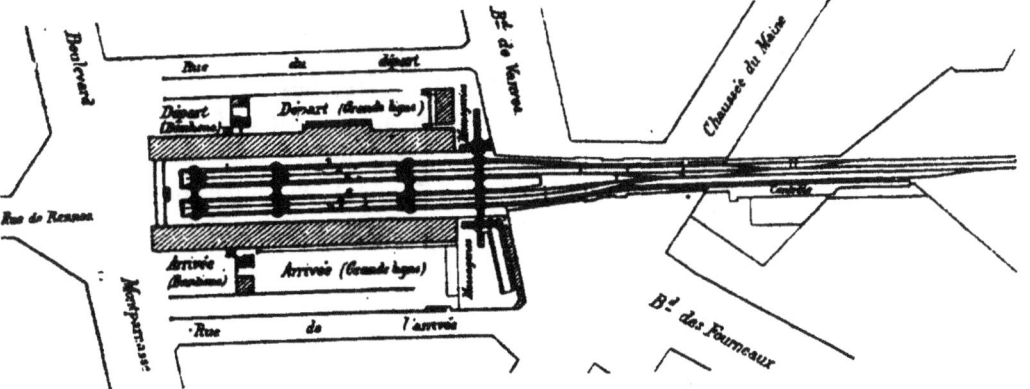

Fig. 180. — Gare de l'Ouest (Montparnasse) Paris.

Deux groupes, de trois voies chacun, 1, 3, 5 — 2, 4, 6, permettent de satisfaire à ce double service. La plateforme est disposée à la hauteur d'un premier étage. Le service des grandes lignes est divisé et placé (à gauche pour le départ, à droite pour l'arrivée) dans des cours élevées, auxquelles les voyageurs accèdent par des escaliers et les voitures par des rampes.

Le service de la banlieue est en tête, près de l'origine des voies. Des escaliers pour les voyageurs et des ascenseurs pour les bagages relient le rez-de-chaussée, où se trouvent le vestibule et les bureaux de billets, aux quais d'arrivée et de départ.

Un trottoir interposé entre les deux groupes de voies permet d'utiliser les deux voies 5 et 6 qui le bordent pour l'arrivée et le départ des trains de banlieue.

La disposition générale de cette gare, enserrée entre les murs de soutènement qui la limitent sur deux rues et sur deux boulevards, la rend inextensible. Tout agrandissement lui étant interdit, toute augmentation de service un peu importante lui est impossible. Par contre, la circulation urbaine n'éprouve aucune gêne.

162. Gare de P.-L.-M. (Mazas). — La gare de la Compagnie de Paris à Lyon et à la Méditerranée a un service de banlieue restreint et un service de grandes lignes très important (fig. 181) :

Banlieue :

Melun, Fontainebleau et Montereau,
Corbeil et Montargis.

Grandes lignes :

Dijon, Lyon, Marseille, Nice, le Dauphiné et la Savoie,
Nevers, Montpellier, Cette,
La Suisse, l'Italie, l'Algérie, Tunis, etc.

Il y a peu d'années, la gare de P.-L.-M. ne possédait pas de disposition spéciale pour les services de banlieue. Le nombre des trains de cette espèce se multipliant, on a dû ouvrir dans le fond de l'impasse de la gare une ouverture spéciale pour

VOYAGEURS. — GARES TERMINALES

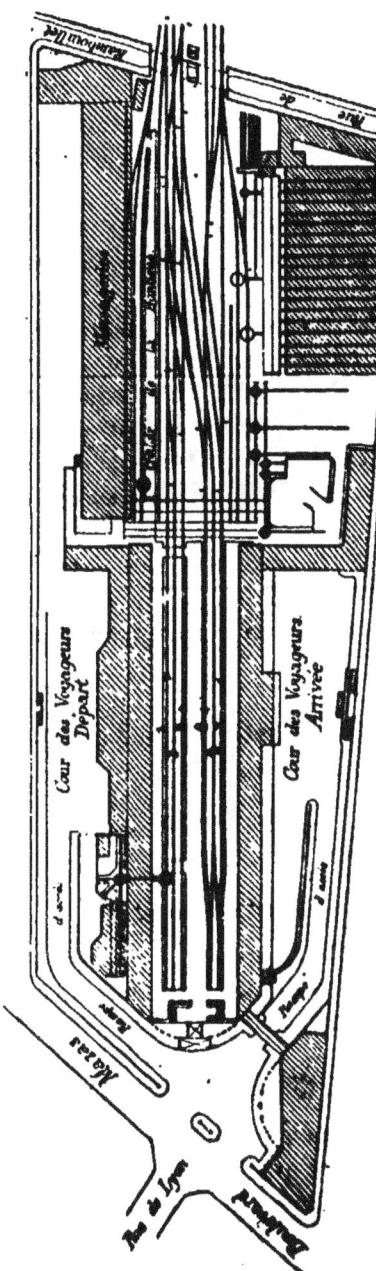

Fig. 181. — Gare de P.-L.-M. (Mazas), Paris.

l'arrivée et la sortie des voyageurs de banlieue. Et, au lieu des six voies également distantes et sans trottoirs interposés qui existaient à cette époque, on a établi deux faisceaux de trois voies chacun, 1, 3, 5 — 2, 4, 6. Entre les deux, on a construit un trottoir qui permet de recevoir ou d'expédier deux trains sur les voies 5, 6 qui le bordent.

Une autre partie de ce même service a été reportée, en avant du bâtiment principal du départ, latéralement aux messageries.

Quant aux grandes lignes, elles ont conservé les voies 1, 2 latérales aux deux bâtiments. Et, comme les trains se succèdent parfois à des intervalles très courts et insuffisants pour en permettre la composition sur place, on est obligé de les amener tout formés en les refoulant sur la voie unique qui longe le trottoir, quelques instants avant le moment du départ.

Malgré cette gêne, le service se fait dans de très bonnes conditions et permet le départ de 60 trains de voyageurs par jour et la réception d'un pareil nombre de trains arrivants.

163. Gare de Paris-Orléans. — La gare d'Orléans (Pl. 38) satisfait aux services suivants :

Banlieue :

Étampes et Dourdan.

Grandes lignes :

Bordeaux, le Midi et l'Espagne,
Limoges, Agen et Toulouse,
Orléans, Tours, Nantes et St-Nazaire,
Vendôme et Tours,
Bourges, Montluçon, Clermont-Ferrand

Le service de banlieue ne comprend que 16 trains par jour dans chaque sens, tandis que le même service à la gare St-Lazare en comprend 180 les jours de semaine et un nombre plus considérable encore le dimanche.

La gare d'Orléans disposait, il y a quelques années, de

8 voies également écartées entre deux bâtiments parallèles, avec un seul trottoir pour le départ et un seul trottoir pour l'arrivée.

L'établissement d'un service de banlieue, quoique de faible importance, a obligé à modifier ces dispositions.

Deux voies principales, à gauche, desservies par des trottoirs, permettent d'expédier quatre trains à de courts intervalles les uns des autres. Du côté opposé, deux voies sont destinées à l'arrivée. L'intervalle est occupé par trois voies qui servent à recevoir les trains non décomposés à leur sortie des voies 2 et 2 *bis*. Le faisceau des voies 10, 12 et 14 est aussi employé au garage des trains. On dispose encore dans le même but des voies à gauche, de 11 à 21. Ces voies sont particulièrement affectées au classement des divers véhicules de grande vitesse par catégorie. Dans les bâtiments T et sous le hangar contigu S, s'effectuent les travaux de petit entretien et le nettoyage de toutes ces voitures.

Le service de la poste et du ministère de l'intérieur (transport des prisonniers) est établi à gauche sur les voies 27 à 33 et dans le bâtiment N.

Quant au service des messageries, il s'effectue :

Du côté du départ, sur les voies 7 et 9 et dans les bâtiments L, M, à gauche ;

Du côté de l'arrivée, sur les voies 6 et 8 et dans les bâtiments I, J, K, à droite.

La gare est largement installée et plus à l'aise du côté gauche que du côté droit, à cause du voisinage de l'hôpital de la Salpêtrière.

164. Gares terminales anglaises. — Les dispositions des gares anglaises diffèrent notablement de celles des gares françaises. Cette différence résulte des habitudes des voyageurs, qui n'emportent avec eux qu'une très petite quantité de bagages, et de la suppression presque complète de ce service de l'autre côté du détroit. Il s'ensuit que les voyageurs peuvent, à leur arrivée à la gare, et dès qu'ils ont pris leurs billets, se rendre sur les trottoirs d'embarquement et monter dans les voitures qui leur sont destinées. La situation présente donc une grande analogie avec celle d'un service de banlieue et la solution adoptée est tout à fait analogue (Pl. 41).

En arrière du bâtiment de tête de la gare, occupé parfois par un hôtel-terminus (St-Pancras, Lime Street) se trouvent un large trottoir et les bureaux à billets. Les voyageurs entrent, prennent leurs tickets et montent dans le train. Les salles d'attente, de dimensions d'ailleurs très réduites, sont très-peu fréquentées. Si les voyageurs ont des bagages[1] et si le poids de ceux-ci ne dépasse pas la tolérance admise[2], — ce que le facteur juge à vue d'œil, — celui-ci met sur les colis une étiquette portant un numéro d'ordre et le point de destination ; puis, ces bagages, accompagnés de leur propriétaire, sont dirigés vers un fourgon. Si le poids des colis paraît dépasser la tolérance, on les met sur la bascule et le voyageur paie la somme correspondant au supplément de bagage constaté, sans qu'il lui soit délivré aucun bulletin spécial. Le voyageur doit surveiller constamment son bagage ; il doit remarquer dans quel fourgon il a été mis pour aller le réclamer à l'arrivée.

A ce moment, les bagages sont descendus directement sur le trottoir de la station, où chaque voyageur vient reconnaître le sien et en prendre possession sans autre formalité.

Dans les grandes villes, comme Londres, Liverpool, Manchester, Edimbourg, etc., il y a toujours, à côté du quai de débarquement et sous la gare, des voitures dans lesquelles on peut faire charger immédiatement son bagage et partir.

Cette disposition se retrouve d'ailleurs dans un grand nombre de gares importantes de la Belgique (Bruxelles-Nord et Midi, Anvers, Liège-Guillemins) (Pl. 41).

Les quelques indications qui précèdent suffisent pour donner une idée des différences qui existent entre les gares anglaises et les nôtres. Le pesage immédiat des bagages sur tricycles, l'admission des voyageurs sur les quais d'embarquement dès qu'ils ont leurs billets, sont des innovations heureuses qui ont été rapportées d'Angleterre, il y a quelques

---

1. *Notes sur les chemins de fer anglais*, par H. Mathieu, ingénieur en chef à la Compagnie du Midi.
2. 54 kilog. en première classe ; 45 kilog. en deuxième classe ; 27 kilog. en troisième classe.

années, par M. Solacroup, alors Directeur de la Compagnie d'Orléans, mais l'enregistrement des bagages ne pourrait pas être supprimé en France. La sécurité, qui résulte pour les voyageurs de l'accomplissement de cette mesure, est plus appréciée que la célérité que les Compagnies pourraient donner en échange.

V. SERVICES ACCESSOIRES DE LA GRANDE VITESSE.

Les transports en grande vitesse comprennent non seulement les voyageurs et leurs bagages, mais encore des transports accessoires : messageries, marchandises en douane, chevaux et voitures, postes.

165. Messageries, denrées et primeurs. — Les marchandises transportées en grande vitesse ont conservé le nom de messageries qu'elles portaient à l'époque des transports par voies de terre. Dans les gares de faible importance, ce service est annexé à celui des bagages. Dans les gares plus importantes, un local spécial lui est affecté à l'intérieur même du bâtiment des voyageurs. Enfin, dans les grandes gares terminales, des bâtiments spéciaux sont placés à proximité du bâtiment des voyageurs pour les messageries expédiées ou reçues (Paris-Mazas) et quelquefois même des bâtiments distincts, l'un pour les expéditions (du côté du bâtiment du départ), l'autre pour les arrivages (du côté du bâtiment d'arrivée).

Les denrées et primeurs, les viandes abattues, le poisson, le lait donnent lieu à des transports très importants des différentes parties de la France à Paris, qui est le grand consommateur. Ces transports sont généralement effectués par les trains de voyageurs, quelquefois même par les trains express. D'autres fois, ils ont lieu par des trains omnibus ou même par des trains spéciaux d'approvisionnement. Les denrées transportées sont reçues dans les mêmes locaux que les messageries, dans la gare des voyageurs. Si ces transports sont très importants, ou s'ils sont susceptibles de causer quelque gêne auprès du bâtiment des voyageurs (comme la marée, les volailles vivantes), on les reçoit dans la partie spéciale de la gare affectée aux marchandises et dans des locaux convenablement appropriés.

166. Douane. — Les transports en douane comprennent les marchandises expédiées de l'étranger en France. Ces transports sont effectués en wagons plombés par la gare de départ; ces wagons franchissent la gare frontière sans y subir la visite de la douane, qui n'a lieu qu'au point d'arrivée. Dans certaines gares de Paris, les locaux nécessaires pour les opérations de reconnaissance de la douane accusent une surface considérable. Il y a lieu de citer surtout ceux de la gare du Nord, en raison des provenances de l'Angleterre et de la Belgique. Ces locaux sont placés à côté des messageries.

167. Chevaux et voitures. — Les chevaux et les voitures, à transporter par voies ferrées, sont parfois remis à la gare peu de temps avant le départ du train. Pour faire passer les chevaux dans les wagons-écuries qui leur sont destinés et pour charger les voitures sur les wagons plats, on établit, à côté du bâtiment des voyageurs, un quai découvert dont la plateforme, au niveau de celle des wagons, est accessible par un plan incliné. Les chevaux et les voitures peuvent donc passer facilement du quai sur le wagon ou inversement.

Autrefois, à l'époque où les voyages en chemin de fer étaient discontinus et où certaines sections du trajet devaient s'effectuer en diligences, ces voitures séparées de leurs roues, étaient hissées sur les wagons au moyen de grues roulantes semblables aux grues employées sur les ports pour le déchargement des bateaux de pierre de taille. A la station d'arrivée, l'opération inverse était faite. On replaçait des roues sous la caisse et le véhicule reprenait la route de terre.

168. Postes. — Les transports des postes sont imposés aux Compagnies françaises par le cahier des charges de leur concession[1]. Des locaux ou des emplacements sont loués par les Compagnies à l'administration des postes pour le service

---

(1) Art. 56.

des dépêches dans les gares, mais le transport est fait gratuitement par les Compagnies. Sur les grandes lignes, le matériel roulant appartient à l'État ; sur les petites lignes, deux compartiments spéciaux d'une voiture de 2ᵉ classe sont mis à la disposition exclusive de l'agent des postes pour l'accomplissement de son service.

Les bureaux de dépêches doivent être placés, dans les gares, de manière à être d'un accès facile pour les voitures du dehors et pour les tricycles destinés au transport des sacs à dépêches entre ces bureaux et les divers trains.

Les remisages de bureaux ambulants (wagons des postes) doivent être contigus à la cour des voyageurs et desservis par une ou plusieurs voies qui permettent de les ajouter aisément aux trains ou de les en retirer (Pl. 38, 39).

§ 4.

SERVICE DES MARCHANDISES
LIGNES A VOIE UNIQUE

Nous avons passé en revue les dispositions d'ensemble relatives au service des voyageurs. Dans les haltes, dans les gares de banlieue et dans certaines gares de grandes villes, ce service existe parfois seul. Dans tous les autres cas, les gares sont disposées non seulement pour le service des voyageurs, mais encore pour celui des marchandises.

Au départ pour charger des marchandises, aussi bien que pour les décharger à l'arrivée, on ne peut laisser séjourner les wagons sur la voie de circulation. Celle-ci doit, en effet, rester libre pour le passage des trains. Il faut donc avoir au moins une voie spéciale. C'est ainsi que commencent les haltes à marchandises.

Nous nous occuperons d'abord des installations sur voie unique.

160. Halte à marchandises. — Supposons une halte où existe déjà un service de voyageurs avec une voie d'évitement, permettant un croisement de trains. Nous rappelons que la voie 1 est la voie des trains impairs, allant de gauche à droite, et que la voie 2 est la voie des trains pairs allant de droite à gauche.

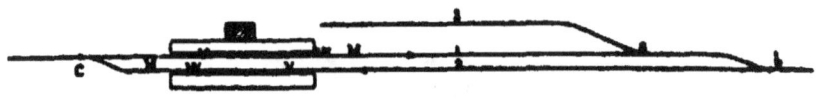

Fig. 182.

Au lieu de raccorder la voie 2 à la voie 1 par des jonctions placées à chaque extrémité, ce qui rend la circulation des trains impairs plus facile que celle des trains pairs, nous tracerons ces deux voies d'une manière absolument symétrique : en ligne droite, l'une et l'autre, jusqu'à leur arrivée au devant des trottoirs, puis raccordées à leur sortie par une jonction avec le tronc principal.

Sur les lignes à voie unique, le service se fait d'ordinaire au moyen de trains mixtes. On désigne ainsi des trains transportant à la fois des voyageurs et des marchandises, — les marchandises étant placées à l'arrière de la machine et les voyageurs à la suite.

C'est la disposition la plus favorable, parce qu'elle permet, — le train étant arrivé dans une gare et coupé au point voulu, — de laisser stationner les voitures au bord du trottoir, les voyageurs montant et descendant librement, tandis que la machine, remorquant à sa suite les wagons à marchandises, fait les manœuvres nécessaires pour laisser ou pour prendre des wagons.

Lorsque la localité desservie par cette halte à voyageurs possède quelque industrie, il y a lieu d'adopter des dispositions permettant de prendre ou de laisser des wagons. Dans ce but, on établit, à droite de la halte, une voie parallèle à la voie principale, raccordée avec celle-ci par une jonction, du côté aval de manière que les aiguilles ne soient pas prises en pointe ; et, le long de cette voie en impasse, on établit une chaussée empierrée, pour permettre aux voitures d'approcher du wagon et d'effectuer les chargements et déchargements directement, de bord à bord.

Si cette opération ne peut se faire ainsi, on interpose entre la chaussée et la voie une aire élevée sur terrassement, limitée par des murs qui la soutiennent, et appelée *quai à marchandises*. Ce quai est à la hauteur de la plateforme des charrettes et du plancher des wagons et permet, dans des conditions faciles, le transfert de la marchandise de la charrette sur le quai et de celui-ci dans le wagon, ou inversement.

La manœuvre des wagons à prendre ou à laisser s'effectue de la manière suivante :

Considérons d'abord le cas d'un train impair. Ce train étant arrêté de manière que les voitures soient en regard du trottoir, on détache les attelages en arrière du, ou des wagons à laisser. La machine s'avance avec les wagons attachés à la suite vers l'aiguille *a*. Elle dépasse ce point suffisamment pour que l'aiguille soit dégagée. On manœuvre celle-ci pour donner l'accès de la voie 3 et la machine refoule. Lorsqu'elle a atteint le, ou les wagons préparés sur cette voie pour être emmenés, on les attelle à la suite ; la machine revient vers *a*, qu'elle dépasse, puis elle refoule, — faisant les mouvements inverses des premiers, — et repousse ces wagons vers la partie du train restée devant le trottoir. Cette première opération étant terminée, elle retourne de nouveau sur la voie 3, pour y laisser, cette fois, le ou les wagons qui sont à l'arrière de la partie du train détaché tout d'abord.

Ainsi qu'on le voit, cette opération est *complète* : des wagons ont été pris, d'autres ont été laissés. La machine a pu faire toutes les manœuvres nécessaires sans auxiliaire. Elle s'est replacée en tête du train qui peut continuer sa marche.

Examinons le cas d'un train pair.

Comme précédemment, la partie antérieure du train, terminée par les wagons à laisser, se détache et s'avance jusqu'à l'aiguille *c*, par laquelle elle s'engage sur la voie 1. Elle refoule ensuite jusqu'à l'aiguille *a* qui donne l'accès de la voie 3 des marchandises. Mais elle ne peut aller chercher les wagons à prendre sur cette voie, ni y refouler les wagons à laisser. Les premiers doivent être amenés à bras d'homme, ou par des chevaux, sur la voie 1, au-delà de *a*. Les seconds doivent être laissés dans ce même emplacement, puis refoulés par des hommes ou des chevaux sur la voie 3. Dans ce second cas, la manœuvre est donc *incomplète*.

En somme, la disposition est économique, mais imparfaite.

Si l'on veut, dans le cas de la manœuvre d'un tronçon de train impair, ne pas engager la voie des trains pairs, il faut avoir soin de donner à *ab* une longueur suffisante pour la fraction de train maxima qu'on peut avoir à manœuvrer.

170. Petite station à marchandises. Jonction au milieu. — M. Michel, ingénieur en chef à la Cie P.-L.-M., a

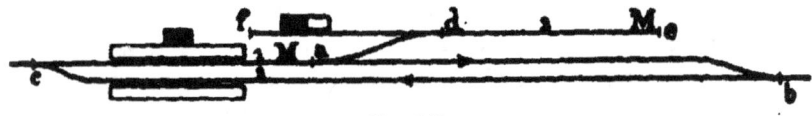

Fig. 183.

proposé le type ci-contre pour l'établissement des petites stations de marchandises. Une jonction *ad* relie la voie 3 des marchandises à la voie 1. La manœuvre s'effectue de la manière suivante :

Dans le cas d'un train impair, la machine avec les wagons à marchandises à la suite, jusques et y compris ceux à laisser, s'engage par la jonction *ad* sur la portion de voie *de* jusqu'en M, puis refoulant, vient chercher en *fd* les wagons à prendre qu'elle ajoute ensuite au train. Dans une seconde manœuvre semblable, elle vient laisser sur cette même portion de voie *fd* les wagons à destination de la station.

Dans le cas d'un train pair, les wagons à prendre doivent avoir été préparés en *de*. C'est sur ce même tronçon de voie que la machine refoule les wagons qu'elle doit laisser.

Il peut arriver que les circonstances locales ne permettent pas l'installation du service des marchandises du même côté des voies que celui des voyageurs. Dans ce cas, on reporte ce service de l'autre côté. Les manœuvres s'effectuent de la même manière.

Cette disposition est plus coûteuse comme premier établissement, parce qu'elle oblige à faire un second chemin d'accès, une seconde cour. Elle est plus gênante comme exploitation, parce que le chef de station plus éloigné de cette partie de son service ne peut la surveiller aussi bien.

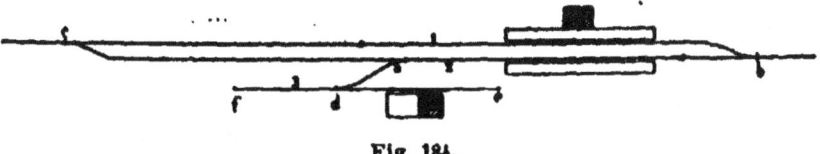

Fig. 184.

Elle est cependant avantageuse lorsque le trafic de la station s'effectue surtout par la voie des trains pairs contigus — ce qui permet de réduire la durée des manœuvres nécessaires pour prendre ou laisser des wagons.

171. Petite station de marchandises. — Jonctions aux deux extrémités. — Les dispositions qui précèdent ont comme principal mérite l'économie ; mais elles entraînent des manœuvres assez longues et des arrêts prolongés. On peut les améliorer d'une manière marquée en réunissant la voie de marchandises à la voie contiguë au moyen de deux jonctions (Pl. 31 Fig. 1.) C'est le type proposé par M. Brière, ingénieur en chef de la voie à la Compagnie d'Orléans.

La machine du train impair, d'abord en M, s'avance jusqu'au-delà de l'aiguille extrême avec les wagons détachés du train. Elle vient en M_1, puis, refoulant, elle passe en M_2, abandonne en wl les wagons à laisser (un ou deux seulement, pour ne pas engager les croisements), et prend en wp les wagons à emmener.

Dans le cas d'un train pair, la machine, d'abord en M', s'avance vers l'amont de la gare avec les wagons séparés du train. Elle refoule d'abord sur la voie, vient en M'_1, s'engage sur la jonction jusqu'en M'_2, laisse en $w'l'$ les wagons (un ou deux) pour la station et prend en $w'p'$ les wagons prêts à partir.

Ces manœuvres sont beaucoup moins longues que les précédentes.

Lorsque le nombre des wagons à prendre ou à laisser est

plus considérable, cette disposition devient insuffisante : il faut poser les voies pointillées.

Dans le cas où les deux services (voyageurs et marchandises) sont de part et d'autre des voies principales (Pl.31, Fig.3), les manœuvres s'effectuent d'une manière analogue. — Les notations sont les mêmes que celles qui précèdent et permettent de suivre la marche des opérations.

173. Petite station à marchandises. — Bâtiment des voyageurs et halle des marchandises accolés. — Le type (Pl. 31, Fig. 2) adopté par la Compagnie du Midi est d'une grande simplicité. Les deux bâtiments sont juxtaposés. Entre la voie principale et la voie d'évitement (des flèches indiquent le sens de la marche du train sur chacune d'elles) et les deux bâtiments, on interpose une 3ᵉ voie, pour les marchandises, réunie à ses extrémités à la voie principale. La manœuvre se fait de la manière suivante : Un train impair s'arrête devant le trottoir ; la machine d'abord en M, s'avance avec les wagons à sa suite, laissant devant le trottoir les voitures à voyageurs. Après avoir dépassé l'aiguille extrême, elle refoule et s'engage par M, sur la voie des marchandises. Elle prend d'abord en *wpl* les wagons à emmener, puis elle les refoule sur les véhicules laissés devant le trottoir. Dans une seconde manœuvre, elle vient laisser au même point les wagons destinés à la station.

Dans le cas d'un train pair, la machine arrivant se trouve en M'. Elle avance vers la gauche avec les wagons à laisser, refoule en M'₁, laisse en *wl* les wagons pour la station et, par une seconde manœuvre, prend en *wp* les wagons à emmener puis refoule vers les voitures qu'elle a momentanément abandonnées. Elle est attelée de nouveau et le train part.

La voie placée symétriquement de l'autre côté de la voie d'évitement n'est ajoutée que dans le cas où la station prend plus d'importance. Il en est de même de la voie *wl*, appelée *voie de la cour* ou *voie de débord* et qui sert aux chargements ou aux déchargements directs de voiture à wagon et *vice versa*. La voie transversale et les 3 plaques tournantes, placées sur celle-ci à la rencontre des voies de marchandises, est posée en même temps que la voie à gauche des voies principales lorsque le développement du trafic l'a rendue nécessaire.

173. Petite station de marchandises. — Voyageurs et marchandises du même côté. — Traversée-jonction (Pl. 31, Fig. 4). — Cette disposition est appliquée par la Compagnie du Nord. Les notations adoptées permettent de suivre aisément la marche de la machine d'un train de chaque direction amenant des wagons à quai ou venant en prendre. Cette disposition est avantageuse. La voie de garage interposée entre les voies principales et la traversée-jonction est commode, mais ce type comporte l'emploi d'un appareil coûteux et la construction d'un quai de grande longueur, imparfaitement utilisé en regard de la traversée-jonction et aux abords.

174. Petite station de marchandises. — Voyageurs et marchandises du même côté. — Voie transversale avec plaques. — Avant l'adoption du type économique décrit ci-dessus (172), la Compagnie du Midi appliquait, sur les lignes à voie unique, une disposition comportant deux voies

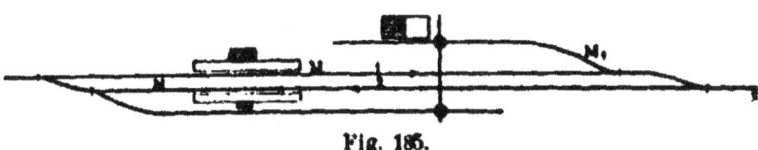

Fig. 185.

de marchandises raccordées par des jonctions, l'une à l'aval pour les trains impairs, l'autre à l'amont pour les trains pairs. Ces deux voies étaient réunies par une traversée avec 2 plaques tournantes, qui, dans l'intervalle de deux trains, servaient à faire passer, de la voie de garage à la halle et inversement, les wagons détachés des trains pairs ou à y ajouter.

175. Petite station de marchandises. — Type exceptionnel. — Dans certaines circonstances spéciales, la Compagnie P.-L.-M. a été conduite à placer en amont du bâtiment des voyageurs la halle des marchandises, que, dans les dispositions précédentes, nous avons toujours supposée placée à l'aval (par rapport au sens de la marche des trains sur la voie contiguë). Cette disposition est figurée (Pl. 31 Fig. 7). La machine M d'un train impair passe en M, M₂, emprunte la traversée immédiatement à l'amont du bâtiment des voyageurs, laisse les wagons *wl*, prend les wagons *wp*, qu'il faut sortir à bras de l'impasse où on les a préparés, et revient en tête de son train par le même chemin.

Dans le cas d'un train pair, la machine M' vient en M'₁, puis en M'₂, s'engage sur la jonction qui mène à la voie des marchandises, refoule les wagons à laisser en *w'l* et prend les wagons *w'p'*.

Nous ne signalons que pour mémoire cette disposition qui ne doit être adoptée que si l'un des types précédemment indiqués ne peut pas être appliqué.

176. Station de moyenne importance. — Lorsque la station présente une plus grande importance, on adopte le type de la Compagnie d'Orléans (Pl. 31, fig. 5), qui n'est que la reproduction de la disposition décrite plus haut (174). Des voies spéciales sont attribuées aux wagons à laisser, d'autres voies aux wagons à prendre. Des voies (pointillées) sont, en outre, prévues pour l'avenir. Une transversale avec plaque réunit ces différentes voies entre elles. Celle-ci est obligatoire si les voies de marchandises sont placées de part et d'autre des voies principales (bâtiment des voyageurs et halle du même côté) (Fig. 5). Elle est facultative, mais avantageuse, dans le cas où les voies de marchandises sont placées du même côté des voies principales (bâtiment des voyageurs et halle des marchandises de part et d'autres des voies principales) (Fig. 6).

177. Station importante. — Dans le cas où la station présente une importance encore plus considérable, le service des voyageurs et celui des marchandises sont fréquemment placés de part et d'autre des voies principales. La voie qui longe la halle reçoit les wagons en cours de chargement ou de déchargement, tandis que deux voies spéciales sont destinées l'une aux wagons à prendre, l'autre aux wagons à laisser (Pl. 31, fig. 8).

Il faut avoir soin, lors de l'établissement de ces gares, de prévoir les agrandissements qui pourront devenir nécessaires par la suite, et se ménager la possibilité de placer des voies nouvelles entre les voies principales et les voies de marchandises du début et une voie pourtournant la cour pour le service des chargements et déchargements directs.

§ 5

SERVICE DES MARCHANDISES
LIGNES A DOUBLE VOIE

Les trains qui circulent sur les lignes à double voie peuvent être des trains mixtes, comme dans le cas de la voie unique ; mais ce sont plus généralement des trains contenant exclusivement des marchandises. L'importance du trafic qui a motivé l'établissement de 2 voies, conduit à adopter des trains affectés uniquement au transport des marchandises. Les dispositions à réaliser dans les gares peuvent donc être affranchies des sujétions qui résultaient du service des voyageurs, dont les voitures entraient dans la composition des trains mixtes.

178. Station peu importante (*Voyageurs et marchandises du même côté*). — La voie des marchandises est reliée à l'aval à la voie des trains impairs. Une voie de garage placée à droite de l'abri et de la voie des trains pairs est reliée à cette dernière par une jonction à l'amont de la station (Type P. O. Planche 32 Fig. 1).

La machine M d'un train impair passe par M_1 et M_2 pour aller sur la voie des marchandises prendre les wagons wp et laisser les wagons wl, ce qui fait l'objet de deux manœuvres.

La machine M' d'un train pair vient en M'_1, puis refoule sur la voie derrière l'abri, prend les wagons $w'p'$, laisse les wagons $w'l'$ et cela en 2 manœuvres. Ces derniers wagons sont ensuite conduits à bras d'homme par la voie transversale et les 2 plaques tournantes.

Les manœuvres sont complètes. Les aiguilles des jonctions sont prises en talon. Une jonction spéciale réunit les deux voies principales du côté aval. L'avenir est sauvegardé, des emplacements suffisants étant prévus pour le doublement de la voie des marchandises, l'allongement et le raccordement à l'aval de la voie de l'abri, la pose d'une voie de débord dans la cour et enfin pour l'établissement de petites voies de tiroir en impasse destinées à faciliter les classements et figurées en pointillé. Toutefois, on peut reprocher à cette disposition de nécessiter des manœuvres à bras pour passer les wagons de la voie de l'abri à celle de la halle, au travers des voies principales ou *vice versa*, — ce qui, dans les petites gares, où le personnel est très restreint, ne peut se faire souvent qu'avec le secours des expéditeurs ou des destinataires, et sans causer une certaine gêne.

179. Station peu importante (*Voyageurs et marchandises de part et d'autre des voies, Pl. 32 Fig. 3. — Type P. O*). — Dans ce cas, l'outillage des voies peut, à la rigueur, être réduit à une voie unique, raccordée à l'aval à la voie des trains impairs, et à l'amont à la voie des trains pairs.

Dans ces conditions, la machine des trains impairs M vient par M_1 prendre les wagons wp et laisser les wagons wl, ce qui fait l'objet de deux manœuvres.

La machine des trains pairs M' effectue les mêmes mouvements et les mêmes opérations par M'_1 et successivement prend $w'p'$ et laisse $w'l'$.

Les manœuvres sont facilitées par la petite voie en impasse placée à l'aval, latéralement à la voie 2.

La machine de chaque train peut ainsi faire la manœuvre complète et l'intervention des hommes est inutile.

Par contre, cette disposition a l'inconvénient d'exiger, d'une part, l'emploi d'une traversée, appareil cher et délicat, et, d'autre part, la création d'un second chemin d'accès et d'une 2ᵉ cour. Puis, le service est divisé et donne lieu à des allées et venues fréquentes du personnel restreint de la station, forcé de se partager entre les voyageurs et les marchandises. Aussi, le premier type est-il adopté toutes les fois que cela est possible.

180. Station peu importante (*Voyageurs et marchandises du même côté*). — La Compagnie P.-L.-M. a étudié un type dans lequel les voyageurs et les marchandises sont maintenus du même côté, chacune des deux directions étant raccordée directement avec la voie des marchandises (Pl. 32, fig. 2). Les notations indiquent suffisamment la manière dont la manœuvre s'effectue pour les trains des deux directions. Il nous semble inutile de la décrire en détail. Nous ferons toutefois remarquer que cette disposition, qui est satisfaisante pour les deux directions lorsqu'il s'agit de trains composés exclusivement de wagons de marchandises, laisse à désirer lorsque le train pair est mixte. Dans ce cas, en effet, le train doit être arrêté avant que les voitures à voyageurs ne soient en regard du trottoir correspondant, pour que la machine et les wagons à sa suite, détachés du train, puissent être refoulés vers la halle des marchandises. C'est seulement après que cette manœuvre a été effectuée, et lorsque la machine a été de nouveau attelée à la portion de train abandonnée, qu'on peut avancer de manière que les voitures à voyageurs soient placées en regard du trottoir. Cet arrêt avant l'arrivée du train a souvent pour conséquence de faire croire aux voyageurs qu'ils sont arrivés. Ils descendent alors sur le ballast d'une hauteur plus grande que celle accoutumée, peuvent tomber et se blesser.

On pourrait, à la vérité, éviter cet inconvénient en reculant vers l'amont le trottoir de la voie 1 et en avançant vers l'aval celui de la voie 2, mais on réaliserait ainsi une disposition peu satisfaisante au point de vue du service des voyageurs.

181. Station de moyenne importance. *Voyageurs et marchandises du même côté des voies*, Pl. 32 Fig. 5). — Les dispositions de ce type (P. O.) sont la reproduction de celles qui ont été indiquées précédemment (178), agrandies toutefois.

Les voies de marchandises placées de part et d'autre des voies principales ont été doublées, ce qui permet d'attribuer à chacune des directions une voie pour les wagons à laisser et une voie pour les wagons à prendre.

La voie de la cour est installée dès le début.

182. Station de moyenne importance. *Voyageurs et marchandises de part et d'autre des voies* (*Pl.* 32, *Fig.* 4). — C'est la reproduction du type décrit plus haut (179), mais avec deux voies de marchandises au lieu d'une, une voie de cour et une transversale.

183. Station importante. *Voyageurs et marchandises de part et d'autre des voies* (*Pl.* 32, *Fig.* 6). — C'est le type précédent plus étendu, et, comme celui-ci, avec de petites voies en impasse destinées à faciliter le classement des wagons et à empêcher qu'un train, en refoulant, n'engage l'une des voies principales.

Une jonction entre les voies principales complète ces dispositions.

§ 6

SERVICE DES MARCHANDISES. — DISPOSITIONS GÉNÉRALES

184. Emplacement à attribuer à la station par rapport à la localité à desservir. — Ainsi que nous l'avons dit précédemment, la station est naturellement placée aux abords du point de croisement du chemin de fer et du chemin qui conduit à la localité desservie.

De quel côté du chemin de fer et dans lequel des angles fournis par ce croisement convient-il d'établir la station ?

Représentons par 1 et 2 les deux voies, par AB le chemin qui les coupe. On a 4 angles a, b, c, d. (Fig. 186).

1° Si la localité est du côté A, on placera la station en a

§ 6. — MARCHANDISES. — DISPOSITIONS GÉNÉRALES

aussi près que possible de la route. La voie de marchandises tracée suivant 3 permettra de rapprocher le quai du bâtiment des voyageurs. On aura ainsi pour les voyageurs l'emplacement le plus commode, et pour le service le chemin d'accès

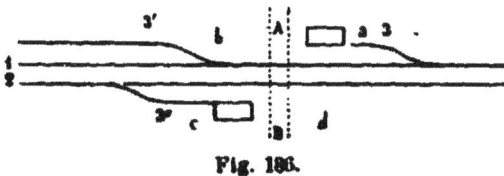

Fig. 186.

le plus court; la surveillance sera immédiate et, les installations étant condensées, les dépenses de premier établissement seront réduites au minimum.

On ne pourrait adopter l'angle b parce que la jonction de la voie 3' devant être placée à l'extrémité du trottoir, disposée de manière à être prise en talon et cela sur une assez grande longueur, repousserait le quai fort loin du bâtiment des voyageurs. On aurait donc un long chemin d'accès, des dépenses importantes de premier établissement et les deux services seraient éloignés l'un de l'autre; cet éloignement rendrait gênant le fonctionnement de la station et nuirait à la surveillance.

2° Si la localité est placée du côté B, la station devra être établie en c et la voie des marchandises tracée comme 3''. Mais il ne faudrait pas adopter l'emplacement d. Les raisons qui précèdent justifient ces indications.

On est ainsi conduit à formuler la règle suivante:

La station doit être placée du côté de la localité et à gauche du chemin suivi par un observateur venant de la localité vers le chemin de fer.

Il est bien entendu que cette règle n'est pas absolue. Si, par exemple, des acquisitions de terrains ou d'immeubles dans l'emplacement ainsi déterminé rendent l'établissement de la station trop onéreux, on devra chercher une autre solution. Il en sera de même si le gros trafic de la station s'effectue surtout par la voie située du côté opposé à la localité, ou si une usine importante se trouve de ce même côté opposé, ce qui rendrait son raccordement difficile.

125. Différentes espèces de quais. — Les marchandises remises au chemin de fer peuvent être chargées immédiatement sur wagons par les expéditeurs, ou livrées par eux sur des quais disposés à cet effet et qui permettent d'en effectuer la reconnaissance. Ces deux cas peuvent aussi se présenter pour les marchandises retirées par les destinataires. Une station possède donc, en général, une voie de débord pour les opérations directes de charrette à wagon, ou inversement, et un quai.

Certaines marchandises pouvant, en raison de leur nature, être avariées soit par les ardeurs du soleil, soit surtout par la pluie, doivent être abritées pendant leur séjour en gare. De là, la nécessité d'établir deux espèces de quais : les uns *couverts*, les autres *découverts*. C'est ce qui existe habituellement, même dans les petites stations.

Dans les stations importantes, il faut, en outre, faire la distinction des marchandises arrivant par le chemin de fer et des marchandises à expédier par celui-ci. De là, deux espèces de quais :

Le quai d'*arrivée*, ou des *arrivages* ;

Le quai du *départ*, ou des *expéditions*,

comportant l'un et l'autre un quai couvert et un quai découvert, interposés entre une cour, pour l'accès des charrettes, et une voie, pour l'approche des wagons.

Dans les gares de bifurcation, il y a, en outre, un quai de *transbordement*, destiné à recevoir les marchandises arrivant de diverses directions pour être expédiées dans une direction différente, après avoir été groupées dans un nouveau véhicule, soit parce que chacune d'elles ne constitue pas un chargement complet et qu'il y a intérêt à réduire la proportion du poids mort des véhicules au poids utile transporté, soit parce qu'il y a passage d'une voie sur une autre de largeur différente ou du réseau d'une compagnie sur celui d'une autre compagnie. Dans ce cas, le quai de transbordement est interposé entre deux voies destinées à recevoir : l'une, les wagons à décharger, l'autre les wagons à charger.

Lorsque la gare de bifurcation comporte des opérations de transbordement importantes (gares internationales, grandes gares communes à plusieurs compagnies), ce service est localisé sur un ou plusieurs quais.

Lorsque cette opération a une faible importance, on établit une voie spéciale latéralement à l'un des quais du côté de la cour. Cette voie doit être munie de contrerails et, autant que possible, pavée, pour que les charrettes qui abordent le quai puissent se mouvoir sans trop de difficulté.

La plateforme du quai découvert est généralement horizontale et raccordée à celle de la cour au moyen d'une rampe en plan incliné, permettant aux voitures de monter sur ce quai. Dans les gares de voyageurs importantes, un quai de cette espèce est établi à côté du bâtiment des voyageurs pour le chargement sur wagons des voitures (autrefois des chaises de poste). Ce quai présente parfois des parties rentrantes ou en pans coupés permettant le chargement des voitures ou des animaux latéralement au wagon ou par l'extrémité.

Dans certains cas, l'aire du quai est établie en plan incliné, par exemple pour le déchargement des fûts vides dans les pays vignobles, ou pour l'embarquement et le débarquement rapide des bestiaux, dans les pays d'élevage et dans les grandes gares. Le quai est à la hauteur de la plateforme du wagon du côté de la voie ; sa largeur est limitée à 3 m. 00 et il s'incline du côté de la cour en pente de 0 m.05 par mètre environ.

L'aire du quai peut être établie à un niveau supérieur à la plateforme du wagon pour permettre le chargement rapide et économique de certaines marchandises : les pierres, les engrais, les minerais, les betteraves, les pommes, la houille, etc. Dans ce cas, des trémies en pente servent à raccorder les deux surfaces et permettent le glissement facile de ces diverses matières du quai au wagon. Ces dispositions spéciales peuvent être adoptées dans les grandes gares où il est possible d'affecter d'une manière normale certains quais à des marchandises d'une espèce déterminée, mais cette spécialisation serait antiéconomique et extrêmement gênante dans une gare qui ne pourrait fournir à un quai un aliment à peu près constant.

146. Surface des quais. — Toutes les marchandises arrivant dans une gare ou en partant sont reçues ou expédiées soit à quai, soit sur la voie de débord.

Lorsqu'on a évalué le tonnage annuel total des marchandises arrivant ou partant, on répartit ce tonnage entre cette voie et le quai. La nature des marchandises permet généralement de faire cette répartition avec une approximation suffisante. Si, au contraire, on manque des renseignements nécessaires, on admet que ce tonnage se partage également entre les deux. La part afférente au quai est ainsi déterminée.

Supposons donc que ce tonnage est de T, tonnes, et supposons aussi, — ce qui se rapproche fréquemment de la réalité, — qu'il y a égalité entre les arrivages et les expéditions. Pour avoir le tonnage moyen journalier, il ne conviendrait pas de diviser le tonnage annuel par le nombre des jours de l'année. Il y a lieu de considérer, en effet, que si les marchandises apportées à la gare peuvent être promptement chargées et expédiées par les compagnies, les arrivages doivent y demeurer plus longtemps. Il faut lorsqu'une marchandise est arrivée, que le destinataire en soit avisé, que la lettre ait le temps de lui parvenir et qu'il vienne reconnaître et retirer cette marchandise. Pour les expéditions on pourrait admettre un séjour en gare d'un jour seulement et pour les arrivages de trois jours. Afin de tenir compte des jours fériés et de l'inégale répartition du mouvement des marchandises selon les circonstances, les différentes époques de l'année, etc., au lieu de $\frac{T}{365}$ on prend pour valeur du tonnage journalier $\frac{T}{100} = 0,01$ T.

A ce tonnage doit correspondre une certaine surface, qui varie naturellement avec le volume des marchandises et avec la manière dont on peut les ranger, c'est-à-dire avec leur arrimage. On admet généralement, conformément aux indications données par M. Sévène [1], qu'il faut pour :

Le coton :	3m³ par tonne	
Les blés et les farines :	8m³ »	Soit 4 à 5m³ par tonne.
Les vins :	5m³ »	
Les fers :	2m³ »	

[1]. Cours de chemins de fer à l'École des Ponts et Chaussées.

§ 6. — MARCHANDISES. — DISPOSITIONS GÉNÉRALES

Pour un nombre de tonnes de 0,01 T., il faudra donc : 0,04 T. m² à 0,05 T. m², cette surface étant d'ailleurs répartie convenablement entre le quai *couvert* et le quai *découvert*, selon la proportion des marchandises craignant la mouille et de celles qui ne la craignent pas.

M. Michel, ingénieur en chef de la voie à la Cie P.-L.-M., indique [1] que la surface des quais couverts et découverts doit être de 12 à 15 m² par tonne manutentionnée par jour en moyenne (déduction faite des marchandises manutentionnées sur la voie de débord). Ce qui tendrait à faire croire à des coefficients plus élevés que les précédents. Mais il donne l'exemple suivant :

Si on a 3.600 T. à charger ou à décharger annuellement, à quai, soit 10 T. par jour, les quais devront avoir une surface de 120 à 150 m².

M. Michel déduit donc le tonnage journalier du tonnage annuel en divisant ce dernier par 360 et non par 100.

Si, à ce même exemple, nous appliquons le mode de calcul donné par M. Sévène, nous trouvons :

Pour le tonnage journalier : $\frac{3.600}{100} = 36$ tonnes.

Et pour la surface des quais : 144 à 180 m².

Les deux manières de calculer conduisent donc à peu près au même résultat.

Pour les quais de transbordement, il faut compter 30 à 35 m² par 1.000 tonnes transbordées annuellement.

Ce chiffre varie dans des limites assez étendues avec les conditions dans lesquelles s'effectue cette opération.

157. Longueur et largeur des quais. — La surface à attribuer à un quai étant déterminée, on ne peut fixer d'une manière arbitraire l'une des deux dimensions et en déduire l'autre.

Si un quai est très étroit, il devra, — pour une même surface donnée, — être très long. Le transport transversal à effectuer de la charrette au quai ou de celui-ci au wagon sera

---

[1]. *Revue générale des chemins de fer*, numéro de février 1890.

réduit au minimum, mais il faudra d'un côté une longue cour, et de l'autre une longue voie pour le desservir : installations coûteuses de 1er établissement et manœuvres des wagons longues et pénibles, surtout dans les petites gares où ces manœuvres se font à bras et avec un personnel réduit.

Si le quai est très large, ces inconvénients disparaissent complètement, mais on augmente la longueur du parcours à faire subir aux marchandises entre la charrette et le wagon.

Pour compenser convenablement ces avantages et ces inconvénients, on adopte généralement comme largeur :

Dans les petites gares : 7 à 8 m.;
Dans les grandes gares : 8 à 15 m.;
Dans les très grandes gares : 15 à 20 m.

Dans ces conditions, les manutentions à bras s'effectuent d'une manière satisfaisante.

Quant à la longueur, elle n'est pas sans limite. Il faut, en effet, pouvoir dégager de temps en temps la voie qui longe le quai des wagons qui y ont été amenés, pour y prendre des marchandises ou pour en laisser, de même qu'il faut pouvoir y amener d'autres wagons vides ou pleins. Si l'on considère un wagon placé au milieu de la longueur du quai, il faut que tous les wagons compris entre ce milieu et l'extrémité du quai soient enlevés pour que le wagon considéré puisse être sorti. Plus le quai sera long, plus le nombre des wagons interposés sera considérable, plus la gêne causée et la difficulté de faire concorder les opérations de chargement ou de déchargement et de retrait ou d'amenée des wagons dans l'ordre voulu seront grandes.

Pour faciliter ces opérations, on dispose normalement aux quais de marchandises, dans les grandes gares, des batteries de plaques tournantes, qui permettent le mouvement transversal. Quelquefois, le quai n'est pas interrompu : au lieu de se continuer en ligne droite parallèlement à la voie contiguë, il est disposé circulairement en plan, en regard de la plaque pour permettre la rotation des wagons sur celle-ci. Plus généralement, la voie transversale des plaques interrompt le quai et réunit les voies de quai et de débord placées de part et d'autre. On admet que la longueur maxima à donner à un quai

§ 6. — MARCHANDISES. — DISPOSITIONS GÉNÉRALES   315

est celle qui correspond à la longueur de 12 wagons, soit 80 m. à 90 m.

Dans les grandes gares, une voie transversale sépare généralement le quai des expéditions du quai des arrivages. La même longueur peut être donnée à l'un et à l'autre. Comme la surface du quai des expéditions peut être moindre à tonnage égal que celle du quai des arrivages qui, ainsi que nous l'avons dit, séjournent plus longtemps en gare, on réduit la largeur de celui-ci et on le place le premier dès l'entrée de la cour. La réduction de sa largeur profite à l'élargissement de la cour, au point même où la circulation des charrettes est la plus active.

188. Longueur des voies. — La longueur des voies à établir pour faire face à un mouvement journalier donné de wagons arrivant, et partant, n'est pas rigoureusement proportionnelle à ce mouvement. On conçoit, en effet, que le nombre des trains mixtes, ou de marchandises, qui seront désignés pour prendre des wagons dans la gare, ou en laisser, peut, pour un même tonnage, être plus ou moins considérable. Si ce nombre augmente, il permet d'enlever les wagons peu de temps après leur chargement et réduit la durée de l'occupation des voies et par conséquent le développement de celles-ci. Si ce nombre vient à doubler, on pourra réduire presque de moitié la longueur de ces voies. Mais, comme les manœuvres elles-mêmes sont coûteuses, elles ne doivent être multipliées qu'autant que l'importance du trafic y oblige. Et il s'établit nécessairement un certain équilibre entre les installations de 1er établissement, dont les dépenses engendrent un intérêt annuel constant et les dépenses d'exploitation de la ligne sur laquelle la gare est établie.

D'après un relevé fait sur les installations d'un certain nombre de gares[1], on doit avoir 6 m. de longueur de voie par tonne quotidienne, soit, en supposant seulement 5 tonnes par wagon, $6 \times 5 = 30$ m. de voie par wagon, non compris la

---

1. *Revue générale des chemins de fer* (M. Michel, ingénieur en chef de la Cie P.-L.-M.).

longueur correspondant aux appareils de changement de voie, aux voies de tiroir ou de garage.

Cette règle ne doit pas être considérée comme absolue. Il est évident que si la gare a un trafic qui s'effectue surtout par wagons complets, chargés à 10 T. (maximum généralement admis), la longueur $6 \times 10 = 60$ m. par wagon sera exagérée du double, puisque le wagon chargé à 10 T. n'occupe pas plus de place que le wagon chargé à 5 T., qui, ainsi que nous venons de le voir, n'exige que 30 m. Par conséquent, plus la gare expédiera ou recevra de wagons chargés au maximum, plus il faudra réduire le chiffre de 6 m. par tonne indiqué ci-dessus. Si la gare expédiait la totalité de ses wagons dans ces conditions, le chiffre de 6 m. tomberait à 3 m. La nature des marchandises qui détermine le chiffre du tonnage par wagon peut donc modifier d'une manière importante la longueur du développement des voies dont une gare doit être dotée.

189. Voies de débord. — Ainsi que nous l'avons dit précédemment, une voie spéciale sert, dans les gares de marchandises, à recevoir les wagons, du bord desquels on approche les charrettes pour en effectuer directement le chargement ou le déchargement. On l'appelle voie de *débord* ou encore *voie de cour*.

Dans les plus petites gares, cette voie est le prolongement de la transversale ou un tronçon dirigé à 45° sur la plaque établie à la rencontre de cette transversale et de la voie du quai.

Dans les gares plus importantes, cette voie est placée à la limite de la cour, du côté opposé au quai.

Enfin, dans les très grandes gares, elle est double : la voie du côté de la cour sert aux opérations de chargement et de déchargement, la voie contiguë et extérieure sert à l'alimenter et à la dégager, au moyen de petits tronçons de transversales et de plaques tournantes, quelquefois même au moyen des transversales des quais prolongés (Schéma, au bas de la planche 35).

Lorsqu'une gare comporte plusieurs lignes de quais parallèles, les voies de débord sont quelquefois placées au milieu des cours (Pl. 44, 45).

Dans les gares spéciales (bois, houille, pierre, etc.), ces voies couvrent de grandes surfaces (Pl. 48. Gares de Speldorf et de Cologne-St-Géréon). Elles peuvent être disposées entre deux voies droites ou courbes qui servent l'une à l'arrivée, l'autre au départ des wagons. Entre les mailles formées par ces voies se trouvent des cours à niveau, souvent louées à divers pour l'entrepôt des marchandises. Des chemins empierrés desservent ces emplacements.

190. Disposition générale d'une gare de marchandises. — Comme complément des indications des paragraphes qui précèdent, nous décrirons les dispositions générales d'une gare de marchandises importante, supposée placée du même côté que la ville qu'elle dessert et latéralement au bâtiment des voyageurs (Pl. 35, au bas).

La gare des marchandises se compose de deux halles, la première, près de l'entrée, pour les expéditions ; la seconde, au-delà, pour les arrivages. Nous avons dit précédemment pourquoi il convenait de faire la première plus étroite que la seconde. A la suite, un quai découvert avec rampe d'accès. Un quai spécial, dit des chaises de poste, se trouve à l'entrée et peut être utilisé soit pour l'expédition, soit pour l'arrivée des voitures et des chevaux en grande ou petite vitesse.

L'ensemble de ces quais est desservi par un groupe de trois voies parallèles aux voies principales. Ces voies sont reliées entre elles au moyen de voies transversales et de plaques tournantes ; elles sont raccordées à la voie principale 1, par un branchement situé à l'extrémité amont de la gare, et, quelquefois immédiatement à l'extrémité du trottoir, de manière à permettre de prendre les wagons en provenance de ce quai et à ajouter à un train de voyageurs, ou inversement.

A la limite de la cour sont établies les voies de débord.

Ces installations sont complétées par un quai à bestiaux Q, avec voie spéciale branchée sur la voie de débord, et qui, interposé entre cette voie et la clôture, permet de faire sortir les animaux sans traverser la cour de la gare et de leur faire gagner un chemin de ceinture entourant généralement celle-ci.

Enfin, au-delà des quais se trouvent une grue à pivot A et

une grue roulante pour le chargement et le déchargement des marchandises lourdes, du bois, des pierres, etc.

Un gabarit permet de constater que les chargements effectués n'excèdent pas les dimensions voulues et un pont à bascule, de reconnaître le poids de chacun, qui doit rester inférieur à la limite fixée par le mode de construction du wagon et de régler le prix du transport.

Nous avons dit que l'ensemble des voies de marchandises se raccordait à la voie 1.

Les deux voies principales sont, d'ailleurs, réunies par une jonction[1], qui complète les installations nécessaires à la circulation des trains et au fonctionnement de la gare[2].

191. Dispositions diverses des halles. — Dans les gares très importantes, il n'est plus possible de maintenir sur une seule ligne l'ensemble des quais couverts ou découverts dont l'établissement a été imposé par le trafic à desservir. On serait conduit à occuper une longueur beaucoup trop considérable, gênante à la fois pour le service des wagons et pour celui des charrettes. Pour obvier à cet inconvénient, il devient indispensable de s'étendre en largeur. Plusieurs dispositions ont été adoptées dans ce but : celle des halles *parallèles*, celle des halles *normales*, des halles *en éventail*, et enfin celle des halles en *redans* qui présente de sérieux avantages.

192. Halles parallèles, Pl. 45. — Cette disposition consiste à placer l'ensemble des quais ou des halles, dont l'établissement a été reconnu nécessaire, sur un certain nombre de lignes parallèles aux voies principales, en ménageant entre elles, alternativement, des voies et une cour. Chaque groupe de voies ou chaque cour dessert les quais ou les halles placés de part et d'autre. Le nombre des voies de chacun de ces groupes est de deux pour chaque ligne de quais, soit de quatre

---

1. La jonction amont présente fréquemment ses aiguilles en pointe, de manière à permettre l'entrée *directe* des trains impairs sur les wagons de marchandises.

2. Nous reviendrons sur cette disposition qui est fréquemment employée parce qu'elle est commode au point de vue des relations du commerce avec la gare des marchandises, mais qui est défectueuse au point de vue des manœuvres de composition et de décomposition des trains.

§ 6. — MARCHANDISES. — DISPOSITIONS GÉNÉRALES 319

par groupe, les voies contiguës aux quais étant affectées aux wagons en cours de chargement ou de déchargement, celles du milieu aux wagons arrivants ou partants. Des voies transversales avec plaques tournantes complètent cet aménagement. D'un côté, les diverses cours aboutissent à une chaussée unique et à une ou plusieurs entrées, auprès desquelles on a groupé les services accessoires : bureaux, octroi, écuries, etc. Du côté opposé, les divers groupes de voies se soudent à une ou deux voies de service. Les trains arrivants sont reçus sur un certain nombre de voies interposées entre les voies principales et les voies de desserte de la première ligne de quais, et sont conduits successivement aux divers quais spécialisés par natures de marchandises. Les mêmes opérations se font en sens inverse pour les trains partants.

L'avantage de cette disposition est de permettre de desservir tous les quais par aiguilles et à la machine. Son inconvénient est d'occuper une grande place en longueur.

193. Halles normales, Pl. 44. — Dans le système des halles normales, les quais couverts ou découverts sont placés perpendiculairement aux voies principales. Comme dans la disposition précédente, des groupes de trois ou quatre voies et des cours se succèdent alternativement entre les files successives de quais. Les cours aboutissent aux entrées établies du côté opposé aux voies principales. Entre celles-ci et la partie extrême des quais se trouve le groupe des voies de réception et de décomposition des trains arrivants, de formation et d'expédition des trains partants. Ce groupe de voies est relié d'une part aux voies interposées entre les quais au moyen de plaques tournantes, et, d'autre part, aux voies principales au moyen d'aiguilles.

L'avantage de ce système est de permettre d'utiliser plus aisément certains terrains larges, parfois plus commodes à acquérir dans les grandes villes que d'autres allongés parallèles aux voies ; mais son inconvénient est de compliquer les manœuvres, qui, exécutées à bras ou au moyen de chevaux, sont longues et onéreuses.

Il convient donc de ne l'adopter que lorsqu'il est impossible ou trop onéreux d'employer le premier.

194. Halles en éventail, Pl. 45. — Dans les deux dispositions que nous venons d'indiquer, un double inconvénient se présente : les cours ayant la même largeur sur toute leur longueur sont parfois insuffisantes du côté de l'entrée où les voitures se pressent plus nombreuses et offrent un excès de largeur du côté opposé. Quant aux voies, elles ne sont bien utilisées que si, sur la file de quais desservie par chacune d'elles, les opérations sont bien concordantes. Sinon, les quais les plus éloignés des voies de réception et de composition des trains, tributaires des quais qui en sont les plus rapprochés, supportent le contre-coup des irrégularités qui se produisent dans le fonctionnement de ceux-ci.

Dans les gares à marchandises où les halles sont disposées *en éventail*, on a remédié au premier de ces deux inconvénients : les cours ont été élargies du côté de l'entrée et la circulation des charrettes a été rendue plus facile, mais l'inconvénient résultant de la desserte de plusieurs quais par une même voie, n'a pas été supprimée. En outre, les voies transversales sont curvilignes et la circulation y est un peu moins facile.

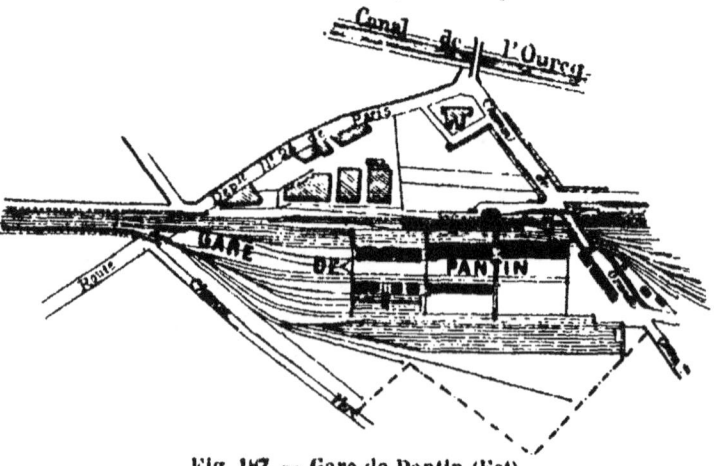

Fig. 187. — Gare de Pantin (Est).

195. Halles en redans, Pl. 45. — Ici, les deux inconvénients ont disparu : chaque quai est desservi par une voie spéciale et son service n'est plus subordonné au fonctionnement des quais contigus. Deux quais voisins sur une même

§ 6. — MARCHANDISES. — DISPOSITIONS GÉNÉRALES

file sont donc en retrait de la largeur d'une voie. Et, la même largeur leur étant laissée à tous, les cours vont, elles-mêmes, en s'élargissant de la même quantité d'un quai au suivant.

Il est vrai que les dépenses de premier établissement sont, dans ce cas, un peu plus élevées que dans les deux premiers, mais les manœuvres sont rendues notablement plus faciles, les pertes de temps sont diminuées et on réalise des avantages supérieurs à l'intérêt des suppléments de dépenses engagées.

Telles sont les dispositions adoptées à Pantin (Est) (Fig. 187), à Rome (Termini) (Pl. 45).

196. Quais dentelés. — On s'est enfin préoccupé de remédier à la gêne qui résulte de la non concordance des opérations effectuées le long d'un même quai. Les wagons sont, en général, construits de manière à recevoir un chargement maximum de 10 T., mais ce poids, hormis pour les marchandises pondéreuses, est rarement atteint. Il descend parfois à 3 T. et 4 T. En outre, ces marchandises présentent des difficultés variables de manutention. Aussi le temps nécessaire au chargement ou au déchargement d'un wagon est-il très variable. D'où il résulte qu'il est presque impossible à deux équipes, composées elles-mêmes d'éléments divers, d'agir avec une simultanéité qui permette d'engager et de terminer cinq ou six opérations voisines dans le même temps. De là des retards et une imparfaite utilisation des hommes et des quais, en un mot, de l'outillage employé.

Pour pouvoir réaliser une complète indépendance entre le travail des diverses équipes, on a imaginé de remplacer le quai *rectiligne*, desservi par une voie avec accès à ses seules extrémités, par un quai *dentelé* soit normalement, dans le cas où les tronçons de voies qui le desservent aboutissent à des plaques tournantes, — soit *obliquement*, dans le cas où ces mêmes tronçons de voies aboutissent à des aiguilles. Plaques ou aiguilles sont disposées sur une même voie, sur laquelle on amène les wagons à charger, à décharger ou à transborder.

La première disposition est appliquée dans la gare centrale de Cologne-Géréon (Pl. 48).

La seconde a été proposée par M. Mans Schwarz[1]. Dans ce cas, les voies sont écartées les unes des autres de 4 m. 50; les quais en dents de scie ont une longueur de 17 m. 72 et les courbes de raccordement un rayon de 180 m.

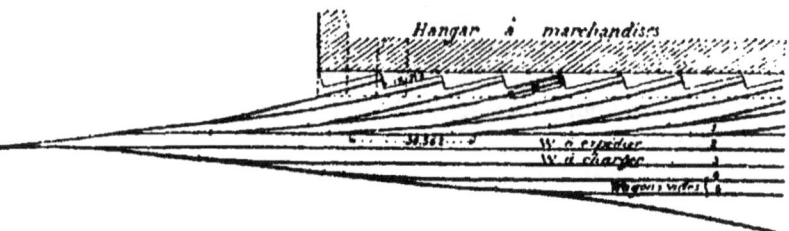

Fig. 188.

Un quai ainsi desservi possède une capacité de travail notablement supérieure à celle des quais avec voies parallèles. Son emploi paraît tout indiqué dans les gares de grandes villes où arrivent dans la nuit des trains de denrées qui doivent être déchargées, camionnées et livrées à la consommation dans le minimum de temps possible.

§ 7.

SERVICE DES MARCHANDISES. — GARAGE DES TRAINS

197. Voies de dépassement. — Nous avons fait connaître précédemment que, par suite de la vitesse différente des trains qui parcourent une même ligne, il était parfois nécessaire de faire passer des trains express devant des trains omnibus, ou des trains de voyageurs devant des trains de marchandises, et, avant de commencer l'étude des stations, nous avons indiqué les dispositions de détail à adopter pour

---

[1]. *Annales des travaux publics*, novembre 1888, d'après le *Centralblatt der Bauverwaltung*.

§ 7. — MARCHANDISES. — GARAGE DES TRAINS

l'établissement de ces voies. Il convient de faire connaître comment ces installations se juxtaposent les unes aux autres.

On peut n'avoir à établir de voie de dépassement que pour les trains d'une seule direction, ou bien on doit en prévoir pour les trains des deux directions. Nous supposerons ce dernier cas : il serait facile de modifier les indications que nous allons donner pour les approprier au premier, qui est plus simple.

Enfin, on peut avoir intérêt, à différents points de vue et notamment eu égard aux acquisitions de terrains, à placer ces deux voies :

De part et d'autre des voies principales :

L'une à l'amont, l'autre à l'aval ;

Toutes deux à l'amont, ou toutes deux à l'aval ;

ou intermédiairement entre les voies principales.

Voies de part et d'autre des voies principales, l'une à l'amont, l'autre à l'aval. — Ces voies s'établissent latéralement aux voies principales : la voie des trains impairs à l'amont, la voie des trains pairs à l'aval de la station, — les aiguilles de

Fig. 189.

raccordement, qui doivent être prises en talon, étant placées au-delà des trottoirs. Dans ces conditions, les aiguilles à manœuvrer sont aussi peu éloignées que possible de la station, et le service est rendu plus facile. Toutefois, si un passage à niveau est à faible distance de l'extrémité des trottoirs, il convient de reculer l'origine de la voie au-delà de ce passage, de manière à ne pas être obligé d'établir le P. à N. pour 3 voies.

Il est bien entendu que ces voies sont placées en palier ou en pente très douce (0,002 à 0,003 par mètre), quelle que soit la déclivité des voies principales. Quant à leur longueur, elle est égale à celle des plus longs trains qui peuvent être appelés à circuler sur la ligne considérée. Sur les lignes à très faible déclivité, où les trains n'ont généralement pas plus de 60 wagons, la longueur des voies de dépassement est de : 60 × 7 m. 50 + 2 × 20 = 490 m., soit 500 m. depuis la traverse de garage jusqu'au heurtoir extrême, en admettant la double traction.

M. Brière, ingénieur en chef de la voie de la Cie d'Orléans, est d'avis[1] que ces voies doivent être placées de préférence dans les stations de prise d'eau et que, si deux stations de prise d'eau sont très rapprochées l'une de l'autre, on peut ne les prévoir que dans l'une des deux.

Assurément, il y a intérêt à consacrer une partie du temps de l'arrêt du train sur le garage à renouveler la provision d'eau de sa machine ; mais il peut se faire que la position ainsi assignée au garage ne soit pas celle qu'imposent les dépassements prévus. Il conviendra donc de tenir compte de cette considération dans la décision à prendre, malgré les modifications que l'horaire de la marche des trains peut éprouver d'une saison à une autre.

Quelquefois, les deux voies de dépassement sont prolongées et réunies au moyen d'une transversale et de plaques tournantes, comme l'indique la figure 189 ci-dessus.

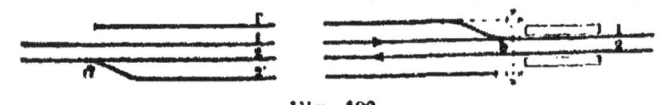

Fig. 190.

Voies de part et d'autre des voies principales, toutes deux à l'amont ou toutes deux à l'aval. — Dans le cas où les deux voies sont à l'amont, elles sont raccordées aux voies principales de telle manière que le changement *b* placé sur la voie des trains impairs soit voisin de l'extrémité du trottoir, tandis que celui *a*, qui donne l'accès de la voie 2' de dépassement des trains pairs est reculé vers l'amont, à la distance voulue par la longueur à attribuer à cette voie. Dans ces conditions, les trains à garer se rendent toujours sur ces voies par rebroussement.

[1]. *Revue générale des chemins de fer*, mai 1886.

§ 7. — MARCHANDISES. — GARAGE DES TRAINS

On reconnaît aisément que cette disposition est moins commode que la première. En effet, elle éloigne l'aiguille *a* donnant la voie 2' de 500 m. de l'extrémité du trottoir, oblige la tête des trains qui doivent s'engager sur cette voie à s'avancer jusqu'à 1000 m. au-delà de l'extrémité du trottoir.

En outre, les raccordements de ces deux voies au moyen d'une transversale ne sont possibles que si les voies principales sont en palier.

Dans le cas où les deux voies de dépassement, au lieu d'être à l'amont, devraient être à l'aval de la station, les dispositions à adopter seraient symétriques.

Voie de dépassement unique, disposée entre les deux voies principales. — Pour réaliser cette disposition, on augmente l'écartement des trottoirs latéraux aux deux voies principales, de manière à permettre l'interposition d'une 3ᵉ voie. Les voies principales ainsi déviées sont raccordées avec leurs anciennes directions au moyen de courbes d'assez grands rayons pour que la circulation n'ait pas à en souffrir. Si les deux voies principales sont déviées, on a une courbe de raccordement sur chacune d'elles. Si l'une des deux est conservée avec sa

Fig. 191.

direction première, les deux courbes de raccordement sont placées sur l'autre voie principale, mais on a ainsi deux courbes en S, à intervalles rapprochés, qui sont fâcheuses au point de vue de la circulation, si la ligne comporte des trains express. La voie de dépassement elle-même est raccordée à l'amont, en *a*, avec la voie des trains impairs, de manière que les aiguilles soient prises en talon par les trains de passage.

Dans ces conditions, la voie nouvelle peut s'établir en palier sans difficulté et permettre le garage des trains des deux directions ; le service est aussi concentré que possible. Cependant, cette disposition présente un inconvénient.

Lorsqu'un train impair, ayant dépassé la gare, refoule par

b sur la voie intermédiaire, il faut veiller à ce que sa partie arrière ne dépasse pas la traverse de garage de l'aiguille *a*, qui marque la limite du stationnement, et ne s'engage pas sur la voie 2. Un train survenant alors sur cette voie prendrait en écharpe les wagons du train.

Supposons donc un train de marchandises stationnant sur cette voie entre les deux traverses de garage extrêmes : un train pair arrive, s'arrête devant le trottoir. Les voyageurs doivent se trouver déjà sur le trottoir desservant la voie 2. On a dû les faire traverser au dernier moment, et comme le train garé formait barrière et s'opposait à leur passage, on a dû le *couper* pour leur éviter un long détour (qui, dans le cas d'une voie de 500 m. placée exactement au milieu de la longueur de la station, serait de 250 m. à l'aller, vers la tête ou l'arrière du train, et de 250 m. au retour, soit de 500 m. pour revenir au milieu du trottoir), puis serrer les freins de la partie arrière isolée de la machine. Les deux parties du train coupé ne peuvent être rapprochées qu'après le passage des voyageurs arrivant.

Une voie ainsi placée facilite le garage des trains qui doivent y être reçus, mais rend la surveillance et le service difficiles pour les trains de voyageurs qui doivent s'arrêter sur la voie opposée au bâtiment.

Il y aura donc lieu de comparer, lors de l'établissement d'une voie de dépassement, les deux solutions précédentes et de faire la balance des avantages et des inconvénients de chacune d'elles.

198. Voies de garage. — Il peut arriver que l'on ait à garer sur un même point plus de deux trains provenant de la même direction ou de diverses directions convergeant en ce point.

Dans ce cas, on dispose, en arrière du trottoir de la voie 2, un certain nombre de voies parallèles que l'on raccorde à l'amont de la station en *a*, avec la voie 2, et à l'aval en *b* avec la voie 1, de manière que les trains y entrent toujours par refoulement. Ce dernier raccordement a l'inconvénient d'obliger à une traversée *c* de la voie 2, traversée gênante pour la circulation sur cette dernière voie et pour les manœuvres de la gare.

§ 7. — MARCHANDISES. — GARAGE DES TRAINS   327

En outre, lorsque les trains à garer sont très nombreux, l'entrée sur le garage en refoulant ralentit les manœuvres et prolonge l'occupation des voies principales, inconvénient d'autant plus sensible que la circulation générale elle-même est plus active. La disposition la plus commode en pareil cas consiste à raccorder les deux extrémités du faisceau de ga-

Fig. 192.

rage à chacune des deux voies principales, au moyen de changements et de traversées-jonctions, de manière que les trains impairs entrent dans le garage par une aiguille en pointe d et que les trains garés de sens pair sortent des voies du garage comme dans le cas précédent, en e (traversée-jonction simple).

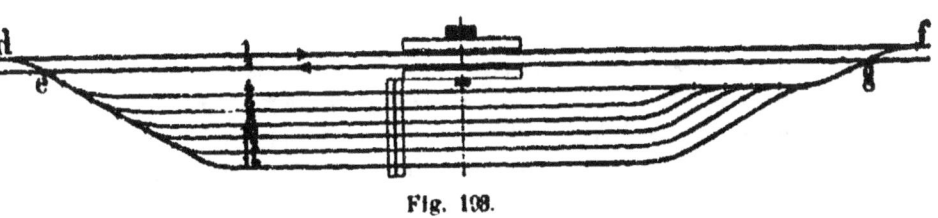

Fig. 193.

La même disposition a lieu à l'aval pour la réception des trains pairs en g et pour l'expédition des trains impairs en f.

Ces installations générales peuvent être complétées dans certains cas par l'établissement soit de voies transversales avec plaques tournantes, soit de chariots transversaux, soit enfin de voies obliques avec traversées-jonctions, permettant de faire passer, le cas échéant, des wagons d'une voie sur une autre.

§ 8

SERVICE DES MARCHANDISES. — GARES DE TRIAGE

199. Opérations à effectuer. — Méthodes et moteurs divers. — Les dispositions que nous venons d'indiquer ont essentiellement pour objet de garer un ou plusieurs trains et accessoirement de faire passer un certain nombre de véhicules d'une voie sur une autre ; mais l'augmentation qui s'est produite depuis quelques années dans l'importance des transports, d'une part, et dans le nombre des lignes qui desservent certaines régions, d'autre part, ont rendu indispensable l'établissement dans les centres de grand trafic, d'où partent plusieurs directions, d'ateliers spéciaux dans lesquels on reçoit les trains, où on trie les wagons et où on les reconstitue en trains nouveaux suivant leurs destinations. Ces ateliers s'appellent : *gares de triage* (quelquefois *gares d'étapes* ou *de relais*).

Les Compagnies établissent ces ateliers, de distance en distance, sur leurs réseaux, soit dans leurs grandes gares d'embranchement, soit à proximité de ces gares, lorsque les agrandissements nécessaires aux abords des villes imposent des dépenses d'acquisition de terrains trop considérables.

Trois opérations principales doivent être faites dans une gare de cette espèce :

1° La *réception* ou le *garage* des trains arrivants ;

2° Le *triage* des trains par *direction* ou, dans certains cas, par catégorie de marchandises ;

3° Le *classement* des wagons suivant l'ordre de succession des différentes stations, ou la *formation* des trains.

Ces opérations se font à l'aide d'un réseau de voies raccordées entre elles normalement, au moyen de plaques tournantes ou de chariots, ou obliquement au moyen de branchements ou de traversées-jonctions.

§ 8. — MARCHANDISES. — GARES DE TRIAGE

Les premiers appareils s'emploient dans le cas où l'on opère sur des wagons isolés. Lorsque les wagons sont déjà groupés par quatre ou plus de quatre, il est plus avantageux de les manœuvrer ensemble au moyen de voies obliques et par aiguilles [1].

Les moteurs qui permettent de réaliser ces mouvements augmentent de puissance avec l'importance des opérations : on emploie d'abord les hommes et les chevaux, puis la locomotive, enfin la pesanteur.

Les installations de voie sont d'autant plus spécialisées, eu égard aux opérations à effectuer, que le nombre des trains journaliers à décomposer et à recomposer est plus considérable.

Dans le cas où ce nombre est peu important, on se borne à établir un ou plusieurs faisceaux de voies disposées en éventail à l'extrémité d'une ou de deux voies de tiroir. Les branches de l'éventail peuvent se terminer en impasse ou se réunir de nouveau en forme de fuseaux. Les communications entre les voies sont établies au moyen de plaques, de chariots ou d'aiguilles. Et, pour actionner les wagons, on emploie les chevaux et les machines : les premiers pour les déplacements d'un ou de deux wagons, les secondes pour les manœuvres *au lancé*, et, en général, pour toutes les manœuvres comportant la mise en mouvement d'un plus grand nombre de wagons.

Dans le cas où le nombre des trains à trier est considérable, les faisceaux en impasse et les plaques sont abandonnés et remplacés par des fuseaux de voies réunies à leurs deux extrémités et par des chariots à vapeur. Enfin, l'action de la gravité remplace en grande partie celle des chevaux et des machines.

Ainsi donc, les différentes dispositions adoptées peuvent être classées comme il suit :

---

1. C'est la règle adoptée à la Cie P.-L.-M. (Note circulaire n° 7660 de l'exploitation).

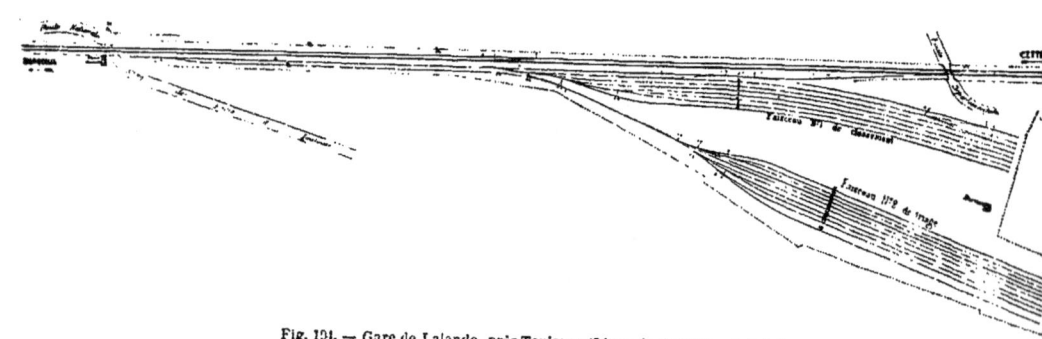

Fig. 194. — Gare de Lalande, près Toulouse (Ligne de Bordeaux à Cette).

§ 8. — MARCHANDISES. — GARES DE TRIAGE

OUTILLAGE		MOTEURS
A. Faisceaux en impasse ou fuseaux soudés aux deux extrémités.	1° Voies reliées par des plaques tournantes.	Chevaux, machines.
	2° Voies reliées par des chariots à vapeur.	
	3° Voies reliées par des diagonales avec changements ordinaires ou traversées-jonctions.	
B. Faisceaux en impasse ou fuseaux soudés aux deux extrémités.	1° Voies reliées par plaques, chariots à vapeur ou diagonales (Voie de débranchement en pente continue).	La gravité.
	2° Voies reliées par plaques, chariots à vapeur ou diagonales (Voie de débranchement en dos d'âne).	La gravité et la machine simultanément.
C. Fuseaux successifs.	1° en palier.	Machine, gravité
	2° en pente.	

200. A. Faisceaux en impasse ou fuseaux soudés à leurs deux extrémités. — *Moteurs : chevaux et machine.*
— Les voies sur lesquelles s'effectue le triage peuvent être disposées en éventail et constituer un *faisceau* terminé en impasse, ou bien et préférablement être réunies à leurs deux extrémités, en forme de *fuseau*.

Faisceau : un exemple de cette disposition se trouve dans la gare de Lalande, près de Toulouse. Deux voies A et B de 320 m. chacune, parallèles et contiguës aux voies principales, commandent deux faisceaux en éventail, comprenant, le premier huit voies pour le classement, le second dix voies pour le triage (Fig. 194).

Les trains impairs dépassent l'aiguille *a*, puis refoulent et viennent se placer sur l'une des deux voies de tiroir A, B. La machine titulaire est détachée et continue vers Toulouse où se trouve le dépôt. S'il s'agit d'un train pair, il vient se placer sur la même voie en passant par l'aiguille *b*, reculant d'abord sur la voie 1 du faisceau et avançant ensuite. La machine titulaire de ce train se dégage par la 2ᵉ voie de tiroir. Une machine de manœuvre vient ensuite se placer à l'arrière du train et effectue d'abord le triage sur le faisceau n° 2 extérieur, puis le classement sur le faisceau n° 1 contigu aux voies principales.

Le train reconstitué sur l'une des voies 1 ou 2 du faisceau de classement reprend la voie principale n° 1 par l'aiguille a, s'il est impair, ou la voie principale n° 2 par l'aiguille b, s'il est pair.

Fuseau : une gare de triage importante disposée en fuseau est la gare de Conflans (P.-L.-M.) (Pl. 48), placée sur la ligne de Lyon à la sortie des fortifications de Paris, dans laquelle sont triés les nombreux wagons destinés aux gares de Paris (P.-L.-M.) et aux établissements industriels voisins[1].

Cette gare se compose de 30 voies parallèles aux voies principales, réunies à leurs deux extrémités par des aiguilles, et formant deux faisceaux, séparés par deux voies de circulation, de telle façon que l'entrée des trains à décomposer peut avoir lieu par une des extrémités, et la sortie des trains recomposés par l'extrémité opposée. Il n'est donc pas nécessaire de faire revenir les wagons sur eux-mêmes comme dans le cas des voies en impasse.

Cette disposition est par conséquent plus prompte et plus avantageuse.

Mais les communications *extrêmes* sont généralement insuffisantes pour effectuer les opérations de triage nécessaires, et on a intérêt à établir des communications *intermédiaires* entre les différentes voies des fuseaux. On emploie pour cela des plaques tournantes, des chariots à vapeur ou des diagonales avec changements ordinaires ou traversées-jonctions.

a_1. **Plaques tournantes.** — Dans le cas où les mouvements à effectuer sont peu importants, on emploie des batteries de plaques tournantes.

C'est ce qui a lieu dans la gare de Conflans dont nous venons

---

[1]. *Revue générale des chemins de fer*, numéro de juillet 1887. *La tête de ligne du réseau P.-L.-M., les gares de Paris et de Villeneuve-St-Georges,* par M. J. Michel.

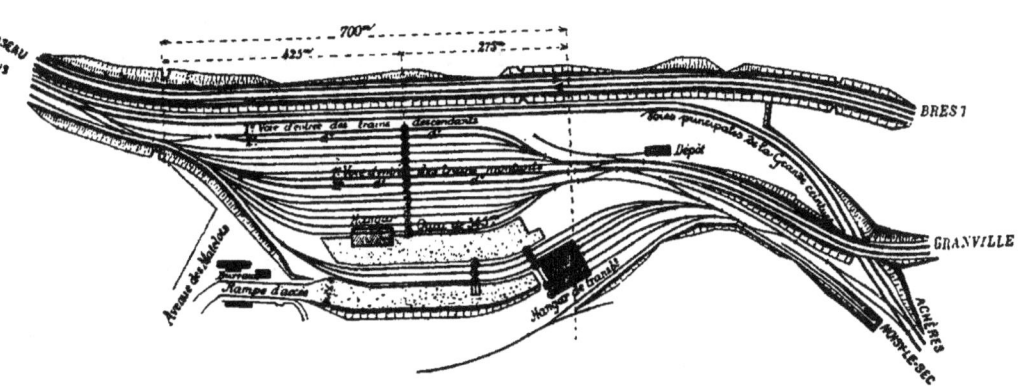

Fig. 195. — Gare de Versailles-Matelots (Ligne de Paris à Brest).

de parler. Dans cette gare, les axes des batteries sont à une distance de 80 m. environ les uns des autres.

Dans la gare de Versailles (Matelots), disposée d'une manière analogue, mais beaucoup moins importante (14 voies), il n'y a qu'une batterie de plaques, située à 425 m. de l'aiguille d'entrée (côté Paris) et à 275 m. de l'aiguille extrême du faisceau dont la longueur est de 700 m. (Fig. 195).

Les manœuvres par plaques s'effectuant à l'aide de chevaux et la circulation étant très active aux abords de ces appareils, il convient de consolider le sol au moyen d'un pavage sur une zone de 10 m. de largeur environ.

Lorsque les manœuvres deviennent extrêmement fréquentes, on les effectue avec des cabestans hydrauliques (Paris-la-Chapelle, Pl. 46).

a_2. *Chariots ou transbordeurs à vapeur.* — Sur une batterie de plaques, on peut manœuvrer 2 ou 3 wagons simultanément. Cependant, l'activité des manœuvres augmentant, il faut procéder plus rapidement que les plaques ne le permettent. On emploie alors les chariots ou transbordeurs à vapeur sans fosse, mobiles sur des voies transversales aux voies de triage. Ces appareils portent un treuil à l'aide duquel on amène le wagon sur la plateforme du chariot. Celui-ci se déplace et le wagon, obéissant à l'action d'un levier, descend sur la voie.

C'est ainsi qu'est établi l'outillage de la gare de Villeneuve-St-Georges [1] (Pl. 48).

Dans cette gare, deux groupes de voies importants, disposés en fuseaux avec voies de tiroir de part et d'autre, servent à la décomposition des trains arrivant du réseau P.-L.-M., soit par la ligne de la Bourgogne, soit par la ligne du Bourbonnais, et permettent de former des trains à destination des réseaux des autres Compagnies ou des diverses gares de la Compagnie à Paris : Conflans, avec ses embranchements particuliers sur les Magasins Généraux ; Bercy avec ses quais divers, spécialisés par nature de marchandises : bois, pierre, charbons, vins, grains, etc. Inversement, cette gare reçoit des trains

---

[1]. Voir *Revue générale des chemins de fer*, numéro de juillet 1887.

en provenance des réseaux voisins ou des gares de Paris P.-L.-M. et servent à la formation de nouveaux trains à expédier sur le réseau de la Compagnie.

L'emploi des chariots permet de couper en plusieurs tronçons les longues voies des deux fuseaux et de placer sur une même voie plusieurs lots de wagons.

Un chariot travaille 20 heures et peut manœuvrer 500 wagons pour 35 fr. au plus (y compris les frais de réparation, de renouvellement du câble, etc., mais non compris l'intérêt du capital représentatif de l'appareil et de la voie de roulement, qu'on peut évaluer moyennement à 5 fr. par jour pour un chariot).

On emploie parfois des chariots mus par l'eau sous pression.

a_3. *Jonctions, traversées-jonctions.* — Lorsque les manœuvres à exécuter entre les voies parallèles doivent s'appliquer, non plus à des wagons isolés, mais à des groupes ou à des coupons composés d'un certain nombre de wagons, il devient nécessaire d'opérer plus rapidement et plus économiquement que ne le permettraient les plaques et les chariots à vapeur : on interpose dans ce cas des jonctions ordinaires, ou mieux des traversées-jonctions entre les voies du triage, et on emploie des machines de manœuvre (machines-tenders, ou des machines de manutention spéciales avec treuils). Cette disposition ne peut, bien entendu, être adoptée que lorsque la longueur des voies de triage est considérable, parce qu'elle a pour conséquence de stériliser sur une zone assez large les voies ainsi raccordées.

La gare de triage de Strasbourg (Pl. 36) offre un exemple intéressant de fuseaux de triage juxtaposés et d'un faisceau en cul-de-sac recoupés obliquement par deux traversées-jonctions et deux batteries de plaques tournantes.

Dans les grandes gares, telles que Villeneuve-St-Georges, Cologne St-Géréon (Pl. 48), on trouve des traversées-jonctions employées pour établir une communication facile entre plusieurs voies de manœuvre ou de circulation contiguës.

Nous aurons l'occasion de revenir sur ces diverses dispositions à l'occasion des moteurs dont elles comportent l'emploi.

a₁. Système David[1]. — M. David, ingénieur de l'exploitation à la Compagnie du Midi, a proposé d'établir dans les gares de triage de faible importance un outillage de voies permettant d'effectuer, sur une surface restreinte et à l'aide de manœuvres réduites, les opérations de décomposition, de triage et de recomposition des trains (Fig. 196).

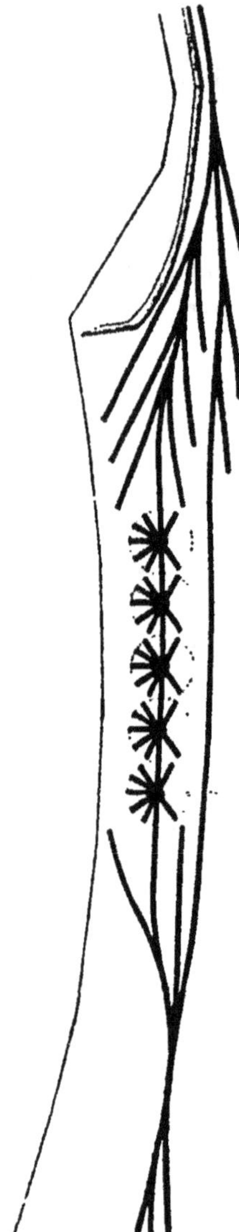

Il consiste dans l'emploi de deux systèmes de voies groupées : les unes de part et d'autre d'une voie principale à laquelle elles se rattachent au moyen de branchements ; les autres autour de plaques tournantes. Les premières forment des espèces d'*arêtes de poisson*; les secondes des *rouets* ou *étoiles*. La longueur à donner à chacune des voies résulte du nombre de wagons que celle-ci est appelée à recevoir.

Pour décomposer un train, on amène celui-ci sur la voie centrale de l'atelier et les wagons, ou groupes de wagons, sont envoyés : par la machine attelée au train sur les voies en arêtes de poisson, — par des hommes et des chevaux sur les voies rayonnant autour des plaques.

La recomposition d'un train de marchandises s'effectue de la même manière en sens inverse : on fait sortir successivement des diverses voies de l'atelier les wagons qui y ont été rangés et on les intercale dans le train à la place convenable, eu égard à la station à laquelle ils sont destinés.

Fig. 196. — Triage système David.

Cette disposition a été essayée au Midi dans la gare de Morcenx : on lui reproche d'être coûteuse en raison du grand nombre des

[1]. *Revue générale des chemins de fer*, numéros d'avril et de décembre 1870.

appareils (branchements et plaques) qu'elle exige et de ne donner qu'un faible débit, en égard à la voie unique affectée à la fois au débranchement et à la composition des trains.

Elle a été réalisée d'une façon plus satisfaisante dans la gare de Cologne-Géréon (Pl. 48), qui présente un groupe de voies se détachant, en arêtes de poisson, de la voie 32 et un ensemble de plaques avec voies rayonnantes sur la voie 34, desservant la halle centrale, enfin deux autres plaques desservant chacune huit à dix voies.

201. B. Faisceaux en impasse ou faisceaux soudés à leurs deux extrémités. — *Moteurs* : b_1 *la gravité seule ; b_2 la gravité et la machine simultanément.*

Les manœuvres de triage que nous venons de décrire sommairement sont longues et coûteuses. Les chevaux et les machines que l'on y emploie, même avec l'outillage de voies le mieux approprié, sont forcés de faire des mouvements de navette extrêmement multipliés, qui, occupant les voies pendant un temps considérable, diminuent la capacité productive de celles-ci, augmentent la durée de chaque opération, le nombre d'heures de service du moteur qui y est appliqué et par conséquent le prix de revient final.

L'emploi de la gravité qui supprime les mouvements de retour des moteurs a donc réalisé un progrès économique considérable.

Deux dispositions principales ont été adoptées ; nous les décrirons successivement.

b_1. *Voie de débranchement en pente. La gravité employée seule pour le triage.* — L'une des gares les plus anciennes où l'on ait employé la gravité est celle de *Tergnier*, qui se trouve placée sur le réseau du Nord, au point où les deux lignes de Laon et de Maubeuge se soudent sur la grande artère de Paris à Amiens (Pl. 49).

L'outillage des voies est le suivant : 2 faisceaux de triage composés l'un de 10 voies, l'autre de 11 voies, sont commandés par 2 voies de tiroir en rampe de 0,008 raccordées à leur partie inférieure par une jonction croisée ou bretelle, et à leur partie supérieure par un branchement simple et un petit tronçon de voie en impasse. Une voie placée à la partie basse de cet atelier, et qui part d'un point situé entre l'origine du faisceau et la première aiguille de la bretelle, raccorde la voie principale à la voie de tiroir contiguë par une aiguille en pointe. Nous reviendrons plus loin sur cette disposition, qui est contraire au principe que nous avons indiqué précédemment.

Voici comment on procède : Un train arrive, machine en tête, par la voie de raccordement dont nous venons de parler. Il s'avance sur la voie de tiroir qui est libre, s'arrête. On serre les freins du wagon de queue et la machine recule un peu pour donner du lâche aux attelages qui, en égard à la rampe qu'ils viennent de gravir, sont tous tendus. Ceci fait, on serre tous les freins. La machine est détachée du train et se dégage par la voie en cul-de-sac extrême et par la voie de tiroir contiguë à celle sur laquelle le train a été laissé. Les wagons ont été marqués à la craie de chiffres ou de lettres correspondant aux directions qu'ils doivent suivre pour arriver à leur station destinataire. Les attelages sont successivement détachés, les freins relevés et les wagons descendant par la gravité sont dirigés par des aiguilleurs, répartis le long des voies sur celles de ces voies qui leur sont assignées.

Cette première opération a eu pour objet de trier les wagons suivant la direction qu'ils doivent suivre. Une voie ne contient de wagons que pour une seule direction. Si cette voie est insuffisante, une, deux ou trois autres voies du même faisceau peuvent être affectées à cette même direction, mais on ne pourrait avec ces wagons constituer un train pour la direction considérée sans avoir groupé, au préalable, ceux d'entre eux qui ont la même destination finale. Ce dernier groupement fait l'objet d'une seconde opération, consistant en un classement par station. On reprend donc avec une machine l'ensemble des wagons réunis sur la voie ou sur les voies affectées à la direction du train à constituer et on les ramène sur l'une des deux voies de débranchement. On procède comme on l'a fait une première fois et l'on dirige, sur les diverses voies des faisceaux correspondant à chacune des stations, les wagons à destination de ces stations.

Pour constituer définitivement le train, on vient reprendre

avec une machine de manœuvre les groupes de wagons correspondant à chaque station et on les attelle à la suite les uns des autres dans l'ordre successif des stations — le dernier groupe étant celui à laisser dans la première station à partir de l'origine.

Le train étant formé est garé sur une voie spéciale en attendant l'heure du départ.

Cologne-Géréon[1] (Pl. 48). — Une des gares de triage les plus intéressantes à divers titres est celle de Cologne-Géréon, appartenant aux chemins de fer Rhénans, et où aboutissent quatre lignes, celles de :

1° Bonn-Coblentz et Bingerbrück ;
2° Aix-la-Chapelle, Herbesthal et la Belgique ;
3° Clèves et la Hollande ;
4° Minden-Berlin.

Ces quatre lignes principales donnent naissance à un certain nombre de lignes secondaires, d'où il résulte que la gare de Géréon doit former des trains de marchandises pour sept directions : Bingerbrück, Trèves, Aix-la-Chapelle, Clèves, Quackenbruck, Dortmund et Minden.

Le nombre de ces trains a été, par jour, en 1877, de 40 reçus et 40 expédiés : 29 directs pour les stations terminales extrêmes ou leurs au-delà, 11 omnibus ou de service intérieur pour les stations intermédiaires.

Les trains directs ne sont pas classés, les trains omnibus seuls nécessitent d'abord un triage par direction, puis un classement dans l'ordre des stations.

Le nombre total des wagons expédiés et reçus, en 1877, par la gare de Géréon, a été de 791.282, soit 2.100 par jour en moyenne.

Pour le débranchement des trains arrivants et la formation des trains partants, la gare de Géréon dispose de deux faisceaux : le 1er de 8 voies (n°˚ 11 à 18) pour les trains du service intérieur, le 2e de 13 voies (n°˚ 19 à 31) pour les trains directs. Les autres voies de la gare sont soit des voies princi-

---

[1] Glasser, Sous-Directeur de la Cie du Midi : *Notes sur les gares de Cologne-Géréon, Speldorf et Terre-Noire.*

pales (voyageurs et marchandises), soit des voies de chargement et de déchargement, soit enfin des voies de communication. Voici, d'ailleurs, la nomenclature et l'affectation de ces voies :

Voies 1 et 2. — Voies principales de voyageurs de ou pour Bingerbrück ;
— 3. — Accès aux établissements de la douane ;
— 5 et 6. — Garage pour les wagons destinés à la station de Pantaléon (une des gares de Cologne) ;
— 7 à 10. — Entrée et sortie des trains de marchandises ;
— 11 à 18. — Faisceau affecté au classement et à la formation des trains du service intérieur ;
— 18 à 31. — Triage et formation des trains directs ;
— 32. — Communication pour les wagons à conduire dans la cour où s'opèrent les chargements et les déchargements directs de charrettes à wagons ;
— 33. — Communication pour les wagons en provenance de la halle centrale ou de la cour ;
— 34. — Communication pour les wagons à destination de la halle centrale ;
— 35. — Réserve ;
— 36. — Desservant le quai des matières inflammables ;
— 37. — Chargement pour les wagons.

Les trains arrivant de l'une des quatre directions sont reçus sur l'une des voies 7, 8, 9 ou 10, puis conduits sur la voie de débranchement parallèle aux voies principales de Bingerbrück. Cette voie est en pente de 0 m. 010 sur 90 m. de longueur et de 0 m. 0037 sur les 212 mètres suivants. Elle commande toutes les voies de la gare et par conséquent peut envoyer immédiatement les wagons sur la voie qui leur convient.

Néanmoins, cette gare laisse à désirer, parce que :

1° La pente de la voie de débranchement est trop faible ;

2° Le passage à niveau, placé à l'origine même du triage, oblige à des interruptions fréquentes des manœuvres de débranchement ;

3° L'approche de l'heure fixée pour le départ d'un des trains de marchandises formés sur les voies de triage ou de classement oblige à suspendre les opérations.

Il pourrait être remédié aux deux premiers défauts. Quant au troisième, il est la conséquence de la disposition des voies de la gare en impasse ; il disparaîtrait si les voies étaient soudées par les deux extrémités, de telle façon que, les trains arrivants étant débranchés par l'amont, les nouveaux trains puissent être formés et partir par l'aval.

Quoi qu'il en soit, cette gare suffit avec deux machines (une de jour et une de nuit) et 16 chevaux (8 de jour et 8 de nuit) à un mouvement de wagons plus considérable que celui de la gare de Bordeaux-St-Jean, qui emploie souvent jusqu'à neuf machines (5 de jour et 4 de nuit) et 9 ou 10 chevaux.

b_2. *Voie de débranchement en dos d'âne.* — *La gravité et la machine employées concurremment pour le triage.* — Le système précédent a l'inconvénient d'exiger une double voie de tiroir de 200 à 300 m. de longueur environ, en pente de 0,10, et par conséquent d'imposer une dépense en terrain et en terrassements considérable ; aussi ne se prête-t-il pas toujours commodément à l'établissement de gares de triage nouvelles ou à la transformation de gares existantes.

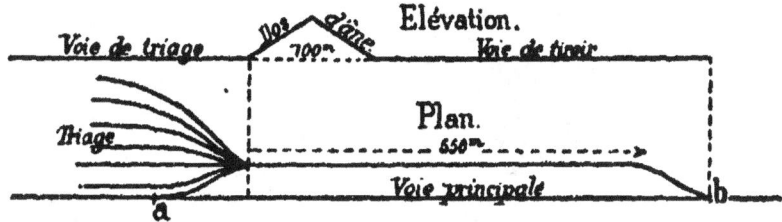

Fig. 197. — Dos d'âne.

On a employé et on emploie de plus en plus maintenant un

autre système dans lequel la voie de débranchement est en palier, sauf sur une longueur de 100™ environ à son extrémité du côté du faisceau, où elle présente un dos d'âne, c'est-à-dire une pente et une contrepente de 10 mm. Le train est reçu sur la voie de tiroir, soit par refoulement *b*, soit mieux par une aiguille en pointe *a*. Après avoir marqué les wagons, on desserre les tendeurs et l'on décroche les chaînes de sûreté aux points où des coupures doivent être faites. Puis, on fait refouler le train par la machine à la vitesse d'un homme au pas. Un agent placé au sommet du dos d'âne, avec une perche à la main, fait sauter les barres d'attelage au fur et à mesure que des wagons constituant des lots différents passent devant lui. Les wagons descendent la pente. L'agent de manœuvre crie aux aiguilleurs le numéro de la voie à ouvrir ; d'autres fois ceux-ci en sont avisés par un chiffre inscrit sur le tampon de tête du 1ᵉʳ wagon descendant, ou sur le côté du dernier wagon du lot précédent. Les hommes d'équipe, postés en nombre suffisant sur le faisceau de triage se portent à leur rencontre et les arrêtent au moment voulu à l'aide des freins, d'un bâton *ad hoc* [1] ou d'un sabot spécial [2].

On obtient ainsi un premier triage par direction. On reprend alors les wagons d'une direction déterminée et on les classe dans l'ordre successif des stations, ou, tout au moins, on groupe ensemble les wagons pour une même station. Le train à faire partir se trouve constitué par la réunion de ces

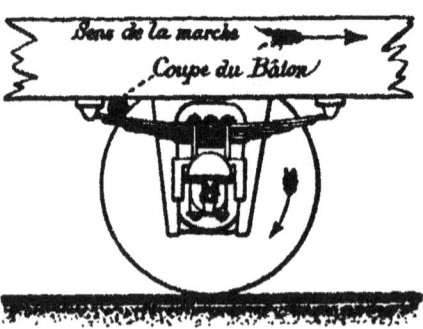

Fig. 198.—Bâton-frein.

[1]. Le bâton (fig. 198) est destiné à remplacer le frein (tous les wagons n'étant pas munis de ce dernier et l'accès de leur appareil de manœuvre n'étant pas toujours facile). Il se place entre la roue, le châssis et le ressort de suspension. Entraîné par le mouvement de la roue, il vient se croiser entre le bandage et le brancard du châssis et constitue un frein énergique.

[2]. Le sabot-frein (fig. 199) est en acier. Il se place sur l'un

§ 8. — MARCHANDISES. — GARES DE TRIAGE

divers groupes, ainsi que nous l'avons indiqué précédemment.

Arlon (Pl. 49). — La disposition de la gare de triage d'Arlon, située au confluent des lignes de Longwy et de Clémency sur la ligne de Namur à Luxembourg (État belge), n'est autre que celle que nous venons de décrire d'une manière générale.

Les trains venant de la direction d'Autel entrent par une aiguille en pointe sur des voies de garage appelées voies du plateau à droite. (Cette aiguille ne figure pas sur le dessin).

La machine de manœuvre vient les prendre et les amène sur les voies de garage à gauche, puis elle les refoule successivement sur la rampe AB, de 0,0012 sur 27 m. de longueur. Arrivés au sommet, les wagons sont décrochés et descendent sur la pente BC, de 0,010, par mètre sur 46 m., au bas de laquelle se trouvent deux groupes de voies de triage, l'un de 18 voies, l'autre de 20 voies. On a donc 38 voies pour les trains de Luxembourg et France. Il y en a 40 autres pour les trains de Belgique.

Lorsque l'opération du débranchement par direction est terminée, chaque lot de wagons est repris et trié par station. Et le train qui doit partir est définitivement constitué, comme nous l'avons indiqué précédemment.

En moyenne, 2.400 wagons sont triés par jour dans la gare d'Arlon.

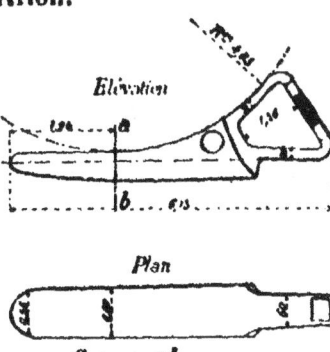

Fig. 199. — Sabot-frein.

des deux rails de la voie, et sur le rail extérieur lorsque la voie est en courbe, à une distance qui varie de 5 à 10 m. en avant du dernier wagon arrêté. Le wagon descendant du dos d'âne avec une certaine vitesse, gravit le plan incliné que lui présente le sabot, entraîne celui-ci dans sa course. Le glissement du sabot ralentit, puis bientôt arrête complètement la progression du wagon. Celui-ci, obéissant alors à la pesanteur, redescend, tombe sur le rail et dégage le sabot qui devient disponible pour une autre opération.

Mais cette disposition, comme celle de Tergnier, est défectueuse, en ce qu'elle oblige à interrompre les opérations qui se font à l'aide du dos d'âne pour reprendre les divers lots de wagons et constituer le train en partance.

Ce nouvel exemple montre bien l'avantage des faisceaux soudés à leurs extrémités, ou, ainsi que nous les avons appecés, des fuseaux, permettant la décomposition d'un train d'un ô té et la recomposition d'un autre train du côté opposé.

Speldorf [1] (Pl. 48). — La gare de Speldorf est située à l'intersection de la ligne d'Oppum à Dortmund (qui se soude à Oppum à la grande artère de Cologne à Clèves) avec une ligne qui, longeant la rive droite du Rhin, dessert Dusseldorf, Kalck, Obercassel et Niederlahnstein.

La gare de Speldorf sert au triage des trains en provenance du bassin houiller de la Ruhr et à destination des diverses directions desservies par les chemins rhénans.

Les deux voies principales d'Oppum à Dortmund passent au milieu de la gare. A gauche de ces voies, c'est-à-dire à gauche d'un voyageur venant d'Oppum, sont les faisceaux destinés au triage des wagons composant les trains arrivant des mines, et au classement des wagons dans les trains à faire partir. Les premiers viennent de la droite du plan (Dortmund) et après classement partent vers la gauche. Les trains qui, en Allemagne, suivent leur droite (contrairement à ce qui a lieu en France), entrent ainsi directement sur la voie de tiroir en impasse, qui commande le premier faisceau de 26 voies. Deux autres voies contiguës commandent : la première, un petit faisceau de 10 voies destiné au classement et 12 des voies du faisceau précédent ; la seconde, la moitié du faisceau de triage, le faisceau de classement et un fuseau de 3 voies aboutissant à une plaque avec 18 bouts de voie rayonnantes.

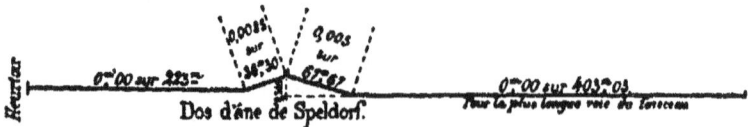

Fig. 200.

Ces trois voies présentent, à partir du heurtoir à gauche

[1] Glasser. Sous-Directeur de la C¹ᵉ du Midi. — Note déjà citée.

§ 8. — MARCHANDISES. — GARES DE TRIAGE

qui les termine, et successivement, un palier de 223 m., une rampe de 0,0085 sur 36 m. 30 et une pente de 0,005 sur 67 m. 67, enfin au delà un palier qui se prolonge jusqu'à l'extrémité des voies du faisceau : les plus longues ont 730 m. Cette rampe et cette pente constituent le dos d'âne à l'aide duquel sont débranchés les trains arrivants et classés les wagons des trains partants, comme nous l'avons indiqué précédemment.

Les trains entrent par une aiguille en pointe et sont débranchés dans un temps très court. Il suffit de 5 minutes pour décomposer un train de 32 wagons en 22 lots. Il s'écoule moins de deux minutes entre l'arrêt d'un train sur le tiroir et le moment où commence son débranchement, et moins de 10 minutes entre le moment où un train de 30 à 40 wagons quitte la voie principale et la fin du débranchement.

Les agents se servent du bâton pour l'arrêt des wagons. Chaque aiguilleur, placé sur une plateforme en bois, à 0 m. 50 au-dessus des voies, manœuvre 7 ou 8 leviers d'aiguilles au moyen de transmissions rigides.

Les trains *directs*, c'est-à-dire pour les terminus du réseau rhénan et les au-delà, ne sont pas classés. Ils peuvent donc partir des voies mêmes du triage après l'adjonction du fourgon et des wagons à frein. Les autres, dits *omnibus*, contenant des wagons pour les stations de passage donnent lieu, après le triage, à une opération de classement qui s'effectue à l'aide du petit faisceau placé au-delà de celui du triage. La machine opère ensuite la soudure dans l'ordre des stations.

L'inconvénient de cette installation consiste dans la nécessité de suspendre toute opération de triage au moment où doit avoir lieu le départ d'un train.

Néanmoins, on trie à Speldorf 1.500 à 1.600 wagons par 24 heures. M. Glasser, Sous-Directeur de la Compagnie du Midi, estime qu'on pourrait aller jusqu'à 2.200, et que ce chiffre pourrait être augmenté d'un tiers si les 26 voies de triage étaient soudées à l'aval (côté Dortmund) et si le départ des trains formés avait lieu de ce côté. Le prix de revient ressortirait alors à environ 0,044.

Du côté droit des voies principales, en venant d'Oppum, se trouvent le service local des marchandises (halles et voies de cour), le dépôt des machines, les ateliers, enfin un faisceau de

4 voies en impasse du côté d'Oppum et un fuseau de 15 voies soudées par les deux bouts. Ces faisceaux servent au garage des trains venant de l'Ouest, généralement vides et retournant aux houillères. Le plus souvent, ces wagons ne sont ni triés, ni classés. Lorsque ces opérations doivent être faites, elles sont effectuées à la machine et au lancé. Elles ne présentent donc pas d'intérêt spécial.

Perrigny (Dijon) (Pl. 49). — Les gares établies par la Cie de Lyon sont disposées conformément aux indications suivantes et au diagramme sommaire qui résument les aménagements en cours d'exécution dans la grande gare de Perrigny, près Dijon.

Les trains venant de l'une ou de l'autre des deux directions principales sont amenés directement sur la voie de tiroir et leur débranchement est fait par la machine titulaire.

Les voies de tiroir en dos d'âne ont chacune 500 m., longueur maxima d'un train de 65 véhicules, et sont placées dans l'axe du faisceau. Ce faisceau de triage est d'ailleurs soudé à ses deux extrémités.

L'itinéraire suivi par les trains des deux directions est suffisamment indiqué par le pointillé des traits du dessin pour que nous croyons inutile d'insister.

Les dispositions employées par la Cie de l'Est à Châlons-sur-Marne, par la Cie d'Orléans à Périgueux [1], à Orléans, sont analogues aux précédentes.

A Périgueux (Pl. 49), le profil du dos d'âne est établi comme l'indique le croquis figuré au-dessous du plan. La hauteur du sommet au-dessus du palier général de la gare est de 1 m. 69 (A Juvisy, on a adopté 1 m 42 ; à Is-sur-Tille, 1 m. 35 et 1 m. 09 ; à Châlons-sur-Marne, 0,95).

Les dépenses pour la transformation de cette gare se sont élevées à 80.000 fr.

Le nombre des wagons reçus en 1884 a été de 273.670, soit 765 wagons par jour.

La dépense par wagon a été de 0 fr. 285.

On estime que le nombre des wagons triés chaque jour

[1]. *Revue générale des chemins de fer*. Triage par la gravité dans la gare de Périgueux, par M. Sabouret, ingénieur de la voie à la Cie d'Orléans. N° de février 1888.

pourrait s'élever à 1.100. Dans ce cas, la dépense par wagon descendrait à 0 fr. 20. L'économie annuelle réalisée sur les frais de manœuvre, à la suite de la transformation effectuée, a été supérieure à 40.000 fr., soit moitié de la dépense de cette transformation.

202. C. Fuseaux successifs soudés entre eux : *c_1, en palier avec machine de manœuvre ; c_2 en palier avec la gravité comme moteur.* — La nécessité de décomposer et de recomposer rapidement des trains nombreux dans les grandes gares charbonnières a conduit à augmenter l'importance des ateliers de triage des wagons. Au lieu d'un seul fuseau, on en a placé deux à la suite l'un de l'autre : le 1er servant au classement d'un train par directions, le second au classement par stations d'un groupe destiné à une même direction.

Quelquefois, à ces deux fuseaux on en ajoute un ou deux autres : un qui les précède pour la réception des trains arrivants, un autre qui les suit pour le garage des trains formés et qui attendent l'heure de leur départ.

Tel est le système des *grils anglais*, dont la gare de Terre-Noire nous offre un exemple intéressant.

Nous donnerons successivement des exemples de gares établies suivant ces deux systèmes.

203. — *c_1. Fuseaux en palier avec machine de manœuvre ou en pente continue : Grils anglais.* Pl. 50. — Pour faire comprendre plus aisément le mode de fonctionnement de ces ateliers, supposons que la gare considérée soit établie au point de concours de n lignes : A,B,C,D,E,F,G,H,I, sur chacune desquelles sont placés un certain nombre de stations, que nous désignerons par des numéros de 1 à m. Deux fuseaux de voies sont disposés à la suite l'un de l'autre : le premier sert à recevoir les wagons provenant du débranchement des trains et contient, par conséquent, autant de voies qu'il y a de directions, n ; le second sert à grouper par stations les wagons d'une même direction. Le nombre des stations étant m, il contient m voies.

Supposons un train arrivant de la direction F par exemple, et contenant des wagons pour les diverses stations des autres

---

[1]. Note sur les chemins de fer en Angleterre par M. Mathieu, ingénieur en chef à la Cie du Midi.

directions. Nous désignerons ce train de la manière suivante : $B_2, E_3, A_1, C_4, \ldots$ (la lettre correspond à la direction, l'indice dont elle est affectée au n° de la station sur laquelle le wagon doit être dirigé. Exemple : B_2 indiquera un wagon à destination de la direction B et de la seconde station). Le train sera amené sur la voie de tiroir qui commande l'entrée du premier faisceau. Par des mouvements de va-et-vient successifs, le train sera débranché. Tous les wagons A seront envoyés sur la première voie du premier gril, tous les wagons B sur la deuxième, tous les wagons C sur la troisième, et ainsi de suite, au fur et à mesure qu'ils se présenteront.

Un second train, un troisième train arriveront de l'une quelconque des autres directions : on procédera de la même manière.

Supposons maintenant qu'on veuille former un train pour une direction quelconque, pour la direction D par exemple. On fait sortir de la voie, ou des voies, du premier gril tous les wagons qui y ont été rassemblés pour cette direction D. Et on les refoule au moyen d'une machine de manœuvre sur le deuxième gril. Sur la première voie, on envoie tous les wagons D_1, destinés à la première station au fur et à mesure qu'ils se présentent. Sur la deuxième voie, on refoule tous les wagons D_2 destinés à la deuxième station et ainsi de suite. Certaines voies peuvent avoir un seul wagon ; d'autres peuvent n'en pas avoir : la longueur de chacune de ces voies résulte de l'importance du trafic de la station correspondante.

Ceci terminé, on fait sortir les wagons des voies du deuxième gril, dans l'ordre successif des stations, on les attelle à la suite les uns des autres et le train est constitué.

On voit que les opérations de classement par station effectuées sur le deuxième gril, n'ont pas empêché le débranchement des trains arrivant sur les voies du premier : l'opération se poursuit donc avec rapidité ; mais elle est de plus économique si, par suite d'une disposition favorable du terrain, on a pu placer les grils en pente avec une déclivité convenable pour le mouvement des wagons.

La gare de Newport (Pl. 50), offre une application importante des dispositions que nous venons de décrire.

§ 8. — MARCHANDISES. — GARES DE TRIAGE

Elle est située entre Stockton et Middlesboroug, sur les bords de la Tees, et sert à garer, trier et composer les trains qui emportent les produits des forges du Cleveland.

Les voies de garage en impasse, établies près de la rivière, sont destinées à recevoir des trains de combustible et de minerai et sont de niveau. Elles ne présentent donc pas d'intérêt au point de vue de l'étude qui nous occupe.

Juxtaposés à ces garages, sont deux groupes de fuseaux successifs X,Y,Z, séparés par une voie centrale et dont la déclivité varie de 1 sur 100 à 1 sur 110. Les deux premiers fuseaux X reçoivent les wagons qui descendent par la gravité des voies de débranchement W, sur lesquelles les trains garés sur un premier fuseau de réception Q sont amenés par une machine de manœuvre en suivant l'itinéraire SMV. L'extrémité de la voie N, point culminant de la pente, est à près de 11 m. au-dessus du niveau des voies de circulation. Les terrassements de cette gare ont pu être élevés à l'aide des scories des usines de MM. Samuelson et Cie, situées à proximité, et par conséquent dans des conditions très économiques.

Nous avons cité l'exemple de Newport, en raison de son importance (longueur des voies : 12 k. 8 ; surface occupée 5 hectares 2), et parce que ses dispositions se rapprochent de celles du schéma théorique que nous avons donné.

Un grand nombre de gares en Angleterre sont établies dans des conditions analogues. Nous citerons notamment : Chaddesden, Toton près de Derby, Edge-Hill, Shidon, Blaydon, Newcastle, Gateshead, Heaton, etc.

204. — c_2. *Fuseaux successifs en pente : Gare de Terrenoire*[1]. — Sur la ligne de Lyon au Puy, au confluent des deux lignes de Roanne et de Clermont, au nord de Saint-Étienne, se trouve la gare de Terrenoire, d'où partent les nombreux wagons de houille provenant du bassin voisin de cette région.

Cette gare est établie latéralement aux voies principales, en pente continue, sur ce point, de 0,014 par mètre. Les fuseaux

---

1. *Annales des Ponts et Chaussées*, année 1876, 2e semestre. Mémoire de M. J. Michel, ingénieur en chef à la C⁰ P.-L.-M. — Note de M. Glasser déjà citée.

dont elle se compose ont été établis avec la même pente que les voies principales. Ces fuseaux sont au nombre de quatre (non compris le faisceau de 7 voies sur le côté pair utilisé pour les échanges avec les diverses usines raccordées sur l'ancien chemin de fer de surface de Terrenoire (établi provisoirement avant la construction du tunnel).

1° Le premier est formé de six voies de 190 m. à 275 m. de longueur, reliées à la voie principale de gauche par une aiguille en pointe ;

2° Le deuxième comprend 13 voies de 300 m. à 475 m. de longueur ;

3° Le troisième est formé de quatre voies de 90 m. de longueur ;

4° Enfin le quatrième comprend également, quatre voies, de 410 m. à 445 m. de longueur.

Lorqu'un train arrive de Saint-Étienne, il s'arrête au devant de l'aiguille en pointe qui donne l'accès du triage. La machine et le fourgon sont décrochés et vont 2 kilom. plus loin, à la sortie des voies de formation, pour y prendre un train prêt à partir.

Une première opération a pour objet de séparer les wagons, chargés ou vides, pour Terrenoire-local des wagons pour Terrenoire-triage.

Le premier fuseau sert tout à la fois au triage pour les wagons de Terrenoire-local (vides ou chargés) et au garage pour les wagons de Terrenoire-triage. Une diagonale placée devant le bâtiment des voyageurs, entre les deux voies principales, permet le passage des wagons du faisceau pair au faisceau impair et la rentrée au dépôt de Saint-Étienne des machines qui ont amené des groupages spéciaux de Saint-Étienne à Terrenoire.

Le deuxième fuseau sert au triage principal et comprend 13 voies. Des aiguilles interposées sur la longueur augmentent le nombre des tronçons dont on dispose pour le triage des divers lots de wagons.

En outre, à la suite de ce second fuseau, s'en trouve un troisième, accessoire, composé de trois voies, et permettant de **multiplier le nombre des lots à créer.**

§ 8. — MARCHANDISES. — GARES DE TRIAGE

Au moment où les divers lots sortent du deuxième fuseau de triage et passent devant les bureaux dans l'ordre qui convient à la composition des trains, on interpose entre eux les wagons à freins gardés [1] qui sont tenus en réserve sur un bout de voie situé devant la lampisterie.

Enfin, au-delà de ce troisième fuseau, s'en trouve un quatrième qui reçoit les trains prêts à partir.

Cette disposition est évidemment susceptible de donner des résultats très économiques. Mais il faut bien considérer qu'elle ne peut être adoptée que dans certaines circonstances particulières : lorsque la pente générale du terrain, aux abords du chemin de fer, permet d'établir, moyennant des dépenses limitées, une plateforme ayant la déclivité voulue et suffisamment étendue en largeur et en longueur, pour les opérations diverses à effectuer. Cette condition résulte de la nécessité de relier l'entrée du premier fuseau et la sortie du dernier aux voies principales.

305. Dispositions générales à adopter dans l'établissement des gares de triage par la gravité. — *a. Réception des trains.* — Dans les gares de moyenne importance, les trains sont reçus immédiatement sur la voie de débranchement. Dans les gares importantes, où les trains arrivant peuvent se succéder à de faibles intervalles, et où la voie de débranchement peut être occupée au moment de l'arrivée d'un train, il est indispensable d'avoir une ou plusieurs voies de réception spéciales.

Dans l'un comme dans l'autre cas, l'entrée des trains peut avoir lieu par une aiguille en pointe ou par refoulement.

L'admission immédiate sur le tiroir se présente assurément comme la plus avantageuse ; cependant il y a lieu de remarquer que l'opération du débranchement doit être précédée d'un

---

1. Certains wagons de marchandises ont des freins dont la manœuvre peut s'effectuer au moyen d'un grand levier latéral, dont on fait usage seulement dans les manœuvres de gare, — l'agent cheminant le long du wagon.

D'autres ont des freins actionnés par un mécanisme dont la commande est à la disposition d'un agent monté sur le wagon. Ceux-ci doivent entrer en nombre déterminé dans la composition des trains.

certain travail préliminaire, consistant dans la reconnaissance des wagons, le desserrage des tendeurs, le décrochage des chaînes de sûreté aux points où les coupures doivent être faites, le marquage à la craie — sur la paroi de tête du premier wagon de chaque lot — de la voie sur laquelle ce lot doit être dirigé, et le marquage — sur la paroi du dernier wagon de chaque lot — de la voie sur laquelle doit être dirigé le lot qui lui succède, soit 8 à 12 minutes, selon le nombre des coupures, pour un train d'une soixantaine de pièces. Si le nombre des trains à débrancher est très considérable, il est préférable de faire cette opération sur la voie de réception, même pour ne pas inutiliser, durant ce temps, la voie de débranchement. Dans le cas contraire, le train pourra être reçu immédiatement sur la voie de débranchement.

Reste maintenant la question de l'établissement d'une aiguille en pointe. L'adoption d'un appareil dans ces conditions constitue une sujétion grave, nécessite la création d'un poste enclenché, gardé en permanence, et oblige, dans tous les cas, à un ralentissement de vitesse. Il y a donc lieu, — quels que soient les avantages qui doivent en résulter au point de vue de la gare de triage elle-même : accélération de l'entrée des trains, occupation moins prolongée de la voie principale — de n'adopter cette disposition que dans le cas des gares les plus importantes, et lorsque les inconvénients qui pourront en résulter pour la circulation sur la ligne principale n'auront pas une valeur prédominante.

Il y aura lieu de décider, en traçant le plan des voies de la gare, si le débranchement sera fait au moyen de la machine titulaire du train, ou au moyen d'une machine de manœuvre spéciale. Dans certaines gares, la machine titulaire amène son train sur la voie de débranchement et rentre au dépôt, laissant à une machine spéciale le soin d'effectuer les manœuvres nécessaires. Dans d'autres gares, au contraire, la machine titulaire ne se retire qu'après avoir effectué elle-même le débranchement de son train.

Cette dernière manière de procéder paraît plus économique ; car, même dans les gares les plus importantes, les trains arrivants ne sont jamais tellement multipliés qu'une machine de manœuvre qui serait affectée au débranchement consécutif des différents trains arrivant en gare, puisse y procéder, *sans interruptions plus ou moins prolongées*. Ces interruptions cumulées représentant une durée de chômage considérable, que l'on évalue à 12 heures sur 20, il y a intérêt à attribuer à la machine titulaire du train la tâche du débranchement. Cette opération sera poussée d'autant plus activement par le mécanicien que celui-ci ne pourra rentrer au dépôt qu'après qu'elle aura été effectuée.

b. Voie de débranchement ou de tiroir. — Nous avons décrit les deux types en usage caractérisés : l'un par une voie de débranchement en pente continue, comportant l'emploi de la gravité seule,—l'autre par une voie en dos d'âne, comportant, indépendamment de l'emploi de la gravité, celui d'une machine.

Dans le premier cas, l'opération du débranchement pourra s'effectuer au moyen de deux voies, réunies à leur partie inférieure entre elles et au faisceau, ou aux fuseaux des voies de triage, par une jonction croisée, et réunies à leur partie supérieure au moyen d'un branchement simple et d'une voie en impasse horizontale. La longueur utile de la voie doit être égale à celle des plus longs trains qu'on peut avoir à y recevoir, augmentée d'une cinquantaine de mètres. La déclivité varie selon les conditions habituelles de chargement des wagons, leur mode de construction (diamètre des roues, système de graissage, à plateforme ou à caisse), selon les conditions climatériques (vent, neige). Elle doit être d'autant plus considérable que les voies de triage sont plus longues, afin que les wagons qui partent de la partie basse, recevant une impulsion plus marquée, puissent arriver jusqu'au fond du faisceau. M. Michel recommande le chiffre de 0,006 à 0,007. A la Cie du Nord, on emploie 0,009 à 0,010. A P.L.M., les déclivités varient de 0,010 à 0,014.

Dans le second cas, la voie de débranchement est unique. Elle a une longueur utile égale à celle du plus long train à décomposer, augmentée de 50 m. Quelquefois, par économie, on ne lui donne que la moitié de cette longueur, le train étant coupé en deux et les deux parties refoulées successivement. Du côté du triage, cette voie présente un dos d'âne de 0,50 à 0,75 de hauteur, raccordé par des pente et contrepente de 10 ou 12 $^m/^m$ environ. Le système du dos d'âne présente cet avantage que, tous les wagons partant du sommet de celui-ci, reçoivent la même impulsion, ce qui n'a pas lieu avec la voie de débranchement en pente unique sur laquelle les wagons sont abandonnés à eux-mêmes à différentes hauteurs. Dans ce dernier cas, si les autres conditions sont défavorables, les wagons peuvent ne pas arriver jusqu'au fond des voies de triage, ce qui oblige à les reprendre avec des chevaux. Avec le système du dos d'âne, et celui-ci ayant reçu la hauteur qui convient aux conditions moyennes, cet inconvénient ne se produit pas ou du moins se produit plus rarement.

c. Voies de triage. — A la suite de la voie de débranchement, se trouvent les voies du triage. Les appareils qui donnent l'entrée de ces voies doivent être placés en pente de 4 $^m/^m$ environ, de manière à maintenir aux wagons qui les franchissent une certaine vitesse et à contrebalancer l'augmentation de résistance due au parcours de ces appareils et des courbes et contrecourbes qui les accompagnent. Un ralentissement sur ce point doit être d'autant plus soigneusement évité qu'il pourrait, dans les parties où les voies contiguës n'ont pas encore atteint leur écartement normal, amener des chocs, des avaries et des déraillements, qui suspendent la continuité des opérations et jettent un grand trouble dans la gare. Au delà, les voies se poursuivent en palier. Ainsi que nous l'avons déjà dit, leur longueur est proportionnée à la longueur cumulée des lots que ces voies doivent recevoir.

d. Groupement des aiguilles. Il y a un grand intérêt à disposer immédiatement la gare de manière à simplifier les opérations nécessaires et à réduire au minimum le travail des agents.

Dans les premières gares de triage, les aiguilles étaient manœuvrées sur place. Il est préférable de les actionner à distance au moyen de transmissions rigides ou funiculaires, (voir plus loin), et de placer les leviers de manœuvre par groupes, sur des plateformes surélevées de 1 m. environ au dessus du niveau de l'ensemble des voies de la gare.

§ 8. — MARCHANDISES. — GARES DE TRIAGE   355

e. Emploi des rails en acier. Les gares de triage exigeant un grand développement de voies et des dépenses élevées, on y emploie fréquemment par économie des rails en fer ayant déjà servi. Ceux-ci ont l'inconvénient de présenter des exfoliations et des bavures qui arrêtent le sabot-frein et peuvent amener un déraillement.

L'emploi de cet appareil — qui permet de renoncer à munir de freins tous les wagons à marchandises, comme on avait craint, dès le début, d'être obligé à le faire — rend nécessaire la substitution des rails d'acier aux rails en fer. L'augmentation de dépense qui pourra en résulter sera peu considérable, étant donné le bas prix actuel de l'acier.

206. Résultats comparatifs. — D'après la Commission allemande [1] qui, en 1874, a présenté un rapport sur les résultats comparatifs des diverses gares de triage, le mode de triage par la gravité est celui qui est *le plus rapide*, nécessite *l'emplacement le plus restreint*, donne *la plus grande économie* et *le moins de danger* pour les *hommes* et le *matériel*.

a. — Le temps gagné au moyen des voies en pente est estimé à moitié ; donc un travail déterminé peut être effectué avec un emplacement moindre.

b. — Les constatations faites avec la gravité, dans neuf gares offrant un développement de voies de 63k.080m.et où on triait 23,900 wagons par jour,ont fait ressortir à 2 m. 64 la longueur de voie par wagon trié. Dans les autres gares de l'Allemagne du Nord, ce développement était de 4 m. 88, soit près du double.

c. — Quant à la dépense, elle était de 0.1125 par wagon dans les premières, et de 0,345 par wagon dans les dernières.

d.—Les risques de mort étaient trois fois et ceux de blessures 6,5 fois moindres en Saxe, avec la gravité, qu'en Prusse avec les anciennes méthodes.

D'après M. Michel, Ingénieur en chef à la C⁰ de Lyon, les deux gares de la Guillotière (Lyon) et de Portes (Valence),où

[1]. *Revue générale des chemins de fer*, Albert Jacqmin, numéros de février et mars 1883.

l'on manœuvre à l'aide de chevaux et de machines avec changements de voies et plaques, ont donné les résultats suivants :

	La Guillotière	Portes (faisceau pair)
Nombre de wagons triés { à la machine / par chevaux } par jour	775 } 1242 / 467	800 } 1150 / 350
Nombre de coups de machine	85	133
Nombre de wagons par rame	9,12	6
Durée moyenne de la manœuvre par machine	12'	18'
Durée moyenne de la manœuvre par chevaux	9'	12'
Nombre de wagons par batterie de plaques et par heure	12	17
Prix de revient d'un wagon trié par machine	0f2620	0f315
Prix de revient d'un wagon trié par chevaux	0f2175	0f237
Prix de revient d'un wagon trié moyenne générale	0f2560	0f290
Moyenne pour les deux gares	0,2729	

(La Guillotière et Portes)

D'après M. Picard, Chef de l'exploitation de la Cie de Lyon, la comparaison entre deux gares d'importance analogue : Portes (faisceau pair), où l'on emploie des chariots à vapeur et des machines de manœuvre, d'une part, et Terrenoire, où fonctionne la gravité, d'autre part, et où la moyenne des lots de wagons est sensiblement la même (1 w. 5 à 1 w. 8), a donné les résultats suivants :

A *Portes*, en 1882, les dépenses de manœuvre ont été les suivantes :

1° Agents de manœuvre (chefs et sous-chefs d'équipe) (13)..	19.342 »
2° Préposés à la statistique (ils font à Portes ce que font les préposés à la reconnaissance à Terrenoire) (4)	5.252 »
3° Hommes d'équipe (22)	20.343 »
4° Machines de manœuvre (2 de jour, 1 de nuit, et plus accidentellement)	63.340 »
5° Chariots (2 jour et nuit)	23.201 »
6° 1 cheval (d'une manière intermittente)	2.205 »
	133.653 »

§ 8. — MARCHANDISES. — GARES DE TRIAGE

Soit, pour 370,000 wagons : 0ᶠ361 par wagon (ou, si on compte les wagons deux fois, comme on le fait généralement : 0ᶠ180).

A Terrenoire, en 1882, les dépenses de même nature ont été les suivantes :

1° Agents de manœuvre, chefs et sous-chefs d'équipe (2)....	13.500 »
2° Préposés à la reconnaissance (ils reconnaissent et marquent les wagons à l'arrivée ; ils déterminent la composition des trains au départ) (4)................	6.000ᶠ »
3° Aiguilleurs (12)........................	17.550 »
4° Hommes d'équipe (serre-freins et atteleurs) (46).........	54.662 »
5° Chevaux (pour réunir les coupons, etc.) (4)............	10.304 »
	102.016 »

Soit, pour 344.000 wagons : 0ᶠ296 par wagon (ou, si on compte les wagons deux fois : 0ᶠ148).

Chaque wagon trié coûte donc à Portes, par les anciens systèmes, 6 centimes et demi de plus qu'à Terrenoire avec la gravité [1].

M. Picard estime qu'avec le système du dos d'âne cette différence pourrait s'élever à 15 centimes par wagon : c'est une économie de 30.000 francs pour une gare manœuvrant 200.000 wagons par an.

M. Michel indique que, dans les gares allemandes, les prix des divers modes de triage (y compris l'amortissement), sont les suivants ;

Avec chevaux et plaques tournantes : 0ᶠ375 ;

A la machine sur voies horizontales : 0,346 ;

Avec des chariots à vapeur : 0,220 ;

Par la gravité sur des tiroirs en pente : 0,142.

La Commission allemande a posé comme conclusion de ses études que l'on devait employer :

1° Dans les gares de déchargement à gros trafic : les plaques tournantes ;

---

1. Cette différence serait bien plus considérable si l'emploi de la gravité, tel qu'il est appliqué à Terre-Noire, n'exigeait beaucoup de monde, pour la manœuvre des aiguilles et des freins. Portes n'a que 22 hommes d'équipe ; Terre-Noire en a le double ; — Portes n'a pas d'aiguilleurs spéciaux pour le triage ; Terre-Noire en a 12.

2° Dans les grandes gares de marchandises à chargement et déchargement directs : les chariots transbordeurs ;
3° Dans les gares principales de triage : la gravité.

M. Sartiaux, Chef de l'exploitation de la Cie du Nord [1], a précisé plus encore la question et fixé ainsi qu'il suit les conditions d'emploi des divers systèmes de triage selon l'importance du trafic :
1° Gares de faible trafic : manœuvre à bras ;
2° Mouvement atteignant 50 wagons par jour : chevaux ;
3° Mouvement atteignant 150 à 200 w. par jour : machine de manutention ;
4° Mouvement atteignant 250 w. par jour sur une même traversée : chariot à vapeur ;
5° Mouvement atteignant 400 à 500 w. par jour sur l'ensemble des traversées : cabestans hydrauliques.

Les indications qui précèdent suffisent pour faire comprendre le rôle important que remplissent les gares de triage dans l'exploitation des chemins de fer et les conditions principales de leur établissement.

§ 9

GARES ET INSTALLATIONS SPÉCIALES
(VOYAGEURS ET MARCHANDISES)

A. — GARES COMMUNES.

207. Généralités. — On appelle gares communes celles qui sont établies au point de concours de plusieurs lignes appartenant à une même compagnie ou à plusieurs compagnies différentes.
1° Lorsque diverses lignes appartiennent à une même compagnie, il est tout naturel d'avoir pour les voyageurs et pour les marchandises des installations communes, de manière à rendre possibles et faciles les changements de direction. La répartition des dépenses de premier établissement et de ges-

[1] *Revue générale des chemins de fer*, numéro de janvier 1880.

tion de la gare entre chacune des lignes a lieu conformément aux clauses inscrites dans les conventions qui ont présidé à la concession. Autrefois, ces dépenses étaient partagées au *prorata du nombre des lignes ou des branches* aboutissantes, puis on a reconnu que ce système qui attribuait la même valeur à chaque branche, quelle que fût l'importance de son trafic, laissait à désirer. D'autres systèmes ont été adoptés : tel est celui des *unités de trafic*, dans lequel on comptait un voyageur ou une tonne pour une unité. Les dépenses d'établissement étaient alors partagées au prorata des unités de trafic de chaque ligne aboutissante, les unités de passage n'entrant pas en compte.

On a employé aussi un mode de répartition basé sur le *nombre des essieux* ayant circulé sur chacune des lignes arrivant dans la gare commune.

En dernier lieu, on paraît avoir admis un système dans lequel, l'artère principale une fois établie, les branches qui viendront s'y souder dans la gare commune ne supporteront aucune part des dépenses premières, mais paieront intégralement les dépenses motivées par leur arrivée dans cette gare.

Au début, la règle du partage des branches pouvait être appliquée sans trop offenser l'équité. Plus tard, lorsque les lignes à faible trafic ont été établies, on n'a pu leur imposer une charge équivalente à celles que supportaient les premières et l'on a adopté une des règles qui précèdent.

Le cadre dans lequel nous devons nous tenir renfermés nous impose de limiter ces indications à ce qui précède. Nous renvoyons au savant ouvrage de M. Picard [1] pour de plus amples renseignements.

2° Lorsque les lignes concurrentes appartiennent à plusieurs Compagnies, la gare commune est généralement établie et gérée par celle d'entre elles qui est arrivée la première. Les dépenses d'établissement sont supportées par chacune dans des proportions déterminées par l'une des règles que nous venons d'indiquer. Ou bien encore, l'occupation de la gare par la compagnie intervenante donne lieu à un loyer basé sur le chiffre des dépenses qu'elle aurait eu à faire pour s'installer.

---

1. Picard, *Traité des chemins de fer*. tome II, p. 477, 505, 514 ; tome IV, pages 939, 947.

Les services de l'exploitation des diverses compagnies (en général deux, rarement trois) dans la gare commune sont donc concentrés dans les mêmes mains, mais les services de la traction restent distincts : dans la gare d'Agen, construite par la Compagnie du Midi et où aboutit une ligne de la Compagnie d'Orléans, un dépôt, à l'amont de la gare (pl. 61), satisfait au service de la Compagnie du Midi, tandis qu'un autre dépôt, à l'aval, pourvoit au service de la Compagnie d'Orléans.

La ou les Compagnies, autres que la Compagnie exploitante, ont quelquefois pour les représenter dans la gare commune, un agent spécial qui a surtout pour fonctions de veiller aux transmissions des marchandises d'un réseau sur le réseau voisin et de faciliter les relations de service quotidiennes.

B. — GRANDES GARES A MARCHANDISES DE PARIS

208. Dispositions générales. — En raison du mouvement considérable d'importation de matières premières et d'exportation d'objets fabriqués déterminé par la production intensive dont Paris est le centre ; en raison de la consommation énorme due à une population de plus de deux millions d'habitants, le mouvement des marchandises à Paris présente une importance exceptionnelle.

Une partie du mouvement est desservi par la Seine et les canaux. L'autre est dévolue aux voies de fer.

Les gares principales de chacune des Compagnies aboutissant à Paris sont les suivantes :

Compagnie de l'Ouest . . . . Batignolles ;
     »   du Nord . . . . La Chapelle ;
     »   de l'Est. . . . . La Villette ;
     »   de Paris-Lyon-Méditerranée . Bercy ;
     »   d'Orléans . . . . Ivry.

Chacune de ces grandes gares principales se subdivise elle-même en gares spéciales affectées à une branche distincte du trafic, d'où est résultée la nécessité, pour certaines d'entre elles, de triages préliminaires dont l'importance varie avec celle de ce trafic.

§ 9. — GARES A MARCHANDISES DE PARIS.

Pour le réseau de l'Ouest, la gare de triage est double. Les deux artères principales arrivant à Paris sont distinctes: l'une est la gare des Matelots, à Versailles, à l'arrivée des lignes de Bretagne ; l'autre est à Achères (forêt de Saint-Germain-en-Laye), à l'arrivée des lignes de Normandie.

Pour le réseau du Nord, la gare de triage est à la Plaine, au kil. 3,3, entre la sortie des fortifications de Paris et le point où la ligne de Soissons et de la Belgique se détache de la grande ligne de Creil dirigée vers le littoral de la Manche, l'Angleterre et le Nord [1].

Pour le réseau de l'Est, la gare de triage est à Noisy-le-Sec, où les deux grandes lignes d'Avricourt et de Belfort se réunissent et rencontrent le chemin de fer de Grande Ceinture de Paris.

Les gares de triage de P.-L.-M. sont à Villeneuve-Saint-Georges et à Conflans, à la sortie des fortifications de Paris. Nous en avons parlé précédemment.

Le triage des trains de la Cie d'Orléans arrivant à Paris s'effectue en partie à Juvisy, en partie à Ivry.

Les dispositions adoptées pour l'aménagement des grandes gares de marchandises de Paris se rapportent à deux types principaux que nous avons décrits précédemment : celui des halles parallèles ou des halles en éventail, et celui des halles normales. (Pl. 44, 45.)

Il n'est douteux pour personne que le système des halles parallèles, ou mieux des halles en éventail, soit plus avantageux que celui des halles normales. Si ce dernier mode a été parfois adopté, de préférence au premier, c'est qu'il a paru présenter des facilités plus grandes de premier établissement, au milieu des agglomérations des faubourgs où ces gares devaient être établies.

Les gares de Bercy et de La Villette ont leurs quais et leurs halles disposées perpendiculairement aux voies principales.

---

[1]. *Revue générale des chemins de fer*, mai 1888. Installation des gares de triage et de manutention de La Chapelle, par M. Peltier, chef du service des gares de La Chapelle.

Les trains sont reçus sur des voies parallèles aux voies principales et sont décomposés au moyen de plaques tournantes. Les wagons qui en proviennent sont dirigés au moyen de chevaux et à bras par les voies normales vers les quais où doit s'effectuer leur déchargement.

L'inverse a lieu pour les trains à faire partir.

La gare de l'Ouest-Batignolles, qui s'étend sur les terrains compris entre la rue Cardinet et les fortifications, a pu être établie plus commodément. Ses halles disposées parallèlement aux voies principales, et les voies qui les desservent, raccordées en éventail pour être soudées à celles-ci, sont réunies entre elles, à l'extrémité opposée, au moyen de voies transversales desservies par des plaques et des chariots à vapeur. La décomposition des trains arrivants et la recomposition des trains partants peuvent donc s'effectuer dans les conditions les plus faciles et les plus économiques.

A *Bercy*, les dispositions ont varié selon les conditions plus ou moins favorables offertes par les emplacements qu'on a pu acquérir. Les anciennes halles sont normales et desservies par plaques, Pl. 44, les nouvelles sont parallèles et en éventail et raccordées par aiguilles Pl. 45.

A *Ivry* (P. O.) on a placé les halles et les quais parallèlement aux voies principales, mais faute de l'espace nécessaire pour les relier à celles-ci au moyen de voies et d'aiguilles, on a dû raccorder le second rang de halles à l'aide de voies transversales et de plaques tournantes — disposition gênante et à laquelle on remédiera en reportant le raccordement de ceinture en dehors des fortifications.

Il était intéressant de se rendre compte des avantages relatifs de chacun des deux systèmes ; nous trouvons à ce sujet les indications suivantes [1] sur les résultats de l'exploitation des deux gares de Batignolles et de la Villette :

---

[1]. Perdonnet, *Traité élémentaire des chemins de fer.*

§ 9. — GARES A MARCHANDISES DE PARIS.

Halles		Tonnage journalier moyen	Nombre journalier de wagons expédiés et reçus	Nombre de wagons manœuvrés par homme
Ouest (Batignolles).	parallèles	2050 т.	585	27.5
Est (La Villette)...	normales	1192 w.	750	5 2

On voit par cette seule indication que le travail effectué par homme est, grâce à l'outillage dont on dispose, cinq fois environ plus considérable dans la gare des Batignolles que dans celle de La Villette.

Dans ces différentes gares, le service des expéditions et celui des arrivages sont tout à fait séparés l'un de l'autre et n'ont entre eux aucune relation. Il peut, dans certains cas, y avoir intérêt à les conjuguer de telle façon que les wagons pleins arrivants, une fois débarrassés de leur contenu, passent aussi rapidement que possible sur les voies desservant les quais des expéditions, y soient remplis de nouvelles marchandises et repartent. Mais il faut, pour que ce roulement soit possible, que le tonnage des expéditions soit sensiblement égal à celui des arrivages et que la nature des marchandises qui constituent les uns et les autres exige sensiblement le même nombre de wagons-plateforme, tombereaux ou couverts. Ces conditions se présentent très rarement.

Les deux services étaient conjugués autrefois à la gare de La Chapelle. Mais à Paris la consommation domine la production et les arrivages l'emportent sur les expéditions. Les trains arrivent donc par les aiguilles 42 et 43 (Pl. 46) sur les diverses voies parallèles aux voies principales (à droite de la voie des trains tramways). Ils sont décomposés à l'aide des 5 batteries de plaques transversales qui recoupent ces voies et les wagons répartis entre les différents quais ou les halles, selon la nature des marchandises qu'ils renferment. Ceux des wagons qui peuvent être utilisés aux expéditions sont dirigés vers les quais affectés à ce service. Les autres repartent vides.

C. — RACCORDEMENT DES DIVERSES VOIES DE VOYAGEURS ET DE MARCHANDISES AUX VOIES PRINCIPALES.

Comme complément des indications qui précèdent, il y a lieu de décrire sommairement les dispositions employées pour relier aux voies principales de circulation les diverses voies de voyageurs et de marchandises des grandes gares de Paris.

Nous ne parlerons que des dispositions relatives aux deux gares de l'Ouest (St-Lazare) et du Nord, en raison du grand nombre de voies de chacune d'elles et parce qu'elles constituent deux systèmes complètement différents.

209. Ouest (St-Lazare), voyageurs. — La figure 201 représente quatre des groupes de trois ou quatre voies chacun, affectés au service des trains de voyageurs. Ces voies sont réunies à leur partie extrême par des plaques tournantes : les voies extérieures, telles que yy', pour l'arrivée ou le départ des trains et la ou les voies interposées pour le dégagement de la machine du train arrivant. Chaque groupe aboutit à un tronc commun MM', duquel se détachent deux voies, dirigées l'une sur la voie principale de gauche n° 1, l'autre sur la voie principale de droite n° 2. De telle façon qu'un train pourra partir de la voie y ou de la voie y' et être dirigé par l'intermédiaire du tronc commun sur sa voie normale n° 1, et qu'un train arrivant par la voie n° 2 pourra semblablement être dirigé sur y ou y', selon que l'une ou l'autre de ces voies sera libre pour le recevoir.

Les choses se passeront de même pour les autres groupes vv', $\pi\pi'$, etc.

Des postes d'aiguilleurs placés en regard de chaque groupe permettent de réunir dans les mains d'un même agent les leviers de manœuvre des aiguilles et des signaux, et, par suite, de diriger les trains conformément aux exigences du service, en arrêtant la marche de tout autre train concurrent.

Lors de la réfection récente du réseau des voies de la gare St-Lazare, les dispositions qui précèdent ont été modifiées et perfectionnées : au lieu des changements à deux et à trois

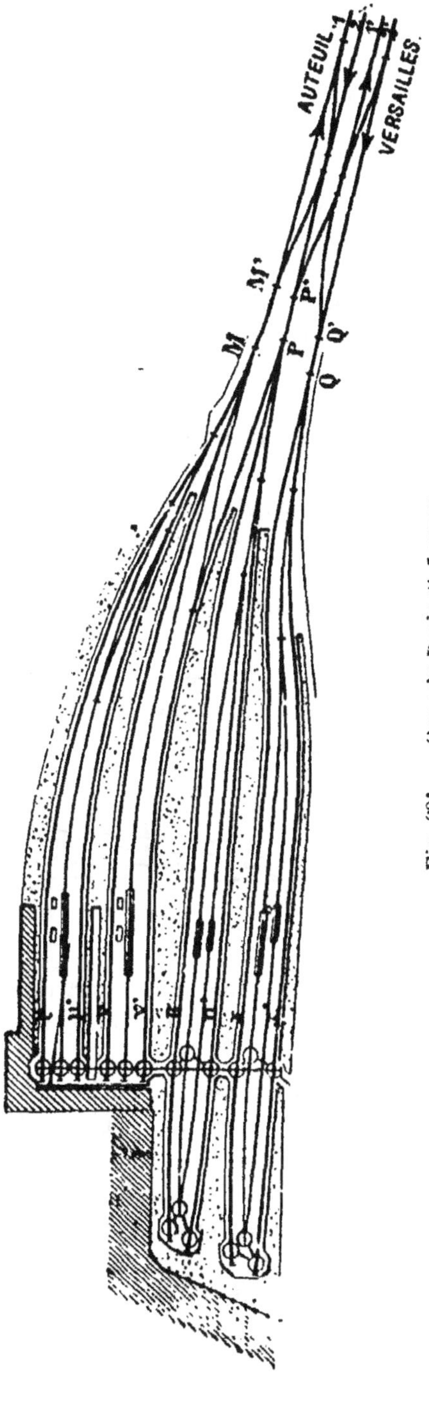

§ 9. — RACCORD^t DES VOIES DE GARE AUX VOIES P^{ples} 365

Fig. 201. — Gare de Paris-St-Lazare.
Disposition adoptée pour le raccordement des voies de voyageurs aux voies principales.

voies employés précédemment, on a adopté des traversées-jonctions (Pl. 40), qui ont l'avantage de condenser les appareils et d'occuper beaucoup moins de place que les précédents.

Une semblable disposition a été adoptée à la gare du Nord (Pl. 39) sur trois points et notamment dans la partie comprise à l'aval du boulevard de la Chapelle, où une grande bretelle, recoupant toutes les voies principales suivant deux diagonales, permet à un train arrivant par l'une quelconque des voies d'aller accoster à l'un quelconque des trottoirs de la gare et vice-versa.

210. Ouest (Batignolles), marchandises. — A l'amont de la station de Clichy-Levallois (ligne de Versailles R. D.), a lieu la jonction de la gare des marchandises de Batignolles aux 4 voies principales du réseau de l'Ouest : 2 pour la direction de Versailles et de la Bretagne, 2 pour la direction de St-Germain et les lignes de Normandie (Rouen, le Havre, Dieppe, etc.). (Fig. 202).

Ces quatre voies doivent être reliées à la gare des marchandises de manière à permettre : les unes l'arrivée, les autres le départ des trains. Pour cela, quatre changements a, b, c, d sont placés sur ces voies :

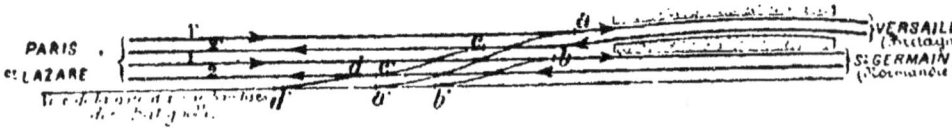

Fig. 202.

La voie de jonction aa' destinée au départ des trains pour la direction de Versailles traverse les 3 voies principales 2', 1 et 2 et donne lieu à 3 traversées.

Le double raccordement $cc'dd'$, destiné à l'arrivée des trains de la même direction, présente deux aiguilles en pointe et une traversée.

La voie de départ des trains de marchandises pour la Normandie bb' donne lieu à une traversée de la voie 2.

Enfin, l'arrivée de Normandie s'opère par dd', déjà établi pour l'arrivée de Bretagne et présente une aiguille en pointe.

En résumé, 4 changements de voies, dont 2 pris en pointe, et 5 traversées des voies principales. Le système des traversées de *niveau* n'est donc pas irréprochable : un train de marchandises partant de la gare des Batignolles pour Chartres, le Mans, etc., paralyse la circulation de tous les trains sur les 4 voies principales. De là la nécessité d'avoir un système de signaux dont la manœuvre, convenablement combinée avec celle des aiguilles, empêche absolument toute collision de trains.

211. Nord. — Le système adopté pour le rattachement des différentes voies de voyageurs aux voies principales à la sortie de la gare du Nord, à Paris, est analogue à celui qui a été employé à la gare St-Lazare et que l'on réalise maintenant à l'entrée de toutes les grandes gares, celui des traversées-jonctions croisées. Nous l'avons fait connaître précédemment, nous n'y reviendrons donc pas.

Mais il y a lieu d'indiquer de quelle manière MM. Couche et Boucher, Ingénieurs en chef de la Cⁱᵉ du Nord, ont résolu (1867) la difficulté des traversées de niveau que nous avons signalée plus haut, et qui se présentait sur plusieurs points.

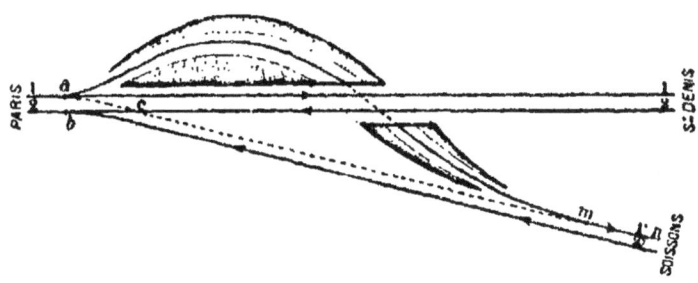

Fig. 203.

Prenons donc un de ces points : la ligne de Soissons se soude à la ligne principale du Nord, à la sortie des fortifications de Paris. Les deux voies 2 et 2' suivies, l'une par les trains venant de St-Denis, l'autre par les trains venant de Soissons, peuvent se réunir en un même point *b* sans inconvénient. Il suffira de combiner la manœuvre des signaux qui couvrent l'aiguille *b* dans ces deux directions, de telle façon que deux trains ne puissent concourir simultanément en ce point. Mais on ne peut, pareillement, prolonger la voie 1' parallèlement à la voie 2' pour la souder à la voie 1 au point *a* : on a, en effet, une traversée au point *c*, des trains allant de Paris vers Soissons, qui deviendrait une gêne et une cause de danger pour les trains arrivant de St-Denis et se dirigeant vers Paris.(Fig. 203).

Pour éviter cet inconvénient, on a placé en *a* un changement à gauche à partir duquel la ligne secondaire se détache de la ligne principale et descend, en pente de 10 à 15 mm., suivant un tracé curviligne, qui l'amène à franchir, à l'aide d'un pont métallique biais, les deux voies 1 et 2. Dès que la traversée a eu lieu, le tracé se relève au moyen d'une rampe de même valeur et se soude à la voie 1'.

On aurait pu, pour réaliser la traversée, employer un P.S. au lieu d'un P.I.

C'est en appliquant cette méthode qu'on a supprimé, entre Paris et St-Denis, les traversées de niveau dont le nombre croissant était devenu, non seulement une cause de danger incessant, mais même une entrave sérieuse pour l'exploitation.

Une disposition analogue a été adoptée pour relier la gare, dite des Fêtes, ou Grande-Gare de St-Cloud aux deux voies principales de la ligne de Versailles, sans traverser les voies principales à niveau.(Fig. 204).

D. — GARES FLUVIALES ET MARITIMES.

212. Indications générales. — Les gares fluviales et maritimes varient soit comme dispositions, soit comme étendue, avec la nature et l'importance du service auquel elles doivent satisfaire.

On peut dire qu'il existe une grande analogie entre la gare ordinaire : point de concours de la voie de fer et d'une voie

§ 9. — GARES FLUVIALES ET MARITIMES.

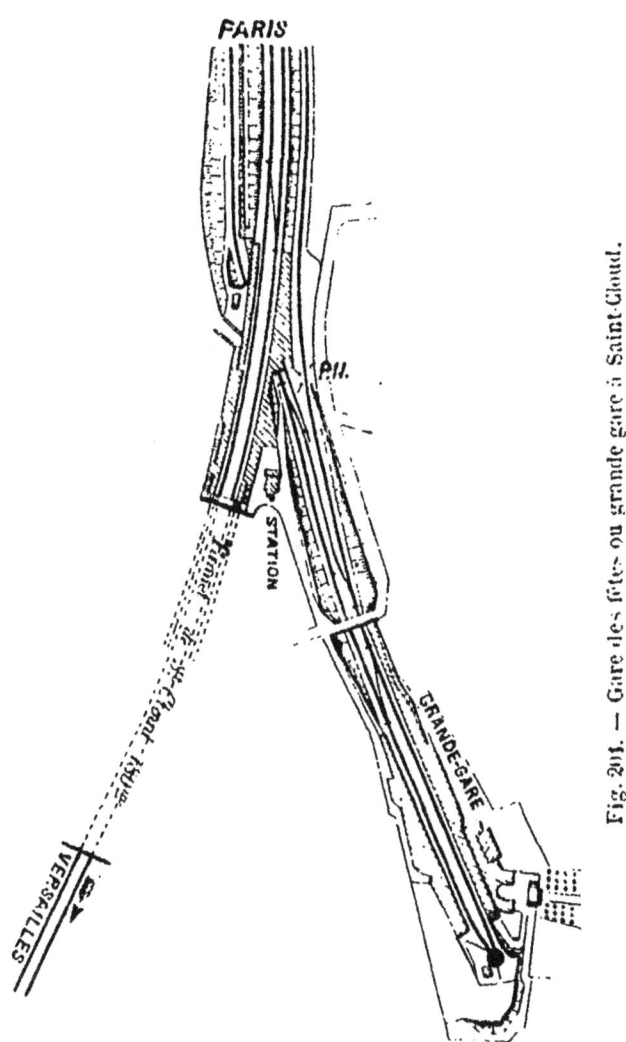

Fig. 204. — Gare des fêtes ou grande gare à Saint-Cloud.

de terre, et la gare maritime, point de concours d'une voie de fer et d'une voie d'eau.

De même que la première, la seconde peut comporter un service de voyageurs et un service de marchandises ou l'un des deux seulement. Les installations à prévoir doivent être telles qu'elles permettent d'effectuer dans les meilleures conditions de rapidité et d'économie les opérations de chargement et de déchargement des voyageurs et des marchandises, soit par la Compagnie du chemin de fer, soit par l'entreprise de navigation.

L'aménagement de la gare est une question d'*outillage* et par là il faut entendre non seulement l'établissement d'engins perfectionnés pour le transport et le levage des fardeaux, mais encore les installations de voies sur les quais maritimes, les voies d'accès et la gare elle-même qui en commande l'entrée. Une gare maritime sera d'autant mieux établie qu'elle permettra de réaliser plus convenablement l'équilibre du travail des divers organes, voies et machines, qu'elle comporte. Ni le matériel, ni le personnel ne doivent chômer. Toute perte de temps est une perte d'argent, plus importante encore dans le cas de la gare maritime que dans le cas de la gare terrestre. Si une charrette attend pour être chargée ou déchargée dans la cour d'une gare, la perte est proportionnelle à la valeur des services qu'elle peut rendre normalement. Si un navire attend dans un bassin les wagons qui doivent recevoir son contenu, ou le lui fournir, la perte est proportionnelle à la valeur du navire, à l'importance de son personnel. Et il y a lieu de remarquer que les bâtiments en tôle tendent de plus en plus à remplacer les bâtiments en bois, la vapeur à remplacer la voile, le tonnage des navires et le personnel nautique qui les monte à augmenter. La dépense, pour un navire de 1.000 tonneaux, représente souvent 300 à 400 fr. par jour. Il faut noter, en outre, que, lorsque le capitaine d'un navire dépasse le temps accordé pour son déchargement, il paie une *surestarie*, droit qui atteint souvent 0 fr. 75 par tonne et par jour.

De cette double nécessité résulte la double obligation :

1° De bien relier les bassins avec la gare centrale, avec les voies de garage et de classement de cette gare. — Cette obligation est d'autant plus impérieuse que le bassin est plus loin de la gare ;

2° De disposer avec soin les voies qui desservent le bassin lui-même, de manière à donner aux voies de ce bassin le maximum d'utilisation.

§ 9. — GARES FLUVIALES ET MARITIMES.

213. Service des marchandises. — Nous avons donc à considérer :

Le raccordement du quai fluvial ou des quais maritimes avec la gare voisine ;

Les installations de voies sur ces quais.

1° *Voie de raccordement.* Lorsque le service à effectuer est peu important, une voie unique suffit pour réunir la gare voisine du port au quai d'accostage des bateaux ou des navires. — Les conditions d'établissement de cette voie : déclivité, rayon des courbes, devront être d'autant plus favorables que le trafic sera plus important et la circulation plus active.

A Fécamp (Pl. 42), la gare est contiguë au port, et l'établissement de la voie de raccordement n'a présenté aucune difficulté.

A Bayonne, malgré la proximité de la gare et du quai de l'Adour, on a dû traverser une place au moyen d'une courbe et d'une contrecourbe pour aboutir à une voie en impasse de faible longueur, et aborder la voie du quai par un rebroussement : conditions défavorables mais imposées par l'état des lieux et qui, eu égard au peu d'importance du trafic, n'entraînent pas de conséquences fâcheuses. Le quai est, d'ailleurs, relié directement depuis quelques années aux voies de la gare maritime du côté opposé. (Pl. 42).

Il en est de même, à Bordeaux, de la voie de raccordement de la gare St-Jean avec les voies du quai qui longe la Garonne, dans toute la longueur de la ville et dont la figure de la planche 42 représente une partie. Cette voie comporte un rayon de 130 m. et une rampe de 0.015 par mètre.

Les circonstances locales n'ont pas permis d'améliorer cette situation, qui n'affecte heureusement que les trains se rendant de la gare sur les quais, et non les trains en retour, qui reviennent généralement par une autre voie.

A Bordeaux, la voie de raccordement est unique.

En général, dès que le mouvement d'un port devient considérable, l'établissement de la deuxième voie est nécessaire. Les déclivités du raccordement ne doivent pas dépasser 5 à 10 mm. par mètre ni les rayons des courbes être inférieurs à 300 ou 400 m., sans quoi la circulation devient difficile ; la charge des trains doit être réduite et le rendement est diminué.

Si la voie de raccordement est longue, elle devra être divisée en sections sur lesquelles on appliquera le block-system [1].

Si enfin le port se compose d'un certain nombre de bassins, la voie de raccordement devra être précédée d'une gare de triage, dans laquelle on aura constitué, au départ de chaque train, les lots ou rames de wagons à destination de chacun des bassins que ce train doit desservir. C'est ce que figure le dessin à gauche de la planche 42, emprunté à une intéressante étude de M. Sartiaux, Chef de l'exploitation de la Cie du Nord [2], sur l'établissement des gares maritimes.

Lorsque la gare est peu importante, cette opération de triage se fait dans la gare d'origine.

2° *Voies des quais proprement dites.* — Ainsi que nous venons de le dire pour la voie de raccordement, les dispositions à prendre pour les voies des quais varient avec l'importance du trafic auquel on doit satisfaire.

A *Fécamp* (Pl. 42), la partie extrême de la voie de raccordement sert elle-même de voie de rebroussement, de chargement et de déchargement devant l'avant-port.

Devant le bassin de Bérigny, la voie de raccordement est simplement doublée par une 2e voie qui sert au stationnement des wagons en chargement ou en déchargement. Sur une faible longueur on a ajouté une 3e voie, qui sert à la circulation des grues à vapeur employées au chargement ou au déchargement des bateaux. Une aire de 8 à 10 m. reste disponible (en dehors de la partie occupée par les voies) pour le dépôt des marchandises.

A *Bayonne*, (Pl. 42), où le mouvement des wagons est plus important, les voies sont au nombre de trois. Les deux portions de voies les plus voisines de l'arête du quai servent au

---

1. Mode d'exploitation qui interdit à un train de pénétrer dans une section ou cantonnement, déjà occupé par un autre train, afin d'empêcher sûrement toute collision. (Voir plus loin).

2. *Revue générale des chemins de fer*, n° de juillet 1882.

stationnement des wagons en cours de chargement ou de déchargement. Elles sont raccordées à leurs extrémités avec deux autres voies parallèles, qui servent l'une aux wagons arrivants, l'autre aux wagons partants.

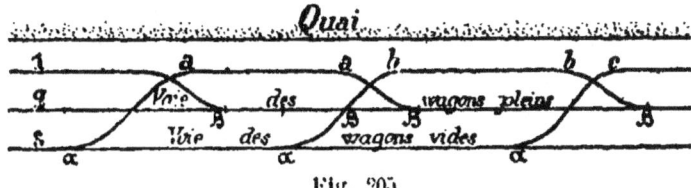

Fig. 205.

Cette disposition est analogue à celle qui a été adoptée à *Dieppe*, sur le quai du bassin Bérigny, pour le déchargement des charbons anglais. Les wagons vides arrivent par la 3ᵉ voie à partir du quai. Ils s'engagent sur les voies aa, bb, cc, par les aiguilles α. Dès qu'ils sont pleins, ils sont amenés sur la voie 2 des wagons pleins par les aiguilles β et d'autres wagons vides les remplacent.

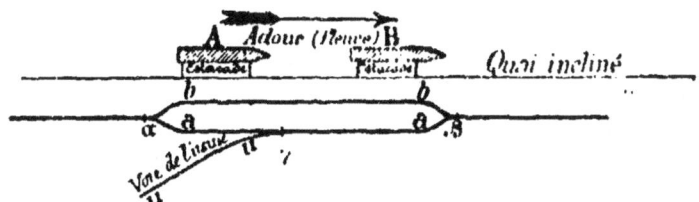

Fig. 206.

L'usine métallurgique du *Boucau* se trouve située sur les bords de l'Adour, près de Bayonne. Les voies de l'usine sont reliées au fleuve de la manière suivante : les wagons vides arrivent de l'usine, la locomotive en tête, par la voie uu. Le train s'avance suffisamment vers β, pour que le dernier wagon dépasse l'aiguille γ, puis il refoule au-delà de α et s'engage sur la voie bb. Il abandonne trois wagons devant le navire A, et trois autres devant le navire B. La machine pousse en même temps devant elle les wagons pleins qu'elle a trouvés en bb.

Ceux-ci lui sont accrochés, et après avoir refoulé sur la voie en impasse de droite, elle reprend l'aiguille β, la voie a et enfin, par l'aiguille γ, la voie de l'usine. Toutes ces manœuvres sont faites sans arrêt à la vitesse du trot d'un cheval.

A *Bordeaux*, sur les quais de la Garonne (Pl. 42) un certain nombre de voies se détachent de la voie principale de circulation, ou des garages ménagés sur celle-ci de distance en distance pour le croisement des trains (la circulation de ces trains n'a lieu que durant la nuit) soit au moyen d'aiguilles, soit par plaques. Généralement ces voies sont simples ; quelquefois elles sont doubles et reliées entre elles au moyen de plaques tournantes. Les dispositions adoptées varient avec l'importance des opérations à effectuer sur les divers quais du port. De vastes surfaces permettent de disposer à proximité de ces voies les marchandises apportées par la navigation ou par la voie de fer, et d'effectuer les vérifications et les opérations nécessaires, soit à leur arrivée, soit avant leur départ. La grande largeur donnée dès le début à ces quais a permis de réaliser des installations susceptibles de donner toute facilité au commerce.

Mais ce cas n'est pas général, et lorsqu'on établit un port nouveau, il convient de se rendre aussi exactement compte que possible de l'importance des installations à prévoir pour répondre convenablement aux exigences les plus larges de l'avenir.

Pour étudier la disposition des voies, considérons le cas d'un wagon à charger de marchandises importées, — cas le plus fréquent en France.

Les marchandises importées sont de deux sortes ; celles qui peuvent être transbordées immédiatement de bateau en wagon ; celles qui doivent être déposées à terre pour un motif quelconque : reconnaissance, formalités de douane, etc.— Il faut que les wagons approchent des navires d'assez près pour que le transbordement s'effectue dans le délai minimum, au moyen d'appareils de levage perfectionnés ; d'autre part, il faut laisser au-delà de cette voie de transbordement un espace assez large pour y déposer les marchandises qui doivent être mises à quai. Cet intervalle peut être occupé soit par des quais découverts, soit par des entrepôts à étages. L'aire de ce dépôt sera desservie par une chaussée empierrée ou pavée, qui permettra d'effectuer l'enlèvement par voitures des marchandises déposées.

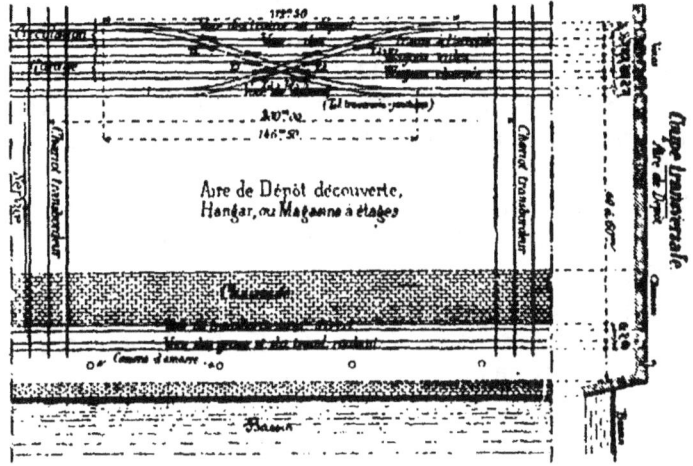

Fig. 207.

D'un autre côté, une seule voie de chargement est insuffisante ; car, avec une seule voie, il faudrait attendre que les wagons chargés fussent enlevés pour les remplacer par des wagons vides. Il faut donc une voie de stationnement pour ces derniers.

S'il s'agit de marchandises à embarquer, il faut, indépendamment des voies de débord, une voie de garage pour le stationnement des wagons chargés.

Si le même quai sert à l'embarquement et au débarquement, comme cela a lieu presque toujours, les deux voies de garage des wagons vides et des wagons chargés sont nécessaires.

Si le port est important, et si la ligne de raccordement du port à la gare centrale est sillonnée par un grand nombre de trains, il faut : 1° une voie pour la réception du matériel vide ; 2° une voie pour la mise au départ d'un train de wagons chargés.

Dans quelques cas, on ajoutera une voie pour le dégagement des machines.

Dans ces conditions, la disposition à adopter peut être celle figurée ci-dessus, et pl. 42.

Deux voies vers l'arête du quai, l'une pour les grues, l'autre pour le transbordement ; puis un deuxième groupe de 5 voies pour le débord, les wagons chargés, vides, les trains à l'arrivée, les trains au départ, — ces voies étant réunies entre elles par des plaques ou un chariot et une bretelle avec traversées-jonctions. La grue pourra être montée sur un trück roulant sur la voie ordinaire, ou bien elle constituera un treuil roulant spécial.

On voit ainsi que la largeur nécessaire pour faire sans difficulté le service d'un bassin ou d'une seule arête de quai est de 80 à 100 m.

Si le quai est double, il faut 125 à 140 m, au moins, parce que la voie de circulation et les voies des trains servent pour les deux moitiés de quai.

Si le trafic n'est pas important, on proportionne les installations à son importance. On peut réduire l'aire du dépôt, le nombre de voies, etc.

On peut enfin se donner les dispositions qui précèdent comme base d'un programme qu'on réalisera au fur et à mesure que les circonstances le rendront nécessaire.

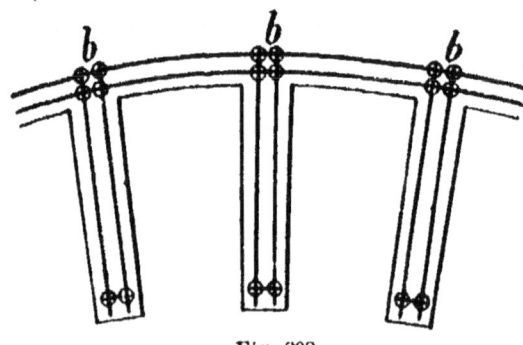

Fig. 208.

Jetées. — Les dispositions que nous venons d'indiquer sont de nature à répondre aux exigences de l'embarquement et du débarquement des marchandises en général, mais dans certains cas les quais peuvent être spécialisés et les aires de dépôt supprimées. Au lieu d'avoir des bassins qui ne présentent que des points d'accostage peu nombreux, on fait alors des jetées, qui peuvent être abordées par les navires sur deux côtés.

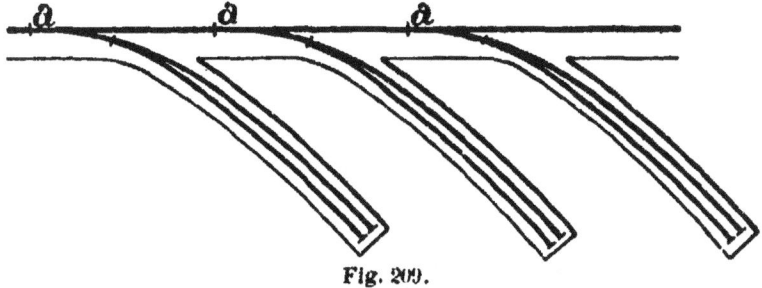

Fig. 209.

Ces jetées peuvent être normales à la rive (Fig. 208); dans ce cas, les voies qui y sont établies se rattachent à la voie de ceinture principale au moyen de plaques tournantes; ou bien elles sont obliques (Fig. 209) et raccordées par aiguilles. Parfois, on les fait en redans (Fig. 210), de manière à desservir chaque navire par des

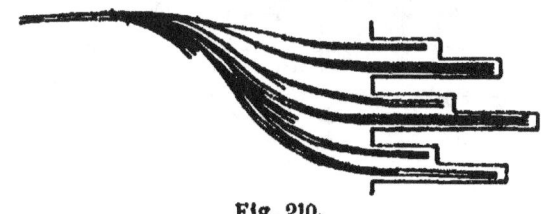

Fig. 210.

voies indépendantes (Philadelphie), ou en forme de trapèzes très-allongés (South-Shields [1], dans Tyne-Dock. Angleterre), Pl. 43). Dans ce dernier cas, les voies sont disposées de la manière suivante : En tête de chacune des jetées se trouve un fuseau dont les voies reçoivent les trains chargés de houille. Chaque fuseau se termine par une voie unique du côté de la jetée et de cette voie partent des voies en pente de 0 m., 075, par mètre, aboutissant à des appareils basculeurs à couloir, appelés *spout*, à l'aide desquels les wagons vident directement

1. E. Moreau. *Embarquement des charbons dans les ports anglais.*

Fig. 211. — Vue générale de la gare maritime et de l'un des appontements du bâtiment des voyageurs.

GARE MARITIME DE CALAIS. — CHEMIN DE FER DU NORD.

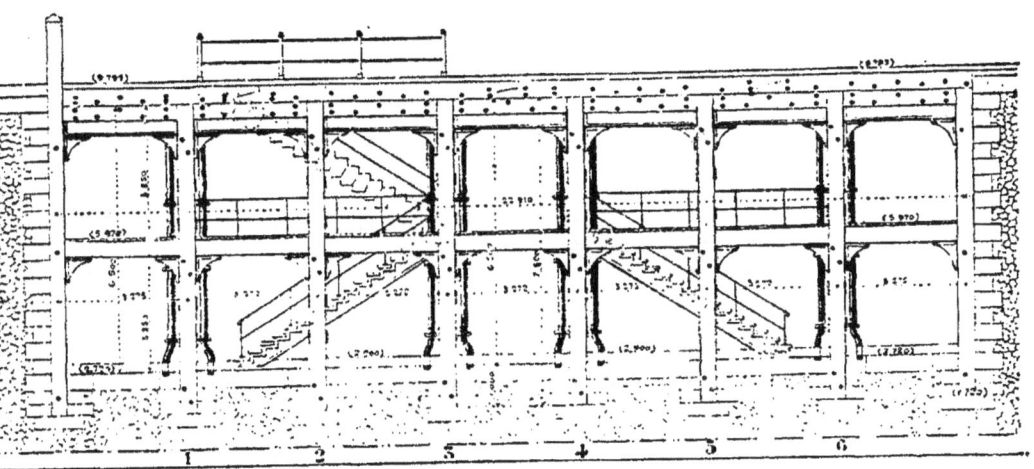

Fig. 212.—Demi-élévation. — Appontement

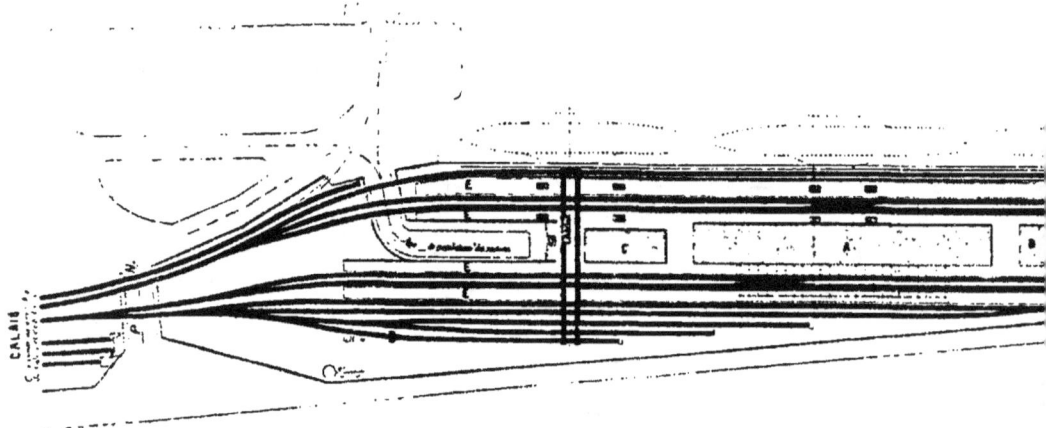

Fig. 213. — Plan des installations relatives aux voyageurs.

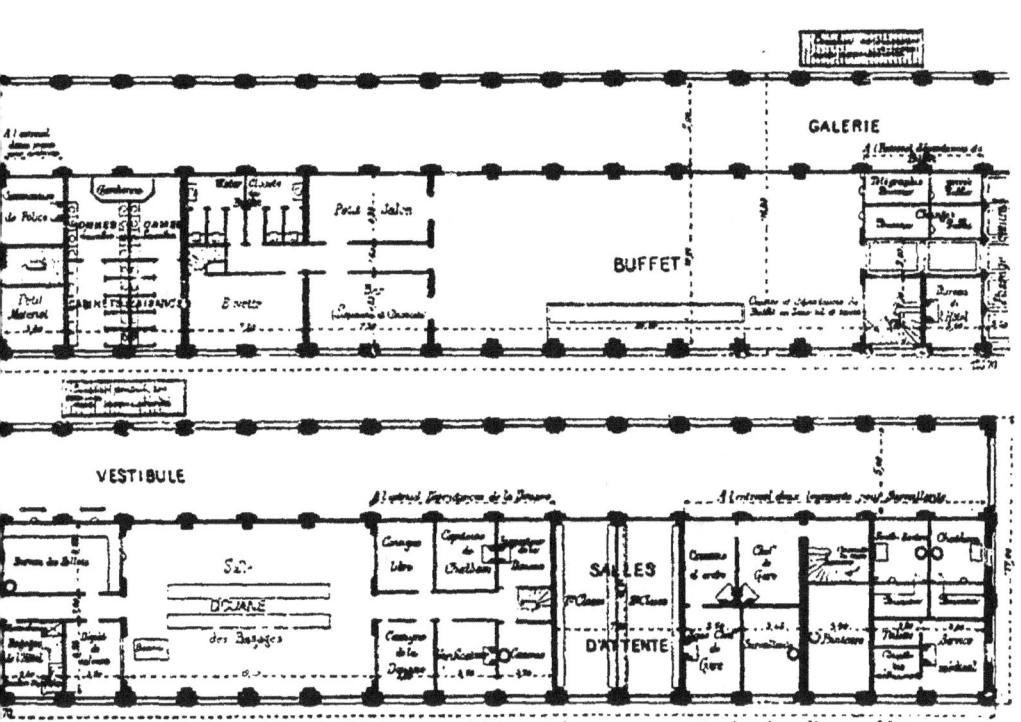

Fig. 214. — Gare maritime de Calais. — — Bâtiment des voyageurs (A. du plan d'ensemble).

leur contenu dans les navires. Les wagons vides s'échappent par deux voies de ceinture en rampe de 0 m., 075 comme la précédente. L'arrivée, le vidage et le dégagement des wagons se font donc avec une grande rapidité, la gravité servant de moteur à l'aller et au retour. L'embarquement des charbons se fait, dans ces conditions, à raison de 0 fr., 043 la tonne (7/16 de penny).

214. Service des voyageurs. — De même que pour les marchandises, les installations nécessaires pour les voyageurs dans les gares maritimes varient d'une manière notable avec l'importance du service.

Sur les fleuves, l'embarquement et le débarquement s'opèrent généralement sur des pontons reliés à la rive au moyen de passerelles métalliques dont l'inclinaison varie avec les mouvements des crues, ou avec ceux de la marée, lorsque ces installations sont voisines de la mer (Bordeaux, Liverpool).

Sur certains lacs on a établi des quais d'accostage avec paliers à trois hauteurs différentes, ces paliers étant reliés au quai principal au moyen de plans inclinés. On utilise tel ou tel des trois selon la hauteur des eaux.

Quelles que soient les dispositions adoptées dans les ports de mer pour cet accostage, il faut qu'il soit en un point tout à fait distinct de ceux sur lesquels s'opère le service des marchandises. Les paquebots entrant en effet à des heures variables avec l'état de la mer, il importe que les bateaux de commerce, en cours de chargement ou de déchargement, ne soient jamais obligés de suspendre leurs opérations et de leur céder la place.

A Calais, on vient d'établir dans le nouveau port, des postes d'accostage à trois étages. Dans le corps même de la jetée, on a ménagé trois paliers en fer superposés, reliés au niveau supérieur de la gare au moyen de larges escaliers. Des passerelles mobiles sont jetées entre le pont du navire et l'un ou l'autre de ces paliers, et complètent le rattachement du navire à la rive. (Fig. 211, 212).

Dans les ports d'escale, où les navires ne font qu'un arrêt de peu de durée, les installations spéciales aux voyageurs sont peu importantes. A *Port-Vendres*, par exemple, où s'arrêtent les navires allant de Marseille à Oran, un hangar en planches partagé entre la C¹ᵉ du Midi et la C¹ᵉ Transatlantique suffit aux exigences.

Au Havre, à Calais, ces installations sont plus importantes. Dans cette dernière ville notamment, qui, en 1875, desservait un mouvement de 212.000 passagers, transitant entre la France et l'Angleterre, on achève l'établissement d'une gare maritime très importante au Nord de l'avant-port [1], pour les paquebots franco-anglais.

Les aménagements de cette gare et des gares du même genre sont les suivants :

Voies. — Les dispositions sont celles des gares terminus. Le nombre des voies principales doit être en rapport avec le nombre des trains dont les arrivées, ou les départs, presque simultanés correspondent au départ ou à l'arrivée d'un paquebot. Une halle métallique, bien abritée des vents régnants, doit les recouvrir (Fig. 213).

Bâtiments. — Le bâtiment des voyageurs doit contenir toutes les installations nécessaires au service et profitables au bien-être des voyageurs (Fig. 214).

Les premiers sont des bureaux pour le chef de gare et ses agents ; des postes pour les surveillants et les hommes d'équipe ; des bureaux pour le télégraphe, les agents des douanes, la police et les postes ; des salles pour la visite des voyageurs et de leurs bagages, et les dépendances habituelles des gares : la chaufferetterie, la lampisterie, etc.

Les secondes sont des salles d'attente, des buffet et buvette, avec leurs dépendances, un bureau de change de monnaie, des lavabos, des water-closets et dans certains cas un hôtel terminus.

1. Le dessin de la planche 12 est un schema, dont les dispositions générales diffèrent peu de celles du nouveau port de Calais. Indépendamment de la gare maritime, la Cie du Nord aura à Calais: une gare centrale, plus particulièrement destinée à desservir les besoins locaux, avec installations pour les voyageurs, les messageries et les marchandises de PV.; une gare de marée pour l'expédition du poisson ; enfin une gare de triage. Des hôtels terminus sont installés dans les bâtiments de la gare centrale et de la gare maritime.

Accessoires. — Les accessoires complémentaires sont les passerelles, les grues et autres appareils de levage susceptibles de faciliter le débarquement des voyageurs, de leurs bagages et des marchandises de grande vitesse, — le temps nécessaire au transbordement devant, comme nous l'avons dit, être réduit au strict minimum.

Les diverses installations que nous venons d'indiquer sont un maximum.

Lorsque la gare locale est à proximité du point d'embarquement, ces installations peuvent être réduites à un simple abri, qui garantit les voyageurs des rigueurs du temps pendant qu'ils passent du bateau dans le train ou inversement; — tel est le cas de la gare maritime de Dieppe, tête de la ligne maritime de Newhaven.

E. — GARES INTERNATIONALES.

On peut n'avoir, au point frontière, où les réseaux des deux compagnies prennent fin, qu'une gare, qui sert de terminus commun. C'est le cas de certaines gares qui sont à la frontière Suisse.

D'autres fois, la gare internationale ne peut pas être à la ligne frontière même, et il y a deux gares internationales : une sur chacun des territoires voisins. Ces deux gares sont alors réunies par un tronçon appartenant aux deux compagnies, ou bien à chacune d'elles, depuis sa gare jusqu'à la frontière.

Ce tronçon a deux voies et chacune de ces voies a la largeur de celles du réseau dont elle est le prolongement.

213. Dispositions générales. — Les gares internationales doivent satisfaire aux deux services : Voyageurs et marchandises.

Nous décrirons les dispositions existant à la frontière franco-espagnole, du côté de la Méditerranée.

La dernière station française de la ligne de Narbonne en Espagne est Cerbère. La ligne arrivée à cette gare se prolonge, entre dans le souterrain des Balitres, dont les hauteurs terminent à l'Est la chaîne des Pyrénées, et aboutit à la première station espagnole : Port-Bou de la ligne Tarragone-Barcelone-France. La jonction de ces deux gares est à deux voies, l'une a la largeur de la voie française : 1 m. 51, l'autre la largeur de la voie espagnole : 1 m. 72, de telle sorte que les trains espagnols apportent en France leurs voyageurs et leurs marchandises. Inversement, les trains français conduisent en Espagne les uns et les autres.

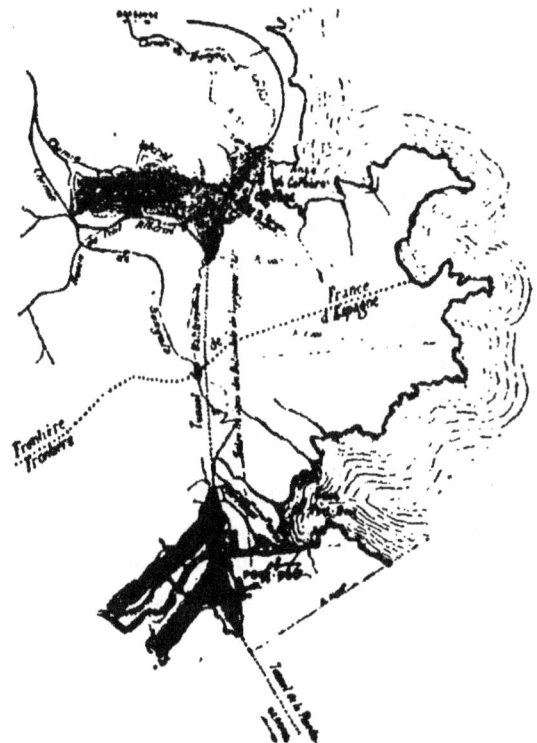

Fig. 215. — Gare de Cerbère (Midi).

1° *Voyageurs*. — Les voyageurs trouvent dans la gare extrême où ils sont amenés un nouveau train qui doit leur permettre de continuer leur voyage ; mais auparavant ils doivent subir, eux et leurs bagages, la visite de la douane, prendre un repas, changer leur monnaie, etc.

Le bâtiment dans lequel ils sont reçus (quelquefois interposé entre le train qu'ils laissent et celui qu'ils vont prendre) contient toutes les installations que nous avons décrites précédemment pour les grandes gares maritimes, avec cette différence toutefois qu'un même chef, un même personnel président aux opérations de la gare. Nous n'y insistons donc pas.

Le mouvement des voyageurs à Cerbère, en 1888, a été le suivant :

Voyageurs entrés en France : 63.478.

Voyageurs sortis de France : 82.026.

2° *Marchandises.* — Deux courants de marchandises en sens inverse franchissent la frontière.

Dans chacune des deux gares internationales contiguës, le courant sortant passe sans donner lieu à aucune opération, sauf les marchandises de détail pour lesquelles il faut établir, avant leur entrée en Espagne, les manifestes exigés par la Douane. Une très petite quantité de marchandises, ce qui est nécessaire à la consommation locale seulement, s'arrête et demeure. Mais, en revanche, chaque gare reçoit tout le trafic d'importation destiné au pays auquel elle appartient. D'où il résulte que les installations relatives à l'exportation sont peu importantes et que celles qui intéressent l'importation sont considérables.

Une halle de faible étendue suffit donc pour la première. Des halles spacieuses sont nécessaires pour la seconde.

a. — *Exportation P.V. Messageries (local, importation et exportation).* — On dispose pour l'exportation d'une petite halle près du bâtiment des voyageurs, où ont lieu l'ouverture et la reconnaissance des colis de détail transitant de France en Espagne. (Pl. 47).

b. — *Importation.* — De nombreuses halles de transbordement sont établies avec voies françaises d'un côté, voies espagnoles de l'autre ; on décharge les wagons espagnols, on fait la vérification des marchandises comme qualité et comme quantité, les jaugeages pour les vins ; on remplit toutes les formalités imposées par la douane, les contributions, etc., et on charge sur les wagons français.

Au Nord de ces halles se trouve un faisceau de voies destiné à la composition des trains pour la France.

§ 9. — RÉCEPTION DES LIGNES A VOIE ÉTROITE.   387

Un dépôt, avec petit atelier de réparation, accompagne cette installation.

La disposition des voies de marchandises de la gare de Port-Bou est analogue à la précédente et comporte des halles disposées de part et d'autre d'un ravin, coupé normalement par les voies directes. Ces halles servent, comme celles de Cerbère, à la réception des marchandises apportées par les trains français et à leur transbordement dans les wagons espagnols.

De l'autre côté des Pyrénées, les deux gares internationales d'Hendaye et d'Irun sont séparées par la Bidassoa. Les dispositions adoptées sont les mêmes, avec cette seule différence que les voies de marchandises sont parallèles aux voies principales. L'état des lieux le permettant, on a pu éviter l'établissement de voies en rebroussement.

F. — RÉCEPTION DES LIGNES A VOIE ÉTROITE.

216. Dispositions générales. — La réception des lignes à voie étroite dans les gares à voie normale n'est pas sans présenter parfois des difficultés sérieuses. Les dispositions à adopter résultent des conditions plus ou moins favorables dans lesquelles on se trouve pour la juxtaposition des installations de la petite voie à celles préexistantes de la voie normale.

La plateforme de la gare doit forcément être épanouie. De quelle manière devra-t-on chercher à réaliser cet agrandissement ? On ne peut que faire connaître le but sans pouvoir indiquer d'une manière générale les moyens de l'atteindre. Il faut rapprocher autant que possible les voies de voyageurs nouvelles des voies établies pour éviter aux voyageurs et à leurs bagages un trop long parcours pour passer de l'un des trains de la voie normale dans l'un des trains de la voie étroite et vice versa. Pour les marchandises, on a également intérêt à rapprocher le service des deux lignes pour faciliter les transbordements. Toutefois, l'intérêt de ce rapprochement est moindre que pour les voyageurs, puisque, dans le cas des marchandises, on a tout le temps nécessaire pour effectuer ces échanges, tandis que pour les voyageurs les transbordements

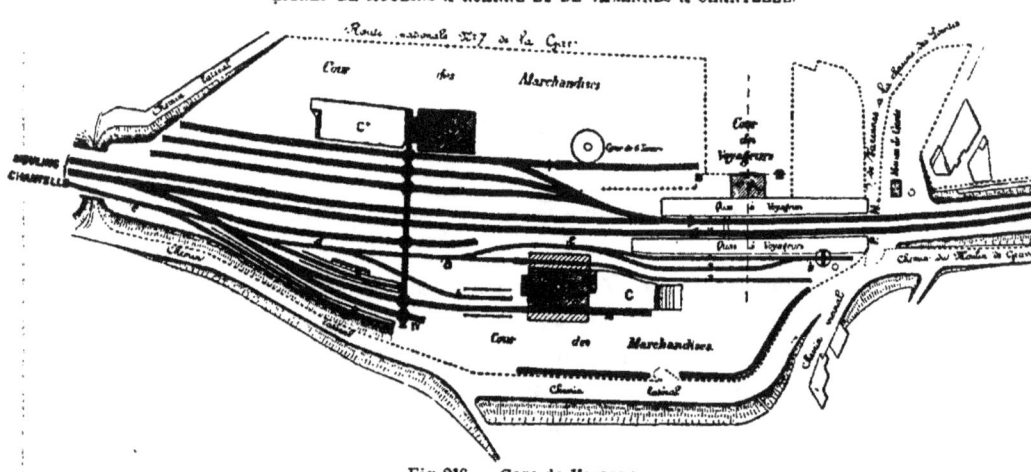

Fig. 216. — Gare de Varennes.

A. Bâtiment des voyageurs. — B. Quai couvert de transbordement. — B'. Quai couvert. — C. Quai découvert de transbordement. — C'. Quai découvert et à bestiaux.

Voie normale.
Voie étroite.

LIGNES DE VIERZON A NEVERS
ET DE BOURGES A DUN.

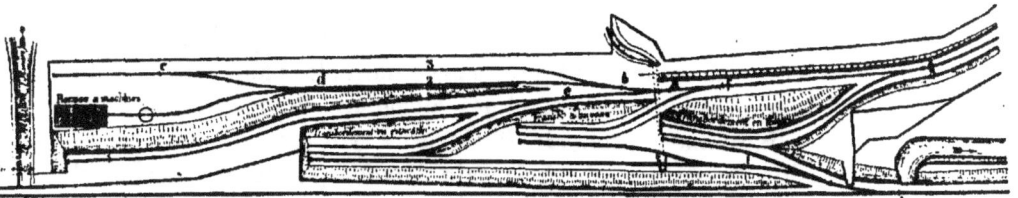

Fig. 217. — Gare de Bourges-échange.

ne durent que le temps, ou *battement*, généralement très court, qui s'écoule entre le moment de l'arrivée d'un train et celui du départ de son correspondant.

217. Voyageurs. — Pour les voyageurs, deux dispositions principales sont possibles : ou bien la voie étroite peut être placée en regard du bâtiment et des trottoirs existants; ou bien la voie étroite est disposée en amont ou en aval du bâtiment des voyageurs, latéralement au trottoir établi entre ce bâtiment et la voie principale, qui devient trottoir commun aux deux voies.

Dans le premier cas (gare de Varennes), (Fig. 216) une voie latérale à la voie étroite de voyageurs permet à la machine de passer aisément de tête en queue du train, après avoir été tournée sur une plaque qui précède la voie de tiroir extrême. La machine ainsi dégagée peut faire des manœuvres dans la gare, s'alimenter, etc., avant de se replacer en queue du train en vue du départ.

Dans le second cas (gare de Bourges-échange) Fig. 217), la voie 1 longeant la voie principale normale s'approche autant que possible du bâtiment des voyageurs, dont le trottoir a été suffisamment prolongé. Dès que les voyageurs sont descendus, la machine refoule le train, l'amène par ab sur la voie 3 et se dégage par une voie cd, soit pour rentrer au dépôt, soit pour se mettre en queue du train, qu'elle ramène sur la première voie. — On aurait pu, d'ailleurs, adopter une disposition analogue à celle qui existe à Varennes et que nous venons de décrire.

La première disposition est évidemment très favorable au service des voyageurs ; la seconde l'est moins, car elle oblige ceux-ci à parcourir parfois une centaine de mètres pour aller d'un train à l'autre.

218. Marchandises. — Pour les marchandises, il est généralement difficile de constituer un service unique en raison des traversées nombreuses auxquelles on serait conduit, et qui présentent le double inconvénient d'être coûteuses et préjudiciables à la sécurité.

Comme les lignes à voie étroite sont adoptées de préférence pour les lignes à trafic réduit et qui comportent des trains mixtes, on doit faciliter les opérations de composition et de

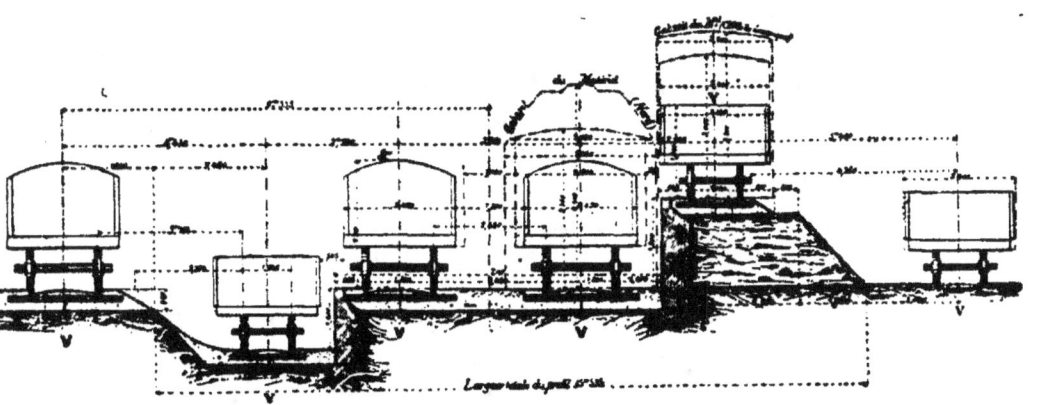

Fig. 218. — Transbordement des wagons V de la voie normale dans les wagons v de la voie étroite, en estacade et en fosse.

décomposition de ces trains ; pour cela on rapproche les quais et les voies de marchandises des trottoirs et de la voie des voyageurs. Ces quais, spécialement affectés au service local, sont disposés de manière à pouvoir servir aussi au transbordement et, dans ce but, on établit une voie à écartement normal du côté de la cour, où accostent les charrettes.

Mais cette installation qui pourrait, à la rigueur, suffire dans toutes les circonstances, serait insuffisante et trop coûteuse dans le cas où l'on a à transborder des wagons complets de la voie étroite dans des wagons de la voie normale ou inversement. Dans le premier cas, on place les petits wagons en *surhaussement*, le remblai de la voie étant maintenu par un mur de soutènement du côté de la voie normale. On fait basculer le wagon, ou bien, on vide son contenu sur un couloir qui le fait tomber dans le grand wagon. Dans le second cas, on place la voie étroite en *fosse*, de manière que le chargement du grand wagon puisse facilement être jeté dans le petit.

Les voies normales sont établies au niveau général de la gare. Les voies étroites, surélevées ou abaissées sont raccordées au moyen de déclivités de 0,01 à 0,015 par mètre avec les voies de la gare.

Le transbordement peut s'effectuer encore au moyen de deux voies : l'une normale, l'autre étroite, juxtaposées, de telle manière que les plateformes des deux wagons soient à même hauteur.

Quand il s'agit de masses pondéreuses, on emploie une grue roulante sous laquelle sont établis deux tronçons de voies, l'un à l'écartement normal, l'autre à l'écartement réduit.

Ces divers ateliers de transbordement se raccordent au moyen d'aiguilles à deux voies des deux largeurs.

Toutes ces dispositions se comprennent aisément à la simple inspection de la Figure 248. Nous croyons donc inutile d'y insister.

G. — RACCORDEMENTS INDUSTRIELS.

215 Indications générales. — Lorsqu'une exploitation industrielle importante se trouve peu éloignée d'un chemin de fer, il y a grand intérêt pour elle à en recevoir les produits

§ 7. — RACCORDEMENTS INDUSTRIELS

qu'elle doit traiter et à lui livrer ses produits fabriqués directement sans l'intermédiaire de charrettes, qui exigeraient un chargement et un déchargement supplémentaires.

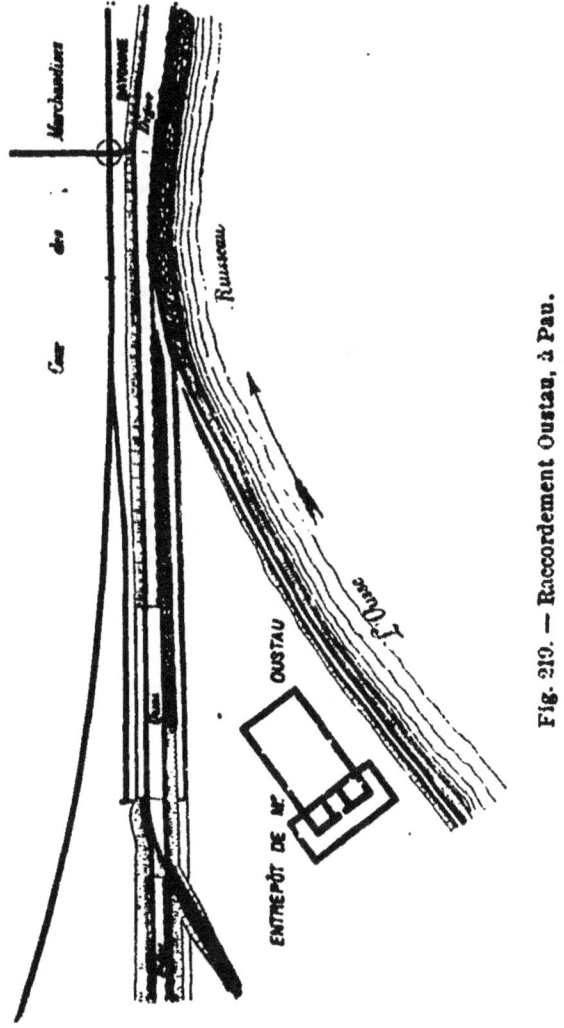

Fig. 219. — Raccordement Oustau, à Pau.

Parfois l'usine est absolument contiguë au chemin de fer, et l'on peut placer l'arête du quai de chargement qui en dépend sur la limite même des terrains de la gare. Une voie longeant ce quai du côté du chemin de fer, le chargement et le déchargement peuvent se faire sans difficulté, sans frais supplémentaires soit pour l'industriel, soit pour la Compagnie exploitante : c'est le système le plus simple ; mais il est rarement réalisable.

Dans le plus grand nombre des cas, il est nécessaire de souder une voie de raccordement à l'une des voies de service de la gare. On peut employer pour cela une ou plusieurs plaques, ou un changement de voies.

1° *Raccordement par plaque.* — Dans ce cas, au point de concours de la voie de l'usine et de la voie de la gare, on place une plaque tournante. Généralement, ces deux voies sont perpendiculaires l'une à l'autre ; elles peuvent cependant être obliques. La première disposition est la meilleure.

La voie de raccordement est parfois prolongée au-delà de la première voie rencontrée dans la gare et peut atteindre une seconde voie parallèle. On établit avantageusement une plaque tournante à ce second point de rencontre, de manière à faciliter les mouvements des wagons pleins et des wagons vides, ou des wagons arrivants et des wagons partants.

L'ouverture faite dans la clôture de la gare est fermée par une porte de 4 m. 50 au moins de largeur. Un taquet d'arrêt avec cadenas est établi près de la porte, à l'intérieur de la gare. Les clefs de la porte et du taquet restent constamment entre les mains du chef de gare ou de l'agent de la Compagnie chargé des manœuvres.

L'ouverture n'a lieu qu'à certaines heures spécialement autorisées pour les manœuvres.

2° *Raccordement par changement de voies.* — Dans le cas où le raccordement doit être parcouru par un grand nombre de wagons chaque jour, on simplifie les manœuvres et on en réduit la durée en employant un changement de voie, au lieu d'une plaque, pour effectuer le raccordement.

Il faut, autant que possible, que la portion de la voie de raccordement contiguë à la gare soit en rampe, pour éviter que des wagons, échappés de l'usine, en descendant à la faveur d'une pente, ou poussés par le vent, ne viennent causer des accidents sur les voies de manœuvres de la gare. Dans le cas

§ 9. — RACCORDEMENTS INDUSTRIELS.

où cette condition ne peut être réalisée, il faut disposer, à l'entrée de la gare, un petit tronçon de voie en rampe, branché sur la voie de raccordement et terminé par un heurtoir en charpente ou mieux en terre. Cette petite voie s'appelle *voie de sécurité* et le contrepoids du levier qui commande les aiguilles d'entrée est disposé de manière à en donner toujours l'accès. En outre, ce levier doit être cadenassé comme la porte et le taquet d'arrêt, lorsque la voie de raccordement n'est pas ouverte.

Ces dispositions ont été adoptées dans l'établissement des raccordements ci-dessous :

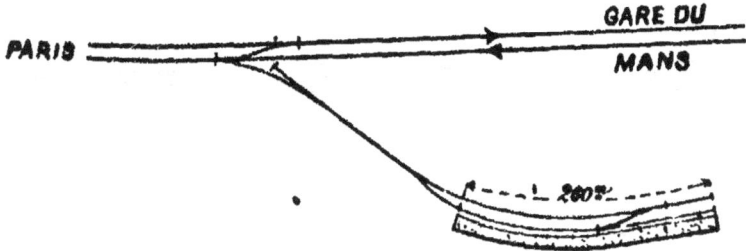

Fig. 220. — Raccordement de l'artillerie au Mans.

Au Mans, l'Artillerie est reliée aux voies de la grande ligne par une voie en S et par une jonction. Une petite voie de sécurité en impasse précède l'aiguille de raccordement avec la voie principale.

A Balaruc, près de Cette, deux raccordements ont été projetés avec les voies de la station : l'une (partie supérieure du plan) partant des bords de l'étang de Thau et s'élevant par une rampe de 0,01 au niveau des voies de la station, l'autre (partie inférieure du plan), descendant vers le chemin de fer par une pente de 0,01. L'aiguille de raccordement est précédée d'une voie en impasse et en rampe terminée par un heurtoir en terre.

Aux termes de leur cahier des charges, les Compagnies sont tenues d'établir des raccordements pour tous les industriels qui leur en font la demande.

Les frais d'établissement, y compris une majoration de 10 p. 0/0 pour frais généraux, sont entièrement à la charge de ces industriels. Il en est de même des frais de remise en état des lieux lorsque le raccordement vient à être supprimé.

Lorsque les machines doivent circuler sur le raccordement, le rayon des courbes ne doit pas être inférieur à 200 m. Sur les voies qui doivent être parcourues par les wagons seulement, le rayon ne doit pas être inférieur à 100 mètres.

La déclivité ne doit pas être supérieure à 20 m. par kilomètre.

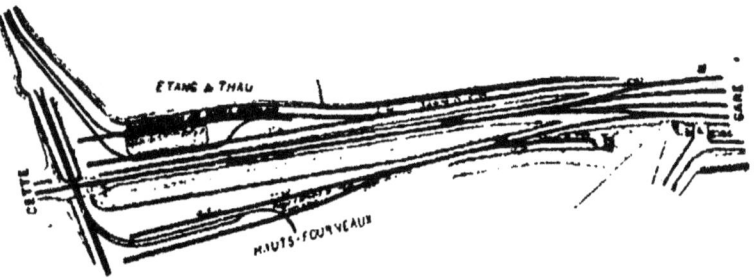

Fig. 221. — Double raccordement des hauts-fourneaux de l'Hérault avec les voies de la station de Balaruc.

Le profil en travers de la voie de raccordement présentera, au niveau du rail, une largeur d'au moins 3 m. 25, non compris les fossés et les garages pour les piétons.

Aucune voie nouvelle ne peut être établie ni aucune voie ancienne modifiée sans autorisation préalable de la Compagnie. La mise en service doit être précédée d'un procès-verbal de récolement par les agents de la Compagnie.

Le bord des quais de chargement ou de déchargement doit être placé à 1 m. 60 de l'axe de la voie adjacente. Le dessus des quais ne doit pas être à plus de deux mètres au-dessus du niveau du rail.

Quant aux frais d'entretien et de renouvellement du matériel, la Compagnie en est couverte par le paiement d'une redevance annuelle.

Les travaux en dehors de la clôture de la gare sont exécutés et entretenus par les soins et aux frais de l'industriel, sous la surveillance des agents de la Compagnie.

Les conditions qui précèdent sont celles de la C¹ᵉ P.-L.-M. Celles qui sont appliquées par les autres Compagnies présentent avec celles-ci une grande analogie.

Quelquefois, les Compagnies se réservent le droit de se servir pour leur propre usage et gratuitement de la voie d'embranchement, sans nuire au service du cessionnaire.

La Figure 222 donne la disposition des voies d'un double raccordement dans la station de Girancourt sur la ligne de Jussey à Darnieulles (C¹ᵉ de l'Est).

A la partie supérieure du plan et à gauche des voies principales, se trouve le raccordement d'un quai militaire avec les voies principales, au moyen d'une traversée de la voie 1 et d'une jonction avec la voie 2.

A la partie inférieure est figuré le raccordement au moyen d'une voie X du port de Girancourt, situé sur le canal de l'Est entre les écluses 53 et 54, avec les voies principales à l'aval de la station.

§ 10.

SERVICE DU MATÉRIEL ROULANT. DÉPOTS. ALIMENTATION. ATELIERS.

1. — DÉPOTS.

290. Dispositions générales. — Nous avons indiqué dans les pages qui précèdent les dispositions générales relatives au service des voyageurs et des marchandises.

Il nous reste à faire connaître celles qui se rapportent au service de la traction.

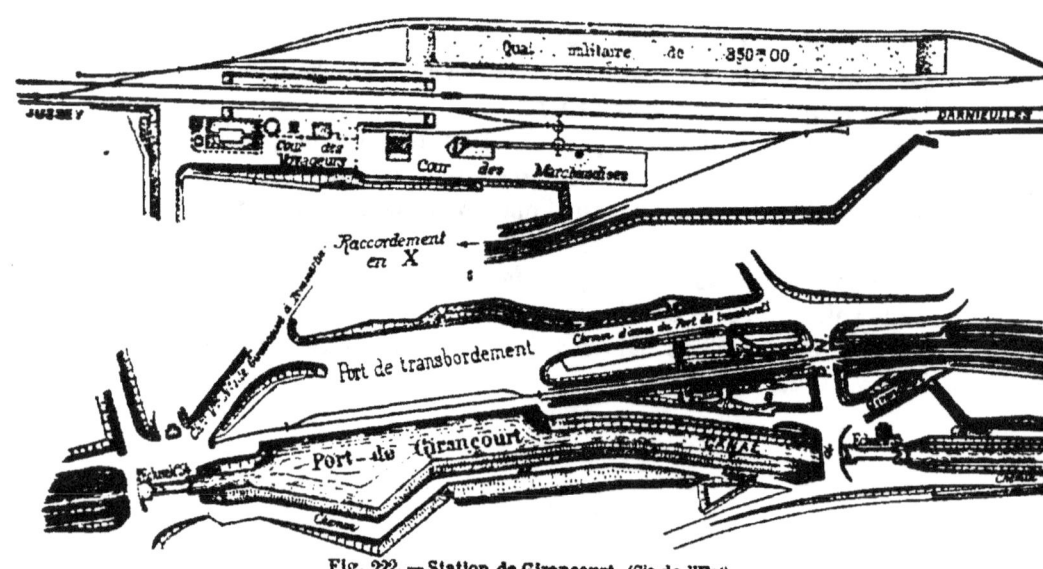

Fig. 222. — Station de Girancourt. (Cⁱᵉ de l'Est).
Raccordement du quai militaire et raccordement du port sur le canal et de la voie.

§ 10. — DÉPOTS. ALIMENTATION. ATELIERS.

Ces installations sont réparties de distance en distance dans un certain nombre de gares, de manière à se trouver à proximité des lignes qu'elles sont appelées à desservir.

Les grandes villes, étant généralement le point de concours de plusieurs lignes, sont choisies pour l'établissement de *dépôts* importants. Lorsque les grandes villes sont trop éloignées les unes des autres, on choisit des points de bifurcation pour y établir des dépôts secondaires de moindre importance. Enfin, il est nécessaire d'abriter des machines à l'extrémité de petites lignes qui se terminent au bord de la mer ou dans le fond de vallées, en pays de montagnes, et de prévoir les accidents qui peuvent survenir à une machine en cours de route. Dans ce dernier cas on a de plus petits dépôts, ou des *réserves* échelonnées sur le parcours d'un grand réseau, de manière à permettre de porter promptement secours à un train qui tombe en *détresse* ou qui, pour gravir une forte rampe, exige une machine de renfort.

Les réserves se placent à une distance moyenne de 20 à 30 kilomètres.

221. Emplacement. — D'une manière générale, on doit rechercher pour l'emplacement des dépôts un terrain résistant, susceptible d'assurer la parfaite stabilité des fosses à piquer, des plaques tournantes, des chariots qui en sont les accessoires obligés. Un tassement dans les fondations d'un pont tournant peut empêcher le fonctionnement de cet appareil, la sortie des machines et paralyser complètement le service. Il faut donc choisir autant que possible, pour cet emplacement, une partie de la plateforme qui soit en déblai. Si l'on doit se placer en remblai, il faut adopter un système de fondation qui mette sûrement à l'abri des mouvements qui pourraient se produire.

222. Petits dépôts. — Les petits dépôts se composent généralement : d'un bâtiment abritant une ou plusieurs machines, juxtaposées ou bout à bout ; lorsque le nombre est plus considérable, elles se placent sur deux rangs et sur des voies parallèles raccordées par aiguilles ; on ne dépasse guère 6 machines. Cette disposition est économique, mais elle n'est pas commode, l'accès de la machine placée en arrière étant gêné par celle qui est à l'extrémité de la remise. Les petits dépôts comprennent en outre :

un petit atelier annexe ;
un pont tournant ;
un banc à combustible ;

enfin un réservoir et une grue hydraulique (pl. 33, station de Bergerac).

Bâtiment. — Il faut donner à ce bâtiment 17 m. 50 à 21 m. 50 de longueur sur 4 m. 50 à 5 m. de largeur par machine.

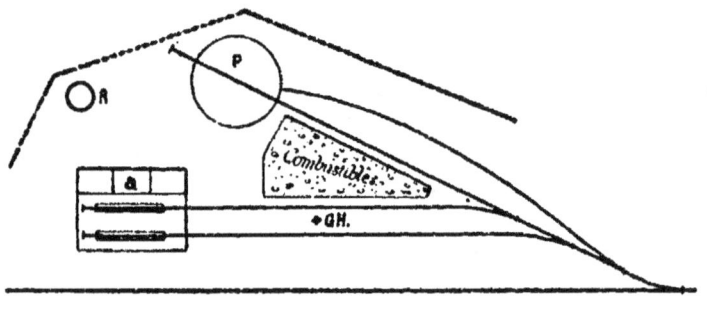

Fig. 223.

Une fosse existe sous chaque machine pour la visite, le nettoyage des œuvres basses et pour faire tomber le feu.

Le petit atelier annexe contient les outils principaux nécessaires à l'entretien courant : une forge, une enclume, un ou plusieurs étaux selon le nombre des machines. Un magasin d'approvisionnement y est joint pour les menus objets. Ce magasin sert quelquefois de bureau au chef de dépôt.

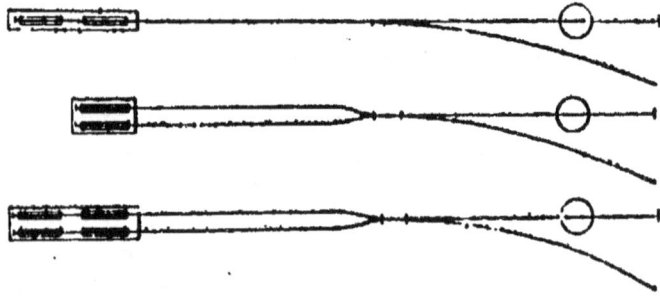

Fig. 224.

§ 10. — DÉPOTS, ALIMENTATION, ATELIERS.

Pont tournant. — Cet appareil doit être sur une voie distincte de la voie de sortie, pour que, dans le cas d'avarie, il ne soit pas un obstacle au service.

Quai ou banc à combustible. — Ce banc se place avantageusement sur une voie autre que celle de la sortie, pour que celle-ci reste toujours dégagée.

Réservoir. — Le réservoir est établi dans un angle ou une partie retirée des emprises de la gare, telle qu'il ne puisse pas gêner dans le cas de modification des voies à faire dans l'avenir.

Grue hydraulique. — Elle se place entre les deux voies d'accès de la remise, et, dans le cas où celle-ci a plus de deux voies, de deux en deux voies, de manière que le bras mobile de cet appareil puisse fournir leur provision d'eau aux machines de part et d'autre.

223. Grands dépôts. — Dès que le nombre de machines à recevoir dépasse six, le mode précédent n'est plus admissible : le raccordement des voies parallèles en dehors de la remise, s'il était maintenu, exigerait une surface et un développement de voies considérables et deviendrait onéreux. On est donc obligé d'y renoncer et l'on construit des dépôts de forme :

1° circulaire, desservis par une grande plaque tournante centrale ;

2° rectangulaire, desservis par un chariot roulant latéral.

DÉPOTS CIRCULAIRES.

Les dépôts *circulaires* eux mêmes sont de deux espèces : *a*, complètement circulaires, avec la plaque couverte ; *b*, annulaires, demi-annulaires ou en fraction d'anneaux, avec la plaque découverte.

a. — *Dépôts circulaires avec plaque couverte.* — Ce type est plus particulièrement adopté dans les pays dont le climat est rigoureux, parce qu'il abrite les machines, non seulement à l'état de repos, mais encore pendant les manœuvres sur la plaque, soit à l'entrée, soit à la sortie du dépôt. Cependant il est très en faveur à la compagnie P.-L.-M., où on l'applique fréquemment.

Il va sans dire que, dans ce cas, le bâtiment a, en plan, la forme d'un cercle complet ou d'un polygone régulier : l'exécution du dôme central rend cette disposition indispensable.

On conçoit aisément que ce mode de construction ne puisse pas être adopté pour un petit nombre de machines. Si l'on prévoit seulement *huit* voies rayonnantes sur cette rotonde, une ou deux devront être affectées à l'entrée et la sortie. Il n'en restera donc que *six* ou *sept* utilisables pour le remisage des machines. Admettons ce dernier chiffre. Nous devrons alors reporter sur chacune des machines un septième du prix total de la couverture de la plaque. En outre, comme on le voit par le croquis ci-après, une surface en forme de trapèze $abcd$ d'une grande étendue relative devra être également couverte en dehors de celle qui est rigoureusement nécessaire pour abriter chaque machine.

En définitive, pour une rotonde semblable :

la surface totale construite S est de. . . . . . . 2827^{m²},44
la surface *utile* Su pour 7 machines
$= 7 \times 20$ m. $\times 5$ m. $=$ 700^{m²}. »
la surface de la travée
d'accès $= 20 \times 5$ m.
$=$ 100^{m²}, » ⎫
la surface de la plaque   ⎪ 2127 44   ⎫ 2827, 44
$s = \dfrac{\pi \times 20.00^2}{4} =$ 314 » ⎬   ⎬
la surface trapézoïdale   ⎪   ⎭
inutile entre les ma-
chines $==$ 1713 44 ⎭

d'où il résulte que

$$\frac{Su}{S} = \frac{700}{2827.44} = 1/4 \text{ environ.}$$

En outre, le rapport $\dfrac{s}{S} = \dfrac{20^{m²}}{60^{m²}} = \dfrac{4}{36} = \dfrac{1}{9}$.

Pour ces deux raisons : place perdue entre les machines, surface considérable de la plaque couverte comparativement à la surface totale de la rotonde, l'utilisation de cette construction est très imparfaite.

Il faut donc augmenter le nombre des machines à recevoir.

§ 10. — DÉPOTS. ALIMENTATION. ATELIERS.

Supposons que ce nombre soit porté à 12. La grande plaque ayant 20 m. de diamètre, on pourra décomposer la circonférence de celle-ci $(\pi D) = \pi \times 20 = 60$ m.) en 12 travées de 5 m., correspondant chacune à la largeur nécessaire pour chaque machine $(5 \times 12 = 60$ m.) Une travée étant réservée pour l'entrée, il en restera 11 utilisables pour des machines dont la surface sera 1100 m. c. et l'on aura :

$$\frac{S_u}{S} = \frac{1100}{2827,44} = \frac{1}{2,57}$$

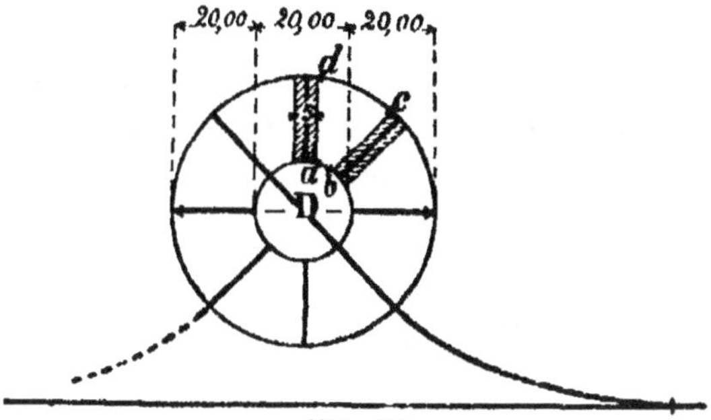

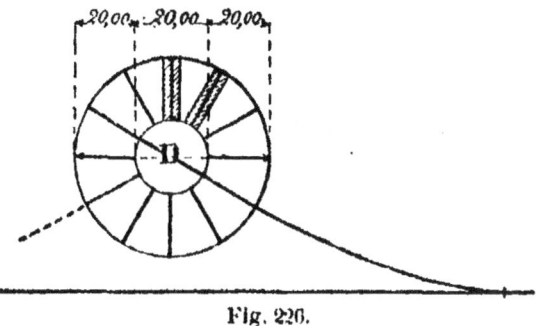

Fig. 225.

L'utilisation de la surface couverte sera bien meilleure, la surface des trapèzes interposés ayant notablement diminué. On aura d'ailleurs, comme précédemment, $\frac{s}{S} = \frac{1}{9}$.

Fig. 226.

Si l'on augmente beaucoup le nombre des machines en conservant le même système, les conditions économiques se modifient d'une manière notable.

Supposons 36 machines, trois fois plus que dans le cas précédent. La surface des trapèzes intermédiaires diminue, mais la surface centrale à couvrir augmente. La cour intérieure, avec plaque au centre, doit avoir une circonférence et un diamètre triples, soit 60 m. Le diamètre de la rotonde devient 60 m. $+ 2 \times 20$ m. $= 100$ m.

Et le rapport ci-dessus : $\dfrac{s'}{S'} = \dfrac{60^2}{100^2} = \dfrac{3600}{10000} = \dfrac{9}{25}$.(plus du tiers).

La surface inutile correspondant à la plaque est donc presque le tiers de la surface utile. La solution n'est plus admissible.

Mais on remarque alors qu'entre les locomotives déjà rangées sous la remise et le bord de la plaque, il reste une longueur pour placer un nouveau rang de machines concentriques aux premières. On utilise donc cette seconde zone pour y placer de nouvelles machines. Toutefois, comme les voies établies seraient trop rapprochées pour pouvoir recevoir toutes des machines, on n'utilise que les voies qui sont distantes de 4 m. 50 au moins du côté intérieur. Telle est la disposition adoptée à la Compagnie de Lyon, où les machines remisées sur la zone extérieure sont en nombre double de celles qui sont placées sur la zone intérieure.

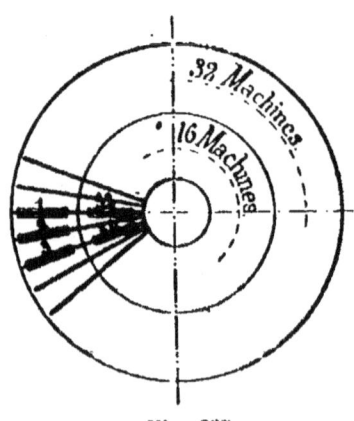

Fig. 227.

Dans ces conditions, la surface est bien utilisée, mais l'inconvénient de ce type est que, pour faire sortir une machine n° 1 de la zone extérieure, on est forcé de dégager préalable-

§ 10. — DÉPOTS, ALIMENTATION, ATELIERS.   405

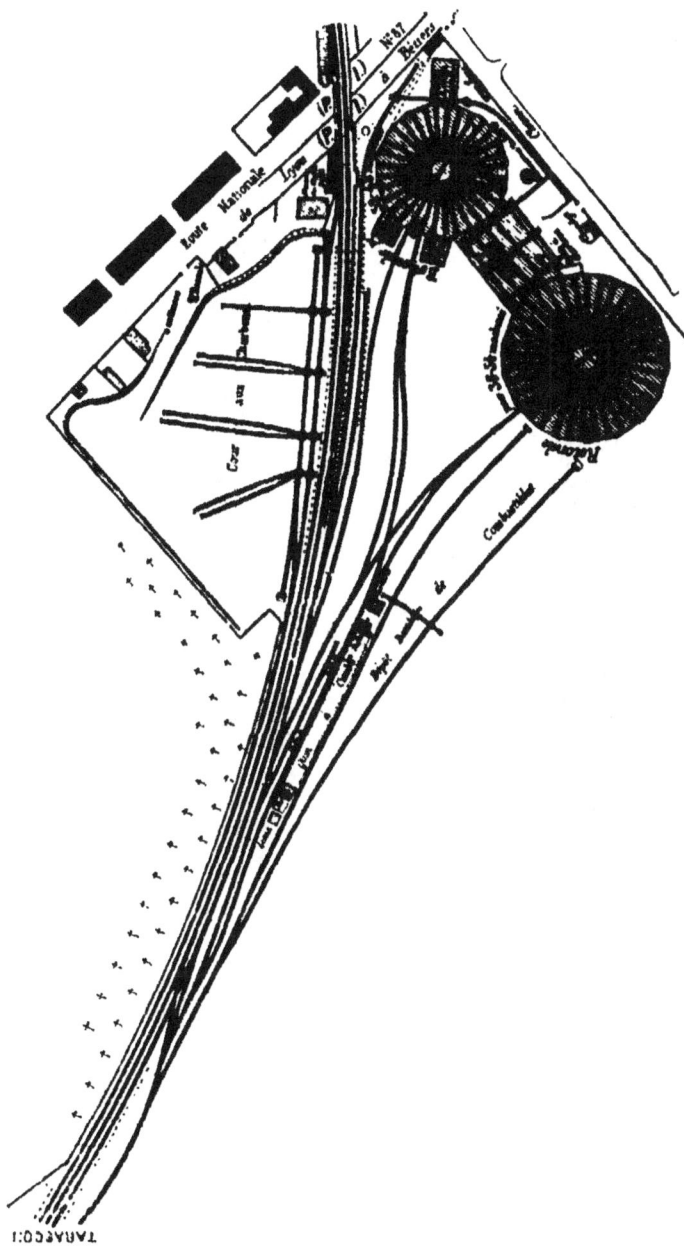

Fig. 228. — Dépôt de Nîmes. Deux rotondes de 36-54 et de 32-48 machines.

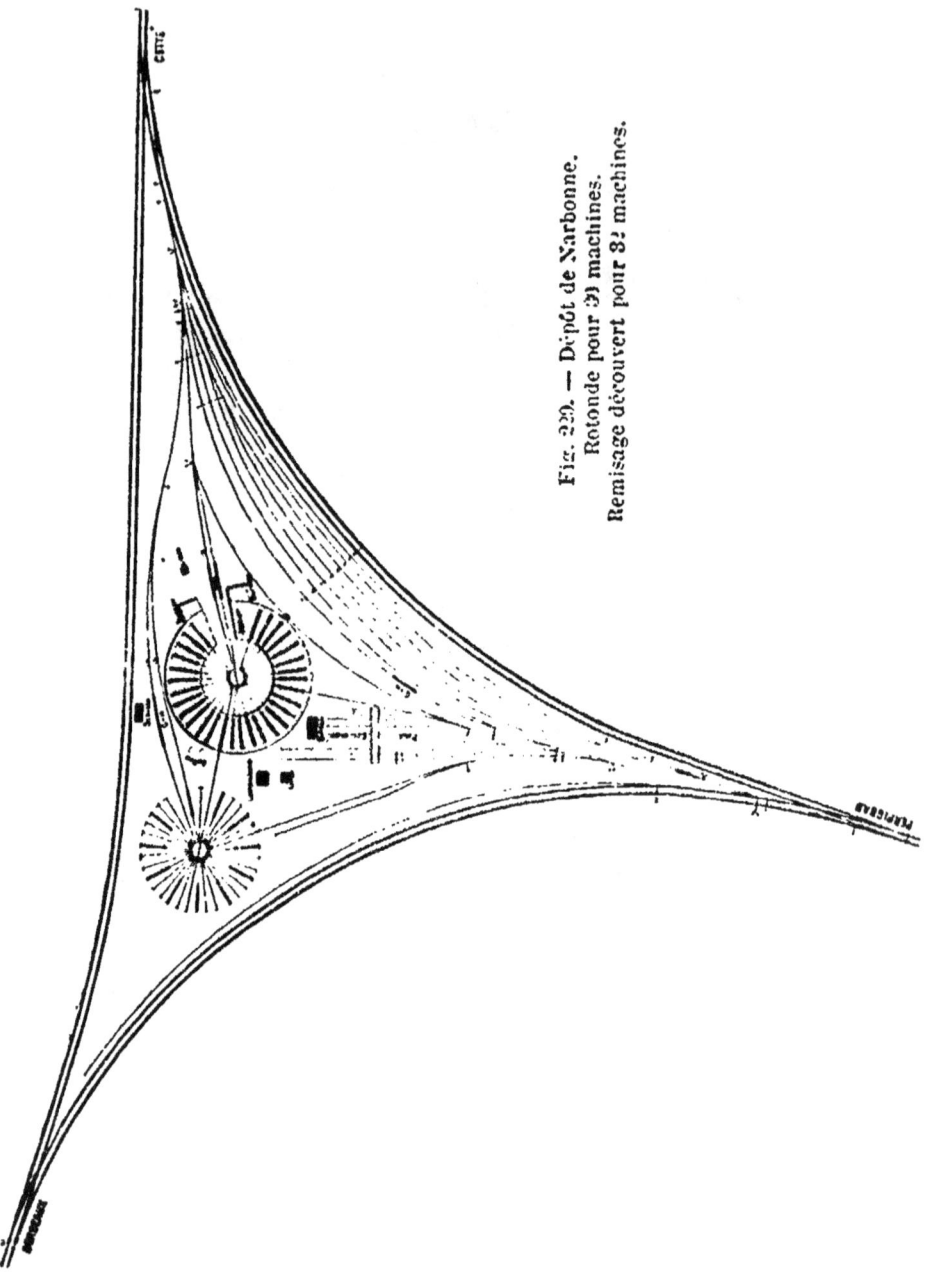

Fig. 229. — Dépôt de Narbonne.
Rotonde pour 30 machines.
Remisage découvert pour 82 machines.

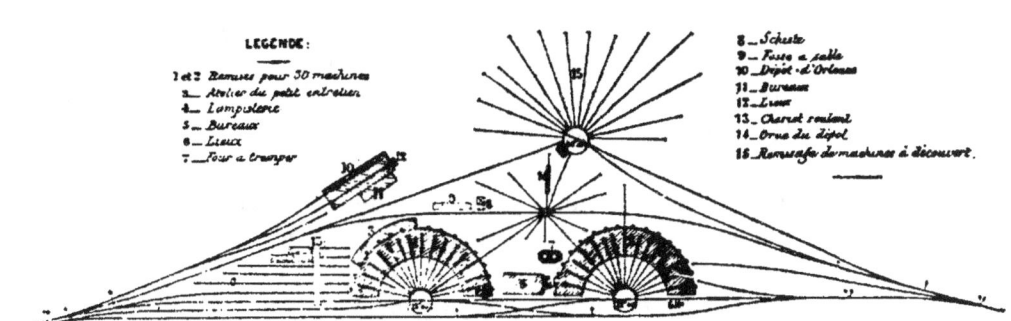

Fig. 230. — Dépôt de Toulouse.
Deux demi-rotondes pour 15 machines.

ment la voie qu'elle doit suivre, soit en déplaçant la machine 33 qui se trouve placée devant elle, soit, s'il s'agit de la machine n° 2, les deux machines 33 et 34 placées de part et d'autre de cette voie sur la zone intérieure.

A la Compagnie P.-L.-M , on a adopté le type figuré en plan sur le croquis (Fig. 228) et en coupe (pl. 62), ce type permet de recevoir 32 machines sur la couronne extérieure, 16 sur la couronne intérieure, soit en totalité 48.

La Fig. 228 donne la disposition d'ensemble du dépôt de Nîmes, avec deux rotondes, l'une de 36-54, l'autre de 32-48 machines.

A Amsterdam, on a construit une grande rotonde de 58 m. 21 de diamètre, sans aucun support intérieur (pl. 62).

b. — Dépôts annulaires, demi-annulaires, ou en fraction d'anneaux avec plaque découverte. — Pour remédier à l'inconvénient que nous venons de signaler et réduire la dépense d'établissement des dépôts, on renonce généralement à couvrir la plaque et l'on se borne à abriter les machines. Un certain nombre de voies rayonnent autour de la plaque et aboutissent à un bâtiment en forme d'anneau complet (Pl. 44), demi-anneau (Pl. 46, 47, 49 et 64), ou de fraction d'anneau (Pl. 35 et 64). Dans ce dernier cas, et pour se réserver la possibilité d'agrandir la remise lorsque le besoin s'en fera sentir, on élève en bois, et non en maçonnerie, le pignon du côté de l'agrandissement prévu pour l'avenir. Une ou deux voies partant de la plaque relient celle-ci aux autres voies de la gare.

La longueur attribuée aux machines intérieures des dépôts est généralement comprise entre 16m50 et 20m50, soit 17m50 à 21m50 pour le bâtiment hors œuvre.

Dans les remises rectangulaires, la largeur d'axe en axe des voies varie de 4m50 à 5m. L'entrevoie est donc de 3m à 3m50.

Dans les remises circulaires, on peut adopter sur la circonférence intérieure : 3m40 pour la largeur de la porte et 0m80 pour celle du pilier, soit 4m20 d'axe en axe des travées.

La surface par machine est de 87m40 seulement, dans certaines remises de la Cie du Nord, où, en employant des colonnes en fonte, on a pu réduire la largeur d'axe en axe à 3m33 (Arras) sur la circonférence intérieure dont le rayon est de 27m50,

§ 10. — DÉPOTS. ALIMENTATION. ATELIERS.

— Dans d'autres Compagnies la surface par machine s'élève à 141^{m^2} [1]: cent mètres est une surface convenable.

Influence du rayon sur la surface par machine. — L'augmentation de rayon, qui diminue la surface par machine, entraîne à la vérité un accroissement de la longueur de la voie comprise entre la plaque et la remise, et, par suite, une augmentation de dépense. Cherchons la relation qui existe entre ces deux quantités.

Soit $abcd = T$ la surface trapézoïdale affectée à une machine dans une rotonde. (Fig. 231).

Les deux dimensions : largeur d'axe en axe sur la circonférence intérieure $= 4$ m. 20, et la longueur $= 19$ m. 50.

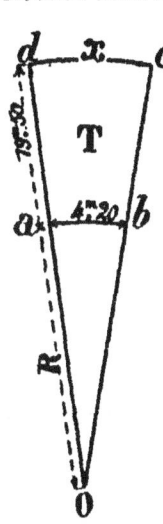

Fig. 231.

On a :
$$T = \frac{19.58}{2} \times (4.20 + x)$$

Or, on a :
$$\frac{x}{4.20} = \frac{R + 19.50}{R}, \text{ d'où } x = 4.20 \frac{R + 19.50}{R}$$

et
$$T = \frac{19.50}{2}\left(4.20 + 4.20 \frac{R + 19.50}{R}\right)$$

$$= \frac{19.50}{2} \times 4.20 \left(1 + \frac{R + 19.50}{R}\right)$$

$$= \frac{40.95}{R}(2R + 19.50).$$

Supposons que, —les deux dimensions 4,20 et 19,50 restant les mêmes, — le rayon R augmente d'un mètre, la surface ci-dessus diminuera et deviendra :

$$T' = \frac{40.95}{R+1}[2(R+1) + 19.50].$$

La diminution de surface sera :
$$T - T' = 40.95 \left[\frac{2R + 19.50}{R} - \frac{2(R+1) + 19.50}{R+1}\right]$$

---

1. Ce chiffre élevé tient à ce que l'on a employé un rayon trop court pour le tracé de la circonférence intérieure de la remise et à ce que le rectangle nécessaire par machine est devenu un trapèze très élargi du côté extérieur. Ce qui démontre que lorsqu'on n'a qu'un petit nombre de machines à abriter, il est plus économique de faire une fraction de rotonde qu'une demi-rotonde.

$$T - T' = 40{,}95 \frac{19{,}50}{R(R+1)} = \frac{798{,}525}{R(R+1)}$$

ou environ
$$= \frac{800}{R(R+1)}.$$

Et si la remise coûte 80 fr. le mètre carré, l'économie résultant de l'allongement de rayon d'un mètre sera :

$$80 \times \frac{800}{R(R+1)} = \frac{64000}{R(R+1)}.$$

Par contre, la longueur de la voie rayonnante correspondante entraînera une dépense supplémentaire que l'on peut estimer à 30 fr. en moyenne.

On peut se demander quel est le rayon pour lequel l'économie réalisée d'un côté est égale à l'augmentation de dépense nécessitée de l'autre. Cette valeur de R sera déduite de l'égalité suivante :

$$\frac{64000}{R(R+1)} = 30.$$

$$64000 = 30\,R(R+1)$$

d'où
$$R^2 + R - 2133 = 0$$

et
$$R = 45\text{ m. }50.$$

Pour $R < 45{,}50$, on a $\dfrac{64000}{R(R+1)} > 30$.

Par conséquent l'augmentation de dépense par travée, pour une diminution de rayon de 1^m, est supérieure à l'accroissement de prix de la voie rayonnante. Pour R = 30^m par exemple, cette augmentation est de 69 fr. pour la travée contre 30 fr. pour la voie rayonnante.

Dans les conditions que nous avons admises, on aurait donc intérêt à prendre un rayon aussi peu différent que possible de 45^{m}50 pour le tracé de la circonférence intérieure de la remise. Avec ce rayon, la largeur par travée sur la circonférence extérieure est : $r = 6^m00$ et la surface T = 99^{m}45 [1].

Toutefois, il y a lieu de remarquer, d'une part, que l'allon-

[1]. En adoptant le rayon de 30^m seulement, la surface T = 108^m,42.

gement du rayon est parfois difficile à obtenir, et d'autre part que cet allongement augmente la durée des manœuvres, tandis que l'augmentation de la surface intérieure de la remise est favorable aux travaux d'entretien des machines. Ces faits étant connus, on détermine le rayon en conséquence.

A côté du dépôt se trouvent placées les installations accessoires dont nous avons parlé précédemment et dont l'importance a augmenté. L'atelier s'est accru de machines nouvelles, les bureaux sont plus grands, et l'on a établi une habitation pour le Chef de Dépôt : un poste avec dortoir, des lavabos, des baignoires, des water-closets, pour le personnel : un abri pour le bois d'allumage, un four et un dépôt de sable, une lampisterie ; quelquefois une balance octuple pour vérifier la charge sur chacune des roues d'une machine et une fosse à descendre les roues.

Lorsqu'un dépôt demi-annulaire devient insuffisant, il faut le doubler ; on groupe les deux bâtiments de différentes manières : généralement on les juxtapose en plaçant les deux diamètres en prolongement l'un de l'autre, et entre les deux remises on place les ateliers ; ou bien on les met face à face (Pl. 61-62 Bordeaux St-Jean) réunis par un bâtiment rectangulaire et desservis par 2 plaques ; ou enfin on les groupe comme la place dont on dispose permet de le faire (Pl. 46, La Chapelle).

Les dépôts de cette espèce conservent moins bien la chaleur que les rotondes de P.-L.-M. et la surveillance y est moins facile.

2° *Dépôts rectangulaires desservis par un chariot roulant.* Les dépôts de cette forme se composent d'un grand bâtiment rectangulaire, dans lequel deux séries de voies sont placées transversalement à la longueur du bâtiment (Pl. 61, Béziers). et sont desservies par un chariot longitudinal interposé. Ce bâtiment doit donc avoir une largeur égale à la longueur de trois machines (Pl. 62, Châlons). La voie du chariot est tantôt couverte, tantôt découverte. Elle se prolonge au-delà du bâtiment pour fournir un refuge à un chariot supplémentaire, que l'on met en service lorsque celui que l'on employait laisse à

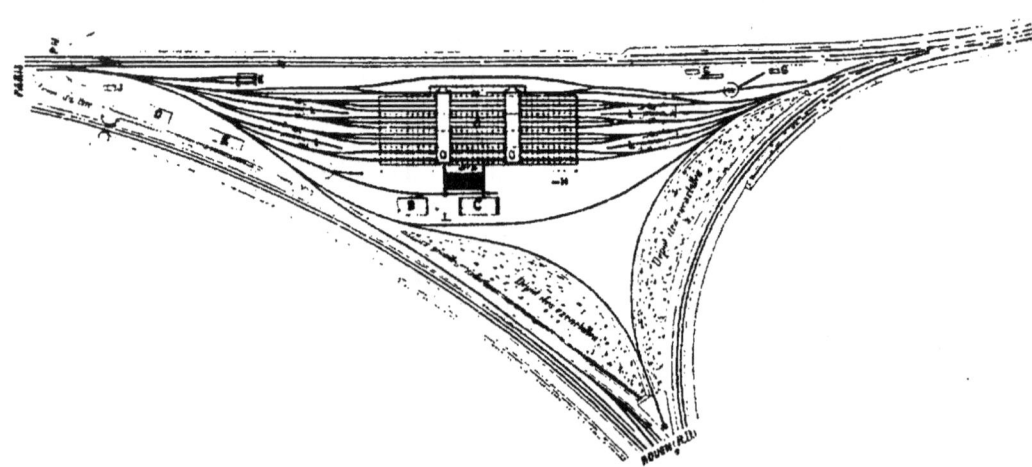

Fig. 252. — Dépôt de Sotteville, près Rouen.

A. Dépôt pour 99 machines. — B. Bureaux et magasins. — C. Ateliers. — D. Logements. — E. Locaux pour les mécaniciens. — F. Pont à roues. — G. Bureaux et hangar. — H. Cabinet. — I. Water Closet. — J. Concierge. — K. Machines pilotes. — L. Quais à coke. — O. Chariots à vapeur.

§ 10. — DÉPOTS. ALIMENTATION. ATELIERS.

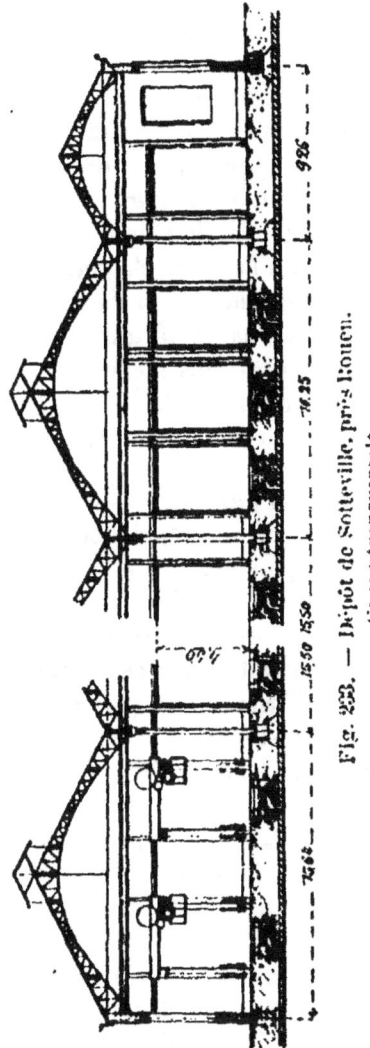

Fig. 223. — Dépôt de Sotteville, près Rouen.
Coupe transversale.

désirer. L'entrée et la sortie des machines ont lieu soit par une voie placée au milieu de la remise et qui, dans cette situation, réduit le chemin à parcourir par le chariot (Pl. 36, Strasbourg; Pl. 37, Orléans; Pl. 46, La Chapelle), soit par l'une des extrémités (Pl. 61, Béziers; — Sotteville. Fig. 232). Un pont tournant se trouve sur une voie annexe.

Les avantages de cette disposition sont les suivants :

La surface nécessaire pour un nombre de machines donné est moindre qu'avec le type circulaire ;

La remise peut s'allonger indéfiniment, sans interruption du service ; celui-ci est à l'abri du chômage en cas d'avarie de la plaque ou du pont tournant; la surface bâtie est exactement égale à celle que réclame la couverture des machines ;

Enfin, la surveillance est plus facile.

Par contre, ce type a l'inconvénient d'exiger deux appareils coûteux : une plaque tournante et un chariot.

224. Types adoptés par les Compagnies françaises. — A la C¹ᵉ P.-L.-M , on a adopté généralement, ainsi que nous l'avons dit, le type circulaire pour les grands dépôts et le type rectangulaire pour les petits dépôts. Les grandes rotondes de Dijon et de Villeneuve-Saint-Georges (Pl. 48), de construction récente, ont été faites dans ces conditions [1].

A la Compagnie d'Orléans, on paraît préférer les dépôts rectangulaires. C'est ainsi qu'on a construit les dépôts de Périgueux, de Vierzon, de Nantes, d'Angoulême, de Marmande, de Montauban.

Il en est de même à la Compagnie de l'Est, où on a construit les grands dépôts de Nancy, de Châlons, etc., et à la Compagnie de l'Ouest, où on a établi ceux de Caen et de Sotteville-lès-Rouen.

A la Compagnie du Nord, on a construit de grands dépôts en forme de rotonde et de petits dépôts rectangulaires.

A la Compagnie du Midi, selon les circonstances, on a adopté l'un ou l'autre type : à Narbonne, à Bayonne, à Cerbère, à Bordeaux, on a construit des dépôts circulaires ; à Bé-

---

1. *Revue générale des Chemins de fer*, Hallopeau, nº de septembre 1885.

ziers un dépôt rectangulaire. Toutefois, malgré les inconvénients auxquels expose l'emploi de la plaque tournante, conséquence immédiate du type circulaire, ce dernier, qui n'exige qu'un appareil de manutention, est considéré comme préférable.

225. Quai à combustible. — Les quais à combustible sont en bois ou en maçonnerie.

Ils consistent en une plateforme sur laquelle se trouvent disposés à l'avance les paniers de houille ou de coke, ou les briquettes à charger sur le tender. Ces paniers sont pesés à l'avance, de manière à intéresser le mécanicien à l'économie dans la conduite du feu de sa machine. Quelquefois ce quai est à deux étages, l'un à la hauteur de la plateforme des wagons, — afin de rendre plus facile l'apport du combustible sur le quai, — et l'autre à la hauteur du bord du tender pour faciliter le déversement sur celui-ci.

Construit en bois, il est formé d'un plancher, porté sur des poteaux reposant sur une fondation en maçonnerie, et entretoisée par des croix de St-André.

En maçonnerie, il est constitué par un mur d'enceinte, avec remblai à l'intérieur.

D'autres fois on supprime ce remblai, et l'on établit la plateforme du quai sur une aire en béton et en ciment portant sur un plancher en fer. Les poutres de ce plancher peuvent être constituées en vieux rails, entre lesquels on construit des voûtes très aplaties en briques et ciment. On a ainsi une construction très satisfaisante et susceptible de fournir une longue durée (Fig. 234).

226. Fosses à piquer le feu. — Des fosses existent sous chaque machine dans les dépôts pour permettre au mécanicien de passer aisément au-dessous de la machine et de faire sans être gêné tous les travaux nécessaires. Il en existe aussi généralement dans les stations de prises d'eau, à l'endroit où la machine stationne sur chacune des voies principales des deux directions.

Ces fosses sont en maçonnerie et fréquemment en briques

416 CHAPITRE IV. — GARES ET STATIONS

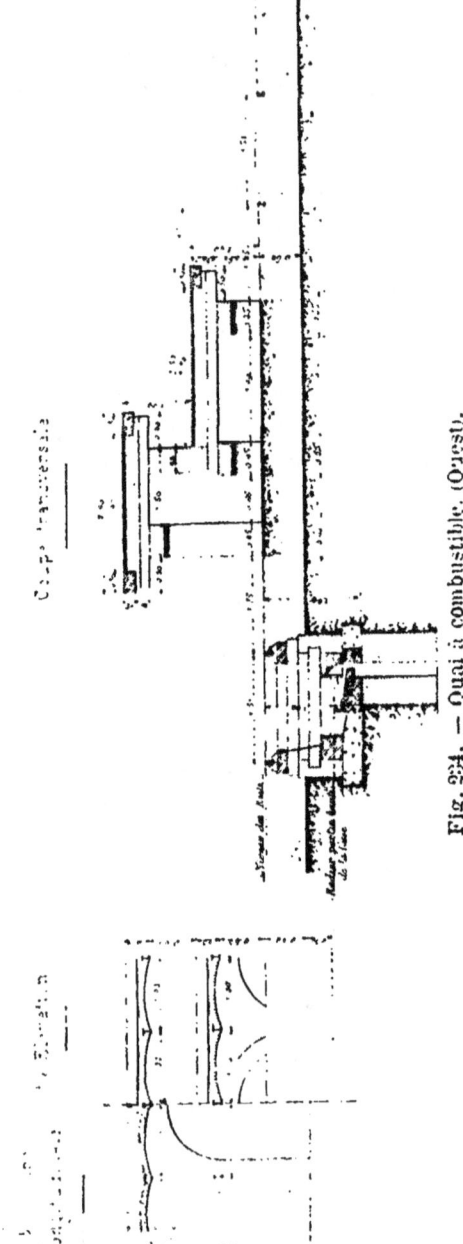

Fig. 234. — Quai à combustible. (Ouest).

§ 10 — DÉPOTS. ALIMENTATION. ATELIERS.

réfractaires, de manière à bien résister à l'action des fragments de combustible en ignition qui tombent du foyer. Un escalier se trouve à une extrémité pour permettre la descente du mécanicien. Le fond est en pente vers la partie opposée à l'escalier, de manière à faciliter l'écoulement des eaux qui tombent de la machine ou du tender. Une grille avec puisard est à l'origine du conduit d'écoulement, afin d'arrêter les escarbilles entraînées. Dans le mur extrême de la fosse se trouve ménagée une petite niche destinée à recevoir une lanterne, indispensable durant la nuit pour avertir de la présence de la fosse et empêcher la chute des agents ou autres personnes traversant les voies.

Le fond de la fosse est tantôt convexe, tantôt concave. Dans le premier cas, il rejette les eaux sur les côtés, et le mécanicien, qui descend dans la fosse, a les pieds au sec. Dans le second cas, les eaux circulent dans le milieu : les escarbilles sont plus rapidement éteintes et le radier maintient mieux les parois latérales de la fosse grâce à sa forme de voûte renversée. (Fig. 235).

Le dessus des murs latéraux de la fosse est couronné par des longrines en chêne portant les rails et reliées à la maçonnerie au moyen de tirefonds en fer.

1° A fond convexe (Cie d'Orléans)

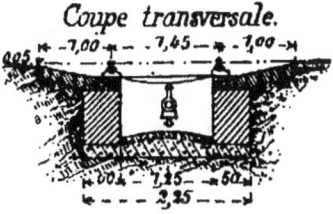

Coupe transversale.

Coupe longitudinale.

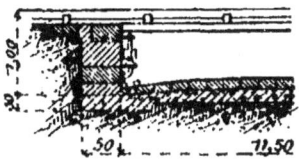

2° A fond concave (Cie de l'Est)

Coupe transversale.

Coupe longitudinale.

Fig. 235.

II. — Alimentation d'eau.

Le charbon et l'eau constituent l'aliment essentiel des locomotives. Nous avons dit comment on effectuait l'approvisionnement de charbon ; il nous reste à décrire les dispositions employées pour l'approvisionnement d'eau.

Stephenson faisait suivre sa machine la *Fusée* d'un wagon-plateforme, portant un gros tonneau rempli d'eau. La consommation des locomotives augmentant avec leur puissance, on a dû renoncer au tonneau primitif et le remplacer par une citerne en tôle, en forme de fer à cheval, de plus grande dimension, placée sur un wagon spécial appelé *tender*.

227. Espacement des prises d'eau. — La consommation d'une locomotive, soit en charbon, soit en eau, varie avec le travail qu'elle produit, travail qui varie lui-même avec la puissance que la machine peut développer, avec la charge à remorquer, et avec les conditions topographiques : déclivités, courbes, de la section parcourue.

D'une manière générale, on peut admettre qu'une locomotive consomme par heure de 4 à 500 kilog. de houille et de 3 à 4.000 kilog. d'eau, soit 3 à 4 m. c. Comme il ne faut pas être exposé à manquer d'eau, on compte largement et on porte à 5 ou 6 m. c. la capacité des soutes à eau du tender. Pour les machines qui font le service des express et qui, comme nous l'avons dit, effectuent des parcours de près de deux heures sans arrêt, la capacité du tender atteint 10 à 12 et jusqu'à 15 m. c. (P.O)[1]. Il faut se régler sur la marche des trains les plus lents pour l'espacement des prises d'eau. Ces trains sont ceux qui transportent les marchandises et dont la vitesse est généralement de 25 kilom. à l'heure, hormis sur les fortes déclivités, où elle descend au-dessous de ce chiffre.

---

[1]. Sur certains chemins anglais, l'alimentation d'eau a lieu en pleine marche, au moyen d'un col de cygne, qui de distance en distance est abaissé sous le tender, de manière à plonger dans un caniveau plein d'eau établi au milieu de la voie. L'eau s'élève dans ce col de cygne en vertu de la vitesse du train et se déverse dans le réservoir du tender.

§ 10. — DÉPOTS. ALIMENTATION. ATELIERS.

D'où il résulte que les prises d'eau devront être établies : sur les chemins à pente moyenne, dans des stations distantes de 25 à 30 kilom. les unes des autres ; sur les chemins à fortes déclivités, dans des stations distantes de 16 à 20 kilom. au maximum.

228. Choix de la prise d'eau. — La position à donner à une alimentation pourra donc être déterminée sans grande difficulté, mais deux autres questions devront être résolues avant d'arrêter définitivement l'emplacement à adopter :

L'eau que l'on peut employer a-t-elle la pureté voulue pour l'alimentation des machines ?

Cette eau sera-t-elle toujours en quantité suffisante, eu égard aux besoins du présent et de l'avenir ?

1° Comme on le sait, on ne peut employer à l'alimentation des machines que des eaux contenant une faible proportion de matières étrangères ; sans quoi ces eaux donneraient lieu, en s'évaporant, à des dépôts abondants sur les tubes du générateur et à l'intérieur du corps cylindrique et nuiraient à la production rapide de la vapeur.

Ces matières peuvent être tenues en suspension, ou dissoutes dans l'eau. Dans le premier cas, on s'en débarrasse par un dépôt et une décantation préalables. C'est ainsi qu'on procède à la gare St-Jean, à Bordeaux (Pl. 61), où on aspire les eaux de la Garonne dans six grandes cuves de 100 m. c. de capacité chacune. Ces eaux abandonnent, durant un séjour de 20 à 24 heures, les boues qu'elles tenaient en suspension et qui se déposent. Une fois clarifiées de cette façon, on les refoule dans les réservoirs voisins du dépôt et qui alimentent l'ensemble de la gare. La cuve étant à peu près vidée, on ouvre une vanne de fond et les matières déposées sont renvoyées dans l'Estey, petit cours d'eau voisin, qui les rend au fleuve. Par un roulement convenablement établi, on arrive à une alimentation continue de 500 m. c. en 24 heures, dans de bonnes conditions.

Lorsque les matières étrangères contenues dans l'eau y sont dissoutes, on doit reconnaître si elles ne dépassent pas a proportion maxima qui a été reconnue admissible dans la pratique, soit 200 à 300 grammes par mètre cube. Pour cela, on peut faire des essais hydrotimétriques [1], qui ont l'avantage d'être rapides et faciles et de ne nécessiter qu'un outillage très simple ; ou bien des essais par évaporation, plus longs et exigeant des pesées délicates.

On peut dire, d'une manière générale, qu'entre deux prises d'eau, de qualités à peu près égales, il n'y a pas à hésiter à prendre la meilleure, la moins chargée en carbonate et surtout en sulfate calcaire, alors même que les dépenses à engager pour se la procurer seraient plus élevées que celles à faire si on adoptait l'eau la moins pure.

2° Quant au débit de la source ou du cours d'eau, c'est seulement à l'aide de renseignements multipliés et minutieux sur l'origine et le régime de ces eaux durant l'été et pendant les années de sécheresse, qu'on pourra arriver à être fixé d'une manière sérieuse. On est parfois obligé d'acheter certaines sources, ou le droit d'y puiser. On ne doit accepter qu'avec circonspection les indications favorables qui peuvent être dictées par l'intérêt des propriétaires, trop enclins à profiter d'une bonne occasion. Et l'on doit noter qu'en général, de deux prises d'eau, l'une de source voisine du chemin de fer, peu coûteuse comme travaux accessoires et qu'on peut acheter avantageusement ; l'autre à effectuer dans un cours d'eau plus éloigné, plus coûteuse d'installation et qui peut être réalisée gratuitement ; cette dernière est presque toujours préférable, elle est d'ordinaire plus abondante et a l'avantage de ne donner lieu à aucune difficulté ultérieure avec les premiers propriétaires ou usagers.

289. Divers modes d'alimentation. — L'alimentation d'eau d'une station peut être obtenue de différentes manières, soit en greffant l'alimentation de la station sur celle de la ville voisine ; soit au moyen d'une prise d'eau supérieure et qui permet la suppression de tout moteur ; soit au moyen d'une

---

1. V. Hydrotimétrie. *Nouvelle méthode pour déterminer les proportions des matières minérales en dissolution dans les eaux de sources et de rivières*, par MM. Boutron et Boudet. Masson, éditeur.

prise d'eau inférieure exigeant l'emploi d'un appareil élévateur.

230. Détails de l'installation — Les installations sont simplifiées dans les deux premiers cas ; dans le troisième, l'alimentation comprend :

La prise d'eau dans un puits ou un cours d'eau et la machinerie (moteur et pompe) ;

La conduite de refoulement entre la pompe et le réservoir ;

Le réservoir en maçonnerie ou en métal ;

La conduite et les appareils de distribution.

a. — *Prise d'eau.* — Lorsque la prise d'eau est faite dans un puits, les dispositions à adopter sont très simples : Là ou les pompes sont installées dans le puits même ou dans une chambre spéciale juxtaposée. Cette dernière disposition est plus coûteuse, mais plus commode. On doit, dans tous les cas, avoir pour les pompes une assiette solide, commode pour les soins d'entretien et se ménager la possibilité de nettoyer le puits et de sortir aisément les produits du curage.

Lorsque la prise d'eau est faite dans une rivière ou un canal, elle s'opère par une galerie normale au cours d'eau, de section suffisante pour être facilement accessible et placée en contrebas de l'étiage. Le radier de cette galerie s'abaisse en pente douce vers le puisard, dans lequel plonge la crépine des pompes de telle manière que, même en temps de sécheresse, les eaux puissent y arriver. Cette galerie est remplie de galets, de gravier et de sable, constituant un filtre grossier, susceptible de retenir les détritus végétaux et les boues que les eaux pourraient entraîner. Au-dessus de ce puisard s'élève un puits de 1 m. 50 de diamètre, dans lequel se trouve placé le tuyau d'aspiration. Lorsque le bâtiment d'alimentation est placé immédiatement au-dessus du puits, la pompe est installée dans le puits même (Pl. 64). Sinon, le tuyau d'aspiration partant du puisard se prolonge sous le sol à l'abri des influences atmosphériques jusqu'au bâtiment d'alimentation (Pl. 63). Ce bâtiment, qui contient la pompe et le moteur, ne doit pas être trop éloigné du cours d'eau : pour un bon fonctionnement, il convient, en effet, que la conduite d'aspiration ne soit pas trop longue. Il faut encore l'élever près d'un chemin permettant l'approvisionnement facile du combustible. Si ce chemin n'existe pas, il faut l'établir.

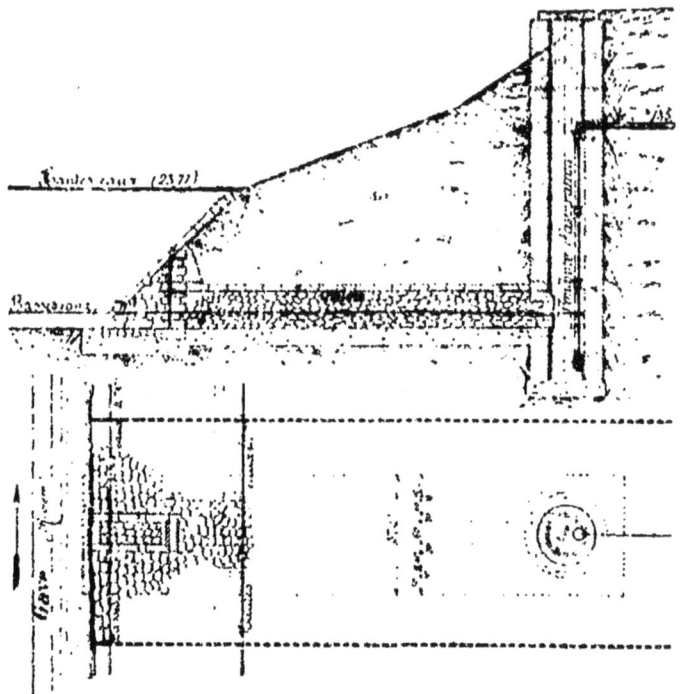

Fig. 236. — Galerie d'alimentation

La machine peut être une locomobile, une machine demi-fixe, horizontale ou verticale. La porte du bâtiment doit être assez grande pour en permettre l'entrée et disposée de manière que le nettoyage du générateur puisse se faire aisément. La pompe peut être portée par la machine elle-même ou disposée d'une manière indépendante.

Lorsque l'alimentation est peu importante, la pompe est mue à bras d'homme.

Dans certaines gares, où les vents soufflent fréquemment avec une certaine intensité, on a établi, pour actionner les pompes, un moulin à vent. Dans les temps d'accalmie, on fait mouvoir les pompes à bras d'homme ou par un moteur à vapeur supplémentaire.

Enfin, lorsqu'on dispose d'un temps plus considérable pour opérer l'alimentation, on emploie un pulsomètre placé au fond du puits et dont le fonctionnement s'obtient au moyen d'un jet de vapeur emprunté à la machine. On supprime ainsi la pompe, le moteur et le réservoir.

b. — Conduite de refoulement. — Cette conduite est établie entre la pompe et la partie haut du réservoir placé dans la gare. Nous n'avons pas à nous occuper ici du calcul du diamètre à lui donner. Nous nous bornerons à recommander de la placer sous le sol, dans des conditions telles qu'elle puisse être facilement découverte et réparée le cas échéant, c'est-à-dire autant que possible en dehors des voies (Pl. 63).

c. — Réservoir. — Le réservoir destiné à contenir l'eau d'alimentation est généralement en tôle, à fond sphérique. Il est cylindrique et repose soit sur une tour en maçonnerie (Fig. 239 et Pl. 64), soit sur un beffroi en charpente (Fig. 238) ou en fer (Pl. 64), soit sur une partie élevée du terrain dominant la gare (Pl. 47 et 63). Il convient, en effet, que l'eau conservée dans ce réservoir ait, à son entrée, une pression suffisante, non-seulement pour atteindre l'orifice des divers appareils de distribution, mais encore, dans le cas où la gare a un dépôt, pour permettre le lavage des machines dans de bonnes conditions.

On peut donner à ces réservoirs les dimensions suivantes :

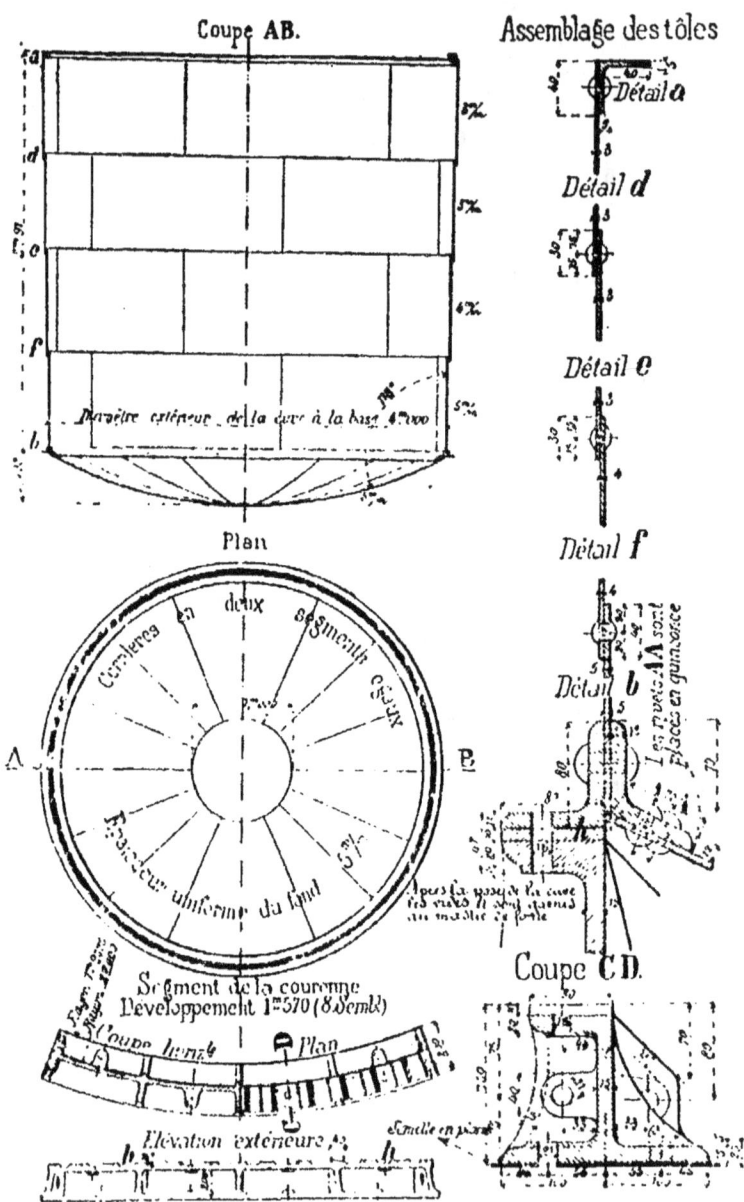

Fig. 237. — Réservoir en tôle de 50ᵐᶜ de capacité.

§ 10. — DÉPOTS. ALIMENTATION. ATELIERS.

	RÉSERVOIRS DE				OBSERVATIONS.
	20m³	50m³	75m³	150m³	
Hauteur de la partie cylindrique..	3m91	3m91	3m91	3m91	
Diamètre —	2 50	4 00	5 00	7 00	
Partie cylindrique. Épaisseurs : 1re tôle du haut.....	2mm.	2mm.	2mm.	2mm.	
2e —	2	2	2	2	
3e —	2	3	3	3	
4e du bas....	2	4	4	4	
Calotte de fond. hauteur.........	0m43	0m50	0m60	0m80	La feuille de tôle du fond sur laquelle se fixe le tuyau de prise d'eau a 5mm d'épaisseur.
épaisseur	2mm.	3mm.	4mm.	5mm.	
Poids approximatif du réservoir (tôle et cornières).........	920k	2100k	2900k	4000k	
de la couronne (fonte).	250k	770k	1450k	2050k	

Si l'on veut assurer une plus grande durée à ces réservoirs, il convient de parer à l'amincissement résultant de l'oxydation, et de ne pas employer, pour la partie cylindrique, de tôle ayant moins de 3 mm. 5 d'épaisseur et, pour le fond, de tôle ayant moins de 6 mm.

Le fond est formé de trapèzes à joints rayonnants, s'assemblant au centre, soit avec une tôle emboutie, soit avec une plaque de fonte.

Ce réservoir repose sur son support par une cornière fixée à la base de la partie cylindrique et qui s'appuie sur une couronne en fonte rattachée par des boulons à la maçonnerie de la tour ou au beffroi.

Le tuyau de distribution a son orifice à 0 m. 30 ou 0 m. 40 au-dessus du fond, pour permettre aux dépôts de rester dans le réservoir. Un tuyau de décharge part de ce fond et permet d'opérer le vidage complet et le nettoyage du réservoir. Enfin, un tuyau de trop plein a son orifice à 0 m. 05 au-dessous du bord supérieur de la cuve. Ces deux tuyaux se réunissent en un seul au-dessous du fond. Un flotteur avec curseur extérieur complète le réservoir. Deux échelles généralement en fer permettent de le visiter dans toutes ses parties.

Dans les pays chauds, on laisse fréquemment le réservoir sans enveloppe, — les effets de la gelée n'étant pas à redouter. Dans les pays froids et tempérés, il faut se garantir contre

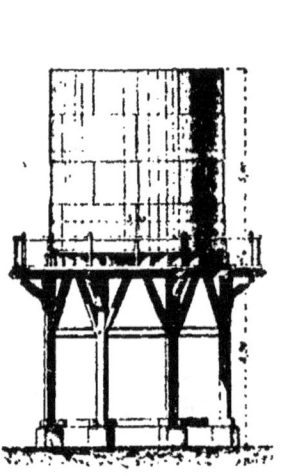 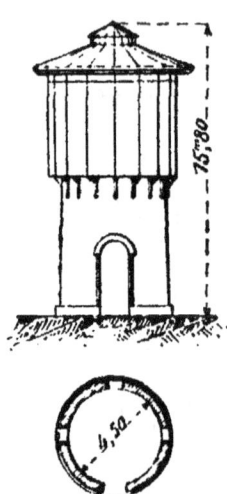

Fig. 238.— Cuve en tôle sans enveloppe, beffroi en charpente.   Fig. 239.— Réservoir avec enveloppe, sur tour en maçonnerie.

les gelées et contre la chute des feuilles dans le réservoir : on entoure alors celui-ci d'une enveloppe en maçonnerie légère (briques) ou en charpente et en planches, à laquelle on superpose une toiture en zinc. Et dans l'intervalle entre cette paroi et la tôle de la cuve, on met de la paille ou du foin. Quelquefois même, on place à la base un petit poêle dont le tuyau traverse l'eau du réservoir sur toute sa hauteur. Ce tuyau peut être celui du générateur quand celui-ci est placé au-dessous même de la cuve.

Lorsque la gare n'a pas de dépôt, le réservoir ne sert qu'à l'alimentation des machines de passage : on peut alors établir celui-ci sur le bord même de la voie de circulation contiguë au bâtiment des voyageurs, à l'extrémité du trottoir. Une grue-applique est alors placée à la base du réservoir, de manière à desservir immédiatement le tender. La conduite d'alimentation est dirigée du côté opposé de la gare pour alimenter une grue hydraulique fournissant l'eau aux machines des trains de l'autre direction.

§ 10. — DÉPOTS. ALIMENTATION. ATELIERS.

d. — *Conduite et appareils de distribution.* La planche 63, qui figure l'alimentation de la gare de St-Flour, donne une idée sommaire des dispositions adoptées dans une gare pour l'établissement de la conduite d'alimentation et des appareils de distribution. Du réservoir placé à 7 m. 30 au-dessus de la plate-forme part la conduite principale, qui se bifurque dans l'intervalle compris entre les voies principales et les voies de service et aboutit aux deux grues hydrauliques G. H., fournissant de l'eau aux machines des trains des deux directions.

De cette conduite principale partent deux autres conduites de moindre diamètre : l'une, du côté Neussargues, aboutissant à une bouche d'incendie B. I., placée en regard de la halle des marchandises, l'autre alimentant les water-closets et donnant de l'eau à deux bouches d'incendie et à un bassin d'arrosage placé dans le jardin du chef de gare.

En outre, et comme l'eau de cette conduite pourrait être peu potable après un séjour prolongé dans le réservoir, un branchement spécial se détache de la conduite de refoulement avant son arrivée au réservoir et se termine à une borne-fontaine au pied de l'escalier du jardin du chef de station. Des robinets-vannes R. V. sont placés en des points convenables, de manière à permettre d'isoler au besoin les parties de la conduite situées au delà de ces appareils.

Grues hydrauliques. Les grues hydrauliques, dont nous avons déjà parlé, sont destinées à l'alimentation des machines. Elles se composent essentiellement d'une colonne creuse en fonte, de laquelle se détache, à la partie supérieure, un bras creux également en fonte, horizontal et rectiligne ou en col de cygne, et susceptible de se placer dans le sens de la voie lorsqu'on n'a pas à en faire usage et normalement à celle-ci lorsqu'on veut faire arriver l'eau dans le tender. Ce bras mobile se termine généralement par une manche en toile ou en cuir, que le mécanicien ou le chauffeur engage dans l'ouverture des soutes à eau. La manœuvre d'un robinet d'admission, placé au pied de la grue, livre passage à l'eau. La fermeture de ce même robinet permet, en même temps, la vidange de la colonne, disposition indispensable, qui, si elle n'était pas réalisée, pourrait amener en temps de gelée, la congélation de l'eau et la rupture de l'appareil.

428   CHAPITRE IV. — GARES ET STATIONS

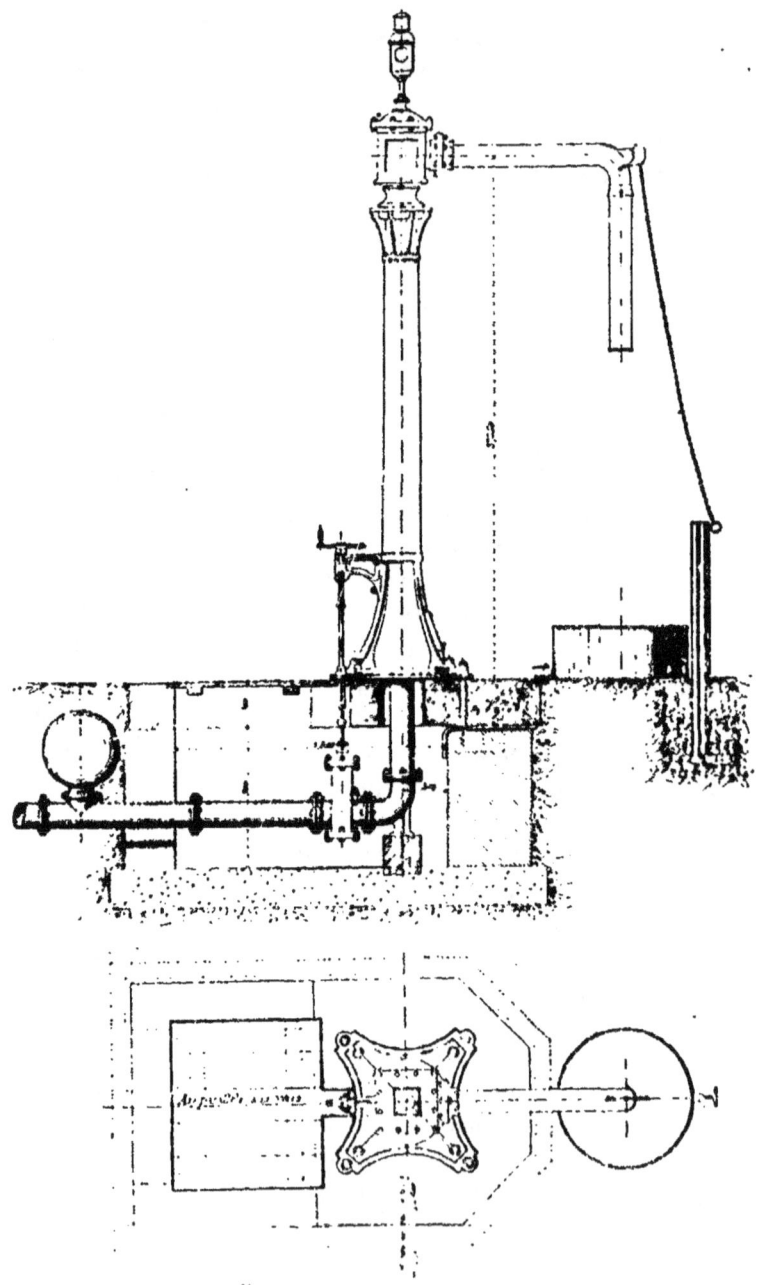

Fig. 240. — Grue hydraulique.

Pour calculer le diamètre des tuyaux, on suppose l'eau descendue à la base même du réservoir, c'est-à-dire la pression réduite au minimum et on admet que le remplissage du tender doive être effectué en 3 minutes.

Grues-réservoirs. Lorsqu'on veut avoir un remplissage très prompt des grands tenders des trains express, on remplace la grue hydraulique ordinaire par une grue dont la colonne, convenablement renforcée, est surmontée d'un petit réservoir d'une capacité égale à celle du tender. Dans l'intervalle entre deux trains, ce petit réservoir, mis en communication avec le grand, se remplit et, la grue-réservoir, grâce au gros diamètre de son tuyau d'écoulement, laisse échapper dans un temps très court toute l'eau qu'elle renferme.

231. Dépense d'une alimentation d'eau. — Cette dépense est très variable suivant les conditions dans lesquelles on est placé, selon qu'il s'agit d'une alimentation à bras ou à vapeur, sur un puits ou sur un cours d'eau. Certaines dépenses sont à peu près constantes, telles sont celles des bâtiments, des appareils ; d'autres varient selon les distances, les hauteurs. M. Sévène donne les chiffres suivants :

Prise d'eau :

Prise d'eau proprement dite....................	2.000 »	
Machine (4 chevaux), pompe, cheminées, etc......	9.000 »	17.000 »
Bâtiment de la machine fixe....................	6.000 »	

Conduite de refoulement :

Tuyaux, en supposant L = 1500 m ; D = 0m 108...........	15.000 »

Réservoir :

Cuve de 100m³ avec ses tuyaux................	5.000 »	13.000 »
Tour supportant la cuve......................	8.000 »	

Distribution :

Deux grues.............................	3.000 »	
Deux fosses............................	2.000 »	
Tuyaux de libre communication en supposant L = 500m ; D = 150m....................	7.000 »	20.000 »
Bornes, conduites secondaires et divers..........	8.000 »	

Total.................	65.000 »

L'alimentation peut être réalisée au moyen d'une source ou d'un cours d'eau supérieur à la gare et par siphonnement : les dépenses de moteur sont alors complètement supprimées. C'est ce qui existe en partie dans la gare d'Agen, alimentée par le canal latéral placé à un niveau supérieur.

III. — Ateliers.

Nous avons déjà dit que les compagnies établissent des ateliers à côté de leurs dépôts. Ces ateliers servent aux réparations courantes qu'exige l'entretien des machines. Leur importance est proportionnée à celle du dépôt.

Mais ces ateliers sont insuffisants pour les grosses réparations à faire à la chaudière, aux cylindres, aux roues, etc., des machines et pour tous les travaux d'entretien des voitures et des wagons. D'autres ateliers plus importants que ceux-ci sont donc nécessaires.

232. Choix de l'emplacement. — C'est d'ordinaire dans les gares situées aux extrémités de leur réseau ou dans les gares d'embranchement les plus importantes que les compagnies placent leurs grands ateliers, de manière à réduire autant que possible le transport du matériel avarié. Vers ces points convergent, en effet, les plus nombreuses et se concentrent les plus grandes quantités de matériel. D'un autre côté, ces localités fournissent, soit pour le recrutement des ouvriers de tout genre et pour la vie matérielle, soit pour l'approvisionnement des matières premières, les facilités les plus grandes. Dans ces villes, il existe déjà, pour les besoins du pays, des maisons de construction importantes, occupant un certain nombre d'ouvriers. En cas d'urgence, on peut enfin et c'est une manière de faire avantageuse, confier à ces entreprises une partie des travaux à exécuter. Les ateliers sont alors établis de manière à suffire à l'exécution du minimum des réparations habituelles : ils conservent les plus difficiles, celles qui exigent le plus de soin ; les autres sont attribuées aux usines du dehors.

§ 10. — DÉPOTS. ALIMENTATION. ATELIERS, 431

Ces ateliers doivent être construits à proximité du dépôt, de manière que les relations soient facilitées de l'un à l'autre et que tous deux puissent être placés sous les ordres d'un même chef.

Il convient de les élever, comme le dépôt lui-même, sur un terrain dont le sous-sol soit à l'abri de l'eau, en raison des transmissions qui sont parfois souterraines et, si possible, sur une plateforme en déblai, présentant pour la fondation des machines toute la solidité nécessaire.

233. Importance à leur donner. — L'étendue à donner à ces ateliers résulte naturellement de l'importance des travaux qu'on se propose de leur confier : on peut n'avoir pour l'ensemble d'un réseau de lignes qu'un seul atelier et on peut lui demander d'exécuter tous les travaux qui s'imposent. L'importance de ces ateliers augmente si on leur attribue, indépendamment des travaux d'entretien, une certaine partie des travaux neufs. Les conditions étant les mêmes que celles qui sont faites à l'industrie privée, les bénéfices réalisés par celle-ci deviennent des économies pour la compagnie et permettent l'allocation de primes au personnel. Le concours ainsi établi entre les ouvriers du dehors et ceux de la compagnie éveille et entretient chez ces derniers un esprit d'émulation dont les travaux exécutés recueillent le bénéfice.

Nous donnerons quelques exemples d'installations d'importance variable.

234. Ateliers de Sotteville, près Rouen. — Les ateliers de *Sotteville*, près Rouen, fondés en 1842 par MM. Allcard, Buddicom et Cie, pour la construction et l'entretien du matériel des Cies de Rouen, du Havre et de Caen, ont été repris en 1860 par la Compagnie de l'Ouest et depuis lors considérablement augmentés (les autres ateliers sont situés à Batignolles et Levallois, et à Rennes).

Ils sont divisés en deux groupes ; dans l'un se fait la réparation des machines, dans l'autre la réparation des voitures et wagons. Toutefois, quelques ateliers, tels que ceux de la forge, des fonderies de fer et de cuivre, de la peinture, du tournage des roues et de l'embattage, sont communs.

Leur surface est de 13 hect. environ :

Les ateliers de Sotteville peuvent contenir en réparation 60 machines locomotives ; 50 tenders ; 200 voitures ; 450 wagons.

Indépendamment de ces travaux d'entretien du matériel roulant, les ateliers de Sotteville sont chargés de la construction des chaudières et de la fabrication de pièces de rechange pour le magasin central du matériel et de la traction [1].

235. Ateliers d'Hellemmes. — Les ateliers d'Hellemmes [2], près de Lille, ont été établis en 1873-1880, pour les deux services de la traction et du matériel roulant de la Cie du Nord. Lille est la ville, qui, après Paris, renferme la plus grande agglomération d'usines de toutes les branches de constructions mécaniques, et c'est le centre d'une section qui possède 440 machines et doit faire face à un mouvement industriel et houiller considérable.

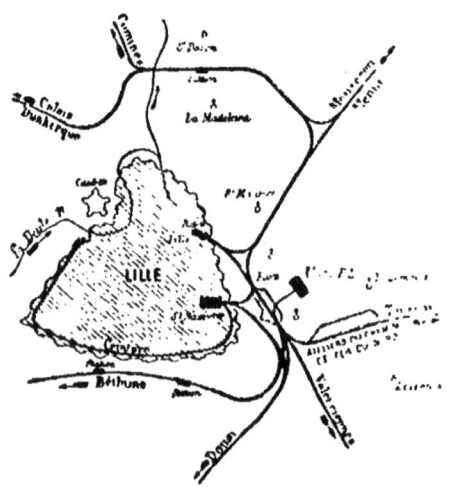

Fig. 241. — Lignes ferrées aux environs de Lille.

1. Compagnie de l'Ouest. *Notice sur les objets présentés à l'Exposition Universelle de 1889*, par M. Clérault, Ingénieur en chef du matériel et de la traction.
2. *Revue générale des chemins de fer*, janvier, juillet et novembre 1882 (M. F. Mathias). Machines, août 1884, janvier 1885, janvier, mars, juin et juillet 1886 (M. Bricogne) : Voitures et wagons.

§ 10. — DÉPOTS, ALIMENTATION, ATELIERS.

Le terrain exproprié a une surface de 18 hectares. La longueur des voies établies est de 11.968 m., et la surface des bâtiments est de 34.600 m. c. qui se décomposent ainsi :

1° *Voitures et wagons* :

Atelier de réparations et de peinture...............	8660 m²	
Machines-outils et forges.......................	1600	
Magasins des bois............................	2040	17.800 m²
Hangar d'entretien courant.....................	2040	
Divers, bureaux, maisons, etc..................	3460	

2° *Économat et divers* :

Magasin....................................	1200	2.700 »
Épicerie, logements, réfectoire, lampisterie, gaz.....	1500	

3° *Traction* :

Montage....................................	6400	
Machines-outils..............................	1380	
Chaudronnerie...............................	2080	14.100 »
Forges......................................	1210	
Roues et bandages............................	1210	
Peinture, annexes, bureaux, maisons, etc.........	1820	
Total.......................		34.600 m²

Cette surface a été récemment (1889) portée à 36.200 m².

Ces ateliers, concurremment avec ceux de la Chapelle et de Tergnier, répondent aux exigences de l'entretien de tout le matériel roulant du réseau du Nord et permettent en outre la construction d'une partie du matériel.

La Planche 46 représente l'installation des ateliers de La Chapelle. Les ateliers de Tergnier occupent une surface de 48.805 m. c. dont 15.410 couverts.

Le matériel de la Cie du Nord se compose de :

Machines ⎫	
Voitures ⎬	34.800
Wagons ⎭	

L'ensemble de ces installations permet d'occuper :

Aux ateliers des machines	700 à 800 ouvriers
Aux ateliers des voitures	500 à 600
État-major, bureaux de la comptabilité, des études et magasins, etc.	150 à 180
Ensemble...	1.350 à 1.580

226. Ateliers de Romilly. — Les ateliers de *Romilly-sur-Seine* (Aube)[1], ont été établis (1884), par la Cie de l'Est, pour la réparation, concurremment avec les ateliers de la Villette (Paris) et de Mohon (Ardennes), de son matériel roulant, qui comprend actuellement :

Voitures à Voyageurs	2.947	
Fourgons à bagages, écuries, trucks à équipages	958	} 31.424 véhic.
Wagons à marchandises ou à ballast	27.519	

Ces ateliers sont chargés des travaux suivants :

1° Réparation et peinture des voitures de troisième classe, des fourgons à bagages et des wagons à marchandises ;

2° Réfection des caisses des wagons à marchandises ;

3° Entretien des roues montées (remplacement et tournage des bandages, remplacement des essieux), et confection des roues montées ;

4° Construction des chassis en fer de voitures et fourgon à bagages (la construction et le montage des caisses étant réservés aux ateliers de la Villette) ;

5° Construction complète de voitures de 3° classe, de fourgons et de wagons à marchandises ;

6° Débitage et préparation des bois nécessaires à tous les ateliers et entretiens du réseau ;

7° Emmagasinage des bois en quantité correspondant à la consommation de l'ensemble des ateliers pendant 2 années, afin d'avoir du bois à un degré de siccité convenable.

Ces ateliers occupent une surface de 46 hectares environ, dont 29.702 m.² sont bâtis.

Les voies peuvent recevoir 776 véhicules, dont 217 à couvert.

350 ouvriers sont occupés dans ces ateliers ; il suffira d'augmenter l'outillage dans une faible proportion pour permettre l'emploi d'un effectif deux fois plus important.

La production *mensuelle* de ces ateliers est la suivante :

---

1. *Notice du service du matériel et de la traction*, (M. Salomon, Ingénieur en chef), relative à l'Exposition Universelle de 1889.

§ 10. — DÉPOTS. ALIMENTATION. ATELIERS.

1° Nombre de véhicules à voyageurs repeints, en moyenne : 40 ;

2° Nombre de roues tournées, suivant les besoins : 350 à 400 ;

3° Nombre de véhicules, voitures et wagons réparés : 1.200 à 1.500. Ce chiffre s'est élevé, en novembre 1888, à 1.814.

De 1885 à fin avril 1889, ces ateliers ont construit comme matériel neuf :

1° Caisses de wagons couverts (dont les châssis ont été exécutés par les ateliers de Mohon) : 300 ;

2° Wagons complets divers, à houille, plats, couverts, fourgons pour trains de marchandises : 442.

En outre, ces ateliers débitent pour La Villette et Mohon un cube moyen annuel de 3.645 m.^{3} de bois de chêne, de pitch-pin et de sapin.

237. Ateliers de Béziers. — Les ateliers de Béziers (Hérault) (Pl. 61) fournissent un exemple d'une installation moins considérable que les précédents.

La Cie du Midi possède à Bordeaux des ateliers considérables. Jusqu'en 1885 ces ateliers étaient les seuls qui fussent affectés aux grosses réparations et à la construction de son matériel. Il était important de ne pas avoir à expédier à ces ateliers, à une distance de 400 à 500 kilom., le matériel avarié qui se trouvait dans la partie orientale extrême du réseau, où le trafic est le plus actif. Béziers, placé sur la principale artère, à l'origine d'une ligne de 227 kilom. dirigée vers le Nord, à peu de distance d'une autre ligne de 105 kilom. allant en Espagne et dans une région sillonnée par de nombreux embranchements, et, d'autre part, ville importante et très commerçante, était naturellement indiquée pour l'établissement de nouveaux ateliers.

A la suite du Dépôt (50 machines), on a récemment (1885) construit des ateliers, pour la réparation des machines, des voitures et des wagons.

La surface totale occupée est de 30.000 m.^{2} environ, dont 8.654 m.^{2} couverts.

La longueur des voies est de 3.850 m. environ.

Les ateliers comprennent :

1° Pour les machines, un atelier de montage et
de réparation, surface . . . .   4.390 m².²
2° Pour les voitures et les wagons, un atelier
de réparation, surface. 3.808
3° Des bureaux, surface   456
                                     Ensemble. 8.653

Les 12 voies de l'atelier de réparation des machines font suite aux 12 voies du remisage découvert qui lui est juxtaposé du côté de Bordeaux. On a pu de cette façon desservir cet atelier par le chariot même de ce remisage, l'entrée et la sortie des machines n'ayant lieu qu'à de lointains intervalles. En regard de ces machines se trouvent la chaudronnerie, l'ajustage et les tours. Dans l'aile en retour sont établis l'embattage et les forges.

L'atelier de réparation des voitures et wagons fait suite au précédent. 18 voies perpendiculaires à l'axe du bâtiment sont desservies par un chariot dont la voie est disposée suivant la longueur du terrain : 50 à 55 véhicules peuvent être reçus sur ces voies

Les ateliers de Bordeaux ne peuvent recevoir que 65 machines par an, c'est-à-dire le 1/10° de l'effectif des locomotives de la Compagnie, et par conséquent ne permettent d'opérer la grosse réparation d'une machine que tous les 10 ans, — ce qui est insuffisant. Avec l'atelier de Béziers, ce travail pourra se faire tous les 8 ans en moyenne. Dans le cas où ce délai serait trop long, on pourrait augmenter l'importance des ateliers actuels en prolongeant l'atelier des machines sur l'emplacement de celui des wagons, sauf à reporter celui-ci sur un autre point.

238. Dispositions d'ensemble. — Le mode de groupement à adopter pour les divers bâtiments et les parcs constituant l'ensemble d'un atelier de matériel présente une importance considérable. On doit, dans l'étude d'une installation de ce genre, observer une méthode rigoureuse. De même que dans toutes les usines, il faut éviter tous les déplacements inu-

§ 10. — DÉPOTS. ALIMENTATION. ATELIERS.

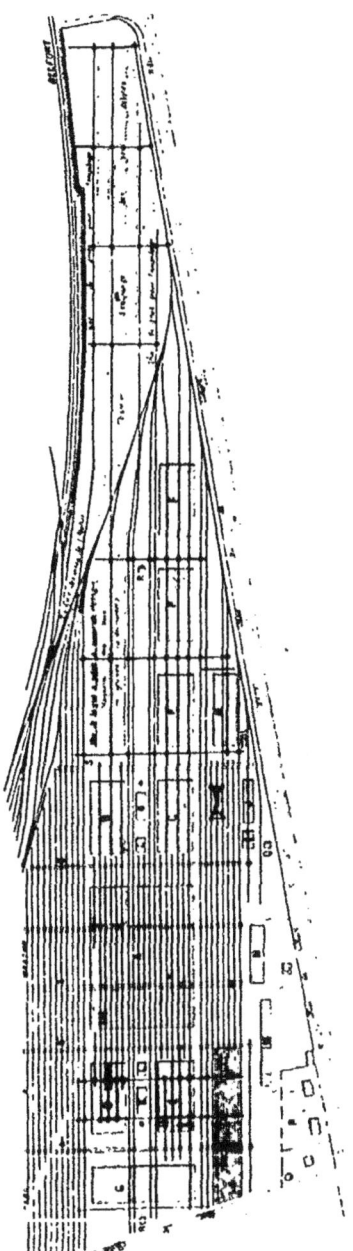

Fig. 246. — Ateliers de Romilly.

A. Atelier de montage des voitures et wagons et atelier de peinture. — B. Atelier de menuiserie et d'ébénisterie. — C. Atelier des machines à bois. — D. Atelier des forges, machines-outils hydrauliques. — E. Atelier de l'ajustage, des fours et des roues. — F F F. Magasin à bois. — G. Atelier des forces projeté. — H. Magasin général. — I. Magasin aux huiles. — J. Magasin pour matières encombrantes. — K. Moteur et générateurs. — L. Lieux. — M. Hangar et réfectoire des ouvriers. — N. Bureaux. — O. Surveillants et abri des pompes. — P. Habitations des chefs et sous-chefs d'ateliers et magasins. — Q. Magasin à pétrole. — R. Réservoirs de $\cdots\cdots$ — S. Chariot roulant à niveau et à vapeur. — S'. Chariot roulant à niveau et à bras.

438 CHAPITRE IV. — GARES ET STATIONS.

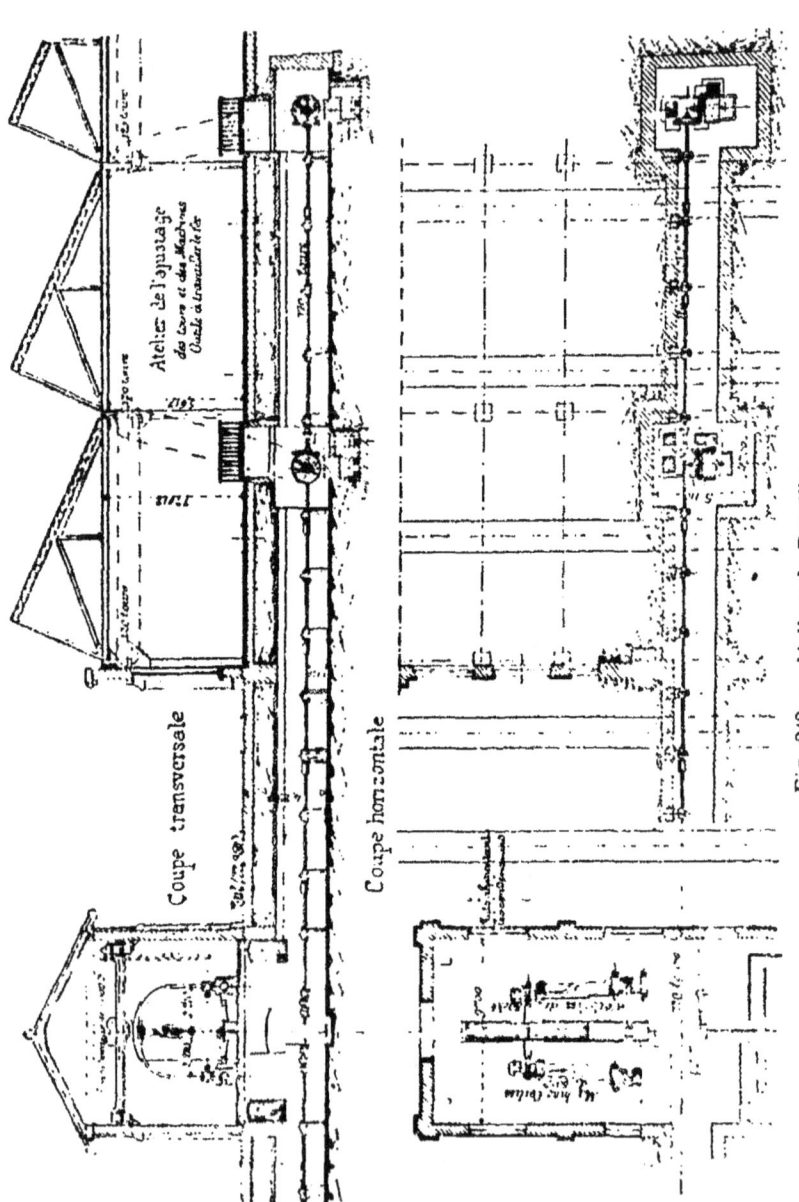

Fig. 243. — Ateliers de Romilly.

§ 10. — DÉPOTS. ALIMENTATION. ATELIERS.

tiles ou non justifiés : les matières premières doivent arriver d'un côté ; les produits élaborés doivent sortir du côté opposé et ne jamais revenir sur eux-mêmes ; ou, du moins, si l'entrée et la sortie ont lieu par une même voie, le chemin suivi par les matières au fur et à mesure de leur mise en œuvre doit être continu et sans rebroussement.

Les magasins et les parcs d'approvisionnement doivent être à proximité des ateliers auxquels ils livrent les matières premières ; ils doivent être bien éclairés, la surveillance doit être facile, les chances d'incendie aussi faibles et les moyens de les combattre aussi bien ordonnés que possible.

Enfin, on doit prévoir la possibilité d'augmenter la surface des bâtiments et la longueur des voies en raison de l'accroissement du matériel roulant.

Nous compléterons les indications qui précèdent, en appelant l'attention sur les installations dont nous avons déjà parlé, de Romilly et d'Hellemmes.

Fig. 244. — Ateliers de Romilly. — Préparation et montage des châssis en fer.

A *Romilly*, où on ne s'occupe que des voitures et des wagons, on a placé en regard de l'entrée et au centre du terrain triangulaire dont on disposait l'atelier de montage A. Le *fer* et le *bois* entrant en proportion à peu près égale dans la confection des véhicules, on a placé à gauche les ateliers D, E, où se travaille le fer et à droite les ateliers B, C, destinés au travail du bois. Les premiers se composeront, d'une part, des forges et des machines-outils hydrauliques D pour la fabrication des châssis en fer, et, d'autre part, de l'atelier d'ajustage, des tours et des roues E, avec un parc contigu. A droite, se trouvent disposés successivement : les chantiers d'empilage des bois débités, les magasins à bois F, F, F, les ateliers C des machines à bois et enfin l'atelier B de menuiserie et d'ébénisterie ; — ces deux derniers sont placés immédiatement à côté de l'atelier de montage A.

Il y a lieu de remarquer l'emplacement X attribué aux deux générateurs et aux machines à vapeur desservant : l'un les ateliers à fer, l'autre les ateliers à bois ; isolés cependant l'un et l'autre de manière à éviter la propagation de l'incendie.

Le Magasin général H, avec ses magasins annexes spéciaux et indépendants I, J pour les huiles, le pétrole, l'étuve pour le séchage du bois, sa bascule, etc., se trouve sur le côté, facilement desservi par une voie de ceinture, dans de bonnes conditions d'isolement au point de vue de la surveillance et de l'incendie.

Les constructions annexes : bureaux N, réfectoire M, pompes O, maisons P des chefs des ateliers et des magasins sont disposées près de l'entrée principale. Enfin, une usine à gaz est placée dans un angle isolé du terrain pour l'éclairage de la gare et des ateliers.

On voit par cette rapide description que la marche suivie par les matériaux de construction depuis leur entrée jusqu'à leur sortie est bien méthodique, que les mesures relatives à l'économie et à la sécurité sont convenablement prises et que l'avenir, en ce qui concerne les développements possibles, est bien sauvegardé.

A *Hellemmes*, les installations sont disposées, ainsi que nous l'avons dit, non seulement pour les voitures et les wagons, mais encore pour les machines. Elles constituent deux groupes distincts séparés par les magasins et leurs parcs placés au centre. (Fig. 245).

Le groupe de la traction comporte des ateliers disposés sur deux rangs et desservis par trois voies longitudinales et plusieurs voies transversales pour les roues et bandages et la chaudronnerie, d'une part, et pour les forges et l'ajustage, d'autre part. Ces ateliers convergent vers un atelier plus important qui les réunit, où arrivent les pièces préparées et où s'effectue le montage. A côté de celui-ci, se trouvent la peinture d'un côté et les bureaux du côté opposé.

CHEMINS DE FER DU NORD.

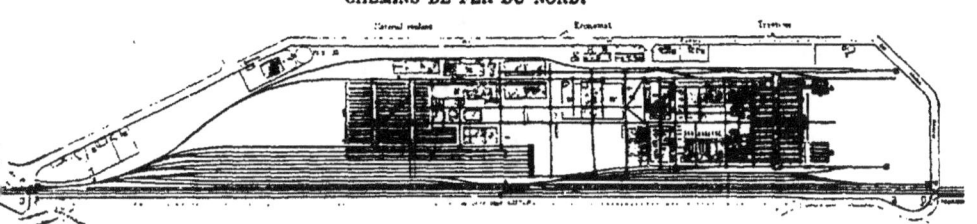

Fig. 245. — Ateliers d'Hellemmes.

1° MATÉRIEL ROULANT

Magasin de bois.
Ébénistes, ferblantiers, corderie, buanderie, magasin de crins.
Forges et machines-outils.
Atelier de réparation et peinture.
Atelier des apprentis.
Roierie.
Soiliers.
Fumage et flambage.
Hangar pour l'entretien courant.
Logements du chef et du sous-chef d'atelier

2° ÉCONOMAT ET DIVERS

S. Magasin.
T. Épicerie logements, service médical.
UU' Réfectoire logements et lampisterie.
V. Usine à gaz.
X. Logements de chef de district et de cantonnier.
YY. Réservoirs avec compteurs.
Z. Compteur à gaz spécial pour le travail des roues et bandages.
WW. Cours cloturées.

3° TRACTION

A. Bureaux des ingénieurs, inspecteurs et comptables, dessin, télégraphe, photographie et modèles.
B. Peinture.
C. Montage.
D. Ajustage.
E. Chaudronnerie et tenders.
F. Forges.
G. Roues et bandages.
HH'. Logements des chefs et sous-chefs d'atelier.

Le groupe du matériel roulant, placé à l'Ouest, comporte des magasins à bois et des forges et machines-outils, à la suite desquels se trouve l'atelier principal contenant 15 voies desservies par deux chariots de niveau. C'est dans cet atelier que s'exécutent tous les travaux qui exigent plus de 12 heures de travail. Les travaux moins importants s'effectuent sous un hangar de 195 m. de longueur placé à l'extrémité d'un faisceau de huit voies, sur lequel ont lieu l'entrée, le triage et la sortie des wagons.

Un certain nombre de constructions accessoires et d'habitations pour les chefs de service complètent cette importante installation, remarquable non seulement par le groupement des ateliers dont il se compose, mais encore par les machines adoptées, les méthodes suivies et les résultats obtenus.

§ 11.

DISPOSITION DES TROIS SERVICES : VOYAGEURS, MARCHANDISES, DÉPOT.

229. Conditions à réaliser. — Nous avons fait connaître les conditions dans lesquelles il y avait lieu de prévoir les installations relatives au service des voyageurs, au service des marchandises et au dépôt. Dans les gares importantes, ces trois services doivent fonctionner concurremment. Comment doit-on les grouper le long des voies principales ? Et d'abord quelle longueur exige chacun d'eux ?

Pour les voyageurs, la longueur est celle qui résulte des plus longs trains. On devrait donc compter sur 24 voitures de 7 m. 50 de longueur, soit 180 m., et avec la machine 200 m. environ. Les trains de cette longueur étant peu fréquents, on ne dépasse guère 100 m. pour les trottoirs, sauf dans les très grandes gares.

Au delà des trottoirs se trouvent des diagonales, une remise de voitures, pour lesquelles il faut encore compter de 50 à 100 m.; soit ensemble, pour les voyageurs, une longueur $V = 150$ à 200 m.

§ 11. — VOYAGEURS. MARCHANDISES, DÉPOT. 443

Pour les marchandises, il faut prévoir pour la voie extérieure une longueur permettant de garer des trains de 60 wagons, soit :

$$60 \text{ w.} \times 7,50 = 450 \text{ m.}$$

et en ajoutant la longueur de deux machines avec leurs tenders, environ

$$2 \times 20 = 40 \text{ m.}$$

Total : . . . . . 490 m.

soit . . . . 500 m.

mais cette longueur doit être augmentée de celle des raccordements aux extrémités, et l'on arrive, pour un fuseau de 8 à 10 voies, à une longueur $M = 500$ m. à 800 m.

Pour le dépôt, la place qu'il y a lieu d'attribuer au bâtiment est peu considérable et la longueur ne dépasse pas 100 m. ; mais comme il faut tenir compte des divers accessoires qui accompagnent ce dépôt, des voies de service qui y conduisent, il faut admettre une longueur $D = 300$ m. environ.

D'où il résulte que l'on a sensiblement : $M = V + D$, ce qui revient à dire que la longueur attribuée aux marchandises égale à peu près la longueur attribuée aux voyageurs augmentée de celle qui est donnée au dépôt, ou qu'il faut, pour occuper la même longueur de chaque côté des voies principales, placer d'un côté les voyageurs et le dépôt et de l'autre côté les marchandises. C'est la disposition figurée en haut de la la Pl. 35 sous forme de schéma et qui a été réalisée dans la gare de Perpignan, représentée au milieu de la même planche.

L'inconvénient de cette disposition est le suivant : le bâtiment des voyageurs étant du côté de la ville, le service des marchandises est du côté opposé et, pour y accéder, il faut traverser les voies principales et imposer aux charrettes un assez long détour.

Pour éviter cet inconvénient, on a essayé de placer les voyageurs et les marchandises du même côté, c'est-à-dire du côté de la ville, et, afin de ne pas exagérer la longueur de la gare, on a placé de l'autre côté les voies de garage et de triage (au bas de la Pl. 35) et le dépôt au delà. Cette disposition est à la fois favorable aux voyageurs et aux marchandises, mais elle est très gênante au point de vue de l'exploitation. Les trains de marchandises reçus ou expédiés par la gare étant séparés du service local, tous les wagons destinés à ce service, ou en provenant, doivent traverser les voies principales et être l'objet de manutentions coûteuses et gênantes, sinon dangereuses, pour le service général. En outre, la gare ainsi établie devrait avoir une longueur considérable et les ouvrages destinés à la traversée des voies être très éloignés. Par suite, la circulation urbaine serait entravée. Enfin, un dernier inconvénient consisterait dans la difficulté d'augmenter le service des marchandises, lorsque le besoin s'en ferait sentir.

Cette disposition, quoique adoptée dans un certain nombre de grandes gares (Agen, Montauban, etc.), doit cependant être, autant que possible, évitée.

On doit donc chercher à se rapprocher du type décrit ci-dessus, en ayant soin de placer les quais de marchandises à une distance suffisante des voies principales pour pouvoir placer entre eux les voies de service qui seront imposées dans l'avenir par l'accroissement du trafic.

Nous ferons remarquer que, contrairement aux principes, nous avons figuré aux extrémités de la gare des aiguilles prises en pointe en marche normale par les trains des deux directions. Cette disposition est presque indispensable dans une gare importante pour simplifier les manœuvres et permettre aux trains de marchandises d'entrer directement sur les voies qui leur sont affectées. Malgré l'inconvénient qu'elle présente et qui impose des conditions spéciales au point de vue de l'établissement des signaux pour que la sécurité soit complètement garantie, elle est généralement employée.

240. Détermination du trafic probable d'une station et par suite de la surface du bâtiment des voyageurs, des quais et des halles d'une station. — La détermination de la surface des bâtiments des voyageurs d'une station est un problème délicat, en raison des circonstances diverses, difficiles à apprécier, qu'il peut y avoir lieu de faire entrer en ligne de compte.

M. Michel, ingénieur en chef à la Compagnie P.-L.-M., a considéré un certain nombre de stations en exploitation et

§ 11. — VOYAGEURS. MARCHANDISES. DÉPOT.

comparé le mouvement des voyageurs qui s'y produit au chiffre de la population desservie. Il a reconnu que le nombre des voyageurs d'une région était proportionnel à la faculté productive de cette région et par suite à la population elle-même, répartie sur une zone de 4 kilom. de rayon autour de la station établie.

Il a ainsi trouvé que le nombre des déplacements effectués annuellement et par par chaque habitant était de 6,5. Ce nombre augmente d'ailleurs avec la *densité* de la population et celle-ci avec la *prospérité* de la région. A Paris, ce chiffre est de 60.

D'après M. Sévène : « En laissant de côté les stations de
« banlieue qui altéreraient la moyenne, parce qu'elles ne cor-
« respondent qu'à un service spécial et beaucoup moindre,
« par voyageur, que celui des stations ordinaires, on peut
« admettre que *le bâtiment des voyageurs*, ou plutôt *l'en-
« semble des surfaces bâties d'une station de voyageurs* doit
« contenir, pour un bon service, 1 m² *environ par centaine*
« *de voyageurs expédiés annuellement*[1]. »

Une gare de *banlieue* peut, en effet, être très petite pour une population et un nombre de voyageurs considérables. En raison des cartes d'abonnement données aux voyageurs, la station n'a qu'un nombre de billets restreints à délivrer. Les voyageurs ne font que traverser le vestibule pour se rendre sur le trottoir intérieur. Quant au service des bagages, il est insignifiant.

Une gare de *bifurcation*, au contraire, exige un personnel relativement plus considérable, eu égard aux services spéciaux qui doivent y être concentrés. Il peut même arriver que les dimensions des divers locaux à prévoir dans une gare de cette espèce résultent bien plus du nombre des voyageurs de passage que du nombre des voyageurs expédiés par la localité elle-même (Morcenx).

La règle fixée par M. Sévène et indiquée ci-dessus a l'avantage d'être d'une application très facile, mais les prévisions à inscrire dans le programme d'une gare sont tellement variables qu'en la suivant exactement on s'exposerait à faire des

---

[1]. Sévène, *Cours de chemins de fer*.

installations trop vastes ou trop exiguës. Et nous pensons qu'on courra moins de risques de s'éloigner de la vérité en suivant la marche en usage à la Compagnie P.-L.-M. et qui est la suivante :

On détermine, autour de chaque station, la population que celle-ci est appelée à desservir en traçant deux circonférences, l'une de 5 kil. l'autre de 10 kil. de rayon. (Pl. 51).

Soit P la population de la zone centrale,
— P′   —   —   extérieure.

On considère, pour le mouvement de la gare, le chiffre $P + \dfrac{P'}{2}$, et

L'on adopte un bâtiment	Pour une population de	Qui donne lieu à	D'où résulte un nombre de déplacements de
de 3ᵉ classe	6000 âmes	30 voyageurs par jour	1,8 par hab⁺ et par an.
2ᵉ —	de 6000 à 9000	80 —	3 —
1ʳᵉ —	de 9000 à 12000	150 —	4,5 —
hors classe	au-dess. de 12000	au-dessus de 150	»

Les dimensions de ces quatre types de bâtiments (Pl. 51) sont les suivantes :

de 3ᵉ classe	12ᵐ sur 8ᵐ = ...	96ᵐ²
2ᵉ —	21ᵐ sur 8ᵐ = ...	168ᵐ²
1ʳᵉ —	{ Pavillon central : 20 × 9 = 180ᵐ² . . 2 ailes : 8 × 8 = 64.... × 2 = 128ᵐ² }	308ᵐ²
hors classe	{ Pavillon central : 21 × 9,70 = 203,70. 2 ailes : 11 × 8.70 = 95.7 × 2 = 191.40. }	395ᵐ² 10

Si, indépendamment des installations que comportent ces divers types, on veut en prévoir d'autres, on augmente la surface de la gare d'une quantité équivalente à celle des locaux, évalués d'une manière distincte, qu'on se propose d'y établir.

Pour les dimensions du vestibule et des salles d'attente, on peut avantageusement se baser sur les résultats d'expérience que nous avons fait connaître précédemment.

M. Michel a, de la même manière, recherché le rapport qui pourrait exister entre la population desservie dans la même

§ 11. — VOYAGEURS. MARCHANDISES. DÉPOT.

zone de 4 kil. de rayon autour de la station considérée et le tonnage annuel de cette station. Il a trouvé :

2 tonnes 10 comme moyenne des départs ⎫ soit 4 t. 20 par ha-
2 tonnes 10   —   —   arrivages ⎭ bitant et par an.

Étant donné d'un autre côté qu'il faut, comme nous l'avons dit, 3 à 5 m² de quai par centaine de tonnes expédiées ou reçues annuellement, la surface des quais s'obtient aisément d'une manière approximative et sans tenir compte des exigences qui peuvent provenir des industries spéciales existant dans la région.

Si nous supposons une population desservie de 10.000 hab., on aura :

1° Mouvement des voyageurs : 10.000 hab. $\times$ 6 v. 5 = 65.000 départs par an ;

2° Tonnage des marchandises : 10,000 hab. $\times$ 4 t. 20 = 42.000 tonnes (départ et arrivée).

Et si l'on compte : 1 m² par centaine de voyageurs expédiés annuellement ;

4 m² 5 par centaine de tonnes, ou 0 m² 045 par tonne expédiée ou reçue annuellement ;

On a : 65.000 départs $\times$ 1 m.² $\times \dfrac{1}{100} =$ 650 m² pour les surfaces bâties des voyageurs ;

42.000 t. $\times$ 0,045 = 1890 m² pour les quais à marchandises.

(Ce chiffre devrait être réduit en raison du tonnage des marchandises à transborder directement de charrette en wagon, ou inversement).

CHAPITRE CINQUIÈME.

GARES ET STATIONS

DÉTAILS

§ 1. Service des voyageurs, trottoirs et quais
§ 2.   —   couverture des trottoirs et des quais, marquises, abris, halles
§ 3. Bâtiment des voyageurs, ensemble des services
§ 4.   —   I. Départ
§ 5.   —   II. Arrivée
§ 6.   —   III. Services communs
§ 7.   —   IV. Annexes
§ 8. Installations accessoires
§ 9. Service des marchandises, du matériel et de la traction
    I. Quais et halles à marchandises
    II. Remises, dépôts et ateliers
§ 10. Prix des bâtiments des stations. Récapitulation

SOMMAIRE :

§ 1. *Service des voyageurs. Trottoirs et quais* : 241. Trottoirs et quais. — 242. Comparaison entre les quais hauts et les quais bas. — 243. Profil en travers. — 244. Trottoirs intermédiaires. — 245. Clôture des quais. — 246. Passages transversaux. — 247. Passages aériens ou souterrains.

§ 2. *Service des voyageurs. Couverture des trottoirs et des voies, marquises, abris, halles* : 248. Généralités. — 249. *Marquises* sur la cour. — 250. *Marquises* du côté des voies. — 251. Dispositions adoptées pour l'établissement des marquises. — 252. *Halles*. Conditions d'établissement. — 253. Dispositions en plan. — 254. Dispositions en élévation. — 255. Couverture. — 256. Éclairage, aérage. — 257. Prix.

§ 3. *Bâtiment des voyageurs. Ensemble des services* : 258. Division des services.

§ 4. *Bâtiment des voyageurs. Départ :* 259. Dispositions générales : Halles ; Petites stations, dites de 3ᵉ classe ; Stations de 2ᵉ classe ; Station de 1ʳᵉ classe et hors classe. — 260. Dispositions spéciales adoptées dans différentes gares. — 261. Conditions d'établissement des divers services : bureau des billets ; vestibule ; consigne ; messageries au départ ; salles d'attente.

§ 5. *Bâtiment des voyageurs. Arrivée :* 262. Sortie. — 263. Salle d'attente des bagages. — 264. Salle de distribution des bagages. — 265. Octroi. — 266. Consigne. — 267. Correspondance. — 268. Messageries à l'arrivée.

§ 6. *Bâtiment des voyageurs. Services communs* : 269. Bureau du chef de gare. Sous-chef. — 270. Surveillants. — 271. Télégraphie. — 272. Hommes d'équipe. — 273. Buffet, buvette et dépendances. — 274. Water-closets intérieurs et extérieurs. — 275. Lampisterie. — 276. Chaufferetterie. — 277. Bureau du commissaire de surveillance administrative. — 278. Postes.

§ 7. *Bâtiments des voyageurs. Annexes* : 279. Pompe à incendie. — 280. Poste d'agents des trains. — 281. Inspection de l'exploitation. — 282. Agents de la voie. — 283. Représentant de la compagnie aboutissante. — 284. Médecin. — 285. Divers.

§ 8. *Installations accessoires* : 286. Logement du chef de gare. — 287. Cours de départ et d'arrivée. — 288. Avenue d'accès.

§ 9. *Service des marchandises, du matériel et de la traction :* — I. **Quais et halles à marchandises**. 289. Quais. — 290. Halles. — 291. Cours couvertes. — 292. Dispositions diverses relatives à la construction. — 293. Bureaux. — II. **Remises, dépôts et ateliers**. 294. Remises de voitures. — 295. Remises de machines. — 296. Prix des dépôts par mètre carré et par machine. — 297. Ateliers.

§ 10. *Prix des bâtiments des stations. Récapitulation.*

CHAPITRE V

GARES ET STATIONS

DÉTAILS

Les installations relatives aux voyageurs sont, indépendamment des bâtiments que nous décrirons bientôt : les trottoirs ou quais d'embarquement, et les abris qui les recouvrent en partie ou en totalité, les marquises et les halles.

§ 1.

SERVICE DES VOYAGEURS. TROTTOIRS ET QUAIS

211. Trottoirs et quais. — Les trottoirs sont établis autour du bâtiment des voyageurs et entre les voies, à une certaine hauteur au-dessus des rails, de manière à faciliter la montée en voiture ou la descente des voyageurs : on a donné plus particulièrement le nom de trottoirs aux plateformes établies à faible hauteur (0 m. 30 environ) au-dessus des rails, et celui de quais à celles qui sont au niveau du plancher des voitures (1 m. 00 environ au-dessus des rails).

A l'origine, en France, on a construit des quais élevés. Mais on a bientôt reconnu les inconvénients que ceux-ci présentaient dans les gares des lignes de grande circulation ; on les a démolis et remplacés par des trottoirs bas. La gare de Versailles R. D. et celle de Tours sont les seules, croyons-nous, où des quais élevés aient été conservés en France.

En Angleterre, on trouve des quais élevés, non seulement sur le Métropolitain, où ils conviennent bien, mais encore sur la plupart des lignes de grand parcours. Quelques compagnies ont parfois adopté un quai d'une hauteur intermédiaire (0 m. 73 à 0 m. 61). Les avantages et les inconvénients que présentent ces installations et que nous allons indiquer sont ainsi atténués.

Fig. 246.

218. Comparaison entre les quais hauts et les quais bas[1]. — Au point de vue des voyageurs, les quais hauts permettent de reconnaître, rapidement et sans ouvrir les portières, les compartiments dans lesquels il y a des places disponibles; de monter et de descendre dans un temps très court. Ces quais sont donc avantageux pour un chemin de fer métropolitain, dont les arrêts sont nombreux et doivent être très courts. Mais ils sont gênants pour les voyageurs dans les gares de bifurcation, où il est nécessaire de passer du trottoir latéral au bâtiment sur un des trottoirs intermédiaires. On est alors forcé d'établir des passerelles supérieures ou des passages souterrains et des escaliers, qui sont une cause de fatigue sérieuse pour les personnes peu ingambes.

Au point de vue des compagnies, les trottoirs élevés rendent très difficile le passage des bagages du trottoir du bâtiment aux autres trottoirs. On ne peut ménager des dépressions en pente douce pour permettre aux chariots chargés de bagages de descendre au niveau des voies et de les franchir. Il faut, ou bien les passer à dos d'homme, en créant des escaliers latéraux à ces quais, — disposition tout à fait défectueuse; — ou bien créer des pentes aux extrémités des trottoirs, ce qui allonge les parcours, les dépenses de manutention et les délais; — ou enfin effectuer le passage dans des

---

[1]. Note sur la question des trottoirs élevés et des trottoirs bas dans les gares à voyageurs par M. Choron, Ingénieur en chef de la voie et des lignes nouvelles de la Compagnie du Midi.

§ 1. — VOYAGEURS, TROTTOIRS ET QUAIS

couloirs souterrains et quelquefois au moyen de monte-charges.

Un autre inconvénient consiste dans la difficulté de modifier la composition des trains en ajoutant ou retranchant des voitures selon les besoins. Les remises de voitures sont placées à côté du bâtiment des voyageurs, de manière à pouvoir, eu égard à leur voisinage des trains, réduire au minimum nécessaire la distance à parcourir et le temps correspondant. Ces remises sont desservies par des plaques tournantes ou des chariots de niveau, impossibles à maintenir au travers de trottoirs de 1 m. 00 de hauteur et qu'il faudrait reporter au-delà des pentes établies à l'extrémité de ces trottoirs.

Enfin, les trottoirs élevés mettent dans l'impossibilité de visiter les organes de roulement des véhicules ; fusées, essieux, roues et d'effectuer le graissage, sauf du côté de l'entrevoie.

Dans ces conditions, on est porté à se demander comment les quais hauts ont été maintenus en Angleterre ailleurs que sur le Métropolitain.

Cela tient aux causes suivantes : le service des bagages est peu important dans ce pays, les transbordements y sont rares et les Compagnies remettent sur le trottoir même, à l'arrivée, les bagages qu'on leur a confiés au départ. Le nombre des voyageurs étant considérable, la composition des trains est faite de manière à suffire largement à tous les besoins et à éviter l'adjonction de voitures nouvelles en cours de route ; les trains, au lieu de concourir aux mêmes heures devant les divers trottoirs d'une même gare de bifurcation, se succèdent à courts intervalles devant un trottoir unique. Déposant sur ce trottoir les voyageurs et leurs bagages, ils rendent inutiles les passages et transbordements de trottoir à trottoir. L'abondance des voyageurs permet de multiplier le nombre des trains et de les spécialiser dès leur départ des gares terminales, tandis qu'en France on doit créer des trains locaux à partir des gares de bifurcation. — Le mode d'exploitation est différent, partant les installations diffèrent aussi.

243. Profil en travers. — La disposition généralement employée pour l'établissement des trottoirs est celle qu'indique la Fig. 247 ci-dessous. — Le quai est soutenu du côté de la voie par un petit mur en maçonnerie; il se termine par une bordure en pierre de taille de 0 m. 25 à 0 m. 40 de large. — Le mur de quai, de 0 m. 40 à 0 m. 45 d'épaisseur, descend à 0 m. 25 ou 0 m. 30 au-dessous du ballast, qui a 0 m. 50 de hauteur. — Le bord extérieur du rail est à 0 m. 75 ou 0 m. 80 du trottoir voisin. Le remblai du quai est damé, recouvert d'une couche de gravier de 0 m. 10, avec une pente de 0 m. 03 à 0 m. 04 allant du bâtiment à l'arête du quai, et asphalté ou cimenté.

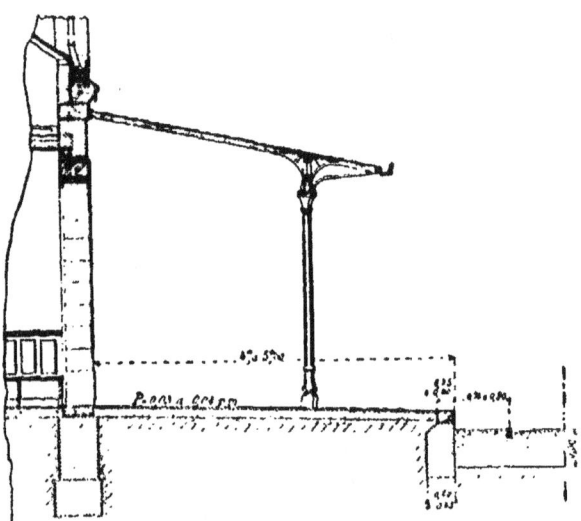

Fig. 247.

Les bordures se font en pierre de taille, béton comprimé, briques de champ, ardoises, bois. — La surface s'établit en gravier, ciment et asphalte sur béton, débris de carrière et coaltar, briques et carreaux de champ ou à plat, et dalles.

En résumé, la meilleure couverte d'un quai est une couche de bitume, sauf dans les pays chauds où celle-ci se ramollit.

Le quai arrive à 5 centimètres en dessous du seuil des portes des salles d'attente, dont le plancher se termine au droit des baies par une marche en pierre avec arête arrondie. Cette marche est sans inconvénient à cause du sens du mouvement des voyageurs, qui s'effectue toujours des salles d'attente sur le quai et non inversement. La largeur du trottoir est de 4 à 5 m. suivant l'importance des stations.

Si la gare est appelée à une grande circulation, on porte cette largeur à 8 et 10 mètres. Devant les salles d'attente de la banlieue au Nord, les trottoirs ont jusqu'à 15 mètres.

L'extrémité des quais est formée par un plan incliné, qui raccorde le trottoir au niveau supérieur du ballast par une pente de 10 centimètres par mètre. La longueur du plan incliné est donc de 3m.00, ou 3 m. 50.

244. Trottoirs intermédiaires. — Les trottoirs intermédiaires sont établis comme les trottoirs latéraux. Lorsqu'ils desservent deux voies, ils sont limités par une bordure de chaque côté et à double pente pour l'écoulement des eaux. Lorsqu'ils desservent une seule voie, on peut (dans les petites gares) ne mettre de bordure que du côté de la voie desservie et diriger la pente transversale du côté opposé.

Dans le premier cas, ils doivent avoir au moins 4 à 5 m. de largeur. Dans les grandes gares, cette largeur atteint 10 mètres.

Dans le second cas, 3m.50 à 4m.00 sont suffisants.

245. Clôture des quais. — Il importe de séparer les trottoirs extérieurs d'une gare des cours contiguës. On emploie dans ce but des clôtures spéciales plus fortes et plus hautes que ne le sont les simples clôtures de treillage, de manière à résister à la pression des voyageurs les jours d'affluence. Nous avons fait connaître divers types de ce genre, nous n'y reviendrons pas.

Pour empêcher que les voyageurs ne dépassent les extrémités des trottoirs, la clôture est quelquefois détournée normalement à ses extrémités et s'arrête à une distance de 1m.50 du rail le plus voisin.

246. Passages transversaux. — Pour relier les trottoirs entre eux, on établit un ou des passages transversaux, tantôt dans l'axe du bâtiment, tantôt aux extrémités des trottoirs. Dans le premier cas, les voyageurs et les bagages traversent avant l'arrivée du train qu'ils doivent prendre (si l'arrêt de ce train doit être de courte durée); sinon ils traversent après l'arrivée du train, celui-ci étant coupé au milieu.

Ces passages doivent être assez larges pour le courant de voyageurs qui peut les emprunter et disposés de manière que les voyageurs et les chariots à bagages ne puissent se heurter et trébucher à la rencontre des rails.

D'ordinaire, ces passages sont en madriers jointifs. C'est alors un solide plancher qui affleure le champignon du rail à l'extérieur des voies et laisse à l'intérieur, entre le bord du rail et lui, un espace de 0m.06 pour le passage du boudin des roues.

Pour racheter la différence de niveau entre ce plancher et les quais, on peut:

Pour les voyageurs, placer des marches en bois, Fig. 248 ;

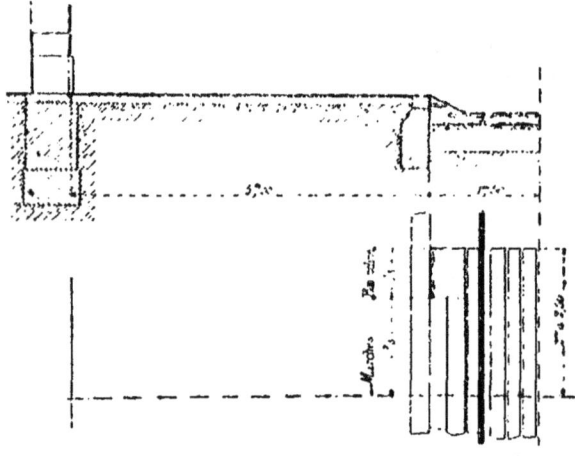

Fig. 248.

Pour les bagages, un plan incliné sur un des côtés du passage, avec des tasseaux cloués horizontalement, permettant aux agents de prendre un point d'appui solide, sans être exposés à glisser surtout quand le plancher a été mouillé.

Le plan incliné règne sur un tiers de la largeur du passage.

§ 1. — VOYAGEURS, TROTTOIRS ET QUAIS 457

les deux tiers restants sont occupés par les marches destinées aux voyageurs.

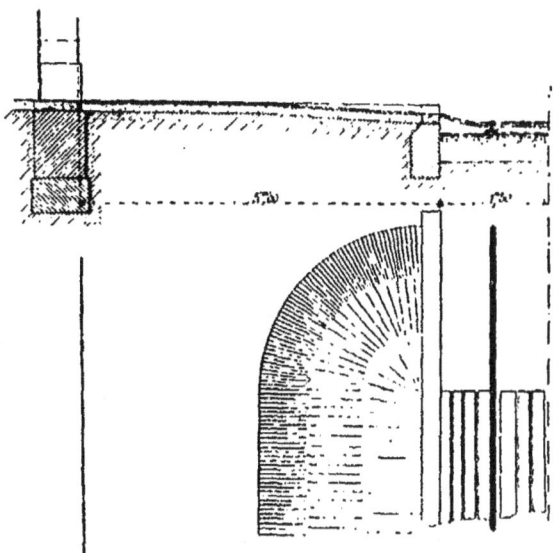

Fig. 249.

Si le trottoir est élevé et les roues des machines de faible diamètre, ces plans inclinés et ces marches peuvent être heurtés par la tête des bielles motrices. Pour obvier à cet inconvénient, on a construit des quais bas de 0m.15 à 0m.20 au-dessus du rail et raccordés à celui-ci par un plan incliné, qui prend naissance à la moitié ou au tiers de la largeur du quai. Le plan incliné se rattache latéralement au quai par deux quarts de cône concaves, Fig. 249.

247. Passages aériens ou souterrains. — Lorsque le nombre des voies à traverser est considérable et la circulation très active, lorsqu'il s'agit d'un chemin métropolitain, on doit remplacer les passages au niveau du sol par des passages au-dessus ou au-dessous des voies.

Dans un grand nombre de gares, en Angleterre, où on a adopté des quais élevés, les voyageurs franchissent les voies

458 CHAPITRE V. — GARES ET STATIONS. DÉTAILS

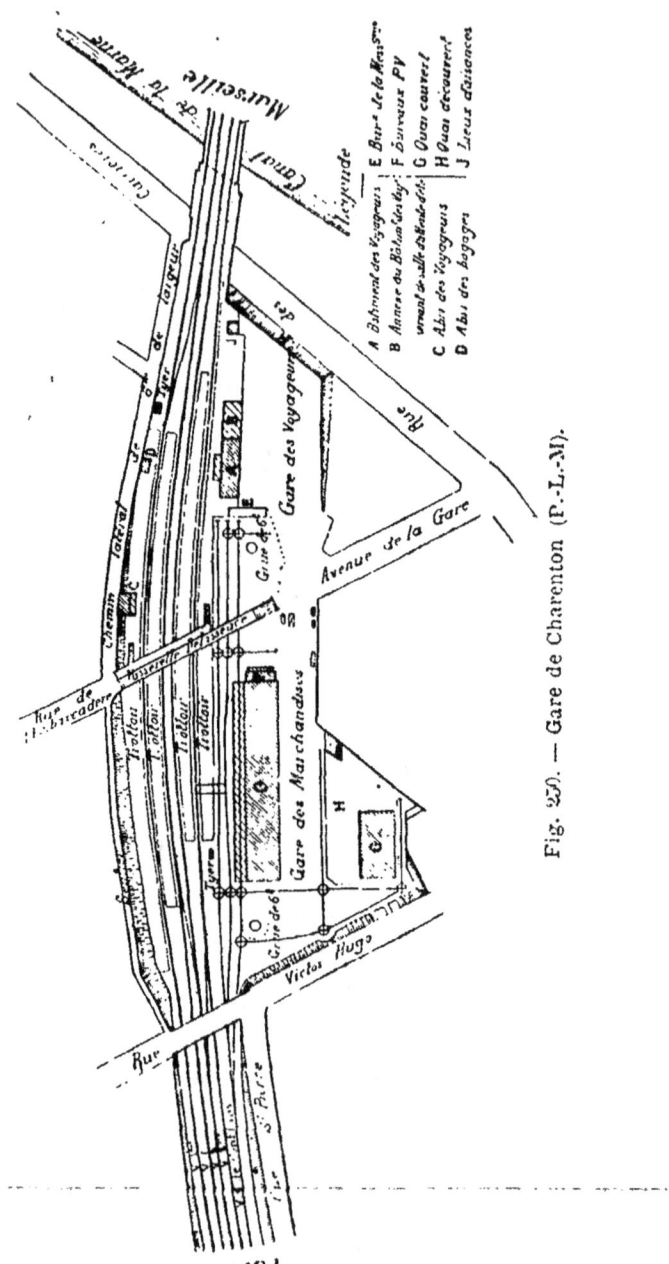

Fig. 250. — Gare de Charenton (P.-L.-M).

§ 1. — VOYAGEURS. TROTTOIRS ET QUAIS

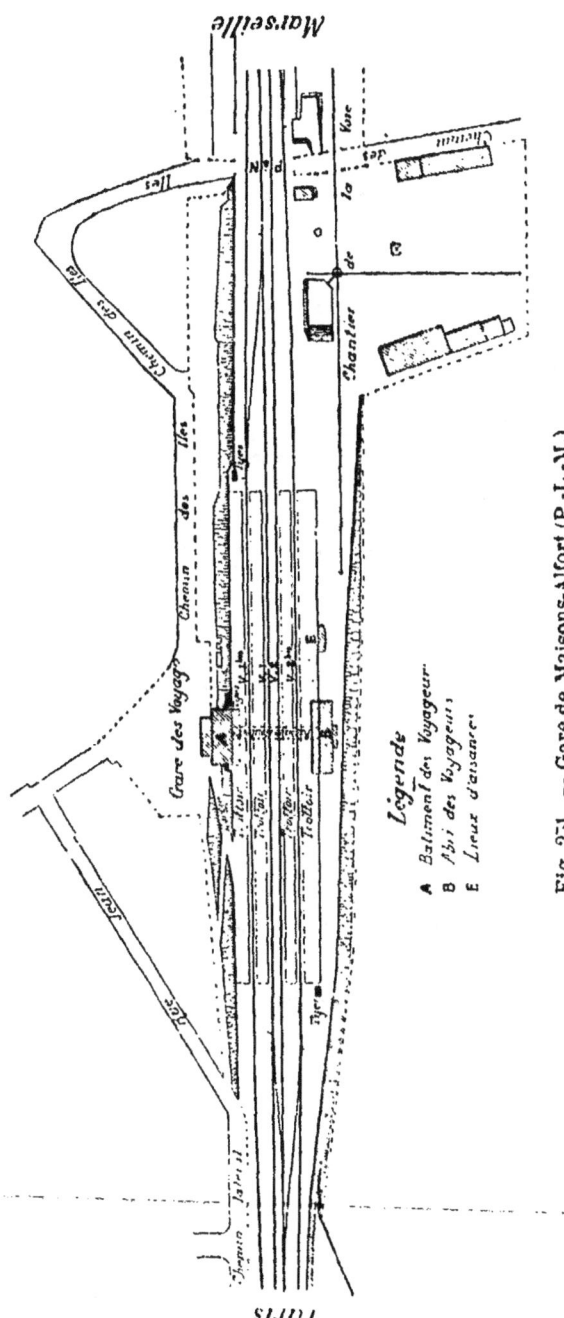

Fig. 251. — Gare de Maisons-Alfort (P.-L.-M.)

Légende
A Bâtiment des Voyageurs
B Abri des Voyageurs
E Lieux d'aisance

au moyen de passerelles métalliques, qui donnent accès aux différents trottoirs au moyen de larges escaliers [1].

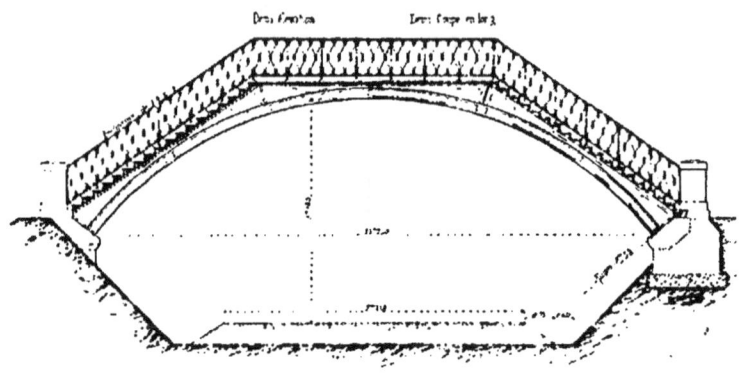

Fig. 252.

Des passerelles semblables sont établies fréquemment sur les lignes de banlieue (St-Cloud, Ville-d'Avray, etc.); nous donnons, Fig. 250, le plan de la station de Charenton, sur lequel se trouve indiquée la passerelle qui relie les deux trottoirs extérieurs desservant les voies V_1 *bis*, V_2 *bis* affectées aux trains de banlieue et aux trains de marchandises. Les voies V_1 et V_2 intérieures sont réservées à la circulation des trains express de grande ligne.

Au métropolitain de Londres, dans les gares d'Allemagne, on a construit (et à la gare de Bordeaux-St-Jean on va établir) des couloirs souterrains, avec revêtements en faïence, de manière à assurer la propreté et la facile diffusion de la lumière. Le sol de ces couloirs doit être en pente douce pour faciliter l'écoulement des eaux de lavage, parfois avec de doubles parois, de manière à éviter la transsudation des eaux souterraines. La ventilation s'obtient par les escaliers et par des ouvertures ménagées en dessous des bordures des trottoirs. L'éclairage a lieu au moyen de glaces dépolies et quadrillées, placées dans les entrevoies et sur les trottoirs.

[1]. Les marches de ces escaliers sont des châssis en fonte avec quadrillage de 0,04 à 0,05 de côté. Dans chacune des alvéoles de ce quadrillage sont sertis des dés de bois debout, qui résistent bien au frottement des pieds des voyageurs.

§ 1. — VOYAGEURS, TROTTOIRS ET QUAIS

Dans le plan d'ensemble, Fig. 251, de la station de Maisons-Alfort figure le passage souterrain destiné à amener les voyageurs sur le trottoir extérieur opposé au bâtiment et desservant la voie V_2 bis (côté des grands départs). — Un couloir analogue existe à Asnières (voir n° 151).

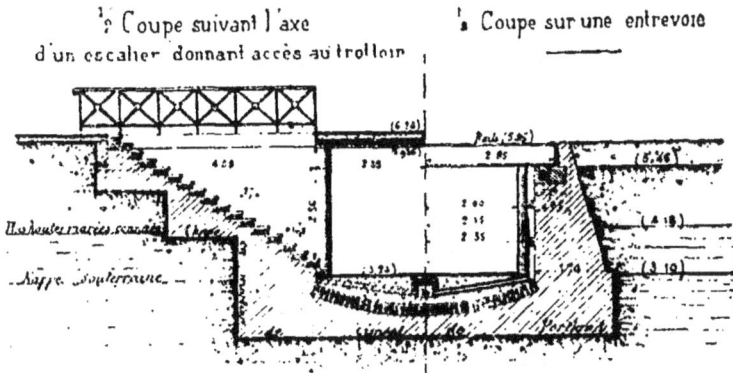

Fig. 253. — Gare de Bordeaux. Couloir souterrain.

Avec les trottoirs élevés, les passerelles supérieures sont aussi avantageuses que les couloirs souterrains, parce qu'elles imposent aux voyageurs un déplacement vertical à peu près égal. Avec les trottoirs bas, les couloirs souterrains exigent une hauteur moindre que les passerelles et sont préférables, Fig. 254.

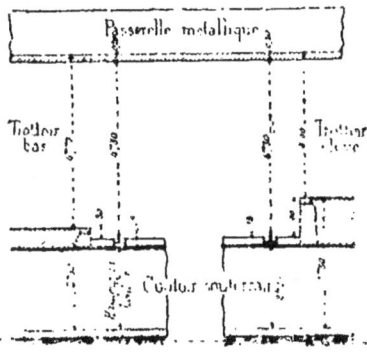

Fig. 254.

§ 2

SERVICE DES VOYAGEURS.
COUVERTURE DES TROTTOIRS ET DES VOIES.
MARQUISES, ABRIS, HALLES A VOYAGEURS

248. Généralités. — La circulation importante et le stationnement des voyageurs sur les trottoirs de certaines gares, surtout depuis leur admission anticipée sur les trottoirs intérieurs, qui ne date que de quelques années seulement, ont rendu nécessaire la couverture partielle ou totale de ces trottoirs.

Il y a, en outre, intérêt au point de vue de la commodité de l'exploitation à abriter les opérations relatives à la manutention des bagages, au chauffage, à l'éclairage, à l'entretien des diverses voitures du train pendant son séjour dans les gares de bifurcation.

Enfin, au point de vue du confortable, il importe de couvrir les voyageurs à la montée et à la descente des voitures et dans la traversée des voies.

Les travaux de cette nature ne s'imposent pas au même degré que les autres : ils sont jusqu'à un certain point d'ordre somptuaire et, à ce titre, ne doivent être réalisés que quand et comme il convient. On établit donc soit des *marquises accolées* au bâtiment des voyageurs ou à un abri placé généralement du côté opposé des voies principales, soit des *marquises isolées* sur les trottoirs intermédiaires, ne couvrant les unes et les autres qu'une partie des trottoirs, soit des *halles* générales, abritant l'ensemble des trottoirs et des voies de circulation.

Nous allons indiquer les circonstances dans lesquelles il y a lieu d'employer telle ou telle de ces couvertures, et les conditions principales de leur établissement.

§ 2. — MARQUISES. ABRIS. HALLES

MARQUISES.

Les marquises peuvent être placées *sur la cour* ou du *côté des voies*.

249. Marquises sur la cour. — 1° *Marquises sur la cour du départ au-dessus de la ou des portes d'entrée.* — Elles abritent les *voyageurs* et les *bagages* qui arrivent à la station et doivent être établies dès que la localité desservie a l'importance d'un chef-lieu de canton : 2.000 habitants environ.

Lorsque le vestibule d'entrée a *plusieurs portes*, la marquise doit exister au devant de toutes ces portes, qui servent à l'arrivée.

A Paris, Mazas (P.-L.-M.) et à P.-O., on a reconnu la nécessité de ces marquises ; à Paris, St-Lazare, cour du Havre et de Rome, on n'en a pas construit au début et on reconnaît aujourd'hui que ces abris sont indispensables.

2° *Marquises sur la cour en face de la salle de distribution des bagages.* — Dans les gares *importantes* (chefs-lieux de départements), où le service des bagages est considérable, il y a intérêt à mettre une marquise pour abriter les bagages à leur sortie et pendant leur chargement sur les voitures de ville. C'est ce qu'on a fait à Paris P.-L.-M. et Est.

Dans les nouvelles gares très *importantes* (Paris-Nord, P.-O. et St-Lazare, rue d'Amsterdam), on a fait mieux encore ; on a construit devant les portes de sortie une *halle*, abritant la cour elle-même et les voitures qui stationnent à une certaine distance. Les voyageurs sont ainsi abrités depuis la sortie du bâtiment jusqu'à leur départ.

Dans certaines gares de Belgique et d'Angleterre, les voitures publiques, elles-mêmes, entrent sous la halle des voyageurs. Cela est possible par suite de la suppression des octrois (Bruxelles, Anvers, Londres, etc.) Pl. 41.

Pour les marquises ci-dessus (1° et 2°), les colonnes doivent être aussi peu nombreuses que possible et à une distance telle du bord des trottoirs qu'elles ne risquent pas d'êtres atteintes par la partie arrière des voitures lorsque celles-ci reculent.

3° *Marquises devant le buffet et la buvette.* — Dans les grandes gares (Bordeaux, Cette, Paris P.-O., P.-L.-M., etc.), on place encore des marquises au devant du buffet et de la buvette. Des tables peuvent être abritées au-dessous et cet emplacement augmente avantageusement celui dont on dispose au dedans.

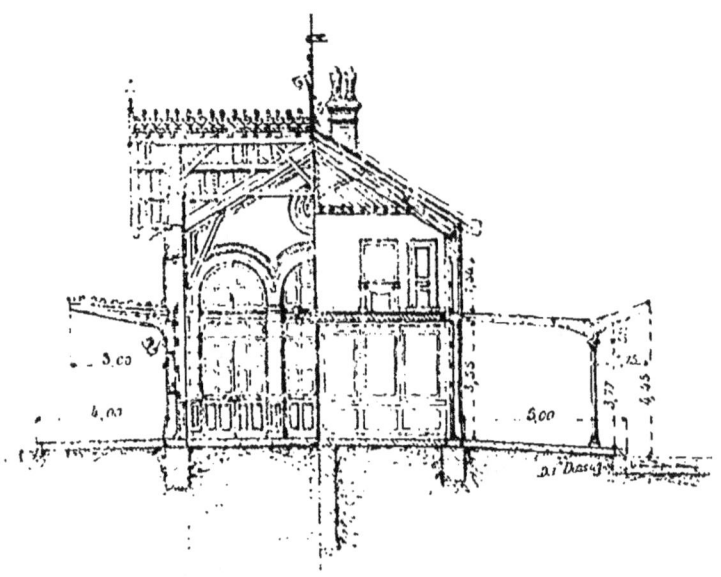

Fig. 245. — Gare de Montargis. Marquises sur la cour et du côté des voies.

250. Marquises du côté des voies. — *Le long du bâtiment des voyageurs.* — 1° Lorsque la localité est très peu importante, on n'établit pas de marquise.

2° Si, quoique peu importante, elle a un certain mouvement de voyageurs, provenant d'une ligne aboutissante, on construit une marquise qui abrite les voyageurs, en attendant l'arrivée des trains correspondants. Fig. 247.

3° Si la station a, normalement ou fréquemment, un *nombre important* de voyageurs, on établit une marquise. Exemple : le Rainey, Courbevoie, etc.

4° Lorsque ce nombre est *considérable*, on place le bâtiment des voyageurs en recul et on fait *devant* ce bâtiment (Rueil, Enghien), ou *latéralement* (Asnières), un *abri*, qui s'étend jusqu'à l'alignement de la clôture, et qui devient une *annexe des salles d'attente*.

Lorsque la marquise ne sert que comme abri au moment même du passage d'un train, on lui donne pour longueur la longueur du bâtiment. Lorsqu'elle sert de salle d'attente annexe, on en proportionne la surface au nombre des voyageurs à recevoir.

Sur le trottoir opposé au bâtiment des voyageurs. — 1° Dans les stations de faible importance, on établit, non une marquise, mais un abri, fermé sur trois faces (une opposée à la voie, deux en retour), quelquefois avec un auvent saillant.

2° Lorsque la station présente un mouvement de voyageurs important, l'abri s'allonge. Exemple : le Raincy, les stations de la Ceinture de Paris.

Cela est surtout nécessaire lorsque, comme au Raincy, à Bondy, à Nanterre, le bâtiment de la station avec P.-N. voisin n'a pu être placé du côté des grands départs.

Il peut être très large, comme à Nanterre ; alors les voyageurs attendant sont mieux abrités ; ou très long, comme au Raincy ; dans ce cas, les voyageurs montant en voiture sont mieux garantis.

Sur un trottoir intermédiaire. — Les trottoirs de cette espèce n'existent qu'*aux abords* de Paris, où l'on a *plus de deux voies juxtaposées*, ou dans les *gares d'embranchement*. Il est vrai que, parfois, les voies principales, — au lieu d'être juxtaposées, — sont séparées par un trottoir intermédiaire ; mais, dans ce cas, les voyageurs n'ayant pas à traverser la voie du train dans lequel ils doivent monter, n'abordent ce trottoir qu'au moment même de l'arrivée de ce train et n'ont pas à attendre assez longtemps pour qu'il soit nécessaire de les abriter. Et l'on ne construit aucun abri.

1° Dans une gare de banlieue (Batignolles ou Paris-Nord-Ceinture), avec une fréquentation importante, un *trottoir étroit*, de longs trains, on établit une marquise portant sur un rang de colonnes *unique*, ou parapluie (Pl. 57).

2° Si le trottoir est plus large, on construit un abri moins long et plus large (Ermont).

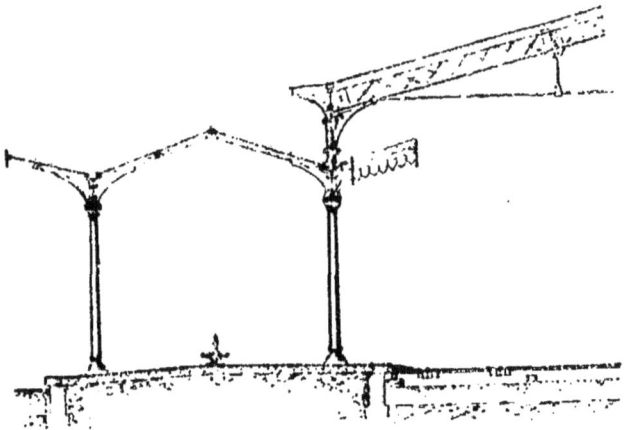

Fig. 256. — Gare de Montargis. Marquise sur un trottoir intermédiaire.

3° S'il s'agit d'une gare d'embranchement, avec un très faible mouvement de voyageurs, on crée un abri sur deux rangs de colonnes (type d'Orléans, Pl. 57) ; — ou, si le trottoir est très étroit, sur un seul rang (Motteville, Ouest) ; — ou, si le trottoir est plus large, un abri de dimensions ordinaires, avec water-closets ou lampisterie juxtaposée (Beuzeville).

4° Si, enfin, il s'agit d'une gare d'embranchement très importante, on établit un abri longitudinal qui couvre toute la largeur du trottoir sur une longueur variant de 24 à 80 m. (Somain, Corbeil, Montargis, Arvant, Capdenac, etc.), et on relie cette marquise à celle qui longe le bâtiment des voyageurs au moyen de passages transversaux, couverts, de 10 m. de largeur. La tôle ondulée est alors d'un emploi très avantageux.

281. Dispositions adoptées pour l'établissement des marquises. — Les marquises peuvent être établies de deux façons différentes, selon le but qu'on se propose.

Veut-on abriter les voyageurs pendant leur stationnement seulement ?

§ 2. — MARQUISES. ABRIS. HALLES.

Dans ce cas, la marquise pourra ne pas faire de saillie au delà de la bordure du trottoir qu'elle recouvre, que celui-ci soit du côté de la cour ou du côté des voies.

Veut-on les abriter, non seulement pendant leur stationnement, mais encore pendant qu'ils montent et qu'ils en descendent ? Il faudra, alors, donner à la marquise une certaine saillie au delà de la bordure du trottoir. Du côté de la cour, cette saillie est facultative : on peut, selon qu'on le désire, la limiter à 0m.80 ou 1m.00, de manière à abriter seulement les voyageurs. En augmentant ce chiffre, on couvre une partie de la voiture elle-même ; le chargement et le déchargement des bagages s'effectuent dans de meilleures conditions. Du côté des voies, on doit avancer la marquise jusqu'à l'aplomb du rail voisin, soit à 0m.80 au delà du bord du trottoir (marquise de Paulhan, Pl. 57). Encore faut-il, pour que cet abri soit effectif, que la marquise ne soit pas trop élevée au-dessus des rails (Biarritz, même planche). Si un intervalle considérable existe entre la toiture du wagon et la marquise, la pluie tombant obliquement mouillera non seulement les voyageurs montant en voiture, mais encore ceux qui se trouveront en arrière sur le trottoir.

Si les véhicules n'ont pas d'impériale, la marquise devra se rapprocher de la toiture de la voiture. Si certains véhicules ont une impériale, la marquise devra en rester à une distance telle qu'un voyageur debout sur cette impériale ne puisse être atteint. On doit compter 4,80 à 5m. de hauteur du lambrequin au-dessus du rail.

L'adoption de consoles pour porter la marquise est la solution la plus satisfaisante. Les colonnes, en effet, si écartées qu'elles soient, gênent toujours un peu la circulation des voyageurs et des agents. Lorsque les voyageurs descendent des voitures avant l'arrêt des trains (contrairement, d'ailleurs, aux prescriptions), ils peuvent par inexpérience être jetés contre ces colonnes et se blesser gravement. Le bord de ces colonnes doit être à une distance telle qu'elles ne puissent atteindre le mécanicien ou le chauffeur circulant sur le côté de la machine et qu'elles ne puissent heurter une portière ouverte avant l'arrêt. On peut admettre 2m.20 pour cet écartement.

Lorsque l'écoulement des eaux a lieu dans un chéneau extérieur, des tuyaux en col de cygne ramènent ces eaux dans des tuyaux de descente placés le long du bâtiment. Dans le cas, au contraire, où la marquise repose sur des colonnes, le chéneau est souvent à l'aplomb de celles-ci et la partie de la marquise formant auvent au delà de ces colonnes est disposée à contre pente (voir les 3 figures à droite de la Pl. 57).

Pour les voyageurs, attendant, du côté opposé au bâtiment le passage d'un train, on crée un abri plus complet en cas de mauvais temps, en fermant par des pignons maçonnés ou des panneaux en menuiserie et vitrés les parties extrêmes de ces abris. Quelquefois même celles-ci forment retour sur la façade, parallèlement aux voies. Des bancs disposés au

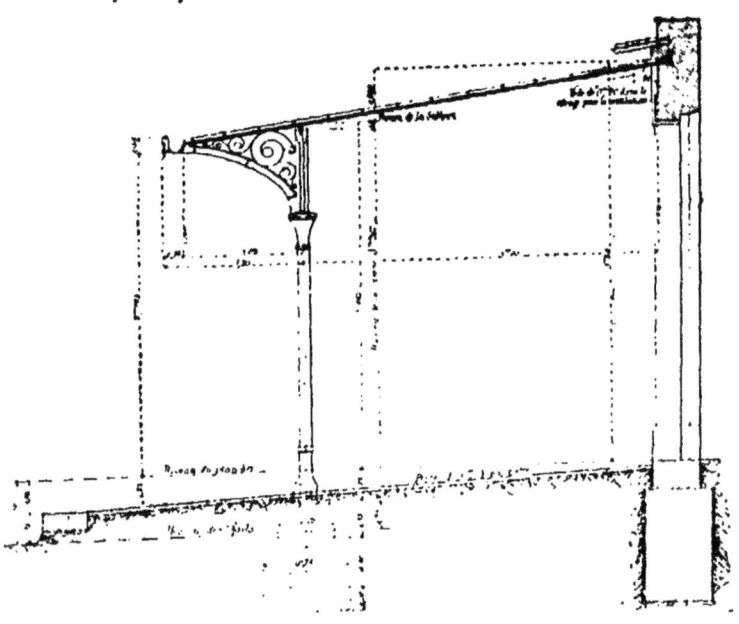

Fig. 257. — Marquise (Type de la Cie du Nord)

pourtour permettent un séjour plus prolongé.

La couverture des marquises se fait en zinc, tôle, verre, ardoises ou tuiles.

La couverture en verre (Fig. 257) est fort employée, parce qu'elle n'assombrit pas le rez-de-chaussée du bâtiment des voya-

§ 2. — MARQUISES. ABRIS. HALLES.

geurs. Mais les marquises employées au Nord ont montré dès l'origine un grave inconvénient: elles constituaient de véritables serres chaudes.

Pour faire disparaître ce défaut, on a créé le long du mur un demi-lanterneau d'aérage.

Les couvertures métalliques sont attaquées par les fumées acides de la locomotive ; elles ont donc un emploi restreint.

La couverture en ardoises, ou en tuiles à emboîtement, peut être employée pour les marquises intermédiaires ou opposées au bâtiment des voyageurs, là où la lumière est suffisante et où la marquise ne tient lieu que d'abri.

HALLES A VOYAGEURS.

252. Halles. — Conditions d'établissement. — Lorsque l'importance du mouvement qui existe entre le bâtiment des voyageurs et les trottoirs intermédiaires, placés en regard, est telle que : 1° la circulation des voyageurs partants, arrivants ou stationnants (allant au buffet ou aux water-closets) soit ralentie ; 2° la manutention des bagages et messageries, au moment du chargement ou du déchargement, leur reconnaissance à la sortie des fourgons et leur transport des fourgons au bâtiment et *vice versa*, soient difficiles et puissent causer des avaries, la construction d'une halle générale, couvrant les voies et les trottoirs, s'impose.

Il faut en arrêter les dispositions principales de manière à répondre le mieux possible aux exigences qui se produisent (art. 253 et 254).

253. Dispositions en plan. — *a*. Si le bâtiment des voyageurs est rectiligne et parallèle à la direction générale des voies, il n'y a pas de difficulté. On place une ferme dans l'axe de chaque trumeau ou de deux en deux. C'est le cas le plus général. L'un des points d'appui est pris sur le bâtiment des voyageurs, l'autre sur un bâtiment en regard ou sur un mur parallèle opposé (Paris-Nord, Pl. 58 ; Bruxelles, gare du

Nord, Pl. 41), ou sur un rang de colonnes (Bruxelles, gares Nord et Midi, Pl. 41; St-Etienne, Hendaye, Châlons, Louvain, Pl. 58);

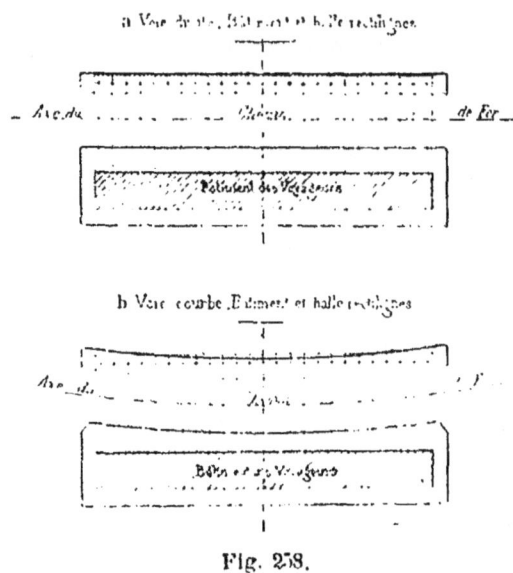

Fig. 258.

b. Si le bâtiment est rectiligne et la voie en courbe (Bayonne), on peut encore faire la halle rectangulaire en plan, mais la zone qui reste libre : d'une part, entre le bâtiment et le bord du trottoir; d'autre part, entre les colonnes et le bord du trottoir, a une largeur variable, — ce qui est incommode pour la circulation;

c. Si le bâtiment est curviligne comme les voies, on peut mettre toutes les fermes dans une position radiale. La régularité est parfaite et la circulation est aussi facile que si le tout était rectiligne.

Toutefois, un inconvénient existe au point de vue de la construction, toutes les pannes ayant des longueurs différentes les unes des autres et les assemblages ne se faisant pas à angle droit;

d. Si le bâtiment est curviligne, comme les voies, on peut mettre toutes les fermes parallèles entre elles et au rayon

§ 2. — MARQUISES. ABRIS. HALLES. 471

de la courbe passant par l'axe du bâtiment des voyageurs. Toutes les pannes ont ainsi la même longueur, les assemblages sont biais, mais les trottoirs offrent à la circulation des largeurs uniformes ;

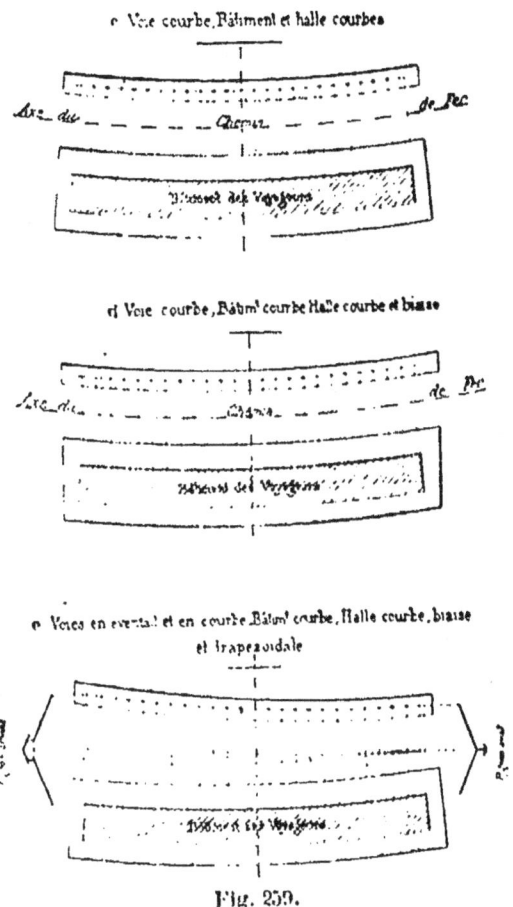

Fig. 259.

e. Si les voies sont en courbe et en éventail, on peut adopter pour les fermes la disposition qui vient d'être indiquée, et l'on obtient les changements de largeur imposés par l'éventail en réunissant les arbalétriers à leur partie supérieure par une traverse horizontale, dont la longueur va en diminuant jusqu'à zéro, en regard de la 1re ferme de tête, du côté rétréci de l'éventail (St-Lazare).

254. Dispositions en élévation. — La longueur de la halle est généralement celle du bâtiment des voyageurs.

La hauteur minima sous entrait est celle qui est nécessitée par le passage du gabarit (5 m. au moins). D'après M. Flachat, elle devrait être de 1/10e environ de la longueur. Une règle paraît bien difficile à fixer à ce sujet, et nous croyons qu'on doit la déterminer par comparaison avec des halles d'un aspect satisfaisant.

Si on est conduit à plus de 5 m., on peut néanmoins conserver cette hauteur limite sous le rideau d'entrée de la halle pour éviter l'accès trop facile du vent et de la pluie.

Si la hauteur donnée est supérieure à celle du bâtiment, on interpose entre celui-ci et le chéneau une partie vitrée (Bayonne) ou une balustrade ajourée (Gênes).

Le support extrême de la halle est constitué par un mur plein, si on recherche la solidité, la résistance au vent (Cette); ajouré, si on recherche la solidité et un surcroît de lumière (Rennes), ou par des colonnes complètement indépendantes (Orléans), avec parties vitrées et portes.

Lorsque l'on veut réduire la largeur de la halle, on peut laisser en dehors de celle-ci la voie la plus éloignée du bâtiment des voyageurs. On abrite alors la partie du trottoir comprise entre les colonnes et la voie au moyen d'un auvent extérieur, dont le lambrequin est placé à l'aplomb du rail et s'avance même parfois au-delà pour fournir un abri plus efficace.

Cet auvent peut être *relevé* (St-Etienne, Pl. 58), *horizontal* (Châlons, même Pl.), ou *abaissé* en prolongement de la couverture (Hendaye, même Pl.). Ces deux dernières dispositions sont évidemment celles qui donnent l'abri le plus étendu et qui doivent être préférées.

Lorsque la halle doit couvrir une très grande largeur, on la subdivise en plusieurs nefs et l'on fait porter les retombées des fermes contiguës sur des colonnes entretoisées à leur sommet et qui reçoivent les écoulements d'eau de la couverture.

§ 2. — MARQUISES. ABRIS. HALLES.

Cependant, dans les gares importantes, on tend à supprimer ces colonnes qui gênent la circulation sur les trottoirs. M. Dunnett, chef du service des bâtiments de la C¹ᵉ du Nord, a étudié pour la gare de Lille une grande ferme de 62 m. 50 de portée, que l'on peut considérer comme supprimant au moins 3 files de colonnes interposées.

La gare de Bordeaux (St-Jean) va être couverte sur 300 m. de longueur par une halle de 57 m. d'ouverture en une seule travée.

L'Angleterre a, depuis longtemps, des halles de voyageurs à grande portée et qui sont l'objet d'une juste admiration :

St-Enoch, à Glasgow, mesure 60 m. 84 de portée ;
Manchester-central,   —   64   »   —
Birmingham New-street,—   64   50   —
Glasgow-central,   —   65   05   —
St-Pancras,   —   73   15   —   (Pl. 59).

Lorsque la direction de l'axe de la halle est aussi celle du vent et de la pluie, on établit des pignons vitrés. — On peut même, pour empêcher plus complètement l'entrée de la pluie sur les trottoirs, terminer ceux-ci par des portes vitrées et ne laisser béantes que les ouvertures en regard des voies.

L'inclinaison de la toiture varie de 0 m. 40 à 0 m. 60 par mètre (Tableau, page 474). — Comme pour toutes les toitures ordinaires, elle doit être plus forte dans les pays froids que dans les pays chauds.

Compagnie des chemins de fer du Midi

Halles Métalliques

Désignation des gares	Rapport de la hauteur sous entrait à l'ouverture	Inclinaison du toit par mètre	Observations
Toulouse.........	0,391	0,40	Toutes ces halles sont du type Polonceau.
Agen.............	0,313	0,40	
Bayonne..........	0,332	0,50	
Cette............	0,472	0,40	
Béziers..........	0,466	0,40	
Pau..............	0,309	0,40	
Tarbes...........	0,482	0,60	
Hendaye..........	0,324	0,46	
Narbonne.........	0,369	0,40	

255. Couverture. — Un grand nombre de halles sont couvertes en zinc plat, supporté par un plancher à lames obliques par rapport à la ligne de plus grande pente et dont les inclinaisons sont contrariées.

On emploie la tôle ondulée galvanisée dans certaines Compagnies (P.-L.-M.). D'autres Compagnies (Ouest), après l'avoir employée, l'ont abandonnée. On cite, d'un côté, des couvertures de cette espèce qui ont duré 25 ans sans entretien sensible (Moulins). Tandis que, d'un autre côté, on indique que ces couvertures ne résistent pas à l'action destructive des fumées pyriteuses s'échappant des combustibles brûlés dans les machines. Les renseignements pris à ce sujet semblent contradictoires ; cependant, nous sommes portés à croire que l'on pourrait, par une galvanisation soignée et avec une peinture convenablement faite au-dessous de la tôle, obtenir les résultats de durée avantageux constatés à Moulins.

§ 2. — MARQUISES, ABRIS. HALLES.

256. Éclairage. Aérage. — L'éclairage diurne est assuré au moyen de parties vitrées qui occupent parfois le milieu, mais plus généralement la partie supérieure des rampants. Cette surface vitrée varie du tiers à la moitié de la surface totale (non compris les pignons et les parties latérales).

L'éclairage nocturne est obtenu au moyen de lanternes à gaz placées sur consoles ou sur colonnes, quelquefois suspendues, ou au moyen de foyers électriques.

L'aérage s'opère dans les halles au moyen d'un lanterneau supérieur et par les pignons. Quand les arbalétriers sont curvilignes, on utilise en outre les vides qui existent à la base des parties méplates formant couverture sur la partie courbe.

Les halles à arbalétriers curvilignes, avec entrait soutenu par des aiguilles pendantes, sont celles qui offrent l'aspect le plus satisfaisant au point de vue de la légèreté ; elles contiennent le plus grand volume d'air, ce qui est utile pour diluer la fumée des machines. Enfin elles permettent à la lumière d'entrer par les extrémités en plus grande abondance.

257. Prix. — Le prix de ces dernières halles est moindre que celui des combles Polonceau, qui comportent des pièces de forge, et n'est pas plus élevé que celui des combles en tôle rivée, à arbalétriers rectilignes.

Nous donnons ci-après les principales conditions d'établissement d'un certain nombre de halles du réseau du Midi ;

Désignation des gares	Années de construction	Types	Nombre de nefs	Appuis	Hauteur sous extrait
Toulouse....	1865	Polonceau avec pignons vitrés et auvent.	1	Bâtiment des voyageurs 1 rangée de colonnes.	8,20
Agen.......	1865	— id. —	1	— id. —	7,20
Bayonne....	1867-1868	— id. —	1	Bâtiment des voyageurs avec rangée de 1/2 colonnes et 1 rangée de colonnes.	8,40
Cette........	1868-1869	Polonceau avec pignons vitrés.	2	Bâtiment des voyageurs 1 rangée de colonnes, mur avec contreforts.	7,70
Béziers......	1868-1869	Polonceau avec pignons vitrés et auvent.	1	Bâtiment des voyageurs, 1 rangée de colonnes.	7,70
Pau	1871-1872	Polonceau avec pignons vitrés.	1	— id. —	7,80
Tarbes......	1874	Polonceau avec pignons vitrés et auvent.	2	Bâtiment des voyageurs avec rangée de 1/2 colonnes et 2 rangées de colonnes.	7,50
Hendaye....	1879-1880	— id. —	1	Bâtiment des voyageurs 1 rangée de colonnes.	6,90
Narbonne....	1885-1886	— id. — et vitrage entre colonnes au-dessus de l'auvent.	1	— id. —	8,20

| Longueur | Largeur | | Surface totale | Fondation des colonnes et canalisation souterraine non comprises | | OBSERVATIONS |
	des nefs	totale couverte		Prix total d'après décompte définitif	Prix du mètre² de surface couverte	
97 00	halle 20,95 auvent 2	22,95	2226,15	142.580 08	64 04	
94,80	halle 23 » auvent 2 »	25 »	2370 »	164.932 25	69 59	
97,20	halle 25,30 auvent 3 »	28,30	2750,76	135.611 »	49 29	
94,90	16,30	32,60	3093,74	132.552 22	42 84	
94,90	halle 16,50 auvent 1 90	18,40	1746,16	72.680 »	41 62	
110,66	halle 25,20	25,20	2788,63	139.013 20	49 85	
78,70	2×15,58=31,16 auvent 2,30 2,30	33,46	2633,30	143.533 »	54 50	
127,65	halle 21 » auvent 3 »	24 »	3063,66	118.754 13	38 75	
112	halle 22,22 auvent 4,145	26,365	2952,88	165.700 » (d'après détail estimatif de l'entreprise).	56 11	y compris fondations de colonnes et canalisation souterraine.

§ 3.

BATIMENT DES VOYAGEURS. ENSEMBLE DES SERVICES

258. Division des services. — Les installations relatives aux voyageurs sont très différentes selon qu'il s'agit d'une halte, desservant une population de quelques centaines d'habitants ou d'une ville considérable.

L'importance de ces installations s'accroît progressivement avec le nombre des voyageurs et plus que proportionnellement, parce que, à mesure qu'une gare augmente, elle devient un point de concentration et le lieu de résidence d'agents supérieurs, qui doivent présider au bon fonctionnement des divers services ; elle impose la création d'un buffet, etc.

Une gare importante doit avoir des installations pour le service du départ, pour celui de l'arrivée, des locaux pour les services communs au départ et à l'arrivée, enfin des annexes. Ces installations sont les suivantes :

1° *Départ :*

Vestibule ou salle des pas perdus.
Bureaux des billets.
Salles d'attente.
Bagages { Bancs à bagages.
Bascule ou pesage sur tricycles.
Enregistrement.
Consigne.
Messageries au départ.

2° *Arrivée :*

Sortie.
Salles d'attente des bagages à l'arrivée.
Salles de distribution des bagages.
Consigne.
Bureau des correspondances.
Messageries à l'arrivée.

3° *Services communs :*

Chef de gare.
Sous-chef de gare.
Surveillants.
Télégraphie.
Hommes d'équipe.
Buvette, buffet et dépendances.
Water-closets intérieurs et extérieurs.
Lampisterie.
Chaufferetterie.
Commissaire de surveillance administrative.
Postes.

4° *Annexes :*

Pompe à incendie.
Postes d'agents des trains.
Inspection de l'exploitation.
Agents de la voie.
Bureaux du représentant de la ou des compagnies aboutissantes.
Cabinet du médecin.

§ 4. — BATIMENT DES VOYAGEURS. DÉPART. 470

Telles sont les installations que l'on trouve dans une gare et dont le plus grand nombre n'existent qu'à l'état rudimentaire ou n'existent même pas dans les petites stations.

§ 4.

BATIMENT DES VOYAGEURS. DÉPART.

259. Dispositions générales. — *Haltes.* — Dans les haltes, ainsi que nous l'avons dit, la pièce d'entrée du garde barrières constitue à elle seule toute la station. Quelquefois on y place un bureau pour cet agent.

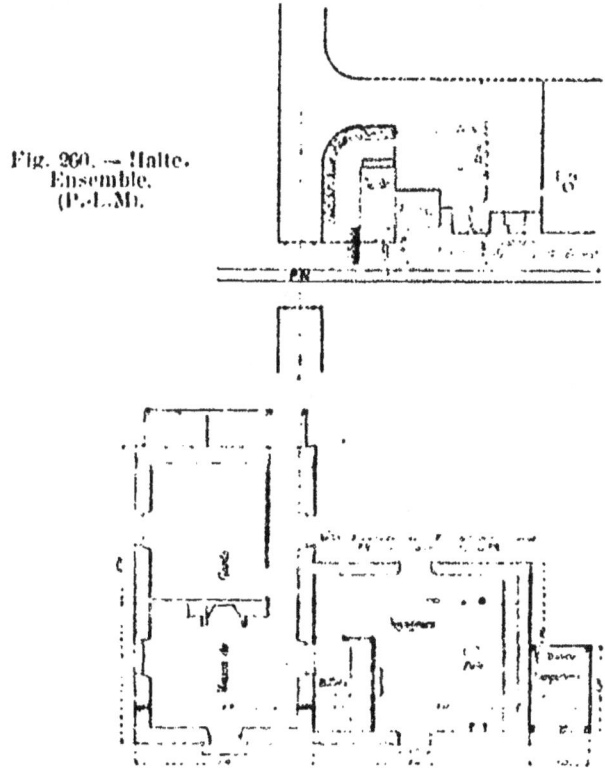

Fig. 260. — Halte. Ensemble. (P.-L.-M.)

Fig. 261. — Batiment de la halte.

Lorsque cette halte est considérée comme pouvant recevoir fréquemment une dizaine de voyageurs environ à certains trains, on annexe un petit bâtiment à la maison du garde-barrière et, dans ce bâtiment, on établit une salle d'attente et un bureau. Cette pièce sert au garde-halte, unique agent chargé de l'exploitation, de bureau à billets, de bureau télégraphique, etc. Tout le service y est concentré. La bascule, lorsque la halte comporte un service de bagages et de messageries, est placée dans la salle d'attente.

Cette pièce annexe mesure 16 à 20m. et le coût d'établissement est de 1400 à 1700 fr. environ.

Petites stations, dites de 3ᵉ classe. — Les gares de cette catégorie sont établies dans les localités placées au centre d'une agglomération de 6000 habitants environ. Le service du départ seul est à considérer, celui de l'arrivée (sortie des voyageurs et remise des bagages) étant généralement extérieur.

Le bâtiment doit être disposé de manière à recevoir le voyageur, à lui délivrer son billet, à enregistrer ses bagages, à lui permettre d'attendre le passage du train.

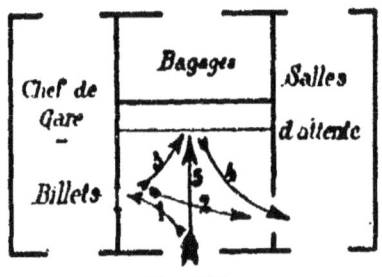

Fig. 202.

Certaines Compagnies ont adopté dans ce but une distribution semblable ou analogue à celle de la Cⁱᵉ P.-L.-M. (Pl.51) : au centre, le vestibule d'entrée ; à gauche, le bureau des billets, qui sert en même temps de bureau pour le chef de gare et de bureau télégraphique ; en face de l'entrée, le banc à bagages ; dans le fond, la pièce du service, où se trouve la bascule, le casier à étiquettes où se fait l'enregistrement,

§ 4. — BATIMENT DES VOYAGEURS. DÉPART

et dont la porte ouvre sur la voie ; à droite, la salle d'attente, généralement unique pour les voyageurs des 3 classes, avec un poêle, des bancs au pourtour, et une porte ouvrant sur la voie.

Si nous figurons sur le schéma ci-dessus la distribution que nous venons de décrire, nous pourrons indiquer par des flèches les mouvements qui se produisent :

Les voyageurs ont ou n'ont pas de bagages.

Dans le 1ᵉʳ cas, les bagages entrant suivant la flèche 5, — les voyageurs vont, suivant la flèche 1, prendre leurs billets, puis, suivant 3, faire peser et enregistrer leurs bagages ; après quoi, suivant 4, ils entrent dans la salle d'attente. Dans le second cas, ils suivent les flèches 1 et 2. Il y a lieu de remarquer que ce dernier courant n° 2 recoupe le courant n° 5 des bagages entrants. C'est évidemment un inconvénient qu'il y aurait intérêt à éviter.

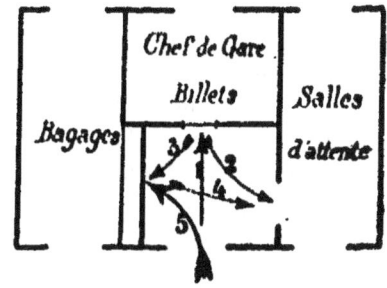

Fig. 263.

Dans certaines Compagnies, on a inversé la position des bureaux à billets et du banc à bagages, comme l'indique le croquis ci-dessus. Les courants de voyageurs et de bagages sont indiqués par des flèches qui portent les mêmes numéros que précédemment. On voit que, dans ce cas, c'est le courant des voyageurs entrants qui croise celui des voyageurs venant de faire enregistrer leurs bagages : croisement de deux courants de voyageurs, substitué au croisement d'un courant de *voyageurs* et d'un courant de *bagages*. La gêne est souvent moindre et la solution préférable.

Cette question des croisements de courants, qui n'a qu'une faible importance dans le cas d'une petite station, a une influence marquée sur le bon fonctionnement du service dans une gare dès que le mouvement des bagages y prend une certaine activité. Il ne faut pas oublier que la circulation des voyageurs est compliquée par la présence dans le vestibule, au moment du départ d'un train, des personnes qui souvent les accompagnent et des cochers, portefaix, commissionnaires ou garçons d'hôtel qui prêtent leurs services aux voyageurs. Il importe donc que le mode de groupement des divers bureaux ou locaux où les voyageurs ont affaire soit tel que les mouvements de ceux-ci s'effectuent d'une manière méthodique et ordonnée.

Il arrive fréquemment, dans les petites stations, que l'on réunit le vestibule et la salle d'attente (Pl. 52). Les deux occupent une travée sur toute la longueur du bâtiment. Une seconde travée est occupée par le bureau du chef de station, qui distribue les billets et s'occupe du télégraphe, et par le bureau des bagages. En arrière de ce dernier se trouvent un débarras, les piles et les imprimés. Il y a lieu de remarquer que, dans ce dernier type, la halle des messageries est accolée au bâtiment des voyageurs et que le service de cette halle peut être fait par le chef de station de son bureau : un escalier de quatre marches faisant communiquer entre eux les deux bâtiments.

La surface de la construction est de 80 à 100m^2.

Stations de 2º classe. — Ce type de bâtiment (Pl. 51) est adopté dans le cas d'une agglomération de 9.000 habitants environ (Cⁱᵉ P.-L.-M.).

Le chef de gare est placé dans un bureau spécial. Une pièce est affectée à la distribution des billets, une autre au service de la télégraphie et des bagages. Enfin, il existe deux salles d'attente, l'une pour les 1ʳᵉ et 2ᵉ classes, l'autre pour la 3ᵉ classe.

A la Cⁱᵉ du Midi, on a adopté dans les mêmes conditions un bâtiment de trois travées (Pl. 52). Les deux premières travées sont occupées comme précédemment : l'une par le bureau du chef de gare et les bagages, l'autre par le vestibule qui se

§ 4. — BATIMENT DES VOYAGEURS. DÉPART

confond avec la salle d'attente de 3ᵉ classe. La 3ᵉ travée est consacrée à la salle d'attente des 1ʳᵉ et 2ᵉ classe et à une petite pièce pour les messageries et les souffrances[1].

La surface de ce bâtiment varie de 160 à 170 m^2.

Stations de 1ʳᵉ classe et hors classe. — Ces deux types présentent les mêmes installations que précédemment, mais convenablement agrandies. Le premier est adopté dans le cas d'une agglomération de 12.000 habitants ; le second lorsque la population desservie dépasse ce chiffre (Pl. 51).

Les services se dédoublent et chaque local a une affectation distincte. Le service des billets est fait dans un bureau spécial par un sous-chef receveur, ou par une receveuse, qui est souvent la femme du chef de station. Un bureau est affecté au commissaire de surveillance administrative.

La surface de ce bâtiment atteint et dépasse 180 m^2.

Le type n° 2 de la Cⁱᵉ d'Orléans et le plan de la station de Montargis (P.-L.-M.) (Pl. 53) figurent encore des dispositions de gares d'une importance analogue.

La disposition est toujours la même : un vestibule au milieu, les billets et le chef de gare à gauche, les bagages en face et les salles d'attente à droite.

Dans la gare de Limoges (P. O.) (Pl. 53), on a placé les salles d'attente à gauche et du même côté que les billets et le bureau du chef de gare, dont le cabinet a été reporté à l'extrémité du bâtiment. On a dû, pour veiller à la bonne exécution du service, placer au centre un sous-chef de gare, à côté des bagages ; la partie droite du bâtiment est occupée par les messageries, la sortie et le buffet. Cette inversion se rencontre quelquefois. Elle rend nécessaire le chargement des bagages dans le fourgon de queue du train qui stationne sur la voie contiguë au trottoir, tandis que, dans le 1ᵉʳ cas, le chargement avait lieu dans le fourgon de tête du train, afin de ne pas croiser les voyageurs à leur sortie des salles d'attente, lorsqu'ils se dirigent vers les voitures.

260. Dispositions spéciales adoptées dans différentes gares. — Dans ces diverses gares, il y a toujours

---

[1]. On désigne ainsi les marchandises qui n'ont pas été réclamées.

croisement de courants et gêne plus ou moins marquée pour la circulation. Il convient de citer les dispositions principales qui ont été adoptées en vue de remédier à ces inconvénients.

A *Moulins*, au-devant de la salle des bagages, se trouve un avant-corps de 3 travées : celle du milieu est attribuée aux billets, les deux autres sont des porches d'entrée; — celui qui est du côté de l'arrivée de la ville et en même temps du côté des salles d'attente est plus spécialement affecté aux voyageurs *sans* bagages, l'autre aux voyageurs *avec* bagages. Dans ces conditions, les voyageurs prennent leurs billets dès qu'ils pénètrent dans le vestibule, vont ensuite faire enregistrer leurs bagages et entrent dans les salles d'attente. Les croisements sont presque complètement évités. On pourrait objecter, au point de vue architectural, qu'il n'est peut-être pas très heureux de fermer la baie-milieu d'un bâtiment de cette importance, et de remplacer par une fenêtre la porte principale habituelle. Sous cette réserve, cette disposition résout le problème.

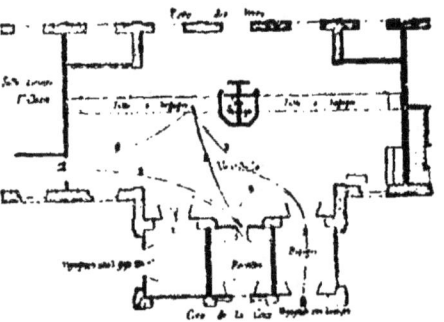

Fig. 264. — Gare de Moulins.

A *Paris* (*Mazas*), les voyageurs sans bagages entrent à droite (1'), dès l'arrivée de la ville, tandis que les voyageurs avec bagages entrent à l'extrémité opposée (1). Les bagages sont pesés sur une bascule au niveau du sol au moment où ils pénètrent (2) dans la salle située en face. Les voyageurs sans bagages ayant pris leurs billets entrent dans les salles d'attente (2') et les autres vont faire enregistrer leurs bagages (3).

§ 4. — BATIMENT DES VOYAGEURS. DEPART

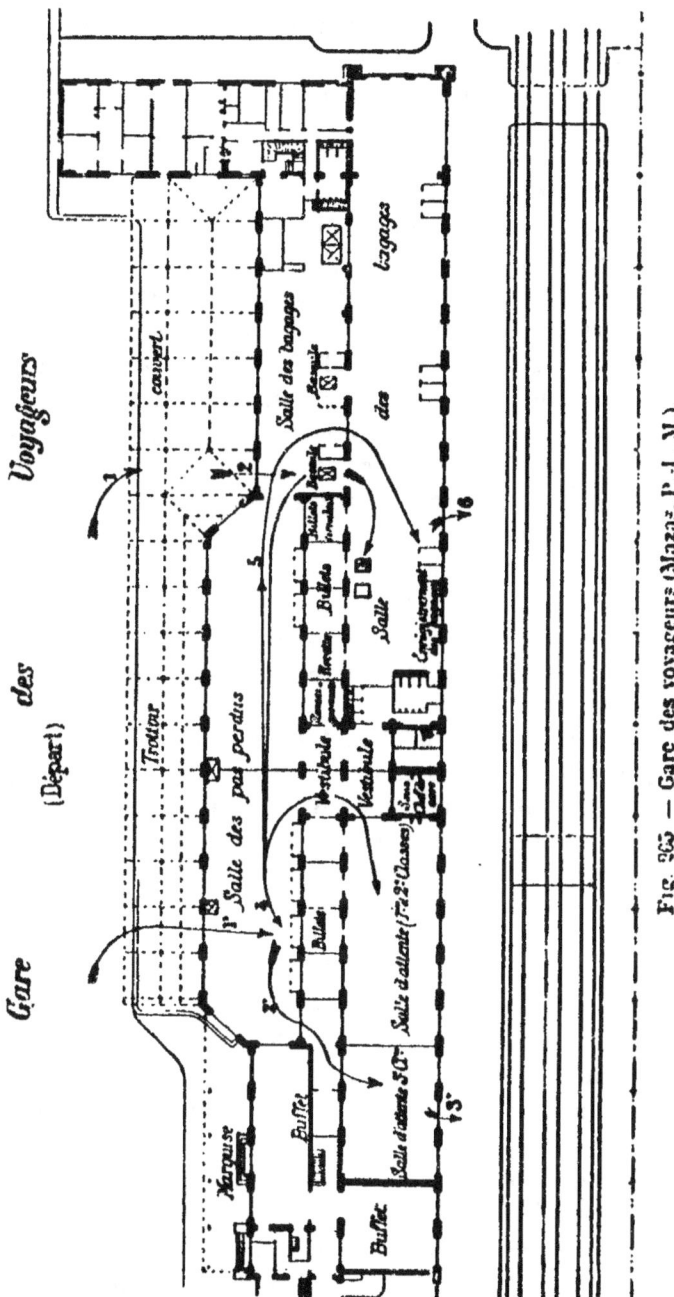

Fig. 265. — Gare des voyageurs (Mazas, P.-L.-M.).

Ils rejoignent ensuite les premiers dans les mêmes salles d'attente ou sur le trottoir du départ (6) (Fig. 265).

Tout croisement est ainsi évité.

Les dispositions que nous venons d'indiquer sont celles que l'on réalise encore dans un grand nombre de gares nouvelles. Il convient cependant de signaler la modification importante qui est appliquée depuis quelques années.

A la suite d'un voyage fait en Angleterre par M. Solacroup, alors Directeur de la Compagnie d'Orléans, les Compagnies de chemins de fer français décidèrent de laisser pénétrer les voyageurs sur les trottoirs intérieurs des gares avant l'arrivée du train dans lequel ils devaient monter. Cette mesure, — adoptée dans le principe avec timidité à cause de l'inexpérience du public, de son manque d'habitude à se guider lui-même, des craintes d'accidents et de fraudes qui pouvaient en être la conséquence, — fut progressivement étendue des petites stations aux grandes gares, lorsqu'on reconnut qu'elle donnait satisfaction au désir du public. Au lieu de demeurer enfermés dans les salles d'attente d'où ils sortaient précipitamment pour prendre, comme à l'assaut, possession des places dans le train, les voyageurs montaient en voiture dès leur arrivée : les poussées dangereuses à l'ouverture des portes disparaissaient ; les salles d'attente, parfois trop petites, devenaient plus que suffisantes et la circulation des agents sur les trottoirs pour le service des trains s'effectuait sans trop grande gêne. Aujourd'hui, l'application de la mesure est devenue générale.

Au point de vue de la distribution du bâtiment, elle devait entraîner des modifications sérieuses. Malgré l'augmentation croissante de la circulation, les salles d'attente n'étaient plus qu'un point d'arrêt où les membres d'une famille pouvaient attendre que leur chef ait pris les billets et fait enregistrer les bagages. La Compagnie a intérêt à ce que les voyageurs passent rapidement sur les trottoirs et montent dans les voitures pour dégager le vestibule et le laisser aux nouveaux arrivants, et les voyageurs eux-mêmes ont intérêt à arrêter leurs places le plus promptement possible suivant leur goût et leur convenance. Dans ces conditions, il y a lieu de multiplier les guichets à billets, de réduire la manutention des bagages, en les pesant sur le chariot (tricycle) qui les a reçus à la descente de la voiture sur laquelle on les a amenés, et qui pourra désormais les conduire jusqu'au fourgon du train, enfin de réduire la surface des salles d'attente.

Telles sont les dispositions qui se réalisent de plus en plus sur le réseau du Nord; elles sont figurées sur le plan de la gare de Roubaix (Pl. 53) leur exécution se poursuit en ce moment dans la gare de Paris, d'après les indications de M. Sartiaux, Chef de l'exploitation de cette Compagnie.

Le voyageur sans bagages descend de voiture, va à l'un des guichets prendre son billet, et, passant entre la bascule et les salles d'attente, gagne immédiatement le train.

Le voyageur avec bagages descend de voiture, fait charger ceux-ci sur l'un des tricycles qui attendent à la porte sous une marquise; il entre dans le vestibule précédé par le facteur qui pousse ce tricycle et qui attend qu'il ait pris son billet. Une table à côté de la bascule lui permet de poser les petits colis qu'il tient à la main. Le pesage et l'enregistrement des bagages ont lieu; les colis sont étiquetés. Le contrôle des billets est effectué à l'entrée sur le trottoir, et tandis que le voyageur monte en voiture, les bagages sont conduits au fourgon. Ainsi qu'on le voit, les salles d'attente n'ont pas été utilisées. C'est le cas général.

Dans la nouvelle gare de *Bordeaux Saint-Jean* (Pl. 54), la modification a été moins complète : les voyageurs *sans* bagages entrent dans le vestibule, se rendent au bureau des billets et passent immédiatement sur les trottoirs ou s'arrêtent dans les salles d'attente. Les voyageurs *avec* bagages font charger ceux-ci sur tricycles en descendant de voiture, et tandis qu'ils pénètrent dans le vestibule par une porte, les bagages entrent par la porte voisine et passent sur la bascule. Le voyageur, séparé par une simple grille de la salle des bagages, assiste au pesage et ses colis attendent dans une enceinte interdite au public, tandis qu'il va au guichet prendre son billet. Dans ces conditions, le vestibule n'est pas traversé par les tricycles et la gêne qu'ils produisent dans le cas où il y a affluence au bureau des billets, est complètement évitée. Lorsque le voyageur a son billet de place, il revient près de la grille séparative de la salle des bagages, les reconnaît, les désigne (un ticket laissé sur le tricyle indique leur poids), les fait enregistrer et gagne le trottoir du départ en s'arrêtant, ou non, dans les salles d'attente placées sur son passage. Les bagages étiquetés sur tricycle sont conduits au fourgon.

Dans la gare de *Strasbourg*, la disposition n'est pas la même ; les conditions d'établissement de la gare, que l'on retrouve d'ailleurs dans la plupart des gares allemandes construites depuis moins de 20 ans, ont donné lieu à des différences. La gare de Strasbourg est à deux étages (Pl. 54). Au rez-de-chaussée, se trouvent le bureau des billets, l'enregistrement des bagages, etc. Au 1er étage, les voies, bordées de larges trottoirs, etc. Des couloirs souterrains, disposés transversalement par rapport à la direction des voies, conduisent à des escaliers qui aboutissent à chacun des trottoirs de la gare. D'autres couloirs parallèles aux premiers aboutissent à des monte-charges qui desservent chaque trottoir. La poste, elle-même, dispose d'un couloir spécial pour le transport des sacs à dépêches. Dans ces conditions, il y a séparation complète dès le début des courants de bagages et de voyageurs et, eu égard à l'ampleur des couloirs, des escaliers, des trottoirs, la circulation se fait librement et facilement, même les jours d'affluence.

Dans la *nouvelle gare de l'Ouest (Saint-Lazare)* (Pl. 58), les dispositions adoptées pour le départ présentent aussi quelques particularités. Nous ne parlerons que des départs des grandes lignes qui comportent un service de bagages important.

Les billets sont distribués au rez-de-chaussée dans le bâtiment de la cour du Havre ; à gauche, se trouve le service des bagages. Le pesage a lieu sur tricycles, à l'aide de bascules au niveau du sol et, après enregistrement, ceux-ci sont poussés vers un monte-charge incliné, dont la chaîne motrice est actionnée par l'eau comprimée, et sont élevés à l'étage supérieur, où se trouvent les voies. Des escaliers ou des ascenseurs permettent aux voyageurs de gagner les trottoirs et les salles d'attente : courants distincts dès l'entrée, vastes installations, circulation facile permettant de répondre à un mouvement considérable de voyageurs.

261. Conditions d'établissement des divers services. — *Bureau des billets.* Le bureau des billets doit occuper le moins de place possible, mais être assez grand pour contenir l'armoire à billets qui comprend 1, 2, 3 et même 4 casiers suivant les cas, le composteur et la caisse.

Fig. 266. — Billet de place.

Les casiers contiennent les billets nécessaires à la consommation du jour, avec une certaine réserve. Ceux-ci sont numérotés au départ et portent le numéro du train et la date du jour imprimés en creux par le composteur.

Ces billets, sur une ligne, et à plus forte raison sur un réseau, sont extrêmement nombreux. Ils représentent le nombre d'arrangements des n stations prises 2 à 2. Il y en a pour les 3 classes, — chaque classe comprenant :

1° Des billets entiers à tarif plein ;

2° Des billets à demi-place, à demi-tarif (pour les enfants et pour les mères, femmes et enfants d'agents attachés à un réseau autre que celui auquel appartient la gare qui délivre le billet) ;

3° Des billets à quart de place, quart de tarif, pour les militaires et les agents des autres Compagnies.

D'une manière générale, chaque agent voyage, en général, sur son réseau, librement et sans bourse délier, sauf à remplir quelques formalités administratives.

Pour réduire le nombre des billets, on a créé des billets spéciaux dits passe-partout, avec indication de la gare d'origine, mais sans désignation de la gare destinataire, dont le nom est inscrit à la plume par le comptable et dont celui-ci prend une note spéciale.

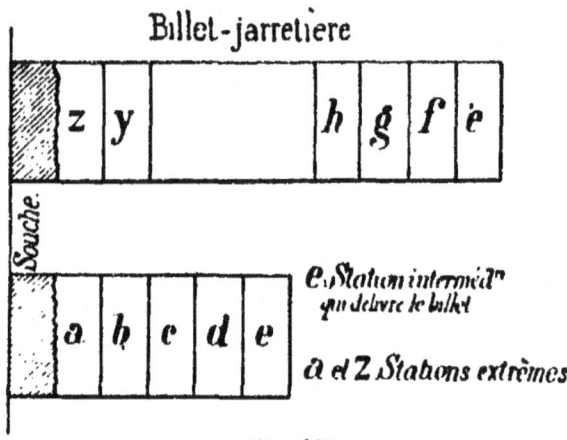

Fig. 207.

Ces billets représentent pour l'agent distributeur une valeur dont il est responsable. Les armoires à billets sont fermées à clef.

Un modèle particulier de billet est le billet-jarretière qui porte son contrôle sur le talon. Dans le cas où l'on emploie ce système, on ouvre un registre à souches, portant, à la suite les uns des autres, les noms de toutes les stations ; l'employé détache jusques et y compris la station où le voyageur doit s'arrêter. Le surplus reste au talon, qui fournit le contrôle.

Au lieu d'un casier à billets, il suffit alors d'avoir autant de registres que de genres de billets, soit 9 registres différents tenant moins de place que l'armoire aux billets. On peut ainsi réduire les dimensions du bureau.

Le seul inconvénient du système est de réclamer pour la distribution un temps plus considérable que le système plus général. les tickets.

Bureau des bagages. — Dans les petites gares, il n'y a qu'un

§ 4. — BATIMENT DES VOYAGEURS. DÉPART

bureau à bagages. Dans les grandes gares, il y en a autant que de sections desservies.

Le banc à bagages existe encore dans quelques-unes d'entre elles.

Chacun des bureaux particuliers comprend alors une table ou banc, où l'employé place les bulletins sur les colis. La table a une longueur suffisante pour le dépôt en attente des colis, au fur et à mesure de leur arrivée. — Une bascule est placée à proximité de ce banc, sert à les peser et un emplacement les reçoit jusqu'à leur départ pour le fourgon.

La table de l'employé chargé de l'enregistrement doit être large, cet agent ayant à remplir les colonnes d'un registre à souches assez long, comportant un bulletin détaché pour le conducteur du train, un pour l'administration centrale afin d'assurer le contrôle, un pour le voyageur.

Ce bureau de l'agent doit être bien éclairé.

Près de la bascule à bagages est un casier d'étiquettes pour les destinations et un casier de numéros permettant de distinguer entre eux à leur arrivée et de grouper les bagages qui ont une même destination.

La longueur du banc à bagages varie avec la ligne, le nombre et l'importance des stations et celui des bagages à expédier.

Les gares de banlieue ont un faible mouvement de bagages.

Dans les gares de villes d'eaux, de bains de mer, qui reçoivent une population passagère à bagages nombreux, les bancs à bagages doivent être prévus avec une longueur plus considérable que dans les cas ordinaires.

La hauteur des bancs à bagages est relativement faible, de manière à diminuer le travail de manutention des colis : 0 m.65 à 0 m. 70 environ.

Les bancs doivent être très robustes ; on consolide leurs chevalets au moyen de deux pièces horizontales et d'une pièce oblique empêchant toute déformation.

Ces supports sont très rapprochés.

On cloue au-dessus un platelage dont les planches épaisses de 44 ou 54 mm., sont protégées contre les frottements et les chocs par des barres de fer demi-rond vissées. Ces barres de fer permettent le glissement facile des colis.

La largeur des bancs à bagages est égale à la longueur maxima des colis apportés par les voyageurs, soit 0 m. 80 à 0 m. 90.

On laisse en avant du banc, tant pour le passage des voyageurs que de leurs colis, des facteurs et des loris, un espace minimum de 4 à 5 mètres.

Consigne. — Dans les gares qui satisfont à un mouvement important de voyageurs, on doit établir, à côté du service des bagages, une *consigne* ou *dépôt* de bagages, pour les voyageurs qui, devant faire un court séjour dans la localité desservie par la gare, ne veulent pas emporter avec eux tous leurs bagages.

Cette consigne étant une annexe du service des bagages au départ, se place naturellement à proximité de celui-ci (Pl. 53) et non à côté de la salle de distribution des bagages à l'arrivée, dont nous aurons bientôt à parler. C'est, en effet, au moment où le voyageur va continuer sa route qu'il se présente pour retirer ses colis. Il dispose généralement de peu de temps et il faut faciliter ses préparatifs en vue de son départ.

Quant à la surface à attribuer à la consigne, elle dépend de la localité, de l'importance de la circulation, de la durée des arrêts que font les voyageurs dans la gare considérée, des facilités spéciales qui sont offertes à ceux-ci : on ne peut fixer de règle à ce sujet.

Messageries au départ. — Dans les petites localités où le service est peu important, le même facteur peut suffire à la fois au service des bagages et des messageries. Dans ce cas, aucune installation spéciale n'est nécessaire.

Dans les gares importantes, il faut créer une installation distincte. Les messageries ont alors un bureau d'enregistrement. La livraison au public et la réception des articles de messageries se font sur une table analogue à celle des bagages (Gare de Limoges, Pl. 53). Il est avantageux d'adopter telles dispositions qui permettent d'utiliser la bascule et le banc des bagages existants (Gare de Montargis, Pl. 53). Dans ce cas, les deux installations sont juxtaposées.

§ 4. — BATIMENT DES VOYAGEURS. DÉPART

Lorsque l'importance des messageries ne permet plus leur maintien dans le bâtiment principal, en façade sur la voie, spécialement réservé aux services qui ont des relations constantes avec les trains, on reporte dans un bâtiment en aile (Tarbes, Pl. 53) les locaux qui doivent leur être affectés. Il convient qu'elles soient toujours en communication facile d'un côté avec le public, d'un autre côté avec les trottoirs pour la circulation des chariots allant aux fourgons ou en venant, et mieux encore avec une voie transversale contiguë permettant l'approche des fourgons eux-mêmes (Orléans-Ville, E. Pl. 37).

Quelquefois, on les installe dans un bâtiment indépendant (Gare de Perpignan, Pl. 35 ; gare de Strasbourg D, Pl. 36).

Enfin, lorsque le service des messageries prend une importance exceptionnelle, comme cela a lieu dans les très grandes villes et à Paris, l'installation se dédouble et l'on établit des halles et des bureaux affectés les uns aux messageries au départ et placés du côté des trains partants, c'est-à-dire à gauche de la gare ; les autres aux messageries à l'arrivée, placés du côté des trains arrivants, c'est-à-dire à droite(Gare d'Orléans, Pl. 58 ; gare du Nord, Pl. 39).

Il est impossible d'indiquer *a priori* la surface à attribuer aux messageries dans une gare. L'importance des arrivages ou des expéditions *en grande vitesse* varie dans des limites étendues avec les circonstances de temps, de lieux, avec l'industrie ou l'agriculture locales. De Perpignan, on expédie dans la saison une grande quantité de primeurs ; les arrivages sont insignifiants. D'Arcachon, de La Teste, on expédie des huîtres, et des ports de mer en général des paniers de poissons. De Nice, on expédie des fleurs. Telle autre localité envoie du gibier, des volailles ou des viandes fraîchement abattues. De Esperaza, petite localité sur la ligne de Carcassonne à Quillan, on expédie en moyenne, chaque jour, 250 à 300 colis, chapeaux de feutre, qui sont apportés à la station entre 6 h. 1/2 et 8 heures du soir.

Presque toutes ces expéditions sont remises à la gare peu de temps avant le départ du train qui doit les emporter. Le personnel et les locaux doivent donc être organisés en conséquence.

Il convient d'ajouter toutefois que ce trafic ne se produit pas immédiatement avec toute son importance finale, et que les Compagnies peuvent proportionner leurs installations au développement qu'il prend successivement.

Les produits des messageries sont, au minimum, du dixième des produits fournis par les voyageurs. Il est, en moyenne, du cinquième et s'élève, dans certaines circonstances exceptionnelles, jusqu'aux deux cinquièmes (Perpignan), et à la moitié (Arcachon).

Salles d'attente. — Les salles d'attente doivent être en communication directe avec le vestibule d'une part, et d'autre part avec le quai. Comme la salle des bagages doit se trouver le plus près possible de la tête du train, où est le fourgon, il ne reste pour l'emplacement des salles d'attente que l'extrémité opposée du bâtiment.

On doit toujours grouper les salles d'attente d'un même côté du bâtiment des voyageurs, de manière à éviter aux voyageurs toute incertitude et toute perte de temps et à la Compagnie exploitante l'obligation d'avoir deux agents pour un service qui peut se faire avec un seul.

Le moyen d'arriver à ce résultat consiste à établir les portes d'entrée des différentes classes au même point, ou mieux dans un espace restreint, où se trouve l'agent contrôleur.

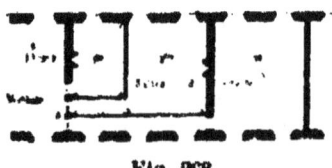

Fig. 268.

Les diverses dispositions employées sont les suivantes :

1° On fait ouvrir les portes des trois salles d'attente à côté les unes des autres. — L'agent contrôleur se place en A. — Les voyageurs de 1ʳᵉ classe étant les moins nombreux réclament moins de temps. Ils entrent dans la 1ʳᵉ salle, qui est fer-

§ 4. — BATIMENT DES VOYAGEURS. DÉPART

mée par des cloisons $a\ b\ c$. — Une balustrade de 2m. de hauteur environ, $a'\ b'\ c'$, sépare les salles d'attente de 2e et 3e classes (Fig. 268).

L'agent en A vérifie facilement les billets des deux dernières classes.

L'inconvénient de cette disposition consiste dans l'insuffisance de contrôle des billets de 1re classe. — Il ne faut pas oublier que ces billets, s'ils ne sont pas les plus nombreux, ont le plus de valeur.

En outre, le couloir d'accès de la salle de 3e classe, long et resserré, est peu favorable à la circulation.

2° On isole davantage la salle d'attente de 1re classe. Les portes des trois salles étant sur les côtés d'un angle droit permettent un contrôle facile à l'employé placé dans l'angle.

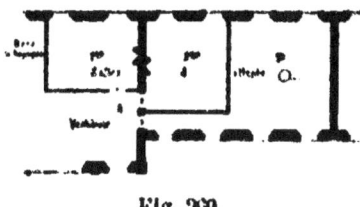

Fig. 269.

On peut arriver, dans ce cas, à une séparation plus complète des classes, parce que la balustrade ou demi-cloison $a'\ b'\ c'$ (1re disposition) peut être remplacée par une cloison complète, ce qui aurait amené, dans le 1er cas, la formation d'un couloir obscur $a\ b\ a'\ \beta$.

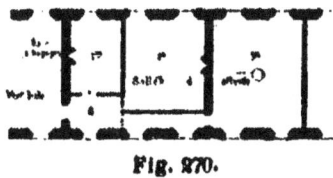

Fig. 270.

3° On peut grouper les portes des salles d'attente de façon qu'elles débouchent sur un même espace A, où se tient le contrôleur, qui indique aux voyageurs de quel côté ils doivent se diriger.

Dans les stations de moyenne importance, trois salles d'attente peuvent suffire, mais dans les grandes gares qui desservent plusieurs lignes, il faut autant de groupes de trois salles qu'il y a de grandes lignes à desservir simultanément.

Les entrées de ces différents groupes doivent alors être bien apparentes et bien distinctes les unes des autres pour éviter les erreurs de directions.

Depuis l'admission immédiate des voyageurs sur les trottoirs, ces dispositions se simplifient et on n'a plus, en général, qu'un seul groupe de salles d'attente, sauf à Paris.

Chauffage des salles d'attente. La salle d'attente de 1re classe, isolée des autres, est chauffée par une cheminée.

Les salles de 2e et 3e classes sont chauffées par un poêle à flamme renversée.

Portes d'accès sur le quai. Les portes donnant accès sur le quai ne doivent s'ouvrir, dans aucun cas, du côté des salles d'attente.

Elles s'ouvrent toujours du côté du quai. Dans ce cas, elles doivent pouvoir se loger dans l'ébrasement, afin de ne pas présenter de saillies sur le nu du mur quand elles sont ouvertes. On est donc conduit à faire de grands ébrasements.

Pour éviter cet inconvénient, on a fait des portes roulantes à coulisse. Elles nécessitent une menuiserie double et sont d'un entretien coûteux.

Dimensions des salles d'attente. L'étendue à donner aux salles d'attente varie avec l'activité de la circulation dans la localité desservie.

Dans les grands centres, le nombre des déplacements tend à augmenter.

Sur le réseau du Nord, on a constaté que chaque habitant des sections ci-après faisait par an :

    10 voyages pour la région entre Paris et Creil,
      6   »   »   Amiens et Creil,
      4   »   »   Creil et St-Quentin.
      3   »   »   Au-delà.

§ 4. — BATIMENT DES VOYAGEURS. DÉPART

A Paris, dont la population est d'environ deux millions d'habitants, on compte 120.000.000 de voyages par an, soit 60 par habitant. Ce chiffre exceptionnel résulte du mouvement considérable des voyageurs de banlieue et des étrangers.

C'est d'ordinaire le chiffre 6 que l'on considère comme représentant le nombre des voyages effectués par habitant et par an et que l'on prend comme base du calcul approximatif de la surface des salles d'attente.

Du nombre annuel de voyages, on déduit le nombre journalier des voyageurs. Au lieu de prendre le 1/365 de ce nombre, on en prend le 1/200 pour tenir compte des jours de fêtes, d'affluence, etc. Ayant le nombre journalier de voyageurs, il faut en déduire le nombre par train. C'est encore par proportion qu'on le détermine.

Pour tenir compte de l'inégale répartition des voyageurs entre les divers trains de la journée, on admet qu'il peut partir par train le 1/3 des voyageurs journaliers. — On procède de la manière suivante :

n étant le nombre des habitants et 6 celui des voyages par an et par habitant,

on a : $6 \times n^{hab.}$ = nombre annuel des voyageurs.

En comptant 200 jours au lieu de 365, $\dfrac{6 \times n}{200 \text{ jours}}$ = le nombre par jour.

Et en admettant 1/3 de ce nombre à placer dans le train le plus fréquenté de la journée : $\dfrac{6 \times n}{200 \times 3}$ = le nombre des voyageurs maximum à recevoir dans les salles d'attente à la fois.

On adopte : 1 mètre carré par voyageur ; donc :

La surface des salles d'attente, $\dfrac{6 \times n}{600}$, soit $\dfrac{n}{100}$. — Mais en calculant ainsi, on ne tient pas compte des voyageurs de passage qui, descendus d'un train dans une gare d'embranchement, se rendent dans les salles d'attente et y séjournent jusqu'au moment de prendre un autre train. On n'a donc qu'une évaluation approximative.

La répartition des voyageurs entre les trois classes peut se faire d'une manière plus précise d'après le relevé des billets délivrés. On trouve ainsi les chiffres suivants.

$$\left.\begin{array}{rcc}1^{\text{ère}} \text{ classe} & 92 \\ 2^{e} \quad - & 164 \\ 3^{e} \quad - & 744\end{array}\right\} \text{pour 1000 voyageurs.}$$

Dans le calcul des surfaces de chacune des salles d'attente, il ne faut pas adopter une même unité superficielle pour les trois classes. Il convient d'attribuer une surface plus étendue aux voyageurs de 1re classe qu'à ceux de 2e classe et, de même, plus d'espace à ces derniers qu'aux voyageurs de 3e classe.

On peut compter par voyageur de 1re classe : $1^{m^2},20$
$$\quad - \quad\quad - \quad\quad 2^{e} \quad - \quad 1^{m^2}$$
$$\quad - \quad\quad - \quad\quad 3^{e} \quad - \quad 0^{m^2},80.$$

Soit en moyenne : 1 mètre carré.

Depuis l'admission immédiate des voyageurs sur les trottoirs des stations, les salles d'attente, ainsi que nous l'avons dit, sont beaucoup moins fréquentées, et leurs dimensions, calculées comme nous venons de l'indiquer, dépassent souvent le nécessaire. Les voyageurs qui vont partir par un train, ou par plusieurs trains, stationnant en gare en même temps, se promènent sur les trottoirs, montent dans les voitures ou séjournent dans le vestibule et dans les salles d'attente. On n'a pu constater dans quelles conditions s'effectuait la répartition, mais on a observé que, dans le mois le plus chargé de l'année (à l'époque des vacances : juillet, août, septembre), certaines gares ne présentaient jamais d'encombrement. Telles sont les suivantes, dont le vestibule et la salle d'attente mesurent :

à Tarbes, 1^{m^2} par 113 voyageurs expédiés mensuellement,
Bayonne, 1^{m^2} — 152   —
Perpignan, 1^{m^2} — 146   —
Lourdes, 1^{m^2} — 123   —

D'où il résulte que l'on peut vérifier la surface totale du vestibule et des salles d'attente d'une gare en s'assurant qu'ils présentent autant de mètres carrés qu'il y a de fois 130 voyageurs environ, expédiés pendant le mois de l'année où la circulation a le plus d'activité.

§ 5

BATIMENT DES VOYAGEURS
ARRIVÉE

262. Sortie. — Dans les stations de faible importance, la sortie des voyageurs a lieu par un portillon établi dans la clôture sur le côté du bâtiment principal. Près de ce portillon se tient un agent chargé de la collecte des billets.

Dès que les stations présentent une certaine importance, et que les voyageurs affluent auprès de la porte par laquelle s'effectue la sortie, il y a lieu de les abriter pendant le stationnement qui leur est imposé. On peut alors placer le portillon sous une marquise latérale au bâtiment (diverses stations de la ligne de Versailles, Rive droite), ou sous l'abri placé en face de ce bâtiment (Rueil).

Enfin, lorsque la station présente une importance égale à celle d'un chef-lieu de département et que les voyageurs arrivants ont à prendre des bagages avant de s'en aller, on ne peut les obliger à sortir dans la cour pour rentrer ensuite dans le bâtiment, où ces bagages doivent leur être remis. On attribue alors une travée spéciale à la sortie (Pl. 53 : Montargis, Limoges, Tarbes, Roubaix).

Lorsque le mouvement des voyageurs est considérable, — dans les très grandes villes (Bordeaux, Paris, etc., Pl. 54, 55), — cette sortie s'opère par plusieurs portes et par plusieurs travées juxtaposées.

263. Salle d'attente des bagages. — Dans ces deux derniers cas, une salle spéciale se trouve établie sur le côté de la sortie, et les voyageurs qui ont à recevoir des bagages peuvent y attendre que ceux-ci aient été déchargés et classés. Cette salle doit être suffisante pour que les voyageurs qui ont des bagages à recevoir ne stationnent pas dans le passage de sortie et ne soient pas un obstacle au dégagement. Elle doit s'ouvrir par de larges portes dans la salle de distribution des bagages.

261. Salle de distribution des bagages. — Cette salle est contiguë à la salle d'attente, ou à la sortie lorsque la salle d'attente n'existe pas.

Il convient de lui donner toute la largeur possible, de manière à obtenir pour le banc à bagages tout le développement reconnu nécessaire. Il importe, en effet, qu'avant l'admission des voyageurs dans cette salle, tous les bagages aient été apportés et groupés par station de provenance d'abord, puis par voyageur. Lorsque le nombre des bagages à délivrer est peu considérable, on peut, comme on l'a fait à Montargis, Limoges, Roubaix (Pl. 53), n'avoir qu'un seul banc à bagages. Mais, lorsque le nombre de ces bagages est important, il faut avoir un double banc (Tarbes, Pl. 53 ; Bordeaux, Milan, Pl. 54 ; Paris P.-O., Pl. 55). — Les bagages sont classés sur le banc du côté intérieur de la gare et sont passés sur le banc qui est du côté des voyageurs lorsque ceux-ci les ont reconnus et ont remis aux agents, circulant entre les deux bancs, le bulletin d'enregistrement qui relève la Compagnie de sa garantie.

L'emploi de la 2ᵉ table a aussi pour but d'empêcher l'enlèvement de bagages dont on n'aurait pas rendu le bulletin, ce qui donnerait au propriétaire de ce bulletin le droit de réclamer de nouveau son bagage déjà remis ou dérobé. — Ces bagages enlevés par les intéressés sont portés aux voitures qui stationnent devant le trottoir de la salle.

Les portes sur ce trottoir doivent donc être largement ouvertes et protégées, à leur base, par des chasse-roues, contre les chocs des tricycles.

L'étendue qu'on est obligé de donner à cette salle ne permet pas toujours de la placer dans la partie du bâtiment principal parallèle aux voies. On l'établit alors dans l'une des ailes en retour (Tarbes, Pl. 53).

Enfin, lorsque le développement nécessaire fait défaut en ligne droite, on adopte la disposition réalisée à la gare du Nord, à Paris, qui permet de desservir plusieurs trains de

§ 5. — BATIMENT DES VOYAGEURS ARRIVÉE   501

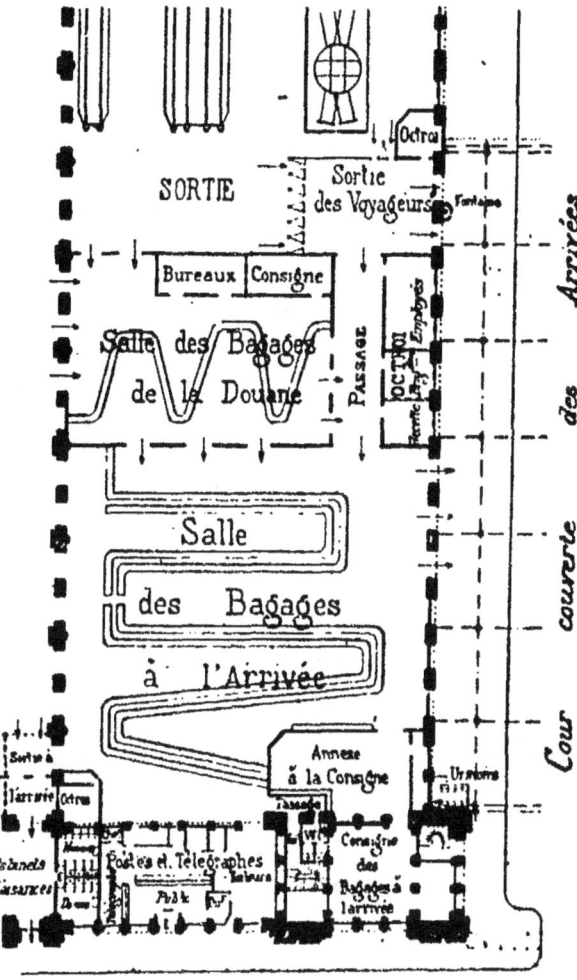

Fig. 271. — Gare du Nord à Paris. Bagages à l'arrivée.

grande ligne à la fois : on augmente le développement des bancs à bagages, en les plaçant de manière à utiliser le mieux possible la surface disponible. — La salle des bagages a 30 m. de largeur, les tables toujours doubles y sont disposées obliquement et en zig-zag, de manière que chacune d'elles est facilement accessible d'un côté par les tricyles arrivants chargés du fourgon, de l'autre par le public qui vient en prendre possession.

On a ainsi une disposition très rationnelle, puisque c'est aux points où la circulation des bagages arrivants ou sortants est la plus active que les tables laissent entre elles la plus grande largeur disponible.

L'arrivée et la sortie des bagages s'opèrent donc commodément.

265. Octroi. — A l'extrémité de la salle de distribution des bagages, on réserve une petite pièce de 6^{m2} à 8^{m2} pour le service de l'octroi (Tarbes, Roubaix). On peut encore très bien établir ce bureau en menuiserie dans la salle même, entre deux des portes donnant sur la cour (Gare d'Orléans, à Paris, 3, Pl. 55). La visite des bagages par les agents de l'octroi se fait, pour les gros colis, sur le banc à bagages après la livraison de ces colis par la Compagnie, et pour les colis à la main, à la porte de sortie. Le bureau dont nous venons de parler est plus particulièrement affecté au receveur de l'octroi, chargé des encaissements.

266. Consigne. — Ainsi que nous l'avons dit précédemment, une consigne existe parfois à côté de la salle des bagages à l'arrivée (Gare d'Orléans, à Paris, Pl. 55). Cela est surtout nécessaire dans les gares où les deux services du départ et de l'arrivée sont très distants l'un de l'autre et où il convient d'éviter au voyageur arrivant un trop long parcours pour aller de l'un à l'autre. Mais il nous paraît préférable de n'avoir qu'une seule consigne, et de la placer à côté de la salle des bagages, au départ.

267. Correspondances. — Dans certaines gares se trouve un bureau pour les correspondances. Ce bureau délivre des billets de place pour les localités desservies par des Entreprises de voitures qui font suite au chemin de fer. Il doit être placé à proximité de la sortie et de la salle des bagages, à la portée des voyageurs, de manière à éviter tout déplacement inutile et toute perte de temps.

268. Messageries à l'arrivée. — Nous ne faisons que

les signaler ici pour mémoire et nous renvoyons aux indications que nous avons données précédemment à l'occasion des messageries au départ.

§ 6.

BATIMENT DES VOYAGEURS. SERVICES COMMUNS

269. Bureau du chef de gare. — Dans les petites gares, le chef de station concentre tous les services : il distribue les billets, enregistre les bagages, s'occupe de la télégraphie, fait la correspondance. — Au Midi, son bureau mesure (Pl. 52) environ 12m² ; à la Cie. de Lyon, (type de 3e classe) : 18m² environ.

Lorsque la gare devient plus importante (type de 2e classe, P.-L.-M), un bureau spécial existe pour le receveur chargé de la délivrance des billets, un autre pour la télégraphie et les bagages ; le bureau du chef de gare n'a plus que 13m² au lieu de 18. Dans les gares de 1re classe et hors classe, la surface de ce bureau est de 15m² à 16m².

Dans les très grandes gares, l'importance de la correspondance augmentant, le chef de gare a, en outre, un bureau de secrétariat, dont l'étendue dépend de la tâche à laquelle il doit satisfaire.

Nous avons dit précédemment, à l'occasion du groupement des services dans les petites stations, comment ce bureau du chef de gare devait être placé par rapport au vestibule et au service des bagages. Nous n'y reviendrons donc pas.

Lorsque la gare prend plus d'importance, le bureau du chef de gare se trouve généralement éloigné du centre, occupé par le vestibule et le service des bagages. Il convient que ce recul soit aussi faible que possible. La promptitude avec laquelle les ordres doivent être donnés, le contrôle des travaux de chacun, la surveillance générale du service exigent qu'il soit maintenu près du centre. Dans certaines gares anglaises, le bureau du chef de gare a été placé au milieu des voies, dans une cabine placée à 1 mètre de hauteur environ au-dessus des trottoirs, percée de nombreuses ouvertures lui permettant d'exercer, sans sortir du bureau, une surveillance facile sur les mouvements des trains, du public et des agents.

Bureau du sous-chef de gare. Lorsque la gare n'a qu'un sous-chef, le bureau de celui-ci peut être un peu plus petit que celui du chef lui-même. Lorsqu'il y a deux sous-chefs, ils sont installés dans un même bureau, dont la surface est la même que celle du chef de gare.

Il importe que ces deux bureaux soient placés à côté l'un de de l'autre, le chef de gare et ses sous-chefs ayant entre eux des relations très fréquentes. C'est ce qui existe dans les différents plans de gares, Pl. 53 et 54. Lorsque cette juxtaposition n'est pas possible, on place le bureau du ou des sous-chefs de gare près du centre (Limoges, Pl. 53 ; Gare de Paris, P. O. Pl. 55), de manière à veiller au service du départ (billets, bagages, vestibule, salles d'attente).

370. Surveillants. — Les surveillants sont chargés de la police intérieure, de renseigner et de diriger les voyageurs dans l'enceinte de la gare. Ils ont à faire le contrôle des billets à l'entrée des salles d'attente ou des trottoirs intérieurs, et à la sortie. Ils sont employés à transmettre les ordres du chef et du sous-chef de gare.

La pièce qui leur est attribuée est donc placée auprès des bureaux de ceux-ci, de manière qu'il puissent répondre promptement au premier appel.

371. Télégraphie. — Elle doit être dans le bureau du chef de gare pour les petites stations et à portée du bureau du chef et du sous-chef dans les grandes.

Il faut, en effet, que les dépêches relatives au service soient reçues ou transmises dans le plus bref délai et, autant que possible, sans l'emploi d'intermédiaires, de manière à éviter toute perte de temps. Ces dépêches peuvent intéresser la sécurité, comporter des prescriptions relatives à la marche des trains et ne doivent souffrir aucun retard. L'importance du bureau à établir dépend du nombre des lignes aboutissant dans la gare et de l'activité du service.

§ 6. — BATIMENT DES VOYAGEURS. SERVICES COMMUNS 505

Une petite pièce de 2m. sur 3m. doit être prévue pour l'installation d'un lit de camp. Une autre pièce, moitié moindre, un petit réduit, est aussi nécessaire pour l'installation des piles.

Le service télégraphique de la gare pouvant être appelé à expédier des dépêches pour les voyageurs de passage et parfois pour le public du dehors, les dispositions convenables doivent être prises en conséquence. A Limoges (Pl. 53), les voyageurs peuvent accéder à une petite pièce contiguë à la télégraphie, y rédiger leurs dépêches et les remettre à l'agent chargé de les expédier. A Tarbes, la transmission a lieu par l'intermédiaire des surveillants.

972. Hommes d'équipe. — Les hommes d'équipe sont chargés de la manutention des bagages et des manœuvres des wagons.

Il est nécessaire d'avoir pour eux un corps de garde, où ils prennent leurs repas. Cette pièce est tantôt dans le bâtiment des voyageurs, à l'une des extrémités du bâtiment principal (Montargis, pl. 53), tantôt, — et c'est le cas le plus fréquent, — dans un bâtiment annexe, la place étant rare et précieuse dans celui des voyageurs.

Quelquefois, un dortoir est placé à côté du réfectoire de ces agents.

Il va sans dire que des dispositions doivent être prises pour la ventilation facile de tous ces locaux où un grand nombre d'agents, dont les vêtements sont imprégnés de sueur et d'une propreté quelquefois douteuse, se trouvent réunis à la fois.

973. Buvette, buffet et dépendances. — Dans les petites gares d'embranchement, où les voyageurs peuvent avoir à attendre un certain temps le départ d'un train correspondant, il existe fréquemment une buvette qui tient des boissons et des aliments légers à la disposition des voyageurs. Cette buvette a son entrée sur la voie. En général, elle n'occupe qu'une travée, — soit 4 à 5 m. de largeur, — rarement deux. En arrière, se trouve une cuisine annexe, au-dessous une cave. Le concessionnaire habite généralement en dehors de la gare.

Dans les grandes gares d'embranchement ou dans celles qui sont des points d'arrêt des express à des heures de la journée correspondant soit au déjeûner, soit au dîner, on établit, indépendamment de la buvette, un buffet où les voyageurs peuvent prendre des repas complets.

A côté de la salle du buffet, on place un salon. Les dépendances comprennent une cuisine, une office, une laverie, une cave. La présence du buffetier et d'un certain personnel étant nécessaire pendant une partie, ou pendant la totalité de la nuit sur certaines lignes, le buffetier a généralement son logement dans la gare.

Quelquefois, la concession qui lui est faite par la Cie comprend un certain nombre de chambres à la disposition des voyageurs.

Dans les grandes gares et notamment dans les gares frontières, un hôtel terminus plus ou moins important permet aux voyageurs de s'arrêter pour prendre quelque repos, sans être obligés d'aller jusqu'à la ville voisine, plus ou moins éloignée, chercher un hôtel peu satisfaisant.

A Paris, les gares les plus éloignées du centre, celles de Mazas (P.-L.-M.) et de la place Walhubert (P. O.), ont seules des buffets, des restaurants convenables manquant aux abords.

Les buffets doivent être suffisamment vastes pour recevoir tous les voyageurs qui s'y arrêtent, aux époques où le mouvement des voyageurs est le plus important, c'est-à-dire pendant les vacances. Ils doivent être disposés de manière que les mouvements des voyageurs, qui viennent y acheter des vivres et ne font qu'entrer et sortir, ne causent aucune gêne à ceux qui prennent leur repas. La circulation doit y être facile : toute entrave étant une cause de retard. Il paraît presque superflu d'indiquer qu'ils doivent être convenablement chauffés, bien éclairés et bien ventilés. Dans ce but, il convient de leur donner le plus de hauteur possible pour que les odeurs qui s'y répandent soient diluées dans une masse d'air considérable et ne produisent aucune impression désagréable.

Nous avons vu que la partie centrale du bâtiment était occupée par les installations du départ. C'est donc vers l'extré-

§ 6. — BATIMENT DES VOYAGEURS. SERVICES COMMUNS 507

mité que l'on doit placer le buffet et ses dépendances (Limoges, Pl. 53), ou dans une aile en retour (Tarbes, même planche) (Paris-Orléans, X., Pl. 38). — Lorsque la place fait défaut dans le bâtiment des voyageurs, un bâtiment spécial est construit à côté de celui-ci et aussi près que possible, de manière à réduire au minimum la longueur du trajet à imposer aux voyageurs.

274. Water-closets intérieurs et extérieurs. — Les gares sont fréquentées par un public de voyageurs arrivant et partant, par des voyageurs de passage dans les trains. Elles sont enfin desservies par un personnel plus ou moins nombreux. Des dispositions convenables et salubres doivent être prises pour répondre aux diverses exigences qui peuvent se produire.

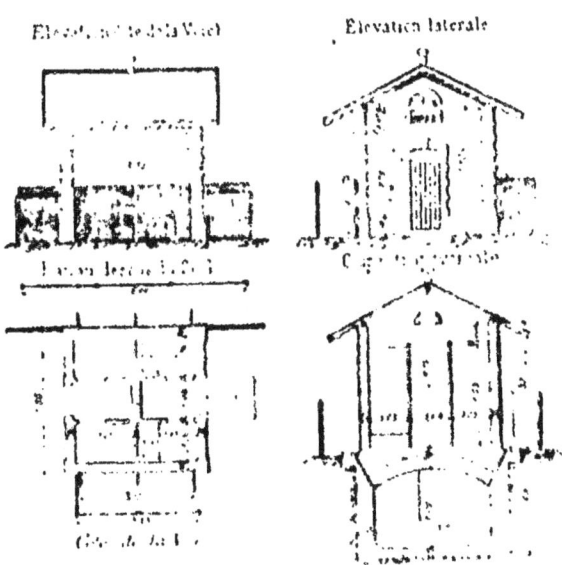

Fig. 272.

Dans les petites stations, on construit un petit pavillon de lieux d'aisances sur le côté du bâtiment des voyageurs : pas trop près pour que le voisinage ne soit pas gênant, — pas trop loin pour que le trajet ne soit pas une cause de perte de temps sensible. Il est généralement à la limite de la clôture du quai des voyageurs, de manière à permettre l'établissement de cabinets au-dessus d'une même fosse et ouvrant les uns sur ce quai, les autres sur la cour. Autant que possible, on le place du côté arrière du train qui stationne devant ce quai, si le chargement des bagages doit se faire dans le fourgon de tête de ce train, de manière que l'accès ne soit pas gêné par les brouettes à bagages et les colis placés sur le quai. Si, au contraire, les bagages sont chargés dans le fourgon de queue, c'est la disposition inverse qu'on adopte.

Dans les grandes gares, les dispositions sont les mêmes : le nombre des urinoirs et des cabinets, soit pour hommes, soit pour dames, augmente en raison du nombre des voyageurs.

Lorsque la longueur de la gare dépasse une centaine de mètres, la distance à parcourir étant considérable pour les personnes venant de l'extrémité opposée à celle où se trouve le pavillon des water-closets, il devient indispensable de le rapprocher du bâtiment principal et de le doubler (Limoges, Pl. 53).

Lorsque la longueur de la gare devient plus grande encore, on peut établir les water-closets au centre (Bordeaux, Pl. 54); (Gare de Paris-Orléans, Pl. 55). Mais les water-closets extérieurs (ou côté de la cour) sont alors établis dans des pavillons distincts (Bordeaux, Milan, Paris-St-Lazare, etc.).

Quelle que soit la disposition que l'on adopte, les installations réalisées doivent être aussi saines que possible. Aussi, les Compagnies tendent sans cesse, malgré l'augmentation de dépense qui doit en résulter, à améliorer les conditions hygiéniques des water-closets établis ou à établir dans leurs gares.

Les stalles des urinoirs se font presque généralement en ardoises, en lave, en pierre dure polie, ou même en marbre. Un courant d'eau continu (dans toutes les gares munies d'alimentation) assure un lavage satisfaisant et empêche la formation de tout dépôt nuisible.

Les lieux d'aisances sont agrandis, les surfaces verticales

§ 6. — BATIMENT DES VOYAGEURS. SERVICES COMMUNS 509

sont revêtues en carreaux céramiques, et le sol est dallé en pierre ou en ciment, de manière à permettre des nettoyages à grande eau ; les appareils à valve remplacent les anciens trous béants et de grandes ouvertures offrent à l'air et à la lumière une large circulation. Enfin des conduites d'évent établissent une communication entre la fosse et le dessus de la toiture. — Des écrans sont disposés extérieurement au devant des portes de sortie.

Fréquemment, dans le bâtiment des water-closets, on établit aussi la lampisterie, qui, faisant un usage assez important de pétrole, laisse dégager des odeurs désagréables et qu'il y a intérêt à isoler à cause des chances d'incendie. On y annexe aussi parfois la chaufferetterie lorsque la gare comporte une installation de ce genre.

275. Lampisterie. — Dans les petites stations, la lampisterie occupe une surface peu étendue (6^{m^2} à 10^{m^2}) ; elle doit suffire à l'entretien des lampes nécessaires au service intérieur, aux lanternes (ou manchons) placées sur les trottoirs et aux lanternes des signaux. Ainsi que nous l'avons dit, on l'annexe généralement aux water-closets.

Dans les grandes gares, les services que nous venons d'indiquer augmentant, un éclairage plus important devient nécessaire. En outre, la lampisterie peut avoir à faire face à l'éclairage des machines et des trains de passage ou seulement d'embranchement. Dans ce cas, elle peut être isolée, ou dans le bâtiment des water-closets.

Les dispositions adoptées pour sa construction doivent être telles que les chances d'incendie soient aussi faibles que possible ; il conviendrait que le bois en fût complètement exclu. Les tables et tablettes se font fréquemment en zinc pour permettre l'écoulement des matières grasses et un nettoyage facile. On y emploie avec avantage l'ardoise et la lave émaillée.

Le dépôt d'huile de schiste doit être complètement indépendant.

286. Chaufferetterie. — Une Circulaire ministérielle en date du 24 mai 1884, rappelant les recommandations antérieures et notamment la Circulaire ministérielle du 21 mai 1879, a exprimé l'espoir que, dès l'hiver 1884-1885, le chauffage serait appliqué d'une manière générale à toutes les voitures, sans limitation de parcours, sur toutes les lignes, y compris celles de la banlieue. Depuis cette époque, le nombre des chaufferetteries a beaucoup augmenté, comme aussi l'importance de celles qui existaient déjà et qui ont été appelées à satisfaire à un service plus important.

Il existe aujourd'hui des chaufferetteries dans toutes les gares d'embranchement qui ont à fournir de chaufferettes les trains en partance, indépendamment de celles qui ont à effectuer le remplacement des chaufferettes refroidies dans les trains de passage.

La chaufferetterie est établie à proximité du bâtiment des voyageurs. Elle contient les appareils de chauffage de l'eau destinée au remplissage des bouillottes, système qui est encore le plus communément employé. Le sol doit être pavé ou dallé pour résister à la circulation en tous sens des tricycles chargés et convenablement dressé, de manière à aider au prompt écoulement de l'eau. La partie supérieure doit présenter de larges ouvertures permettant le départ facile de la vapeur d'eau.

La chaufferetterie est fréquemment placée dans le même bâtiment que la lampisterie et les water-closets. Il y a intérêt, au point de vue de l'économie, à grouper ces diverses installations dans un même bâtiment.

277. Bureau du commissaire de surveillance administrative. — Les commissaires de surveillance administrative sont, dans les gares, les représentants du service du contrôle, de l'autorité administrative. Ils sont chargés de veiller à l'application par les Compagnies des lois et règlements relatifs à l'exploitation des chemins de fer.

Les Compagnies sont tenues de leur donner un bureau dans chacune des gares principales de leur réseau. Ce bureau est généralement placé vers l'une des extrémités du bâtiment principal, — la partie centrale de ce bâtiment étant occupée par le service du départ (bagages, salles d'attente, etc.). Autant que possible, on le place à proximité du bureau du chef de gare, de manière à faciliter les relations de ces fonctionnaires entre eux. La porte de ce bureau doit ouvrir sur le trottoir longeant les voies (Limoges, Tarbes, Pl. 53).

Dans les très grandes gares, il y a parfois deux commissaires de surveillance administrative (Paris-Orléans, Pl. 55), rarement trois (Bordeaux, Pl. 54).

278. Postes. — Le service des postes n'a pas de bureau dans les petites stations. La remise des sacs à dépêches, peu nombreux, est faite à l'agent convoyeur du train sans manipulation préalable dans la station.

Dans les gares d'embranchement, il y a généralement un tri à faire des paquets et sacs provenant de la localité et des diverses lignes aboutissantes, et un groupement des dépêches à expédier par les trains de chacune des directions.

Aux termes de leur cahier des charges, les Compagnies sont tenues d'effectuer gratuitement ces transports pour le compte de l'Etat, mais elles ne doivent aucun local dans leurs gares à l'administration des postes.

Quelquefois, celle-ci établit à ses frais un pavillon sur un emplacement dont elle paie le loyer. Lorsque les Compagnies ont des bureaux disponibles, elles en consentent la location à des prix fixés à l'avance.

Pour plusieurs Compagnies, ces prix sont les suivants :
Par m² de bureau : 10 fr.
Par m² de terrain : 1 fr. à 1 fr. 50, selon les localités.

L'importance des bureaux dépend naturellement de l'importance du service à effectuer dans la gare où ils sont établis. — Ces bureaux doivent être placés de manière à recevoir aisément les sacs à dépêches arrivant par la route de terre et à permettre le transport facile, aux trains stationnant devant chaque trottoir, des sacs à dépêches qu'ils doivent emporter. On les dispose convenablement à l'une des extrémités du bâtiment principal ou du bâtiment en aile (Tarbes, pl. 53 ; Strasbourg, Bordeaux, pl. 54).

Dans les grandes gares, les installations relatives au service des postes comprennent, indépendamment des bureaux indiqués précédemment, des voies et parfois une remise spéciale pour les voitures, ou bureaux ambulants, destinées au transport des dépêches. Il est évident que le remisage de ces voitures doit être choisi de manière à en permettre l'adjonction facile aux trains, ou le retrait. L'emplacement des bureaux sédentaires doit être voisin de ce remisage, de manière à faciliter les relations des uns aux autres (Paris-Orléans N, O, pl. 38; — Paris-Nord, pl. 39).

§ 7.

BATIMENT DES VOYAGEURS. ANNEXES.

279. Pompe à incendie. — Les Compagnies de chemins de fer passent des contrats avec les sociétés d'assurance qui présentent les garanties les plus sérieuses. Quelquefois elles s'assurent elles-mêmes à l'aide d'un fonds de réserve qu'elles alimentent à cet effet.

Quoi qu'il en soit, elles ont le plus grand intérêt à se couvrir contre les chances d'incendie qui peuvent atteindre leurs immeubles, ou leur matériel roulant et les marchandises dont le transport leur est confié. Dans presques toutes les gares, elles ont des pompes à bras. Les grandes gares en ont plusieurs, quelquefois même une pompe à vapeur. Dans toutes les gares où existe une alimentation, on établit des bouches d'incendie aux abords des bâtiments à préserver. Le personnel est d'ailleurs exercé au service de la pompe et de ses accessoires.

Le bâtiment qui sert d'abri à la pompe doit être placé de manière à permettre le passage de celle-ci soit du côté des voies, soit du côté de la cour. Il est donc élevé à la limite de cette cour et du trottoir des voyageurs, soit dans le bâtiment même des water-closets et de la lampisterie, soit dans un pavillon spécial, symétriquement placé par rapport au bâtiment des voyageurs, et dans ce cas avec une porte sur la cour et une sur la voie.

280. Poste d'agents des trains. — Dans les gares de formation de trains, il est nécessaire d'avoir un poste, d'une ou de deux pièces (réfectoire et dortoir), pour les agents des trains, de manière à permettre à ceux-ci de prendre leur repas et de se reposer dans l'intervalle de deux trains, sans être obligés d'aller dans une auberge de la localité plus ou moins éloignée.

Ces locaux sont prévus dans le bâtiment de la station ou, lorsque la place dont on dispose dans ce bâtiment ne le comporte pas, dans un bâtiment annexe.

Lorsque la gare est commune à plusieurs Compagnies, ces installations restent généralement en dehors de la communauté et incombent à la Compagnie qui les utilise pour son service.

281. Inspection de l'Exploitation. — La gare peut être le lieu de résidence d'un inspecteur de l'Exploitation. Dans ce cas, des bureaux doivent être ménagés pour lui et pour son personnel. Ces bureaux peuvent être placés soit dans la gare, soit dans un bâtiment annexe. Il n'est pas nécessaire qu'ils soient au rez-de-chaussée, et l'on peut avec avantage les placer à un entresol ou à un premier étage. Ils se trouvent ainsi en dehors du mouvement de la gare, sans être éloignés du chef de gare et du télégraphe auxquels ils ont fréquemment affaire.

282. Agents de la voie. — Les bureaux des agents du service de la voie, chefs de sections, conducteurs, sont, comme les précédents, établis dans le bâtiment des voyageurs, si cela est possible. Sinon, ils sont dans un bâtiment voisin ou même en dehors de la gare. Les circonstances qui peuvent motiver le concours immédiat d'un agent de la voie ne sont pas assez nombreuses pour que le bureau du conducteur soit obligatoirement dans la gare.

Il existe cependant quelques gares où non seulement le bureau du conducteur de la voie, mais encore son logement sont dans l'enceinte du chemin de fer.

283. Représentant de la Compagnie aboutissante.
— Dans les gares communes, il convient de prévoir un bureau pour le représentant de la Compagnie qui, ne possédant pas la gare, y amène ses trains. L'intervention de cette Compagnie dans certaines parties du service rend la présence de cet agent nécessaire et oblige à mettre un bureau à sa disposition.

Comme les précédents, ce bureau peut être éloigné des voies et placé à l'une des extrémités, ou dans l'une des ailes du bâtiment principal.

284. Médecin. — Des soins sont donnés aux agents et à leurs familles par des médecins désignés par la Compagnie et appointés par elle. Pour permettre au personnel de recourir plus aisément aux avis d'un médecin, un cabinet est réservé aux consultations. Dans les gares importantes et qui comportent un personnel considérable, on est souvent obligé d'annexer à ce cabinet des salles d'attente distinctes pour les hommes et pour les femmes.

285. Divers. — D'autres services s'ajoutent encore parfois dans certaines gares très importantes aux précédents : services de police, de douane, etc. — Ce sont des cas particuliers ; nous ne nous y arrêterons donc pas.

§ 8

INSTALLATIONS ACCESSOIRES

286. Logement du chef de gare. — Dans les haltes, le logement du garde-halte n'est autre que la maison de garde ordinaire, qui mesure environ 40 m^2. Le service de la halte se fait, ainsi que nous l'avons dit, dans la pièce commune, si la halte est de très minime importance. Il se fait dans un petit

§ 8. — INSTALLATIONS ACCESSOIRES

pavillon annexe si la halte doit desservir un mouvement de dix voyageurs environ à chaque train.

Dans les petites stations, le logement du chef est placé au premier étage. Il a la même étendue que le rez-de-chaussée affecté au service public et mesure, dans les stations de troisième classe de P.-L.-M. : 80 m.² environ de surface utile (y compris l'escalier). Il comporte : une cuisine, une salle à manger, 3 chambres à coucher et des water-closets. Cette surface pourrait être moindre, mais elle est imposée par celle du rez-de-chaussée (Pl. 51).

A la Compagnie du Midi, elle atteint même 90 m.² dans les plus petites stations (bâtiment à deux travées, Pl. 52)[1].

A la Compagnie P.-L.-M., le type de deuxième classe a cinq travées, une surface de 168 m.² et comporte deux logements : un pour le chef de station et l'autre pour un facteur.

Le type de première classe n'a d'étage qu'au-dessus du pavillon central (cinq travées), et cet étage est distribué en deux appartements, l'un pour le chef de station, l'autre pour son sous-chef. La surface totale est de 180 m.².

Les mêmes dispositions sont réalisées dans le type hors classe ; la surface est sensiblement la même.

Ces dispositions se concilient bien, d'ailleurs, avec les exigences du service.

L'escalier, qui dessert le 1ᵉʳ étage, doit être placé de telle façon que le chef de station ou sa femme, qui remplit fréquemment les fonctions de receveuse et distribue les billets, puisse, sans sortir du bâtiment, passer de son logement au bureau des billets. Il doit, en outre, être disposé de manière à permettre l'accès du dehors à l'appartement sans passer par l'intérieur de la gare. Il en résulte que, dans les petites stations, cet escalier se trouve fréquemment placé latéralement, et que, dans les grandes stations, dont la partie milieu seule est surmontée d'un étage, il se trouve sur le côté du pavillon central ou dans l'une des travées immédiatement contiguës.

---

1. Les water-closets sont placés à l'étage du grenier de manière à éviter la diffusion de toute mauvaise odeur à l'intérieur du logement.

Lorsque le bâtiment des voyageurs contient plusieurs logements, il y a intérêt à les desservir par des escaliers indépendants, pour éviter tout rapprochement, en dehors du service, entre chef et subordonné, et toute difficulté dans les relations privées qui pourrait en être la conséquence.

A la Cie du Nord, afin de réaliser une séparation plus complète, on adopte une disposition inverse de celle de la Cie P.-L.-M., indiquée précédemment. Au lieu de placer les logements dans le pavillon central surmonté d'un étage, on les établit dans deux pavillons qu'on élève aux extrémités. L'appartement du chef de gare occupe le rez-de-chaussée et le 1er étage. Le logement du sous-chef, moins étendu, se trouve tout entier au 1er étage du pavillon opposé. Il y a donc deux escaliers indépendants. L'inconvénient de cette disposition est de s'opposer à tout agrandissement du bâtiment qui pourrait être réclamé par les exigences du service public,— agrandissement facile à réaliser avec le type P.-L.-M.., dont les bas côtés peuvent être allongés d'une ou de plusieurs travées sans inconvénient.

Nous ne rappelons que pour mémoire le type du Bourbonnais, dans lequel les salles d'attente, placées d'un côté du bâtiment, occupaient la hauteur du rez-de-chaussée et du 1er étage, tandis que, de l'autre côté du vestibule, se trouvaient au rez-de-chaussée des bureaux, et au 1er étage un logement, tous deux de faible hauteur, à moins que les salles d'attente, n'aient elles-mêmes une hauteur exagérée. Excès d'un côté, insuffisance de l'autre, ouvertures dissemblables et d'un effet disgracieux sur la façade : tels étaient les inconvénients de ce système.

Le chef de station a généralement la jouissance d'un jardin dans le voisinage du bâtiment qu'il habite.

247. Cours de départ et d'arrivée. — Les cours des gares doivent être de dimensions suffisantes pour la circulation qui s'y effectue normalement. Le tableau ci-après donne la surface des cours de quelques gares et le nombre des voyageurs qu'elles expédient annuellement :

§ 8. — INSTALLATIONS ACCESSOIRES

Gares	Voyageurs expédiés annuellement	Surface des cours	Rapport
Marcorignan...	24.000 v.	600 m²	25
Castelsarrazin..	46.000	561	12
Marmande....	81.000	2275	28
Castres........	164.000	2250	13
Arcachon......	182.000	3007	16
Lourdes.......	235.000	3950	17
Tarbes........	267.000	3400	13

Cette surface n'augmente pas proportionnellement avec le nombre des voyageurs expédiés. Et, en effet, plus le mouvement des voyageurs s'accroît, plus le nombre des trains qui desservent la gare se multiplie, et plus l'occupation des cours devient fréquente. Dans les très grandes gares, elle est presque continue. La détermination de la surface de la cour d'une gare se fait d'ordinaire par comparaison avec celle d'autres gares de même importance. Et quand il s'agit d'une grande gare, déjà établie, et que l'on agrandit, elle se fait encore par comparaison avec la surface de la cour existante.

En général, sauf dans les grandes gares et dans les gares terminales, une cour unique est affectée au départ et à l'arrivée. On doit, dans l'étude des dispositions à adopter, veiller avec soin à ce que la circulation des voitures amenant des voyageurs ne soit pas gênée par le stationnement des voitures qui en attendent ou par la sortie de ces dernières dès l'arrivée des trains.

Lorsque les cours sont séparées, et alors même que le nombre des voyageurs partant égale celui des voyageurs arrivant, on peut donner à la cour du départ une surface moins étendue qu'à celle de l'arrivée. Dans la première, en effet, les voitures amènent des voyageurs et leurs bagages, et partent. Leur séjour est limité à la durée de leur déchargement. Dans la seconde, au contraire, il y a toujours stationnement d'un certain nombre de voitures, retenues par les voyageurs dès leur sortie et qui attendent que le transport, le classement et la distribution des bagages soient effectués. Quoi qu'il en soit, en dehors des omnibus, des voitures de la Compagnie et de quelques voitures retenues, on ne doit considérer aussi la cour d'arrivée que comme un lieu de passage pour les voitures de place, dont la station est en dehors de l'enceinte de la gare.

La gare, même dans une petite localité, étant un des édifices importants de la cité, les dispositions doivent être prises pour que la cour qui la précède permette, en dégageant la vue, d'en faire apprécier les mérites. Cette cour, qui doit, comme nous l'avons dit, satisfaire tout d'abord aux exigences de la circulation, doit, en outre, être comme un cadre approprié à l'ensemble des constructions relatives au service des voyageurs. Son tracé doit être régulier et doit concorder avec celui des rues aboutissantes. Les plantations, les jardins, employés dans une sage mesure, peuvent concourir avantageusement à son embellissement.

985. Avenue d'accès. — Les chemins ou avenues d'accès des gares doivent être tracés avec une certaine ampleur, de manière à répondre au développement que prend généralement la circulation publique par suite de l'ouverture du chemin de fer. On ne doit pas oublier que, en raison de la rapidité avec laquelle des habitations se construisent sur les terrains qui bordent ces avenues, les élargissements ultérieurs deviennent très difficiles, quelquefois même à peu près impossibles, en égard aux dépenses élevées qu'entraîneraient les acquisitions.

A la vérité, la Compagnie qui construit un chemin de fer n'a pas d'autre obligation que celle de raccorder la cour des gares avec les voies publiques les plus voisines, mais son intérêt lui commande, après avoir doté un pays d'une voie de transport perfectionnée, de ne pas créer des accès avec des déclivités ou des sinuosités qui soient elles-mêmes une entrave au développement ou à l'activité de la circulation. Certaines gares sont parfois éloignées des villes. Il faut détruire de vieilles habitudes et résister aux derniers efforts du roulage. On doit agir en conséquence.

Lors donc que les conditions d'établissement d'un chemin sont particulièrement difficiles, lorsque la situation du pays, son commerce permettront d'augurer favorablement du développement de la circulation, nous croyons qu'il y aura intérêt pour la Compagnie et pour la ville à se concerter en vue d'améliorer les dispositions que l'une ou l'autre aurait pu réaliser isolément. Le résultat sera plus économique, meilleur, et toute discussion ultérieure se trouvera écartée.

Il est difficile d'indiquer d'une manière générale les dimensions à donner à la chaussée et aux trottoirs de ces avenues d'accès ; les conditions qui peuvent se présenter sont, en effet, très variables. Le mouvement des voyageurs et celui des marchandises diffèrent. L'avenue peut desservir à la fois la gare des voyageurs et celle des marchandises, ou ne desservir que celle des voyageurs, — l'arrivée et le départ des marchandises ayant lieu par une voie publique déjà établie. Elle peut avoir la totalité ou une partie seulement de l'un ou de l'autre de ces transports. Pour un même mouvement de voyageurs, le nombre des voitures de voyageurs variera avec la distance. Il augmentera avec celle-ci : ce sera l'inverse pour les piétons. Ces derniers seront plus nombreux si la gare est plus rapprochée de la localité.

Les mêmes difficultés se produisent pour la fixation des déclivités et du rayon des courbes. Les conditions d'établissement des voies publiques avoisinantes fourniront les limites en dedans desquelles il conviendra de se tenir renfermé.

§ 9.

SERVICE DES MARCHANDISES, DU MATÉRIEL ET DE LA TRACTION

1. QUAIS ET HALLES A MARCHANDISES

Nous avons indiqué précédemment (n°ˢ 184 à 196) les dispositions d'ensemble relatives à l'établissement des quais et des halles à marchandises. Il nous reste à faire connaître les détails concernant le mode de construction et l'aménagement de ces installations.

289. Quais. — Le terre-plein qui constitue le quai est limité par un mur de 0m.50 à 0m.60 d'épaisseur, destiné à le

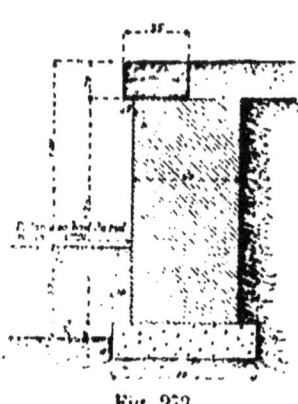

Fig. 273.

soutenir et à permettre le rapprochement des wagons. Le quai est d'ordinaire élevé à 1m. ou 1m.10 au-dessus du niveau des rails, et son arête supérieure est à une distance de 0m.85 à 1m. du rail voisin. Le mur de pourtour est généralement [1] construit en maçonnerie ordinaire. Il est couronné à sa partie supérieure par un bordage en chêne équarri de 0m.15 à 0m.20 d'épaisseur et de 0m.25 à 0m.35 de largeur, fixé au moyen de boulons à des pièces transversales de forme trapézoïdale, noyées dans la dernière assise maçonnée. Tous ces bois sont soigneusement goudronnés avant la pose.

Leur emploi atténue les chocs qui se produiraient au passage des marchandises du wagon au quai et qui détérioreraient promptement l'arête de celui-ci si elle était établie en maçonnerie.

La hauteur totale du mur varie naturellement avec la profondeur à laquelle il faut descendre la fondation pour trouver un terrain solide.

La surface du quai est horizontale avec un léger bombement au milieu pour permettre l'écoulement des eaux pluviales. L'aire des quais découverts est généralement formée par une couche de gravier. Lorsque le quai doit être couvert par une halle, et abriter des marchandises qui craignent l'humidité, l'aire est formée par une couche d'asphalte de 0,02 ou un

---

1. On a construit parfois des quais provisoires, limités au pourtour par de vieilles traverses jointives, fichées verticalement dans le sol de la plateforme.

dallage en ciment de 0m.05 d'épaisseur, sur un lit en béton de 0m.10 à 0m.15.

290. Halles. — Les dispositions adoptées pour la couverture des halles sont de deux sortes : la voie latérale au quai, au-dessus duquel la halle est établie, est *extérieure* à celle-ci, ou bien elle est *intérieure*.

Voie extérieure. Dans les pays où les pluies sont rares, on se borne à abriter la surface du quai, — les poteaux qui portent la halle reposant sur le mur d'enceinte de celui-ci, des auvents de 3m.50 à 5m. de saillie abritant les charrettes et les wagons pendant leur chargement et leur déchargement. La halle est fermée par des murs ou des parois en planches. Des ouvertures de 2m.25 à 2m.80 de largeur, sont placées en regard les unes des autres sur les deux faces longitudinales de la halle, les portes qui les ferment roulent, suspendues par des chapes sur des galets, de manière à ne pas imposer le maintien d'un espace libre pour leur ouverture. Ces portes sont tantôt intérieures, tantôt extérieures. Les premières ferment mieux, mais elles empêchent d'appuyer des marchandises contre la portion du mur derrière laquelle elles s'effacent, à moins qu'une paroi dormante en planches, formant gaîne, ne les recouvre en les isolant.

Voie intérieure. Dans les pays pluvieux, il y a intérêt à ne pas laisser les wagons exposés à la pluie pendant la manutention des marchandises, afin d'éviter toute avarie durant la période qui s'étend entre la remise de la marchandise par les expéditeurs à la Compagnie et sa livraison par celle-ci aux destinataires, c'est-à-dire pendant la période à laquelle s'applique la responsabilité de la Compagnie. La voie est alors établie sous la halle et des portes pivotantes, à un vantail ou à deux vantaux, sont placées à ses extrémités.

Les portes roulantes latérales n'existent, dans ces conditions, que du côté de la cour. Le mur ou la paroi élevé au-delà de la voie est généralement plein ; quelquefois des châssis vitrés sont établis à sa partie supérieure.

Indépendamment de l'abri réalisé, cette disposition permet d'interrompre une opération de chargement ou de déchargement commencée et d'en remettre l'achèvement au lendemain, toutes les portes de la halle étant fermées durant la nuit.

La distance ménagée entre le rail extérieur de la voie et la paroi contiguë doit être, au minimum, de 1 m.25, soit 2m à partir de l'axe de cette voie.

991. Cours couvertes. — Dans quelques grandes gares, il y a intérêt à couvrir complètement les cours interposées entre les quais. La largeur de ces cours est alors réduite au minimum, eu égard à la dimension des camions en usage dans la localité. L'activité des opérations n'est ainsi jamais ralentie par les troubles atmosphériques, et le fonctionnement de l'outillage des voies et des appareils de toute nature est meilleur et plus productif.

992. Dispositions diverses relatives à la construction. — Les halles en maçonnerie ordinaire sont les plus durables et ne coûtent pas plus, en général, que celles en charpente. Ces dernières rendent les vols plus faciles et exigent un grand entretien. Plusieurs Compagnies ont adopté le système du fer et de la brique, de manière à éviter tout danger d'incendie. Le bas des poteaux en bois et les jambages des portes doivent être garnis de bandes de fer, solidement fixées, de manière à les préserver des avaries causées par les chocs des diables servant au transport des marchandises.

La hauteur doit être de 4 m. 50 à 5 m. sous entrait. La couverture se fait en zinc ou en tuiles. Pour les grandes portées, le zinc, plus léger, permet d'avoir des combles moins coûteux, mais la tuile est avantageuse, parce qu'elle exige peu d'entretien.

Des châssis vitrés ne sont nécessaires dans la couverture que si la halle est très longue ; la quantité de lumière que l'on peut obtenir par de grandes baies cintrées ménagées dans les pignons étant dans le cas contraire suffisante. Des lanterneaux sont inutiles. L'aérage s'établit d'une manière convenable par toutes les ouvertures au pourtour des baies et dans la couverture. On ménage parfois un vide de quelques centimètres dans le haut des murs, sous la toiture ; ou bien, comme au Nord, on remplit la partie supérieure cintrée des grandes baies avec des briques posées de champ, laissant entre elles des jours pour le passage de l'air (Pl. 60).

293. Bureaux. — Dans les petites stations, le bureau est placé dans le bâtiment même des voyageurs. C'est le chef de la station qui fait les écritures nécessaires. Quelquefois ce bureau, en menuiserie et à niveau, est placé sous la halle.

Dans les grandes gares (Pl. 60), ce bureau est généralement annexé à la halle elle-même et placé au niveau de celle-ci sur une portion de quai excédante. Un escalier de 5 à 6 marches permet au public d'y arriver facilement de la cour. Un vestibule le précède et un magasin pour les souffrances y est annexé. Dans certaines Compagnies, tous les agents comptables sont réunis dans un même bureau, sous les ordres d'un même chef, et sont employés, selon les heures de la journée et les exigences du service à tel ou tel travail (grande ou petite vitesse) qui s'impose de la manière la plus pressante. Dans d'autres Compagnies, au contraire, la spécialisation est très marquée : chacun a sa tâche déterminée et les locaux sont distincts. Chacun de ces deux systèmes a ses avantages et ses inconvénients, et l'un peut être préféré à l'autre dans des circonstances déterminées.

II. — REMISES, DÉPOTS ET ATELIERS.

294. Remises de voitures. — Nous avons indiqué précédemment (n°s 146-147) les dispositions d'ensemble les plus fréquentes des remises de voitures. Il nous reste à donner quelques dernières indications sur les dispositions de détail.

Les voitures à voyageurs diffèrent peu comme largeur et comme hauteur. Ces deux dimensions ont pour limites la largeur 3 m. 20 et la hauteur 4 m. 28 du gabarit ; mais la longueur est variable. Sans parler des longues voitures du type américain, à couloir, que quelques Compagnies (P.-L.-M., P.-O.) ont commencé à mettre en service, on trouve maintenant des voitures qui ont les longueurs suivantes :

P.-L.-M.

Lits salons n° 41	longueur hors tampons	10 m.	73
1re classe AA. 11584	— id. —	10	13
3e classe CC. 13225	— id. —	8	99

Ouest.

Salon-lit	— id. —	8	52
Mixte pour trains légers	— id. —	8	36

P.-O.

1re classe (4 compartiments) AA. 3247.	— id. —	9	072
Fourgon à bagages à guérites extérieures DDP. 28401	— id. —	9	072

Est.

Voiture à 2 étages (haut. 4 m. 25)...	— id. —	9	50

Les grandes voitures, à part la précédente qui est une voiture de banlieue, sont généralement employées sur les grandes lignes. Les Compagnies maintiennent sur les lignes d'embranchement leur ancien matériel dont la longueur entre tampons ne dépasse guère 7 m. 50. Tel est le chiffre qu'on admet, en moyenne, pour le plus grand nombre des voitures actuellement en usage. L'entrevoie normale de 2 m. 00 entre les rails de deux voies contiguës est portée à 3 m. 00 sous les remises. La distance entre le rail extérieur de la voie longeant le mur de la remise et le parement de ce mur est de 1 m. 50. La hauteur sous entrait n'est pas inférieure à 4 m. 80.

Les remises de voitures sont généralement fermées sur trois côtés seulement. Le quatrième côté, qui est celui de l'entrée, reste ouvert. Des piliers ou des poteaux sont placés dans l'axe des retombées des fermes. Dans tous les cas, les ouvertures d'accès à ménager au-dessus de chaque voie ne doivent pas avoir moins de 4 m. 80 de hauteur sur 3 m. 40 de largeur.

L'éclairage a lieu au moyen de baies établies dans les murs de pourtour et, dans le cas où la remise a une grande largeur, au moyen de quelques châssis ménagés dans la couverture.

Ces remises se construisent en bois, en maçonnerie, quelquefois en briques et pans de fer. La charpente est en bois ou en fer. La couverture se fait en tuiles ou en ardoises ; la tuile, mauvaise conductrice de la chaleur, est préférable et, quand elle est de bonne qualité, n'exige que peu d'entretien.

§ 9. — MARCHANDISES. MATÉRIEL ET TRACTION

295. Remises de machines. — Nous avons donné (n°ˢ 220 à 224) des indications relatives aux dispositions d'ensemble des dépôts de machines. Nous devons les compléter maintenant par quelques renseignements de détails concernant la construction des remises, qui sont la partie essentielle des dépôts.

Nous avons fait connaître (n° 223) les dimensions en plan. On adopte 6 m. à 6 m. 50 comme hauteur sous entrait. Les remises de machines, comme celles de voitures, se construisent en moellons, en briques, en pans de fer.

Le comble se fait quelquefois en bois, plus fréquemment en fer, quelquefois aussi en fer et en bois.

L'échappement de la fumée des machines pendant l'allumage a lieu au moyen d'un tuyau de 0 m. 60 de diamètre environ, terminé à sa partie inférieure par un tronc de cône et surmonté d'un capuchon tournant, pour faciliter le tirage. Un tuyau est placé au-dessus de chaque cheminée.

Lorsque des tuyaux de cette espèce sont établis, on peut se dispenser de placer un lanterneau au-dessus du faîtage de la remise proprement dite et se borner à placer celui-ci au sommet du dôme central, dans les rotondes, et au-dessus de la voie du chariot dans les remises rectangulaires desservies par un chariot couvert.

Des œils de bœuf de grand diamètre sont généralement ménagés à la partie supérieure des pignons des remises rectangulaires, de manière à produire des chasses d'air favorables à l'échappement de la fumée des machines.

La remise est éclairée au moyen de portes qui, souvent, restent ouvertes, et aussi par de larges fenêtres ménagées dans les murs de pourtour. C'est au devant de ces fenêtres que l'on place les étaux destinés aux menues réparations des machines. Quelquefois, des jours sont pris sur la toiture au moyen de châssis vitrés, mais ces châssis se noircissent promptement et ne donnent qu'un supplément de lumière peu important.

La couverture se fait en ardoises ou en tuiles : les ardoises sont plus légères, mais les tuiles donnent généralement, lorsqu'elles sont de bonne qualité, des résultats plus durables. Il faut éviter d'employer la tôle ondulée galvanisée, qui résiste mal à l'action des combustibles pyriteux.

Les fosses à piquer sous les remises ont une longueur de 10 m. à 13 m. environ. — Le sol des remises est généralement pavé de manière à éviter la boue qui se produirait à la suite des lavages. — L'écoulement de ces lavages a lieu vers les égouts, qui reçoivent les eaux pluviales des toitures par les colonnes creuses en fonte ou les tuyaux de descente en zinc.

Des grues hydrauliques, avec bornes-fontaines, sont placées de deux en deux travées pour l'alimentation et le nettoyage des machines juxtaposées.

396. Prix des dépôts par m.² et par machine. — Le tableau ci-après donne les prix au mètre superficiel et par machine d'un certain nombre de remises rectangulaires ou circulaires construites par diverses Compagnies.

DÉPOTS DE MACHINES. — PRIX D'ÉTABLISSEMENT.

Compagnies	Stations	Nature des matériaux	Surface occupée par machine	Prix des Dépôts par m.²	Prix des Dépôts par machine	Observations
Orléans (Réseau central).	Busseau d'Ahun...	Granite...............	101 m²	105 f. »	10.597 f. »	rectangulaire (4 mach.).
	St-Sulpice-Laurière.	Granite, Pierre d'Argenton, Chancelade............	102	96 »	9.844 »	circulaire (16 machines), fondations difficiles.
	Montluçon.........	Celle-Bruère..........	100	89 »	8.933 »	circulaire (12 mach.).
	La Presles.........	Grès..................	99	73 »	7.289 »	rectangulaire (4 mach.).
	Trouget............	Grès..................	114	86 »	9.906 »	rectangulaire (2 mach.).
Nord	Arras.............	Colon. en fonte, colombage.	89 m²,25	90 »	8.032 »	circulaire (22 mach.).
	Saint-Pol..........	Maçonnerie ordinaire.....	87,40	80 »	6.992 »	rectangulaire (4 mach.).
Est	Châlons...........	Maçonnerie ordinaire.....	120 m² chariot et atelier compris	59 »	7066 chariot et atelier compris	rect. (30 mach.) d'après le détail estim. chariot couv.
	Nancy.............	»	115 m²	70 90	8.157 » chariot compris	rectangulaire (25 mach.).
	Nancy.............	»	»	»	9.500 »	circulaire (14 mach.).
	Wissembourg.......	»	»	»	6.000 »	rectangulaire (16 mach.).
P.-L.-M.	Ambérieu..........	Maçonnerie ordinaire, tuiles	»	»	8.000 »	rotonde complète (32/48 machines).
	Petits Dépôts......	»	»	»	12.900 »	circulaire (8 mach.).
Midi	Agen..............	»	128	82 35	10.745 »	circulaire (13 mach.).
	Tarbes.............	Maçonnerie ordinaire.....	105	50 »	5.250 »	rectangulaire (8 mach.).
	Tournemire........	Menuis¹ⁱᵉ sans soubassem¹.	119	51 61	6.155 »	circ. (14 mach.), provʳᵉ.
	Castres............	Maçonnerie ordinaire.....	130	82 »	11.613 »	circulaire (12 mach.).
	Toulouse...........	Maçonnerie.............	116	62 84	7.291 »	circulaire (2 × 15 mach.).

297. Ateliers. — Nous avons indiqué précédemment (n°ˢ 232 à 238) les conditions générales, — dispositions, groupement, — auxquelles il y a lieu de satisfaire pour la construction des ateliers.

Quelques indications de détail compléteront celles que nous avons déjà données à ce sujet.

Les divers bâtiments à construire doivent être groupés, avons-nous dit, suivant un ordre parfaitement méthodique, de manière à éviter les transports inutiles. Cette même méthode doit être suivie dans le groupement des machines à l'intérieur de chaque atelier. Tout travail à effectuer à bras ou à l'aide de machines exige une place (que l'on peut connaître à l'avance, d'après les installations similaires existantes) et cette place doit être donnée au point désigné par la marche des opérations à accomplir, de manière que le but poursuivi puisse être atteint dans les conditions les plus satisfaisantes au triple point de vue de la bonne exécution, de la rapidité et de l'économie.

Sans entrer dans les développements qu'exigerait la description des dispositions de détail à adopter, description que le cadre trop limité de cet ouvrage ne nous permet pas d'aborder, nous nous bornerons à donner les indications suivantes :

La largeur, d'axe en axe, des voies atteint 6 m. 25 dans les ateliers de réparation de machines (Béziers), et 6 m. dans les ateliers de réparation de voitures (Romilly). Ces dimensions donnent toutes facilités pour les lavages et les réparations.

La hauteur sous entrait est de 7 m. environ. Les murs d'enceinte se font généralement en pans de fer.

Pour porter la couverture on emploie fréquemment aujourd'hui des fermes en Shed, ou dents de scie, en fer, portées par des poteaux métalliques ; le versant le plus court et à pente rapide, *regardant le nord*, est vitré sur toute sa surface. L'autre versant est couvert en tuiles, avec plafond en plâtre au-dessous.

Les transmissions sont généralement souterraines dans les ateliers récemment construits. Cette disposition, qui peut présenter quelque gêne au point de vue de l'établissement des fondations de certaines machines-outils, a par contre de nombreux avantages. Dans les scieries notamment, on supprime les chances d'accident qui résultent de la multiplicité des courroies ; on facilite les manœuvres à bras lorsque celles-ci ont dû être employées aux lieu et place des manœuvres à l'aide de transbordeurs ; enfin on est complètement à l'abri des suites d'un incendie en renfermant ces transmissions dans un sous-sol voûté. C'est cette disposition qui a été adoptée à Romilly par la Cie de l'Est.

Signalons encore l'intérêt que présentent pour les transmissions l'adoption d'arbres en acier, sans rainure sur la longueur, — les tambours des poulies étant formés de deux pièces serrées au moyen de boulons, — et l'emploi des paliers du type américain.

Tandis que les ateliers n'occupent, en général, que le rez-de-chaussée, les bâtiments d'économat peuvent être élevés avec plusieurs étages. Une disposition avantageuse consiste à jumeler deux bâtiments de cette espèce, en les écartant l'un de l'autre de 10m. environ. Cet intervalle, vitré au sommet, est occupé à la base par deux voies parallèles, sur lesquelles sont amenés les wagons à charger ou à décharger. Un transbordeur, dont le chemin de roulement est placé au-dessus des dernières baies des deux bâtiments, permet de prendre les matières à emmagasiner dans les wagons et de les élever à l'un quelconque des étages.

Les constructions ainsi établies sont plus économiques, et les manutentions s'exécutent rapidement et à bon marché.

§ 10.

PRIX DES BATIMENTS DES STATIONS
RÉCAPITULATION.

Les prix du mètre superficiel des bâtiments varient :
1° avec les localités où on doit les établir et les ressources locales.

2° avec le mode de fondations adopté,

3° avec le nombre et l'importance de ces bâtiments. Les conditions offertes par les entrepreneurs sont d'autant meilleures que les travaux à exécuter sont plus importants ; plus une surface bâtie est réduite, plus elle coûtera au mètre superficiel ;

4° avec le confortable, ou le luxe dont on veut les doter.

On peut admettre en moyenne :

Bâtiment des voyageurs.	180 fr.	à 250 fr.	le m²,
Halle à marchandises . .	85	à 110	» ,
Quais découverts	10	à 18	» ,
Lieux d'aisances.	170	à 250	» .

CHAPITRE SIXIÈME

SIGNAUX

§ 1. *Préliminaires*
§ 2. *Signaux de la voie. Langage*
§ 3. — *Structure des signaux mobiles et moyens mécaniques par lesquels on les manœuvre*
§ 4. *Règles suivant lesquelles les signaux sont faits, placés et répartis*
§ 5. *Installations spéciales*
§ 6. *Enclenchements*
§ 7. *Application de l'électricité aux signaux*

SOMMAIRE :

§ 1. *Préliminaires* : 298. Considérations générales. Code des signaux.

§ 2. *Signaux de la voie. Langage* : 299. Signaux nécessaires. Différentes espèces. — 300. Signaux mobiles : drapeaux, lanternes, pétards. — 301. Signaux fixes, énumération. — 302. Disque ou signal rond. — 303. Poteau de protection. — 304. Signal carré d'arrêt absolu. — 305. Sémaphore. — 306. Signaux de ralentissement. — 307. Indicateur de bifurcation. — 308. Signaux indicateurs de direction ou de position des aiguilles. — 309. Signaux des trains.

§ 3. *Signaux de la voie. Structure des signaux mobiles et moyens mécaniques par lesquels on les manœuvre* : 310. Disque avancé. — 311. *a*. Disque proprement dit. Trembleuse électrique. Appareil à pétards. — 312. *b*. Levier de manœuvre à un et à deux fils. — 313. *c*. Transmission. — 314. *d*. Appareil compensateur (P.-L.-M. Système Dujour. — Est. — Nord. Système Robert). — 315. Comparaison des divers systèmes en usage (P.-O. — P.-L.-M. — Est. — Nord). — 316. Signal carré d'arrêt absolu. — 317. Sémaphore. — 318. Signaux à indication permanente. — 319. Signaux d'aiguilles.

§ 4. *Règles suivant lesquelles les signaux sont faits, placés et répartis* : 320. **Signaux mobiles** : Distances entre un obstacle et le signal mobile commandant l'arrêt ou le ralentissement (Est). — 321. **Signaux fixes** : *a*. Position des disques par rapport au point à couvrir. — *b*. Position par rapport au train et orientation de l'appareil. — *c*. Position par rapport à la voie. — *d*. Position par rapport à la gare. — 322. **Autres signaux**. Position.

§ 5. *Installations spéciales* : 323. Disque répétiteur. — 324. Signal à distance manœuvré de plusieurs postes. — 325. Disposition des signaux aux abords d'une bifurcation.

§ 6. *Enclenchements* : 326. Conditions générales. — 327. Concentration des leviers de manœuvre des signaux et des aiguilles : *a*, signaux ; — *b*, aiguilles ; 1° transmissions rigides ; — 2° transmission par fils. — 328. Appareils complémentaires de la concentration des leviers d'aiguilles : *a*, contrôleur Lartigue ; — *b*, verrou d'aiguilles Saxby et Farmer ; — *c*, appareil de calage automatique ; — *d*, pédale de calage Saxby et Farmer. — 329. Enclenchement d'un levier α d'aiguilles et d'un levier β de signal. — 330. Enclenchement Vignier (ancien système). — 331. Enclenchement Vignier (nouveau système). — 332. Enclenchement Saxby et Farmer. — 333. Etude d'un projet d'enclenchement. Indications sommaires.

§ 7. *Application de l'électricité aux signaux* : 334. Cloches électriques : 1° Siemens ; 2° Leopolder. — 335. Exploitation par le Block-system ou par cantonnement. — 336. Appareils Regnault (Ouest, Midi). — 337. Appareil Tyer, avec avertisseurs Jousselin (P.-L.-M.). — 338. Electro-sémaphores Lartigue (Nord et Est). — 339. Longueur des cantonnements.

CHAPITRE SIXIÈME

SIGNAUX

§ 1.

PRÉLIMINAIRES

296. Considérations générales. Code des signaux.
— La circulation des trains ne peut avoir lieu dans les conditions de sécurité nécessaires que s'il existe des moyens de communication entre les agents des trains et ceux de la voie. En effet, les agents des trains doivent régler la marche de ceux-ci d'après l'état de la voie qu'ils parcourent et les agents de la voie et des gares exécutent leurs travaux et leurs manœuvres de manière à les accomplir dans les intervalles compris entre les heures de passage de ces trains. Les communications ou, comme on l'a dit, *le langage*, est échangé entre eux au moyen des signaux.

Il convient toutefois de remarquer que les agents sédentaires règlent leur conduite sur le temps dont ils disposent d'après le tableau de la marche des trains, plutôt que sur l'avis qu'un train leur donne, par un coup de sifflet, de son arrivée immédiate. Il en résulte que les signaux qui s'adressent aux trains sont plus nombreux et plus importants que ceux qui sont faits par les trains eux-mêmes aux agents de la voie. Nous nous occuperons des premiers, c'est-à-dire des signaux qui sont faits par les agents de la voie aux agents des trains.

Chaque Compagnie entend la sécurité à sa manière : telle se trouvera convenablement protégée par certains appareils placés dans des conditions déterminées et par certains règlements qui s'y rapportent. Telle autre, au contraire, se considérera comme imparfaitement garantie dans les mêmes conditions et adoptera d'autres dispositions et d'autres règles. La sécurité peut être parfaitement assurée suivant les uns et ne pas l'être au même degré pour les autres ; c'est là une question d'appréciation, une question de sentiment, de telle nature que l'uniformité dans la manière de procéder n'a pas pu et ne peut pas être réalisée.

Cette uniformité, si elle avait été établie, n'aurait pas été cependant sans présenter de sérieux avantages. Il arrive, en effet, que certains trains passent des lignes d'une Compagnie sur celles d'une autre Compagnie (les trains de Paris-Nord à Paris-Saint-Lazare, par exemple, circulent sur les deux réseaux du Nord et de l'Ouest ; les trains du réseau de l'État, pour arriver à Paris, circulent sur les lignes de l'Ouest, etc.). Les agents d'un même train doivent obéir à des signaux qui, sur chacun des réseaux parcourus, sont régis par des règles spéciales. En temps de guerre, les trains et le personnel d'une Compagnie peuvent passer sur le réseau d'une autre ou de plusieurs autres Compagnies. La même difficulté se reproduit à chaque changement de réseau qui entraîne un changement de réglementation. Bien que l'adoption de dispositions uniformes et invariables pour toutes les Compagnies, en France, dût présenter un intérêt véritable, il n'a pas semblé qu'on dût chercher à l'imposer, chacun devant conserver la responsabilité des mesures qu'il aura proposées. On n'a donc uniformisé que ce qui pouvait l'être sans porter atteinte à cette responsabilité et sans apporter d'entrave aux perfectionnements à attendre des travaux poursuivis isolément et de l'expérience acquise par chacun.

Il convient de distinguer, en ce qui concerne les signaux :

1° Les *apparences* ou les *sons* qu'ils sont destinés à produire, ainsi que la *signification* à y attacher ;

2° Leur *structure* et les *moyens mécaniques* par lesquels on les manœuvre ;

3° Les *règles* suivant lesquelles ils sont placés et répartis.

4° Les dispositions administratives qui ont reçu le nom de *Code des signaux*[1] et qui datent du 15 novembre 1885, fixent l'uniformisation du langage.

1. Voir aux Annexes

2° Les Compagnies restent, d'ailleurs, libres d'adopter tels appareils qui leur conviennent. Il eût été difficile de leur imposer pour la construction des signaux, des types invariables : c'eût été les engager, ou engager l'État intervenant, dans des dépenses considérables de remplacement des appareils existants, et empêcher ou, du moins, rendre bien difficile toute modification ou toute amélioration possible dans l'avenir.

3° Quant aux règles d'après lesquelles les signaux seront placés et répartis suivant les déclivités et les courbes des lignes parcourues et suivant les conditions du trafic, les Compagnies conservent leur initiative sous le contrôle de l'Administration supérieure.

§ 2

SIGNAUX DE LA VOIE. — LANGAGE

399. Signaux nécessaires. — Les signaux à adresser aux agents d'un train ont pour objet de les renseigner sur l'état de la voie, pour ce qui intéresse la marche de leur train. Trois circonstances peuvent se produire :

La voie est libre et permet le libre passage des trains ;
L'état de la voie impose l'arrêt ;
L'état de la voie impose le ralentissement.

Il convient de définir ce que l'on entend par *ralentissement*. C'est la réduction de la vitesse (art. 3 du Code) :

Pour les trains de voyageurs, à 30 kilom. au maximum, à l'heure ;

Pour les trains de marchandises, à 15 kilom. au maximum, à l'heure.

Différentes espèces de signaux : signaux mobiles, signaux fixes. — Les signaux au moyen desquels on fait connaître aux agents des trains ces trois états de la voie doivent pouvoir être faits soit en pleine voie, soit aux abords de certains points fixes comme les entrées des gares, qu'il faut défendre lorsqu'on y effectue des manœuvres, soit aux abords des bifurcations, en raison du concours de trains qui peut s'y produire, etc. Les premiers sont faits par un agent, circulant sur la voie ou aposté en un point convenable, et sont appelés *signaux mobiles*. — Les seconds sont réalisés au moyen d'appareils élevés au-dessus du sol, appelés *signaux fixes*, et manœuvrés sur place ou à distance.

Signaux optiques, signaux acoustiques. — Les signaux peuvent produire des apparences et s'adresser aux yeux ; on les appelle alors *signaux optiques*. Ils peuvent produire des sons et éveiller l'attention en frappant les oreilles ; on les appelle dans ce cas *signaux acoustiques*. Ces derniers sont généralement employés, soit pour suppléer les premiers, — parce que, en temps de brouillard ou de neige abondante, les signaux optiques peuvent ne pas être vus, — soit pour les compléter en s'adressant à la fois aux yeux et aux oreilles du mécanicien et des agents du train.

300. Signaux mobiles. — Les signaux *mobiles* employés varient naturellement selon les conditions de propagation de la lumière ; on emploie :

Le jour : un *drapeau*, un *guidon*, un *objet quelconque* ou le *bras étendu* ;

La nuit ou par un brouillard épais : des *lanternes à feu blanc* ou *de couleur* (des feux de couleur sont obtenus au moyen de verres colorés qui ferment la lanterne sur deux de ses faces) ;

Le jour et la nuit : des *pétards*. Les pétards sont formés par une lentille de matière fulminante, enfermée dans une enveloppe métallique hermétique pour la soustraire à l'action de l'humidité, et qu'on peut fixer sur le champignon du rail au moyen de deux agrafes ou bandes en métal flexible. Le passage de la roue d'avant écrase et fait détoner la matière fulminante.

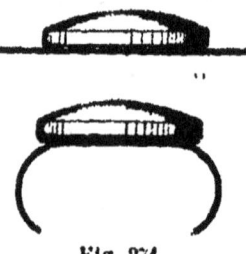

Fig. 274.
Type des chemins de fer d'Orléans et de Lyon.

Il fallait, au moyen de ces signaux, faire connaître aux agents du train

§ 2. — SIGNAUX DE LA VOIE. LANGAGE

l'un ou l'autre des trois états de la voie signalés plus haut. Le Code a fixé ces signaux de la manière suivante :

Voie libre (Art. 5).

Le jour : Drapeau roulé ou bras étendu horizontalement.
La nuit : Feu blanc.

Arrêt immédiat (Art. 6).

Le jour : Drapeau rouge déployé. Un objet quelconque vivement agité. Les bras élevés.
La nuit : Feu rouge. Toute lumière vivement agitée.

Ralentissement (Art. 7).

Le jour : Drapeau vert déployé.
La nuit : Feu vert.

Nous insistons sur ce fait que la couleur *blanche* indique *la voie libre*, la *rouge* commande *l'arrêt*, et la *verte* commande *le ralentissement*, parce que nous verrons ces trois couleurs adoptées, avec la même signification, dans les signaux fixes.

Après un ralentissement, la présence d'un drapeau roulé, d'un guidon blanc ou d'un feu blanc, indique la possibilité pour le mécanicien de reprendre sa vitesse normale (art. 8).

Dans le cas de troubles atmosphériques, on emploie des pétards comme complément des signaux optiques : on en place 2 ou 3, si le temps est humide, soit un sur chaque rail, à 25 ou 30 m. d'intervalle et à pareille distance en aval du signal optique.

L'emploi des pétards est obligatoire dès que les signaux optiques ne sont plus visibles à 100 m. (art. 9).

En cas de force majeure, on peut employer des pétards isolément.

Le mécanicien qui rencontre des pétards dans ces conditions doit se rendre immédiatement maître de la vitesse de son train pour pouvoir s'arrêter si besoin est. Il ne peut reprendre sa vitesse qu'après un parcours fixé par le règlement de la Compagnie et, au plus tôt, avant d'avoir parcouru 1.000 m. (art. 10).

801. Signaux fixes. — Les signaux fixes peuvent avoir pour objet de :

1° Indiquer *la voie libre* ou commander *l'arrêt*, ce qui a lieu au moyen d'un voyant présentant sa face *blanche* dans le premier cas, ou sa face opposée, peinte en *rouge*, dans le second. Deux appareils sont employés dans ce but :

Le *disque* ou *signal rond*, appelé aussi *disque à distance* ;

Le *signal carré d'arrêt absolu* ;

2° Indiquer *la voie libre*, commander *l'arrêt* ou *le ralentissement* : quelques Compagnies emploient un appareil qui satisfait à cette triple fonction et auquel on a donné le nom de *sémaphore*, parce qu'il présente quelque analogie avec ceux qui sont adoptés sur les côtes pour correspondre avec les bateaux en mer ;

3° Indiquer *la voie libre* ou commander *le ralentissement* : ce sont les *disques de ralentissement* ;

4° Indiquer la *proximité d'une bifurcation* : ce sont les *indicateurs de bifurcation* ; ou la proximité d'un *signal carré d'arrêt absolu* : ce sont les *signaux d'avertissement* ;

5° Indiquer la *direction des aiguilles* d'un changement que le mécanicien aborde par la pointe : ce sont les *signaux indicateurs de direction et de position des aiguilles* (art. 11).

Nous ferons connaître sommairement le rôle de chacun de ces appareils, tel qu'il est défini par le Code des signaux.

802. Disque ou signal rond. — Cet appareil se compose essentiellement d'un voyant ou mire de forme circulaire, fixé à la partie supérieure d'un axe vertical en fer rond. Ce disque peut pivoter sur son axe et prendre deux positions :

1° Le disque étant perpendiculaire à l'axe de la voie, et présentant sa *face rouge* le jour ou un *feu rouge* la nuit, aux trains arrivants, est dit *fermé* ;

2° Le disque étant *parallèle* à l'axe de la voie ou présentant un *feu blanc* aux trains arrivants, est dit *effacé*.

En présence d'un disque fermé, le mécanicien doit se rendre, immédiatement et par tous les moyens, maître de sa vitesse pour pouvoir s'arrêter à tout signal le lui commandant. En tous cas, il ne devra ni atteindre la 1re aiguille ou la 1re

§ 2. — SIGNAUX DE LA VOIE. LANGAGE

traversée protégée par le signal, ni repartir sans y avoir été autorisé par le chef de train ou l'agent de la voie préposé (art. 12).

303. Poteau de protection. — Un train qui s'approche d'une gare, après avoir rencontré le disque rond, dont nous venons de parler, et l'avoir dépassé, quoique fermé, rencontre un nouveau signal fixe, à indication permanente, ou mieux, un poteau indicateur, appelé *poteau de protection*, qu'il franchit encore. Ce poteau marque le point à partir duquel le signal fermé assure au train qui l'a dépassé une protection effective (art. 13).

Fig. 275.

Il convient d'entrer à ce sujet dans quelques explications.

Supposons (fig. 276) que l'on ait à protéger un point A contre un train venant de droite à gauche. Pour empêcher l'arrivée de ce train, un agent devra se porter à sa rencontre et s'arrêter en un point B pour faire le signal d'arrêt, ce point étant à une distance de A telle que, si le mécanicien du train ne vient à apercevoir le signal qu'au moment même où il passera à côté de lui, il ait encore à parcourir une longueur AB, suffisante pour pouvoir, en égard au profil de la ligne, sûrement arrêter son train avant d'atteindre le point A.

L'hypothèse que nous venons de faire (du mécanicien, qui ne voit le signal qu'au moment où il va l'atteindre) se réalise par les pluies très abondantes et surtout en temps de neige ou de brouillard.

Si nous supposons que le signal d'arrêt (drapeau, lanterne) porté à la main par un agent soit remplacé par un signal fixe B, manœuvré à distance pour défendre l'aiguille A, la plus avancée d'une gare (fig. 277), devra-t-on seulement ménager entre le point A et ce signal B une distance au moins égale à celle que nous venons d'indiquer? En agissant ainsi, sera-t-on suffisamment couvert contre toutes les éventualités qui pourront se produire?

Ces dispositions seraient insuffisantes. Il faut, en effet, d'une part, que le train attendu t_1 puisse s'arrêter avant d'arriver au point A pour permettre à un autre train t_2, sortant de la gare, de manœuvrer sur la même voie, de A en D.

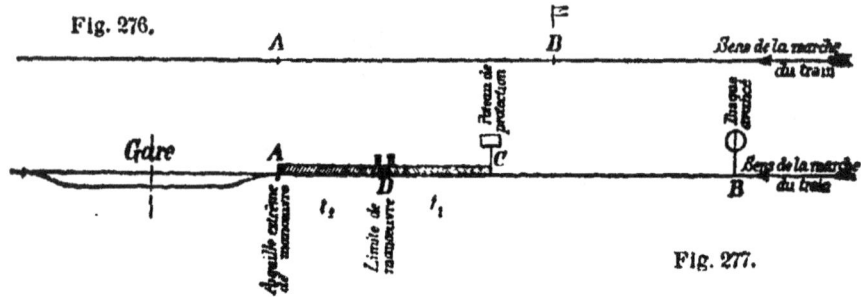

Fig. 276.

Fig. 277.

Il faut, d'autre part, que le train t_1, pendant qu'il sera arrêté en DC, ait sa partie extrême arrière protégée contre l'arrivée éventuelle d'un autre train qui le suivrait.

Pour réaliser ces deux conditions, on ménage, au-delà de l'aiguille considérée A, une distance AC égale à la longueur du train qui manœuvre, augmentée de la longueur du train attendu. Cette longueur varie avec la longueur de ces trains et par conséquent avec le profil de la ligne et la puissance des machines en service sur cette ligne. Les longueurs de ces deux trains peuvent être différentes parce qu'il faut considérer le profil dans le sens de la marche de chacun d'eux. Au point C, on place le *poteau de protection*.

Au-delà du point C, on prend une distance CB égale à celle qui est nécessaire au train pour pouvoir s'arrêter. Nous verrons plus loin quelles sont ces distances.

Ce que nous venons de dire suppose que le disque n'est visible par le mécanicien qu'au moment même où il l'aborde. Dans certaines Compagnies, on admet, au contraire, que le disque doit être aperçu avant qu'on y arrive. La distance CB ci-dessus se trouve raccourcie d'autant. On pourrait même, en appliquant strictement ce second principe, placer le disque au même point que le poteau limite de protection, ou les confondre tous deux dans un seul et même appareil. Mais cela n'a pas lieu, et pour être plus sûrement couvert, on ménage toujours une certaine distance minimum entre le poteau de protection et le disque avancé correspondant. Cette distance varie, selon les Compagnies, de 100m. à 400 et 600m.

Le poteau de protection est un poteau en bois, ou en fer, portant l'inscription suivante : *Limite de protection du disque, sauf en cas de brouillard*.—On comprend l'importance de cette restriction : *sauf en cas de brouillard*. Lorsque l'atmosphère s'obscurcit, le point à partir duquel le disque avancé commence à être visible pour le mécanicien se rapproche de ce signal. L'atmosphère peut devenir tellement sombre et le point de visibilité du disque se rapprocher tellement de celui-ci que le mécanicien n'ait plus à parcourir un intervalle suffisant entre ce point de visibilité et le point protégé, c'est-à-dire à proprement parler le poteau de protection, pour obtenir l'arrêt de son train. Dans ce cas, ce poteau ne marque plus la limite de la protection assurée par le disque.

304. Signal carré d'arrêt absolu. — Le signal carré d'arrêt absolu consiste en une mire de forme carrée ou rectangulaire fixée à la partie supérieure d'un arbre vertical en fer rond. Ce signal peut prendre deux positions par rapport à la voie qu'il commande perpendiculaire ou parallèle (art. 14).

1° Le signal étant perpendiculaire à la voie présente au train, le jour, un *damier rouge et blanc* et, la nuit, un double feu rouge : il commande alors l'*arrêt absolu* et aucun train, ni machine, ne doit le franchir.

2° Le signal effacé, c'est-à-dire parallèle à la voie, ou présentant la nuit un feu *blanc*, simple ou double, indique que la *voie est libre*.

Il peut être remplacé sur les voies autres que les voies de circulation par un signal carré, ou rond, à face jaune, présentant, la nuit, un *simple feu jaune* (art. 15).

305. Sémaphore. — Le sémaphore est un appareil destiné à maintenir entre les trains les intervalles nécessaires (art. 16).

Il se compose d'un mât en bois ou d'une colonne creuse en fonte. A la partie supérieure, se trouvent un ou plusieurs bras méplats, susceptibles de se mouvoir dans un plan perpendiculaire à la direction de la voie sous l'action de tringles manœuvrées à la partie inférieure. Le sémaphore donne ses indications, le jour, par la position du ou des bras dont il est muni, la nuit par la couleur des feux qu'il présente.

Le bras à considérer est celui qu'on voit à gauche en s'approchant de l'appareil.

1° Le bras étant *horizontal* et présentant, le jour, sa *face rouge* et, la nuit, un *double feu vert et rouge*, commande *l'arrêt*.

2° Le bras *incliné vers le bas*, à 45° avec le mât, durant le jour, ou présentant un *feu vert* durant la nuit, commande le *ralentissement*.

3° Le bras *rabattu sur le mât* durant le jour, ou un feu *blanc* la nuit, indique que la voie est *libre*.

Le signal d'arrêt du sémaphore interdit la circulation au-delà du poste, ou de la station, où cet appareil est placé, sauf autorisation formelle d'avancer donnée par le chef de station au signaleur et dans des conditions particulières indiquées au mécanicien.

Lorsqu'il y a plus de deux voies principales, contiguës et parcourues dans le même sens, le même mât peut porter plusieurs bras superposés. Le bras supérieur à gauche d'un observateur s'avançant vers le sémaphore s'adresse à la voie la plus à gauche. Le bras au-dessous s'adresse à la voie contiguë à droite, et ainsi de suite en allant de gauche à droite (article 32).

306. Signaux de ralentissement. — Certaines Compagnies ont un *disque de ralentissement* qui, comme le disque à distance, peut prendre deux positions par rapport à la voie qu'il commande (art. 17) :

1° perpendiculaire à la voie et présentant sa face *verte*, le jour, et un *feu vert* la nuit, il commande le *ralentissement*.

2° parallèle à la voie, c'est-à-dire effacé, et présentant la nuit un *feu blanc*, il indique que la voie est *libre*.

Des limitations de vitesse peuvent, dans des cas déterminés par le Ministre, être indiquées par des tableaux blancs, éclairés la nuit et portant le chiffre auquel la vitesse doit être réduite.

§ 2. — SIGNAUX DE LA VOIE. LANGAGE

Parfois un tableau, avec le mot ATTENTION en gros caractères, fait connaître aux agents qu'ils doivent, sur certains points, redoubler de prudence.

307. Indicateur de bifurcation. — Cet indicateur est formé soit par une plaque carrée, peinte en damier vert et blanc éclairée la nuit par réflexion ou par transparence, soit par une plaque portant le mot BIFUR, éclairée la nuit de la même manière.

Le damier vert et blanc peut être aussi employé, comme *signal d'avertissement*, pour annoncer des *signaux carrés d'arrêt absolu* qui ne protègent pas des bifurcations.

308. Signaux indicateurs de direction ou de position d'aiguilles. — Les signaux *indicateurs de direction des aiguilles* se distinguent (art. 19) :

a. — En signaux de *direction*, placés aux aiguilles prises en pointe par le mécanicien venant du tronc commun et en avant desquelles ce mécanicien doit demander, avec le sifflet de sa machine, qu'on lui donne l'entrée de la voie qu'il doit suivre (Pl. 65, au bas à gauche) ;

b. — En signaux de *position*, destinés à faire connaître aux agents sédentaires la position des aiguilles prises en pointe et la direction donnée par celles-ci (Pl. 65 au bas, à droite).

a. — Les signaux de *direction* sont faits par des bras sémaphoriques peints en *violet*, terminés à leur extrémité *en flamme* par une *double pointe*. Ils sont disposés, mis en mouvement et éclairés de la manière suivante (art. 20) :

1°. — Actionnés par des leviers *indépendants* des aiguilles, mais *enclenchés avec elles* : Les bras sont superposés et correspondent, du haut en bas du mât, aux directions de gauche à droite que peut donner le poste. Le bras peut prendre deux positions : s'il est *horizontal*, la direction correspondante n'est pas donnée ; s'il est *incliné à angle aigu*, la direction correspondante est donnée. La nuit : feu *vert* ou feu *blanc* suivant qu'on doit ralentir ou que l'on peut passer en vitesse.

2°. — Actionnés *automatiquement par l'aiguille* : Le mât

indicateur juxtaposé à l'aiguille ne présente jamais qu'un bras apparent.

Le bras *apparent* d'un côté, le jour, ou donnant un *feu violet* la nuit, indique que la direction correspondant à ce côté est *fermée*.

Le bras *effacé*, le jour, ou un *feu blanc*, la nuit, indique le côté dont la direction est donnée.

Lorsque plusieurs bifurcations existent au même poste, les appareils sont placés dans l'ordre des directions à prendre, et leurs indications doivent être observées dans le même ordre.

b. — Les signaux de *position* dont le but a été défini par l'article 19 du Code ont un voyant tantôt *circulaire*, tantôt *losange* en forme de double flamme ou de $<$ allongé. Ce voyant est généralement, comme le feu de nuit, de couleur *verte*. Cependant, certaines Compagnies ont adopté la couleur *bleue* (Pl. 24).

309. Signaux des trains. — Nous renvoyons au Code des signaux, dont nous donnons le texte parmi les annexes, à la fin de ce volume, pour les signaux de trains :

I. — Signaux ordinaires portés par les trains ;

II. — Signaux du mécanicien ;

III. — Signaux des conducteurs de trains ;

et pour les signaux de départ et d'arrêt des trains.

§ 3

SIGNAUX DE LA VOIE
STRUCTURE DES SIGNAUX MOBILES ET MOYENS MÉCANIQUES
PAR LESQUELS ON LES MANOEUVRE

Les signaux, d'après ce qu'on vient de voir, sont appelés à répondre à des buts très divers et leur construction donne lieu à autant de types correspondants. Mais chacun de ces types se subdivise en autant de modèles distincts qu'il y a de Compagnies ou à peu près. D'où résulte un nombre de variétés considérable. Nous nous bornerons à faire connaître les dispositions adoptées le plus généralement et nous renverrons, pour les détails, aux ouvrages spéciaux qui ont traité de cette matière [1].

310. Disque avancé. — L'ensemble d'un disque avancé se compose de quatre parties :

a. — Le disque proprement dit et son levier de rappel, sa lanterne, la sonnerie trembleuse, l'appareil à pétards ;
b. — Le levier de manœuvre ;
c. — La transmission et ses supports ;
d. — L'appareil compensateur.

311. *a*. — **Disque proprement dit**. — Le disque est constitué par une mire ou un voyant circulaire de 1 m. à 1 m. 20 de diamètre, peint en rouge sur une face, en blanc sur la face opposée, et porté par un arbre vertical en fer rond, de 0 m. 04 de diamètre. Le centre du voyant est à une hauteur de 3 m. 50 à 6 m. au-dessus du rail. Cet arbre est soutenu soit par une colonne creuse en fonte (P.-L.-M., Pl. 67), soit par un chevalet triangulaire en barres de fer boulonnées (Nord, Pl. 68), soit enfin par un pylône en fers assemblés, dont la section est celle d'un T (P. O., Pl. 68). Il repose à sa partie inférieure dans une crapaudine et porte un balancier horizontal ou une poulie, actionnée par le fil de manœuvre à l'aide duquel on peut faire tourner la tige du signal de 90°, de manière à placer le voyant soit parallèlement à l'axe de la voie, D', soit perpendiculairement à cet axe, D" (Pl. 68, fig. 9). Des butoirs convenablement placés limitent l'étendue de sa course.

Lorsque le disque est commandé par un seul fil (P.-L.-M., Nord, Est), un levier de rappel, ou un contrepoids agissant sur l'axe du disque à sa base, ramène celui-ci à sa position première après qu'il en a été écarté par l'action du fil de manœuvre.

---

1. Voir l'Étude sur les signaux de MM. Brame, Inspecteur général des ponts et chaussées, et Aguillon, Ingénieur en chef des mines. — Dunod, éditeur, 1883.

546   CHAPITRE VI. — SIGNAUX

L'éclairage du disque a lieu au moyen d'une lanterne qui, dans la plupart des appareils de ce genre, est fixée sur le mât de support. A la Compagnie P.-L.-M., la lanterne est portée par un chariot, qui glisse sur des tringles jumelles, solidaires du mât, et est élevée à l'aide d'une chaîne sans fin à la hauteur d'un verre rouge serti, au moyen de deux rondelles en caoutchouc, dans une ouverture pratiquée sur le côté du voyant. Dans le type du Nord, la lanterne est solidaire du disque et placée au centre de la mire. Il en est de même dans le type de la Cie d'Orléans (Pl. 68). Dans celui-ci, la lanterne surmonte le voyant et porte un verre rouge, de manière à projeter un feu rouge en même temps que le disque présente lui-même sa face colorée au train arrivant.

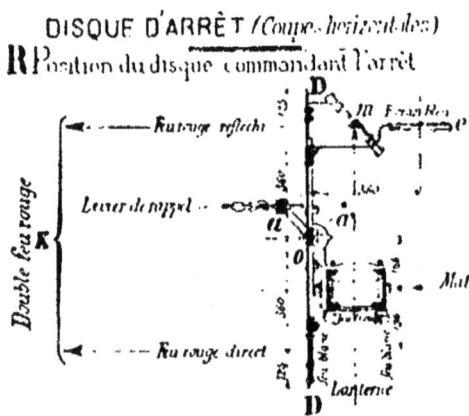

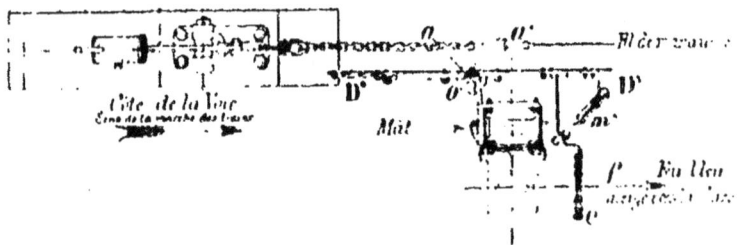

Fig. 278.

§ 3. — STRUCTURE ET MANŒUVRE DES SIGNAUX 547

Les Compagnies paraissent disposées à abandonner le système, dans lequel la lanterne est mobile avec le disque, qui a l'inconvénient d'exposer l'appareil à être mis hors de service lorsque, par suite d'un mouvement de manœuvre un peu brusque, les verres de la lanterne viennent à être brisés et la lampe à être éteinte.

Il est important, pour la station, de suivre les mouvements du disque. Aussi doit-on, autant que possible, placer cet appareil de manière qu'on puisse le voir du point où on le manœuvre. Le jour, la coloration différente des deux faces du disque rend ses mouvements aisément perceptibles. La nuit, on fait passer un faisceau de rayons lumineux dans une ouverture ménagée au centre de la face *arrière* de la lanterne (Fig. 278, R) ; ce faisceau donne un feu blanc, visible du poste de manœuvre, lorsque le disque est à l'arrêt. Lorsque le disque est effacé, un écran en verre bleu, fixé normalement à la face arrière du disque, vient se placer devant ce même faisceau et donne un feu coloré qui indique la position correspondante du disque (Fig. 278, R').

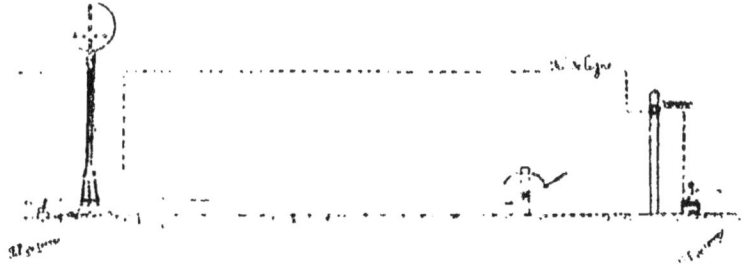

Fig. 279.

Trembleuse électrique. — Mais cette disposition n'est pas toujours réalisable et le disque ne peut pas toujours être vu de la station.

Pour s'assurer du fonctionnement de cet appareil, on a recours à une sonnerie, ou *trembleuse* électrique. La tige du disque porte à sa partie inférieure une lame flexible, en acier, qui, lorsqu'on manœuvre le signal, vient s'appliquer sur un contact et permet le passage d'un courant. Sur le trajet de celui-ci, on interpose, au poste de manœuvre, une sonnerie, dont le tintement a lieu pendant que le disque est à l'arrêt. Cette sonnerie répétitrice donne donc l'assurance que le disque ferme la voie (Fig. 279, 280).

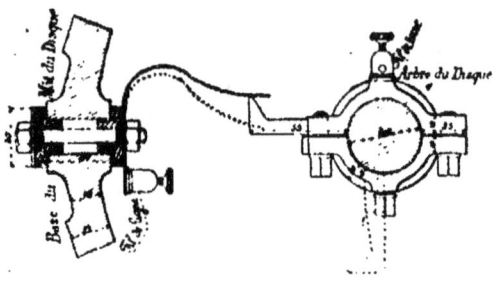

Fig. 280

Appareil à pétards. — Enfin, il faut, comme nous l'avons dit, doubler le signal optique par un signal acoustique, susceptible d'éveiller l'attention du mécanicien, si celle-ci est en défaut, et de suppléer la lumière du disque si la lampe vient à s'éteindre.

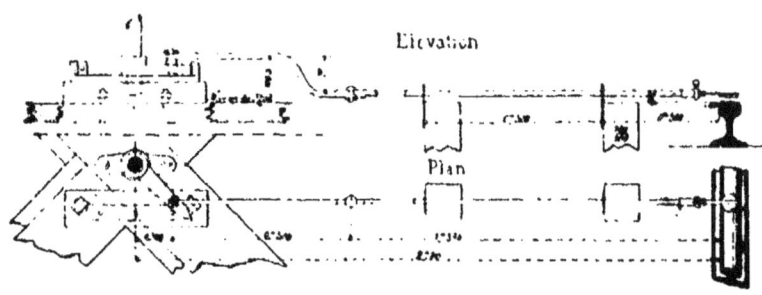

Fig. 281.

On emploie pour cela un système de un ou de deux pétards portés à l'extrémité d'une tige horizontale mobile avec l'axe du disque. Lorsque celui-ci est tourné à l'arrêt, le ou les pétards viennent se placer sur le rail de gauche pour être écrasés par la roue d'avant de la machine. Lorsque le disque est effacé, le mouvement qui lui a été imprimé produit le retrait des pétards et dégage le rail.

§ 3. — STRUCTURE ET MANŒUVRE DES SIGNAUX

312. *b.* — **Levier de manœuvre.** — Le levier qui sert à actionner le disque à distance présente différentes dispositions. Nous décrirons les principales ; en terminant, nous ferons ressortir les caractéristiques spéciales des divers systèmes.

Compagnie d'Orléans. — La commande du disque s'effectue au moyen de deux fils. Le levier est une barre de fer méplate, mobile autour d'un point fixe, voisin de son extrémité. De part et d'autre de ce point sont attachés les deux fils aa', bb' (fig. 10, Pl. 68), dont les bouts opposés sont fixés aux deux extrémités a', b' du balancier (fig. 9) placé à la base de l'arbre du

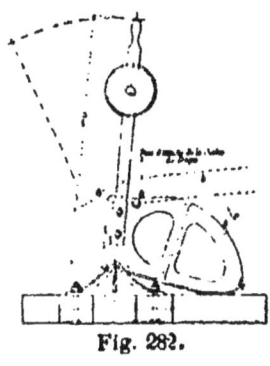

Fig. 282.

disque. Lorsqu'on agit sur la poignée du levier, pour le renverser et l'amener dans la position symétrique de celle qu'indique la figure, on tend le fil a et on lâche le fil b (fig. 10). Par suite, le balancier qui occupait (fig. 9) la position $b'a'$ prend la position $b''a''$ et le disque, ouvert ou effacé, D', est fermé ou placé à l'arrêt en D". La course est ordinairement de 0 m. 25. C'est, d'ailleurs, ce qu'indiquent aussi les deux mots *ouvert*, *fermé*, inscrits sur le secteur autour du centre duquel le levier exécute son mouvement de rotation. Ce secteur est porté par un coupon de rail vertical, solidement fixé en terre et contrebuté par un autre bout de rail incliné.

Compagnie P.-L.-M. — Le levier employé par la Cie P.-L.-M. actionne un seul fil (Pl. 67). Ce levier se compose essentiellement d'une barre, avec lentille en fonte, qui est mobile autour d'un axe horizontal, perpendiculaire à la direction générale de la voie. Ce levier porte, à sa partie inférieure, une branche à l'extrémité de laquelle se trouve un anneau rétréci à sa base, appelé *pince-maille* et que traverse la chaînette qui termine le fil de manœuvre. (Cette branche additionnelle a été remplacée par un secteur de forme elliptique abc, $a'b'c'$, permettant d'augmenter la course en augmentant le développement de l'arc enveloppé par la transmission et d'équilibrer, en chaque point, la résistance de la transmission avec l'action de la lentille du levier de manœuvre (Fig. 282). Le fil est tendu par un contrepoids qui est attaché à l'extrémité de la chainette. A son autre extrémité, il est fixé à l'un des bras d'un balancier, solidaire de l'arbre du disque et disposé à son pied. Au-delà du même point d'attache, une chainette prolonge le fil et aboutit à un levier de rappel.

Compagnie de l'Est.—Le levier de la C⁰ de l'Est commande un seul fil, comme le précédent. Il est formé d'une barre principale, portant à sa base une branche à angle aigu. A l'extrémité de celle-ci est fixée une poulie sur la gorge de laquelle passe le fil de manœuvre. L'extrémité de ce fil est tendue par un poids qui plonge dans un cylindre en fonte noyé dans le sol et servant de support à l'appareil. L'autre bout du fil est attaché à l'extrémité du balancier calé à la base de l'arbre du disque. Ce fil se prolonge au-delà du balancier et est rattaché au levier de rappel.

Compagnie du Nord.— Le levier de manœuvre de la Cⁱᵉ du Nord (Pl. 68, fig. 5-6) est analogue à celui de la Cⁱᵉ d'Orléans. Le fil unique qu'il commande est attaché au-dessous du point d'oscillation. Son autre extrémité s'enroule, en hélice, sur une poulie placée à la base de l'arbre du disque (fig. 1, 2), puis sur la gorge d'une autre poulie verticale et se termine par un poids tendeur.

213. *c.* — **Transmission**. — L'action exercée sur le levier de manœuvre est transmise au disque au moyen d'un fil unique ou de deux fils, placés sur le côté de la voie.

La Compagnie d'Orléans est la seule qui ait conservé le système des deux fils, qu'elle a adopté dès le début de son exploitation. Nous verrons bientôt les avantages qu'elle lui attribue. Les autres Compagnies emploient, toutes, un seul fil pour actionner le disque.

Dans les parties en ligne droite, le fil est supporté, soit par des pitons, soit par des poulies verticales, distantes de 15 m. à 25 m. les unes des autres (Pl.66) selon les Compagnies. Dans les parties en courbe, le parcours du fil est polygonal : à chaque sommet du polygone a lieu un changement de direction qui est réalisé au moyen d'une poulie horizontale. Lorsque la courbe est de grand rayon, les sommets du polygone sont très écartés les uns des autres. Pour éviter que le fil ne prenne dans l'intervalle une flèche trop prononcée, on interpose entre les poulies horizontales une ou plusieurs poulies verticales (Pl. 66).

Comme le fil pourrait sortir de la gorge des poulies, on assure son maintien sur celle-ci, soit au moyen d'une pièce fixe qui affleure le bord de la cavité de la gorge, soit au moyen d'une autre poulie placée dans le même plan que la première et dont la gorge juxtaposée constitue un anneau complet et assure un bon guidage. Cette dernière disposition s'emploie sur les points où le fil doit subir un déplacement dans le sens vertical (Pl. 66) et notamment pour le premier piquet après le levier de manœuvre.

Enfin, on peut remplacer les deux types de poulies, horizontale et verticale que nous venons d'indiquer, par la *poulie universelle* (Pl. 66) qui, suspendue par sa chape à un axe horizontal parallèle à la voie, peut prendre non seulement les deux positions qui précèdent, mais encore toutes les positions intermédiaires entre l'horizontale et la verticale, obéissant ainsi à son poids, au poids du fil qu'elle supporte et à la tension produite par la température, les contrepoids, ou la manœuvre.

Ces poulies sont portées par des potelets en chêne goudronné de 0m. 10 sur 0m. 10 et de 1m. 00 de hauteur, en général.

Dans certaines gares, on remplace ces transmissions à faible hauteur (0m.40 à 0m.60) au-dessus du sol, par des transmissions aériennes portées par de vieux rails, solidement fixés dans le sol. On évite ainsi l'établissement entre les voies de fils qui sont un danger sérieux, surtout la nuit, pour la circulation des agents et on traverse les voies non plus à angle droit, mais sous des angles aigus qui atténuent notablement les résistances au moment de la manœuvre. Dans ce cas, l'arbre du disque, au lieu d'être commandé à sa base comme à l'ordinaire, est actionné à sa partie supérieure, immédiatement au-dessous du voyant.

Les poulies et leurs supports sont généralement galvanisés.

Le fil de la transmission est quelquefois point (sauf aux points de support), quelquefois galvanisé. Il a un diamètre, qui varie selon les Compagnies, de 2 m/m 5 (Nord, pouvant résister sans se rompre à des charges de 56 k. par m/m 2), à 4 m/m (P.-L.-M.).

314. *d.* — **Appareil compensateur.** — Les changements de température agissent d'une manière marquée sur les fils des transmissions à distance et en modifient la longueur : l'été, c'est un allongement qui se produit, l'hiver un raccourcissement. Pour une longueur de 500m. seulement, on peut avoir des variations de 0m.366 d'une saison à l'autre, ou de 0m.122 dans une même journée. Or, beaucoup de transmissions ayant une longueur plus considérable pourraient subir des modifications de longueur plus importantes et, déterminant dans le fil un état de tension variable, rendre le fonctionnement de l'appareil incertain et lui ôter les garanties de sécurité qu'il doit constamment offrir. Il faut donc adopter des dispositions spéciales permettant de corriger les effets que nous venons de signaler.

Dans le système à deux fils de la Compagnie d'Orléans, on se borne à tendre les fils à l'aide de tendeurs placés de 200m. en 200m. Les flèches qu'ils prennent entre deux supports, distants de 15 à 20m., sont très faibles. Bien que les fils soient très tendus, ils ne se cassent pas. L'appareil manœuvre bien jusqu'à une distance de 12 à 1500^m. Il n'exige qu'un effort modéré et le déplacement nécessaire est obtenu d'une manière complète. Lorsque la distance augmente, on remplace le balancier disposé à la base du disque par une poulie sur laquelle s'enroule une chaine en fer. Pour que l'appareil fonctionne, il suffit que le déplacement du disque sur son pivot soit plus facile à obtenir que le glissement de la chaine sur la poulie. Dans ces conditions, et le levier effectuant au besoin une course plus grande, — nécessaire pour tendre le fil d'abord et pour le déplacer ensuite, — on obtient sûrement la rotation de la poulie et celle du disque, dont l'arbre passe en son centre.

A la Compagnie de Lyon, l'appareil de compensation est constitué par le contrepoids (Pl. 67) qui termine le fil, du côté

§ 3. — STRUCTURE ET MANŒUVRE DES SIGNAUX   553

du levier de manœuvre et en contrebas de celui-ci. Cet appareil ne permettant pas d'actionner les transmissions dépassant 1600m., — et c'est le cas qui se présente sur les lignes à fortes déclivités, — on a employé l'artifice suivant qui permet de porter le signal jusqu'à 2400ᵐ et 3000ᵐ du levier de manœuvre.

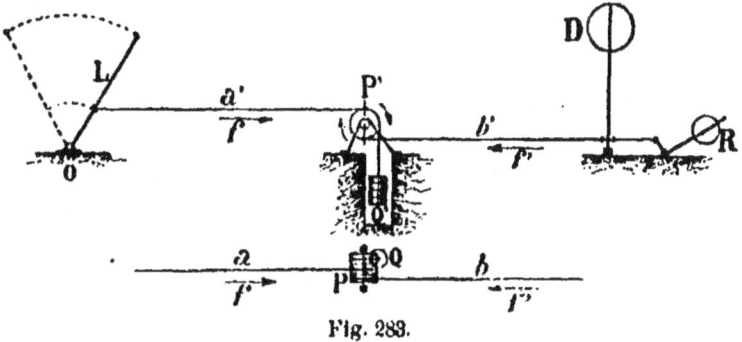

Fig. 283.

La longueur du fil est divisée en deux ou plusieurs fractions, aux extrémités desquelles les fils concurrents s'enroulent en sens inverse sur les gorges de deux poulies voisines P, P' calées sur un même arbre.

Sur une 3ᵉ poulie, juxtaposée aux précédentes et calée sur le même arbre, passe la chaîne d'un contrepoids QQ'. Un mouvement donné au fil aa' dans le sens de la flèche f produit l'abaissement du poids QQ' et le déplacement du fil bb' dans le sens f'. Il résulte de cette division de la transmission que les résistances et les allongements des fils, dus à la tension à laquelle ils sont soumis, se trouvent réduits, en regard de chaque relais, dans la proportion même du nombre de ces relais.

D'un autre côté, il y a lieu de remarquer que la tension qui se produit dans le fil, lorsqu'on actionne le levier de manœuvre, va en augmentant depuis le disque jusqu'à ce levier. Près du disque, l'effort à produire est celui qu'exige le mouvement du levier de rappel et du disque. C'est en quelque sorte, une constante, à laquelle s'ajoute l'effort imposé par la rotation des poulies et le glissement du fil, lequel est proportionnel à la longueur du fil et de la transmission. Pour réduire cet effort, il suffit, au relais, d'attacher l'extrémité du fil venant du levier de manœuvre à un bras de levier plus grand que celui du côté opposé, sur lequel a lieu l'attache de la partie du fil se dirigeant vers le signal.

Quant à la compensation des effets de la dilatation, on l'obtient très simplement au moyen de l'appareil de relais, en enroulant les allongements produits sur les poulies juxtaposées. Toutefois, comme ces poulies ont, pour la réduction de l'effort, ainsi que nous venons de l'indiquer, des diamètres inégaux, et comme les longueurs enroulées sont proportionnelles à ces diamètres, il faut que les allongements soient eux-mêmes proportionnels à ces derniers et, en résumé, que le compensateur soit placé en un point qui divise la longueur totale de la transmission proportionnellement à ces diamètres (Pl. 67).

Le calcul a démontré que la position la plus avantageuse à donner à cet appareil, pour n'avoir à produire que le minimum d'effort au levier de manœuvre, s'obtenait, dans le cas de transmission de 1200 à 2400^m de longueur, en prenant pour la distance à l'origine : 0,80 à 0,75 de la longueur de la transmission.

Donc, pour une transmission de 2000^m de longueur, le compensateur sera placé à 2000^m × 0,80 = 1600 mètres.

Les transmissions atteignant parfois 2400 m., on aurait été conduit à placer le compensateur à plus de 1600 m. Cette longueur de 1600 m. étant considérée comme une limite à ne pas dépasser pour obtenir sûrement un bon fonctionnement, on a décidé de placer, en toutes circonstances, le compensateur aux 0,66 de la longueur totale. Toutefois, et pour parer aux difficultés locales que l'on pourrait éprouver si l'on adoptait un emplacement invariable, d'où résulte le diamètre de la petite poulie, on a doublé celle-ci d'une seconde poulie en modifiant un peu son diamètre.

Telles sont, en principe, les dispositions du compensateur Dujour (Pl. 67). Cet appareil se compose d'un bâti supportant deux poulies, à double gorge, de diamètres différents : sur la plus petite s'enroule la chaîne allant au signal ; à la grande est attachée la chaîne du contrepoids de tension qui passe sur une poulie de renvoi supérieure pour éviter l'exécution d'un puits

§ 3. — STRUCTURE ET MANŒUVRE DES SIGNAUX

ou le relèvement de l'ensemble de la transmission. Ces poulies sont rendues solidaires au moyen d'un crochet articulé à la grande poulie et venant butter sur une saillie de la petite (voir plus loin, fig. 287).

La chaîne allant au levier de manœuvre s'enroule sur une gorge de la grande poulie et vient s'attacher à l'extrémité du crochet. L'autre gorge sert à l'enroulement de la chaîne d'un contrepoids qui établit l'équilibre entre les deux parties de la transmission.

Les choses étant ainsi, la compensation s'effectue sur les poulies sans influer sur la manœuvre.

A la Compagnie de l'Est, le levier de manœuvre est coudé et, au lieu du pince-maille de P.-L.-M., porte une poulie sur laquelle passe une chaîne qui termine le fil. A l'extrémité de cette chaîne agit un contrepoids qui descend dans une cavité en dessous du levier.

Enfin, à la Compagnie du Nord, de même qu'au Midi et à l'Ouest, on emploie le compensateur Robert (Pl. 68, fig. 3-4). Celui-ci consiste en un système de deux poulies montées sur la traverse horizontale d'un chevalet, placé au milieu de la longueur de la transmission. Le fil prolongé par des chaînes passe sur ces poulies. Ces chaînes elles-mêmes sont rattachées aux extrémités d'un fléau tendu par un poids. Les deux moitiés du fil, placées de part et d'autre de cet appareil, se dilatant ou se contractant de la même quantité, le fléau s'abaisse ou se relève de cette même quantité et le fil ne cesse pas d'être tendu, quelles que soient les variations de la température.

315. Comparaison des divers systèmes en usage. — La disposition adoptée par la Compagnie d'Orléans est très simple, quoique comportant deux fils. Mais elle présente l'inconvénient suivant : le levier, — qu'on le manœuvre d'avant en arrière ou d'arrière en avant, — n'actionne jamais qu'un seul des deux fils. C'est le fil actionné qui agit sur le balancier placé à la base de l'arbre vertical du disque. Si ce fil est cassé, ou vient à se casser au moment de la manœuvre, le disque cesse de se mouvoir. Si la manœuvre qui était effectuée devait fermer le disque, la fermeture n'a pas lieu : on suppose avoir mis le disque à l'arrêt : il n'en est rien et, si on ne voit pas le signal du point où on le manœuvre, ou s'il n'est pas muni d'une sonnerie, on n'est pas averti du non-fonctionnement de l'appareil et la sécurité n'est pas assurée.

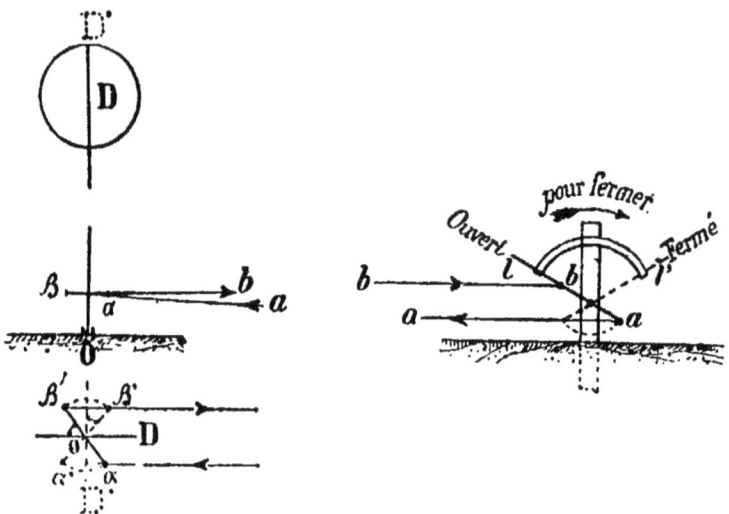

Fig. 284. — Signal à distance P.-O.

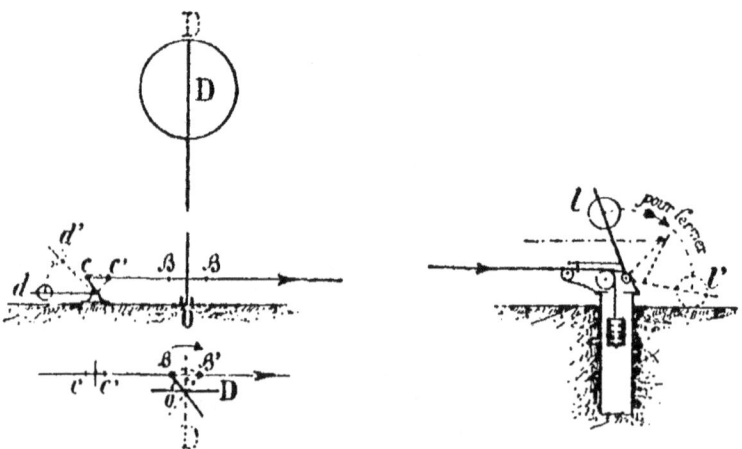

Fig. 285. — Signal à distance P.-L.-M. (ancienne disposition).

§ 3. — STRUCTURE ET MANŒUVRE DES SIGNAUX

Dans l'ancien système de la Compagnie de Lyon, la compensation ayant lieu par un contrepoids à l'origine du fil, au dessous du levier de manœuvre : lorsqu'on veut mettre le disque D à l'arrêt, on abat le levier l ; en tirant sur le fil, on fait tourner l'arbre du disque et on relève en d' le levier d de rappel. Il en résulte que si, dans cette manœuvre, le fil vient à se casser, le levier de rappel d' agit, retombe et le disque est *effacé*. C'est l'inverse qu'il conviendrait d'obtenir (Fig. 285).

En outre, si le disque reste longtemps à l'arrêt et si la température s'élève suffisamment pour que le fil s'allonge d'une quantité sensible, le levier de rappel, qui seul agit alors pour maintenir la tension du fil, s'abaisse à la faveur de l'allongement de celui-ci et fait tourner en même temps d'un certain angle le disque lui-même. Le plan du voyant n'est plus franchement perpendiculaire à la direction de la voie et les mécaniciens qui l'abordent peuvent avoir quelque incertitude sur la signification à attacher à ce signal.

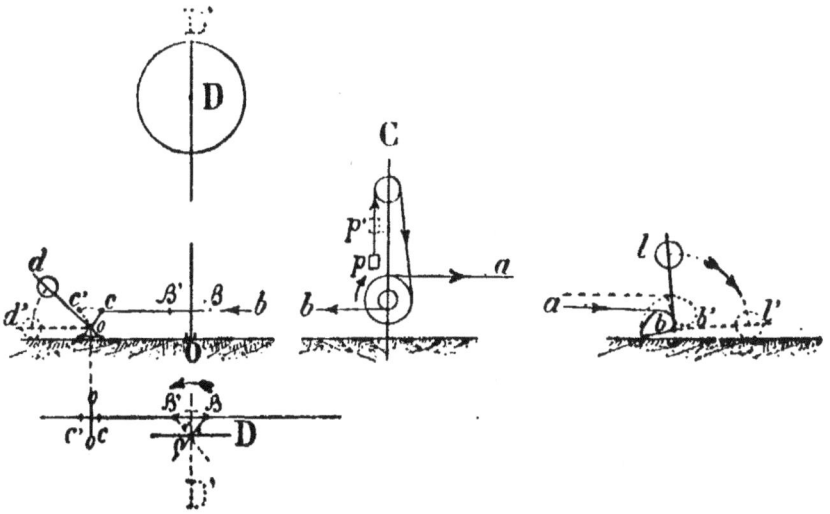

Fig. 286. — Signal à distance P.-L.-M. (nouvelle disposition).

Dans le nouveau système, avec compensateur Dujour C, en employant des contrepoids bien calculés, cet inconvénient ne se produit plus. Le levier de rappel cod est relié à l'axe du disque de telle façon qu'il se soulève quand on met le disque à voie libre. Si donc, par suite de la rupture accidentelle du fil, *entre le compensateur et le disque* en *b*, ce levier de rappel retombe de *d* en *d'*, le disque D se met à l'arrêt en D'. La simple inspection de la figure suffit pour s'en rendre compte.

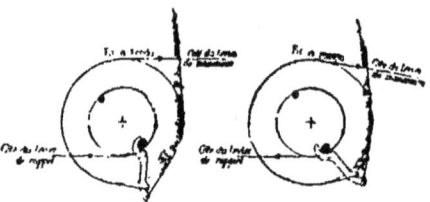

Fig. 287. — Attache des fils sur les poulies du compensateur.

Mais si la rupture a lieu *entre le compensateur et le levier de manœuvre*, en *a*, le poids du compensateur, qui était maintenu en équilibre par l'action des deux fils y aboutissant de la transmission, tend à descendre de *p'* en *p* et à effacer le disque. Pour empêcher que cette éventualité se produise, M. Dujour a relié la grande poulie, actionnée par le fil de manœuvre *a*, à la petite sur laquelle s'enroule le fil *b* du signal, au

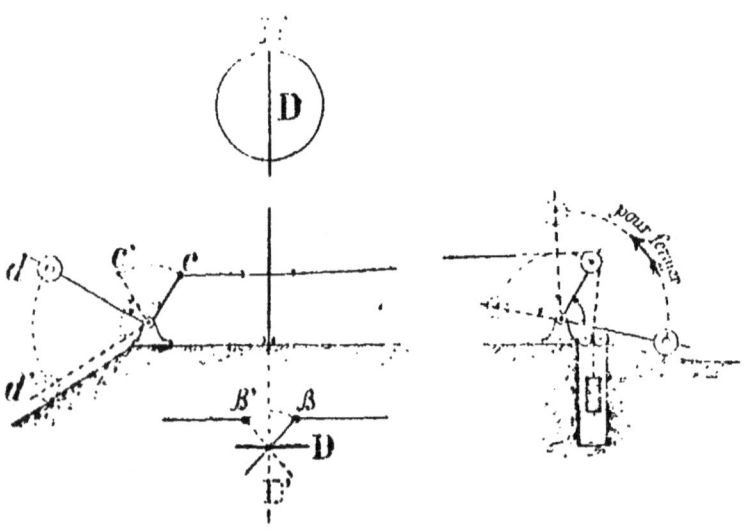

Fig. 288.

§ 3. — STRUCTURE ET MANŒUVRE DES SIGNAUX

moyen d'un crochet à l'extrémité duquel s'attache le contrepoids du compensateur. Lorsque le fil a vient à se rompre entre le levier de manœuvre et le compensateur, l'action du contrepoids, qui faisait équilibre à l'action des deux fils, devient prédominante : le crochet fixé sur l'un des bras de la grande poulie, tourne et abandonne le mentonnet de la petite roue avec lequel il était en prise. Cette petite roue, à son tour, rendue folle sur son axe, cède à l'action du contrepoids de rappel d et met le disque à l'arrêt (Fig. 286 et 287).

Par conséquent, quel que soit le point où le fil vienne à se rompre, le disque se ferme et la sécurité est assurée.

Le système de la Cie de l'Est, avec poids compensateur au levier de manœuvre, est exempt des inconvénients de l'ancien système de la Cie de Lyon. Lorsque le disque est effacé, le levier de rappel est relevé et le levier de manœuvre abaissé. Lorsqu'on veut mettre le disque à l'arrêt, on relève le levier de manœuvre et le levier de rappel, retombant, met le disque à l'arrêt. On voit que si le fil vient à se rompre le levier de rappel placera le disque normalement à la voie (Fig. 288).

Le système Robert présente le même avantage. Si le fil vient à se casser *entre le compensateur et le disque*, le contrepoids de rappel met le signal à l'arrêt. Si le fil se casse *entre le levier de manœuvre et le compensateur*, l'extrémité du fléau du compensateur, n'étant plus retenue par la tension de ce fil, obéit à l'action du contrepoids qui y est attaché, s'abaisse rapidement et l'autre extrémité de ce même fléau sort du maillon de la chaîne qui termine la 2e partie du fil. Par suite, cette seconde partie de la transmission redevient libre, le contrepoids exerce son action et met le disque à l'arrêt, comme dans le premier cas (Fig. 289).

On voit que, dans tous les appareils où la commande est réalisée d'une manière *indirecte*, c'est-à-dire par l'action du levier de rappel, il importe essentiellement que cette partie de l'ensemble ait un fonctionnement assuré : tout obstacle susceptible d'empêcher la manœuvre de la partie extrême du fil ou du contrepoids de rappel paralyserait le jeu de ce contrepoids et du disque lui-même.

Fig. 289. — Disque à distance du Nord avec compensateur Robert.

316. Signal carré d'arrêt absolu. — La planche 66 représente d'une manière schématique les divers modèles de *signaux carrés* (quelquefois *rectangulaires*), adoptés par les grandes Compagnies françaises. Ainsi que nous l'avons dit précédemment, le signal carré est caractérisé par l'apparence du voyant : *damier rouge et blanc*, pendant le jour, éclairé durant la nuit par *deux feux rouges*. Ces feux sont tantôt tous les deux du même côté de l'axe, tantôt de part et d'autre de celui-ci. Ces différences résultent des dispositions qui ont été adoptées pour diviser le faisceau lumineux et pour obtenir, avec un seul foyer, un feu direct et un feu dévié. La planche 67 montre comment on a procédé à la Cie de Lyon et comment sont placés les miroirs à l'aide desquels on obtient le feu dévié. Voir aussi la disposition adoptée à l'État (Fig. 278).

Les autres détails de construction de cet appareil sont, d'ailleurs, les mêmes que ceux du disque rond à distance, représenté sur la même planche, et que nous avons décrit précédemment. Les mêmes mâts servent, en général, à porter l'un ou l'autre.

Nous rappelons que ce signal est parfois remplacé, *à l'intérieur des gares*, par un signal rond ou carré à *face jaune* pour le jour et à *feu unique jaune* durant la nuit.

317. Sémaphore. — Ainsi que nous l'avons indiqué précédemment, le sémaphore est un appareil qui permet, selon la position donnée à une aile mobile placée à son sommet et à gauche par rapport au train qui l'aborde :

D'autoriser le *libre passage* : dans ce cas, l'aile est rabattue verticalement le long du mât ;

De prescrire l'*arrêt* : dans ce cas, l'aile est horizontale ; et, la nuit, le feu est double : *rouge et vert* ;

De prescrire le *ralentissement* : dans ce cas, l'aile est inclinée à 45°, vers le bas et, la nuit, le feu est *vert*.

Le mât du sémaphore est généralement une colonne en fonte de 6 à 7m. de hauteur, portant à sa partie supérieure deux ailes montées sur un même axe et mobiles dans des plans perpendiculaires à l'axe de la voie, — l'une à gauche l'autre à droite du mât, chacune d'elles s'adressant aux trains qui, en les abordant, voient ces ailes à leur gauche. La face de l'aile qui s'adresse à un train est peinte en rouge. Une lanterne interposée entre les deux ailes permet d'envoyer un faisceau lumineux vers l'amont, un autre vers l'aval en traversant des verres colorés : l'un rouge et vert, l'autre vert, portés par chacune des ailes. Ces verres, étant placés sur la branche la plus longue de l'une des ailes et sur la branche la plus courte de l'autre, sont disposés sur la première : le rouge et vert au-dessus du vert ; sur la seconde, le vert au-dessus du rouge et vert. On voit que, dans la position indiquée par la figure, l'aile A, horizontale, éclairée par la lanterne, projette un double feu rouge et vert et commande l'arrêt aux trains impairs, tandis que l'aile B, inclinée à 45°, a son feu *vert* en regard de la même lanterne et prescrit le ralentissement aux trains pairs.

Ces ailes sont commandées au moyen de tringles rattachées à des manivelles placées à hauteur de la main du signaleur et de part et d'autre du mât.

CHAPITRE VI. — SIGNAUX

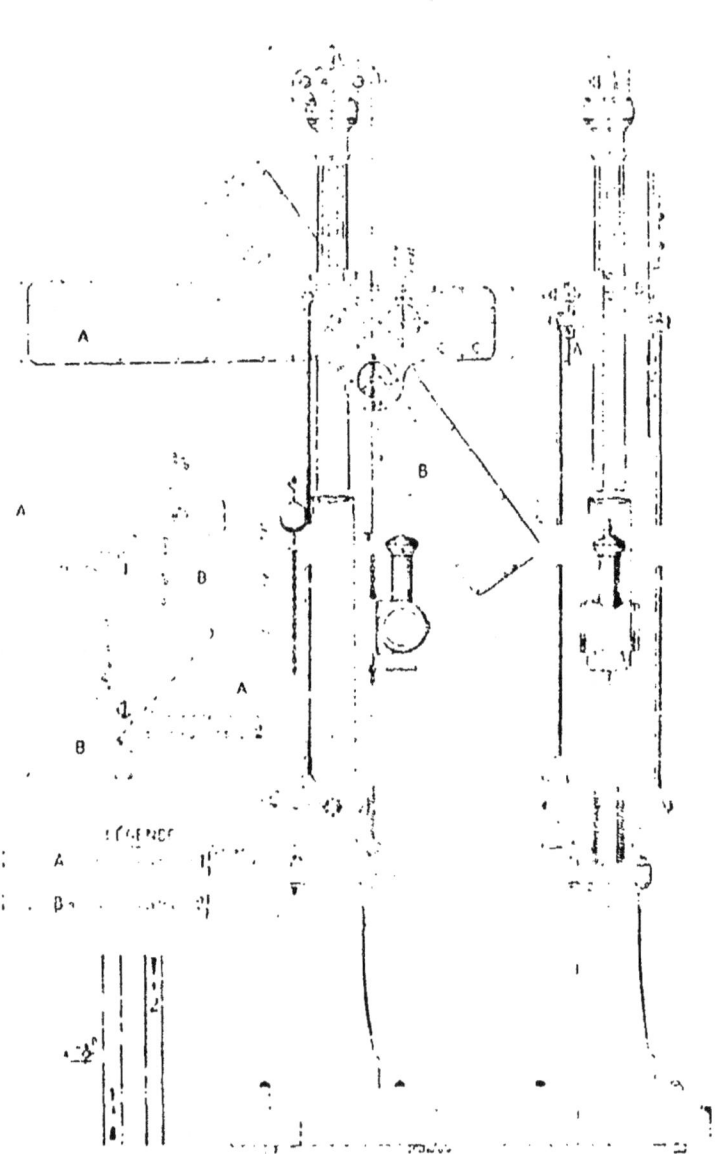

Fig. 290. — Sémaphore (P.-L.-M.).

§ 3. — STRUCTURE ET MANOEUVRE DES SIGNAUX

318. Signaux à indication permanente. — Les signaux de cette espèce sont très nombreux. Nous avons parlé des *signaux indicateurs de bifurcation*, des *signaux de ralentissement*, des *poteaux de protection*. Tous ces signaux ont une signification bien déterminée et leur mode de construction ne présente aucune particularité digne d'être signalée.

319. Signaux d'aiguilles. — Les signaux d'aiguilles se divisent, comme nous l'avons dit précédemment (N° 308), en signaux de *direction* et signaux de *position* d'aiguilles.

Aux abords des bifurcations, la Cie de Lyon emploie des mâts sémaphoriques à plusieurs ailes (Pl. 69, fig. 1 et 2). Chacune de ces ailes correspond à une direction déterminée et est reliée au moyen de tringles et de leviers coudés disposés à la base de l'appareil avec l'aiguille qui donne cette même direction. Le mécanicien qui aborde une bifurcation est ainsi renseigné à l'avance sur la position de l'aiguille dont il a demandé la manoeuvre. La description que nous avons donnée du sémaphore de gare nous dispense de faire celle de ce nouvel appareil, construit dans des conditions analogues.

A la Cie de l'Ouest et au Nord on emploie, comme signal indicateur de *direction* d'aiguille, l'appareil représenté Pl. 69, fig. 5 et 6 : Un voyant rectangulaire peut osciller autour d'un axe placé au milieu de son arête supérieure et peut être masqué à droite ou à gauche de cet axe par un écran en tôle, boulonné invariablement sur un poteau. Deux lanternes à feux blancs, placées de part et d'autre, sont : l'une dégagée par le côté abaissé du voyant, — l'autre masquée par un verre coloré serti dans une ouverture ménagée du côté opposé. (Dans les premiers appareils, ce verre était de couleur *verte*. L'article 20 du Code a prescrit de le faire *violet*). Deux tringles latérales au support et un balancier avec bras d'équerre à la base permettent de relier le voyant à l'aiguille et de conjuguer le jeu des deux appareils.

La position du voyant relevé à droite, indiquée par la figure, correspond à la voie de droite fermée. Relevée, la partie gauche du voyant indiquerait que la direction de gauche est fermée.

L'indicateur de *position* d'aiguille consiste essentiellement en un voyant *losange* (Pl. 69, fig. 3) de couleur bleue, porté par un arbre vertical, qui est actionné à sa base par une manivelle et une tige reliée à l'aiguille. Une lanterne portée par le mât projette un feu bleu pendant la nuit. Quelquefois, le voyant est *circulaire*, ou en *double flamme bleue* ou *verte*. La flamme *effacée* et le *feu blanc* correspondent à la position normale de l'aiguille, c'est-à-dire à celle qui assure la continuité de la circulation sur la voie principale. La flamme en travers ou placée normalement à la direction de la voie principale et le feu vert indiquent que celle-ci est fermée et que la voie déviée est ouverte.

§ 4.

REGLES SUIVANT LESQUELLES LES SIGNAUX SONT FAITS, PLACÉS ET RÉPARTIS

320. Distances entre le point à couvrir et le signal mobile commandant l'arrêt ou le ralentissement. — A la C⁰ de l'Est, l'*arrêt* est commandé par des signaux *mobiles* (drapeau, guidon) portés, en avant de l'obstacle à couvrir, aux distances suivantes :

A 500 m., lorsque la voie est en rampe de plus de 8 mm. par mètre ;

A 800 m., lorsque la voie est en rampe de plus de 5 mm. ;

A 1.000 m., lorsque la voie est en palier ;

A 1.200 m,,   —   pente continue de plus de 5 mm.;

A 1.500 m..   —   pente continue de plus de 8 mm.

Pour le *ralentissement*, les signaux mobiles doivent être portés à une distance du point où la vitesse doit être réduite égale *au moins à la moitié* de celles qui précèdent, adoptées pour commander l'arrêt.

L'établissement des signaux *fixes* donne lieu à des règles analogues.

§ 4. — RÈGLES POUR FAIRE, PLACER ET RÉPARTIR LES SIGNAUX 565

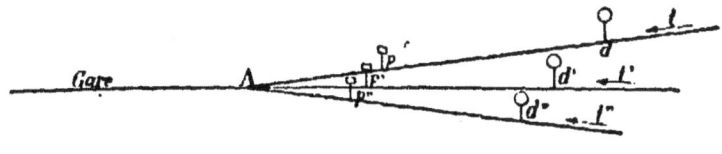

Fig. 291.

321. Signaux fixes. — Position des disques à distance par rapport au point à couvrir. — Un train t, qui se dirige vers une gare, rencontre, avant d'y arriver, un disque d qui en commande l'entrée. Au-delà de ce disque se trouve, comme nous l'avons dit, le poteau de protection p, où il devra s'arrêter si le disque est fermé. Pour un même train, une même vitesse et un même nombre de freins, la longueur qui devra exister entre le point où, le disque commençant à être vu, on a serré les freins, et le poteau de protection, — ou entre le disque lui-même et ce poteau, — sera d'autant *plus considérable* que les conditions du tracé : sa direction et surtout ses déclivités seront *plus favorables* à la marche du train. Si le train t descend une pente, la distance devra être plus grande que s'il parcourt un palier comme le train t', ou que s'il gravit une rampe, comme le train t''.

On appelle *distance de protection* la distance qui, eu égard aux conditions du tracé, est nécessaire au train muni d'un certain nombre de freins à vis pour amortir sa vitesse et s'arrêter. Cette distance est celle qui est comprise entre le point où le disque devient visible, et où commence le serrage des freins et le poteau de protection qui marque le point où l'arrêt doit avoir lieu.

Pour fixer l'emplacement des disques à distance, deux systèmes sont adoptés par les Compagnies :

1° *Le point de visibilité précède le disque ;*

2° *Le point de visibilité est supposé placé au disque même.*

Dans le 1ᵉʳ système, la distance de protection est plus grande que la distance entre le disque et le poteau de protection ; dans le second, elle est précisément égale à la distance qui sépare ces deux signaux.

A la Cie d'Orléans, on a adopté 800 m., quel que soit le profil et sans tenir compte de la distance de visibilité en avant du signal, mais en ménageant la possibilité de voir le disque 400 m. avant le point où il se trouve.

A la Cie du Midi, la distance entre un disque et le poteau de protection (qui indique l'origine de la gare), est fixée d'après les bases suivantes[1] :

Entre 800 m. et 1.000 m., s'il se trouve entre ces limites un point tel que le profil moyen entre ce point et le poteau de protection soit en *rampe* ou en *palier* ;

Sinon :

Entre 1.000 et 1.200 m., s'il se trouve entre ces limites un point tel que le profil moyen ne présente pas *une pente supérieure à 5 mm. p. m.*;

Enfin, à défaut de ces diverses conditions :

A 1.500 m. ou moins.

La distance minima à adopter peut être augmentée, pour améliorer la visibilité, réduire les dépenses, etc., mais on ne doit pas la réduire sans autorisation spéciale.

A la Cie de l'Est[2], le *disque*, ou signal rond, est placé de façon qu'entre le poteau de protection et le point d'où l'on peut apercevoir nettement ce disque, il existe toujours au minimum :

500 m. lorsque le profil est en *rampe de plus de 8 mm.*;

800 m. — *rampe de 8 mm. au plus, en palier ou en pente de 5 mm. au plus*;

1.000 m. lorsque la *pente dépasse 5 mm.*

b. — *Position par rapport au train et orientation de l'appareil.* — Les disques avancés se placent à gauche de la voie qu'ils commandent, sauf en voie unique, où l'on peut, moyennant une autorisation spéciale, les placer à droite.

Lorsque la voie est en ligne droite, l'axe du faisceau lumineux doit être parallèle à l'axe de la voie.

1. *Manuel D, 22, Voie et lignes nouvelles.*
2. Règlement pour les signaux approuvé par Décision Ministérielle du 16 novembre 1887.

§ 5. — RÈGLES POUR FAIRE, PLACER ET RÉPARTIR LES SIGNAUX 567

Lorsque la voie est en courbe — ou partie en courbe et partie en ligne droite, — le disque doit être orienté de telle façon que l'axe du faisceau lumineux rencontre l'axe de la voie en un point situé à mi-distance entre le disque et le point où celui-ci commence à être visible.

Les croquis ci-dessous figurent les dispositions à adopter dans les différents cas qui peuvent se présenter.

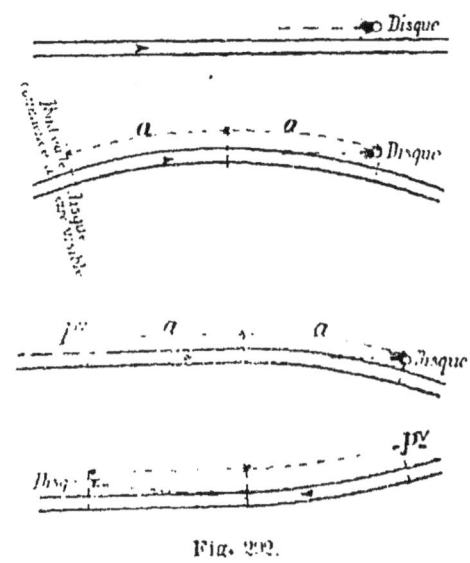

Fig. 222.

c. — Position par rapport à la voie. — Aucune partie du disque ne doit être à moins de 1 m. 50 du rail le plus voisin.

d. — Position par rapport à la gare. — Il faut, autant que possible, choisir pour le disque un emplacement tel que cet appareil soit visible de son levier de manœuvre, ainsi que du trottoir qui longe le bâtiment des voyageurs.

322. Autres signaux. — Position. — Le signal carré d'arrêt absolu étant toujours précédé d'un signal avancé, le mécanicien, averti à une distance suffisante, a pu prendre les dispositions convenables pour arrêter son train avant d'arriver au signal carré. Ce dernier appareil pourrait donc être placé en regard même de l'obstacle à couvrir. Cependant, pour donner au mécanicien la possibilité de s'arrêter avant d'arriver à l'obstacle qui est couvert par le signal carré, on place cet appareil à une distance minima de 60 m. en avant de cet obstacle.

Le signal carré est d'ordinaire muni d'un appareil à pétards qui permet de contrôler, le cas échéant, si le mécanicien s'est arrêté avant ou après le signal.

Quant aux autres signaux, leur installation ne présente aucune particularité utile à mentionner.

§ 5

INSTALLATIONS SPÉCIALES

323. Disque répétiteur. — Lorsqu'un disque avancé est très éloigné du point où on le manœuvre, on interpose quelquefois entre ce disque et le levier qui le commande un disque répétiteur, dont les mouvements sont la reproduction de ceux du disque lui-même et renseignent l'agent sur le fonctionnement de l'appareil.

324. Signal à distance manœuvré de plusieurs postes. — Enfin, on peut avoir à manœuvrer un signal avancé, non seulement du bâtiment de la station, mais encore d'un ou de deux autres postes placés entre la station et son extrémité du côté du train attendu (Pl. 69, fig. 12, 13, 14).

Les dispositions à adopter doivent être telles que, si *un seul* des leviers de manœuvre est relevé pour arrêter le train, alors que tous les autres sont abaissés pour le laisser passer, le disque restera à l'arrêt et que celui-ci ne sera tourné à voie libre qu'autant que *tous* les leviers de manœuvre seront abaissés dans ce but.

Pour obtenir ce résultat, les leviers de manœuvre agissent,

non plus immédiatement sur le balancier placé à la base du mât du signal, mais sur le bras le plus court g (fig. 13) des leviers de rappel gBC, gBD, gBE, qui sont mobiles sur l'arbre B, B'B' (fig. 14). Sur ce même arbre se trouvent calés, d'une part, une barre G, G'G', en forme d'étrier, et un levier avec contrepoids BF, B'F' et, d'autre part, une manivelle Bg, g' actionnant une tige g'_1 reliée au balancier aA' fixé à la base du mât.

Ceci posé, supposons qu'un seul des leviers de rappel D reste abaissé (fig. 12). L'étrier GG' sur lequel repose ce levier restera lui-même abaissé et son contrepoids F relevé. Le disque restera à l'arrêt.

Si les 3 leviers de rappel C, D, E sont relevés (fig. 13), la lentille F s'abaissera et la manivelle Bg, agissant sur la tige g'_1 et sur le balancier aA', mettra le disque à voie libre.

Cet appareil, qui permet aux agents de manœuvrer un même signal avancé de plusieurs points, leur évite des déplacements nombreux, réduit leur fatigue et accélère les manœuvres des trains à l'intérieur de la gare. Aussi plusieurs Compagnies l'emploient-elles avec avantage.

325. Disposition des signaux aux abords d'une bifurcation. — Ainsi que nous l'avons déjà dit, les Compagnies disposent leurs signaux de diverses manières aux abords des

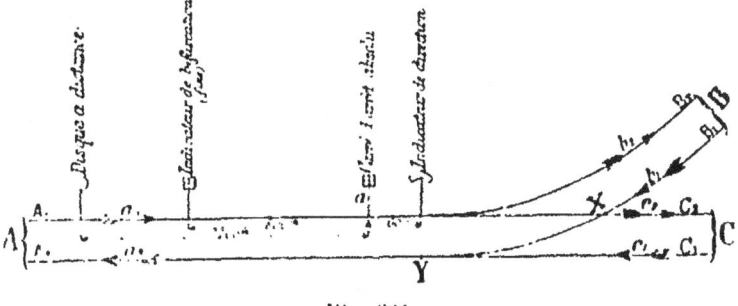

Fig. 293.

points à protéger. On ne peut donc indiquer de règles correspondant à certaines circonstances données. Nous nous bornerons, en conséquence, à faire connaître, comme complément des indications qui précèdent, et comme introduction à la question des enclenchements, les dispositions adoptées autrefois par la Compagnie du Nord aux abords d'une bifurcation de ligne à double voie B sur une ligne principale à double voie AC.

Le croquis précédent représente, en plan, le tracé des voies. Les divers signaux échelonnés le long de la voie A sont supposés rabattus latéralement à celle-ci. Un train a_1 s'avançant suivant cette voie vers la bifurcation rencontre d'abord un disque à distance, à 1200 m. du signal carré a, puis un indicateur de bifurcation à 800 m. du signal carré a, enfin un signal carré d'arrêt absolu a, à 60 m. de la pointe des aiguilles, et un indicateur de direction d'aiguilles en face de celles-ci.

Les mêmes dispositions existent sur les deux autres branches B_1 et C_1, qui accèdent à la bifurcation.

Les trois signaux a, b, c, d'arrêt absolu sont normalement tournés à l'arrêt. Dès que l'aiguilleur abandonne le levier de l'un d'eux, qu'il vient de manœuvrer pour permettre le passage d'un train, le signal correspondant se met à l'arrêt. Il en résulte que l'agent ne pouvant actionner qu'un seul de ces trois appareils à la fois, les deux autres commandent l'arrêt aux trains, qui pourraient se présenter sur les deux directions qu'ils protègent, et toute collision est empêchée.

Ceci suppose, bien entendu, que nul obstacle n'aura été mis, soit par malveillance, soit par accident, au fonctionnement des appareils et que les mécaniciens se seront conformés aux signaux qui leur auront été adressés.

De consigne, à proprement parler, il n'y en a pas, et le système a pour lui l'avantage de la simplicité ; mais, en procédant ainsi, on pêche par excès de prudence. En effet, dans *trois* cas *il n'y a pas de danger* à redouter [1] :

Les trains a_1b_2 et b_1a_2 ⎫ peuvent circuler simultanément sans
ou a_1c_2 et c_1a_2 ⎬ qu'on ait à craindre une rencontre ou
ou a_1b_2 et c_1a_2 ⎭ une collision.

Dans *deux* cas seulement, il *y a danger* et l'on ne peut admettre la circulation simultanée des deux trains a_1c_2 et b_1a_2,

---

[1] Étude par M. Heurteau Directeur de la Compagnie d'Orléans, *Annales des Mines*, 1880.

qui pourraient se rencontrer en X, ou $c_1 a_2$ et $b_1 a_2$, qui pourraient se rejoindre en Y.

Ce sont donc ces concours de trains, et ceux-là seulement, qu'il est nécessaire d'empêcher. La règle adoptée va par suite au delà du but et elle laisse à désirer, car son application a pour conséquence d'apporter une certaine gêne à la circulation sur les lignes très fréquentées. Admise au Nord et à l'Est, elle n'est pas appliquée à l'Ouest et à P.-L.-M.

L'emploi des enclenchements, dont nous allons avoir à nous occuper, permet de remédier à cet inconvénient. Il présente encore d'autres avantages importants, sur lesquels nous appellerons l'attention.

§ 6.

ENCLENCHEMENTS

326. Conditions générales. — Sur divers points des lignes principales, en dedans ou en dehors des gares, les voies se raccordent ou se croisent. Le concours simultané de certains trains provenant de diverses directions pourrait, comme nous venons de le voir, amener des accidents graves, si leur marche n'était pas soumise à une réglementation rigoureuse.

Il y a quelques années, la seule sauvegarde résidait dans une consigne, dont l'exécution était confiée à un agent. Elle lui prescrivait les conditions et l'ordre dans lesquels il devait manœuvrer les leviers des divers appareils, aiguilles et signaux concentrés à son poste, et faire passer successivement les divers trains concurrents. Mais la sécurité reposait, tout entière, sur la stricte observation de cette consigne par un agent d'un ordre inférieur. La moindre omission, la moindre erreur dans l'application pouvaient amener de graves accidents. L'activité de la circulation sur les voies ferrées, surtout dans le voisinage des grandes villes, allant sans cesse en augmentant, il devenait nécessaire de perfectionner les dispositions existantes de manière à éviter toute éventualité dangereuse.

Pour que la circulation d'un train s'effectue sans difficulté, deux conditions doivent être remplies. Il faut :

1° Que, sur la voie qu'il doit parcourir, il ne soit exposé à rencontrer devant lui ou à prendre en flanc aucun train ;

2° Que les appareils qu'il doit franchir aient été bien disposés pour son passage.

Pour obtenir ce résultat, on doit donc :

1° Mettre à l'arrêt les *signaux* destinés à empêcher l'arrivée de tout train dangereux ;

2° Manœuvrer comme il convient les *aiguilles* qui doivent donner au train attendu la voie qu'il doit suivre ; et, en dernier lieu :

3° Ouvrir à ce train le *signal* qui commande l'entrée de la voie ainsi préparée pour le recevoir.

C'est donc en établissant une liaison mécanique convenable entre les leviers des *signaux* et des *aiguilles*, groupés ou concentrés autour d'un même poste, qu'on oblige le signaleur à faire toutes les manœuvres nécessaires, sans en omettre aucune, et à les faire dans l'ordre où elles s'imposent, et que, — les mécaniciens se conformant fidèlement aux signaux qui leur sont adressés, — la sécurité se trouve absolument garantie. Cette solidarisation des leviers des aiguilles et des signaux a reçu le nom d'*enclenchement*. Elle remplira son but et toute rencontre ou collision de train sera empêchée si les trois conditions suivantes sont remplies :

1° L'aiguilleur ne doit pas pouvoir, à l'aide des signaux dont il dispose, donner passage à un train ou à une machine, pour une direction déterminée, avant d'avoir disposé pour cette direction toutes les aiguilles situées sur leur parcours ;

2° L'aiguilleur, une fois le passage donné, ne doit plus pouvoir modifier la position des aiguilles sans avoir préalablement changé la disposition du signal ;

Enfin, il doit lui être impossible d'effacer simultanément plusieurs signaux, dont la mise au libre passage au même instant pourrait amener une rencontre de trains.

Ces conditions n'ont pas besoin de justification : elles s'expliquent d'elles-mêmes.

Nous verrons bientôt les principales dispositions adoptées en France pour réaliser l'enclenchement des leviers de manœuvres des signaux et des aiguilles. Avant de commencer

§ 6. — ENCLENCHEMENTS

cet exposé, nous devons faire connaître d'abord comment on effectue le rapprochement des leviers les uns des autres, comment on les juxtapose, de manière à effectuer entre eux la liaison mécanique nécessaire.

327. Concentration des leviers de manœuvre des signaux et des aiguilles. — *a. Signaux.* — La concentration des leviers de signaux ne présente aucune difficulté : les mâts de signaux sont commandés par des fils, dont on peut fixer l'itinéraire aisément à l'aide de poulies de renvoi convenablement disposées en plan ou en profil. Ce que nous avons dit précédemment et les indications de la planche 66 nous dispensent d'insister.

b. Aiguilles. Pour les aiguilles, le problème de la concentration est moins facile à résoudre. Lorsque les aiguilles à manœuvrer sont très voisines du point sur lequel on a projeté d'établir le poste d'enclenchement (à moins de 50m. environ), on peut prolonger les barres qui séparent le levier de manœuvre des aiguilles, sans que la commande cesse d'être satisfaisante, et sans que le contact des aiguilles et des contre-aiguilles cesse d'être assuré en dépit des variations de température. Mais dès que la distance devient plus considérable, il faut adopter d'autres dispositions.

1° *Transmissions rigides.* Les plus généralement employées sont les *transmissions rigides* (Pl. 70).[1] Elles sont constituées (fig. 1 et 2) par des tubes en fer creux de 0m.034 de diamètre extérieur[2] et de 0m.027 de diamètre intérieur, filetés en sens inverse à leurs extrémités et assemblés au moyen de manchons que l'on peut saisir à l'aide d'une clef agissant sur une de

---

[1]. Nous avons emprunté une partie des dessins de cette planche à l'importante étude publiée par M. Cossmann, Inspecteur de l'exploitation de la C¹ᵉ du Nord, dans le n° de juillet 1880 de la Revue Générale des chemins de fer. — Le lecteur qui désirerait avoir des renseignements plus complets que ceux que comporte notre programme pourra se reporter à cette étude comme aussi au volume de l'Encyclopédie : *Chemins de fer. Exploitation technique et commerciale* du même auteur.

[2]. La Cⁱᵉ P.L.M. emploie maintenant des tringles en fer creux, de 0m042 de diamètre extérieur, qui offrent une très grande rigidité.

leurs extrémités, renflée et de forme hexagonale. Ces manchons, une fois serrés, sont goupillés. Ces tubes ont une longueur courante de 6m.50, ils sont portés et peuvent se mouvoir sur des guides formés chacun de deux galets à gorge superposés, l'un inférieur, de 0m.075 de diamètre, servant de support, l'autre supérieur, de 0m.040 de diamètre, servant à le maintenir. On remplace parfois ces supports à poulies par des supports à rouleaux qui donnent moins de résistance.

Lorsque la transmission doit subir plusieurs changements de direction, suivre un contour polygonal, enveloppant une courbe, on place à chaque sommet du polygone une genouillière (fig. 3), avec articulations verticales de part et d'autre, de manière à donner à l'ensemble une certaine souplesse.

Enfin, il faut parer aux effets de la dilatation. On emploie, pour cela, soit des balanciers horizontaux équidistants (fig. 2) qui ont l'inconvénient de ne pas maintenir en prolongement l'une de l'autre, les deux parties de la transmission aboutissant au balancier, — ce qui est parfois gênant pour son installation, — soit des compensateurs verticaux (fig. 4), formés de deux leviers coudés ABC, DEF réunis par une petite bielle AD. Lorsque la température monte, les deux points C, F se rapprochent l'un de l'autre ; les deux extrémités A et D se relèvent en même temps, la continuité de la transmission étant maintenue par la bielle AD.

Aux abords des aiguilles, il faut établir un renvoi d'équerre et abaisser l'extrémité de la transmission, qui doit passer au-dessous du rail pour être rattachée à ces aiguilles. On adopte la disposition fig. 5 et 6. La transmission ba, $b'a'$ est fixée à la branche oa d'un levier coudé, dont l'autre branche oc est calée d'équerre, au-dessous, sur un même axe vertical oo'. La transmission se prolonge à angle droit suivant cd, $c'd'$.

2° *Transmission par fils.* On commence à employer, pour la manœuvre à distance des aiguilles, des transmissions *par fils* qui permettent de réaliser une économie notable sur les frais d'installation et de faciliter la surveillance et l'entretien. Voici la disposition employée à la Compagnie de Lyon[1].

[1]. Appareil Gastin, employé par la Cie P.-L.-M. dans ses gares de triage (Notice du Service de la Voie, Cie P.-L.-M. — Exposition Universelle de 1889).

Le fonctionnement des aiguilles est obtenu au moyen de 2 fils f_1, f_2 de 3 m/m., disposés comme ceux qui commandent les signaux.

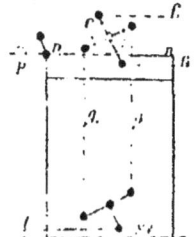

Fig. 291. Appareil Gastin (Transmission par fils)

Ces fils sont reliés, dans le voisinage du levier de manœuvre, à deux des bras d'une équerre à quatre bras, pouvant se déplacer sur un chemin de roulement mn' situé environ à 2^{m}00 au-dessus du sol ; des deux autres bras de l'équerre descendent deux fils g_1, g_2 ou deux chaînes, commandant une équerre inférieure à trois bras reliée à l'aiguille par une tringle rigide t.

L'équerre à quatre bras est montée sur un chariot c auquel est attaché un contrepoids p servant à tendre les fils et à neutraliser les effets produits par les variations de température.

L'appareil est réglé de telle sorte que, pendant la manœuvre, les équerres seules sont actionnées et communiquent le mouvement à l'aiguille, le chariot et son contrepoids restant immobiles ; par conséquent, le travail produit au levier de manœuvre est uniquement consacré, sauf les frottements insignifiants des poulies, à vaincre la résistance de l'aiguille, d'où résulte une grande douceur de manœuvre.

Quand l'aiguille est arrêtée par un obstacle, l'aiguilleur doit fournir un supplément d'effort pour soulever le contrepoids tendeur et se trouve averti.

A la Compagnie du Nord, on pare aux variations de température par une tension initiale suffisante donnée au montage.

Les transmissions rigides coûtent, en moyenne, 8 fr. le mètre courant. Les transmissions par fils environ 1 fr. 50 par simple fil. L'emploi de ces dernières présente donc un sérieux intérêt.

324. Appareils complémentaires de la concentration des leviers d'aiguilles. — Ces appareils répondent à des buts divers :

a. — Lorsque la distance qui sépare une aiguille du point où elle est manœuvrée dépasse quelques mètres, l'aiguilleur ne peut plus, à simple vue, s'assurer que cette aiguille a accompli le mouvement voulu et que le contact existe entre elles et sa contre-aiguille. Un appareil de contrôle devient indispensable. C'est tantôt un appareil électrique, tantôt un verrou, qui *peut* être actionné, si l'aiguille est complètement faite, ou que l'on *ne peut* mettre en mouvement, si l'aiguille n'a effectué qu'une partie de sa course.

b. — Pour remédier aux imperfections d'une transmission composée d'un plus ou moins grand nombre de tringles placées bout à bout, articulées sur certains points, et aux effets de l'usure, des frottements, de l'élasticité, de la dilatation de ces tringles, il y a lieu quelquefois de parfaire le mouvement de déplacement nécessaire et d'effectuer le contact rigoureux de l'aiguille et de sa contre-aiguille. On obtient ce résultat au moyen de pédales automatiques qui obéissent à la pression exercée par les roues aux abords du changement de voies.

c. — Enfin, il importe que l'aiguilleur ne puisse déplacer une aiguille au moment où elle assure le passage d'un train, sans quoi un déraillement s'ensuivrait. C'est encore au moyen d'une pédale qu'on obtient ce résultat.

Les appareils destinés à compléter l'installation des systèmes de concentration et à assurer la sécurité varient selon les Compagnies. Nous nous bornerons à indiquer les plus simples.

a. — *Contrôleur Lartigue*. — Le contrôleur électrique Lartigue (Pl. 70, fig. 17-18) n'est autre chose qu'un commutateur à mercure. De chaque côté des contre-aiguilles A, B, et extérieurement à la voie, se trouvent placées des boîtes en ébonite *a*, *b*, avec enduit intérieur en gomme laque. Une cloison divise chacune de ces boîtes en deux compartiments *m*, *n* (fig. 18) et un orifice, pratiqué à la partie inférieure de cette cloison, permet au mercure de passer de l'un dans l'autre de ces compartiments lorsque la boîte est inclinée.

On fait communiquer la tige de platine *m* (fig. 18) de la boîte *a* (fig. 17) avec la terre, et la tige de platine *m'* (fig. 18) de la boîte *b* avec une sonnerie et une pile.

Puis, on réunit par un conducteur les deux autres tiges de platine des deux boîtes.

Dans ces conditions, si l'une des aiguilles A' est lancée contre sa contre-aiguille A, elle agit sur le bouton-poussoir relié au support de la boîte suspendue à cette contre-aiguille et l'oblige à s'incliner. Le mercure passe du grand compartiment dans le petit, suspend la communication qui existait entre les deux tiges de platine du grand compartiment et interrompt le passage du courant. La sonnerie reste muette.

Si l'aiguille A' s'écarte de sa contre-aiguille d'une quantité telle que l'intervalle, dépassant 3 à 4 mm., puisse être dangereux, le poussoir, cédant au poids de la boîte, revient sur lui-même, la boîte se rapproche de la position horizontale, et le mercure, baignant les deux tiges de platine, rétablit le passage du courant et fait tinter la sonnerie : le réglage a lieu en conséquence.

L'aiguille A' continuant à s'éloigner, les faits que nous venons d'indiquer du côté AA' vont se reproduire du côté BB'.

On a donc un appareil qui signale fidèlement toute position défectueuse de l'une ou de l'autre des deux aiguilles.

b. — *Verrou d'aiguilles Saxby et Farmer.* — Cet appareil (Pl. 70, fig. 12, 13, 14) permet de reconnaître à distance que l'une des aiguilles est bien en contact avec sa contre-aiguille.

Près de la pointe des aiguilles, on place une entretoise ou tige de connexion supplémentaire tt, amincie en son milieu. Ce point milieu glisse entre deux mâchoires qui lui servent de guides. Perpendiculairement à cette tige se trouve une barre en fer rond, ou verrou r, qui peut coulisser dans un fourreau porté par la mâchoire extérieure. Deux trous sont percés dans la partie aplatie de la tige t, de telle façon que le verrou puisse s'engager dans l'une ou dans l'autre, lorsque l'une ou l'autre des aiguilles est en contact avec sa contre-aiguille. Si la manœuvre du changement est incomplète, le verrou, lancé par le système de barres et de leviers coudés qui le commandent, butte contre la partie pleine interposée entre les deux trous. Le signaleur, s'il éprouve une résistance, est, par là même averti que la position des aiguilles est vicieuse et avise en conséquence.

c. — Appareils de calage automatique. — Nous avons indiqué l'utilité des appareils de cette espèce destinés à compléter la manœuvre des aiguilles, demeurée imparfaite. Ce que nous allons dire de la pédale associée au verrou permettra de concevoir qu'il est facile d'obtenir de l'action des roues sur une pédale latérale au rail le faible mouvement complémentaire que réclame le contact parfait d'une aiguille et de sa contre-aiguille.

d. — Pédale de calage du verrou Saxby et Farmer. — Pour empêcher que l'aiguilleur ne puisse retirer le verrou d'aiguilles, dont il vient d'être parlé, on rend le mouvement de ce verrou *r* (Pl. 70, fig. 12, 13) solidaire du mouvement d'une bielle S, rattachée à une pédale P, P' latérale au rail RR'. Cette pédale, représentée à plus grande échelle, fig. 7, 8, est constituée par un fer à T articulé en *bb'* avec des manivelles *mm'*, mobiles sur des axes *aa'*, reliés eux-mêmes par des mâchoires au champignon inférieur du rail.

Pour que le verrou *r* puisse être dégagé, il faut que la pédale effectue la totalité de son déplacement longitudinal, et pour cela il faut qu'elle se relève, comme l'indique en pointillé la fig. 8, et que les manivelles passent de l'une à l'autre des positions extrêmes de la fig. 7. Or, cela ne peut avoir lieu pendant la durée du passage d'un train, le mentonnet des roues empêchant le relèvement de la pédale, si la pédale a une longueur supérieure au plus grand écartement de deux essieux. Par suite, le déverrouillage est rendu impossible.

Il importe de faire remarquer que l'extrémité de la pédale doit être très voisine de l'extrémité des aiguilles, de manière que le déverrouillage soit impossible pendant le temps très court employé à franchir cet intervalle.

Ces indications sommaires suffisent pour faire comprendre comment on est arrivé à réaliser la concentration des leviers et à donner au fonctionnement des leviers des aiguilles, effectué dans ces nouvelles conditions, toutes les garanties de sécurité désirables.

§ 6. — ENCLENCHEMENTS

329. Enclenchement d'un levier α d'aiguilles et d'un levier β de signal. — Ce cas est le plus simple qui puisse se présenter.

Pour réaliser cet enclenchement, il n'est pas nécessaire de juxtaposer les deux leviers α et β et de les amener à être parallèles.

Si ces deux leviers sont éloignés l'un de l'autre : le levier α d'aiguilles à une certaine distance du bâtiment de la station et le levier β à côté de ce bâtiment, on établit parallèlement à la voie une barre rigide à la suite de ce dernier levier. Celle-ci se termine par une tige L, L' (Pl. 70, fig. 15, 16), taillée en pointe, guidée par un trou o, o' ménagé dans le support MM' et qui se présente normalement à la tige tt' de manœuvre actionnée par le levier α. Un trou est percé dans cette tige et l'extrémité du verrou LL' peut s'y engager lorsque l'aiguille occupe la position pour laquelle on veut produire l'enclenchement. Sinon l'extrémité du verrou butte contre une portée pleine et l'impossibilité pour le signaleur d'achever la manœuvre lui sert d'avertissement.

Si les deux leviers sont rapprochés l'un de l'autre (Pl. 69, fig. 8, 9, 10, 11), on leur conserve leurs directions habituelles : CD perpendiculaire à la voie pour le levier d'aiguilles, AB parallèle à la voie pour le levier du disque.

L'appareil employé à la Compagnie du Midi se compose d'une boîte en fonte, de forme rectangulaire, qui se fixe derrière le support du levier de manœuvre de l'aiguille à enclencher et qui soutient et guide, d'une part, un verrou droit ou recourbé, directement attelé à la partie inférieure du levier de l'aiguille dans le prolongement de la tringle de manœuvre ; de l'autre un coulisseau attelé au levier du signal fixe au moyen d'une bielle. (On emploie une transmission rigide si ce levier se trouve à distance de l'aiguille). Le choix de la forme du verrou à employer dépend de la position dans laquelle l'aiguille doit se trouver immobilisée par la manœuvre du signal fixe.

330. Enclenchements Vignier (ancien système). — C'est à M. Vignier, Ingénieur à la Compagnie de l'Ouest, que revient l'honneur d'avoir imaginé et réalisé les premiers appareils d'enclenchement.

Les dispositions adoptées au début sont figurées (Pl. 71) pour une bifurcation de lignes à double voie, dont le diagramme (fig. 3) représente les dispositions générales adoptées par la Compagnie du Nord.

Les leviers d'*aiguilles* sont les suivants :

Pour l'aiguille prise en pointe : A (fig. 5) ;
—   en talon : B ;
Pour le verr. de l'aig. en pointe : C.

Les leviers des trois *disques d'arrêt*, placés à 60 m. du train à protéger sont :   D, E sur le tronc commun

<small>On emploie deux leviers pour cet appareil qui commande les deux voies : l'une principale et l'autre déviée ; les deux fils d, e se réunissent, d'ailleurs, en un même fil K à la sortie de la table d'enclenchement.</small>

et F, G sur les deux autres branches.

Enfin, les trois *disques à distance* sont manœuvrés par des leviers à pédale H, I, J, non enclenchés.

Les leviers A, B, C, D-E, F, G sont disposés parallèlement entre eux et, en général, perpendiculairement à la direction des voies principales xy, soit en M, soit en N (fig. 3). Les aiguilles et le verrou sont ainsi commandés *immédiatement* et les signaux au moyen de fils d-e, f, g soutenus et convenablement dirigés par des poulies.

Chacun des leviers actionne, indépendamment de la tige ou du fil de l'appareil qu'il commande, une barre spéciale appelée *barre d'enclenchement*, disposée transversalement aux plans de manœuvre des leviers, pour les aiguilles et le verrou d'aiguille en pointe et dans le plan même de ces leviers pour les disques d'arrêt.

Ainsi, les barres d'enclenchement A_1, B_1, C_1, A', B', C' sont solidaires du mouvement imprimé aux *aiguilles* et au *verrou*, tandis que les barres D_1, E_1, F_1, G_1, D'_1, E'_1, F'_1, G'_1, superposées transversalement aux précédentes, sont solidaires du mouvement des leviers des *disques*.

Des encoches, de longueur convenable, sont ménagées dans les unes et dans les autres, de manière à produire entre les barres les liaisons nécessaires. D'une manière générale, lorsque le bord d'une encoche faite dans une barre α vient buter contre une partie pleine d'une autre barre β, la barre α empêche d'effectuer le mouvement commencé : α est dit *enclenché* ; β est *enclencheur*. Si, au contraire, l'encoche de α est telle qu'elle n'atteigne pas, dans le mouvement effectué, la barre β : il n'y a pas enclenchement,

Je suppose que l'aiguilleur attende un train venant de x et se dirigeant vers y :

1° Le disque F sera *fermé* ;
2° L'aiguille B prise en talon sera *manœuvrée* ;
3° Alors seulement le disque G sera *ouvert*.

La barre F_1, telle que la représente la fig. 5 (Pl. 71), correspond à la fermeture du disque. Et l'on voit que si on manœuvre le levier B et la barre B_1 dans le sens de la flèche, la barre F_1 ne pourra plus être déplacée. D'un autre côté, la même manœuvre de B_1 amènera une encoche en regard de G_1 et permettra l'ouverture du disque G.

331. Enclenchements Vignier (*Nouveau système*). — Dans les nouveaux appareils du système Vignier, on a encore des *barres* ou *tringles* d'enclenchement dans le plan de manœuvre des leviers fig. 1, 2 (Pl. 71) ; mais dans le sens transversal, on a des *arbres* AA′ portant de petites manivelles, qui actionnent des verrous verticaux, susceptibles de s'engager dans des trous percés dans les barres placées au-dessous. Le verrou A (fig. 1) enclenche ; le verrou A′ est enclenché.

Le mouvement de rotation est donné aux arbres d'enclenchement comme l'indique la fig. 2 : une fente ouverte dans la tringle, et dans laquelle s'engage une manivelle solidaire de l'arbre A, permet d'actionner cette manivelle lorsqu'on déplace la tringle.

La planche 72 représente l'ensemble d'une table d'enclenchement de 16 leviers. La légende très complète qui accompagne cette planche et qui a été rédigée par le service de la voie de la Cie de Lyon nous dispense d'explications plus étendues.

332. Enclenchements Saxby et Farmer. — Lorsque le nombre des leviers concentrés dans un même poste dépasse le chiffre de 16 (à P.-L.-M.) ou de 18 (à l'Ouest), on emploie un autre appareil, dont l'invention première, due à des ingénieurs anglais : MM. Saxby et Farmer a été successivement modifiée par eux ou par les ingénieurs des diverses Compagnies qui l'ont adopté.

Cet appareil est maintenant appliqué d'une manière générale sur les voies ferrées du monde entier.

La planche 73 donne les dispositions principales de l'appareil Saxby, à grils verticaux, adopté par la Cie P.-L.-M. La fig. 1 représente un des leviers AOB, qui commande par son extrémité inférieure en retour d'équerre B (ou D) une chaîne et un fil, s'il s'agit d'un signal, — ou une tige rigide, s'il s'agit d'un aiguillage ou d'un verrou d'aiguille. Une lentille en fonte, fixée à distance convenable sur un bras de levier OC, relié lui-même au levier à la hauteur de son articulation, permet d'équilibrer en partie le poids des pièces de la transmission situés du côté opposé. Tous les leviers d'un poste sont juxtaposés, à 0m.127 les uns des autres, dans une cabine dont le plancher est à une hauteur de 3m. à 6m. au-dessus des voies et qui, vitrée en général sur trois faces, permet au signaleur de suivre le mouvement des trains et le fonctionnement des signaux aux abords de son poste.

Les dispositions relatives à l'enclenchement sont les suivantes.

Le levier AO porte latéralement une tringle verticale, ou *loquet b*, qui peut être relevée lorsque la *manette m*, serrée par la main de l'agent, est rapprochée de la poignée A. La résistance du ressort placé à la partie inférieure du loquet est surmontée et le *coulisseau n* commandé par ce loquet est lui-même relevé. Il échappe alors au cran d'arrêt V d'un secteur en fonte latéral et relève avec lui l'extrémité F' d'une *coulisse* FF' en arc de cercle, mobile autour d'un axe H articulé sur le secteur. La coulisse FF' porte à sa partie inférieure une branche HK qui agit, par une bielle KI sur la manivelle inférieure d'une pièce méplate et allongée, à laquelle des fentes transversales ont fait donner le nom de *gril* (fig. 2), et qui, maintenu haut et bas par ses tourillons engagés dans les supports en fonte de la table d'enclenchement, peut tourner sur elle-même autour

§ 6. — ENCLENCHEMENTS

de son axe de figure IJ (fig. 1). De part et d'autre de ce gril se trouvent, superposées, un certain nombre de tringles horizontales, telles que TT (fig. 1), et z, z (fig. 4 mobiles à frottements doux dans deux plans verticaux perpendiculaires aux plans de manœuvre des leviers. Une *fourche* (fig. 3) fixée par ce gril au moyen de trous percés à l'avance entre les fentes de celui-ci (fig. 2), saisit entre ses branches le *bouton* saillant rapporté sur la tringle dont on veut produire le déplacement longitudinal (égal à 0m 35). D'un autre côté, des *taquets* de formes variables (fig. 4) fixés sur les tringles, — en regard des grils voisins et qui peuvent : ou s'engager dans les fentes de ces grils, ou buter contre leurs bords pleins, — permettent ou interdisent le mouvement de ces grils, lorsqu'on actionne les leviers correspondants. Ainsi donc, par suite de l'action du 1er gril considéré sur les tringles et de celles-ci sur les autres grils, on arrive à établir entre les uns et les autres les liaisons mécaniques voulues.

Nous venons de voir que, par suite de l'action de la manivelle m, le coulisseau n et l'extrémité F' de la coulisse étaient relevés. Dans ce mouvement, l'extrémité K de la branche HK agit sur la manivelle I du gril et fait tourner celui-ci d'une petite quantité, suffisante toutefois pour engager les taquets et commencer l'opération elle-même de l'enclenchement.

Le signaleur tire à lui, c'est-à-dire d'avant en arrière (ou de droite à gauche sur la fig. 1) le levier AO, amène celui-ci dans la position figurée en pointillé et complète par cette manœuvre le mouvement d'oscillation de la coulisse et de rotation du gril.

Le guidage de la coulisse est assuré au moyen d'un sabot S, fixé à la base du levier de manœuvre et qui, s'appuyant sur la partie supérieure de la coulisse au moment où le coulisseau se trouve sur la verticale des centres OH, empêche cette coulisse d'obéir à une action extérieure (donnée avec la main ou avec le pied), qui serait contraire à celle qui lui est imprimée par le levier.

Ainsi que nous l'avons indiqué, et c'est là un des points les plus remarquables de l'invention des ingénieurs anglais, le seul mouvement de la manette vers la poignée, sans déplacement du levier, suffit pour produire le commencement de l'enclenchement.

Et l'opération n'est terminée, ou aucun des leviers à déclencher n'est rendu libre, tant que le levier n'a pas effectué toute sa course, et que le coulisseau n'est pas retombé dans son cran d'arrêt.

La figure 4 représente cinq des combinaisons principales qui peuvent être réalisées entre un taquet fixé sur une tringle correspondant à un levier α et un *gril* figuré en coupe au-dessous et correspondant à un levier β. La première est représentée par l'expression $\frac{\alpha N}{\beta N}$ qui, en langage ordinaire, signifie : *que le levier α, dans sa position normale, enclenche le levier β dans sa position normale.* [1]

On voit en effet que le taquet figuré en traits pleins, butant contre le bord du gril (partie hachurée) empêche celui-ci de pivoter sur son axe ($\times$) et de prendre la position indiquée en traits pointillés. On voit aussi que, si le taquet a pris d'abord la position indiquée par les traits pointillés et si l'on tourne le gril, le loquet et sa tringle ne pourront plus revenir sur eux-mêmes (vers la droite) et seront enclenchés. C'est le *principe de réciprocité* qui s'énonce ainsi : *si un levier, dans une de ses positions, enclenche un autre levier dans une position donnée*, réciproquement : *la position inverse du second doit enclencher le premier dans la position inverse de celle qu'il occupait pour l'établissement de la première relation.*

La réciproque de $\frac{\alpha N}{\beta N}$ est : $\frac{\beta R}{\alpha R}$, qui, en langage ordinaire, signifie : *que le levier β, dans sa position renversée, enclenche le levier α dans sa position renversée.*

Ces indications, quoique sommaires, permettront de comprendre les autres combinaisons données (Pl. 73) au-dessous de la précédente et de saisir le jeu des taquets et des grils correspondants. Le cadre dans lequel nous devons nous

---

[1]. Cette notation a été proposée par M. Cossmann (étude déjà citée : *Revue générale des chemins de fer*, juillet 1880).

tenir renfermés ne nous permet pas de nous étendre davantage.

L'appareil Saxby, à grils verticaux (type P.-L.M.) que nous venons de décrire, ou à grils horizontaux (type anglais), est appliqué depuis 1874 (date du brevet anglais) et depuis 1877 (installation à Brétigny, P. O. et à Gretz, Est). Cette longue expérience a permis de reconnaître qu'il possède des qualités précieuses :
1° *Instantanéité résultant du mode d'action de la poignée à ressort ;*
2° *Solidité du verrouillage obtenu au moyen de pièces rigides et résistantes ;*
3° *Facilité de réparation et de modification des combinaisons établies au moyen de pièces mobiles (taquets) interchangeables à l'aide de quelques vis.*

333. Étude d'un projet d'enclenchement. — L'étude d'un projet d'enclenchement est indépendante du système d'appareil : Vignier, Saxby et Farmer ou autre, que l'on se propose d'employer à sa réalisation.

Le tracé des voies et la position des changements, des traversées et croisements projetés étant arrêté, on se rend compte des mouvements de trains ou de machines qui pourront avoir lieu et on détermine la nature et la position des signaux destinés à protéger leur marche, en prenant soin de prévoir pour un disque autant de leviers de manœuvre qu'il peut ouvrir de directions différentes.

Puis, on inscrit dans un premier tableau tous les *passages* qui peuvent être effectués sur l'ensemble de voies considéré. Les relations mécaniques à établir entre les leviers des appareils à franchir et les leviers des signaux qui les protègent constituent une première série d'enclenchements.

Ensuite, on dresse un second tableau pour les *passages simultanés*, dans lequel on inscrit tous les mouvements de trains ou de machines qui peuvent avoir lieu en même temps. Les numéros des passages, qui figurent sur le 1er tableau et ne sont pas inscrits sur le second, sont ceux qu'il y aurait danger à autoriser, et que l'on doit par conséquent interdire, ce que l'on fait en empêchant le fonctionnement de certains leviers d'aiguilles ou en fermant certains disques. Les manœuvres à effectuer dans ce but doivent être rendues solidaires des premières et conduisent à établir une seconde série d'enclenchements.

Pour éviter de multiplier les leviers autant que les indications qui précèdent pourraient y entraîner, on a recours à un artifice qui consiste à faire dépendre la relation entre deux leviers de la position d'un troisième (enclenchement conditionnel).

Cela étant fait, on précise les enclenchements à établir, soit en les inscrivant dans un tableau, soit en les figurant sur un diagramme, qui a l'avantage d'être plus expressif pour les personnes qui ne sont pas accoutumées aux études de cette nature. Et on procède aux simplifications, à la suppression des doubles emplois qui peuvent se présenter.

Enfin, on passe au dessin d'exécution.

(Voir aux Annexes l'étude d'un poste d'enclenchement de bifurcation de ligne en voie double sur ligne en voie double, Cie P. O.).

§ 7.

APPLICATION DE L'ÉLECTRICITÉ AUX SIGNAUX [1]

Nous avons déjà eu l'occasion de signaler quelques-unes des applications qui ont été faites de l'électricité aux signaux : les sonneries avertisseuses, les commutateurs. La rapidité des transmissions qui peuvent être obtenues au moyen de l'élec-

---

[1] Cette question spéciale n'occupe, dans le programme de notre cours, qu'une faible place. D'un autre côté, elle est traitée avec tous les développements nécessaires dans un autre ouvrage de l'Encyclopédie : *Exploitation technique et exploitation commerciale*, par M. Cossmann, Ingénieur du service technique de l'exploitation des chemins de fer du Nord. Pour cette double raison, nous serons très bref.

§ 7. — APPLICATION DE L'ÉLECTRICITÉ AUX SIGNAUX   587

tricité, quelle que soit la distance, — rapidité bien supérieure à celle des transmissions de tout autre système, — la facilité d'établissement de ces transmissions offraient des avantages qui devaient frapper l'esprit des hommes de recherche et provoquer de nombreuses inventions. C'est ce qui a eu lieu.

Toutefois, beaucoup de ces inventions ont été laissées de côté, parce qu'elles ne présentaient pas ce caractère de certitude, de précision, qui est la qualité première des appareils destinés à servir de signaux, et parce qu'on pouvait obtenir par d'autres moyens plus sûrs ou plus simples les résultats voulus.

D'autres sont restées et ont été adoptées d'une manière presque générale, parce qu'elles donnent satisfaction à des desiderata motivés par les exigences croissantes de l'exploitation des chemins de fer et inspirés par le souci toujours plus impérieux de la sécurité chez ceux qui les dirigent.

334. Cloches électriques. — Le télégraphe électrique permet d'établir entre deux stations une communication aussi satisfaisante que possible, mais l'avis expédié par une station ne s'adresse qu'à la station correspondante seule. Tous les points intermédiaires du parcours ignorent la dépêche qui a été transmise. Et dans bien des cas il serait à désirer que, sur ce parcours, les agents en fussent informés.

Ainsi, sur une ligne à voie unique, en dépit des règles les plus nettement formulées, deux trains peuvent être lancés l'un vers l'autre. Une collision sera empêchée si un signal, fait à temps, avertit les agents de la voie de l'erreur qui a été commise et leur permet de se porter au devant du premier train et de l'arrêter.

Par suite d'un accident à sa machine, ou pour une autre cause, un train peut tomber en détresse. Une machine de secours est nécessaire. Il faut pouvoir demander l'envoi de cette machine dans le sens des trains pairs ou dans le sens des trains impairs. De même pour le wagon de secours.

Des wagons poussés par le vent peuvent s'être échappés d'une gare, ou bien ils peuvent avoir été séparés d'un train par une rupture d'attelage et s'en aller en dérive dans un sens ou dans l'autre. Il faut envoyer un avis qui les devance et permette aux agents de chercher à les arrêter ou de les diriger à la première station sur une voie en cul de sac.

Ces divers avis peuvent être donnés au moyen des *cloches électriques* établies en différents points du parcours que l'on veut protéger. Ces cloches, — il serait plus exact de dire : ces timbres, — permettent, à l'aide de sonneries conventionnelles (batteries de coups successifs, en nombre variable, séparées par des silences), non seulement d'annoncer la mise en marche du train de telle ou telle direction, mais encore de prévenir des accidents dus soit à des erreurs d'agents, soit à des causes imprévues.

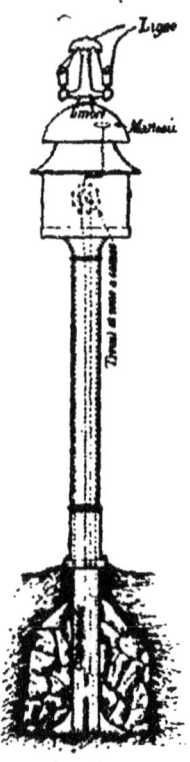

Fig. 206.

Ces cloches sont de deux espèces :

1° Les *cloches Siemens* (ou *cloches allemandes*), qui sont actionnées par des *inducteurs*.

L'inducteur est une petite machine magnéto-électrique composée d'une grosse bobine qu'on peut faire tourner entre les branches de douze forts barreaux aimantés. A chaque tour en avant de sa manivelle correspond une émission de courant.

L'électricité produite détermine le déclenchement d'un treuil qui porte à l'une de ses extrémités une roue. Les cames placées au pourtour de celle-ci agissent sur le marteau du timbre, lorsque le treuil déclenché cède à l'action du contrepoids qui le sollicite et tourne sur son axe : une série de six coups est frappée sur toutes les cloches du circuit.

En général, les postes intermédiaires entre deux stations peuvent recevoir des avis, mais ils ne peuvent en donner. D'autres fois ils sont récepteurs et transmetteurs.

2° Les *cloches Léopolder* (ou cloches autrichiennes), qui sont actionnées par un courant continu de piles Meidinger placées

§ 7. — APPLICATION DE L'ÉLECTRICITÉ AUX SIGNAUX

aux gares et circulant entre ces gares en passant par les appareils des postes intermédiaires. A l'aide d'un commutateur manœuvré de l'une des gares ou de l'un des postes, on produit une interruption de courant. A chaque interruption correspond un *coup* de la sonnerie.

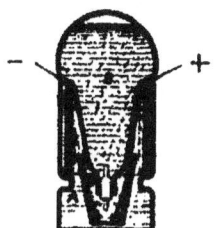

Fig. 206. — Pile Meidinger.

A. Bocal en verre rempli d'eau.
Z. Cylindre en zinc reposant sur une nervure du vase A.
D. Gobelet où vient aboutir le cuivre C.
B. Ballon rempli de sulfate de cuivre et d'eau et dont le col fermé par un bouchon que traverse un tube vient plonger à l'intérieur du gobelet D.

L'appareil consiste en un mouvement de tourne-broche à poids, susceptible par la rotation d'une roue et l'action de mannetons portés par cette roue sur un levier, d'exercer une traction sur le fil qui commande le marteau du timbre.

Au repos, la palette opposée à l'électro-aimant étant au contact sous l'action du courant, il suffit d'interrompre le passage de celui-ci pour séparer la palette de l'électro-aimant et de le rétablir immédiatement pour faire fonctionner le déclenchement, faire tourner la roue d'engrenage d'une quantité correspondant à la course d'un manneton et par suite soulever le levier qui commande le coup de marteau. Ce résultat s'obtient en pressant sur un bouton qui interrompt le passage du courant.

On doit mettre un intervalle de deux secondes entre chaque action sur le commutateur, de manière à laisser au déclenchement le temps de produire l'effet voulu.

Les cloches échelonnées sur la ligne, qui sont de véritables postes de secours, ont leur annonciateur placé sous une plaque scellée à la cire. Il faut briser le scellé pour se servir du commutateur.

300   CHAPITRE VI. — SIGNAUX

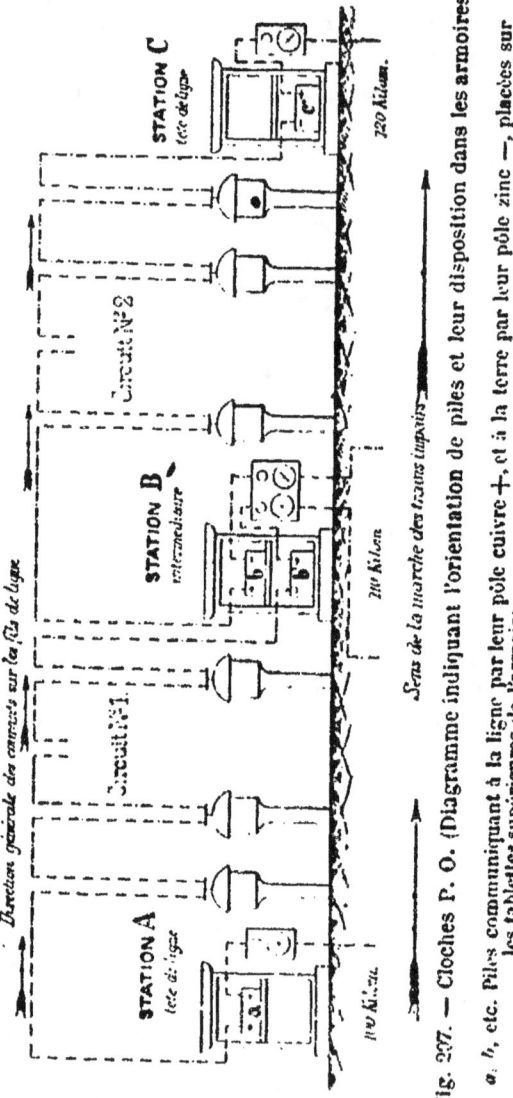

Fig. 227. — Cloches P. O. (Diagramme indiquant l'orientation de piles et leur disposition dans les armoires.

a, *b*, etc. Piles communiquant à la ligne par leur pôle cuivre +, et à la terre par leur pôle zinc —, placées sur les tablettes supérieures de l'armoire.
b', *c'*, etc. Piles communiquant à la ligne par leur pôle zinc —, et à la terre par leur pôle cuivre +, placées sur les tablettes inférieures de l'armoire.
Les piles *a* et *b'* sont affectées au circuit n° 1.
Les piles *b* et *c'* sont affectées au circuit n° 2.

Pour permettre d'établir la communication directe entre deux circuits, n°s 1 et 2, aboutissant dans une même station intermédiaire B (traversée par des trains de nuit qui ne s'arrêtent pas), tout en faisant concourir l'action des piles de cette station à la transmission des signaux sur le circuit direct, on emploie un commutateur, que l'on établit entre les deux boutons interrupteurs, correspondant aux deux directions dans lesquelles la station peut envoyer des signaux. La communication avec la terre des deux pôles opposés des piles est supprimée et on les relie l'un à l'autre. Les courants électriques doivent donc circuler dans le même sens dans les circuits consécutifs d'une même section, soit dans le sens des trains impairs. La figure ci-dessus indique la disposition adoptée à la Cie d'Orléans.

La nécessité d'avoir des piles pour le fonctionnement des cloches entraîne une dépense d'entretien importante. L'emploi de l'inducteur Siémens est donc plus économique.

A la Cie de l'Est, on a réuni les avantages des deux systèmes : *coups simples* frappés sur le timbre et emploi de l'*inducteur* comme source d'électricité.

L'annonce d'un train impair est faite au moyen de 3 séries, de 3 coups de cloche chacune, séparées par des silences. On peut les noter comme il suit . . . — . . . — . . .

Pour un *train pair*, l'annonce est celle-ci . . — . . — . .

Des notations analogues correspondent aux autres signaux qui sont transmis par les cloches.

L'emploi des cloches constitue un supplément de sécurité. Il ne dispense, d'ailleurs, d'aucune des autres mesures prescrites dans le même but.

335. Exploitation par le block-system ou par cantonnement. — Lorsque la circulation des trains est peu importante sur certaines lignes, les intervalles qui existent entre deux trains qui se suivent sont généralement suffisants pour donner l'assurance que, — la marche du premier venant à être ralentie, — le second, d'une allure même plus rapide, ne pourra le rejoindre et qu'aucune collision ne se produira. Si le premier vient à être arrêté dans sa marche par une circonstance imprévue, on aura le temps nécessaire pour envoyer un agent à la rencontre du train qui le suit, l'arrêter et le prévenir de ce qui a lieu.

Lorsque, par suite de l'activité croissante de la circulation sur certaines lignes, les trains se sont multipliés, on a décidé qu'un train n'en suivrait un autre qu'à 10 minutes d'intervalle, sauf lorsque le premier marcherait plus vite que le second et dans quelques autres circonstances spéciales. On a arrêté qu'il existerait, au minimum, entre deux trains qui se succèdent, un *intervalle de temps* déterminé. Mais cette mesure de protection peut être insuffisante. Si, en effet, le premier train a sa marche ralentie par une cause quelconque, s'il vient à perdre cette avance qui le sépare du suivant, il n'est plus couvert contre le danger d'une collision, et si ce dernier conserve sa vitesse, un accident peut se produire.

Pour obvier à cette éventualité sur les lignes très fréquentées, on substitue à l'*intervalle de temps* entre deux trains consécutifs un *intervalle de distance*. On divise les portions de ligne de cette espèce en sections, ou *cantonnements*, dont l'entrée est protégée par des signaux et où aucun train ne peut pénétrer tant que le train précédent n'en est pas sorti. On procède en quelque sorte par éclusées successives. C'est ce que l'on appelle l'exploitation par le *block-system*, — exploitation qui couvre ou bloque le train dans la section où il s'est engagé.

En pratique, l'interdiction qui s'adresse au second train est rarement absolue. S'il en était ainsi, en effet, l'arrêt d'un premier train amènerait l'arrêt de celui qui le suit, et celui-ci l'arrêt d'un troisième et ainsi de suite. De sorte que l'exploitation d'une ligne, sur ses sections les plus chargées, serait très promptement arrêtée.

On se borne donc, en pareil cas, à autoriser le second train à pénétrer dans la section bloquée, mais en soumettant sa marche à diverses conditions qui varient selon les Compagnies. Telles sont les suivantes :

1° Il devra s'être écoulé un certain délai depuis l'entrée du 1ᵉʳ train dans la section ;

2° Le second train devra marquer l'arrêt complet avant d'entrer dans cette section, c'est-à-dire s'arrêter complètement ;

3° Il devra être averti, avant d'entrer, que la section n'est pas libre.

§ 7. — APPLICATION DE L'ÉLECTRICITÉ AUX SIGNAUX

Donc, autant de diverses conditions, autant de systèmes de blocks possibles. Le premier est *absolu* dans toute la rigueur du terme ; le second est un *absolu atténué*.

On applique aussi un block-system, dit *permissif*, dans lequel :

1° L'entrée de la section occupée est toujours permise ;

2° Le mécanicien du train survenant, lorsque la section où il va s'engager est occupée, en est averti par un signal conventionnel.

Si, maintenant, on combine les diverses conditions ci-dessus de différentes manières, on arrive à réaliser autant de systèmes de blocks, variant selon les circonstances spéciales de la circulation sur la portion de ligne dont il s'agit.

D'une manière générale, l'établissement du block-system comporte :

1° L'installation d'un système de signaux entre les agents qui s'expédient mutuellement un train dans l'une ou l'autre direction ;

2° L'installation de signaux à faire par les agents stationnaires aux mécaniciens des trains à leur entrée dans les sections de block ;

3° Et, pour que ce mode soit complet, la solidarisation des signaux échangés, d'une part, entre les deux stationnaires extrêmes de chaque station et, d'autre part, entre le stationnaire d'entrée et le mécanicien qui aborde la station.

Ces installations étant faites : si les appareils présentent des conditions de solidité sérieuse, de manœuvre facile, si les signaux optiques, mis à l'arrêt mécaniquement, ne peuvent être effacés électriquement que par le poste de sortie, et si, en cas de dérangement des appareils, les signaux sont maintenus à l'arrêt, on aura répondu pleinement aux desiderata exprimés par l'Administration Supérieure (Circulaires des 2 novembre 1881 et 12 janvier 1882).

Les dispositions adoptées pour l'établissement du block-system par les grandes Compagnies varient avec celles-ci et comportent l'emploi des appareils suivants, dont nous indiquerons sommairement les dispositions générales [1] :

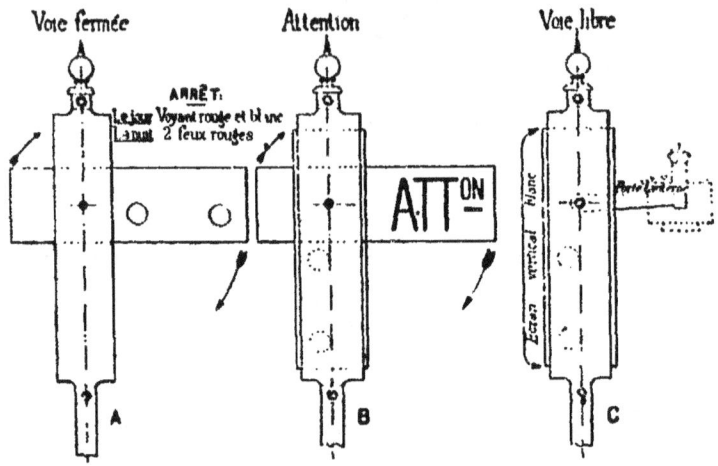

Fig. 298. — Signal de cantonnement (Ouest).

1° Appareils Regnault (Cies de l'Ouest et du Midi) ;
2° Appareils Tyer-Jousselin (Cie P.-L.-M.) ;
3° Électro-sémaphores Lartigue, Tesse et Prudhomme (Cies du Nord, de l'Orléans, de l'Est).

236. Appareils Regnault [2] (Ouest, Midi). — Supposons un train se dirigeant de gauche à droite, dans le sens

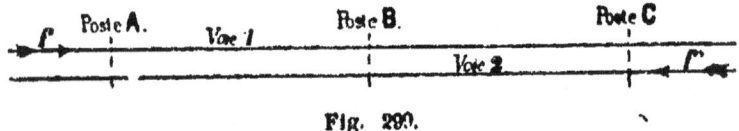

Fig. 299.

de la flèche f, entrant au poste A dans un *cantonnement* ;

1. Voir, pour plus de détails, l'*Exploitation technique* de M. Cossmann (*Encyclopédie des travaux publics*) ;
L'*Étude sur les signaux* de MM. Brame et Aguillon ;
Le *Traité pratique d'électricité appliquée à l'exploitation des chemins de fer*, de M. G. Dumont.
2. Note de la Cie de l'Ouest à l'occasion de l'Exposition Universelle de 1889.

§ 7. — APPLICATION DE L'ÉLECTRICITÉ AUX SIGNAUX

franchissant un poste B intermédiaire ; et se dirigeant vers un poste de sortie C.

(Pour un train venant suivant f', la situation serait renversée : le poste C serait poste d'entrée et le poste A serait poste de sortie).

Les agents sédentaires de chaque poste ont à leur disposition :

Des signaux *optiques* qui s'adressent aux mécaniciens ;

Et des signaux *électriques* pour communiquer entre eux.

Signaux optiques. — Pour communiquer avec les mécaniciens des trains de chaque direction, tout poste de cantonnement dispose, à l'entrée du canton qu'il garde et dans le sens de chacun des trains qui peuvent se présenter, les signaux suivants :

1° Un *signal dit de cantonnement* (fig. 298) présentant aux mécaniciens :

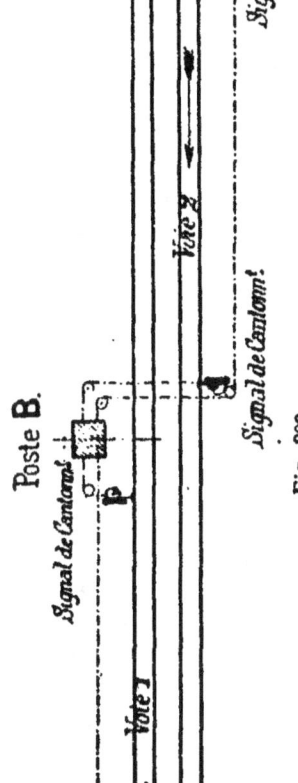

Fig. 300.

a. Le jour, un voyant rouge et blanc, et la nuit 2 feux rouges et commandant l'arrêt (la manœuvre de ce signal fait en même temps avancer 2 pétards sur le rail) ;

b. Un voyant avec le mot ATTENTION ;

c Un écran vertical blanc, derrière lequel peuvent s'effacer les 2 voyants ci-dessus ;

2° Un *signal avancé* à 1.200 m. ou 1.800 m. du précédent), avertissant les trains de la position de celui-ci, et qui est :

Effacée, ou feu blanc, pour voie libre ;

Normale à la voie, ou feu rouge, pour l'arrêt.

Lorsque le train arrive à un poste et pénètre dans un cantonnement, le stationnaire exécute les manœuvres ci-après dans l'ordre suivant :

1° Il met à l'arrêt le *signal avancé* pour couvrir le train ;
2°   —   *signal de cantonnement* ;
3° Il avertit le stationnaire du poste vers lequel le train se dirige que la voie est engagée ;

Et, lorsque celui-ci a fait savoir que le train a franchi son poste :

4° Il ouvre ses signaux et rend la voie libre.

Toutefois, si, après un délai déterminé correspondant au temps nécessaire à un train marchant à faible vitesse pour parcourir tout le canton, il n'est pas avisé de la sortie du train, il doit :

En laissant son *signal avancé* fermé,

Abaisser et masquer le voyant *d'arrêt absolu* du *signal de cantonnement*.

Et présenter le mot ATTENTION de ce même *signal* (fig. 298).

Signaux électriques.— Les communications entre les agents des postes de cantonnement sont établies au moyen des appareils Regnault.

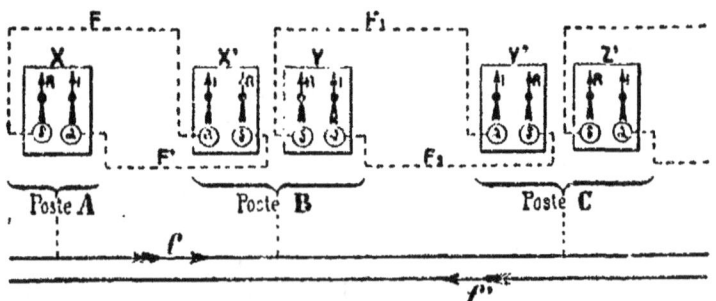

Fig. 301. — Appareil Regnault.

Au poste d'entrée A se trouve un appareil.

— intermédiaire B, deux appareils : un pour les communications avec le poste A, et un pour les communications avec le poste C.

Et ainsi de suite : chaque canton est desservi par 2 appareils placés dans chacun des postes qui le terminent.

Cet appareil a un mécanisme enfermé dans une boîte rectangulaire, sur les 2 faces opposées et à glace de laquelle apparaissent deux aiguilles, — verticales dans le cas de voie libre, — et pouvant s'incliner, l'une dans le sens de la marche des trains montants, l'autre dans le sens de la marche des trains descendants. Au-dessous de chacune des aiguilles se trouvent deux boutons-poussoirs. Au poste de départ A, l'aiguille *indicatrice* I est à droite ; au-dessous se trouve le bouton α qui sert à signaler *l'arrivée* d'un train. A gauche, se trouve l'aiguille R de *répétition* qui fait connaître que le signal transmis au poste B lui est bien arrivé ; au-dessous est le bouton δ de *départ*.

Dans l'appareil correspondant placé au poste B, les aiguilles sont inversées. Chaque poste intermédiaire a deux appareils semblables.

Deux fils, F, F' réunissent les deux appareils d'entrée et de sortie de chaque canton.

Lorsqu'un train quitte le poste A suivant la flèche *f*, le premier stationnaire, ayant mis ses signaux optiques à l'arrêt, appuie sur le bouton δ de départ de l'appareil X. Le courant qui passe alors dans le fil F fait incliner l'aiguille I de X' dans le sens de la marche du train. L'attention du stationnaire du poste B est, d'ailleurs, en même temps éveillée par une sonnerie due au même courant. L'aiguille I, en se déplaçant, fait passer dans le fil F un courant qui détermine l'inclinaison de gauche à droite de l'aiguille R du poste A. L'agent de ce poste est ainsi prévenu que son signal a été reçu.

Pendant ce temps, le train franchissant le canton XX' arrive au poste B et le dépasse. Le stationnaire de ce poste le couvre aussitôt de ses signaux, de manière à commander l'arrêt à tout train survenant, et avertit le poste C comme le poste A l'avait averti lui-même. Cela fait, il presse sur le bouton α de l'appareil X' et redresse ainsi les aiguilles R de X et I de X'. Le premier canton est ainsi débloqué et le stationnaire B n'effacera ses signaux *optiques* que lorsque le stationnaire du poste C l'aura averti que le train est sorti du second canton.

Pour un train de sens contraire f', la transmission s'effectue :

Par le fil F_2 de Y' en Y
Et par le fil F″ de X' en X.

Ainsi donc, lorsqu'un avis transmis n'est pas arrivé, l'accusé de réception ne fait pas retour et l'expéditeur de l'avis en est prévenu. Les appareils étant enfermés sont soustraits à l'action des agents ; et le fonctionnement de l'ensemble ne laisserait rien à désirer si les agents étaient attentifs et manœuvraient leurs appareils en temps et dans l'ordre voulus ; mais il y a *indépendance entre les signaux optiques de chaque poste et les indications électriques* et, par suite, chance d'erreur. Or, il faut éviter :

1° Qu'un poste puisse annoncer un train au poste suivant avant de l'avoir couvert par ses signaux optiques ;

2° Qu'il puisse effacer ces mêmes signaux optiques avant d'y avoir été autorisé par l'avis, — qui lui sera donné par le poste correspondant, — de la sortie de ce train du canton ;

3° Qu'il puisse rendre voie libre au poste précédent avant d'avoir lui-même fermé ses signaux optiques.

On donne satisfaction à ces desiderata par des dispositions complémentaires qui sont : les *enclenchements*, la *serrure électrique* et le *verrou d'arrêt*, enfin le *relais électrique*.

Ce que nous avons dit des enclenchements et des services qu'ils peuvent rendre permet de comprendre qu'il est possible de réaliser les conjugaisons nécessaires entre le levier de manœuvre des signaux optiques et la tige du bouton δ de départ.

Quant aux autres dispositions électro-mécaniques : serrure, verrou, relais, nous nous bornerons à dire qu'elles réalisent des moyens de conjugaison susceptibles de produire, par le passage ou l'interruption d'un courant, les mouvements de déclenchement ou d'enclenchement des leviers de manœuvre des divers signaux.

La solidarisation ainsi réalisée, d'une part, entre les signaux optiques faits par les stationnaires aux mécaniciens et, d'autre part, les signaux échangés entre les stationnaires eux-mêmes complète le système des signaux nécessaires au mode d'exploitation dont nous nous occupons.

§ 7. — APPLICATION DE L'ÉLECTRICITÉ AUX SIGNAUX 599

337. Appareil Tyer avec avertisseurs Jousselin. — (Cie P.-L.-M.)[1]. A la Cie P.-L.-M. chaque stationnaire dispose, pour avertir les mécaniciens, des *signaux optiques* suivants, qu'il met « *à voie libre* » ou « *à l'arrêt* » selon qu'il veut laisser passer ou arrêter un train :

1° un *signal avancé* (*disque*) prescrivant, lorsqu'il est placé *normalement à la voie*, une *marche prudente*,

2° un *signal sur place* (sémaphore), qui, disposé *normalement à la voie*, prescrit *l'arrêt absolu*.

(Aux abords des bifurcations, les postes de block sont, en outre, munis de signaux carrés d'arrêt absolu, interdisant, quand il y a lieu, à une certaine distance du poste, l'entrée de la zone dangereuse).

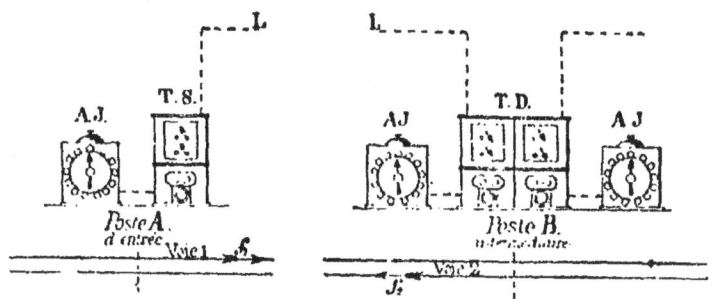

Fig. 302. — Appareils Tyer avec avertisseurs Jousselin.

Les communications de poste à poste sont échangées au moyen *d'appareils électriques*, dits *appareils Tyer*, qui sont indépendants des disques et des bras sémaphoriques.

Dans un poste d'entrée de block, se trouvent :

une *pile*, — un appareil *Tyer simple*, — une *sonnerie Jousselin*.

Les postes intermédiaires ont :

une *pile*, — un appareil *Tyer double* (qui est la juxtaposition de 2 appareils Tyer simples), — *deux sonneries Jousselin*.

L'appareil Tyer simple se compose d'une boîte rectangulaire

---

[1]. Note de la Cie P.-L.-M., à l'occasion de l'Exposition Universelle de 1889.

partagée en deux parties : la partie indicatrice dans le haut de la boîte; le transmetteur inverseur au-dessous (fig. 303, I à V).

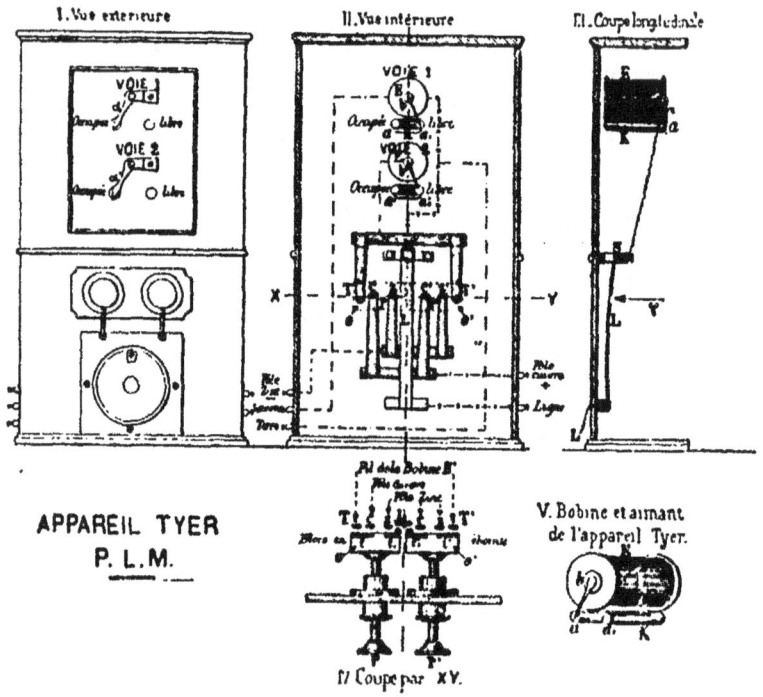

Fig. 303.

Pour chacune des voies, il existe une aiguille α (III) en fer doux, suspendue par son extrémité supérieure à l'axe d'un électro E, qui est superposé à un aimant naturel K (V) en fer à cheval, de telle façon que l'extrémité inférieure de l'aiguille peut se porter vers l'un α, ou vers l'autre α', des pôles de cet aimant. Suivant le sens du courant envoyé dans l'électro, l'aiguille est chargée par influence d'un courant de même sens, ou d'un courant de sens contraire à celui du pôle de l'aimant, devant lequel sa pointe peut osciller. Il en résulte une répulsion ou une attraction ; l'une des positions correspond à *voie occupée*, l'autre à *voie libre*.

L'aimant naturel maintient l'aiguille dans la position où on

§ 7. — APPLICATION DE L'ÉLECTRICITÉ AUX SIGNAUX

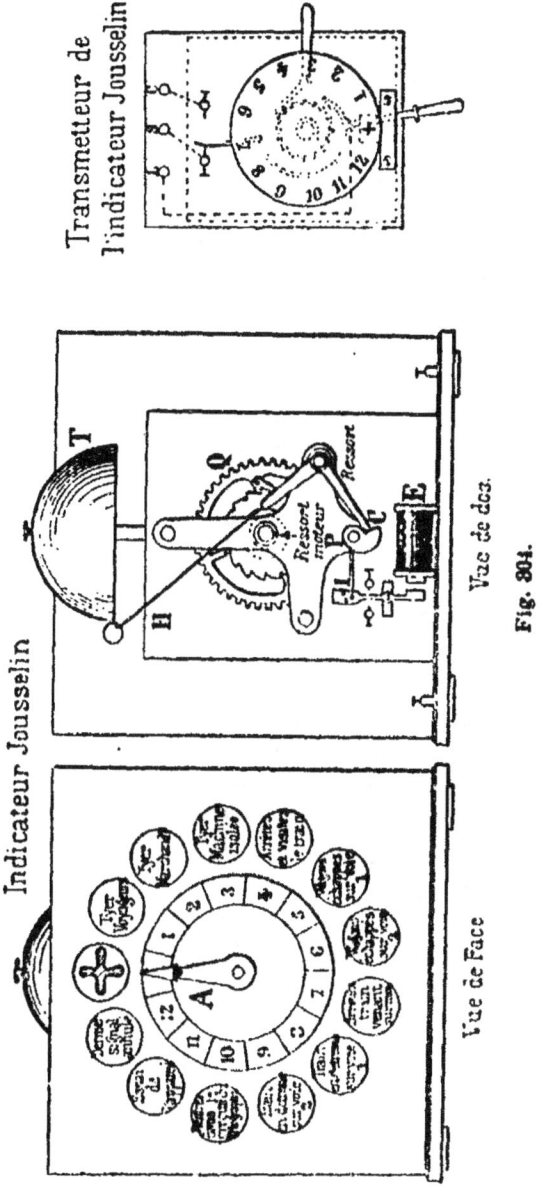

Fig. 804.

l'a amenée. La manœuvre s'effectue au moyen de boutons poussoirs P,P' placés à la partie inférieure de l'appareil et qui, par des touches métalliques serties dans des blocs en ébonite, pressent sur des lames, formant ressorts, et auxquelles sont fixés les fils de ligne L, de terre T,T' et de pile, cc' et zz' (fig. 303, II).

Normalement, l'électro supérieur E reçoit le courant apporté par le fil de ligne et le ressort L. L'autre extrémité du fil de cet électro est reliée à la borne S et par celle-ci à une sonnerie. L'électro inférieur E' est relié, d'une part, aux ressorts T,T' et, d'autre part, à la terre.

Si on vient à pousser sur un des boutons, P par exemple, dans la direction φ (V), le contact établi en S est interrompu, et en même temps, la touche métallique t, (IV) fait communiquer le ressort L et le ressort z (pôle — de la pile). En même temps aussi, la touche métallique t fait communiquer entre elles les lames c et T. Il en résulte que le courant du fil de ligne, au lieu d'arriver à l'électro E, est dirigé vers la bobine E'.

Si on appuie sur l'autre bouton P', les mêmes faits se produisent, mais le ressort L, au lieu d'être relié au pôle z, est rattaché au pôle c (+ de la pile). Le sens du courant et la position de l'aiguille sont changés.

Dans ces conditions, l'électro *inférieur* d'un appareil placé au poste d'entrée, A (fig. 302) étant relié à l'électro *supérieur* de l'appareil du poste intermédiaire B, pour l'une des voies, on peut, pour cette voie, échanger entre les postes A et B les signaux indiquant que la voie dans cette section est libre ou occupée ; et inversement pour l'électro inférieur du poste B et l'électro supérieur du poste A, ce qui permet au poste B d'accuser réception de l'avis de départ d'un train envoyé par le poste A.

Les appareils primitifs avaient une sonnerie électrique ordinaire. On a remplacé cette sonnerie par un avertisseur Jousselin.

Indicateurs Jousselin. Ces appareils, qui ont quelque analogie avec les télégraphes à cadran, permettent d'échanger entre deux postes un certain nombre de dépêches conventionnelles

§ 7. — APPLICATION DE L'ÉLECTRICITÉ AUX SIGNAUX   603

et uniformes (de 12 à 20), inscrites dans un pareil nombre de médaillons, disposés sur une circonférence, au centre de laquelle se meut une aiguille indicatrice.

Cet appareil comprend une aiguille A susceptible de se déplacer sur un cadran (fig. 304) par l'effet d'un ressort moteur monté sur son axe, et de s'arrêter en regard des indications portées par ce cadran. Chaque déplacement de cette aiguille produit, par l'intermédiaire de la roue Q et du pignon P, une révolution complète de la came c, qui fait frapper un coup du marteau H sur le timbre T. Ainsi, tout signal optique est accompagné d'un signal acoustique. Le mouvement d'horlogerie est normalement arrêté par la butée de la pièce I, qui obéit à l'électro-aimant E dont la palette commande le mouvement de déclenchement. On tend à nouveau le ressort en ramenant simplement l'aiguille-manivelle à la croix avec la main.

L'émission du courant peut être produite dans le poste appelant par un transmetteur à manette, qui, au moyen d'un rochet et d'un cadran divisé, sert de compteur et indique le nombre d'émissions produites et par suite de divisions parcourues par l'aiguille du cadran dans le poste correspondant.

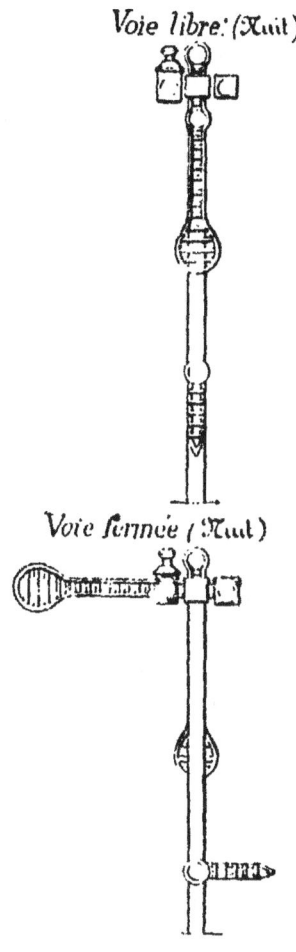

Fig. 305.

C'est en pressant le bouton, vers lequel l'aiguille inférieure de l'appareil Tyer s'est inclinée au poste A (fig. 302), ce qui ne modifie en rien la position des aiguilles dans les deux postes,

— qu'on peut produire au poste B un nombre de coups de timbre ayant une signification déterminée, faire évoluer et arrêter l'aiguille de l'avertisseur sur le médaillon portant l'avis voulu.

Ainsi que nous l'avons dit, les signaux *optiques* établis dans chaque poste sont indépendants des signaux *électriques*, comme cela avait lieu dans les premiers appareils Regnault.

Les premiers étaient faits par les stationnaires aux mécaniciens d'après les indications fournies électriquement par les seconds. De là des erreurs possibles. La Cⁱᵉ de Lyon a remédié à cet état de choses en solidarisant les uns et les autres au moyen d'enclenchements électriques et mécaniques.

Nous n'insisterons pas davantage sur ces dispositions qui nous feraient sortir du cadre dans lequel nous devons nous renfermer.

338. Électro-sémaphore Lartigue (Compagnies du Nord et de l'Est). — Les électro-sémaphores diffèrent des appareils dont nous venons de faire connaître les dispositions principales, en ce qu'ils concentrent et solidarisent, d'une part, les signaux visuels faits par les stationnaires aux mécaniciens et, d'autre part, les signaux échangés entre les stationnaires de deux postes voisins.

A la Compagnie de l'Est [1], à moins de *circonstances déterminées* et sous la condition de prendre des *précautions spéciales*, aucun train ou machine ne peut franchir, ou quitter un poste sémaphorique, que si le sémaphore est à voie libre.

Chaque poste est pourvu des disques ou signaux carrés nécessaires pour assurer, au besoin, l'arrêt des trains au poste et pour couvrir les trains arrêtés.

Dans les postes intermédiaires (fig. 306), le sémaphore porte en double les installations des postes extrêmes, sauf la lanterne.

Dans ce dernier cas, l'électro-sémaphore se compose :

1° D'un *mât* en fer de 6, 8 à 12 m. de hauteur, élevé sur un

---

1. Cⁱᵉ de l'Est. — Instruction pour l'emploi des électro-sémaphores sur les sections à double voie.

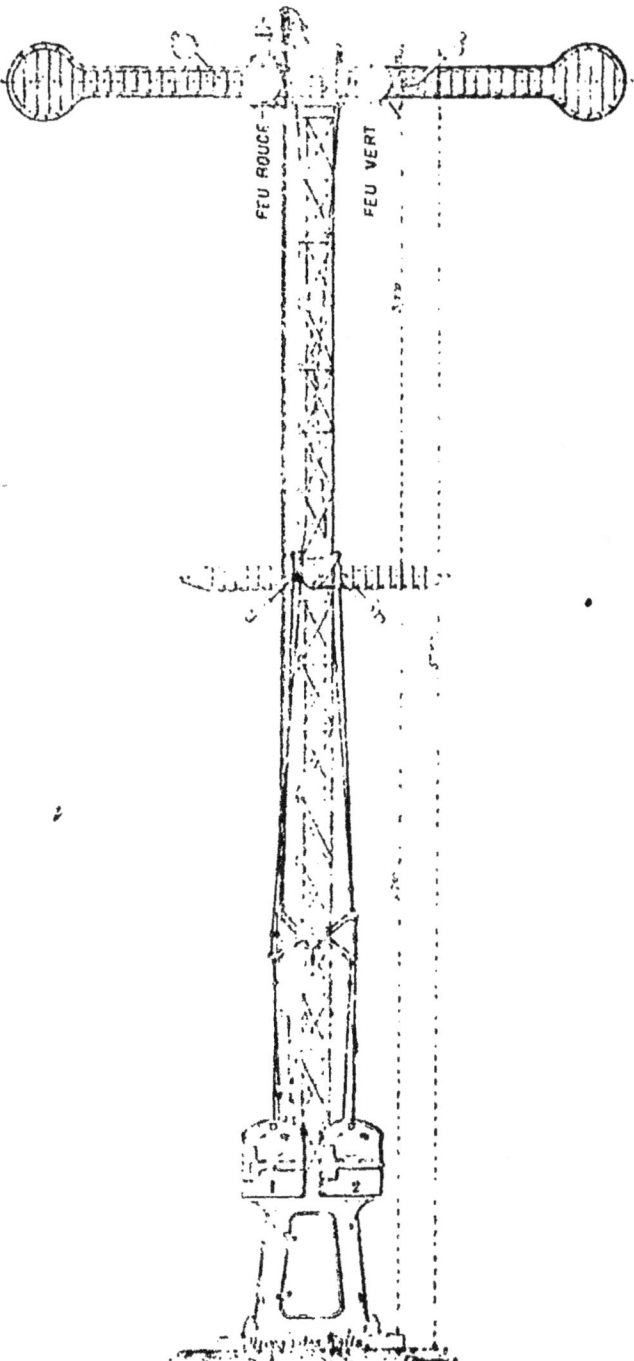

Fig. 306. — Electro-sémaphore Lartigue.

socle en fonte, qui est fixé lui-même sur un chevalet en charpente, noyé dans un massif de maçonnerie en contrebas du sol ;

2° D'une *aile* mobile, placée à la partie supérieure du mât, qui peut se développer horizontalement à la *gauche* de ce mât, par rapport au train qui s'en approche et auquel elle s'adresse. La face tournée du côté de ce train est rouge, l'autre face, grise, est sans signification. L'aile porte, pour les signaux de nuit, deux écrans : *l'un rouge, l'autre vert*, éclairés l'un directement, l'autre par réflexion par une seule lanterne ;

3° D'un *petit bras*, peint en *jaune*, se développant horizontalement à *droite* et à mi-hauteur du mât. Ce petit bras n'a aucune signification pour les mécaniciens. Il sert uniquement à laisser trace, à l'agent d'un poste semaphorique, B par exemple, de l'avis donné par le poste précédent A, du passage ou du départ d'un train ou d'une machine dirigé vers le poste B ;

4° D'un *carillon* annonçant l'envoi d'un signal par le poste correspondant ;

5° De *deux appareils* électro-mécaniques, enfermés dans des boîtes métalliques, placés à la base du mât et destinés chacun à manœuvrer, par un demi-tour de manivelle, l'aile et le petit bras de la manière suivante :

L'appareil n° 1 d'un poste B, par exemple, sert à faire *apparaître la grande aile b* du sémaphore B de ce poste (fig. 307), de manière à couvrir le train dès son passage, et *le petit bras γ* du sémaphore du poste correspondant C en avant, auquel il est donné avis de l'entrée du train dans la section BC (fig. 307);

L'appareil n° 2 du même poste B sert à *effacer le petit bras β* du sémaphore B et *la grande aile a* du poste correspondant A en arrière, lorsque le train est sorti de la section AB.

L'appareil n° 1 d'un poste est relié par un fil de ligne avec l'appareil n° 2 du poste correspondant, et réciproquement ;

6° Une lanterne à feux blancs éclairant à la fois les grandes ailes et les petits bras ;

7° Une pile.

Lorsque les sections de part et d'autre d'un poste sémaphorique B sont dégagées de tout train ou machine, les ailes et les bras du sémaphore B sont abaissés le long du mât.

§ 7. — APPLICATION DE L'ÉLECTRICITÉ AUX SIGNAUX

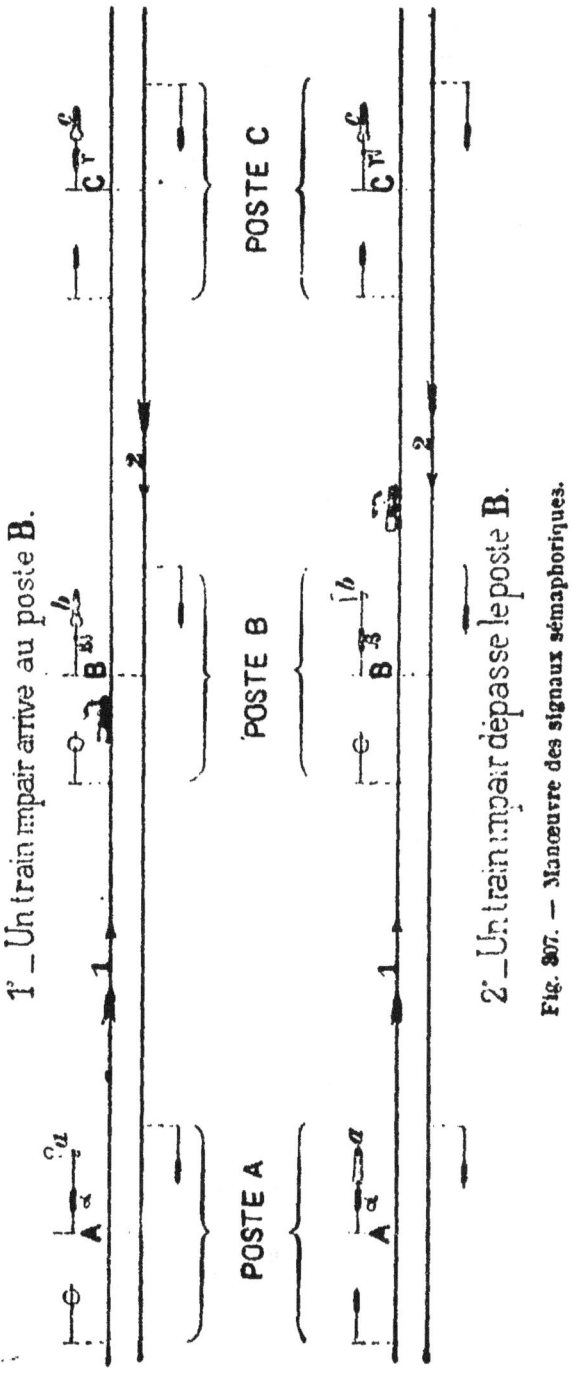

Fig. 307. — Manœuvre des signaux sémaphoriques.

Supposons maintenant un train, ou une machine parti de A et s'approchant d'un poste sémaphorique B : dès que ce train a dépassé le disque qui précède le sémaphore, l'agent de ce poste le couvre au moyen du disque (fig. 307, 1°). Et dès que le poste B a été dépassé (fig. 307, 2°), l'agent tourne d'un peu plus d'un demi-tour la manivelle de la boîte 1 affectée à la voie I sur laquelle marche le train.

Cette manivelle actionne une tringle reliée à l'aile du sémaphore et cette aile, se plaçant horizontalement et commandant l'arrêt, *couvre le train ou la machine* qui se dirige vers C. En même temps, à ce poste C, le carillon résonne pendant que le petit bras γ se développe horizontalement. Le stationnaire du poste C est ainsi *averti* qu'un train se dirige vers lui.

Le poste expéditeur B reçoit automatiquement l'*accusé de réception* du signal qu'il a envoyé en avant, en C, par un coup de timbre.

Le train continue sa marche vers C.

Lorsque l'agent de ce poste constate que le train a dépassé le disque, il tourne celui-ci à l'arrêt, puis, au moment où ce train a passé devant lui et après avoir constaté par l'inspection des signaux d'arrière que le train est entier, il manœuvre la manivelle de la boîte n° 2 pour *effacer le petit bras* γ *de son poste et en même temps l'aile* b *du poste B en arrière*, qui couvrait la marche de ce train.

Ainsi, avec l'électro-sémaphore :

La *couverture mécanique* d'un train à son passage devant un poste B et l'*avis électrique* donné en avant sont le résultat d'une même manœuvre ;

L'agent du poste expéditeur B reçoit automatiquement l'accusé de réception de l'avis qu'il a envoyé au poste-avant C ;

Le *déblocage électrique* de la section BC parcourue par le train, c'est-à-dire l'abaissement du bras b du poste d'*entrée*, est effectué par l'agent du poste de *sortie*, lorsque celui-ci *abaisse mécaniquement* le petit bras γ de son poste.

Les deux appareils électro-mécaniques de chaque poste, à l'aide desquels s'effectuent ces différentes opérations, sont presque identiques. Ils empruntent leur puissance à des électro-aimants alimentés par des piles placées dans le socle même

§ 7. — APPLICATION DE L'ÉLECTRICITÉ AUX SIGNAUX

de l'électro-sémaphore, et obéissent chacun à un commutateur-inverseur, formé d'un disque en ébonite sur lequel sont fixés des contacts en bronze, qui servent à établir les communications électriques par l'intermédiaire de frotteurs répartis sur sa circonférence.

La manivelle extérieure, qui fait tourner ce commutateur, actionne en même temps un système de tringles latérales au mât du sémaphore, qui se rattachent soit à l'aile supérieure, soit au petit bras inférieur.

Des inscriptions sur fond blanc, rouge ou jaune, apparaissent aux guichets de ces appareils, en même temps que leurs sonneries se font entendre et laissent une marque permanente de l'avis qui a été envoyé.

Cet appareil réalise complètement le programme qui s'impose dans le plus grand nombre des cas.

339. Longueur des cantonnements. — La détermination des longueurs à attribuer aux différents cantonnements est une question délicate. Ces longueurs dépendent de la fréquence de la circulation sur la section qu'il s'agit d'exploiter à l'aide du block-system. On conçoit, en effet, que si, sur cette section, les trains se succèdent à de courts intervalles, on ne devra pas donner aux cantons une trop grande longueur, ce qui aurait pour conséquence de multiplier les arrêts et de ralentir la circulation, un train n'étant pas encore sorti d'une section lorsqu'un autre se présenterait pour y entrer. D'un autre côté, on ne doit pas les faire trop courts, pour ne pas ralentir la vitesse des trains, ce qui arriverait nécessairement, puisqu'ils doivent régler leur marche de manière à pouvoir s'arrêter à chaque poste. Le profil et le tracé de la voie, qui intéressent la circulation, sont donc des éléments à considérer.

Le tableau graphique de la marche de ces trains facilite l'étude de la fixation de ces longueurs. Celles-ci varient de 1000 m. à 1200 m., sur les sections de lignes aux environs de Paris ; elles atteignent 2 k. et 3 k. sur les sections moins fréquentées.

Nous nous bornerons à ces indications. Notre but était de faire connaître, d'une manière sommaire, le principe essentiel du block-system et les principales conditions d'établissement des appareils à l'aide desquels on réalise ce mode d'exploitation spécial.

Nous renvoyons pour une étude complète de ce système et pour les détails de construction des appareils aux ouvrages suivants : *L'exploitation technique et l'exploitation commerciale* de M. Cossmann, Ingénieur du service technique de l'exploitation du chemin de fer du Nord ; l'*Étude sur les signaux des chemins de fer français*, par MM. Brame, Inspecteur général des Ponts et Chaussées, et Aguillon, Ingénieur en chef des mines ; le *Traité pratique d'électricité appliquée à l'exploitation des chemins de fer*, par G. Dumont, Inspecteur principal à la Compagnie de l'Est.

ANNEXES

1. Raccordements paraboliques.
2. Cahier des charges (Cie du Midi) pour la fourniture de rails à double champignon en acier fondu.
3. — pour la fourniture de coussinets en fonte.
4. — pour la fourniture d'éclisses en acier.
5. — pour la fourniture de boulons d'éclisses.
6. — pour la fourniture de tirefonds.
7. Embranchements industriels (type de traité P.-L.-M.)
8. Code sur les signaux.
9. Poste d'enclenchement pour aiguilles en pleine voie (type n° 3 P.O.)
10. Programme du Cours de chemins de fer de l'École Centrale des Arts et Manufactures, en ce qui concerne la superstructure.

ANNEXE N° 1

(CHEMINS DE FER DU MIDI)

RACCORDEMENTS PARABOLIQUES

Raccordements paraboliques. — La courbe de raccordement entre une droite et une courbe est définie par cette condition que le rayon de courbure en chaque point corresponde au dévers en ce point. D'autre part, ce dévers augmente uniformément depuis l'origine du raccordement située sur l'alignement. En désignant par :

i cette rampe uniforme,
x les abscisses comptées à partir de son origine,
D le dévers,
R le rayon de la courbe,

on a (voir pages 140, 141, 142) :

$$ix = \frac{75}{R} = D,$$

d'où
$$Rx = \frac{75}{i},$$

posant
$$\frac{75}{i} = P,$$

on a
$$Rx = P,$$

d'où
$$R = \frac{P}{x}.$$

Pour les arcs d'une faible étendue d'une courbe quelconque $f(x)$, on a :

$$R = \frac{1}{f''(x)},$$

d'où
$$f''(x) \text{ ou } \frac{d^2y}{dx^2} = \frac{1}{R} = \frac{x}{P},$$

d'où
$$\frac{dy}{dx} = \frac{x^2}{2P}$$

et
$$y = \frac{x^3}{6P} \qquad (1)$$

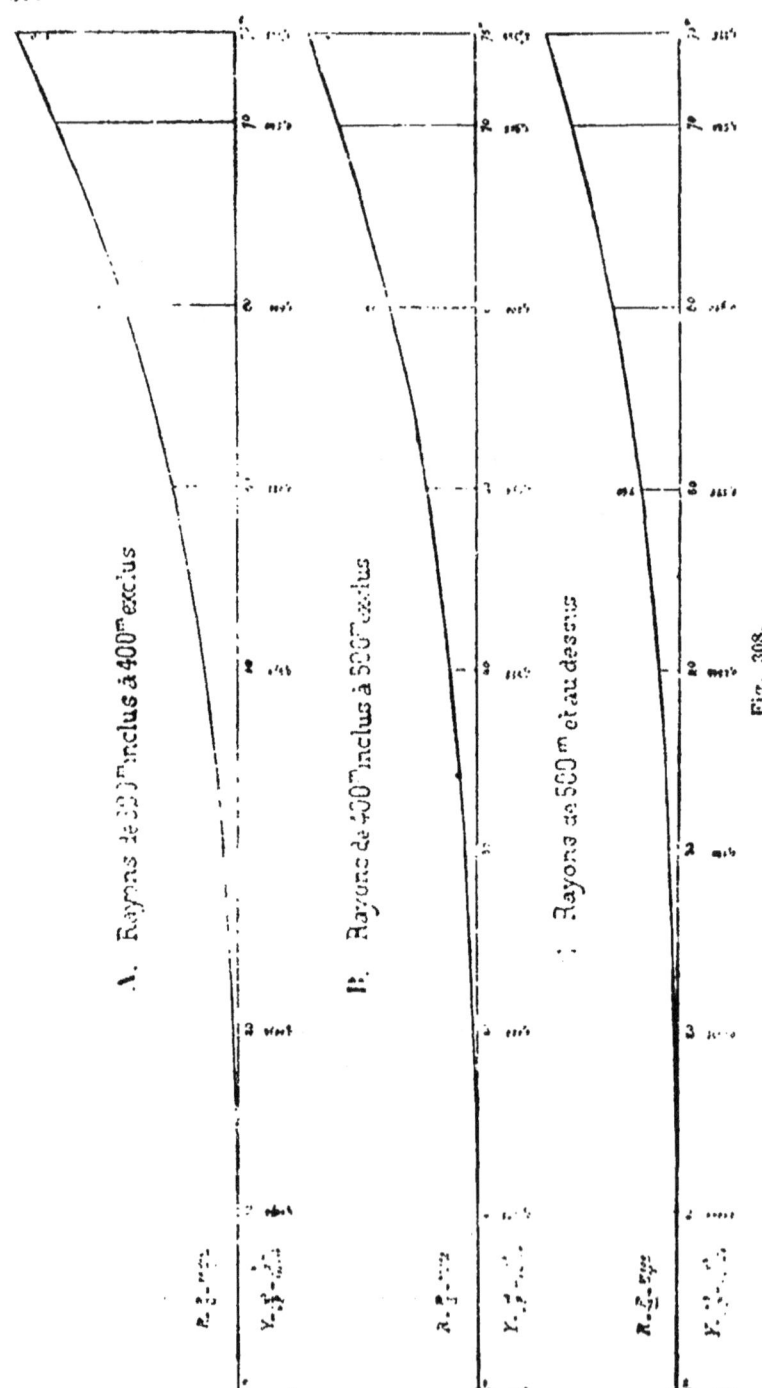

Fig. 308.

C'est l'équation d'une parabole du 3ᵉ degré.
Reprenant l'équation

$$\frac{dy}{dx} = \frac{x^2}{2P}$$

et remplaçant P par sa valeur $\frac{x^3}{6y}$ tirée de l'équation (1), on trouve

$$\frac{dy}{dx} = 3\frac{y}{x},$$

c'est-à-dire que la sous-tangente est égale au tiers de l'abscisse.
L'équation (1) de la parabole

$$y = \frac{x^3}{6P}$$

montre que c'est la valeur numérique de P qui détermine le tracé du raccordement en plan ; et comme

$$P = \frac{75}{i},$$

il reste à déterminer la valeur de i.

D'après le cahier des charges, la longueur de l'alignement entre deux courbes de sens inverse doit être d'au moins 100 mètres. D'autre part, les raccordements doivent avoir une longueur assez réduite pour que deux raccordements se rapportant à deux courbes successives ne se rencontrent pas sur la longueur de l'alignement intermédiaire. En admettant, pour la valeur de i, 0ᵐ002 par mètre, la longueur maximum nécessaire pour racheter le plus fort devers (0ᵐ150) sera de 75 mètres, et, comme cette longueur doit être prise moitié en deçà et moitié au-delà du point de tangence, ainsi qu'il est dit plus loin, on voit que les deux raccordements ne prendront en totalité, sur l'alignement, que 75 mètres. On se trouvera donc dans de bonnes conditions.

La valeur P que fournit cette valeur i est

$$P = \frac{75}{0,02} = 37.500.$$

La parabole correspondant à cette valeur est représentée par la figure 308, C. Elle est applicable au raccordement de tous les arcs de cercle dont le rayon est égal ou supérieur à 500 mètres. Mais elle ne l'est pas lorsque le rayon descend au dessous de 500 mètres, parce que, pour ces courbes, le devers n'est plus calculé par la formule $\frac{75}{R}$ puisqu'il est constant. Si l'on prolongeait cette parabole jusqu'au rayon de 300 mètres, le raccordement aurait 125 mètres de longueur et le déplacement latéral, dont il sera question plus loin, dépasserait 2 mètres.

Les figures A et B représentent deux autres paraboles pour lesquelles les valeurs de P sont respectivement 22,500 et 30,000. Ces valeurs ont été choisies de façon que la longueur du raccordement ne dépasse pas 75 mètres, comme pour la parabole figure C, et que le déplacement latéral n'atteigne pas 0^{m}80. La parabole figure A est applicable seulement aux courbes de 300 mètres de rayon inclusivement à 400 mètres exclusivement et celle figure B, seulement aux courbes de 400 mètres inclusivement et 500 mètres exclusivement.

Pour chacune de ces trois paraboles :

1° Les ordonnées croissent en raison du cube des abscisses ;

2° La sous-tangente est toujours égale au tiers de l'abscisse ;

3° Le rayon de courbure est infini à l'origine et décroît ensuite en raison inverse des abscisses ;

4° La déclivité i du rail extérieur, relativement à celle du rail intérieur, est uniforme dans toute l'étendue de la parabole.

Voici comment ce système peut être appliqué au raccordement entre un arc de cercle et une droite.

Etant donné un arc de cercle ABC et sa tangente AT (fig. 309), si l'on veut intercaler entre eux une parabole de raccordement, ayant au point B même rayon, même ordonnée et même tangente que l'arc de cercle, ce qui constitue le mode de raccordement le plus parfait, on ne pourra évidemment le faire qu'à la condition de déplacer un peu soit l'arc de cercle, soit sa tangente. En supposant qu'on déplace ainsi la tangente de TA en UF, l'arc de parabole de raccordement est OGB, et sa longueur peut être considérée comme formée de deux parties : OG, du point de tangence à la première ordonnée de l'arc de cercle, et GB, entre les deux ordonnées extrêmes de cet arc, lesquelles, ainsi qu'on le démontre, correspondent à deux portions de l'abscisse OF et FB égales entre elles. Vu la grandeur des rayons et la faible étendue des arcs, cela veut dire, dans la pratique (où l'on peut considérer les longueurs des courbes comme égales à leurs projections sur la ligne des abscisses), que l'origine du raccordement parabolique du côté de l'alignement est à une distance de l'origine de l'arc de cercle égale à la longueur de l'arc de cercle à transformer. La tangente TA à l'arc de cercle primitif sera, dans ce cas, écartée de la tangente UO à la parabole, d'une quantité DO, appelée le *déplacement latéral*. Soit m ce déplacement. La valeur de m est égale au tiers de la flèche AE ou f, soit au quart de l'ordonnée extrême y' de la parabole. Sa valeur, dans les divers cas, est indiquée dans le tableau ci-après.

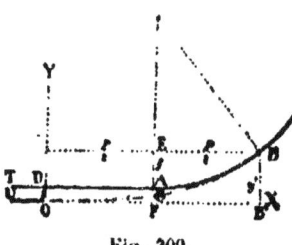

Fig. 309.

On démontre aussi que GA = GF, c'est-à-dire que l'ordonnée de la parabole située au milieu de la longueur du raccordement, est la moitié du déplacement latéral.

Au lieu de déplacer un peu la tangente, ainsi que nous venons de le faire, il est préférable de déplacer un peu l'arc de cercle, sans toucher à sa tangente. On conserve ainsi tous les sommets d'angle, qui sont les repères du tracé, et l'on évite la complication qui se présente lorsque les courbes tangentes aux deux extrémités d'un même alignement ont des rayons différents exigeant, par suite, des déplacements latéraux différents. On déplace donc toutes les courbes en réduisant chacun de leurs rayons R de la valeur correspondante de m (fig. 310). Il est vrai que cette manière de procéder fait disparaitre l'égalité des rayons de la parabole et de l'arc de cercle à leur point de contact, mais la différence est tout à fait insensible.

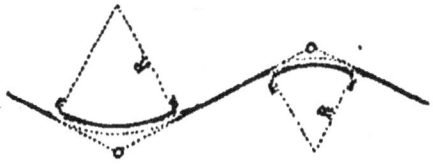

Fig. 310.

Lorsque les déplacements latéraux n'atteignent pas 0ᵐ05, ils sont trop peu importants pour qu'il vaille la peine de s'en préoccuper dans l'exécution de l'infrastructure, à moins que des ouvrages d'art ne se trouvent dans la courbe ou dans le raccordement.

Le tableau suivant donne, pour les différents cas, les principales valeurs nécessaires pour l'exécution des raccordements paraboliques.

Au moyen de ce tableau, on obtient immédiatement la position des extrémités et du milieu du raccordement parabolique ; on peut opérer le tracé des points intermédiaires, soit par le calcul, soit à l'aide des données des figures 308. L'inclinaison relative i du rail extérieur est égale au dévers divisé par p.

Les rayons inscrits au tableau suivant sont ceux des courbes les plus fréquemment employées ; néanmoins, on est quelquefois conduit à appliquer les courbes d'un rayon intermédiaire. On prendra alors pour P celle des trois valeurs 22.500, 30.000, 37.500 qui correspond au rayon de la courbe, et l'on obtiendra les principaux éléments du raccordement par les formules :

$$p = \frac{P}{R}, \quad m = \frac{p^2}{24R}, \quad y_1 = \frac{m}{2}, \quad y' = 4m,$$

et les points intermédiaires comme dans les cas prévus au tableau.

Aucune prescription du cahier des charges ne fixe un minimum de longueur pour les alignements entre courbes de même sens. Il arrive quelquefois que ces alignements sont fort courts, ou même que les deux courbes, de rayons différents, se suivent sans alignement intermédiaire. Il serait difficile d'établir pour ces cas exceptionnels une solution générale des raccordements paraboliques, et cette solution serait, en outre, très compliquée. Il sera généralement possible d'intercaler entre les deux courbes un alignement d'au moins 100 mètres. Dans le cas contraire, la question du raccordement à adopter devra être examinée d'une manière spéciale. Toutefois, le

PARABOLES	RAYON de l'arc de cercle à raccorder R	VALEUR de P	LONGUEUR du raccordement parabolique $p = \dfrac{P}{R}$	DÉPLACEMENT latéral $m = \dfrac{p^2}{24R}$	ORDONNÉE de la parabole à l'ancien point de tangence $p_1 = \dfrac{m}{2}$	ORDONNÉE extrême. $y = 4m$
Parabole, fig. 308, A.	300 m.	22.500	75,00	0,781	0,390	3,125
	325	»	69,28	0,614	0,307	2,457
	350	»	64,28	0,492	0,246	1,967
	375	»	60,00	0,400	0,200	1,600
Parabole, fig. 308, B.	400	30.000	75,00	0,586	0,293	2,348
	425	»	70,58	0,488	0,244	1,950
	450	»	66,66	0,411	0,205	1,646
	475	»	63,15	0,350	0,175	1,400
Parabole, fig. 308, C.	500	37.500	75,00	0,470	0,235	1,875
	525	»	71,42	0,405	0,202	1,619
	550	»	68,18	0,352	0,176	1,408
	575	»	65,21	0,308	0,154	1,232
	600	»	62,50	0,271	0,135	1,085
	650	»	57,69	0,213	0,106	0,853
	700	»	53,57	0,171	0,085	0,688
	750	»	50,00	0,139	0,069	0,555
	800	»	46,87	0,114	0,057	0,457
	850	»	44,12	0,095	0,047	0,381
	900	»	41,66	0,080	0,040	0,321
	1000	»	37,50	0,059	0,029	0,234
	1100	»	34,09	0,044	0,022	0,176
	1200	»	31,25	0,034	0,017	0,135
	1300	»	28,84	0,026	0,013	0,106
	1400	»	26,78	0,021	0,010	0,086
	1500	»	25,00	0,018	0,009	0,069
	1800	»	20,83	0,010	0,005	0,036
	2000	»	18,75	0,097	0,003	0,029
	2500	»	15,00	0,004	0,002	0,015
	3000	»	12,50	0,002	0,001	0,009
	3500	»	10,71	0,001	»	0,005
	4000	»	9,37	0,001	»	0,004
	4500	»	8,33	»	»	0,002
	5000	»	7,50	»	»	0,002
	5500	»	6,81	»	»	0,001
	6000	»	6,25	»	»	0,001
	7000	»	5,35	»	»	0,001

raccordement parabolique de deux courbes de même sens qui se suivent sans alignement intermédiaire peut être négligé lorsque les rayons de ces courbes comportent le même dévers, ce qui a lieu notamment pour toutes les courbes dont le rayon est inférieur à 600 mètres.

Lorsqu'une courbe est plus courte que la somme des deux demi-raccordements paraboliques qui doivent en modifier les extrémités, ces raccordements ne sont pas exécutables. Aussi convient-il d'éviter les courbes qui seraient dans ce cas.

Courbes voisines des tabliers métalliques. — Il est essentiel que l'origine des courbes voisines des tabliers métalliques en ligne droite soit placée assez loin de l'extrémité du tablier pour que le raccordement parabolique ne s'étende pas jusque sur le tablier, où il nécessiterait l'élargissement de l'ouvrage et des dispositions spéciales.

Les dispositions qui précèdent sont adoptées à la Cie du Midi pour les raccordements paraboliques.

ANNEXE N° 2

(CHEMINS DE FER DU MIDI)

CAHIER DES CHARGES POUR LA FOURNITURE DE RAILS
A DOUBLE CHAMPIGNON, EN ACIER FONDU

Art. 1er.

Objet du cahier des charges. — Le présent cahier des charges a pour objet la fourniture, à la Compagnie des chemins de fer du Midi, de rails à double champignon en acier fondu.

Art. 2.

Gabarit des rails. — Les rails présenteront la forme exacte du gabarit poinçonné qui sera remis au fabricant par la Compagnie des chemins de fer du Midi.

Le profil en sera rigoureusement conservé sur toute la longueur des barres et particulièrement aux extrémités qu'on évitera avec soin de comprimer ou d'altérer lors du coupage.

La fabrication courante ne devant être entreprise que lorsque les cylindres auront été reconnus parfaitement convenables, le fournisseur devra suivre avec la plus minutieuse attention la confection de ces cylindres, afin de ne présenter à la vérification que des rails ayant exactement la forme du gabarit. Le fournisseur sera, d'ailleurs, responsable de tout retard de fabrication provenant de ce que les spécimens de rails qu'il aurait fournis ne seraient pas acceptables.

Les rails fabriqués pour essayer les cylindres et tous autres fabriqués après que les cylindres auront été acceptés, mais qui ne reproduiraient pas exactement les formes du gabarit, seront rebutés.

La Compagnie des chemins de fer du Midi aura toujours le droit de changer le gabarit des rails, en tenant compte au fournisseur des dépenses spéciales que ce changement lui imposerait, dépenses qui seraient évaluées d'un commun accord ou à dire d'expert.

Art. 3.

Poids normal des rails. — Le poids normal des rails sera fixé contradictoirement entre le fournisseur et la Compagnie des chemins de fer du Midi, aussitôt après la mise en train de la fabrication courante, par la pesée de dix rails préalablement vérifiés et reconnus conformes au gabarit.

Il sera accordé, sur ce poids normal, dans les réceptions partielles, une tolérance de deux pour cent (2 p 0/0) en plus ou en moins.

En dehors de ces limites, les rails pourront être refusés.

Les rails reçus seront comptés pour leur poids réel, lorsque ce poids ne dépassera pas le poids supérieur de tolérance ; ils seront acceptés pour le poids supérieur de tolérance, lorsque leur poids réel dépassera ce dernier poids.

Toutefois, aucun excédant sur le poids total de la fourniture ne sera payé au fournisseur au-delà du poids normal augmenté de un pour cent (1 p 0/0).

Art. 4.

Longueur des barres. La longueur normale des barres sera de onze mètres (11^{m}00).

Pour une partie de la fourniture qui ne pourra pas dépasser un dixième et qui sera fixée par la Compagnie des chemins de fer du Midi, les barres devront être coupées à la longueur de dix mètres quatre-vingt-douze centimètres (10^{m}92).

Pour faciliter la fabrication et permettre l'utilisation de barres fabriquées pour les longueurs normales, mais qui devront être rognées par suite de défauts à leurs extrémités, la Compagnie des chemins de fer du Midi acceptera, dans une proportion qui ne pourra pas dépasser un et demi pour cent (1 1/2 0/0) du nombre total des barres fournies, des rails plus courts, dont elle se réserve de fixer les longueurs au fur et à mesure de la fabrication.

La Compagnie des chemins de fer du Midi pourra commander au fournisseur un certain nombre de rails exceptionnels ayant plus ou moins de onze mètres de longueur, à la condition toutefois que la proportion de ces rails n'excède pas un et demi pour cent (1. 5 0/0) du poids total de la fourniture.

La Compagnie se réserve également le droit, pour tout ou partie de la fourniture, de réduire les longueurs normales des barres jusqu'à cinq mètres cinquante centimètres (5^{m}50) et cinq mètres quarante-six centimètres (5^{m}46) ; la proportion des barres courtes par rapport à l'ensemble de la fourniture restera, dans ce cas, déterminée comme il est dit ci-dessus.

La tolérance sur les longueurs fixées n'excédera jamais un millimètre et demi (0^{m}0015) en plus ou en moins.

Art. 5.

Marque de fabrique. — Les rails porteront des marques en relief, bien apparentes, désignant à la fois l'usine, le procédé de fabrication de l'acier fondu employé, l'année et le mois de fabrication. Ces marques, dont la disposition sera arrêtée par la Compagnie des chemins de fer du Midi, résulteront d'une gravure faite dans la cannelure finisseuse du cylindre.

Art. 6.

Conditions de fabrication. — Les aciers seront obtenus par la transformation directe de fontes non phosphoreuses en acier, au moyen du procédé Bessemer, ou par tout autre procédé agréé par la Compagnie des chemins de fer du Midi.

L'opération sera conduite de manière à donner un acier de première qualité, dur, tenace, compacte, bien homogène, à grain fin et susceptible de prendre une trempe ferme.

L'emploi de fontes communes déphosphorées est absolument interdit pour cette fabrication.

Fusion des lingots. — L'acier fondu sera coulé en lingots. Les dimensions de ces lingots seront soumises à l'approbation de la Compagnie des chemins de fer du Midi, sans que cette formalité diminue en rien la responsabilité du fournisseur.

Vérification des lingots. — Après leur fusion, les lingots seront examinés avec soin ; ceux qui présenteraient des soufflures, des impuretés ou autres défauts que le laminage ne pourrait faire disparaître, seront rejetés.

Lorsque, avec l'autorisation de la Compagnie des chemins de fer du Midi, l'usine emploiera plusieurs procédés de fabrication, les lingots devront être classés séparément et porter des marques distinctives qui seront indiquées aux agents de la Compagnie du Midi.

Laminage. Les lingots de classes différentes devront être laminés séparément de manière à pouvoir recevoir, au laminoir, la marque du procédé de fabrication de l'acier, ainsi qu'il est dit à l'article 5 ci-dessus.

Les lingots seront réchauffés, puis ils subiront l'opération du laminage. Ce travail sera conduit de manière à obtenir la forme parfaite des rails, des surfaces lisses et unies, et surtout à éviter le gauchissement qui se produit fréquemment à la sortie des laminoirs.

Les barres qui présenteraient, soit extérieurement soit intérieurement, des reprises ou solutions de continuité seront rejetées.

Dressage des barres et coupe des bouts. — Les barres devront être bien droites dans toute leur longueur, elles seront dressées à chaud, à la sortie des cylindres, au moyen d'un outillage convenablement approprié. Ce dressage à chaud devra, autant que possible, être conduit de manière à éviter le redressage à froid. Le redressage à froid, s'il y a lieu de l'appliquer, sera fait par pression graduée et non par choc, de manière à éviter toute déformation de la section des barres et à altérer le moins possible leur résistance.

Les bouts écrus des barres seront affranchis à la scie circulaire, à chaud, à une longueur suffisante pour que les deux extrémités des rails soient parfaitement saines. Le coupage à la tranche ou à la scie après le réchauffage des bouts est formellement interdit, hors le cas de dérangement momentané de la machine et pendant le temps strictement nécessaire pour la remettre en service.

La mise à la longueur définitive des barres s'effectuera à froid, au tour, à la fraise ou au rabot.

Les opérations du coupage des rails et du dressage des sections seront conduites de manière qu'il n'en résulte, par arrachement ou autrement, aucune altération des sections extrêmes des rails.

Les deux sections extrêmes devront être parfaitement planes et perpendiculaires à l'axe de la barre.

Les extrémités des barres seront nettoyées de toutes bavure, à l'outil, au burin et à la lime ; mais elles ne devront sous aucun prétexte être parées au marteau.

Toutes les réparations, soit à froid, soit à chaud, sont complètement interdites.

Les rails pailleux ou criqués seront rebutés.

Perçage des trous. — Chaque extrémité des rails sera percée, dans l'axe, de deux trous dont les dimensions et les positions seront déterminées par un tracé remis au fournisseur.

Les trous seront exécutés au foret ; l'emploi de la poinçonneuse est absolument interdit.

Les trous seront parfaitement ébarbés et cylindriques.

Les rails dans lesquels la distribution ou les dimensions des trous ne seront pas conformes au tracé, seront refusés.

Art. 7.

Mise en train de la fabrication courante. — La fabrication courante ne pourra commencer qu'après l'approbation, par la Compagnie des chemins de fer du Midi, d'un bout de rail dont l'extrémité sera ajustée et percée par les procédés proposés et dont le profil sera conforme au gabarit.

Art. 8.

Épreuve préliminaire au choc sur un bout de rail de chaque coulée. — Les rails seront classés avec soin en séries correspondant chacune à une coulée et portant le numéro de cette coulée. Il devra être fait, sur chaque série, au moins une épreuve au choc, dite épreuve préliminaire.

A cet effet, chaque coulée devra donner un lingot plus lourd que les autres, de manière à obtenir au laminage une barre ayant un excédant de longueur de soixante-dix centimètres (0^m70), partie écrue non comprise.

On donnera un trait de scie pour affranchir la partie écrue, puis un second trait pour couper le bout de soixante-dix centimètres (0^m70). Cette rognure devra provenir de la partie supérieure du lingot.

Le numéro de la coulée, porté sur le lingot qui donnera le bout de 0^m70, sera reproduit sur ce bout après le laminage.

Le bout de rail de soixante-dix centimètres (0^m70) de longueur sera placé de champ sur deux appuis espacés de cinquante centimètres (0^m50). Ces deux appuis seront en acier et supporteront le rail sur un couteau arrondi sous un rayon de quatre millimètres (0^m004). Ils reposeront eux-mêmes sur une enclume de dix mille kilogrammes (10.000k.) directement établie sur un massif de maçonnerie de un mètre d'épaisseur et de trois mètres carrés au moins de surface à la base.

Dans ces conditions, le bout de rail sera soumis aux chocs successifs d'un mouton de trois cents kilogrammes (300k.) à panne triangulaire arrondie sous un rayon de trente millimètres (0ᵐ030) tombant librement au milieu de l'intervalle des appuis d'une hauteur de deux mètres vingt-cinq centimètres (2ᵐ25), puis d'une hauteur de deux mètres cinquante centimètres (2ᵐ50), puis d'une hauteur de deux mètres soixante-quinze centimètres (2ᵐ75) et ainsi de suite, en augmentant à chaque fois la hauteur de chute de vingt-cinq centimètres (0ᵐ25) jusqu'à la hauteur de cinq mètres (5ᵐ00).

Après chaque choc on mesurera, à titre de renseignement, la flèche permanente prise par le bout de rail soumis à l'essai, dans la longueur correspondant à l'écartement des points d'appui.

Lorsque le bout de rail soumis à l'essai préliminaire aura cassé sous le premier choc du mouton tombant de deux mètres vingt-cinq centimètres (2ᵐ25) de hauteur, on soumettra un rail de la coulée correspondante aux épreuves à la flexion et au choc spécifiées par l'article 9 ci-après, et s'il ne résiste pas à ces épreuves, la coulée sera refusée.

Lorsque le bout de rail soumis à l'essai préliminaire n'aura pas cassé au premier choc, la coulée dont il proviendra sera classée comme recevable.

Art. 9.

Epreuves. — Les agents préposés à la réception choisiront dans l'ensemble des séries correspondant aux coulées, classées comme recevables, un certain nombre de rails, un pour cent (1 p 0/0) au plus, qui seront soumis aux épreuves suivantes :

Première épreuve. — Chacun de ces rails placé de champ sur deux points d'appui espacés de un mètre dix centimètres (1ᵐ10), devra supporter, pendant cinq minutes, au milieu de l'intervalle des points d'appui, une pression de vingt mille kilogrammes (20.000k.) sans conserver de flèche mesurable après l'épreuve.

L'arête des couteaux servant de points d'appui au rail, ainsi que celle du couteau par lequel se transmettra la pression, seront arrondies sous un rayon maximum de quarante-deux millimètres (0ᵐ042).

Deuxième épreuve. — La même barre placée dans les mêmes conditions supportera, pendant cinq minutes, sans se rompre, une pression de trente-cinq mille kilogrammes (35.000k.) agissant comme la précédente au milieu de l'intervalle des points d'appui, et ne devra pas garder après cette épreuve une flèche permanente supérieure à un millimètre (0ᵐ001). La flèche permanente pourra cependant, par tolérance, s'élever jusqu'à deux millimètres (0ᵐ002) pour un tiers au plus des barres soumises à cette épreuve.

On augmentera ensuite la pression jusqu'à la rupture qui ne devra pas se produire sous une charge inférieure à cinquante mille kilogrammes (50.000k.).

Troisième épreuve. — Les tronçons de rails provenant de barres cassées à la flexion seront, s'il est nécessaire, ramenées à une longueur comprise entre 2m70 et 2m80 et soumis à l'épreuve suivante.

Chacun de ces tronçons sera placé de champ sur deux points d'appui espacés de un mètre dix centimètres (1m10) ; ces deux appuis seront disposés conformément aux indications données dans l'article 8 pour l'essai au choc des bouts de rail de 0m70 de longueur, et reposeront sur l'enclume de dix mille kilogrammes (10.000k.) dont les dispositions se trouvent également définies dans le même article.

Dans ces conditions, le tronçon de rail sera soumis aux chocs successifs d'un mouton de trois cents kilogrammes (300k.) à panne triangulaire arrondie sous un rayon de trente millimètres (0m030), tombant librement au milieu de l'intervalle des points d'appui, d'une hauteur de deux mètres vingt-cinq centimètres (2m.25), puis d'une hauteur de deux mètres cinquante centimètres (2m.50), puis d'une hauteur de deux mètres soixante-quinze centimètres (2m.75), et ainsi de suite, en augmentant chaque fois la hauteur de vingt-cinq centimètres (0m.25), jusqu'à la hauteur de cinq mètres (5m.00).

Après chaque choc, on mesurera la flèche permanente prise par le tronçon de rail, dans la longueur correspondant à l'écartement des points d'appui.

Le tronçon de rail soumis à l'épreuve devra supporter, sans se rompre, le choc du mouton tombant de deux mètres vingt-cinq centimètres (2m.25) de hauteur et, s'il résiste aux chocs suivants, ne pas présenter, autant que possible, de flèche permanente supérieure à douze millimètres (0m.012) après le quatrième coup de mouton (hauteur de chute = 3 mètres), à vingt-huit millimètres (0m.028) après le huitième coup de mouton (hauteur de chute = 4 mètres) et de quarante-cinq millimètres (0m.045) après le douzième coup de mouton (hauteur de chute = 5 mètres). Des tolérances seront admises sur ces flèches. Elles pourront s'élever jusqu'à sept millimètres (0m.007) en plus sur la première, onze millimètres (0m011)en plus sur la seconde et quinze millimètres (0m 015) en plus sur la troisième, ce qui donnera pour le maximum des flèches tolérées : dix-neuf millimètres (0m.019) après le quatrième coup de mouton, trente-neuf millimètres (0m.039) après le huitième coup de mouton et soixante millimètres (0m.060) après le douzième coup de mouton.

Si l'une des trois épreuves ci-dessus ne réussit pas, la série dont proviennent les barres sera refusée, à moins toutefois que le fournisseur ne demande une contre-épreuve ; dans ce cas, il sera choisi, dans la même série, deux nouveaux rails, sur lesquels les essais seront répétés ; si l'un de ces nouveaux essais ne réussit pas, la série sera définitivement refusée ; s'ils réussissent tous, la série sera acceptée.

Indépendamment des épreuves ci-dessus, les agents préposés à la réception pourront soumettre le métal des rails à d'autres épreuves dont les résultats ne seront considérés que comme un renseignement complémentaire. Ces épreuves sont les suivantes :

Quatrième épreuve. — On laminera sous forme de lames de ressort les bouts de rails provenant des épreuves précédentes, et on leur donnera la façon et la trempe usitées pour cette fabrication.

Ces lames, reposant par leurs extrémités sur deux chariots mobiles, seront soumises pendant cinq minutes, en leur milieu, à une pression suffisante pour produire une déformation qui corresponde, pour les fibres extrêmes de la surface concave, à un allongement de quatre millimètres (0m.004) par mètre, elles devront résister, sans détérioration, à cette épreuve et reprendre exactement après l'enlèvement de la charge, leurs formes et dimensions primitives.

Cinquième épreuve. — On prendra dans les chutes de rails provenant des mêmes coulées, un morceau d'acier qui sera forgé, soit en burin à main, soit en outil de tour de machine à mortaiser, à percer ou à raboter.

Chacun de ces outils, trempé dans les conditions ordinaires, devra pouvoir travailler la fonte grise même du grain le plus fin, sans s'égrener, se casser ni se refouler.

Sixième épreuve. — On prendra enfin sur chaque série deux morceaux de l'un des rails soumis aux épreuves qui précèdent ; ces morceaux seront ajustés de dimensions, sous forme de barreaux d'épreuve. L'un sera trempé, l'autre recuit et chacun d'eux sera éprouvé, jusqu'à rupture, à la traction ; on constatera les allongements sous charge et les allongements permanents produits par chacune des charges successives, ainsi que la charge de rupture et la surface de la section rompue.

Les formes et dimensions de ces barreaux d'épreuves seront déterminés par la Compagnie des chemins de fer du Midi.

Art. 10.

Surveillance dans les ateliers du fournisseur. — Les agents de la Compagnie des chemins de fer du Midi auront, à toute heure du jour et de la nuit, libre entrée dans les ateliers où se préparent les matières premières destinées à la fabrication de l'acier, comme dans ceux où se fabrique l'acier et dans les ateliers de laminage et de finissage des rails.

Ils pourront faire toutes les vérifications qu'ils jugeront utiles, indépendamment de celles qui sont stipulées dans le présent cahier des charges, pour s'assurer que toutes les conditions de qualité et de fabrication sont exactement remplies, autant pour ce qui concerne les matières employées que pour les rails.

Les observations que les agents de la Compagnie des chemins de fer du Midi pourraient avoir à faire, devront être adressées au directeur de l'usine, et non aux ouvriers.

Art. 11.

Réception provisoire à l'usine. — Une réception provisoire sera faite à l'usine par un ou plusieurs agents de la Compagnie des chemins de fer du Midi, au fur et à mesure de la fabrication ; elle aura pour objet de vérifier et d'éprouver les rails.

Jusqu'au moment de la réception, les rails devront être conservés en lieu sec et préservés, autant que possible, de l'oxydation.

Les rails reçus seront marqués, à leurs deux extrémités, du poinçon de la Compagnie des chemins de fer du Midi, par les soins de l'agent réceptionnaire.

Dans le cas où la marque de fabrique, prescrite par l'article 5 ne serait pas bien venue au laminage, elle devra être refaite, à froid, d'une manière visible.

Les rails rebutés seront marqués d'un poinçon spécial et mis de côté pour être présentés, à toute réquisition, aux agents de la Compagnie des chemins de fer du Midi, ou cassés sous leurs yeux, au choix du fournisseur. Dans le cas où ces rails devraient sortir de l'usine pour une destination quelconque, leur enlèvement ne pourra se faire qu'en présence des agents de la Compagnie des chemins de fer du Midi.

Art. 12.

Frais d'épreuves et de réception. Le fournisseur fera établir à ses frais, sur les indications qui lui seront données par la Compagnie des chemins de fer du Midi, s'il y a lieu, les appareils nécessaires pour faire la réception des rails et pour opérer les épreuves prescrites.

Les mains-d'œuvre relatives à la réception et aux épreuves seront à la charge du fournisseur.

Art. 13.

Propriété des rails après la réception provisoire. — Les rails poinçonnés et compris dans les procès-verbaux de réception à l'usine seront, par le seul fait de cette réception, la propriété incontestable de la Compagnie des chemins de fer du Midi, qu'ils restent dans l'usine ou qu'ils soient immédiatement expédiés.

Dans tous les cas, tant que les rails n'auront pas été expédiés, ils seront conservés par le fournisseur, à ses frais, risques et périls.

Art. 14.

Lieu et délai de livraison.—Le fournisseur livrera les rails au lieu et dans les délais indiqués par la soumission.

Art. 15.

Réception provisoire au lieu de livraison. Les rails rendus au lieu de livraison seront examinés de nouveau. Tous les rails détériorés dans le transport ou envoyés par mégarde, ou qui ne satisferaient pas aux conditions énoncées dans le marché seront refusés.

Art. 16.

Délai de garantie. — La Compagnie des chemins de fer du Midi n'entend recevoir que des rails pouvant faire un service de six ans, sans aucune détérioration, aux endroits les plus fatigués des gares ou des voies principales et sur les voies à forte inclinaison de son réseau ; elle s'assurera, par une expérience partielle, que cette condition est remplie.

Le fournisseur s'engage, en conséquence, à subir sur le prix stipulé au marché, et pour l'ensemble de la fourniture, une réduction proportionnelle au nombre de rails qui ne résisteraient pas à l'épreuve faite, dans les conditions suivantes :

Dix pour cent (10 p 0/0) au moins de la fourniture seront placés sur tels points du réseau qu'elle jugera convenable de choisir ; il sera donné avis au fournisseur des emplacements où les rails auront été posés et des dates de la mise en service ; le délai de six ans commencera à courir à dater de la livraison des voies à la circulation publique, quel que soit le nombre des trains de travaux qui auront circulé sur ces voies pendant la construction de la ligne.

A l'expiration des six années de service, on établira contradictoirement la proportion des rails avariés, c'est-à-dire ayant un commencement de détérioration quelconque, comme écrasement, exfoliation, rupture, fissure à l'éclissage, etc.

Cette proportion sera appliquée à l'ensemble de la fourniture et servira à déterminer la quantité de tonnes passibles de la réduction, que la totalité ou partie seulement de la fourniture ait été mise en service.

Le taux de la réduction sera fixé par la soumission de manière à représenter la différence de valeur entre une tonne de rails neufs et une tonne de rails hors de service, les rails auxquels la réduction se rapporte restant d'ailleurs la propriété de la Compagnie des chemins de fer du Midi.

La Compagnie des chemins de fer du Midi sera libre de commencer l'épreuve quand bon lui semblera ; toutefois, le règlement de la garantie devra avoir lieu, au plus tard, sept ans après la date du dernier procès-verbal de réception au lieu de livraison (fourniture complète), que la voie d'épreuve ait ou non six ans de service.

Art. 17.

Responsabilité du fournisseur. — La surveillance exercée à l'usine par la Compagnie des chemins de fer du Midi, les vérifications et épreuves, la réception des rails, leur mise en place par la Compagnie n'auront dans aucun cas, pour effet de diminuer la responsabilité du fournisseur laquelle demeurera pleine et entière jusqu'à l'expiration du délai de garantie.

Art. 18.

Réception définitive. — La responsabilité du fournisseur ne cessera que par la réception définitive qui sera faite à l'expiration du délai de garantie, contradictoirement avec le fournisseur et, sur sa demande, adressée à l'Ingénieur en chef de la voie et des lignes nouvelles.

Cette réception consistera dans l'examen des rails soumis à l'épreuve.

Les résultats en seront valables à la condition d'avoir été constatés moins d'un mois après la requête du fournisseur, lors même que la voie d'essai aurait plus de six ans de service.

Art. 19.

Procès-verbaux de réception. — Les réceptions à l'usine et au lieu de livraison et la réception définitive seront constatées par des procès-verbaux dressés en double original, et portant la signature de l'agent réceptionnaire et celle du fournisseur ou de son représentant préalablement agréé par la Compagnie. Un original sera remis au fournisseur, l'autre restera à la Compagnie des chemins de fer du Midi.

Les procès-verbaux de réception à l'usine constateront le nombre, la longueur et le poids des rails.

Les procès-verbaux de réception au lieu de livraison indiqueront seulement le nombre et la longueur des rails; leur poids sera calculé proportionnellement d'après les poids constatés aux réceptions à l'usine.

Art. 20.

Pertes et avaries. Force majeure. — Il ne sera accordé au fournisseur ni indemnité ni prolongation de délais, à raison de pertes, dommages ou avaries survenus pendant le cours de la fourniture, excepté dans les cas de force majeure qu'il aura signalés par écrit dans le délai de dix jours. Après ce délai, le fournisseur ne sera plus admis à réclamer.

Ne seront pas considérées comme cas de force majeure, justifiant des retards de livraison, les difficultés de transport ni les circonstances qu'une surveillance vigilante aurait pu empêcher, ou qu'un redoublement d'activité aurait pu compenser.

Art. 21.

Rétrocession. — La fourniture ne pourra être rétrocédée en tout ou en partie, sans l'agrément formel et par écrit de la Compagnie des chemins de fer du Midi.

Le fournisseur ne pourra non plus faire fabriquer dans une autre usine que la sienne, sans autorisation spéciale.

Art. 22.

Indemnités en cas de retard. — Faute par le fournisseur d'avoir opéré les livraisons dans les délais prescrits, il subira pour chaque mois de retard et sans qu'il soit besoin de mise en demeure, un rabais de cinq pour cent (5 p. 0/0) sur le prix des fournitures en retard.

Les délais compteront à partir du jour fixé par la soumission.

En cas de retard de plus de deux mois dans les livraisons, la Compagnie, indépendamment des retenues pour retard ci-dessus indiquées, qui lui resteront acquises, aura le droit, par le seul fait du retard et huit jours après une mise en demeure restée infructueuse, de résilier le marché pour tout ou partie des quantités restant à livrer ; de réadjuger ces quantités avec publicité et concurrence, aux risques et périls du soumissionnaire, ou de traiter directement avec un autre fournisseur, sans préjudice, dans tous les cas, des dommages-intérêts qui pourraient être dus pour quelque cause que ce soit, résultant du retard et de la résiliation.

Art. 23.

Domicile du fournisseur. — Le fournisseur est tenu d'élire domicile à Paris, pour l'exécution du marché.

Art. 24.

Décès ou faillite. — En cas de décès ou de faillite du fournisseur, le marché sera résilié de droit.

Art. 25.

Paiement. — Les paiements seront effectués à Paris, ou à Bordeaux, en traites ou en espèces, au choix de la Compagnie des chemins de fer du Midi.

Ils auront lieu à raison de :

Soixante-quinze pour cent (75 p. 0/0) de la valeur des rails, dans les deux mois qui suivront la réception à l'usine.

Vingt pour cent (20 p. 0/0) dans les deux mois qui suivront la réception au lieu de livraison ;

Cinq pour cent (5 p. 0/0) dans les deux mois qui suivront l'expiration du délai de garantie et l'accomplissement intégral de toutes les clauses du marché.

Le fournisseur acceptera comme argent comptant, sans réclamer d'escompte ni d'intérêt quelconque, des traites de cinq à trente jours de vue sur les caisses de la compagnie des chemins de fer du Midi.

Les paiements effectués n'auront, dans aucun cas, pour effet de diminuer la responsabilité du fournisseur laquelle restera pleine et entière jusqu'à la réception définitive spécifiée à l'article 18 ci-dessus.

Art. 26.

Juridiction. — Les contestations qui pourraient s'élever entre les parties au sujet de l'exécution du marché ou des conventions qui pourraient en être la suite, seront portées devant le tribunal de commerce de la Seine.

Jusqu'à l'entière exécution du marché, tous actes de mise en demeure, d'appel, d'offres réelles, assignations, etc., seront valablement signifiés par la Compagnie des chemins de fer du Midi au fournisseur, à son usine, ou à Paris, au domicile élu par lui ; et par le fournisseur à la Compagnie des chemins de fer du Midi et du Canal latéral à la Garonne, à son siège à Paris, 54, boulevard Haussmann, en la personne de M. Adolphe d'Eichthal, Président du Conseil d'Administration.

Art. 27.

Timbre et enregistrement. — Les frais de timbre sont à la charge du fournisseur, le montant en sera retenu sur le premier mandat qui lui sera délivré par la Compagnie des chemins de fer du Midi.

Les frais d'enregistrement seront supportés par celle des deux parties qui y aura donné lieu.

Art. 28.

Droits de brevet. — Le fournisseur sera tenu de s'entendre avec les propriétaires des brevets d'invention dont il applique les procédés dans sa fabrication, il paiera les redevances et garantira la Compagnie des chemins de fer du Midi contre toute poursuite.

Accepté le présent cahier des charges,

pour être annexé à   soumission en date de ce jour.

A   , le   18

ANNEXE N° 3.

CHEMINS DE FER DU MIDI

CAHIER DES CHARGES
POUR LA FOURNITURE DE COUSSINETS EN FONTE
POUR VOIE CHAMPIGNON

Art. 1er.

Objet du cahier des charges. — Le présent cahier des charges a pour objet la fourniture à la Compagnie des chemins de fer du Midi de coussinets en fonte, pour voie champignon.

Art. 2.

Formes et dimensions. — Les coussinets auront exactement la forme et les dimensions indiquées par les dessins qui seront remis au fournisseur par la Compagnie. Ils seront du type de 10 k. 500 ou du type de 11 k. 500, suivant les besoins de la Compagnie.

Si la Compagnie juge convenable de modifier, en cours d'exécution, la forme ou les dimensions des coussinets, le fournisseur sera tenu de se conformer, pour les coussinets restant à fournir, aux nouveaux dessins qui lui seront remis. Il lui sera tenu compte des dépenses que ces modifications lui imposeront. Ces dépenses seront évaluées d'un commun accord ou à dire d'experts.

Art. 3.

Modèles. — Le fournisseur devra soumettre ses modèles à l'approbation de la Compagnie, sans que cette formalité diminue en rien sa responsabilité. Il sera également responsable de tout retard provenant du refus d'approbation de ses modèles.

Les modèles seront en métal et disposés de manière à éviter l'emploi de noyaux.

Art. 4.

Qualité de la fonte. — Les coussinets seront en fonte grise, de première ou de seconde fusion, homogène, à grain serré et régulier, douce et tenace, facile à travailler au burin et à la lime, en un mot, de qualité convenable pour que les coussinets résistent à l'épreuve stipulée à l'art. 9.

Art. 5.

Fabrication. — Les coussinets seront moulés avec le plus grand soin ; toutes les surfaces et principalement la chambre du rail, seront nettes et unies : la surface de la semelle sera bien plane ; les jets de coulée, les coutures et les bavures seront enlevés au burin et à la lime.

Les trous des tirefonds auront exactement les dimensions du dessin ; ils seront alésés, s'il est nécessaire.

Il sera remis au fournisseur, pour le guider dans sa fabrication, un bout de rail et un coin marqués du poinçon de la Compagnie. L'application du rail et du coin dans les coussinets, devra se faire sur toute l'étendue des surfaces indiquée sur le dessin. La petite joue devra donner au rail une inclinaison de un vingtième ($1/20^e$) par rapport au plan de la semelle ; il sera néanmoins accordé sur cette inclinaison une tolérance qui pourra la faire varier de un vingt-deuxième ($1/22^e$) à un dix-huitième ($1/18^e$).

Tous les coussinets qui ne seront pas fabriqués conformément au présent article, et ceux qui présenteront des soufflures, dartres, gouttes froides, tassements ou autres défauts pouvant nuire à leur netteté ou à leur résistance, seront refusés.

Les coussinets présentant des parties blanches ou truitées seront également refusés.

La fabrication courante ne pourra commencer qu'après l'approbation par la Compagnie d'autant de coussinets que le fournisseur emploiera de modèles.

Art. 6.

Marque de fabrique. — Les coussinets porteront des marques en relief, venues de fonte, indiquant l'usine, l'année de la fabrication et le numéro du marché. La disposition de ces marques sera arrêtée par la Compagnie.

Art. 7.

Coussinets spéciaux. — La Compagnie se réserve la faculté de commander, au prix de la soumission, des coussinets spéciaux en telle proportion qui sera déterminée par la soumission. Elle fournira les modèles de ces coussinets.

Art. 8.

Poids normaux des coussinets. — Le poids normal des coussinets de chaque type sera fixé contradictoirement entre le fournisseur et la Compagnie, aussitôt après la mise en train de la fabrication, par la pesée de cent (100) coussinets de ce type, préalablement vérifiés et reconnus conformes au dessin.

Le poids normal des coussinets spéciaux sera déterminé de la même manière, mais en opérant sur dix (10) coussinets seulement.

Il sera accordé sur ce poids normal, dans les réceptions, une tolérance de deux pour cent (2 0/0) en plus ou en moins. En dehors de ces limites, les coussinets pourront être refusés.

Les coussinets reçus seront comptés pour leur poids réel, lorsque ce poids ne dépassera pas le poids supérieur de tolérance. Ils seront acceptés pour le poids supérieur de tolérance, lorsque leur poids réel dépassera ce dernier poids.

Toutefois, l'excédant du poids total de la fourniture sur le poids normal, augmenté de un pour cent (1 0/0), ne sera pas payé au fournisseur.

Art. 9.

Épreuves. — Les coussinets seront classés dans l'usine en tas distincts, correspondant chacun à une coulée. Les agents préposés à la réception choisiront dans chaque tas un certain nombre de coussinets (un pour cent au plus) pour les soumettre à l'épreuve au choc.

L'appareil employé pour faire les épreuves sera composé dans ses parties essentielles : d'une enclume en fonte pesant, au moins, quatre cents kilogrammes (400 k.) et portant, venus de fonte, deux chenets sur lesquels seront ajustés deux couteaux en acier fondu ; de deux montants fixés sur l'enclume, dont l'un sera gradué de vingt-cinq millimètres (0 m. 025) en vingt-cinq millimètres (0 m. 025) à partir de la hauteur de chute initiale ; d'un mouton en fonte à base hémisphérique, pesant trente kilogrammes (30 k.); d'un treuil fixé sur les montants, destiné à élever le mouton.

L'enclume sera posée sur une couche de maçonnerie formant, en surface, un carré de un mètre de côté (1 m.) ayant trente centimètres (0 m. 30) d'épaisseur et reposant sur une couche de sable bien tassé de cinquante centimètres (0 m. 50) d'épaisseur.

L'appareil sera construit, d'ailleurs, d'après les dessins qui seront fournis par la Compagnie.

Chaque coussinet à essayer sera préalablement muni de deux chevilles en acier fondu, qui seront placées dans les trous des tirefonds. Il sera ensuite renversé et posé sur l'enclume, de manière que l'arête des couteaux passe par le milieu des chevilles. Dans cette position, il recevra une série de chocs du mouton, qui devra tomber librement et sans frottement sur la semelle, au milieu de la distance des points d'appui.

La hauteur de chute initiale sera de quarante centimètres (0 m.40), mesurée de la semelle du coussinet à la partie inférieure du mouton, pour les coussinets du type de 10 k. 500, et de quarante-cinq centimètres (0 m. 45) mesurée de la même manière, pour les coussinets du type de 14 k. 500. Elle sera ensuite augmentée à chaque coup, de vingt-cinq millimètres (0 m. 025) jusqu'à la rupture.

Si deux coussinets sur dix (2 sur 10) viennent à se casser sous la hauteur de chute initiale de quarante centimètres (0 m. 40) pour les coussinets du type de 10 k. 500, et de quarante-cinq centimètres (0 m. 45) pour les coussinets du type de 14 k. 500, la coulée entière de laquelle ils proviennent sera refusée.

Art. 10.

Surveillance dans les usines. — Les agents de la Compagnie auront toujours libre entrée dans les ateliers du fournisseur. Ils pourront faire toutes les vérifications qu'ils jugeront utiles, indépendamment de celles stipulées dans le présent cahier des charges, pour s'assurer que toutes les conditions de qualité de matière et de fabrication sont exactement remplies.

Art. 11.

Réception à l'usine. — Une réception provisoire sera faite à l'usine, au fur et à mesure de la fabrication, par un ou plusieurs agents de la Compagnie; elle aura pour but de vérifier et d'éprouver les coussinets.

Les coussinets reçus seront marqués, par les soins des agents réceptionnaires, du poinçon de la Compagnie.

Art. 12.

Expéditions. — Aussitôt après leur réception, les coussinets seront pesés et comptés. Ils seront ensuite, au choix de la Compagnie, expédiés immédiatement au lieu de livraison ou empilés dans l'usine, jusqu'à ce que la Compagnie ait donné l'ordre de les expédier. Cet ordre devra être donné, au plus tard, deux mois après la réception.

Art. 13.

Propriété de la Compagnie après la réception à l'usine. — Après la réception provisoire à l'usine, les coussinets reçus, compris dans les procès-verbaux de réception seront, par ce seul fait, la propriété de la Compagnie des chemins de fer du Midi, soit qu'on les expédie immédiatement, soit qu'on les remise dans les chantiers du fournisseur; dans tous les cas, tant que les coussinets n'auront pas été expédiés, ils seront conservés par le fournisseur à ses frais, risques et périls.

Art. 14.

Rebuts. — Les coussinets refusés seront marqués d'un poinçon spécial, comptés et mis de côté pour être présentés à toute réquisition aux agents de la Compagnie, ou cassés immédiatement sous les yeux de ces agents, au choix du fournisseur.

Art. 15.

Lieu et délai de livraison. — Le fournisseur livrera les coussinets au lieu et dans les délais indiqués par la soumission.

Art. 16.

Réception au lieu de livraison. — Les coussinets rendus au lieu de livraison seront examinés et comptés de nouveau. Tous les coussinets détériorés pendant le transport, ou envoyés par mégarde ou qui ne satisferaient pas aux conditions énoncées dans le marché, seront refusés.

Art. 17.

Responsabilité du fournisseur. — La surveillance exercée par la Compagnie ou par ses agents, les vérifications et épreuves, la réception des coussinets, leur mise en place par la Compagnie, n'auront, dans aucun cas, pour effet de diminuer la responsabilité du fournisseur, laquelle demeurera pleine et entière jusqu'à l'expiration du délai de garantie et l'accomplissement intégral de toutes les clauses du marché.

Art. 18.

Garantie. — Nonobstant les réceptions à l'usine et au lieu de livraison, les coussinets seront soumis à une garantie de deux ans, à partir de leur mise en service.

Pendant ce délai, tous les coussinets qui seront hors de service, par suite de défauts de qualité de la matière ou de vices de fabrication, seront rebutés et rendus au lieu de livraison au fournisseur, qui devra en tenir compte à la Compagnie au prix de la soumission ou les remplacer si elle l'exige. Par contre, tous les coussinets qui, à l'expiration du délai de garantie, seront encore en service, seront reçus définitivement par la Compagnie.

La Compagnie sera libre de poser les coussinets quand elle le jugera convenable. Toutefois, le règlement de la garantie devra avoir lieu, au plus tard, trois ans après la date du dernier procès-verbal de réception au lieu de livraison, que les coussinets aient ou non deux ans de service.

Art. 19.

Réception définitive. — La réception définitive aura lieu à l'expiration du délai de garantie, après une constatation détaillée des coussinets détériorés pendant le délai de garantie, faite contradictoirement avec le fournisseur et sur sa demande, adressée à l'Ingénieur en chef de la voie et des lignes nouvelles.

Art. 20.

Procès-verbaux de réception. — La réception à l'usine et au lieu de livraison et la réception définitive, seront constatées par des procès-verbaux dressés en double original et portant la signature de l'agent réceptionnaire et celle du fournisseur ou de son représentant préalablement agréé par la Compagnie. Un original sera remis au fournisseur, l'autre restera à la Compagnie.

Les procès-verbaux de réception à l'usine mentionneront le nombre et le poids des coussinets; les procès-verbaux de réception au lieu de livraison indiqueront seulement le nombre des coussinets; le poids sera calculé proportionnellement à ce nombre, d'après le poids des réceptions à l'usine.

Art. 21.

Frais d'épreuves et de réceptions. — Tous les frais d'épreuves et de réceptions seront à la charge du fournisseur.

Art. 22.

Pertes et avaries. Force majeure. — Il ne sera accordé au fournisseur ni indemnité, ni prolongation de délais, à raison de pertes, dommages ou avaries survenus pendant le cours de la fourniture, excepté dans les cas de force majeure qu'il aura signalés par écrit dans le délai de dix jours. Après ce délai, le fournisseur ne sera plus admis à réclamer.

Ne seront pas considérées comme cas de force majeure justifiant des retards de livraison, les difficultés de transport ni les circonstances qu'une surveillance vigilante aurait pu empêcher, ou qu'un redoublement d'activité aurait pu compenser.

Art. 23.

Ajournement temporaire de la fourniture. — L'Ingénieur en chef de la voie et des lignes nouvelles aura le droit d'ordonner la suspension momentanée de la fourniture pour moins de six mois, sans que le fournisseur soit admis à réclamer.

En cas d'ordre de suspension, le fournisseur devra arrêter immédiatement sa fabrication et prendre, à ses frais, toutes les mesures pour la conservation des pièces fabriquées et pour la reprise de la fabrication.

Art. 24.

Rétrocession. — La fourniture ne pourra être rétrocédée en tout ou en partie, sans l'agrément formel et par écrit de la Compagnie.

Le fournisseur ne pourra, non plus, faire fabriquer dans une autre usine que la sienne, sans une autorisation spéciale.

Art. 25.

Accidents. Responsabilité. — Le fournisseur sera seul responsable des conséquences de tout accident qui pourra survenir à ses ouvriers, soit pendant la fabrication ou le transport des coussinets, soit pendant la réception ; il sera tenu de garantir la Compagnie des suites de toute action dirigée contre elle pour des faits de cette nature.

La surveillance des agents de la Compagnie ne la déchargera en rien de cette responsabilité.

Art. 26.

Indemnités en cas de retard. — Faute par le fournisseur d'avoir opéré les livraisons dans les délais prescrits, il subira pour chaque mois de retard et sans qu'il soit besoin de mise en demeure, un rabais de cinq pour cent (5 p. 0/0), sur le prix des fournitures en retard.

Les délais compteront à partir du jour fixé par la soumission. Cependant, en cas d'application de l'article 23, ces délais seront prolongés d'une durée égale à celle de la suspension de la fourniture.

En cas de retard dans les livraisons, la Compagnie, indépendamment des retenues pour retard ci-dessus indiquées qui lui resteront acquises, aura le droit par le seul fait du retard et huit jours après une mise en demeure restée infructueuse, de résilier le marché pour les quantités restant à livrer ; de réadjuger ces quantités avec publicité et concurrence aux risques et périls du soumissionnaire, ou de traiter directement avec un autre fournisseur, sans préjudice, dans tous les cas, des dommages-intérêts qui pourraient être dus pour quelque cause que ce soit résultant du retard ou de la résiliation.

Art. 27.

Domicile du fournisseur. — Le fournisseur est tenu d'élire domicile à Paris, pour l'exécution complète du marché.

Art. 28.

Décès ou faillite. — En cas de décès ou de faillite du fournisseur, le marché sera résilié de droit.

Art. 29.

Paiements. — Les paiements seront effectués à Paris ou à Bordeaux, en traites ou en espèces, au choix de la Compagnie.

Ils auront lieu à raison de :

Soixante-quinze pour cent (75 0/0) de la valeur des coussinets, dans les deux mois qui suivront la réception à l'usine ;

Vingt pour cent (20 0/0) dans les deux mois qui suivront la réception au lieu de livraison ;

Cinq pour cent (5 0/0) dans les deux mois qui suivront l'expiration de la garantie et l'accomplissement intégral de toutes les clauses du marché.

Le fournisseur acceptera comme argent comptant, sans réclamer d'escompte ni d'intérêt quelconque, des traites de cinq à trente (5 à 30) jours de vue sur les caisses de la Compagnie.

Art. 30.

Solidarité. — Si la fourniture est concédée à une Société, tous les associés seront solidaires entre eux pour l'exécution du marché, et les paiements faits à l'un d'entre eux libéreront la Compagnie.

Art. 31.

Notifications. — L'Ingénieur en chef de la voie et des lignes nouvelles a qualité pour faire faire toutes notifications au fournisseur.

Toute notification pourra être faite au fournisseur par l'un quelconque des agents de la Compagnie dont le certificat fera foi jusqu'à preuve contraire.

Si plusieurs fournisseurs se sont associés pour la fourniture, toute notification faite à l'un quelconque d'entre eux sera valable à l'égard de tous les autres et de la Société.

Art. 32.

Juridiction. — Les contestations qui pourraient s'élever entre les parties, au sujet de l'exécution du marché ou des conventions qui pourraient en être la suite, seront portées devant le tribunal de commerce de la Seine.

Jusqu'à l'entière exécution du marché, tous actes de mise en demeure, d'appel, d'offres réelles, assignations, etc., seront valablement signifiés par la Compagnie au fournisseur à son domicile réel, ou à Paris, au domicile élu par lui, et par le fournisseur à la Compagnie des chemins de fer du Midi et du Canal latéral à la Garonne, à son siège à Paris, boulevard Haussmann, n° 54, en la personne de M. Adolphe d'Eichthal, Président du Conseil d'Administration.

Art. 33.

Timbre et enregistrement. — Les frais de timbre seront à la charge du fournisseur : le montant en sera retenu sur le premier mandat qui lui sera délivré par la Compagnie. Les frais d'enregistrement seront à la charge de celle des deux parties qui y aura donné lieu.

Art. 34.

Droits de brevet. — Le fournisseur devra s'entendre avec les propriétaires de brevets d'invention dont il appliquera les procédés dans sa fabrication ; il paiera les redevances et garantira la Compagnie contre toute poursuite.

Accepté le présent cahier des charges pour être annexé à soumission en date de ce jour.

A   , le   18   .

ANNEXE N° 4.

CHEMINS DE FER DU MIDI

CAHIER DES CHARGES
POUR LA FOURNITURE D'ÉCLISSES EN ACIER
POUR VOIE CHAMPIGNON

Art. 1er.

Objet du cahier des charges. — Le présent cahier des charges a pour objet la fourniture à la Compagnie du Midi, d'éclisses en acier, pour voie champignon.

Art. 2.

Formes et dimensions des éclisses. — Les éclisses seront de longueurs et de profils différents ; leurs sections seront exactement conformes aux dessins qui seront remis au fournisseur par la Compagnie.

Le nombre d'éclisses de chaque longueur sera indiqué au fournisseur, soit dans la soumission, soit en cours de fabrication.

Si la Compagnie juge convenable de modifier, en cours de fabrication, la forme et les dimensions des éclisses, le fabricant sera tenu de se conformer, pour les éclisses restant à fabriquer, aux nouveaux gabarits ou dessins qui lui seront remis. Il lui sera tenu compte des dépenses que ces modifications lui imposeraient. Ces dépenses seront évaluées d'un commun accord ou à dire d'experts.

Art. 3.

Qualité de l'acier. — Les aciers employés à la fabrication des éclisses seront des aciers fondus obtenus par le procédé Bessemer ou par le procédé Martin.

Ils devront être de bonne qualité, durs, tenaces, susceptibles de prendre une trempe ferme, et présenter un grain fin, compacte, homogène.

Art. 4.

Fabrication. — *Fusion des lingots.* — L'acier fondu sera coulé en lingots. Les dimensions de ces lingots seront soumises à l'approbation de la Compagnie, sans que cette formalité diminue en rien la responsabilité du fournisseur.

CAHIER DES CHARGES POUR ÉCLISSES EN ACIER

Vérification des lingots. — Après leur fusion, les lingots seront vérifiés avec soin, ceux qui présenteraient des soufflures, des impuretés ou autres défauts que le laminage ne pourrait faire disparaître, seront rebutés.

Laminage. — Les lingots seront réchauffés, puis ils subiront l'opération du laminage. Cette opération sera conduite de manière que les éclisses aient exactement le profil indiqué par les dessins et que leurs surfaces soient nettes et unies. Toutes les éclisses qui seraient criquées ou qui présenteraient une défectuosité quelconque, seront rebutées.

Les éclisses devront s'adapter avec précision dans la gorge d'un rail, de forme irréprochable, marqué comme type du poinçon de la Compagnie ; leur application devra se faire exactement sur toute l'étendue des surfaces de contact indiquées sur les dessins.

Coupage des barres. — Les bouts écrus des barres sortant des laminoirs seront affranchis à une longueur suffisante, pour que les éclisses prises aux extrémités soient bien saines et exemptes de tout défaut.

Les barres seront ensuite coupées en bouts ayant les longueurs prescrites, soit à la scie, soit par tout autre moyen mécanique ne déformant pas leur section. Le mode de coupage que le fournisseur croira devoir adopter sera soumis à l'Ingénieur en chef de la voie et des lignes nouvelles.

Les plans des sections seront bien d'équerre aux faces des éclisses et les bavures produites par le coupage seront soigneusement enlevées au burin et à la lime.

Il sera accordé, sur la longueur des éclisses, une tolérance de deux millimètres (0 m. 002), en plus ou en moins, des longueurs indiquées dans les dessins.

Perçage des trous. — Les trous seront faits à froid, à la machine à percer. Ils seront bien réguliers, sans refoulement ni déchirure ; toute bavure sera enlevée avec soin. Il sera accordé une tolérance de un quart de millimètre (0 m. 00025) en plus ou en moins sur leur diamètre.

La distribution de ces trous sur les éclisses devra être exactement conforme au tracé remis au fournisseur. Cette distribution sera vérifiée au moyen d'un bout de rail portant des goujons d'acier dont les espacements seront ceux indiqués sur les dessins pour les trous des éclisses. Toutes les éclisses devront s'assembler librement avec ce bout de rail et s'appliquer exactement comme il est indiqué au paragraphe 3.

Dressage. — Le dressage des éclisses sera fait par pression, entre deux matrices présentant exactement une forme enveloppe de celle des éclisses. On évitera avec soin, dans cette opération, d'altérer leur forme.

La fabrication courante ne pourra commencer qu'après l'approbation par la Compagnie d'un échantillon de chaque type d'éclisses, parfaitement conforme au dessin.

Art. 5.

Marque de fabrique. — Les éclisses devront porter sur la face extérieure par rapport au rail, une marque bien apparente indiquant l'usine et l'année de la fabrication.

L'application de cette marque devra se faire sans déformer les éclisses ; sa disposition sera arrêtée par la Compagnie.

Art. 6

Poids normal des éclisses. — Le poids normal de chaque type d'éclisses sera fixé contradictoirement entre le fournisseur et la Compagnie, aussitôt après la mise en train de la fabrication, par la moyenne de dix pesées, chacune de dix éclisses, préalablement vérifiées et reconnues conformes au gabarits et aux dessins.

Il sera accordé sur ces poids normaux, dans les réceptions, une tolérance de deux pour cent (2 p. 0/0) en plus ou en moins. En dehors de ces limites, les éclisses pourront être refusées.

Les éclisses reçues seront comptées pour leur poids réel, lorsque ce poids ne dépassera pas le poids supérieur de tolérance ; elles seront acceptées pour le poids supérieur de tolérance, lorsque leur poids réel dépassera ce dernier poids. Toutefois l'excédent du poids total de la fourniture sur le poids normal augmenté de un pour cent (1 p. 0/0) ne sera pas payé au fournisseur.

Art. 7.

Épreuves. — Les éclisses seront classées avec soin dans l'usine, en séries portant des numéros correspondant aux différentes coulées.

Les agents préposés à la réception choisiront, dans chacune de ces séries, un certain nombre d'éclisses, deux pour cent (2 p. 0/0) au plus, pour les soumettre aux épreuves suivantes :

Première épreuve. — Deux bouts de rails de un mètre trente-sept centimètres (1 m. 37) de longueur chacun, seront assemblés dans les conditions de pose de la voie au moyen de deux éclisses et de boulons, de manière à former une poutre rigide. Cette poutre, placée de champ sur deux points d'appui espacés de un mètre dix centimètres (1 m. 10), devra supporter pendant cinq minutes, sans conserver de flèche sensible après l'épreuve, une charge de trois mille deux cents kilogrammes (3200 k.) appliquée sur le joint placé lui-même au milieu de l'intervalle des points d'appui.

Deuxième épreuve. — Les mêmes éclisses placées dans les mêmes conditions que ci-dessus devront supporter pendant cinq minutes sans se rompre ni se fendre une charge de sept mille cinq cents kilogrammes (7.500 k.). On augmentera ensuite la pression jusqu'à la rupture.

Troisième épreuve. — Une poutre formée de deux rails éclissés, comme il est indiqué ci-dessus, placée de champ sur deux supports espacés de un mètre dix centimètres (1 m. 10), devra supporter sans se rompre le choc d'un mouton de trois cents kilogrammes (300 k.), tombant d'une hauteur de un mètre soixante-quinze centimètres (1 m. 75) sur le joint placé au milieu de l'intervalle des points d'appui.

Les deux supports seront en fonte et reposeront sur une enclume en fonte de dix mille kilogrammes (10.000 k.), reposant elle-même sur un massif de maçonnerie de un mètre (1 m. 00) d'épaisseur, et de trois mètres carrés (3 m²) environ de surface à la base.

Quatrième épreuve. — On laminera, sous forme de lames de ressorts, des bouts d'éclisses non percées et on leur donnera la façon et la trempe usitées pour cette fabrication. Ces lames reposant par leurs extrémités sur deux chariots mobiles, seront soumises pendant cinq minutes, en leur milieu, à une pression suffisante pour produire une déformation qui corresponde, pour les fibres extrêmes de la surface concave, à un allongement de quatre centimètres (0 m. 04) par mètre ; elles devront résister à cette épreuve et reprendre exactement, après l'enlèvement de la charge, leurs formes et dimensions primitives.

Cinquième épreuve. — On prendra dans les chutes des barres provenant des mêmes coulées un morceau d'acier qui sera forgé soit en burin à main, soit en outil de tour, de machine à mortaiser, à percer ou à raboter. Chacun de ces outils, trempé dans les conditions ordinaires, devra pouvoir travailler la fonte grise, même du grain le plus fin, sans s'égrener, se casser ni se refouler.

Si toutes les éclisses essayées ne résistent pas aux épreuves qui précèdent, on continuera ces épreuves sur un plus grand nombre, et si plus du dixième des éclisses essayées ne résiste pas, les séries entières dont ces éclisses proviennent seront rebutées.

Sixième épreuve. — On prendra enfin, sur chaque série, deux morceaux de l'une des éclisses soumises aux épreuves qui précèdent ; ces morceaux seront forgés, puis ajustés de dimensions sous forme de barreaux d'épreuves. L'un sera trempé, l'autre recuit, et chacun d'eux sera éprouvé jusqu'à rupture, à la traction ; on constatera les allongements sous charge et les allongements permanents produits par chacune des charges successives, ainsi que la charge de rupture et la surface de la section rompue. Les formes et les dimensions de ces barreaux seront déterminées par la Compagnie.

Les résultats de ces épreuves ne seront considérés que comme renseignements complémentaires.

Art. 8.

Surveillance dans les usines. — Les agents de la Compagnie auront toujours libre entrée dans les ateliers du fournisseur. Ils pourront faire toutes les vérifications qu'ils jugeront utiles, indépendamment de celles stipulées dans le présent cahier des charges, pour s'assurer que toutes les conditions de qualité de matière et de fabrication sont exactement remplies.

Art. 9.

Réception à l'usine. — Une réception provisoire sera faite à l'usine au fur et à mesure de la fabrication, par un ou plusieurs agents de la Compagnie. Elle aura pour objet de vérifier et d'éprouver les éclisses.

Les éclisses reçues seront marquées, par les soins des agents réceptionnaires, du poinçon de la Compagnie.

Art. 10.

Bottelage. Expéditions. — Aussitôt après leur réception, les éclisses seront comptées et pesées, puis liées très solidement en bottes avec du fil de fer.

Chaque botte comprendra dix éclisses : cinq de chaque longueur si la Compagnie les demande appareillées, et dix d'une même longueur dans le cas contraire.

Les éclisses seront ensuite, au choix de la Compagnie, expédiées immédiatement au lieu de livraison, ou empilées dans l'usine jusqu'à ce que la Compagnie ait donné l'ordre de les expédier. Dans ce dernier cas, l'empilage doit se faire dans un lieu sec et couvert, pour que les éclisses soient préservées autant que possible de l'oxydation.

Les frais de comptage, pesage, bottelage, empilage, chargements, transports, etc., seront à la charge du fournisseur.

Art. 11.

Propriété de la Compagnie après réception à l'usine. — Après la réception provisoire à l'usine, les éclisses reçues, comprises dans les procès-verbaux de réception seront, par le seul fait de cette réception, la propriété de la Compagnie des chemins de fer du Midi, soit qu'on les expédie immédiatement, soit qu'on les remise dans les chantiers du fournisseur ; dans tous les cas, tant que les éclisses n'auront pas été expédiées, elles seront conservées par le fournisseur à ses frais, risques et périls.

Art. 12.

Rebuts. — Les pièces refusées seront marquées d'un poinçon spécial, comptées et mises de côté, pour être présentées à toute réquisition aux agents de la Compagnie ou cassées immédiatement sous les yeux de ces agents, au choix du fournisseur.

Art. 13.

Lieu et délai de livraison. — Le fournisseur livrera les éclisses au lieu et dans les délais indiqués par la soumission.

Art. 14.

Réception au lieu de livraison. — Les éclisses rendues au lieu de livraison seront examinées de nouveau.

Toutes les pièces détériorées dans le transport, ou envoyées par mégarde, ou qui ne satisferont pas aux conditions énoncées dans le marché, seront refusées.

Art. 15.

Garantie. — Nonobstant les réceptions à l'usine et au lieu de livraison, les éclisses seront soumises à une garantie de deux ans à partir de leur mise en service.

Pendant ce délai, toutes les éclisses qui seront hors de service par suite de défauts de qualité, ou de fabrication, seront rebutées et rendues au lieu de livraison au fournisseur, qui devra en tenir compte à la Compagnie au prix de la soumission ou les remplacer si elle l'exige.

Par contre, toutes les éclisses qui, à l'expiration du délai de garantie, seront encore en service, seront reçues définitivement par la Compagnie.

La Compagnie sera libre de poser les éclisses quand elle le jugera convenable. Toutefois le règlement de la garantie devra avoir lieu, au plus tard, trois ans après la date du dernier procès-verbal de réception au lieu de livraison, que les éclisses aient ou non deux ans de service.

Art. 16.

Responsabilité du fournisseur. — La surveillance exercée par la Compagnie, ou par ses agents, les vérifications et épreuves, la réception des éclisses, leur mise en place par la Compagnie n'auront dans aucun cas pour effet de diminuer la responsabilité du fournisseur, laquelle demeurera pleine et entière jusqu'à l'expiration du délai de garantie et l'accomplissement intégral de toutes les clauses du marché.

Art. 17.

Réception définitive. — La réception définitive aura lieu à l'expiration du délai de garantie, après une constatation de l'état des éclisses faite contradictoirement avec le fournisseur et sur sa demande adressée à l'Ingénieur en chef de la voie et des lignes nouvelles.

Art. 18.

Procès-verbaux de réception. — Les réceptions à l'usine et au lieu de livraison et la réception définitive seront constatées par des procès-verbaux dressés en double original et portant la signature de l'agent réceptionnaire et celle du fournisseur ou de son représentant préalablement agréé par la Compagnie. Un original sera remis au fournisseur, l'autre restera à la Compagnie.

Les procès-verbaux de réception à l'usine mentionneront le nombre et le poids des éclisses. Les procès-verbaux de réception au lieu de livraison indiqueront seulement le nombre des pièces : le poids sera calculé proportionnellement à ce nombre, d'après le poids des réceptions à l'usine.

Art. 19.

Frais d'épreuve et de réception. — Tous les frais d'épreuve et de réception seront à la charge du fournisseur.

Art. 20.

Pertes et avaries. Force majeure. — Il ne sera accordé au fournisseur ni indemnité, ni prolongation de délais, à raison de pertes, dommages ou avaries survenus pendant le cours de la fourniture, excepté dans les cas de force majeure qu'il aura signalés par écrit dans le délai de dix jours. Après ce délai, le fournisseur ne sera plus admis à réclamer.

Ne seront pas considérés comme cas de force majeure, justifiant des retards de livraison, les difficultés de transport, ni les circonstances qu'une surveillance vigilante aurait pu empêcher ou qu'un redoublement d'activité aurait pu compenser.

Art. 21.

Ajournement temporaire de la fourniture. — L'Ingénieur en chef de la voie et des lignes nouvelles aura le droit d'ordonner la suspension momentanée de la fourniture pour moins de six mois, sans que le fournisseur soit admis à réclamer. En cas d'ordre de suspension, le fournisseur devra arrêter immédiatement sa fabrication et prendre, à ses frais, toutes les mesures nécessaires pour la conservation des pièces fabriquées et pour la reprise de la fabrication.

Art. 22.

Rétrocession. — La fourniture ne pourra être rétrocédée, en tout ou en partie, sans l'agrément formel et par écrit de la Compagnie.

Le fournisseur ne pourra non plus faire fabriquer dans une autre usine que la sienne sans autorisation spéciale.

Art. 23.

Accidents. Responsabilité. — Le fournisseur sera seul responsable des conséquences de tout accident qui pourra survenir à ses ouvriers, soit pendant la fabrication ou le transport des éclisses, soit pendant leur réception ; il sera tenu de garantir la Compagnie des suites de toute action dirigée contre elle pour des faits de cette nature. La surveillance des agents de la Compagnie ne le déchargera en rien de cette responsabilité.

Art. 24.

Indemnités en cas de retard. — Faute par le fournisseur d'avoir opéré les livraisons dans les délais prescrits, il subira pour chaque mois de retard et sans qu'il soit besoin de mise en demeure, un rabais de cinq pour cent (5 p. 0/0) sur le prix des fournitures en retard.

Les délais compteront à partir du jour fixé par la soumission. Cependant, en cas d'application de l'article 21, ces délais seront prolongés d'une durée égale à celle de la suspension.

En cas de retard dans les livraisons, la Compagnie, indépendamment des retenues pour retard ci-dessus indiquées qui lui resteront acquises, aura le droit, par le seul fait du retard et huit jours après une mise en demeure restée infructueuse, de résilier le marché pour les quantités restant à livrer ; de réadjuger ces quantités avec publicité et concurrence aux risques et périls du soumissionnaire, ou de traiter directement avec un autre fournisseur, sans préjudice, dans tous les cas, des dommages-intérêts qui pourraient être dus pour quelque cause que ce soit, résultant du retard ou de la résiliation.

Art. 25.

Domicile du fournisseur. — Le fournisseur est tenu d'élire domicile à Paris, pour l'exécution complète du marché.

Art. 26.

Décès ou faillite. — En cas de décès ou de faillite du fournisseur, le marché sera résilié de droit.

Art. 27.

Paiements. — Les paiements seront effectués à Paris, en traites ou en espèces, au choix de la Compagnie. Ils auront lieu à raison de :

Soixante-quinze pour cent (75 p. 0/0) de la valeur des éclisses, dans les deux mois qui suivront la réception à l'usine ;

Vingt pour cent (20 p.0/0) dans les deux mois qui suivront la réception au lieu de livraison ;

Cinq pour cent (5 p. 0/0) dans les deux mois qui suivront l'expiration du délai de garantie et l'accomplissement intégral de toutes les clauses du marché.

Le fournisseur acceptera comme argent comptant, sans réclamer d'escompte ni d'intérêt quelconque, des traites de cinq à trente (5 à 30) jours de vue sur les caisses de la Compagnie.

Art. 28.

Solidarité. — Si la fourniture est concédée à une société, tous les associés seront solidaires entre eux pour l'exécution complète du marché et les paiements faits à l'un d'entre eux libèreront la Compagnie.

Art. 29.

Notifications. — L'Ingénieur en chef de la voie et des lignes nouvelles a qualité pour faire toutes notifications au fournisseur.

Toute notification pourra être faite au fournisseur par l'un quelconque des agents de la Compagnie dont le certificat fera foi jusqu'à preuve contraire.

Si plusieurs fournisseurs se sont associés pour la fourniture, toute notification faite à l'un quelconque d'entre eux sera valable à l'égard de tous les autres et de la société.

Art. 30.

Juridiction. — Les contestations qui pourraient s'élever entre les parties au sujet de l'exécution du marché ou des conventions qui pourraient en être la suite, seront portées devant le tribunal de commerce de la Seine.

Jusqu'à l'entière exécution du marché, tous actes de mise en demeure, d'appel, d'offres réelles, assignations, seront valablement signifiés par la Compagnie au fournisseur, à son domicile réel, ou à Paris, au domile élu par lui, et par le fournisseur à la Compagnie des chemins de fer du Midi et du Canal latéral à la Garonne, à son siège à

Paris, boulevard Haussmann, n° 54, en la personne de M. Adolphe d'Eichthal, Président du Conseil d'Administration.

Art. 31.

Timbre et enregistrement. — Les frais de timbre seront à la charge du fournisseur ; le montant en sera retenu sur le premier mandat qui lui sera délivré par la Compagnie.

Les frais d'enregistrement seront à la charge de celle des deux parties qui y aura donné lieu.

Art. 32.

Droits de brevet. — Le fournisseur sera tenu de s'entendre avec les propriétaires de brevets d'invention dont il appliquera les procédés dans sa fabrication, il paiera les redevances et garantira la Compagnie contre toute poursuite.

Accepté le présent cahier des charges,

pour être annexé à soumission en date de ce jour,

A , le 18 .

ANNEXE N° 5

CHEMINS DE FER DU MIDI

CAHIER DES CHARGES
POUR LA FOURNITURE DE BOULONS

Art. 1er.

Objet du cahier des charges. — Le présent cahier des charges a pour objet la fourniture de boulons d'éclisses à la Compagnie des chemins de fer du Midi.

Art. 2.

Formes et dimensions. — Les boulons auront la forme et les dimensions indiquées par le dessin qui sera remis au fournisseur par la Compagnie.

Si la Compagnie juge convenable de modifier, en cours d'exécution, la forme ou les dimensions des boulons, le fabricant sera tenu de se conformer, pour les boulons restant à fabriquer, aux nouveaux dessins qui lui seront remis. Il lui sera tenu compte des dépenses que ces modifications lui imposeront. Ces dépenses seront évaluées d'un commun accord ou à dire d'experts.

Art. 3.

Qualité du fer. — Les boulons seront en bon fer corroyé, à nerf ou à grain fin et homogène ; enfin de qualité convenable pour résister aux épreuves indiquées à l'art. 7.

Les fers mal soudés, pailleux, criqués ou rompus dans leurs fibres, ne pourront pas être employés dans la fabrication des boulons.

Art. 4.

Fabrication. — Les tiges employés à la fabrication des boulons seront parfaitement calibrées sur toute leur longueur. Il sera accordé une tolérance d'un demi-millimètre (0 m. 0005) en plus sur le diamètre ; il ne sera pas accordé de tolérance en moins.

La tête des boulons sera refoulée dans la masse d'une seule chaude ; elle sera nette et régulière, sans bavures et placée sur l'axe de la tige. Les boulons dont la tête sera excentrée ou brûlée seront refusés.

Les tiges étampées qui auraient des bavures seront ébarbées avant le taraudage.

Les écrous seront fabriqués exclusivement à la machine, sans soudure ; ils seront pris dans des barres ayant pour épaisseur la hauteur de l'écrou. Le trou sera percé d'aplomb, au milieu de l'écrou, et suivant un diamètre tel qu'après le taraudage tous les filets soient bien pleins.

Les boulons et les écrous seront taraudés avec soin.

Le taraudage des boulons sera fait sur une longueur au moins égale à celle qui est figurée dans le dessin.

Les boulons et les écrous dont les filets seraient arrachés ou égrenés, ou ne seraient pas bien pleins, seront refusés.

Il ne sera pas accordé de tolérance sur le diamètre de la partie taraudée : un écrou quelconque devra pouvoir s'adapter également bien à tous les boulons.

Les boulons ne seront pas montés immédiatement après leur taraudage ; ils seront préalablement débarrassés de la limaille interposée entre les filets, ainsi que de l'huile qui aura servi au taraudage, puis graissés avec de l'huile propre.

La fabrication courante ne pourra commencer qu'après que cinq boulons conformes au dessin auront été approuvés par la Compagnie.

Art. 5.

Marque de fabrique. — Les boulons porteront sur la tête une marque en relief, bien apparente, indiquant le nom de l'usine ou du fournisseur.

Cette marque devra être soumise à l'approbation de la Compagnie.

Art. 6.

Poids normal. — Le poids normal des boulons sera fixé contradictoirement entre le fournisseur et la Compagnie, aussitôt après la mise en train de la fabrication, par la pesée de mille (1.000) boulons préalablement vérifiés et reconnus conformes au dessin.

Il sera accordé sur ce poids normal, dans les réceptions, une tolérance de deux pour cent (2 0/0) en plus, et une tolérance de deux pour cent (2 0/0) en moins. En dehors de ces limites, les boulons pourront être refusés.

Les boulons reçus seront comptés pour leur poids réel, lorsque ce poids ne dépassera pas le poids supérieur de tolérance. Ils seront acceptés pour le poids supérieur de tolérance, lorsque leur poids réel dépassera ce dernier poids.

Toutefois, l'excédant du poids total de la fourniture sur le poids normal, augmenté de un pour cent (1 0/0), ne sera pas payé au fournisseur.

Art. 7.

Épreuves. — Le fer destiné à la fabrication des boulons et les boulons finis seront soumis aux épreuves suivantes :

Épreuves du fer. — On prendra, au hasard, un certain nombre de tiges coupées de longueur, et on les introduira successivement jusqu'à moitié de leur longueur, dans un trou pratiqué dans un bloc de fonte, à bord arrondi par une courbe de dix millimètres (0 m.010) de rayon et d'un diamètre supérieur de un millimètre (0 m. 001) à celui des tiges, puis on les frappera latéralement à leur partie supérieure, de manière à leur faire faire un angle de quarante-cinq degrés (45°). On les retirera ensuite et on les redressera à froid.

Le fer devra supporter ces deux opérations sans se rompre ni se fendre.

Chaque tige sera introduite de nouveau dans le trou et sera soumise à une série de flexions et de redressements jusqu'à sa rupture, pour pouvoir juger de la texture du fer.

Si le dixième des tiges essayées ne résiste pas à l'épreuve, le lot de fer duquel elles proviennent ne pourra pas être employé à la fabrication.

Épreuves de boulons à la traction. — Les boulons soumis à la traction devront être munis de leurs écrous pour que du même coup la tête, la tige, la partie taraudée et l'écrou soient éprouvés. A cet effet, ils seront suspendus entre deux mâchoires dont l'une sera fixée à un point invariable et l'autre sera reliée à la partie mobile de la machine.

Les boulons devront résister sans allongement permanent à un effort de traction de seize kilogrammes (16 k.) par millimètre carré de section mesurée sur le diamètre intérieur des filets, et ne devront se rompre que sous un effort supérieur à trente-cinq kilogrammes (35 k.) par millimètre carré de la même section.

Si le dixième des boulons essayés ne résiste pas à l'épreuve, la totalité des boulons fabriqués avec le même fer que les boulons essayés sera refusée.

Les épreuves seront faites sur vingt (20) boulons pris au hasard, dans le lot fabriqué.

Le fournisseur devra soumettre à la Compagnie un dessin de l'appareil qu'il se proposera d'employer pour faire l'épreuve à la traction, et il sera tenu d'y apporter toutes les modifications qu'elle demandera.

La Compagnie pourra même imposer l'emploi de tel système qu'il lui conviendra, si celui qu'aura présenté le fournisseur ne la satisfait pas entièrement.

Quel que soit le système adopté, l'appareil devra être construit avec précision et disposé de telle façon que les charges totales de rupture soient appréciables à cinq kilogrammes (5 k.) près.

Art. 8.

Surveillance dans les usines. — Les agents de la Compagnie auront toujours libre entrée dans les ateliers du fournisseur.

Ils pourront faire toutes les vérifications qu'ils jugeront utiles, indépendamment de celles stipulées dans le présent cahier des charges, pour s'assurer que toutes les conditions de qualité de matière et de fabrication sont exactement remplies.

Art. 9.

Réceptions à l'usine. — Une réception provisoire sera faite à l'usine, au fur et à mesure de la fabrication.

Elle aura pour objet de vérifier si les boulons satisfont aux conditions du présent cahier des charges.

Art. 10.

Emballage et expéditions. — Aussitôt après la réception à l'usine, les boulons seront comptés, pesés et emballés dans des barils bien conditionnés, tous de même contenance, solidement cerclés et plombés au chiffre de la Compagnie.

Un numéro d'ordre, ainsi que le nombre et le poids net des pièces contenues, seront marqués sur l'un des fonds à la peinture noire.

Les boulons seront ensuite, au choix de la Compagnie, expédiés immédiatement au lieu de livraison, ou emmagasinés dans l'usine, jusqu'à ce que la Compagnie ait donné l'ordre de les expédier. Cet ordre devra être donné au plus tard deux mois après la réception à l'usine.

Dans ce dernier cas, les barils seront mis en un lieu sec et couvert, pour que les boulons soient préservés autant que possible de l'oxydation.

Art. 11.

Propriété de la Compagnie après la réception à l'usine. — Après réception provisoire à l'usine, les boulons reçus, compris dans les procès-verbaux de réception seront, par ce seul fait, la propriété de la Compagnie des chemins de fer du Midi, soit qu'on les expédie immédiatement, soit qu'on les remise dans les chantiers du fournisseur; dans tous les cas, tant que les boulons n'auront pas été expédiés, ils seront conservés par le fournisseur, à ses frais, risques et périls.

Art. 12.

Rebuts. — Les boulons refusés seront marqués d'un poinçon spécial, comptés et mis de côté, pour être présentés à toute réquisition aux agents de la Compagnie, ou cassés immédiatement sous les yeux de ces agents, au choix du fournisseur.

Art. 13.

Lieu et délai de livraison. — Le fournisseur livrera les boulons au lieu et dans les délais indiqués par la soumission.

Art. 14.

Réception au lieu de livraison. — Les barils devront être rendus au lieu de livraison, en bon état, avec les plombs intacts.

Les boulons contenus dans des barils ouverts, avariés ou sans plomb, seront soumis à une nouvelle réception et remis en barils, aux frais et risques du fournisseur.

Art. 15.

Garantie. — Nonobstant les réceptions à l'usine et au lieu de livraison, les boulons seront soumis à une garantie d'un an, à partir de la date du dernier procès-verbal de réception au lieu de livraison.

Pendant ce délai, tous les boulons qui seront hors de service, par suite de défauts de qualité de la matière ou de vices de fabrication, seront rebutés et rendus au lieu de livraison au fournisseur, qui devra en tenir compte à la Compagnie au prix de la soumission, ou les remplacer si elle l'exige.

Par contre, tous les boulons qui, à l'expiration du délai de garantie, seront encore en service, seront reçus définitivement par la Compagnie.

La Compagnie sera libre de poser les boulons quand elle le jugera convenable. Toutefois, le règlement de la garantie devra avoir lieu, au plus tard, deux ans après la date du dernier procès-verbal de réception au lieu de livraison, que les boulons aient ou non un an de service.

Art. 16.

Responsabilité du fournisseur. — La surveillance exercée par la Compagnie ou par ses agents, les vérifications, épreuves et réceptions des boulons, leur mise en place par la Compagnie n'auront, dans aucun cas, pour effet de diminuer la responsabilité du fournisseur, laquelle demeurera pleine et entière jusqu'à l'expiration du délai de garantie et l'accomplissement intégral de toutes les clauses du marché.

Art. 17.

Réception définitive. — La réception définitive aura lieu à l'expiration du délai de garantie, après une constatation détaillée des boulons détériorés pendant le délai de garantie, faite contradictoirement avec le fournisseur et sur sa demande adressée à l'Ingénieur en chef de la voie et des lignes nouvelles.

Art. 18

Procès-verbaux de réception. — Les réceptions à l'usine et au lieu de livraison et la réception définitive seront constatées par des procès-verbaux, dressés en double original et portant la signature de l'agent réceptionnaire et celle du fournisseur ou de son représentant, préalablement agréé par la Compagnie. Un original sera remis au fournisseur, l'autre restera à la Compagnie.

Les procès-verbaux de réception à l'usine mentionneront le nombre et le poids des boulons.

Les procès-verbaux de réception au lieu de livraison indiqueront seulement le nombre des boulons ; le poids sera calculé proportionnellement à ce nombre, d'après le poids des réceptions à l'usine.

Art. 19.

Frais d'épreuves et de réception. — Tous les frais d'épreuves et de réceptions seront à la charge du fournisseur.

Art. 20.

Pertes et avaries. Force majeure. Il ne sera accordé au fournisseur ni indemnité ni prolongation de délais à raison de pertes, dommages, avaries survenus pendant le cours de la fourniture, excepté dans les cas de force majeure qu'il aura signalés par écrit dans le délai de dix jours. Après ce délai, le fournisseur ne sera plus admis à réclamer.

Ne seront pas considérées comme cas de force majeure, justifiant des retards de livraison, les difficultés de transport ni les circonstances qu'une surveillance vigilante aurait pu empêcher, ou qu'un redoublement d'activité aurait pu compenser.

Art. 21.

Ajournement temporaire de la fourniture. — L'Ingénieur en chef de la voie et des lignes nouvelles aura le droit d'ordonner la suspension momentanée de la fourniture pour moins de six mois, sans que le fournisseur soit admis à réclamer.

En cas d'ordre de suspension, le fournisseur devra arrêter immédiatement sa fabrication et prendre, à ses frais, toutes les mesures nécessaires pour la conservation des pièces fabriquées et pour la reprise de la fabrication.

Art. 22.

Rétrocession. — La fourniture ne pourra être rétrocédée, en tout ou en partie, sans l'agrément formel et par écrit de la Compagnie.

Le fournisseur ne pourra non plus faire fabriquer dans une autre usine que la sienne sans autorisation spéciale.

Art. 23.

Accidents.— Responsabilité. — Le fournisseur sera seul responsable des conséquences de tout accident survenu à ses ouvriers, soit pendant la fabrication ou le transport des boulons, soit pendant leur réception; il sera tenu de garantir la Compagnie des suites de toute action dirigée contre elle pour des faits de cette nature.

La surveillance des agents de la Compagnie ne le déchargera en rien de cette responsabilité.

Art. 24.

Indemnités en cas de retard. — Faute par le fournisseur d'avoir opéré les livraisons dans les délais prescrits, il subira pour chaque mois de retard, et sans qu'il soit besoin de mise en demeure, un rabais de cinq pour cent (5 p 0/0) sur le prix des fournitures en retard.

Les délais compteront à partir du jour fixé par la soumission. Cependant, en cas d'application de l'article 21, ces délais seront prolongés d'une durée égale à celle de la suspension de la fourniture.

En cas de retard dans les livraisons, la Compagnie, indépendamment des retenues pour retard ci-dessus indiquées qui lui resteront acquises, aura le droit par le seul fait du retard, et huit jours après une mise en demeure restée infructueuse, de résilier le marché pour les quantités restant à livrer ; de réadjuger ces quantités avec publicité et concurrence aux risques et périls du soumissionnaire, ou de traiter directement avec un autre fournisseur, sans préjudice, dans tous les cas, des dommages-intérêts qui pourraient être dus pour quelque cause que ce soit, résultant du retard ou de la résiliation.

Art. 25.

Domicile du fournisseur. — Le fournisseur est tenu d'élire domicile à Paris, pour l'exécution complète du marché.

Art. 26.

Décès ou faillite. — En cas de décès ou de faillite du fournisseur, le marché sera résilié de droit.

Art. 27.

Paiements. — Les paiements seront effectués à Paris, ou à Bordeaux, en traites ou en espèces, au choix de la Compagnie.

Ils auront lieu à raison de :

Soixante-quinze pour cent (75 p. 0/0) de la valeur des boulons, dans les deux mois qui suivront la réception à l'usine.

Vingt pour cent (20 p. 0/0) dans les deux mois qui suivront la réception au lieu de livraison ;

Cinq pour cent (5 p. 0/0) dans les deux mois qui suivront l'expiration du délai de garantie et l'accomplissement intégral de toutes les clauses du marché.

Le fournisseur acceptera comme argent comptant, sans réclamer d'escompte ni d'intérêt quelconque, des traites de cinq à trente (5 à 30) jours de vue sur les caisses de la Compagnie.

Art. 28.

Solidarité. — Si la fourniture est concédée à une société, tous les associés seront solidaires entre eux pour l'exécution complète du marché, et les paiements faits à l'un d'entre eux libéreront la Compagnie.

Art. 29

Notifications. — L'Ingénieur en chef de la voie et des lignes nouvelles a qualité pour faire toutes notifications au fournisseur.

Toute notification pourra être faite par l'un quelconque des agents de la Compagnie, dont le certificat fera foi jusqu'à preuve contraire.

Si plusieurs fournisseurs se sont associés pour la fourniture, toute notification faite à l'un quelconque d'entre eux sera valable à l'égard de tous les autres et de la société.

Art. 30.

Juridiction. — Les contestations qui pourraient s'élever au sujet de l'exécution du marché, ou des conventions qui pourraient en être la suite, seront portées devant le tribunal de commerce de la Seine.

Jusqu'à l'entière exécution du marché, tous actes de mise en demeure, d'appel, d'offres réelles, assignations, etc., seront valablement signifiés par la Compagnie au fournisseur à son domicile réel, ou à Paris au domicile élu par lui ; et par le fournisseur à la Compagnie des chemins de fer du Midi et du Canal latéral à la Garonne, à son siège à Paris, Boulevard Haussmann, n° 54, en la personne de Monsieur Adolphe d'Eichthal, Président du Conseil d'Administration.

Art. 31.

Timbre et enregistrement. — Les frais de timbre seront à la charge du fournisseur ; le montant en sera retenu sur le premier mandat qui lui sera délivré par la Compagnie.

Les frais d'enregistrement seront à la charge de celle des deux parties qui y aura donné lieu.

Art. 32.

Droits de brevet. — Le fournisseur devra s'entendre avec les propriétaires de brevets d'invention dont il appliquera les procédés dans sa fabrication ; il paiera les redevances et garantira la Compagnie contre toute poursuite.

Accepté le présent cahier des charges,

pour être annexé à   soumission en date de ce jour.

A   , le   18.

ANNEXE N° 6

(CHEMINS DE FER DU MIDI)

CAHIER DES CHARGES POUR LA FOURNITURE DE TIREFONDS

Art. 1er.

Objet du cahier des charges. — Le présent cahier des charges a pour objet la fourniture de tirefonds à la Compagnie des chemins de fer du Midi.

Art. 2.

Formes et dimensions. — Les tirefonds auront la forme et les dimensions indiquées par le dessin qui sera remis au fournisseur par la Compagnie.

Si la Compagnie juge convenable de modifier, en cours d'exécution, la forme ou les dimensions des tirefonds, le fabricant sera tenu de se conformer, pour les tirefonds restant à fabriquer, au nouveau dessin qui lui sera remis. Il lui sera tenu compte des dépenses que ces modifications lui imposeront. Ces dépenses seront évaluées d'un commun accord ou à dire d'experts.

Art. 3.

Qualité du fer. — Les tirefonds seront en bon fer corroyé, bien soudé, doux, présentant une cassure de couleur claire, à nerf ou à grain fin et homogène ; enfin de qualité convenable pour résister à l'épreuve du fer indiquée à l'article 8.

Les fers mal soudés, pailleux, criqués ou rompus dans leurs fibres, ne pourront pas être employés dans la fabrication.

Art. 4.

Fabrication. — Les tiges employées dans la fabrication des tirefonds seront parfaitement calibrées dans toute leur longueur. Il sera accordé sur leur diamètre une tolérance d'un demi-millimètre ($0^m,0005$) en plus ou en moins sur le diamètre normal indiqué par le dessin.

Les têtes seront refoulées dans la masse d'une seule chaude ; elles seront nettes, régulières, sans bavure et placées sur l'axe de la tige. Les tirefonds dont les têtes seront de côté ou brûlées seront refusées. Les tiges étampées qui auront des bavures seront soigneusement ébarbées avant leur filetage.

Le filetage sera fait avec beaucoup de soin, et sur une longueur au moins égale à celle indiquée par le dessin. Les filets seront à angle vif et auront exactement la forme et les dimensions du tracé. Les tirefonds dont les filets seraient arrachés ou égrenés seront refusés.

Une tolérance de deux millimètres ($0^m.002$), en plus et en moins, sera accordée sur la longueur totale des tirefonds.

Les tirefonds seront galvanisés ou coaltarés, selon les besoins de la Compagnie.

La fabrication courante ne pourra commencer qu'après que cinq tirefonds entièrement finis, parfaitement conformes au dessin, auront été approuvés par la Compagnie.

Art. 5.

Galvanisation. Coaltarage. — *Galvanisation.* — Les tirefonds après avoir été préalablement décapés seront plongés dans un bain de zinc en fusion, de façon à recevoir une couche de zinc sur toutes leurs surfaces. Le zinc employé sera pur; les agents de la Compagnie pourront le faire renouveler aussi souvent qu'ils le jugeront nécessaire. La couche de zinc sera parfaitement adhérente au fer et ne laissera aucune partie à nu; elle sera nette, lisse, sans empâtements, granulations, ni trace d'oxyde; son épaisseur sera uniforme et telle que les tirefonds galvanisés résistent à l'épreuve de la galvanisation indiquée à l'article 8.

Coaltarage. — Les tirefonds après avoir été préalablement chauffés et nettoyés, seront coaltarés au moyen d'un mélange chaud de 7/8 en volume de coaltar, et de 1/8 en volume d'essence de térébenthine.

Art. 6.

Marque de fabrique. — Les tirefonds porteront sur la tête une marque en relief, bien apparente, indiquant le nom de l'usine ou du fournisseur. Cette marque devra être soumise à l'approbation de la Compagnie.

Art. 7.

Poids normal. — Le poids normal des tirefonds sera fixé contradictoirement entre le fournisseur et la Compagnie, aussitôt après la mise en train de la fabrication, par dix pesées, chacune de cent tirefonds préalablement vérifiés et reconnus conformes au dessin. La moyenne de ces dix pesées, divisée par cent, sera le poids normal des tirefonds.

Il sera accordé sur ce poids normal, dans les réceptions, une tolérance de deux pour cent (2 p. 0/0) en plus et en moins. En dehors de ces limites, les tirefonds pourront être refusés.

Les tirefonds reçus seront comptés pour leur poids réel, lorsque ce poids ne dépassera pas le poids supérieur de tolérance. Ils seront acceptés pour le poids supérieur de tolérance lorsque leur poids réel dépassera ce dernier poids. Toutefois, l'excédant du poids total de la fourniture sur le poids normal augmenté d'un pour cent (1 p. 0/0), ne sera pas payé au fournisseur.

Art. 8.

Épreuves. — Le fer destiné à la fabrication des tirefonds, ainsi que les tirefonds fabriqués et galvanisés, seront soumis aux épreuves suivantes :

Épreuve du fer. — On prendra au hasard un certain nombre de tiges coupées de longueur, et on les introduira successivement dans un trou pratiqué dans un bloc de fonte, à bords légèrement arrondis et d'un diamètre supérieur de un millimètre ($0^m,001$) à celui des tiges ; puis on les frappera latéralement à leur partie supérieure de manière à leur faire faire un angle de quarante-cinq degrés ($45°$). On les retirera ensuite et on les redressera à froid. Le fer devra supporter ces deux opérations sans se rompre ni se criquer.

Si le dixième des tiges essayées ne résiste pas à l'épreuve, le lot de fer dont elles proviendront ne pourra pas être employé à la fabrication.

Épreuve des tirefonds fabriqués et galvanisés ou coaltarés. — Pour s'assurer que la qualité du fer n'a pas été altérée par le travail du forgeage et du filetage ou par la galvanisation, un certain nombre de pièces fabriquées et galvanisées ou coaltarées seront placées successivement dans le bloc de fonte employé pour l'épreuve du fer, courbées à quarante-cinq degrés ($45°$) et redressées à froid. Les tirefonds devront supporter ces deux opérations sans se rompre ni se criquer. La texture du fer devra être la même que celle des tiges employées à la fabrication.

Épreuve de la galvanisation. — Les tirefonds galvanisés devront supporter sans qu'ils soient mis à nu, même partiellement, quatre immersions successives d'une minute chacune, dans une dissolution composée d'une partie de sulfate de cuivre et de cinq parties d'eau.

Si le dixième des tirefonds essayés ne résiste pas à cette épreuve, la totalité du lot dont ils proviennent sera refusée.

Les épreuves seront faites sur vingt tirefonds au moins, pris au hasard dans le lot.

Art. 9.

Surveillance dans les usines. — Les agents de la Compagnie auront toujours libre entrée dans les ateliers du fournisseur. Ils pourront faire toutes les vérifications qu'ils jugeront utiles, indépendamment de celles stipulées dans le présent cahier des charges, pour s'assurer que toutes les conditions de qualité de matière et de fabrication sont exactement remplies.

Art. 10.

Réception à l'usine. — Une réception provisoire sera faite à l'usine au fur et à mesure de la fabrication ; elle aura pour objet de vérifier si les tirefonds satisfont aux conditions du présent cahier des charges.

Art. 11.

Emballage et expéditions. — Aussitôt après leur réception, les tirefonds seront comptés, pesés et emballés dans des barils bien conditionnés, tous de même contenance, solidement cerclés et plombés au chiffre de la Compagnie. Un numéro d'ordre, ainsi que le nombre et le poids net des pièces contenues seront marqués sur l'un des fonds à la peinture noire.

Les tirefonds seront ensuite, au choix de la Compagnie, expédiés immédiatement au lieu de livraison, ou emmagasinés dans l'usine, jusqu'à ce que la Compagnie ait donné l'ordre de les expédier. Dans ce dernier cas, les barils seront mis en un lieu sec et couvert pour que les tirefonds soient préservés, autant que possible, de l'oxydation.

Art. 12.

Propriété de la Compagnie après la réception à l'usine. — Après la réception provisoire à l'usine, les tirefonds reçus compris dans les procès-verbaux de réception seront, par ce seul fait, la propriété de la Compagnie des chemins de fer du Midi, soit qu'on les expédie immédiatement, soit qu'on les remise dans les chantiers du fournisseur ; dans tous les cas, tant que les tirefonds n'auront pas été expédiés, ils seront conservés par le fournisseur, à ses frais, risques et périls.

Art. 13.

Rebuts. — Les tirefonds refusés seront marqués d'un poinçon spécial, comptés et mis de côté pour être présentés, à toute réquisition, aux agents de la Compagnie, ou cassés immédiatement sous les yeux de ces agents, au choix de la Compagnie.

Art. 14.

Lieu et délai de livraison. — Le fournisseur livrera les tirefonds au lieu et dans les délais indiqués par la soumission.

Art. 15.

Réception au lieu de livraison. — Les barils devront être rendus au lieu de livraison, en bon état, avec les plombs intacts. Les tirefonds contenus dans des barils ouverts, avariés ou sans plombs, seront soumis à une nouvelle réception et remis en barils, aux frais et risques du fournisseur.

Art. 16.

Garantie. — Nonobstant les réceptions à l'usine et au lieu de livraison, les tirefonds seront soumis à une garantie d'un an, à partir de la date du dernier procès-verbal de réception au lieu de livraison.

Pendant ce délai, tous les tirefonds qui seront hors de service par suite de défauts de qualité ou de fabrication, seront rebutés et rendus au lieu de livraison au fournisseur, qui devra en tenir compte à la Compagnie au prix de la soumission, ou les remplacer si elle l'exige. Par contre, tous les tirefonds qui, à l'expiration du délai de garantie, seront encore en service, seront reçus définitivement par la Compagnie.

Art. 17.

Responsabilité du fournisseur. — La surveillance exercée par la Compagnie ou par ses agents, les vérifications et épreuves, la réception des tirefonds, leur mise en place par la Compagnie n'auront, dans aucun cas, pour effet de diminuer la responsabilité du fournisseur, laquelle demeurera pleine et entière jusqu'à l'expiration du délai de garantie.

Art. 18.

Réception définitive. — La réception définitive aura lieu à l'expiration du délai de garantie, après une constatation détaillée des tirefonds détériorés pendant le délai de garantie, faite contradictoirement avec le fournisseur et sur sa demande adressée à l'Ingénieur en chef de la voie.

Art. 19.

Procès-verbaux de réception. — Les réceptions à l'usine et au lieu de livraison et la réception définitive, seront constatées par des procès-verbaux dressés en double original et portant la signature de l'agent réceptionnaire et celle du fournisseur ou de son représentant agréé par la Compagnie. Un original sera remis au fournisseur, l'autre restera à la Compagnie.

Les procès-verbaux de réception à l'usine, mentionneront le nombre et le poids des tirefonds. Les procès-verbaux de réception au lieu de livraison indiqueront seulement le nombre de tirefonds : le poids sera calculé proportionnellement à ce nombre, d'après le poids des réceptions à l'usine.

Art. 20.

Frais d'épreuves et de réception. — Tous les frais d'épreuves et de réception seront à la charge du fournisseur.

Art. 21.

Pertes et avaries. Force majeure. — Il ne sera accordé au fournisseur ni indemnité, ni prolongation de délais, à raison de pertes, dommages ou avaries survenus pendant le cours de la fourniture, excepté dans les cas de force majeure qu'il aura signalés par écrit dans le délai de dix jours. Après ce délai, le fournisseur ne sera plus admis à réclamer.

Ne seront pas considérées comme cas de force majeure, justifiant des retards de livraison, les difficultés de transport, ni les circonstances qu'une surveillance vigilante aurait pu empêcher, ou qu'un redoublement d'activité aurait pu compenser.

Art. 22.

Ajournement temporaire de la fourniture. — L'Ingénieur en chef de la voie aura le droit d'ordonner la suspension momentanée de la fourniture pour moins de six mois, sans que le fournisseur soit admis à réclamer.

En cas d'ordre de suspension, le fournisseur devra arrêter immédiatement sa fabrication et prendre, à ses frais, toutes les mesures nécessaires pour la conservation des pièces fabriquées et pour la reprise de la fabrication.

Art. 23.

Rétrocession. — La fourniture ne pourra être rétrocédée, en tout ou en partie, sans l'agrément formel et par écrit de la Compagnie.

Le fournisseur ne pourra non plus faire fabriquer dans une autre usine que la sienne, sans une autorisation spéciale.

Art. 24.

Accidents. Responsabilité. — Le fournisseur sera seul responsable des conséquences de tout accident résultant soit de la fabrication, soit des épreuves et des réceptions; il sera tenu de garantir la Compagnie des suites de toute action dirigée contre elle pour des faits de cette nature. La surveillance des agents de la Compagnie ne le déchargera en rien de cette responsabilité.

Art. 25.

Indemnités en cas de retard. — Faute par le fournisseur d'avoir opéré les livraisons dans les délais prescrits, il subira, pour chaque mois de retard, et sans qu'il soit besoin de mise en demeure, un rabais de cinq pour cent (5 p. 0/0), sur le prix des fournitures en retard.

Les délais compteront à partir du jour fixé par la soumission. Cependant, en cas d'application de l'article 22, ces délais seront prolongés d'une durée égale à celle de la suspension.

En cas de retard dans les livraisons, la Compagnie indépendamment des retenues pour retard ci-dessus indiquées, qui lui resteront acquises, aura le droit, par le seul fait du retard et huit jours après une mise en demeure restée infructueuse, de résilier le marché pour les quantités restant à livrer ; de réadjuger ces quantités avec publicité et concurrence aux risques et périls du soumissionnaire, ou de traiter directement avec un autre fournisseur, sans préjudice, dans tous les cas, des dommages-intérêts qui pourraient être dus pour quelque cause que ce soit, résultant du retard et de la résiliation.

Art. 26.

Domicile du fournisseur. — Le fournisseur est tenu d'élire domicile à Paris, pour l'exécution du marché.

Art. 27.

Décès ou faillite. — En cas de décès ou de faillite du fournisseur, le marché sera résilié de droit.

Art. 28.

Paiements. — Les paiements seront effectués à Paris ou à Bordeaux, en traites ou en espèces, au choix de la Compagnie.

Ils auront lieu à raison de :

Soixante-quinze pour cent (75 0/0) de la valeur des tirefonds, dans les deux mois qui suivront la réception à l'usine ;

Vingt pour cent (20 p. 0/0) dans les deux mois qui suivront la réception au lieu de livraison ;

Cinq pour cent (5 p. 0/0) dans les deux mois qui suivront l'expiration du délai de garantie et l'accomplissement intégral de toutes les clauses du marché.

Le fournisseur acceptera comme argent comptant, sans réclamer d'escompte ni d'intérêt quelconque, des traites de cinq à trente (5 à 30) jours de vue sur les caisses de la Compagnie.

Art. 29.

Solidarité. — Si la fourniture est concédée à une Société, tous les associés seront solidaires entre eux pour l'exécution complète du marché.

Art. 30.

Notifications. — L'Ingénieur en chef de la voie a qualité pour faire faire toutes notifications au fournisseur.

Toute notification pourra être faite au fournisseur par l'un quelconque des agents de la Compagnie dont le certificat fera foi jusqu'à preuve contraire.

Si plusieurs fournisseurs se sont associés pour la fourniture, toute notification faite à l'un quelconque d'entre eux sera valable à l'égard de tous les autres et de la Société.

Art. 31.

Juridiction. — Les contestations qui pourraient s'élever entre les parties au sujet de l'exécution du marché, ou des conventions qui pourraient en être la suite, seront portées devant le tribunal de commerce de la Seine.

Jusqu'à l'entière exécution du marché, tous actes de mise en demeure, d'appel, d'offres réelles, assignations, etc., seront valablement signifiés par la Compagnie au fournisseur, à son domicile réel, ou à Paris, au domicile élu par lui, et par le fournisseur à la Compagnie des chemins de fer du Midi et du Canal latéral à la Garonne, à son siège à Paris, n° 54, boulevard Haussmann, en la personne de M. Adolphe d'Eichthal, Président du Conseil d'administration.

Art. 32.

Timbre et enregistrement. — Les frais de timbre seront à la charge du fournisseur ; le montant en sera retenu sur le premier mandat qui lui sera délivré par la Compagnie.

Les frais d'enregistrement seront à la charge de celle des deux parties qui y aura donné lieu.

Art. 33.

Droits de brevet. — Le fournisseur sera tenu de s'entendre avec les propriétaires de brevets d'invention dont il appliquera les procédés dans sa fabrication ; il paiera les redevances et garantira la Compagnie contre toute poursuite.

Bordeaux, le   18   .
L'Ingénieur du matériel de la voie,

Vu :
L'Ingénieur en chef de la voie,

Accepté le présent cahier des charges,
pour être annexé à   soumission en date de ce jour.
A   , le   18   .

ANNEXE N° 7.

CHEMINS DE FER DE ......

Ligne de

TRAITÉ[1]

Pour l'établissement d'un embranchement particulier

Entre les soussignés :
La Compagnie des chemins de fer de
dont le siège est à   représentée par M.   ,
son Directeur, stipulant au présent sous réserve de la ratification du Conseil d'Administration, d'une part;
Et   d'autre part ;
Il a été expliqué et convenu ce qui suit :
    demandé à la Compagnie du chemin de fer de   l'autorisation d'établir un embranchement particulier
Cet embranchement prendrait naissance

Il aurait pour objet de mettre en rapport avec le chemin de fer
La Compagnie du chemin de fer, après avoir reconnu l'utilité de cet embranchement et s'être assurée qu'il pouvait être établi dans des conditions techniques convenables, en a autorisé la construction conformément à l'article 62 de son cahier des charges, sous les conditions suivantes :

Art. 1ᵉʳ.

L'embranchement sera établi conformément au plan et aux profils annexés au présent traité.
L'embranchement se raccordera

[1] Ce type est emprunté à la Cie P.-L.-M.

Il comportera :
Une voie d'embranchement..........

Art. 2.

Pour toutes les voies nouvelles que l' embranché pourrai avoir à établir en prolongement de celles ci-dessus décrites, comme aussi pour toutes les modifications qu' désirerai apporter à ces dernières, à quelque époque que ce soit, ser tenu de se conformer aux conditions suivantes :

Pour toute voie ou portion de voie sur laquelle la traction des wagons sera faite par machine, le rayon des courbes sera au moins, de deux cents mètres (200m.) ; sur les autres, il ne sera pas inférieur à cent mètres (100m.).

La déclivité ne sera, dans aucun cas, supérieure à vingt mètres (20m.) par kilomètre.

Le profil en travers du chemin de fer d'embranchement présentera, au niveau du rail, une largeur d'au moins trois mètres vingt-cinq centimètres (3m.25) pour une voie, non compris les fossés dans les tranchées et les gares pour les piétons.

Dans la partie à deux voies la largeur de l'entre-voie sera, au moins, d'un mètre quatre-vingts centimètres (1m.80).

La largeur des accotements sera d'un mètre (1m.) au minimum. Dans les parties en remblai, les talus auront, au moins, trois mètres (3m.) de base pour deux mètres (2m.) de hauteur.

Aucune voie nouvelle ne pourra être établie ni aucune voie ancienne modifiée sans autorisation préalable de la Compagnie.

A cet effet, l' embranché fournir à la Compagnie du chemin de fer un plan suffisamment coté pour qu'il soit possible de reconnaître le rayon des courbes. Ce plan sera accompagné du profil en long des voies, ou, du moins, portera des cotes d'altitude du rail à chaque changement de déclivité. Ces pièces resteront entre les mains de la Compagnie du chemin de fer.

Art. 3.

Aucune voie nouvelle ni aucune voie modifiée ne pourra être mise en service avant d'avoir fait l'objet d'un procès-verbal de récolement contradictoire entre les agents de la Compagnie du chemin de fer et ceux d' embranché .

Art. 4.

barrière de mètres ( ) d'ouverture ser établi à de l'origine de l'embranchement et des clôtures en treillage, faisant suite à ce barrière , se raccorderont avec les clôtures du chemin de fer, de manière à isoler les voies de l'embranchement des voies et dépendances du chemin de fer.

Art. 5.

Le profil en travers du chemin de fer d'embranchement sera déterminé conformément aux conditions générales ci-dessus rappelées, pour tout ce à quoi il n'est pas dérogé par les indications spéciales du plan joint au présent traité.

Art. 6.

La largeur de la voie, entre les bords intérieurs des rails, sera d'un mètre quarante-cinq centimètres (1m.45)

Les voies de l'embranchement devront présenter une résistance équivalente à celle des voies principales du chemin de fer, dans les parties susceptibles d'être parcourues par les machines; sur le reste de l'embranchement, les voies présenteront la même résistance que les voies de gare qui se trouvent dans des conditions analogues.

Art. 7.

Le bord des quais de chargement ou de déchargement sera placé à un mètre soixante centimètres (1m.60) de l'axe de la voie adjacente. Toutefois, dans le cas où les quais seraient placés au droit de parties de voies en courbe, cette distance serait modifiée, pour tenir compte du devers de la courbe, de telle sorte qu'il y ait toujours un mètre soixante centimètres (1m.60) de largeur de passage entre l'axe des véhicules et le bord des quais. Le dessus des quais de chargement ne sera pas à plus de deux mètres 2m.) au-dessus du niveau du rail.

Art. 8.

La location du terrain occupé par l'embranchement dans l'enceinte du chemin de fer fera l'objet d'un bail d'autre part.

Art. 9.

La Compagnie du chemin de fer établira et entretiendra, sous les réserves indiquées ci-après, les appareils et voies dont le détail suit :

barrière de mètres ( ) d'ouverture, fermant à clef, ainsi que la clôture destinée à isoler la ligne du chemin de fer des installations d embranché ;

arrêt mobile posé à l'extérieur de la clôture, sur la voie d'embranchement, à mètres ( ) de la barrière, afin d'empêcher les wagons de pénétrer inopinément sur la voie ;

appareil d'enclenchement rendant solidaire le signa et l aiguille de l'embranchement.

Art. 10.

La Compagnie du chemin de fer sera couverte de ses dépenses, en ce qui concerne la fourniture et la pose du matériel, les terrassements, maçonneries, ballastage, frais d'étude, etc., par le remboursement de la dépense produite sur facture, et évaluée approximativement dès aujourd'hui à
 y compris une majoration de dix pour cent (10 0/0) pour frais généraux.

Avant tout commencement des travaux, l embranché devr verser entre les mains du chef de section ladite somme de
 à titre de provision et sauf règlement ultérieur.

Art. 11.

En ce qui regarde les frais d'entretien et de renouvellement du matériel, de manœuvre des appareils, etc., la Compagnie du chemin de fer sera couverte par le paiement d'une redevance annuelle de
 composée comme suit :

1° Entretien et renouvellement des voies et appareils détaillés ci-dessus :

2° Manœuvre des aiguilles, disques, barrières, arrêts mobiles, graissage des divers appareils, éclairage des signaux, etc.

Total pareil. . .

Cette redevance a été évaluée en supposant l'embranchement desservi journellement par

La redevance annuelle de
sera payable par semestre et d'avance, les premier janvier et premier juillet. Elle sera due :

1° En ce qui concerne l'entretien et le renouvellement des voies et appareils, à dater du jour où ces appareils seront posés et prêts à être mis en service ;

2° En ce qui concerne la manœuvre et le graissage des appareils, l'éclairage des signaux, à dater du jour de l'ouverture de l'embranchement.

Art. 12.

Tous les autres travaux à faire pour prolonger l'embranchement au delà de barrière , tels que terrassements, ouvrages d'art, ballastage, voies, y compris fourniture du matériel, etc., seront exécutés et entretenus par les soins et aux frais de embranché
 sous la surveillance des agents de la voie de la Compagnie du chemin de fer.

Art. 13.

L embranché devr remplir les formalités nécessaires pour obtenir de qui de droit l'autorisation de traverser ou de modifier, s'il est besoin, les chemins coupés par l voie de l'em branchement.

Art. 14.

L'embranchement. . . .

Art. 15.

Cet embranchement est exclusivement affecté au transport. . . .
. . . .

Art. 16.

L embranché ser soumis à toutes les prescriptions de l'article 62 du cahier des charges de la Compagnie du chemin de fer, en date du 11 avril 1857, notamment en ce qui concerne la location des wagons.

Il ser également soumis à toutes les conditions des tarifs spéciaux de ladite Compagnie, homologués par l'Administration supérieure.

Toutefois, la Compagnie du chemin de fer sera dispensée de l'avertissement spécial qu'elle devrait donner a embranché conformément aux prescriptions des articles 62 du cahier des charges et 7 du tarif spécial n° 31, dans le cas où le séjour des wagons sur l'embranchement dépasserait les limites de temps fixées par lesdits articles, de sorte que, par la seule expiration desdits délais, l embranché ser en demeure, dans les termes de l'article 1139 du code civil. Dans ce cas, il sera perçu, pour chaque période ou fraction de période de retard, une taxe de 12 centimes (0 fr. 12) par tonne, calculée sur le chargement complet du wagon.

Art. 17.

L embranché ser responsable de toutes les avaries et dégradations que pourront éprouver les wagons, depuis le moment où ils auront été livrés jusqu'à celui où ils seront rendus. En conséquence, l'état des wagons sera constaté contradictoirement à l'entrée et à la sortie de l'embranchement et les frais de l'avarie reconnus imputables a embranché seront payés par

Art. 18.

Lorsque l'une ou l'autre des parties jugera utile à ses intérêts de faire procéder à la reconnaissance de tout ou partie des marchandises à destination ou en provenance de l'embranchement, la reconnaissance aura lieu sur l'embranchement. Les frais de cette opération seront à la charge d embranché qui devr , en conséquence, rembourser à la Compagnie du chemin de fer le traitement de l'agent de cette Compagnie préposé à ladite reconnaissance.

Ce remboursement sera fait en tenant compte du déplacement de l'Employé chargé de la reconnaissance, à raison de cinquante centimes (0 fr. 50) par heure ou fraction d'heure passée sur l'embranchement et employée à se rendre de son lieu de travail ordinaire audit embranchement et à en revenir.

Art. 19.

L embranché ser   soumis, sans indemnité, à toutes les modifications qui pourraient l   être prescrites par l'Administration et même à la suppression de   embranchement si cette suppression était jugée nécessaire.

Dans le cas où il   voudrai   même supprimer   embranchement, il   devrai   en prévenir la Compagnie du chemin de fer au moins trois mois à l'avance.

Lorsque, pour une cause quelconque, l'embranchement viendrait à être supprimé, les matériaux qui ont servi à la construction de la partie de l'embranchement située en dedans des clôtures du chemin de fer seront laissés à la disposition de   embranché   , ou bien repris, sur   demande, par la Compagnie du chemin de fer, mais à la cha.ge, en tout cas, par   embranché   , de rembourser les frais que la Compagnie du chemin de fer aura été obligée de faire pour l'enlèvement de ces matériaux et pour la remise des lieux en l'état primitif, lesdits frais étant également majorés de dix pour cent (10 0/0) pour frais généraux.

Art. 20.

L'embranchement ne sera mis en service qu'après la réception des travaux par les ingénieurs chargés du contrôle de la ligne. Cette réception sera faite en présence des agents de la Compagnie, ou eux dûment convoqués. Elle sera constatée par procès-verbal en double expédition.

Art. 21.

Les clefs d   barrière   et d   arrêt   mobile   resteront en permanence entre les mains de l'agent de la Compagnie du chemin de fer chargé des manœuvres.

Fait double, à Paris, le

Approuvé suivant décision du Conseil d'Administration en date du
     Le Directeur de la Compagnie,

ANNEXE N° 8.

CODE SUR LES SIGNAUX

Il convient de distinguer, en ce qui concerne les signaux :
1° Les apparences ou les sons qu'ils sont destinés à produire, ainsi que la signification à y attacher ;
2° Leur structure et les moyens mécaniques par lesquels on les manœuvre ;
3° Les règles suivant lesquelles ils sont placés et répartis.

Le Code des signaux fixe seulement le 1° ci-dessus, l'uniformité du langage.

TITRE Ier
DISPOSITIONS GÉNÉRALES

Art. 1er. — Sont régis par les dispositions suivantes les signaux échangés entre les agents des trains et les agents de la voie ou des gares.

Les règlements spéciaux à chaque compagnie ne pourront contenir aucune disposition contraire.

Les compagnies pourront d'ailleurs être autorisées par le ministre des travaux publics à employer, à titre d'essai, des signaux autres que ceux qui sont prévus et définis au présent arrêté.

TITRE II
SIGNAUX DE LA VOIE
Section I. — Généralités.

Art. 2. — Les signaux de la voie, c'est-à-dire les signaux faits de la voie ou des stations aux agents des trains ou des machines, sont destinés, soit à indiquer la *voie libre*, soit à commander l'*arrêt* ou le *ralentissement*, soit à donner la *direction*.

Dans tous les cas, l'absence de signal indique que la voie est libre.

Les signaux sont *mobiles*, c'est-à-dire susceptibles d'être transportés et employés en un point quelconque, ou *fixes*, c'est-à-dire établis à demeure en un point déterminé.

Art. 3. — Le signal de *ralentissement* fait à des trains en pleine marche indique que la vitesse effective doit être réduite de façon à ne pas dépasser un *maximum de 30 kilomètres* à l'heure pour *les trains de voyageurs*, et de *15 kilomètres* pour les *trains de marchandises*.

Section 2. — *Signaux MOBILES.*

Art. 4. Les signaux mobiles ordinaires sont faits :

Le jour, avec des *drapeaux*, des *guidons*, un objet quelconque ou le bras.

La *nuit*, ou le jour par temps de brouillard épais, avec des *lanternes à feu blanc* ou de couleur.

Le *jour*, comme la nuit, avec des *pétards*.

Art. 5. — La voie *libre* peut être indiquée en présentant aux trains :

Le jour, le *drapeau roulé* ou le *bras étendu horizontalement* dans la direction suivie par le train.

La nuit, le *feu blanc*.

Art. 6. — Le *drapeau rouge* déployé tenu à la main par un agent commande l'*arrêt immédiat*.

A défaut de drapeau rouge, l'arrêt est commandé, soit en agitant vivement un objet quelconque, soit en élevant les bras de toute leur hauteur.

Le *feu rouge* commande l'*arrêt immédiat*.

A défaut de feu rouge, l'arrêt est commandé par toute lumière vivement agitée.

Art. 7. — Le *drapeau vert déployé* ou le *guidon vert* commande le *ralentissement*.

Le feu vert commande le ralentissement.

Art. 8. — En cas de ralentissements accidentels, comme ceux nécessités par les travaux ou l'état de la voie, un drapeau roulé, un guidon blanc ou un feu blanc, indique le point à partir duquel le ralentissement doit cesser.

Art. 9. — Les *pétards* sont employés pour compléter les signaux optiques mobiles commandant l'*arrêt*, lorsque, soit de jour, soit de nuit, à raison de *troubles atmosphériques* ou pour toute autre cause, ces signaux ne pourraient pas être suffisamment perceptibles.

Dans ce cas on doit placer *deux pétards* au moins, et *trois* par temps *humide*, dont un sur *chaque rail*, à 25 ou 30 mètre, d'*intervalle*, et à pareille distance en avant du signal optique qu'ils complètent.

L'emploi des pétards pour compléter les signaux optiques mobiles commandant l'arrêt est *obligatoire* lorsque, par *suite du brouillard* ou d'autres troubles atmosphériques, les signaux optiques ne peuvent être distinctement aperçus à 100 mètres de distance.

Art. 10. — En cas de force majeure, des pétards peuvent être employés isolément et indépendamment des signaux optiques, même en l'absence d'un agent posté pour faire les signaux sur place.

Le mécanicien d'un train qui rencontre des pétards placés dans ces conditions doit se rendre immédiatement maître de la vitesse de son train par tous les moyens à sa disposition et ne plus s'avancer qu'à une vitesse suffisamment réduite pour être en mesure de s'arrêter dans la partie de voie en vue, s'il se présente un obstacle ou un signal commandant l'arrêt. Si, *à partir du lieu de l'explosion*, après un parcours fixé par le règlement de la compagnie, sans qu'il puisse être inférieur à 1.000 mètres, il ne se présente ni obstacle ni signal commandant l'arrêt, le *mécanicien peut reprendre sa marche normale*.

Section 3. — Signaux *FIXES*.

Art. 11. — Les signaux *fixes* de la voie sont :
Les disques ou signaux ronds ;
Les signaux d'arrêt absolu ;
Les sémaphores ;
Les signaux de ralentissement ;
Les indicateurs de bifurcation et signaux d'avertissement ;
Les signaux indicateurs de direction des aiguilles.

Art. 12. — Le *disque ou signal rond* peut prendre deux positions par rapport à la voie qu'il commande : *perpendiculaire* ou *parallèle*.

Le disque fermé, c'est-à-dire présentant au train sa face rouge perpendiculaire à la voie, le jour, ou un feu rouge, la nuit, commande l'arrêt.

Le disque effacé, c'est-à-dire disposé parallèlement à la voie, le jour, ou présentant un feu blanc, la nuit, indique que la voie est libre.

Dès qu'un mécanicien aperçoit un disque fermé, il doit se rendre immédiatement maître de la vitesse de son train par tous les moyens à sa disposition et ne plus s'avancer qu'à une vitesse suffisamment réduite pour être en mesure de s'arrêter à temps dans la partie de voie en vue, s'il se présente un obstacle ou un nouveau signal commandant l'arrêt. En tous cas, il ne devra jamais atteindre la première aiguille ou la première traversée de voie protégée par le signal, et ne se remettre en marche qu'après y avoir été autorisé soit par le conducteur, chef du train, soit par l'agent de service à la gare ou du poste protégé.

Art. 13. — Le *disque ou signal rond* doit être suivi d'un *poteau* indiquant, par une inscription, le point à partir duquel le signal fermé assure une protection efficace.

Art. 14. — Le *signal carré d'arrêt absolu* peut prendre deux positions par rapport à la voie qu'il commande : perpendiculaire ou parallèle.

Le signal présentant au train, le jour, perpendiculairement à la voie, un damier rouge et blanc, et la nuit un double feu rouge, commande l'*arrêt absolu*, c'est-à-dire qu'aucun train ou machine ne peut franchir le signal tant qu'il commande l'arrêt.

Le signal effacé, c'est-à-dire disposé parallèlement à la voie, ou présentant, la nuit, un feu blanc, indique que la voie est libre.

Art. 15. — Sur les voies autres que celles suivies par les trains en circulation, le *signal d'arrêt absolu* défini à l'article précédent peut être remplacé, avec l'autorisation du ministre, par un signal *carré ou rond à face jaune*, présentant la nuit un simple feu jaune.

Art. 16. — Le *sémaphore* est un instrument destiné à maintenir entre les trains les intervalles nécessaires.

Il donne ses indications : le jour par la position du ou des bras dont il est muni ; la nuit, par la couleur des feux qu'il présente.

Le bras qu'on voit à gauche, en regardant le sémaphore vers lequel le train se dirige, s'adresse seul à ce train.

Le jour, le bras étendu horizontalement et présentant sa face rouge commande l'arrêt ; le bras incliné vers le bas, à angle aigu, commande le ralentissement ; le bras rabattu sur le mât indique que la voie est libre.

La nuit, le sémaphore commande : l'arrêt, par un feu donnant en même temps le vert et le rouge ; le ralentissement, par le feu vert. Le feu blanc indique que la voie est libre.

Le signal d'arrêt du sémaphore interdit la circulation au delà du poste ou de la station où le sémaphore est placé, sauf autorisation formelle d'avancer, donnée par le chef de station ou par celui qui en fait fonctions au poste ou à la station, et dans des conditions particulières indiquées au mécanicien.

Art. 17. — Le *disque de ralentissement* peut prendre deux positions par rapport à la voie qu'il commande.

Le signal présentant au train, le jour, perpendiculairement à la voie sa face verte et, la nuit, un feu vert, commande le ralentissement indiqué à l'article 3.

Le signal effacé, c'est-à-dire disposé parallèlement à la voie et présentant, la nuit, un feu blanc, indique que la voie est libre.

Des limitations spéciales de vitesse peuvent, dans des cas déterminés par le ministre, être indiquées par des tableaux blancs, éclairés la nuit et portant le chiffre auquel la vitesse doit être réduite.

Des tableaux portant en lettres apparentes, éclairées la nuit, le mot ATTENTION, peuvent également, dans les cas fixés par le ministre, être employés pour indiquer aux agents des trains qu'ils doivent redoubler de prudence et d'attention jusqu'à ce que la liberté de la marche leur soit rendue.

Art. 18. — L'*indicateur de bifurcation* est formé soit par une plaque carrée, peinte en damier vert et blanc, éclairée la nuit par réflexion ou par transparence, soit une plaque portant le mot *bifur*, éclairée la nuit de la même manière.

Ce signal est disposé, sauf autorisation contraire du ministre, de manière à donner constamment la même indication.

Le damier vert et blanc peut être aussi employé comme *signal d'avertissement* annonçant des signaux carrés d'arrêt absolu qui ne protègent pas des bifurcations.

Le mécanicien qui rencontre, non effacé, l'un des signaux précédents, doit se mettre en mesure de s'arrêter, s'il y a lieu, à l'embranchement ou au signal d'arrêt absolu qu'annonce ledit signal.

Art. 19. — Les *signaux indicateurs de direction des aiguilles* se distinguent :

En signaux de *direction* placés aux aiguilles en pointe où le *mécanicien* doit préalablement demander la voie utile par le sifflet de la machine ;

Et en signaux de *position*, destinés à renseigner les agents *sédentaires* sur la direction donnée par les aiguilles, direction que le mécanicien n'a pas à demander par le sifflet de la machine.

Art. 20. — Les signaux de direction des aiguilles, signaux qui ne s'adressent qu'aux trains abordant les aiguilles par la pointe, sont faits par des bras sémaphoriques peints en violet, terminés à leur extrémité en flamme par une double pointe ; ces bras sont disposés, se meuvent et sont éclairés la nuit de la manière suivante :

1° Lorsqu'ils sont mus par des leviers indépendants des aiguilles, mais enclenchés avec elles, ils sont placés sur un mât à des hauteurs différentes, en nombre égal aux directions que peut donner le poste. Le bras le plus élevé correspond à la direction la plus à gauche, le moins élevé à la direction la plus droite, chacun étant placé de bas en haut, dans l'ordre où se trouvent les directions, en allant de gauche à droite. Les bras ne peuvent prendre que deux positions : la position horizontale indiquant que la direction correspondante n'est pas donnée; la position inclinée, à angle aigu, indiquant la direction qui est donnée. La nuit, les bras inclinés à angle aigu, le feu vert ou le feu blanc, suivant que l'on doit ralentir ou que l'on peut passer en vitesse ;

2° Lorsqu'ils sont mus automatiquement par l'aiguille, le mât ou indicateur juxtaposé à l'aiguille ne présente jamais qu'un bras apparent. Le bras apparent d'un côté, le jour, ou donnant un feu violet la nuit, indique que la direction correspondant à ce côté est fermée. Le bras effacé, le jour, ou un feu blanc, la nuit, indique le côté dont la direction est donnée. Lorsque plusieurs bifurcations se suivent au même poste, les appareils sont placés dans l'ordre des directions à prendre et leurs indications doivent être observées dans le même ordre.

TITRE III
SIGNAUX DE TRAINS
Section 1. — Signaux ordinaires portés par les trains.

Art. 21. — Tout train circulant de jour, tant sur les lignes à double voie que sur celles à voie unique, doit porter, à l'arrière du dernier véhicule, un signal de queue consistant, soit en une plaque de couleur rouge, soit dans la lanterne d'arrière dont le train doit être muni la nuit.

Art. 22. — Tout train circulant de nuit, tant sur les lignes à double voie que sur celles à voie unique, doit porter à l'avant au moins un feu blanc, et à l'arrière un feu rouge, placé sur la face arrière du dernier véhicule ; deux autres lanternes doivent être placées de chaque côté, vers la partie supérieure du dernier véhicule, ou, en cas d'impossibilité, de l'un des derniers véhicules ; ces lanternes de côté doivent être disposées de façon à lancer un feu blanc vers l'avant et un feu rouge vers l'arrière.

Cette disposition n'est pas obligatoire pour les trains de manœuvre ayant à effectuer un parcours de moins de 5 kilomètres; dans ce cas un seul feu rouge à l'arrière suffit.

Art. 23. — Dans tous les cas où aura été établie, en conformité des prescriptions réglementaires sur la matière, une circulation à contre-voie sur une ligne à double voie, tout train ou machine isolée circulant à contre-voie doit porter : le jour, un drapeau rouge déployé à l'avant; la nuit, un feu rouge en plus du feu blanc ou des feux blancs de l'article précédent.

Art. 24. — Les trains de marchandises peuvent être distingués des trains de voyageurs par l'adjonction d'un feu vert à l'avant.

Art. 25. — Les machines isolées circulant pour le service dans les gares portent, la nuit, un feu blanc à l'avant et un feu blanc à l'arrière.

Art. 26. — Les machines isolées circulant sur la ligne, hors de la protection des signaux des gares, portent, la nuit : à l'avant, au moins un feu blanc ; à l'arrière au moins un feu rouge, sans préjudice du signal d'avant spécial au cas de circulation à contre-voie sur une ligne à double voie.

Art. 27. — Les compagnies peuvent, en se conformant à leurs règlements spéciaux approuvés par le ministre, distinguer la direction des trains ou machines par la position relative assignée aux feux d'avant et par l'addition de feux supplémentaires. Ces feux supplémentaires peuvent être blancs ou présenter toute couleur autre que le rouge.

Section 2. — *Signaux du mécanicien.*

Art. 28. — Le mécanicien communique avec les agents des trains ou de la voie par le sifflet de sa machine.

Un coup prolongé appelle l'attention et annonce la mise en mouvement.

Aux bifurcations, à l'approche des aiguilles qui doivent être abordées par la pointe, le mécanicien demande la voie en donnant le nombre de coups de sifflet prolongés correspondant au rang qu'occupe la voie qu'il doit prendre, en comptant à partir de la gauche, savoir :

Un coup pour prendre la 1re voie ;
Deux coups pour prendre la 2e voie ;
Trois coups pour prendre la 3e voie ;
Quatre coups pour prendre la 4e voie.

Deux coups de sifflet brefs et saccadés ordonnent de serrer les freins ; un coup bref, de les desserrer.

Section 3. — *Signaux des conducteurs de trains.*

Art. 29. — Le train étant en mouvement, le conducteur de tête communique avec le mécanicien par la cloche ou le timbre du tender.

Un coup de cloche ou de timbre commande l'arrêt.

Art. 30. — Les conducteurs intermédiaires signalent l'arrêt au conducteur de tête et au mécanicien comme aux agents de la voie, en agitant à l'extérieur de leur fourgon ou vigie un drapeau rouge déployé ou un feu rouge tourné vers l'avant.

Le conducteur de tête, sur le vu de ce signal, le répète au mécanicien en sonnant la cloche ou le timbre du tender.

Tout agent de la voie qui aperçoit à temps un pareil signal doit faire immédiatement le signal d'arrêt au mécanicien, et si celui-ci ne l'a pas aperçu, employer tous les moyens à sa disposition pour faire présenter utilement au train le signal d'arrêt par l'agent de la voie ou le poste en avant le plus rapproché, dans le sens de la marche du train.

TITRE IV
DISPOSITIONS SPÉCIALES

Section 1. — Signal de départ et d'arrêt des trains.

Art. 31. — L'ordre du départ d'un train est donné au conducteur de tête par le chef de gare ou son représentant, au moyen d'un coup de sifflet de poche. Le conducteur de tête commande à son tour au mécanicien la mise en marche du train, au moyen d'un coup de cornet.

Si le train mis en marche doit être aussitôt arrêté, pour une cause quelconque, le chef de gare en donne le signal par des coups de sifflet saccadés, et le conducteur de tête sonne la cloche ou le timbre du tender.

Le mécanicien doit, dans ce dernier cas, obéir aux coups de sifflet du chef de gare, dès qu'il les entend, alors même que le conducteur de tête ne les aurait pas encore confirmés comme il vient d'être dit.

Section 2. — Dispositions particulières au cas d'exploitation sur plus de deux voies principales.

Art. 32. — Si l'exploitation se fait sur plus de deux voies principales, les signaux destinés à chacune des voies devront être placés au voisinage immédiat et à gauche du rail de gauche de ladite voie, dans le sens de la marche des trains, ou au-dessus de cette voie, à l'exception des sémaphores dont les bras devront être tous placés de façon à être vus les uns au-dessous des autres, les bras les plus élevés s'adressant à la direction la plus à gauche, et les plus bas à la direction la plus à droite, dans le sens de la marche des trains, les bras intermédiaires s'adressant à la direction intermédiaire, s'il y en a une.

TITRE V
DISPOSITIONS TRANSITOIRES

Art. 33. — Les délais dans lesquels les dispositions prescrites par le présent arrêté devront avoir reçu leur complète application seront déterminés, pour chaque réseau, par des décisions ministérielles.

Paris, le 15 novembre 1885.

DEMOLE.

ANNEXE N° 9.

(CHEMINS DE FER DU MIDI)

POSTE D'ENCLENCHEMENT POUR AIGUILLES EN PLEINE VOIE
TYPE N° 3

BIFURCATION DE LIGNE EN VOIE DOUBLE SUR LIGNE EN VOIE DOUBLE

La ligne secondaire se déviant à droite de la ligne principale, par rapport à la direction des trains qui prennent l'aiguille en pointe.

Type N° 3. — Le Poste est à gauche de cette direction.

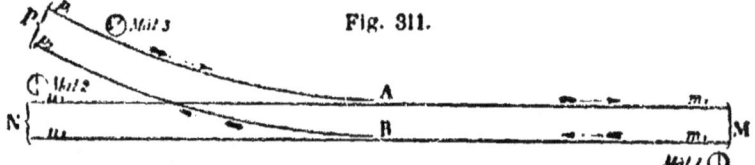

Fig. 311.

POSITION NORMALE DES SIGNAUX ET DES AIGUILLES

Les mâts **1, 2, 3** sont à l'arrêt.
Les aiguilles **A** et **B** laissent la circulation libre entre **M** et **N**.

TABLEAU DES PASSAGES

TRAINS Venant de N	Trains venant de M et allant vers		TRAINS Venant de P	OBSERVATIONS
	N	P		
»	»	Aig. **A.**	Aig. **A.**	Les leviers à renverser sont soulignés.
Mât **2.**	Mât **1.**	Aig. **B.**	Mât **3.**	
Aig. **A.**	Aig. **B.**	Mât **1.**	»	Les leviers devant rester à l'état normal ne sont pas soulignés.
Aig. **B.**	»	»	»	
Mât **3.**	»	Mât **2.**	Mât **2.**	

TABLEAU DES ENCLENCHEMENTS

Leviers enclencheurs	Levier normal enclenche normal	Levier renversé enclenche		normal et renversé
		renversé	normal	
Mât 1.	»	»	»	Aig. B.
Mât 2.	»	»	Aig. A. et B. Mât. 3.	»
Mât 3.	»	Aig. A.	Mât 2.	»
Aig. A.	Mât 3. Aig. B.	»	Mât 2.	»
Aig. B.	»	Aig. A.	Mât 2.	»

ENCLENCHEMENTS DIRECTS ET INDIRECTS

L QUI ENCLENCHE L' ENCLENCHE L" PAR L'			OBSERVATIONS
L.	L'.	L".	
Mât 1.	»	»	
Mât 1.	Aig. B.	»	
	Aig. B.	Mât 2. Aig. A.	
Mât 2.	»	»	
Mât 2.	Aig. A.	Mât 3. Aig. B	
	Aig. B.	»	
	Mât 3.	»	
Mât 3.	»	»	
Mât 3.	Aig. A.	Mât 2.	
	Mât 2.	»	
Aig. A.	Aig. B.	»	
	Mât 3.	»	
Aig. A.	Mât 2.	»	
Aig. B	»	»	
Aig. B.	Mât 2.	»	
	Aig. A.	Mât 2.	

TABLEAU DES PASSAGES SIMULTANÉS

MARCHES A	MARCHES COMPATIBLES AVEC LES MARCHES A
1	2
2	1,4
3	4
4	2,3

TABLEAU DU MOUVEMENT DES LEVIERS

CORRESPONDANT AUX DIFFÉRENTS PASSAGES

Désignation des passages	Leviers à renverser
Trains venant de N.	Mât 2.
Trains venant de M et allant vers N.	Mât 1.
Trains venant de M et allant vers P.	Aig. A, Aig. B, Mât 1.
Trains venant de P.	Aig. A, Mât 3.

NUMÉROTAGE DES LEVIERS

Leviers	Numéros des leviers Type N° 3
Mât 3.	1
Mât 2.	2
Aig. B.	3
Aig. A.	4
Mât 1.	5

ENCLENCHEMENT D'AIGUILLES EN PLEINE VOIE

TABLEAUX DES PLAQUES INDICATRICES
A POSER SUR LA TABLE D'ENCLENCHEMENT

Le Poste étant placé à gauche (Type N° 3)

FERMÉ	FERMÉ	VOIE DE N	ARRIVÉE DE N	FERMÉ
Mât 3	Mât 2	Aig. en pointe.	Aig. en talon.	Mât 1.
OUVERT	OUVERT	VOIE DE P	ARRIVÉE DE P	OUVERT

MÉDAILLONS DES LEVIERS
Fig. 312.

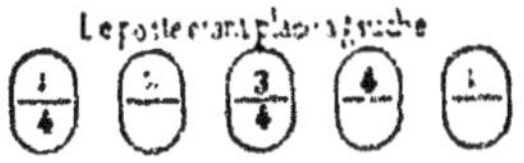

Le poste étant placé à gauche

NOTA. — Le chiffre supérieur d'un médaillon indique le numéro d'ordre du levier, et le chiffre inférieur le levier à renverser pour pouvoir renverser ce levier.

Les numéros correspondant aux leviers de mâts sont en pointillé ; les numéros correspondant aux leviers d'aiguilles sont gravés en noir foncé.

DIAGRAMME DE LA TABLE D'ENCLENCHEMENT
TOUS LES LEVIERS ÉTANT DANS LA POSITION NORMALE
Poste à gauche (Type n° 3). Côté de la voie.

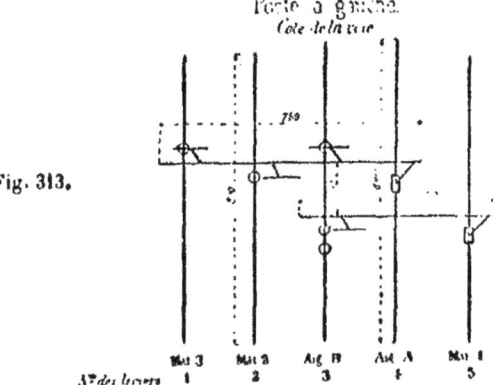

Fig. 313.

NOTA. — Dans le diagramme de la table d'enclenchement, les manivelles d'entraînement des barres d'enclenchement, les manivelles des verrous d'enclenchement et les verrous eux-mêmes sont supposés rabattus vers la droite, autour de l'intersection de leur plan vertical avec le plan horizontal des barres d'enclenchement.

Approuvé par l'Ingénieur en Chef.   Dressé par l'Ingénieur soussigné.
Paris, le 7 février 1882.   *Paris, le 5 février 1882.*
    ROUGIER.   E. SOLACROUP.

ANNEXE N° 10.

PROGRAMME DU COURS DE CHEMINS DE FER

de l'Ecole centrale des Arts et Manufactures

EN CE QUI CONCERNE LA SUPERSTRUCTURE

Généralités — Importance des voies de communication en général, des chemins de fer en particulier. — Comparaison du chemin de fer avec les routes ordinaires et les voies navigables. — Développement énorme de la circulation. — Sommes consacrées annuellement à la construction des chemins de fer depuis l'origine. — Prix moyens des transports dans les trois systèmes. — Description sommaire et énumération des éléments d'un chemin de fer.

Inventions successives relatives à la voie et au matériel.

Conditions générales à remplir : tracé, courbes à grand rayon, faibles pentes.

Importance du trafic, son influence.

Plan du cours, l'infrastructure supposée construite.

Voie. — Largeur de la voie. — Voie large. — Voie étroite. — Comparaison.

Rails. — Etude de la forme au point de vue de la fabrication, de la résistance et de l'usure. — Calcul des dimensions. — Comparaison entre le rail vignole et le rail à double champignon. — Eclissage. — Position du joint. — Mode d'attache. — Accessoires. — Longueur des rails.

Fabrication des rails en fer et en acier. — Cahier des charges. — Epreuves et conditions de réception. — Garantie.

Traverses et longrines en bois. — Dimensions. — Essences. — Qualités. — Préparation. — Réception. — Sabotage. — Entaillage.

Ballast. — Qualités à rechercher.

Profil-type. — Pose de la voie. — Inclinaison du rail. — Jeu de la voie. Pose normale. — Courbes. — Rails de longueur réduite. — Surhaussement. — Elargissement dans les courbes de petit rayon. — Courbure des rails. — Organisation d'un chantier de pose.

Détail du prix d'un kilomètre de voie ordinaire. — Durée. — Entretien et surveillance.

Historique des différents systèmes de voie. — Voies métalliques. — Nouveaux systèmes à l'essai.

Moyens de passer d'une voie sur une autre par changements et croisements de voie, par plaques tournantes, par chariots roulants.

Changements de voie. — Systèmes divers. — Tracé, rayons de courbure. — Rails mobiles. — Aiguilles inégales. — Aiguilles égales. — Rabotage des aiguilles. — Appareils de manœuvre. — Châssis. — Changements à trois voies. — Changements symétriques.

Croisements. — Etude des contre-rails, pattes de lièvre, pointe. — Croisements en fer, en fonte trempée, Gruson, en acier fondu, en acier martelé et raboté, simple, à deux faces. — Châssis.

Traversées obliques. — Contre-rails surhaussés.

Traversées jonctions.

Calcul des courbes de raccordement.

Prix de revient des appareils.

Contre-rails en général.

Plaques tournantes à une, deux ou trois voies. — Diamètre. — Cuve. — Galets de roulement.

Pivot. — Plateau tournant en fonte, en tôle, en fonte et bois, en fer et fonte, en acier.

Plaques pour voies principales. — Plaques pour locomotives et tenders.

Ponts tournants. — Triangles curvilignes.

Chariots roulants, ordinaire à fosse, de niveau, système Dunn, à arcades. Chariots transbordeurs à vapeur.

Accessoires de la voie. — Taquets d'arrêt. — Heurtoirs. — Approvisionnements kilométriques. — Lorrys. — Outils.

Passages à niveau : droits, obliques. — Barrières à deux vantaux pivotants ou à un vantail roulant, tourniquets, portillons. — Barrières oscillantes. — Abords des passages à niveau : courbes, pentes. — Comparaison avec les passages supérieurs et inférieurs. — Maison de garde. — Guérite.

Clôtures et plantations.

Gares. — Poses spéciales de voie, jonction oblique d'un grand nombre de voies. — Ecartement des voies de garage, de remisage, de marchandises. — Longueur utile des diverses voies de gare.

Etude de la disposition générale. Choix de l'emplacement des gares — Surface nécessaire à chacun des services. — Extensions à prévoir.

Service des voyageurs. — Haltes. — Croisement des trains. — Sens des aiguilles. — Stations sur le côté. — Stations au-dessus des voies. — Trottoirs croisés, trottoirs intermédiaires. — Remises de voitures, dispositions diverses.

Services locaux réguliers. — Services locaux exceptionnels.

Bifurcations. — Gares latérales. — Gares dans l'angle. — Gares avec remaniements de trains. — Types français. — Type étranger.

Gares de tête : petites, moyennes, grandes. — Service de banlieue. — Gares de Paris.

Services accessoires de la grande vitesse : Bagages, Messageries, Douane, Chevaux, Postes, etc.

Service des marchandises. — Lignes à une voie et trains mixtes. —

Lignes à deux voies et trains mixtes. — Dispositions diverses des gares de marchandises. — Gares de transbordement. — Halles parallèles, perpendiculaires, en redans.

Gares de triage. — Triage par la gravité : types les plus intéressants.

Gares maritimes.

Gares communes.

Réception des lignes à voie étroite.

Combinaison de voies aux abords des gares.

Raccordements industriels.

Service des machines. — Remises diverses : à plaque tournante et à chariot. — Demi-rotondes. — Rotondes. — Fer à cheval. — Quais à combustible. — Fosses à piquer le feu.

Alimentation. — Réservoirs. — Grues hydrauliques. — Grues-réservoirs.

Ateliers. — Choix des points de la ligne où il convient de les installer. — Importance à leur donner. — Disposition d'ensemble.

Etude de détails. — Trottoirs. — Marquises. — Abris. — Halles couvertes.

Bâtiment des voyageurs. — Distribution. — Service du départ. — Service de l'arrivée.

Bâtiments divers annexes. — Cabinets. — Lampisterie. — Pompe à incendie.

Types de remises de voitures, halles à marchandises, quais.

Remise des machines. — Ateliers.

Eclairage des gares.

Signaux. — Optiques, acoustiques, fixes, mobiles. — Signaux manœuvrés directement. — Sémaphores. — Signaux avancés. — Distance des points à protéger. — Signaux carrés, etc. — Code des signaux.

Disques à lanterne fixe, à lanterne mobile. — Appareils de manœuvre à deux fils, à un seul fil. — Réflecteurs. — Ecrans. — Signaux à ailettes. — Signaux Lartigue et Forest.

Concentration des appareils aux bifurcations, etc. — Enclenchements Vignier, Saxby et Farmer.

Application de l'électricité aux signaux. — Voie unique : Cloches Leopolder, Siemens et Halske. — Block-system. — **Appareils Tyer, Regnault, Lartigue et Tesse.**

TABLE DES MATIÈRES

INTRODUCTION

Pages

§ 1. *Considérations générales.*
Naissance des chemins de fer en Angleterre. Leur développement en Amérique. Premier réseau français. Considérations générales... 3

§ 2. *La voie.*
Voie. Origine des chemins de fer. Rails en bois, en fonte, en fer malléable ; conditions particulières d'établissement. Voie normale. Voie étroite... 6

§ 3. *La locomotive.*
Locomotive. Ses caractères essentiels. Tirage forcé : chaudière tubulaire. Mécanisme. Effort de traction et puissance développée. Adhérence. Limite de vitesse............................ 11

§ 4. *Voyageurs et marchandises.*
Trains de voyageurs et de marchandises. Limites des charges et des vitesses. Machines à voyageurs et à marchandises. Caractères distinctifs. Maximum de puissance utile de la locomotive... 19

§ 5. *Résistances. Adhérence.*
Rampes. Limite d'adhérence. Rampes des lignes de montagne, des lignes à grand trafic, des lignes secondaires, des lignes à faible trafic. Résistances accessoires. Leur influence sur l'utilisation et l'économie générale............................ 24

CHAPITRE PREMIER

GÉNÉRALITÉS

§ 1. *Les diverses voies de communication.*
1. Réseau des routes, des chemins de fer et des voies navigables et flottables... 35
2. Accroissement de puissance des moyens de transport....... 35
3. Concurrence des voies de fer et d'eau............................ 36
4. Durée comparative des transports.................................... 37
5. Prix comparatifs... 39
6. Longueur des voies ferrées 40
7. Réseau français... 44

TABLE DES MATIÈRES

	Pages
8. Sommes consacrées à l'exécution des chemins de fer d'intérêt général depuis l'origine	44
9. Profits particuliers retirés par l'État de l'exécution des chemins de fer	44
10. Résultats de l'exploitation	46
11. Matériel et personnel employés	46

§ 2. *Description sommaire des éléments d'un chemin de fer.*

12. Infrastructure	47
13. Superstructure	47
14. Matériel porteur et matériel locomoteur	47

§ 3. *Historique de l'invention des chemins de fer.*

15. Le railway	48
16. Historique de la voie	49
17. Historique de la locomotive	49
18. Adhérence	50
19. Chaudière tubulaire	51
20. Tirage artificiel dans la cheminée produit par un éjecteur	51

§ 4. *Conditions d'établissement des chemins de fer.*

21. Déclivités	52
22. Courbures	55
23. Déclivités et rayons de courbure adoptés	56
24. Impossibilité de rendre libres les voies ferrées	57
25. Nécessité d'un trafic important	57
26. Bon marché de l'argent	57
27. Nécessité de transporter rapidement les troupes	58

§ 5. *Division de l'ouvrage.*

28. Titres des chapitres	59

CHAPITRE DEUXIÈME

VOIE

§ 1. *Composition de la voie. Sa largeur.*

29. Composition de la voie	63
30. Largeurs diverses en usage	63

§ 2. *Historique de la forme du rail.*

31. Rail à plat	65
32. Rail de champ	65
33. Rail à table supérieure	65
34. Rail à double champignon	65
35. Rail Vignole	66

§ 3. *Étude des deux principaux types de rails.*

36. Rail à double champignon	66
37. Rail Vignole	71
38. Résistance des rails	73

§ 4. *Longueur des rails.*

39. Inconvénients des joints	77
40. Accroissement des longueurs	77
41. Inconvénients des longs rails en fer	77
42. Longs rails d'acier	78
43. Calcul de la longueur du rail	7
44. Longueurs actuelles des rails d'acier	8

		Pages
45. Largeur du joint et longueur du rail		80

§ 5. *Fabrication des rails en fer.*

46. Composition et dimension des paquets		80
47. Chauffage et laminage du paquet		81
48. Dressage, recoupage, perçage		81
49. Contrôle de la compagnie		81
50. Epreuves de réception		82
51. Conditions de garantie		84

§ 6. *Les rails en acier.*

52. Motifs de la préférence donnée à l'acier		85
53. Epreuves comparatives du fer, de l'acier et de la fonte		85
54. Qualité de l'acier à employer pour les rails		87
55. Procédé de fabrication		90
56. Epreuves		91
57. Garantie		92

§ 7. *Eclissage des rails.*

58. Eclisses		93
59. Travail de l'éclisse		93
60. Longueur des éclisses, trous des boulons, etc.		94

§ 8. *Fixation des rails.*

61. Rail double champignon		96
62. Rail Vignole		99
63. Résistance au déplacement longitudinal		102

§ 9. *Durée des rails.*

64. Grandes variations de durée		104
65. Choix de l'unité à adopter pour l'évaluation de la durée des rails		105
66. Durée des rails		106

§ 10. *Comparaison entre la voie a double champignon et la voie Vignole.*

67. Emploi des deux types à l'étranger et en France		107
68. Comparaison des deux types de rails au point de vue de la résistance		108
69. Comparaison au point de vue du premier établissement et de l'entretien des voies		113
70. Calculs comparatifs		116
71. Comparaison des dépenses de premier établissement		117
72. Conclusion		120

§ 11. *Traverses et longrines. Ballast.*

73. Traverses : causes de destruction		122
74. Formes et dimensions des traverses		123
75. Conditions de travail des traverses		124
76. Nature du bois		124
77. Préparation des traverses		125
78. Durée des traverses préparées		126
79. Réception		129
80. Longrines		130

§ 12. *Ballast.*

81. Conditions à remplir		130
82. Différentes espèces de ballast		131

§ 13. *Profils-types.*

83. Disposition de la voie et du ballast		133

§ 14. *Pose de la voie.*

84. Piquetage		134
85. Entaillage, sabotage		134
86. Pose		136

	Pages
87. Organisation d'un chantier de pose et de ballastage.........	145
88. Surveillance et entretien. Renouvellement en recherche.....	146
89. Renouvellement en grand	147

§ 15. *Systèmes divers de voie.*

90. Voies sur supports isolés..	147
91. Voies sans supports. Voies sur longrines........................	151
92. Voies sur traverses en fer...	153

CHAPITRE TROISIÈME

ACCESSOIRES DE LA VOIE

§ 1. *Appareils de communication entre les voies.*

93. Comparaison sommaire..	161
94. Branchement de voies...	163
95. Changement à aiguilles mobiles par le talon..................	166
96. Fabrication	172
97. Manœuvre des aiguilles...	173
98. Pose des aiguilles	174
99. Croisement de voies..	174
100. Fabrication...	176
101. Relations entre les éléments principaux d'un branchement.	179
102. Disposition du branchement en pratique........................	181
103. Branchement sur une voie en courbe.............................	182
104. Changements doubles...	183
105. Traversées de voies rectangulaires................................	185
106. Jonctions de voies (diagonales)....................................	187
107. Jonctions croisées...	189
108. Traversées-jonctions, ou changements de voie simples ou doubles...	190
109. Plaques tournantes, but, diamètre, etc...........................	191
110. Description...	193
111. Dispositions pour tourner les machines........................	195
112. Des chariots..	200
113. Chariots avec fosse...	201
114. Chariots sans fosse...	202
115. Chariots Dünn...	204
116. Chariot à arcade du Nord..	206
117. Chariot transbordeur à vapeur......................................	206
118. Chariots pour machines ou ponts roulants....................	207

§ 2. *Appareils d'arrêt des véhicules.*

119. Heurtoirs...	207
120. Taquets d'arrêt P.-L.-M...	208
121. Arrêts mobiles...	209
122. Traverse de garage...	209

§ 3. *Série de prix.*

123. Prix des principaux appareils (1887-88)........................	210

§ 4. *Accessoires divers. Outillage de la voie.*

124. Poteaux indicateurs...	211
125. Clôtures...	211
126. Pioches, pinces, anspects, nivelettes, lory....................	215

§ 5. *Passages à niveau.*
   127. Traversée de la route.. 217
   128. Traversée de la voie... 220
   129. Barrières... 220
   130. Passage pour piétons... 223
   131. Maisons de garde... 224
   132. Choix entre un P. N., un P. S. ou un P. I................... 227
   133. Gardiennage et manœuvre des passages à niveau............ 228

CHAPITRE QUATRIÈME

GARES ET STATIONS

DISPOSITIONS D'ENSEMBLE

§ 1. *Préliminaires.*
   134. Conditions d'établissement des gares et stations............ 235
   135. Longueur des voies d'une gare................................ 236
   136. Largeur des entrevoies....................................... 238
   137. Établissement de l'outillage des voies....................... 241
§ 2. *Service des voyageurs, voie unique.*
   138. Station ne pouvant recevoir qu'un seul train................. 245
   139. Station pouvant recevoir deux trains à la fois : voies juxtaposées 246
   140. Station pouvant recevoir deux trains à la fois : interposition du second trottoir... 247
§ 3. *Service des voyageurs, double voie.*
   I. Stations intermédiaires de faible et de grande importance.
   141. Station de faible importance (établissement d'une jonction, emplacement de la jonction)....................................... 248
   142. Station de grande circulation sans remaniement de trains... 250
   143. Position du bâtiment des voyageurs........................... 251
   144. Gare à quais croisés.. 255
   145. Gare sur un chemin en tranchée............................... 255
   146. Stations importantes avec remisage de voitures............... 257
   147. Emplacement des réserves du matériel (G. V.)................ 260
   II. Stations intermédiaires de grande circulation, avec service local.
   148. Conditions diverses... 260
   149. Départ du train du côté opposé au bâtiment des voyageurs... 261
   150. Départ du train du côté du bâtiment des voyageurs : ancienne gare de St-Denis.. 262
      Gare d'Enghien.. 262
      Gare de Chantilly... 264
   III. Gares de bifurcation.
   151. Gare de passage pour les trains des deux directions (Villeneuve-St-Georges, Asnières)....................................... 264
   152. Gare de passage pour les trains de la direction la plus importante et généralement terminale pour les trains de l'autre direction (Noyelles).. 266

	Pages
153. Gare de passage ou terminale pour les trains des diverses directions	267
Type français P. O.	267
Type français Midi	268
Type Suisse Olten	269
Application du type suisse à la gare d'York	270

IV. Gares terminales.

154. Au fond des vallées (Bagnères-de-Luchon)	272
155. Au bord de la mer (Fécamp, Saint-Malo, Dieppe)	272
156. Dans quelques grandes villes (Versailles, Orléans, Tours, Bordeaux)	275
157. De Paris	279
158. Gare de Paris-Ouest (Saint-Lazare)	281
159. Gare de Paris-Nord	283
160. Gare de Paris-Est	285
161. Gare de Paris-Ouest (Montparnasse)	288
162. Gare de Paris P.-L.-M. (Mazas)	290
163. Gare de Paris P.-O.	292
164. Gares terminales anglaises	293

V. Services accessoires de la grande vitesse.

165. Messageries, denrées et primeurs	295
166. Douane	296
167. Chevaux et voitures	296
168. Postes	296

§ 4. *Service des marchandises, voie unique.*

169. Halte à marchandises	298
170. Petite station à marchandises (jonction au milieu)	300
171. Petite station à marchandises (jonction aux deux extrémités)	301
172. Petite station à marchandises (bâtiment des voyageurs et halle des marchandises accolés)	302
173. Petite station à marchandises (voyageurs et marchandises du même côté. Traversée jonction)	303
174. Petite station à marchandises (voyageurs et marchandises du même côté. Voie transversale avec plaques)	303
175. Petite station de marchandises (type exceptionnel)	303
176. Station de moyenne importance	304
177. Station importante	304

§ 5. *Service des marchandises. Lignes à double voie.*

178. Station peu important P.-O. (voyageurs et marchandises du même côté)	305
179. Station peu importante P.-O. (voyageurs et marchandises de part et d'autre des voies)	306
180. Station peu importante P. L.-M.(voyageurs et marchandises du même côté)	307
181. Station de moyenne importance P.-O. (voyageurs et marchandises du même côté)	307
182. Station de moyenne importance P.-O. (voyageurs et marchandises de part et d'autre)	308
183. Station importante P.-O. (voyageurs et marchandises de part et d'autre)	308

§ 6. *Service des marchandises. Dispositions générales.*

184. Emplacement à attribuer à la station par rapport à la localité à desservir)	808
185. Différentes espèces de quais	810

		Pages
186. Surface des quais		311
187. Longueur et largeur des quais		313
188. Longueur des voies		315
189. Voies de débord		316
190. Disposition générale d'une gare de marchandises		317
191. Dispositions diverses des halles		318
192. Halles parallèles		318
193. Halles normales		319
194. Halles en éventail		320
195. Halles en redans		320
196. Quais dentelés		321

§ 7. *Service des marchandises. Garage des trains.*

197. Voies de dépassement		322
Voies de dépassement de part et d'autre des voies principales, l'une à l'amont, l'autre à l'aval		323
Voies de dépassement de part et d'autre des voies principales, toutes deux à l'amont ou toutes deux à l'aval		324
Voie de dépassement unique disposée entre les deux voies principales		325
198. Voies de garage		326

§ 8. *Service des marchandises. Gares de triage.*

199. Opérations à effectuer. Méthodes et moteurs divers		328
200. A. Faisceaux en impasse ou fuseaux raccordés. Moteurs : chevaux, machines		331
a_1 plaques tournantes		332
a_2 chariots ou transbordeurs à vapeur		334
a_3 jonctions, traversées jonctions		335
a_4 système David		336
201. B. Faisceaux en impasse ou fuseaux soudés à leurs deux extrémités		337
b_1 voies de débranchement en pente. La gravité employée seule pour le triage (Tergnier, Cologne-Géréon)		337
b_2 voie de débranchement en dos d'âne. La gravité et la machine employées concurremment pour le triage (Arlon, Speldorf, Perrigny-Dijon)		341
202. C. Fuseaux successifs soudés entre eux		347
203. c_1 Fuseaux en palier avec machine de manœuvre ou en pente continue (grils anglais)		347
204. c_2 Fuseaux successifs en pente (Terrenoire)		349
205. Dispositions générales à adopter dans l'établissement des gares de triage par la gravité :		
a. Réception des trains		351
b. Voie de débranchement ou de tiroir		352
c. Voie de triage		354
d. Groupement des aiguilles		354
e. Emploi des rails en acier		355
206. Résultats comparatifs		355

§ 9. *Gares et installations spéciales. Voyageurs et marchandises.*

A. *Gares communes.*

| 207. Généralités | | 358 |

B. *Grandes gares de marchandises à Paris.*

| 208. Dispositions générales | | 360 |

C. *Raccordement des diverses voies de voyageurs et de marchandises aux voies principales.*

| 209. Ouest (Saint-Lazare). Voyageurs | | 364 |

	Pages
210. Ouest (Batignolles). Marchandises	366
211. Nord	367

D. *Gares fluviales et maritimes.*

212. Indications générales	368
213. Service des marchandises : 1° voie de raccordement ; 2° voies des quais proprement dites	371
214. Service des voyageurs	382

E. *Gares internationales.*

215. Dispositions générales	384

F. *Réception des lignes à voie étroite.*

216. Dispositions générales	387
217. Voyageurs	390
218. Marchandises	390

G. *Raccordements industriels :*

219. Indications générales	392
1° Raccordement par plaque	394
2° Raccordement par changement de voies	394

§ 10. *Service du matériel roulant : dépôts, alimentation, ateliers.*

I. Dépôts.

220. Dispositions générales	397
221. Emplacement	399
222. Petits dépôts	399
223. Grands dépôts : 1° a. — circulaires avec plaque couverte	401
b. — annulaires, demi-annulaires ou en fraction d'anneau	408
2° rectangulaires desservis par un chariot roulant	411
224. Types adoptés par les compagnies françaises	414
225. Quai à combustible	415
226. Fosses à piquer le feu	416

II. Alimentation d'eau.

227. Espacement des prises d'eau	418
228. Choix de la prise d'eau	419
229. Divers modes d'alimentation	420
230. Détails de l'installation : prise d'eau, conduite de refoulement, réservoir, conduites et appareils de distribution	421
231. Dépense d'une alimentation d'eau	429

III. Ateliers.

232. Choix de l'emplacement	430
233. Importance à leur donner	431
234. Ateliers de Sotteville, près Rouen	431
235. Ateliers d'Hellemmes, près Lille	432
236. Ateliers de Romilly (Aube)	434
237. Ateliers de Béziers (Hérault)	435
238. Dispositions d'ensemble	436

§ 11. *Disposition et surface des trois services ; voyageurs, marchandises et dépôts.*

239. Conditions à réaliser pour le groupement de ces trois services	442
240. Détermination du trafic probable d'une station et par suite des surfaces du bâtiment, des voyageurs, des quais et des halles d'une station	444

CHAPITRE CINQUIÈME

GARES ET STATIONS. DÉTAILS

Pages

§ 1. *Service des voyageurs, trottoirs et quais.*
241. Trottoirs et quais.. 451
242. Comparaison entre les quais hauts et les quais bas........... 452
243. Profil en travers.. 453
244. Trottoirs intermédiaires... 455
245. Clôture des quais... 455
246. Passages transversaux... 455
247. Passages aériens ou souterrains................................. 457

§ 2. *Service des voyageurs. Couverture des trottoirs et des voies, marquises, abris, halles.*
248. Généralités... 462
249. Marquises sur la cour... 463
250. Marquises du côté des voies..................................... 464
251. Dispositions adoptées pour l'établissement des marquises.. 466
252. Halles. Conditions d'établissement.............................. 469
253. Dispositions en plan... 469
254. Dispositions en élévation.. 472
255. Couverture... 474
256. Éclairage, aérage.. 475
257. Prix.. 475

§ 3. *Bâtiment des voyageurs, ensemble des services.*
258. Division des services... 478

§ 4. *Bâtiments des voyageurs. Départ.*
259. Dispositions générales. Haltes : Petites stations, dites de 3e classe ; stations de 1re classe et hors classe................ 479
260. Dispositions spéciales adoptées dans différentes gares..... 483
261. Conditions d'établissement des divers services : bureau des billets ; vestibule ; consigne ; messageries au départ ; salles d'attente... 489

§ 5. *Bâtiment des voyageurs. Arrivée.*
262. Sortie... 499
263. Salle d'attente des bagages..................................... 499
264. Salle de distribution des bagages.............................. 500
265. Octroi... 502
266. Consigne.. 502
267. Correspondance.. 502
268. Messageries à l'arrivée.. 502

§ 6. *Bâtiments des voyageurs. Services communs.*
269. Bureau du chef de gare. Sous-chef.............................. 503
270. Surveillants.. 504
271. Télégraphie.. 504
272. Hommes d'équipe... 505
273. Buffet, buvette et dépendances................................. 505
274. Waters-closets intérieurs et extérieurs....................... 507
275. Lampisterie.. 509
276. Chaufferetterie.. 510

TABLE DES MATIÈRES

	Pages
277. Bureau du commissaire de surveillance administrative	510
278. Postes	511

§ 7. *Bâtiments des voyageurs. Annexes.*
- 279. Pompe à incendie 512
- 280. Poste d'agents des trains 513
- 281. Inspection de l'exploitation 513
- 282. Agents de la voie 513
- 283. Représentant de la compagnie aboutissante 514
- 284. Médecin 514
- 285. Divers 514

§ 8. *Installations accessoires.*
- 286. Logement du chef de gare 514
- 287. Cours de départ et d'arrivée 516
- 288. Avenue d'accès 518

§ 9. *Service des marchandises, du matériel et de la traction.*
  I Quais et halles à marchandises.
- 289. Quais ....
- 290. Halles 520
- 291. Cours couvertes 521
- 292. Dispositions diverses relatives à la construction 522
- 293. Bureaux 523

  II. Remises, dépôts et ateliers.
- 294. Remises de voitures 523
- 295. Remises de machines 525
- 296. Prix des dépôts par mètre carré et par machine 526
- 297. Ateliers 528

§ 10. *Prix des bâtiments des stations. Récapitulation.* 529

CHAPITRE SIXIÈME

SIGNAUX

§ 1. *Préliminaires*
- 298. Considérations générales. Code des signaux 534

§ 2. *Signaux de la voie. Langage.*
- 299. Signaux nécessaires. Différentes espèces 535
- 300. Signaux mobiles : drapeaux, lanternes, pétards 536
- 301. Signaux fixes, énumération 538
- 302. Disque ou signal rond 538
- 303. Poteau de protection 539
- 304. Signal carré d'arrêt absolu 541
- 305. Sémaphore 541
- 306. Signaux de ralentissement 542
- 307. Indicateur de bifurcation 543
- 308. Signaux indicateurs de direction ou de position des aiguilles. 543
- 309. Signaux des trains 544

§ 3. *Signaux de la voie. Structure des signaux mobiles et moyens mécaniques par lesquels on les manœuvre.*
- 310. Disque avancé 545
- 311. a. Disque proprement dit. Trembleuse électrique. Appareil à pétards 545

	Pages
312. *b.* Levier de manœuvre à un et à deux fils	549
313. *c.* Transmission	550
314. *d.* Appareil compensateur(P.-L.-M. Système Dujour.—Est.—Nord. Système Robert)	55
315. Comparaison des divers systèmes en usage (P.-L.-M. — Est. — Nord)	555
316. Signal carré d'arrêt absolu	560
317. Sémaphore	561
318. Signaux à indication permanente	563
319. Signaux d'aiguilles	563

4. *Règles suivant lesquelles les signaux sont faits, placés et répartis.*

320. **Signaux mobiles** : Distances entre un obstacle et le signal mobile commandant l'arrêt ou le ralentisssement (Est)	564
321. **Signaux fixes** :	
a. Position des disques par rapport au point à couvrir	565
b. Position par rapport au train et orientation de l'appareil	566
c. Par rapport à la voie	567
d. Position par rapport à la gare	567
322. **Autres signaux.** Position	567

§ 5. *Installations spéciales.*

323. Disque répétiteur	568
324. Signal à distance manœuvré de plusieurs postes	568
235. Disposition des signaux aux abords d'une bifurcation	569

§ 6. *Enclenchements.*

326. Conditions générales	571
327. Concentration des leviers de manœuvre des signaux et des aiguilles : *a.* signaux ; — *b.* aiguilles : 1° transmissions rigides ; 2° transmissions par fils	573
328. Appareils complémentaires de la concentration des leviers d'aiguilles	575
a, contrôleur Lartigue ;	576
b, verrou d'aiguilles Saxby et Farmer ;	577
c, appareil de calage automatique ;	578
d, pédale de calage Saxby et Farmer	578
329. Enclenchement d'un levier α et d'un levier β de signal	579
330. Enclenchement Vignier (ancien système)	579
331. Enclenchement Vignier (nouveau système)	581
332. Enclenchement Saxby et Farmer	581
333. Etude d'un projet d'enclenchement. Indications sommaires.	585

§ 7. *Application de l'électricité aux signaux.*

334. Cloches électriques: 1° Siemens ; 2° Leopolder	587
335. Exploitation par le Block-system ou par cantonnement	591
336. Appareil Regnault (Ouest, Midi)	594
337. Appareil Tyer, avec avertisseurs Jousselin (P.-L.-M.)	599
338. Electro-sémaphores Lartigue (Nord et Est)	604
339. Longueur des cantonnements	609

ANNEXES

1. Raccordements paraboliques 613
2. Cahier des charges (Cie du Midi) pour la fourniture des rails à double champignon en acier fondu. 620
3. — pour la fourniture des coussinets en fonte........................... 632
4. — pour la fourniture d'éclisses en acier. 640
5. — pour la fourniture de boulons d'éclisses............................... 649
6. — pour la fourniture de tirefonds..... 657
7. Embranchements industriels (type de traité P.-L.-M.)............. 665
8. Code sur les signaux.. 671
9. Poste d'enclenchement pour aiguilles en pleine voie (type n° 3 P.O.). 678
10. Programme du Cours de chemins de fer de l'École Centrale des Arts et Manufactures, en ce qui concerne la superstructure..... 682

ERRATA......... Au commencement du volume, page IV.

www.ingramcontent.com/pod-product-compliance
Lightning Source LLC
Chambersburg PA
CBHW061957300426
44117CB00010B/1370